HANDBUCH DER BODENLEHRE

HERAUSGEGEBEN VON

DR. E. BLANCK

O. O. PROFESSOR UND DIREKTOR DES AGRIKULTURCHEMISCHEN UND BODENKUNDLICHEN INSTITUTS DER UNIVERSITÄT GÖTTINGEN

ZWEITER BAND

SPRINGER-VERLAG BERLIN HEIDELBERG GMBH

DIE VERWITTERUNGSLEHRE UND IHRE KLIMATOLOGISCHEN GRUNDLAGEN

BEARBEITET VON

PROFESSOR DR. E. BLANCK-GÖTTINGEN · PROFESSOR DR. K. KNOCH-BERLIN
DR. K. REHORST-BRESLAU · PROFESSOR DR. G. SCHELLENBERG-
GÖTTINGEN · PROFESSOR DR. J. SCHUBERT-EBERSWALDE
DR. E. WASMUND-LANGENARGEN <BODENSEE>

MIT 50 ABBILDUNGEN

SPRINGER-VERLAG BERLIN HEIDELBERG GMBH

ISBN 978-3-662-01867-5 ISBN 978-3-662-02162-0 (eBook)
DOI 10.1007/978-3-662-02162-0

URSPRÜNGLICH ERSCHIENEN BEI JULIUS SPRINGER IN BERLIN 1929
SOFTCOVER REPRINT OF THE HARDCOVER 1ST EDITION 1929

Inhaltsverzeichnis.

B. Naturwissenschaftliche Grundlagen zur Beurteilung der Bodenbildungsvorgänge (Faktoren der Bodenbildung).

C. Der Einfluß und die Wirkung der physikalischen, chemischen, geologischen biologischen und sonstigen Faktoren auf das Ausgangsmaterial.

4. Klimalehre und Klimaänderung.

a) Die Klimafaktoren und Übersicht der Klimazonen der Erde.

Von **K. KNOCH**, Berlin.

Mit 4 Abbildungen.

BÖRNSTEIN: Leitfaden der Wetterkunde, 4. Aufl. von W. BRÜCKMANN. Braunschweig 1927. — DEFANT, A., u. E. OBST: Lufthülle und Klima. Enzyklopädie der Erdkunde. Leipzig u. Wien 1923. — FICKER, H. v.: Meteorologie. MÜLLER-POUILLET: Handbuch der Physik 5. — HANN, J.: Handbuch der Klimatologie. 3 Bde. Stuttgart 1908—11. — HANN, J., u. R. SÜRING: Lehrbuch der Meteorologie, 4. Aufl. Leipzig 1926. — HETTNER, A.: Die Klimate der Erde. Geogr. Z. 1911. — KÖPPEN, W.: Die Klimate der Erde. Berlin u. Leipzig 1923. — SÜRING, R.: Leitfaden der Meteorologie. Leipzig 1927.

Kartenwerke: BARTHOLOMEW, J. G., A. J. HERBERTSON u. A. BUCHAN: Atlas of Meteorology. Bartholomews Physical Atlas 3 (1899). — BUCHAN, A.: Report on Atmospherie Circulation. Erschienen als Bd. 2 des Report on the Scient. Results of the Voyage of H. M. S. Challenger 1889. Enthält Isothermen- und Isobarenkarten für jeden Monat. — GORCZYNSKI, W.: Pression atmosphérique en Pologne et en Europe (avec 54 cartes contenant les isobares mensuelles et annuelles de la Pologne, de l'Europe et du globe terrestre). Warschau 1917. — Nouvelles isothermes de la Pologne, de l'Europe et du globe terrestre. Warschau 1918. — HANN, J.: Atlas der Meteorologie. Gotha 1887. — Außerdem liegen bereits zahlreiche Klimaatlanten aus den hauptsächlichsten Beobachtungsnetzen vor.

1. Allgemeine Klimalehre.

Begriff, Umfang und Methoden der Klimakunde.

Begriff der Klimakunde. Als besonderer Zweig der Meteorologie, d. h. jener Wissenschaft, die sich mit den Erscheinungen in der Lufthülle der Erde befaßt, will die Klimakunde oder Klimatologie den durchschnittlichen Ablauf der Witterungserscheinungen und den mittleren Zustand der Atmosphäre über den verschiedenen Erdstellen studieren. Sie faßt das Klima als einen „Akkord" der verschiedensten meteorologischen Elemente auf und geht auch seinen Rückwirkungen auf die belebte und unbelebte Natur an der Erdoberfläche nach. Neben dem Studium der mittleren Zustände wird es stets eine wichtige und dankbare Aufgabe der Klimakunde sein, auch die Abweichungen vom mittleren Zustand, die für manche Klimate so eindrucksvoll sind (Anomalien), nach Intensität und Häufigkeit zu erfassen. Mit der Meteorologie hat die Klimatologie hinsichtlich der zu untersuchenden Vorgänge das gleiche Feld — die Lufthülle — gemein, für die die bekannten physikalischen Gesetze in Betracht kommen; sie legt aber den Hauptwert auf die Untersuchung der Umwandlung dieser Vorgänge an den verschiedenen Stellen des Erdballes, und daher muß in der Klimatologie das geographische Moment das physikalische überwiegen. Erkenntnisse der Klimatologie werden von vielen Zweigen der Naturwissenschaft, wie Geographie, Geologie, Zoologie und Botanik u. a. verwertet. Je nach den Anforderungen. die von Seiten des Praktikers an die Klimakunde gestellt werden, läßt sich der eben skizzierte Umfang noch erweitern. Dies gilt in ausgesprochenstem Maße z. B. für den Mediziner und Landwirt. Medizinische und landwirtschaftliche Klimatologie entwickeln sich immer mehr zu selbständigen Teilgebieten.

Die klimatischen Elemente. Da wir noch keine Mittel kennen, das Klima in seiner Gesamtheit zu studieren, lösen wir es zweckmäßig in Einzelbetrachtungen der klimatologischen Elemente auf. Diese sind: Strahlung, Temperatur, Luftdruck, Wind sowie Wassergehalt der Atmosphäre mit seinen verschiedenen Erscheinungsformen (Hydrometeore). Die damit verbundenen optischen, akustischen und elektrischen Vorgänge treten gegenüber den Hauptfaktoren bedeutend zurück und sind besonders in der Klimakunde von geringer Bedeutung. Daß Luftelektrizität später in die Zahl der klimatischen Elemente aufgenommen werden könnte, erscheint nicht ausgeschlossen, zur Zeit sind wir aber über die klimatischen Auswirkungen des elektrischen Zustandes der Atmosphäre noch zu wenig unterrichtet. Möglich ist auch, daß das Studium der wechselnden Zusammensetzung der Atmosphäre, z. B. Erhöhung des Gehaltes der Luft an Sauerstoff, Kohlensäure, Ozon, Ammoniak, Säuredämpfen und bestimmten Stickstoffverbindungen mit den deutlichen Rückwirkungen auf den Organismus sich zu einer Art chemischer Klimatologie ausbauen wird.

Die genannten Elemente unterliegen der Einwirkung gewisser klimatischer Faktoren. Am wirksamsten sind von diesen die geographische Breite, die Art der Unterlage, ob fester Erdboden oder Wasser, die Oberflächengestaltung des Geländes, die Beschaffenheit der Oberfläche (nackter Boden oder Pflanzendecke, Schnee- bzw. Eisdecke), die Höhe über dem Meeresspiegel. Ausschlaggebend ist auch der allerdings zur Zeit wenig überwachte Zustand der Atmosphäre bezüglich seiner Durchlässigkeit der Sonnenstrahlung, die neben dem wechselnden Winkel, unter dem die Sonnenstrahlen im Laufe des Tages und des Jahres die Erdoberfläche treffen, den Betrag der wirksamen Sonnenenergie bestimmt.

Die Beobachtungen. Grundlage der Klimatologie sind die Beobachtungen der meteorologischen Elemente. Solche Aufzeichnungen wurden früher an Beobachtungsstationen gewonnen, die privater Initiative entsprangen. Seit Jahrzehnten aber ist das meteorologische Beobachtungswesen in den von den staatlichen Zentralanstalten eingerichteten Beobachtungsnetzen organisiert. Gut durchgearbeitete Anleitungen sorgen dafür, daß die Beobachtungen nach einheitlichem Plane und unter solchen Bedingungen angestellt werden, die den wissenschaftlichen Wert der Aufzeichnungen gewährleisten. Sorgfalt und Pünktlichkeit bei der Ausführung des Beobachtungsdienstes, eine für einen größeren Umkreis typische Lage des Beobachtungsortes, die richtige Wahl der Beobachtungszeiten, geprüfte Instrumente und deren einwandfreie Aufstellung sind unerläßliche Vorbedingungen für meteorologische Beobachtungen, wenn nicht die aufgewandte Zeit und Arbeit zwecklos sein soll. Beratung durch ein Fachinstitut und eingehendes Studium der Beobachtungsanleitungen sind vor Einrichtung einer meteorologischen Station dringend zu empfehlen. Je nach dem Umfange des Beobachtungsprogramms gliedern sich die meteorologischen Beobachtungsstellen in folgende Gruppen:

Stationen I. Ordnung. Sie beobachten alle meteorologischen Elemente in möglichst ausgedehntem Maße, entweder nach kurz aufeinanderfolgenden Terminen oder unter Benutzung von selbstschreibenden Instrumenten. Fachleute oder besonders vorgebildete Beobachter versehen den Beobachtungsdienst. Die als Observatorien bezeichneten Beobachtungsstellen gehören hierher.

Stationen II. Ordnung. Sie führen Beobachtungen zu bestimmten Stunden (meist dreimal täglich) von Luftdruck, Temperatur, Feuchtigkeit, Wind, Bewölkung und Niederschlag aus.

Stationen III. Ordnung beobachten in der gleichen Weise wie die II. Ordnung, jedoch ohne Luftdruck und Luftfeuchtigkeit. Neuerdings strebt man immermehr dahin, an den Stationen II. oder III. Ordnung das eine oder andere Element, darunter auch die Sonnenscheindauer, durch selbstschreibende Geräte zur Aufzeichnung zu bringen. Beobachtungen über die Temperatur des Erdbodens werden bis jetzt nur an verhältnismäßig wenig Stellen durchgeführt.

Regenstationen beobachten nur Menge, Art und Zeit des Niederschlages.

Alle Stationen, und besonders die höherer Ordnung (I—III), haben eine möglichst unausgesetzte Überwachung der Witterungserscheinungen durchzuführen, die die terminmäßigen Ablesungen der Instrumente und Augenbeobachtungen verbinden und ergänzen sollen.

In solchen Ländern, wo die Beobachtungsnetze noch nicht oder nur spärlich ausgebaut sind, sind die von den Reisenden gelegentlich angestellten Beobachtungen zu benutzen oder auch Mitteilungen der Bewohner über die Witterung, Auftreten der Regenzeiten, Wasserführung der Flüsse usw. zu verwerten. Vegetation und Bodenbeschaffenheit gestatten eine Kontrolle der Richtigkeit dieser Angaben.

Die Beobachtungen werden meist von den Beobachtern selbst am Schlusse jeden Monats zu Monatstabellen zusammengestellt und den Zentralanstalten zugeschickt. Nach vorheriger eingehender Prüfung übergeben diese das Beobachtungsmaterial in Form von Jahrbüchern der Öffentlichkeit. Die Anordnung richtet sich nach internationalen Vereinbarungen. Ein Teil des Materials wird in Form von Monatsberichten und Wochenberichten auf den täglich erscheinenden Wetterkarten in kürzester Zeit bekanntgegeben. Die Jahrbücher können aus Platzmangel nur für einige ausgewählte Stationen das gesamte Beobachtungsmaterial in Form von Terminwerten oder sogar stündlichen Werten geben. Für die größte Zahl müssen sie sich mit mittleren Monatswerten begnügen. In größerem Umfange sind aus dem ganzen Weltnetz die Jahrbücher nur in den Fachbüchereien der größeren meteorologischen Zentralanstalten zu finden. Unbedingte Vollständigkeit ist aber auch selbst in den größten Büchereien nicht vorhanden. Allgemeine Büchereien, wie Staats- und Universitätsbüchereien, sind meist mit der meteorologischen Beobachtungsliteratur weniger gut versehen.

Die Arbeitsmethoden der Klimatologie. Die Verarbeitung des fortgesetzt anwachsenden Beobachtungsmaterials, das sich in den Jahrbüchern der meteorologischen Zentralanstalten befindet, ist bisher nach Methoden geschehen, die neuerdings immer mehr als verbesserungsbedürftig erkannt worden sind. Allerdings ist es noch nicht gelungen, das Alte durch wirklich Besseres mit ähnlich bedeutungsvollen Ergebnissen zu ersetzen. Immerhin ist zu hoffen, daß die nächste Zeit in der Behandlung klimatologischer Probleme eine Wandlung bringen mag.

Unerläßlich ist als erste Orientierung bisher die Zusammenfassung der meteorologischen Erscheinungen in dem arithmetischen Mittel. Der Mittelwert wird als wahres Mittel bezeichnet, wenn die Tageskurve des betreffenden Elementes durch eine genügende Anzahl von Ablesungen in gleichem Zeitabstand, z. B. einer Stunde, wiedergegeben werden kann. Sind weniger Ablesungen vorhanden, was meistens der Fall ist, so ist zu prüfen, ob das arithmetische Mittel aus diesen Terminen dem wahren Mittel genügend nahekommt oder ob dem einen oder anderen Termin ein anderes Gewicht beizulegen ist. Eine in der gemäßigten Zone häufig angewandte Terminkombination ist z. B. $(7 + 14 + 2 \cdot 21) : 4$. Stets gilt das Mittel nur für die betreffende Beobachtungsperiode. Streng vergleichbar sind daher nur Werte der gleichen Beobachtungsperiode. Kürzere Reihen müssen erst mit Hilfe von geeigneten Vergleichsstationen auf die längere Reihe reduziert werden. Leider läßt sich diese Forderung wegen des lückenhaften Beobachtungsnetzes noch nicht überall durchführen. Von Normalwerten spricht man, wenn das Mittel einem solch langen Zeitraum entstammt, daß es durch Verlängerung der Beobachtungsperiode nicht mehr merklich abgeändert wird. Berechnungen, wieviel Jahre notwendig sind, um den „wahrscheinlichen" Fehler auf ein bestimmtes Maß herabzudrücken (z. B. 0,1°), sind illusorisch, da wir für die in dieser Weise für die gemäßigte Zone errechneten Zeiträume (400—800 Jahre) kaum mit einer absoluten Konstanz des Klimas rechnen können. Vor einer Überschätzung des Mittelwertes muß vor allem bei vergleichenden Betrachtungen dringend gewarnt werden, wenn nicht unbedingt feststeht, daß das für einen bestimmten Ort errechnete Mittel wirklich allgemein für einen größeren Umkreis charakteristisch ist. In vorteilhafter Weise wird das Mittel ergänzt durch die Angabe der Extremwerte, d. h. der höchsten und tiefsten Werte, und zwar für die verschiedenen Zeitabschnitte wie Tag, Monat, Jahr. Aus dem mittleren täglichen Maximum und Minimum ergibt sich die tägliche unperiodische Schwankung, aus den monatlichen Extremen die monatliche, aus den jährlichen die jährliche Schwankung. Von der absoluten Schwankung eines Zeitraumes spricht man, wenn die Differenz zwischen den absolut höchsten und niedrigsten Werten gebildet wird. Den tiefsten Einblick in den täglichen Gang der einzelnen Elemente bieten Registrierungen. Wo diese nicht vorhanden sind, bieten die Mittel der einzelnen Termine schon einen gewissen Ersatz. Ihre getrennte Bearbeitung ist daher sehr zu empfehlen. Sehr viel empfohlen wird neuerdings die Bearbeitung der Häufigkeiten, mit der sich die Einzelwerte um den häufigsten Wert (Scheitelwert) gruppieren (Verteilungskurve).

Bei der Regenmenge wird nicht der Mittelwert, sondern die Summe für einen bestimmten Zeitraum (Tag, Monat, Jahr) gegeben. Die Angabe maximaler Mengen in kürzeren Zeiträumen ist praktisch von großem Werte. Charakteristisch für ein Klima ist die Anzahl der Tage mit Niederschlag (getrennt ausgezählt nach Mindestmenge, z. B. 0,2 oder 1,0 mm), ferner mit Schnee, Hagel oder Graupel, Gewitter, Sturm usw. Als Ergänzung der mittleren Bewölkung hat sich eingebürgert, die Häufigkeit der Tage mit fast oder ganz bedecktem (trübe Tage) und mit heiterem Himmel (heitere Tage) auszuzählen.

Diese zunächst rein statistischen Angaben, die in eingehenderen Klimadarstellungen außer den hier aufgezählten noch wesentlich vermehrt werden, bedürfen der sprachlichen Diskussion, die wohl zunächst von den einzelnen Elementen ausgehen wird, aber doch stets ihre gegenseitige Verknüpfung berücksichtigen muß.

Einen besonders ausgiebigen Gebrauch macht die Klimatologie von graphischen Darstellungen, weil diese besonders geeignet sind, den Überblick über das Zahlenmaterial zu erleichtern. Die geographische Verteilung der Elemente wird durch die Karte gegeben, bei der aber die Höhenunterschiede sich bemerkbar machen, die starke lokale Eigentümlichkeiten schaffen und das Bild sehr komplizieren. Die Reduktion auf ein einheitliches Niveau (Meeresspiegel) ist, das darf nicht übersehen werden, vor allem bei der Temperatur nur ein Notbehelf, da sie ideelle Verhältnisse schafft, die kaum zu diskutieren sind. Dort, wo es das Beobachtungsnetz erlaubt, wird man mit Vorteil auch die wirkliche Temperaturverteilung darstellen. Ein Nachteil der Karte ist auch, daß sie meist nur die Elemente isoliert behandeln und auch nicht ihren zeitlichen Ablauf ausdrücken kann. Ersatz bieten hierfür die Diagramme sowohl in der einfachsten Form von Kurven oder auch Isoplethen. Der Ausbildung der graphischen Methoden in der Klimatologie wird in letzter Zeit erhöhte Aufmerksamkeit zugewandt.

Die Sonnenstrahlung.

Die Bedeutung der Sonnenstrahlung. Die Strahlung des Mondes und der Sterne, der Wärmestrom, der vom Innern der Erde gegen die Oberfläche geht, sind in ihren Wirkungen zu geringe Energiequellen, als daß sie für die Vorgänge in der Erdatmosphäre Bedeutung gewinnen können. Die vornehmste Kraftquelle für die in den meteorologischen Vorgängen vor sich gehenden Massenverlagerungen liegt in der Bestrahlung der Erde durch die Sonne. Damit stellen die gesamten Witterungserscheinungen Umwandlungen der gewaltigen Energiemengen dar, die beständig von der Sonne ausgestrahlt werden.

Die mathematischen Bedingungen der Strahlung. Maßgebend für die Strahlungsmenge, die ein horizontales Flächenstück der Erdoberfläche zugestrahlt erhält, ist 1. der Winkel, unter dem die Strahlen einfallen und 2. die Dauer der Bestrahlung. Am reinsten gilt dieser Satz, wenn man zunächst von den noch zu besprechenden Beeinflussungen der Strahlen durch die Atmosphäre absieht, d. h. sich eine Erde ohne Atmosphäre denkt. Bei senkrechtem Einfall erhält dann die horizontale Fläche die Strahlenmenge 1, bei horizontalem Einfall die Strahlenmenge 0. Eine einfache geometrische Überlegung zeigt, daß die Gleichung gilt: $J_1 = J_0 \cdot \sin h$, wenn mit J_0 die Intensität bei Zenitstand und mit J_1 die Intensität bei der Sonnenhöhe h bezeichnet wird. Statt des Sinus der Sonnenhöhe kann auch der Cosinus der Zenitdistanz gesetzt werden. Die Rotation der Erde um ihre Achse bedingt eine tägliche Änderung der Sonnenhöhe innerhalb von 24 Stunden. Diese Zunahme und Abnahme des Einfallswinkels zwischen Morgen und Abend bringt zunächst die tägliche Temperaturkurve hervor und beeinflußt damit auch den Gang der übrigen meteorologischen Elemente.

Ein Wechsel der Bestrahlungsverhältnisse im Laufe des Jahres entsteht neben der täglichen Periode durch den Wechsel der Stellung des Erdkörpers zur Sonne. Zur Zeit der Äquinoktien (21. März und 23. September) tritt bei senkrechter Stellung der Erdachse auf der Ekliptik der einfache Fall ein, daß die Strahlungsmenge dem eben ausgesprochenen Gesetze folgend mit dem Sinus der Sonnenhöhe, d. i. dem Kosinus der geographischen Breite, abnimmt. In der übrigen Zeit des Jahres wird mit der veränderten Tageslänge die Dauer der Bestrahlung ausschlaggebend. Damit ist zu gewissen Zeiten sogar der Pol gegenüber dem Äquator im Vorteil, da an letzterem die Tageslänge stets nur 12 Stunden beträgt, am Nordpol aber am 21. Juni 24 Stunden erreicht. Diese Überlegenheit der hohen Breiten im Sommer der betreffenden Halbkugel zeigt auch die nachfolgende Tabelle, in der die Strahlungsmengen (gcal/cm²/Tag) angegeben sind, die die einzelnen Breiten im Jahresdurchschnitt und zur Zeit des Sommer- und Wintersolstitiums erhalten.

	0°	10°	20°	30°	40°	50°	60°	70°	80°	90°
Jahresdurchschnitt . .	880	867	830	773	694	601	500	417	378	366
Sommersolstitium . . .	809	901	958	998	1015	1015	1002	1038	1086	1103
Wintersolstitium . . .	863	745	627	477	326	181	51	0	0	0

Diese für eine Erde ohne Atmosphäre oder deren obere Grenze geltende Wärmemengenverteilung, die man als das solare Klima zu bezeichnen pflegt, ist aber nur von geringer praktischer Verwertbarkeit. Sie gewinnt auch nicht sehr an Bedeutung, wenn die Rechnungen, wie dies häufig geschieht, für einen mittleren Transmissionskoeffizienten der Atmosphäre durchgeführt werden. Das so entehende normale Bild ist von der tatsächlichen Strahlungsverteilung noch sehr weit entfernt. Wir müssen uns damit begnügen, den Strahlungsvorgang in der Atmosphäre zu schildern und nur wenige direkte Messungen anzugeben.

Der Strahlungsvorgang in der Atmosphäre. Man ist übereingekommen, diejenige Wärmemenge, die an der Grenze der Atmosphäre eine senkrecht zur Strahlenrichtung stehende Fläche von 1 cm^2 Größe in der Minute empfängt, als Einheit anzusehen. Dies ist die sogenannte Solarkonstante. Ihr Wert beträgt nach den neuesten Bestimmungen, die im Prinzip auf zwei Messungen bei verschiedenen Sonnenhöhen hinaus kommen, = 1,96 gcal. Die Beeinflussung der Sonnenstrahlung beim Durchgang durch die Atmosphäre geschieht in zweifacher Weise: durch diffuse Reflexion (Zerstreuung) und durch Absorption. Bei der Zerstreuung ändert sich nur die Richtung der Strahlen infolge Brechung und Reflexion an kleinsten Staubteilchen und Wolken, auch durch Beugung an Luftmolekeln, bei der Absorption findet dagegen eine Umwandlung der Strahlung in Wärme statt. Die Größe der Zerstreuung ist hauptsächlich abhängig von der Weglänge innerhalb der Luftmasse (Schichtdicke). Sie wächst mit abnehmender Sonnenhöhe nach folgenden Verhältniszahlen:

Sonnenhöhe	90°	80°	70°	60°	50°	40°	30°	20°	10°
Schichtdicke	1,00	1,01	1,06	1,15	1,30	1,55	1,99	2,90	5,55

Die Schwächung der Strahlung nimmt mit abnehmender Sonnenhöhe beträchtlich zu. Diese Abhängigkeit von der Schichtdicke drückt die Gleichung $J = J_0 \cdot q^d$ (Gesetz von LAMBERT und BOUGUER) aus, in der q der sogenannte Transmissionskoeffizient, der angibt, welcher Bruchteil der an der Atmosphärengrenze ankommenden Strahlung J_0 zur Erde gelangt, und d eine beliebige Schichtdicke ist.

Die diffus reflektierte Strahlung ist für den Strahlungshaushalt der Erde durchaus nicht vollständig verloren, sondern nur die Hälfte geht in den Weltenraum, die andere Hälfte aber als diffuses Himmelslicht zur Erde. Seine Intensität nimmt mit der Höhe ab (Dunkelwerden des Himmels), während der Anteil der direkten Strahlung rasch zunimmt. Von größter Bedeutung für den Wärmehaushalt der Atmosphäre ist aber die Absorption. Sie erstreckt sich nicht gleichmäßig auf alle Wellenlängen, sondern vorwiegend auf solche im langwelligen Teil des Spektrums (selektive Absorption). Diese Absorption, an der besonders der in der Atmosphäre stets vorhandene Wasserdampf beteiligt ist, ermöglicht es, daß die absorbierte Wärme diffus gegen die Erde ausgestrahlt wird. Zusammen mit der von der direkt erwärmten Erdoberfläche stammenden dunklen Erdstrahlung, die zum größten Teile gleichfalls absorbiert wird, entsteht so die Gegenstrahlung der Atmosphäre, die an der Erwärmung der höheren Breiten einen außerordentlich großen Anteil hat. Unter 50° führt sie beispielsweise der Erde eine viermal so große Wärmemenge als die direkte Sonnenstrahlung zu. Diese „Glashauswirkung“ der Erdatmosphäre bedingt zusammen mit den großen Strömungen in der Lufthülle eine starke Milderung der Temperaturgegensätze, die dem solaren Klima nach auftreten müßten.

Ausgehend von dem konstanten Wärmezustand der Erde, ist es möglich, eine Strahlungsbilanz, bei der sich Ein- und Ausgabe das Gleichgewicht halten, aufzustellen. Man kommt dabei zu folgenden Überschlagswerten. Von den im Laufe des Tages einem Quadratzentimeter an der Grenze der Atmosphäre zugestrahlten 720 gcal können selbst bei heiterem Himmel nur rund 44% zur Erdoberfläche gelangen. Bei durchschnittlich halb bedecktem Himmel wird die Hälfte (22%) an den Wolken wieder in den Weltenraum zerstreut, während bloß 22% zur Erdoberfläche kommen. Verloren geht auch die Hälfte (18%) der 36%, die diffus zerstreut werden, und somit gelangen 40% überhaupt nicht zur Erdoberfläche. Die andere Hälfte der diffusen Strahlung (18%) geht zur Erdoberfläche, die zusammen mit 22% direkter Strahlung 40% (= 290 gcal) der gesamten Sonnenstrahlung aufnimmt. Schließlich werden 20% in der Atmosphäre absorbiert. Zusammen mit der Gegenstrahlung der Atmosphäre (bei $14^0 = 600$ gcal/m²/Tag) beträgt die Einnahme 890 gcal. Der Hauptausgabeposten ist demgegenüber der Verlust durch Ausstrahlung (bei $14^0 = 0{,}52$ gcal/min = 750 gcal/Tag). Der Rest wird zur Verdampfung gebraucht.

Einige Ergebnisse wirklicher Strahlungsmessungen aus verschiedenen Breiten sind in nachfolgender Tabelle zusammengestellt. Sie geben mittlere tägliche Wärmesummen gcal/cm² auf eine horizontale Fläche und sind aus den Durchschnittsergebnissen einzelner direkter Strahlungsmessungen in Verbindung mit den Registrierungen der Sonnenscheindauer berechnet.

Mittlere tägliche solare Wärmemengen (g/cal/cm² horizontale Fläche).

	Washington	Montpellier	Davos	Wien	Warschau	Potsdam	Stockholm	Spitzbergen
Breite	38° 53′	43° 36′	46° 48′	48° 15′	52° 13′	52° 23′	59° 20′	79° 55′
Januar	87	82	74	23	15	20	12	0
Februar	159	127	118	52	27	46	28	0
März	194	184	193	109	74	108	67	15
April	286	229	240	189	123	204	198	53
Mai	323	296	309	256	266	281	313	**143**
Juni	356	311	340	**287**	279	**318**	**403**	127
Juli	**361**	**325**	348	284	**294**	267	359	114
August	298	295	**355**	242	232	220	231	55
September	270	225	260	159	160	167	137	40
Oktober	188	135	164	72	59	76	49	0
November	120	90	93	29	13	27	10	0
Dezember	92	61	61	15	5	13	3	0
Mittel	228	197	214	143	130	146	151	46

Die Temperatur.

Der Wärmeumsatz an der Erdoberfläche. Für die Erwärmung der unteren Atmosphärenschichten kommt in erster Linie das thermische Verhalten der obersten Schichten der Erdoberfläche in Betracht. Das Schicksal der Wärmemengen, die mit den Sonnenstrahlen zur Erde gelangen, ist aber ganz verschieden, je nachdem die Strahlen auf festen Boden oder eine Wasserfläche fallen. Wir müssen daher diese beiden Fälle getrennt betrachten.

Feste Erdoberfläche. Unter dem Einfluß der Bestrahlung wird nur eine außerordentlich dünne Schicht an der Erdoberfläche sehr stark erwärmt. In heißen Klimaten kann nackter Boden 60 bis 80° erreichen. Durch Leitung wird diese Wärme an die tieferen Bodenschichten und an die dem Boden unmittelbar aufliegenden Luftschichten weitergegeben. Die Wirkung der Insolation, die sich in einer täglichen und jährlichen Temperaturänderung der obersten Bodenschichten äußert, ist abhängig von der Beschaffenheit des Landes. In Wüsten und trockenen Steppen sind diese Änderungen groß, in vegetationsreichen Gebieten und überhaupt feuchtem Boden (Moorboden) dagegen klein. In Tälern und Mulden, also konkaven Oberflächenformen, sind sie gleichfalls gesteigert, auf Bergen und Hügeln, d. h. konvexen Oberflächenformen, vermindert. In den festen Boden dringt die tägliche Wärmeänderung mit rasch abnehmender Amplitude bis zu rund 1 m Tiefe, die jährliche bis zu einer Tiefe von rund 20—30 m ein. Die Fortpflanzung der Temperaturwelle in den Boden geschieht mit einer Verspätung der Extreme mit zunehmender Tiefe, wodurch schließlich in der größten Tiefe, in der die betreffende Änderung noch gespürt wird, eine Umkehrung der Kurve gegenüber dem Gange an der Oberfläche eintritt.

Die besondere Beschaffenheit des Bodens, sein Temperaturleitungskoeffizient und auch die Bodenfeuchtigkeit sind für die besondere Verteilung der Wärme im Boden maßgebend. Je lockerer das Gefüge des Bodens ist, um so geringer ist seine Leitung und um so stärker sein Ausstrahlungsvermögen.

Der tägliche Wärmeumsatz im Sommer ist nach den in Finnland und Norddeutschland ausgeführten Messungen für die verschiedenen Bodenarten in $gcal/cm^2$ ungefähr mit folgenden Werten anzusetzen:

Moorboden mit Nadelwald	Sandboden mit Nadelwald	Moorwiese	Sandboden	Granitfels	Wasser
15	22	38	70	134	450

Frisch gefallener, lockerer Schnee wirkt wie lockerer Boden und bedeutet daher für den von ihm bedeckten Boden eine fast vollständige Isolation. Infolge seiner starken Ausstrahlung kühlt er die unterste Luftschicht besonders stark ab. Eine ausgedehnte, geschlossene Schneedecke vermag daher die Luftdruckverteilung wirksam zu beeinflussen.

Die durch den Wechsel in den Bestrahlungs- und Ausstrahlungsverhältnissen an einzelnen Tagen sehr komplizierten Vorgänge lassen im Mittel doch im Winter und in der Nacht einen Wärmestrom aus der Tiefe gegen die Erdoberfläche, im Sommer dagegen einen Strom in umgekehrter Richtung fließen. Nach den in Eberswalde ausgeführten Messungen gehen in den einzelnen Monaten die folgenden Wärmemengen ($gcal/cm^2$) durch die Erdoberfläche hindurch.

	Jan.	Febr.	März	April	Mai	Juni	Juli	Aug.	Sept.	Okt.	Nov.	Dez.
Feld . . .	—300	—166	— 9	353	498	469	345	147	—133	—386	—425	—393
Wald . .	—232	—140	—41	169	294	356	277	165	— 16	—232	—298	—302

Flüssige Erdoberfläche. Vom festen Erdboden unterscheidet sich das Wasser durch die höhere spezifische Wärme, die Beweglichkeit seiner einzelnen Teilchen und durch die größere Durchstrahlbarkeit. Die Wirkung der letzteren ist aber nur gering einzuschätzen, denn die langwelligen Sonnenstrahlen werden bereits in den obersten 10 cm fast ganz absorbiert. Temperaturerhöhend wirkt nur der Teil der Strahlungsenergie, der nicht durch Reflexion oder infolge von Verdunstung verlorengeht.

Infolge der größeren spezifischen Wärme muß aber die doppelte Wärmemenge zugestrahlt werden, um die gleiche Temperaturerhöhung wie auf dem festen Erdboden zu bewirken. Ausschlaggebend für die Aufspeicherung großer Wärmemengen im Sommer ist die mechanische Konvektion ((Turbulenz), die das warme Oberflächenwasser in die Tiefe schafft (Scheinleitung). Thermische Konvektion kommt nur im Winter in Betracht, wo das an der Oberfläche erkaltete und schwerer gewordene Wasser in die Tiefe sinkt, während wärmeres Wasser aufsteigt. Starke Temperaturveränderungen werden auf diese Weise an den Wasseroberflächen unterdrückt. Die Aufspeicherung gewaltiger Wärmemengen im Sommer und ihre Abgabe im Winter ist aber für die die Meere umgebenden Landmassen klimatisch von hervorragendster Bedeutung (Land- und Seeklima). Beispielsweise ist die in der Ostsee während des Sommers aufgespeicherte Wärmemenge etwa 30—40 mal so groß als die von dem festen Boden aufgenommene; im Herbst und Winter stehen deshalb in den küstennahen Gebieten die von dem Wärmereservoir des Wassers abzugebenden Wärmemengen zur Verfügung, die die winterliche Kälte mildern. Da zudem andererseits die flüssige Erdoberfläche fast nichts für konvektive Heizung der Luft im Sommer aufwenden kann, wird die jährliche Wärmeschwankung im Seeklima stark gemildert.

Der Wärmeaustausch Boden—Luft. In der gleichen Weise wie von den stark erwärmten Bodenschichten ein Wärmestrom infolge Leitung abwärts wandert, geht ein Wärmestrom nach den dem Boden aufliegenden Luftschichten über. Die Luft leitet dabei erheblich schlechter als der Boden, bedarf aber ihrer geringen spezifischen Wärme wegen nur kleiner Wärmemengen, um eine nennenswerte Temperatursteigerung zu erzielen. Die in gewisser Höhe über dem Erdboden auftretende Schwankung der Temperatur ist aber als so beträchtlich gefunden worden, daß sie nur zum geringsten Teile durch Wärmeleitung erklärt werden kann. Auch die thermisch bedingte Konvektion, die eintritt, wenn das Temperaturgefälle den Wert von 0,03°/m überschreitet, reicht als Grund nicht aus, sondern der Hauptwärmetransport bis zu etwa 1 km Höhe wird durch den mechanisch bedingten Luftmassenaustausch infolge der Turbulenz bedingt. Nachts strömt die bei Tage vom Boden aufgenommene Wärme durch Wärmeleitung an die sich infolge Ausstrahlung gegen den Weltenraum abkühlende Erdoberfläche wieder zurück. Eine äußerst stabile Schichtung der untersten Luftschichten tritt ein. Ein trotzdem vorhandener schwacher Massenaustausch, der vorhanden sein muß, um die tatsächlich festgestellte Abkühlung zu erklären, hängt wahrscheinlich mit der Abkühlung der Staubteilchen zusammen, deren Absinken eine äußerst feine Konvektion bewirken kann.

Für die Entwicklung der täglichen Temperaturschwankung über Land und Wasser ist das Verhältnis maßgebend, mit dem beide an der Fortführung der zugestrahlten und in Wärme verwandelten Energie beteiligt sind (Austauschgröße). Nach den Berechnungen von W. SCHMIDT geht in das Wasser etwa 270mal mehr Wärme als an die Luft über ihm, während an der festen Erdoberfläche der Wärmefluß nach unten in den Boden und nach oben zur Luft etwa von gleicher Größenordnung sind[1].

Tages- und Jahresgang der Temperatur der untersten Luftschicht. Der Wechsel in der von der Sonne zugestrahlten Wärmemenge bedingt Schwankungen der Temperaturen im Laufe des Tages und nach den Jahreszeiten. Sie werden bestimmt durch die Amplitude und den Eintritt der Extreme.

Bei der täglichen Periode wird unterschieden zwischen der periodischen und der aperiodischen mittleren täglichen Temperaturschwankung. Erstere ist die Differenz zwischen dem höchsten und niedrigsten Stundenmittel, letztere wird aus dem Mittel der täglichen durch Extremthermometer bestimmten Extreme bestimmt und ist stets größer als die periodische Amplitude, weil in ihr auch die großen unregelmäßigen Temperaturveränderungen zur Geltung kommen.

Das Minimum der Temperatur tritt überall um Sonnenaufgang ein, der Eintritt der höchsten Temperatur verspätet sich dagegen merklich gegenüber dem höchsten Sonnenstande, auf dem Festlande um 1—2, über den Ozeanen nur um eine halbe Stunde. Hier tritt auch das Minimum stets kurz vor Sonnenaufgang ein. In den Breiten, wo die mittäglichen Sonnenhöhen im Laufe des Jahres stärker schwanken, ändert sich die Größe der Amplituden auch mit der Jahreszeit. In Mitteleuropa ist sie z. B. im Sommer drei- bis viermal so groß wie im Winter.

[1] Das neuerdings viel beachtete Problem des Massenaustausches ist zusammenfassend behandelt in W. SCHMIDT: Der Massenaustausch in freier Luft und verwandte Erscheinungen. Probleme der kosmischen Physik 7. Hamburg 1925.

Gleichfalls stark ist der Einfluß der Bewölkung. Heitere Tage haben eine viermal so große Amplitude wie trübe Tage. Mit Abnahme der geographischen Breite verringert sich auch die tägliche Temperaturschwankung. Am Pol wird sie in der Polarnacht gleich Null. In landfernen Wüsten und hochgelegenen Steppengebieten der niederen Breiten erreicht sie Werte von mehr als 30°. Die Abhängigkeit von der Art der Unterlage zeigt sich am stärksten in dem Gegensatz zwischen Ozean und den inneren Teilen der Kontinente. Über dem Meere sind Werte von 1 bis 1,5° schon groß. Feuchter und stark bewachsener Boden wirkt gleichfalls schwankungsmildernd. Von den Oberflächenformen verkleinern Gipfellagen die Tagesschwankung, Tal- und Muldenlagen dagegen vergrößern sie.

Luftmassenverlagerungen mit Tagesperiode, wie Land- und Seewinde, können den periodischen Ablauf der Temperaturen stark abändern. Ähnlich wirken auch Störungsvorgänge in der Atmosphäre, wie z. B. Böen. Stärkere Luftbewegung verringert die Amplitude des täglichen Temperaturganges, weil dann die Stagnation der Luftmassen unterbunden und damit stärkere Strahlungseinwirkung ausgeschlossen wird.

Im jährlichen Gange verspäten sich im allgemeinen die Extreme gegenüber dem höchsten und tiefsten Sonnenstande. In maritimen Klimaten kann unter dem Einfluß der langsamen Wärmeabgabe aus dem Wärmevorrat des Wassers diese Verspätung bis zu 2 Monaten betragen. In äquatorialen Gegenden, wo entsprechend dem Sonnenstande zwei Maxima zu erwarten wären, wird der jährliche Gang der Temperaturen vollkommen durch den Eintritt der Regen- und Trockenzeiten bestimmt.

Die Jahresamplitude (Differenz zwischen höchstem und niedrigstem Monatswert) kann unter dem Äquator sehr klein sein (0,5°). In mittleren Breiten erreicht sie im Innern der Kontinente Werte von mehr als 50°. In Mitteleuropa beträgt sie 16 bis 20°.

Unter gleicher Breite nimmt die Jahresschwankung landeinwärts stark zu, z. B. Irland 8°, Berlin 19°, Barnaul 39°. Die Größe der Jahresamplitude ist daher benutzt worden, um einen zahlenmäßigen Ausdruck für den Grad der Kontinentalität zu finden.

Es werden folgende Typen des jährlichen Ganges unterschieden:

1. Der äquatoriale Typus. Jahresschwankung sehr gering. Tendenz zur Ausbildung von zwei Maxima und zwei Minima (Batavia: wärmste Monate Mai und Oktober mit 26,5°, kühlste Monate Februar 25,5° Juli 25,9°).

2. Der tropische Typus mit einem Maximum und einem Minimum nach dem Eintritt des höchsten bzw. des tiefsten Sonnenstandes. Die Amplitude ist noch klein. Die Regenzeit kann eine Temperaturdepression herbeiführen, so daß zwei Maxima entstehen.

3. Der indische Typus. Die Amplitude ist schon größer (8—12°). Das Maximum liegt im Frühjahr, vor Eintritt der Regenzeit.

4. Der Sudantyp. Er ähnelt dem indischen Typ, doch fällt die kühlste Zeit nicht auf den Winter, sondern auf den Sommer. Dieser Typ tritt hart nördlich vom Äquator auf. Die sommerliche Depression wird durch Übertritt kühlerer Luft von der winterlichen Südhalbkugel auf die sommerliche Nordhalbkugel verursacht.

5. Der normale Typus der gemäßigten Zonen mit dem Maximum nach dem höchsten und dem Minimum nach den tiefsten Sonnenstande und großer Jahresschwankung. Vier Jahreszeiten sind ausgebildet.

6. Der Kap-Verden-Typus. Er tritt besonders über den Ozeanen auf und ist gekennzeichnet durch eine starke Verspätung des Maximums bis

auf den Herbst. Eine Verspätung des Minimums ist meist nur sehr schwach vorhanden.

7. Der polare Typus. Seine Jahresschwankung ist sehr groß. Das Minimum kann sich in der Arktis bis in den März verspäten. Das Maximum fällt auf den Juli. In der Antarktis ist die Verspätung nicht so ausgesprochen. Das Minimum liegt in den meisten Fällen im Juli. Für den maritimen Typ des Polarklimas ist die Abstumpfung des winterlichen Minimums charakteristisch, eine Folge des Wärmestromes, der von dem Wasser durch das Eis hindurch zur Luft geht.

Wird der Jahresgang durch Mittel für kürzere Zeitintervalle, z. B. Tages- oder Fünftagesmittel, dargestellt, so zeigt sich, daß Anstieg und Abstieg auch im Mittel nicht ohne Unterbrechung vor sich gehen, sondern durch Kälterückfälle bzw. Wärmerückfälle unterbrochen werden. Solche bemerkenswerten Störungen im jährlichen Gang der Temperatur sind in Mitteleuropa der Nachwinter um die Mitte Februar, der Kälterückfall Mitte Juni (Schafkälte), der Nachsommer Ende September oder Anfang Oktober (Altweibersommer), der Wärmerückfall Mitte Dezember. Die Kälterückfälle in der Mitte des Mai (die sog. Eisheiligen) schwanken in ihrer Eintrittszeit sehr stark und sind in der mittleren Kurve nur in gewissen Perioden zu erkennen.

Die horizontale Temperaturverteilung. Die horizontale Temperaturverteilung auf der Erde ist zunächst ein Produkt der nach den Polen zu abnehmenden Jahressumme der zugestrahlten Wärme. Auf einer homogenen Erde (entweder Land- oder Wasserkugel) würde eine zonale Temperaturverteilung entstehen. Die thermische Verschiedenheit von Wasser und Land bringt aber im Zusammenwirken mit Wind- und Meeresströmungen starke Abweichungen vom idealen Bild hervor. Kartographisch pflegt man die Temperaturverteilung durch Zeichnen der Linien gleicher Temperatur, der Isothermen, darzustellen. Isothermenkarten der ganzen Erde sind durch J. HANN, neuerdings von L. GORCZYNSKY, gezeichnet worden.

Eine erste Orientierung erlauben die für die Breitengrade abgeleiteten Mitteltemperaturen (s. folgende Tabelle).

Mitteltemperatur der Breitenkreise von °C. (Nach W. MEINARDUS[1].)

Breite Grad	Jahr			Januar			Juli			Jahresamplitude		
	n. Br.	s. Br.	Diff.	n. Br.	s. Br.	Diff.	n. Br.	s. Br.	Diff.	n. Br.	s. Br.	Diff.
0	26,2	26,2	—	26,4	26,4	—	25,6	25,6	—	0,8	0,8	—
10	27,7	25,3	1,4	25,8	26,3	— 0,5	26,9	23,9	3,0	1,1	2,4	—1,3
20	25,3	22,9	2,4	21,8	25,4	— 3,6	28,0	20,0	8,0	6,2	5,4	0,8
30	20,4	18,4	2,0	14,5	21,9	— 7,4	27,3	14,7	12,6	12,8	7,2	5,6
40	14,1	11,9	2,2	5,0	15,6	—10,6	24,0	9,0	15,0	19,0	6,6	12,4
50	5,8	5,5	0,3	— 7,1	8,3	—15,4	18,1	3,0	15,1	25,2	5,3	19,9
60	— 1,1	— 4,1	3,0	—16,1	1,2	—17,3	14,1	—10,3	24,4	30,2	11,5	18,7
70	—10,7	—13,3	2,6	—26,3	— 1,3	—25,0	7,3	—23,9	31,2	33,6	22,6	11,0
80	—18,1	—24,7	6,6	—32,2	— 7,4	—24,8	2,0	—36,3	38,3	34,2	28,9	5,3
90	—22,7	—30,0	7,3	—41,1	—11,0	—30,0	—1,0	—42,0	41,0	40,0	31,0	9,0
Halbkugel	15,2	13,3	1,9	8,1	17,0	— 8,9	22,4	9,7	12,7	14,3	7,3	7,0

Daraus ergibt sich, daß die südliche Halbkugel im Jahresdurchschnitt um 1,9° kälter ist als die Nordhalbkugel. Die Mitteltemperatur für die ganze Erde beträgt 14,2, das Monatsmittel für den Januar, also den Nordwinter, ist 12,5°, das für den Juli, also Nordsommer, ist 16,1°. Dieser große Gegensatz beruht darauf, daß im Januar der kalte Winter der Festlandhemisphäre nicht durch den

[1] MEINARDUS, W.: Neue Mitteltemperaturen der höheren südlichen Breiten. Nachr. Ges. Wiss. Göttingen, Math.-physik. Kl. **1925**, Juli.

kühlen Sommer der südlichen Wasserhalbkugel ausgeglichen werden kann, während im Juli der warme Nordsommer das Mittel für die ganze Erde erhöht. Daß der Wärmeäquator auf der nördlichen unter 10° n. Br. liegt, ist gleichfalls ein Ausdruck für das Überwiegen der Landmassen auf dieser Halbkugel.

Den Temperaturkarten sind folgende Haupttatsachen der Temperaturverteilung zu entnehmen. Die großen Landflächen mittlerer und hoher Breiten sind im Winter kälter, als ihrer Breitenlage entspricht. Die niedrigste Wintertemperatur liegt deshalb nicht im Polargebiet, sondern in Nordsibirien. Im „Kältepol" von Werchojansk beträgt die mittlere Januartemperatur —48°. Andererseits sind im Sommerhalbjahr die heißesten Gegenden der Erde gleichfalls auf der Nordhalbkugel, und zwar in den kontinentalen Gebieten niederer Breiten zu finden. Wärmezentren sind dann Sahara, Arabien und Südkalifornien, wo die Julimittel 32—36° erreichen. Die höchsten Temperaturen mit über 50° sind aus dem „Todestal" von Kalifornien, aus Algerien und der Puna von Atacama (Argentinien) bekanntgeworden; am Kältepol von Nordsibirien kann die Lufttemperatur unter —70° herabsinken.

Auch die Meeresströmungen sind von starkem Einfluß auf die Temperaturverteilung. Warme polwärts fließende Ströme, wie z. B. der Golfstrom, wärmen die über ihnen lagernde Luft stark an und verfrachten so die hohen Temperaturen der niederen Breiten in hohe Breiten, kalte äquatorwärts fließende, wie der Labradorstrom, wirken dagegen abkühlend. Eine ähnliche Wirkung übt auch aus der Tiefe aufsteigendes Küstenwasser aus. Beispiele finden sich an den Westküsten von Südafrika und dem mittleren Südamerika. Die Erwärmung der Küste durch warme Strömungen kommt auch dem Innern zugute, wenn der Transport warmer Luft nach dem Innern zu durch die herrschende Windrichtung unterstützt wird. So tragen im Winter die Westwinde der gemäßigten Breiten das maritime Klima über Nordeuropa verhältnismäßig weit nach Osten. Andererseits vermag das Gebiet winterlichen Kontinentalklimas nach den Küstenländern zu verschoben werden, wenn vom Kontinent abströmende Winde vorhanden sind. Dies trifft z. B. für die Küste Ostasiens und Nordamerikas zu.

Die durch die genannten Faktoren verursachten Störungen der Temperaturverteilung werden auf den Isanomalenkarten der Temperaturen sichtbar. Sie gehen von den Mitteltemperaturen der Breitenkreise aus und geben für die einzelnen Orte die Abweichung der Temperatur gegenüber der Mitteltemperatur des betreffenden Breitenkreises. Solche Karten sind in den bekannten meteorologischen Atlanten als Ergänzung der Temperaturkarten gegeben.

Einfluß der Höhenlage auf die Temperatur. Trotzdem mit der Erhebung über den Erdboden die Intensität der Strahlung zunimmt, nimmt die Temperatur in vertikaler Richtung im allgemeinen ab. Dabei sind die Änderungen meist viel größer als der Temperaturwechsel in horizontaler Richtung. Der Grund für diese zunächst auffallende Temperaturschichtung liegt darin, daß die Erwärmung der Atmosphäre nicht durch die sie fast vollständig durchdringenden Sonnenstrahlen erfolgt, sondern vom Erdboden ausgeht, von dem aus erst durch Leitung und vor allem durch dynamische Konvektion (Turbulenz) die Erwärmung der höheren Schichten besorgt wird. Eine Luftmasse, die auf diese Weise aufsteigt, kommt in der Höhe unter einen mit zunehmender Höhe immer mehr abnehmenden Luftdruck, dehnt sich aus, wobei das zu dieser Arbeit benötigte Wärmeäquivalent der Luftmasse selbst entnommen wird, und kühlt sich dabei ab (dynamische Abkühlung). Andererseits erwärmt sich die Luft beim Absinken auf das frühere Niveau auf die Ausgangstemperatur, da sich der Prozeß nun in umgekehrter Richtung abspielt. Bedingung für diese Überlegungen ist, daß keine Temperatur auf andere Weise zu- oder weggeführt wird. Solche Zustandsänderungen werden als adiabatisch bezeichnet. Im Trockenstadium nimmt die Temperatur einer sich auf 100 m Höhe erhebenden Luftmasse um rund 1° ab. Bei Anwesenheit von Wasserdampf wird durch dessen in bestimmter Höhe erfolgende Kondensation Wärme frei, so daß nun die Abkühlung bei 100 m Erhebung weniger als 1° beträgt. Mit Wasserdampf gesättigte Luft ergibt einen Temperaturgradienten von nur 0,5°/100 m. Über die mittleren Verhältnisse sind wir durch die Beobachtungen an den in verschiedenen Niveaus liegenden Gebirgsstationen und den Messungen der aerologischen Observatorien für die freie Atmosphäre wenigstens in großen Zügen unterrichtet.

In den Gebirgen, deren thermischen Zustand man schon frühzeitig kennen lernte, nimmt in allen Breiten die Temperatur im Jahresdurchschnitt um etwa 0,5—0,6° auf 100 m Erhebung ab. Im jährlichen Gang gibt es aber, wie die folgende Tabelle zeigt, bemerkenswerte Unterschiede:

	Winter	Fruhling	Sommer	Herbst	Jahr
Harz	0,43	0,67	0,70	0,51	0,58
Ostalpen, Nordseite	0,34	0,60	0,62	0,47	0,51
Ätna	0,59	0,61	0,65	0,63	0,61
Nordwestindien	0,47	0,64	0,57	0,59	0,56
Felsengebirge (Nordamerika)	0,55	0,71	0,69	0,59	0,64

Der Winter ist überall die Jahreszeit der geringsten Temperaturabnahme nach oben. Sie kommt dadurch zustande, daß in ruhigen Zeiten die an den Hängen abgekühlte Luft sich am Boden ansammelt, so daß es sogar zu einer Temperaturzunahme nach oben kommen kann (Temperaturumkehr oder -Inversion).

Die Herabdrückung der winterlichen Temperaturabnahme ist dort am größten, wo die Austauschmöglichkeiten am geringsten sind. Im übrigen hängen die regionalen Unterschiede in der Temperaturabnahme bei gleicher Austauschgröße von dem Feuchtigkeitsgehalt der Luft ab. Der Ort, wo dieser gering ist, d. h. an den Trockengebieten der Erde oder über hochgelegenen Plateauflächen ist die Temperaturabnahme mit der Höhe auch groß, weil bei dem Abkühlungsprozeß hier mehr das Gesetz der Temperaturabnahme trockener Luft befolgt wird. In tropischen Regenzeiten wird die Abkühlung selbst bei genügendem Austausch gering sein müssen, da die frei werdenden Wärmemengen den Temperaturgradienten niedrig halten.

Im täglichen Temperaturgang treten die Änderungen im vertikalen Temperaturgefälle in den Gebirgen noch stärker in Erscheinung. Überadiabatisches Temperaturgefälle um die Mittagszeit im Sommer ist keine Seltenheit. Nachts und in den frühen Morgenstunden ist die Abnahme gering und geht häufig in Temperaturumkehr über.

In der freien Atmosphäre ist mit Hilfe der Ballonfahrten, Drachen und Sondierballonen festgestellt worden, daß bis rund 4 km Höhe der vertikale Temperaturgradient mehr oder weniger stark und unregelmäßig zunimmt. Die örtlichen Verschiedenheiten sind dabei groß. Von 4—8 km werden die Verhältnisse gleichmäßiger. Der Gradient beträgt in dieser Schicht 0,65—0,75°/100 m. Sogenannte Inversionsflächen mit sprunghafter Temperaturzunahme können in Einzelfällen die normale Temperaturabnahme unterbrechen. In noch größerer Höhe der Atmosphäre, die von den höchsten Registrierballonen bis zu rund 30 km Höhe durchstoßen worden ist, hört die Temperaturabnahme auf. Die höchsten Schichten haben eine zum mindesten gleiche Temperatur. Diese im Jahre 1902 unabhängig voneinander durch Teisserenc de Bort und Assmann[1] festgestellte zunächst sehr erstaunliche Tatsache erlaubt es, die Atmosphäre in zwei Hauptschichten zu zerlegen: die untere Troposphäre mit vertikaler Temperaturabnahme und die obere Stratosphäre mit Isothermie. Die Troposphäre ist der Schauplatz der gesamten Witterungsvorgänge, bei denen konvektive Vorgänge eine große Rolle spielen. In der Stratosphäre kommen nur noch advektive Bewegungen vor. Da sich in niedrigen Breiten die konvektiven Vorgänge der unteren Schichten kräftiger entwickeln müssen als in höheren Breiten, nimmt die Höhenlage der unteren Stratosphärengrenze vom Äquator nach dem Pole zu ab. Die von Batavia ausgehenden Aufstiege fanden sie in 17 km Höhe mit einer Temperatur von — 85°, in Mitteleuropa liegt sie in 11 km Höhe mit — 56°, und über Lappland beginnt die Stratosphäre bereits in rund 10 km Höhe mit — 57°. Die niedrigsten Temperaturwerte liegen somit über dem Äquator, da sich hier die Temperaturabnahme in größere Höhen fortsetzt als in höheren Breiten. Die tiefste bisher gemessene Temperatur wurde in $15^1/_2$ km über Batavia mit — 90° angetroffen. Strömt daher in der Höhe Luft aus äquatorialen Breiten ab, so muß sie in mittleren Breiten als Kälteeinbruch wirken, während Luft aus polaren Gebieten einen Wärmeeinbruch abgibt. Die Stratosphärengrenze muß der jährlich wechselnden Stärke der konvektiven Vorgänge entsprechend im Winter tiefer liegen als im Sommer. In Mitteleuropa beträgt diese Höhendifferenz rund $1^1/_2$ km.

Die tägliche Temperaturschwankung nimmt nach oben sehr schnell ab. Austauschvorgänge sind daran bis um etwa 1000 m Höhe beteiligt, darüber wird sie durch Absorption direkter Sonnenstrahlung bedingt. In 2000 m Höhe erreicht sie nur wenige Zehntel Grad. Unperiodische Änderungen bis zu 5° von einem Tag zum andern sind noch in 12 km Höhe festgestellt worden.

Die jährliche Schwankung nimmt bis 3 km zunächst ab, dann aber überraschenderweise bis zu 8 km Höhe zu und darüber erst wieder ab. In 6000 m Höhe ist sie fast ebenso groß wie am Erdboden. In den unteren Schichten verspäten sich die Extreme etwas, in den oberen Schichten verfrühen sie sich dagegen, d. h. sie schließen sich eng an den Sonnenstand an, weil in großen Höhen der Temperaturablauf wesentlich durch Strahlungsvorgänge bedingt ist.

Berggipfel erscheinen durchschnittlich etwas kälter als die freie Atmosphäre in gleicher Höhe. In der Höhe der Zugspitze beträgt der Unterschied morgens 1°, mittags und bei trübem Wetter ist er geringer. Grund ist die Ausstrahlung des Gipfels und die Vertikalbewegung der Luft längs des Hangs.

Luftdruck und Wind.

Allgemeines. Die Entstehung der Luftbewegung. Dem Druck der Luft kommt in der Klimatologie nur eine geringe Bedeutung zu. Er wirkt nur indirekt, indem horizontale Druckdifferenzen Luftmassenverlagerungen erzeugen und dadurch den Wind mit seiner großen klimatischen Rolle schaffen. Der durchschnittliche Druck im Meeresniveau entspricht dem einer Quecksilbersäule von rund 76 cm Höhe auf einen Quadratzentimeter. Das Gewicht dieser Säule beträgt 1033,3 g. Da mit zunehmender Höhe die über dem Beobachtungspunkte ruhende Luftsäule abnimmt, muß auch der Druck geringer werden. Die Abnahme ist nicht linear, sondern wird mit der Höhe langsamer. Über den in den einzelnen Höhen bei verschiedenen Temperaturen herrschenden Druck gibt folgende Tabelle Auskunft.

[1] Teisserenc de Bort: C. r. Acad. Paris **134**, 987—989 (1902). — Assmann: Sitzgsber. Akad. Wiss. Berlin **1902**, 495—504.

Luftdruck (mm) in der Höhe in verschieden temperierten Luftsäulen.

		Höhe in km							
		0 m	0,5	1,0	2,0	3,0	4,0	5,0	10,0
Temperatur in 0 m Höhe	-15^0	760	711	665	581	505	439	380	176
	0^0	760	713	670	590	517	453	395	193
	$+15^0$	760	715	675	598	528	466	410	209

Die Tabelle zeigt das wichtige Gesetz: Der Druck der Luft nimmt in warmer Luft langsamer mit der Höhe ab als in kalter.

Folgen des verringerten Luftdruckes setzen beim gesunden Menschen erst unterhalb 500 mm Quecksilberdruck, also in 3000 m Höhe ein.

Der Luftdruck ist fortwährenden Schwankungen unterworfen. Periodischer Natur sind von ihnen die tägliche und jährliche Schwankung. Die tägliche ist mit einer Amplitude von 2—3 mm nur in den Tropen als Doppelwelle regelmäßig vorhanden. Sie zeigt zwei Maxima von 9—10 Uhr vormittags und abends und zwei Minima von 3—4 Uhr morgens und nachmittags. In höheren Breiten ist die tägliche Schwankung nur an ganz ungestörten Tagen zu erkennen und beträgt dann nur einige Zehntel Millimeter. Die jährliche Schwankung ist in niederen Breiten klein und nimmt in höheren Breiten zu, ist aber im einzelnen sehr stark von den thermischen Einflüssen der Land- und Wasserverteilung beeinflußt. Neben diesen periodischen Schwankungen gehen unperiodische Schwankungen vor sich, die vor allem in mittleren Breiten große Werte erreichen können und mit der Änderung des Wetters in Beziehung stehen. Charakterisiert werden sie durch die mittlere Monatsschwankung des Luftdruckes (Isokatanabaren), d. i. der mittlere Unterschied des höchsten und tiefsten Barometerstandes innerhalb eines Monats, und durch die sogenannte interdiurne Veränderlichkeit (Isometabolen), d. i. die mittlere Änderung des Luftdruckes von einem Tag zum anderen.

Horizontale Druckunterschiede und damit auch die Luftströmungen sind durch Ungleichheiten in der Erwärmung bedingt. Abb. 1 will dies erläutern. Die in der Höhe liegende Niveaufläche *A' B'*, an der überall gleicher Druck herrscht, verläuft parallel zur Erdoberfläche *A B*, wenn das Temperatur- und damit auch das Druckgefälle nach oben hin überall gleich ist. Ist dies nicht der Fall, sondern z. B. die über dem Punkte *B* liegende Luftsäule stärker erwärmt, so wird sich diese Luftsäule ausdehnen und die Niveaufläche anheben. Dadurch wird, weil nun Niveauflächen höheren Drucks angehoben werden, ein Druckgefälle in der Höhe von *B'* nach *A'* entstehen, das durch Abströmen der Luft in der Richtung des Druckgefälles auszugleichen versucht wird. Der damit verbundene Luftzufluß über *A* muß aber den Bodendruck bei *A* erhöhen, und so entsteht in den unteren Schichten eine der oberen entgegengesetzte Strömung. Ein geschlossenes Zirkulationssystem ist die Folge.

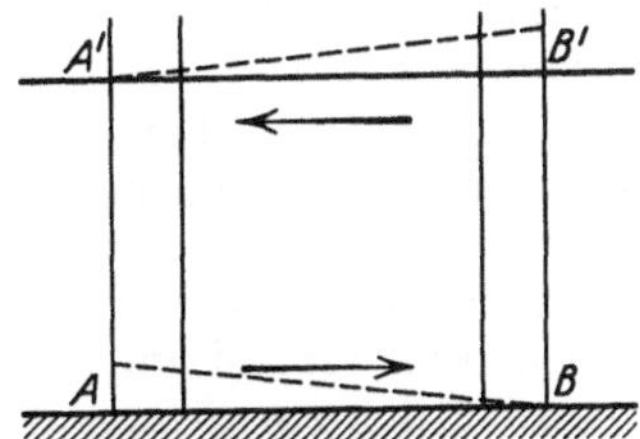

Abb. 1. Entstehung von Druckunterschieden bei ungleicher Erwärmung der Luftsäulen.

Die Geschwindigkeit der Strömung, d. h. die Windstärke, hängt dabei von der Größe des Druckgefälles ab. Diese Druckdifferenz, auf die Einheit der Länge eines Äquatorgrades = 111 km bezogen, nennt man den barometrischen Gradienten.

Zu der Wirkung des Gradienten, der eigentlichen treibenden Kraft der Luftbewegung, tritt die ablenkende Kraft der Erdrotation. Sie berechnet sich nach dem Ausdruck $2\omega \sin\varphi \cdot v$, wo ω die Winkelgeschwindigkeit der

Erddrehung ($= 7{,}29 \cdot 10^{-5}$ pro sek), φ die geographische Breite und v die Geschwindigkeit der Luft darstellen. Diese Ablenkungskraft der Erdrotation läßt den Wind nicht geradlinig vom Ort höheren nach dem niederen Luftdrucks abströmen, sondern lenkt ihn auf der nördlichen Halbkugel nach rechts, auf der südlichen nach links ab. Die auf diese Weise sich ergebende Beziehung zwischen Windrichtung und Luftdruck wird von dem sogenannten barischen Windgesetz folgendermaßen ausgedrückt: „Auf der nördlichen Halbkugel hat ein Beobachter, der dem Winde den Rücken zukehrt, den Ort hohen Luftdruckes rechts und etwas hinter sich, den Ort niedrigen Luftdruckes dagegen links und etwas vor sich. Auf der südlichen Halbkugel ist der niedrige Druck rechts, der hohe Druck links vom Beobachter." Dieses Gesetz wurde 1820 bereits von Brandes[1] ausgesprochen, erfuhr aber erst Beachtung, nachdem es fast 40 Jahre später von Buys-Ballot[2] wiederholt wurde.

Die Windstärke wird in sehr starker Weise von den Unebenheiten der Erdoberfläche beeinflußt. Die Reibung an der Erdoberfläche spielt bei der Ausbildung der Geschwindigkeit der Strömung eine große Rolle. Vom Boden an nimmt die Geschwindigbeit zunächst sehr rasch (bis etwa 15 m), dann sehr langsam zu. Für das mittlere Norddeutschland wurden in den verschiedenen Höhen folgende Werte ermittelt:

	Hohe in m										
	0,05	0,50	1	2	16	32	200	500	1000	2000	4000
Windstärke in m/sek	1,3	2,0	2,8	3,3	4,7	5,4	7,8	9,8	10,0	10,5	12,5

Das Druck- und Strömungsfeld der Atmosphäre. Die allgemeine Zirkulation. Das Druck- und Strömungsfeld, das wir auf der Erde vorfinden, läßt nur über dem Ozean eine solche regelmäßige Ausbildung erkennen, wie sie der Verschiedenheit der Erwärmung der geographischen Breiten durch die Sonnenstrahlen im Zusammenwirken mit der Erdumdrehung entspricht. Da sich ein solches Strömungsbild auf jedem mit Atmosphäre versehenen Planeten einstellen würde, spricht man auch von dem planetarischen Windsystem.

Die Druckverteilung zeigt in der Äquatorialregion einen Gürtel niedrigen Luftdrucks. Von ihm nimmt der Druck nach beiden Seiten hin zu und in einer Breite von 25—35°, der „Roßbreite", entwickeln sich auf jeder Atmosphäre Hochdruckgürtel (subtropisches Maximum, auch Roßbreitenmaximum genannt). Polwärts nimmt der Druck wieder ab, um erst in der Polarzone wieder unbeträchtlich zuzunehmen. Diese, wie gesagt, nur über dem Meere bestehende zonale Anordnung wird über dem Kontinente vor allem dadurch gestört, daß hier, den wechselnden jahreszeitlichen Temperaturanomalien entsprechend, die Druckverteilung jahreszeitlich stark wechselt. So entwickelt sich z. B. über dem asiatischen Kontinent im Winter ein ausgeprägtes Druckmaximum, unter dem Einfluß der sommerlichen Erwärmung dagegen ein ausgedehntes Druckminimum.

Mit dieser Druckverteilung ist das allgemeine Windsystem eng verbunden. Dem Gürtel niedrigen Druckes in der Äquatorialzone entspricht ein Gebiet schwacher veränderlicher Winde, die durch häufige Windstillen unterbrochen sind (Kalmengürtel, Doldrums, Mallungen). Dieser Zone strömen, von dem Hochdruckgürtel in der Roßbreite ausgehend und durch die Erdrotation

[1] Brandes, H. W.: Beiträge zur Witterungskunde. Leipzig 1820.
[2] Buys-Ballot: C. r. Acad. Paris 1857, November.

abgelenkt, der Nordostpassat der nördlichen und der Südostpassat der südlichen Halbkugel zu. Passatsystem mit Kalmengürtel verschieben sich dem Stande der Sonne folgend im Nordsommer um etwa 5^0 nach Norden, im Nordwinter dagegen nach Süden. Der Kalmengürtel verbleibt dabei aber nur auf der Nordhemisphäre. Im Indischen Ozean kommt der Nordostpassat nicht zur Entwicklung, da hier sich im Sommer unter dem Einflusse des stark erwärmten Kontinents ein Südwestmonsun bildet (s. später).

Jenseits der Roßbreiten, die selbst windschwache Zonen sind, liegt ein Gebiet vorherrschender Westwinde (Westwindzone). Sie erreichen aber durchaus nicht die Regelmäßigkeit der Passatströmung, sondern wandernde Druckstörungen (Zyklonen und Antizyklonen) bringen hier sehr häufigen Richtungswechsel der Strömungen mit sich. Über dem Polargebiet ist die Luftbewegung verhältnismäßig gering. Massenverlagerungen, die hier vorkommen, gehen in den Randzonen meist aus Osten vor sich.

Aus dieser mittleren Druckverteilung, die an den einzelnen Tagen sehr starke Abweichungen erfahren kann, heben sich einige Gebiete hervor, die während des ganzen Jahres oder jahreszeitlich wechselnd, häufig auf den Wetterkarten zu erkennen sind. Wir nennen davon die isländische Zyklone, das Roßbreitenhoch, die sommerliche Zyklone über Asien, die im Winter durch die Antizyklone abgelöst wird, die Antizyklonen über den Polargebieten. Das Stationäre in ihrer Erscheinung ist sehr bestimmend für die Entwicklung der nichtstationären Druckgebilde, und man hat ihnen daher den Namen „Aktionszentren der Atmosphäre" beigelegt. Dem Studium ihrer Verlagerung wird neuerdings ganz besondere Aufmerksamkeit gewidmet, da die enge Verknüpfung der Witterungsänderungen auf der ganzen Erde, selbst zwischen sehr entfernten Erdteilen, immer mehr erkannt wird. In diesem Sinne ist der Ausdruck „Weltwetter" entstanden.

Die Erklärung des planetarischen Windsystems muß auch die Strömungen berücksichtigen, die sich in den höheren Schichten abspielen. Die

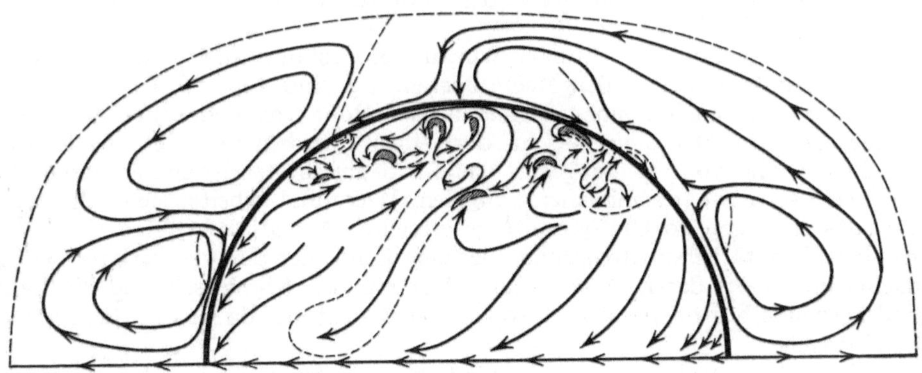

Abb. 2. Allgemeines Zirkulationsschema nach BJERKNES.

Vorstellungen, die man sich heute von dem Zusammenhange der Bodenströmung mit der der höheren Schichten macht, ist in Abb. 2 nach BJERKNES[1] schematisch dargestellt. Es muß betont werden, daß diese Lösung noch nicht endgültig ist, sondern noch Korrektur erfahren kann. Neues aerologisches Material läßt solche ganz entschieden vermuten.

[1] BJERKNES, V.: On the dynamics of the circular vortex with applications to the atmosphere and atmosphere vortex and wave motions. Geophysiske Publ. 2, Nr 4.

Die großen Temperaturunterschiede zwischen polaren und äquatorialen Gegenden würden auf ruhender Erde eine einheitliche große Konvektionsströmung in Richtung der Meridiane nach sich ziehen mit einem Aufsteigen über dem Äquator, einem polwärts gerichteten Abströmen in den höheren Schichten, Herabsinken über den Polen und einem Rückfluß am Boden zum Äquator. Auf einer rotierenden Erde bewirkt aber die ablenkende Kraft der Erddrehung, daß die zum Pol abströmenden Luftmassen mit zunehmender Breite immer größere Westostgeschwindigkeiten bekommen, und bereits unter 20—30° Breite sind die Luftmassen aus der meridionalen Richtung in westöstliche Richtung abgelenkt. Eine Stauung der Luftmassen in diesen Breiten ist die Folge, was als Wirkung ein Ansteigen des Druckes in den unteren Schichten nach sich zieht. So entstehen die dynamisch bedingten Hochdruckgürtel der Roßbreiten. Von ihnen strömt am Boden die Luft als Passat wiederum dem Äquator zu. Der obere Zweig dieses Stromkreises führt die Bezeichnung Antipassat. Es ist demnach ein geschlossener Stromkreis nur zwischen dem Äquator und den Subtropen vorhanden. Nur zeitweise werden in ihn am Boden auch polare Luftmassen mit einbezogen.

Nordwärts der Roßbreiten findet sich die Westwindzone, wo die Luft niederer Breiten mit hohem Rotationsmoment dauernde Westwinde, die vor allem in größeren Höhen konstant wehen, unterhält. Diese Zone stellt aber auch eine Mischungszone allergrößten Stils dar, in der aus den Subtropen abströmende warme Luft sich zungenförmig in die aus der Polarkalotte nach Westen zu abfließenden Kaltluftmassen hineinschiebt. Die Grenzlinie zwischen beiden pflegt man als Polarfront zu bezeichnen. Sie ist der Schauplatz des Wechsels der Hoch- und Tiefdruckgebiete mit den bekannten Wettertypen, die die gemäßigte Zone auszeichnen.

Zirkulationssysteme mit täglicher und jährlicher Periode. Solche Systeme, die sich in das allgemeine planetarische System einfügen, müssen aus den schon besprochenen Verschiedenheiten der Erwärmung der Luft im Laufe des Tages und des Jahres entstehen. Aus der täglichen Erwärmungsperiode heraus entwickeln sich die Land- und Seewinde, sowie die Berg- und Talwinde, aus der jährlichen die Monsune.

Land- und Seewinde finden wir an den Gestaden aller größeren Wasserflächen, hauptsächlich an den Meeresküsten. Sie sind Teile einer geschlossenen Zirkulation, die nach Sonnenaufgang in der Höhe von dem stark erwärmten Lande nach dem Meere hinausgeht, dort einen Überdruck erzeugt und dadurch am Boden eine vom Meere gegen das Land gerichtete Strömung hervorruft. Die Seebrise entsteht somit zuerst auf dem Meere und arbeitet sich zum Lande vor, das sie gegen 10 Uhr vormittags erreicht. Abends kehrt sich unter dem Einflusse der stärkeren Abkühlung über dem Lande der Sinn der Zirkulation um, nachts über weht der Landwind zum Meer hinaus. Klimatisch sind die Land- und Seewinde besonders in den Tropen von Bedeutung, da sie die Hitze erträglicher machen.

Verdanken so Land- und Seewinde ihre Entstehung der ungleichen Erwärmung von Land und Wasser, so sind Berg- und Talwinde an Geländeunterschiede gebunden. Unter dem Einfluß der vormittägigen Erwärmung dehnen sich die über die Talmitte liegenden mächtigen Luftschichten auch stärker aus als die über den Hängen liegenden kürzeren. Eine Neigung der Druckfläche nach dem Gehänge zu mit entsprechenden Druckdifferenzen in gleichem Niveau entsteht, und Luft muß nach dem Hange zu abfließen. Hier trifft sie mit dem längs der Gehänge nach oben gerichteten Konvektionsstrome zusammen und erzeugt den tagsüber dem Talende zu gerichteten Talwind. Als Bergwind strömt nachts die von den Hängen erkaltete Luft zu Tal, indem sie dabei dem natürlichen Gefälle folgt. Da man den ganzen Gebirgsblock als eine gehobene Heizfläche auffassen kann, wird unter Umständen bei dem Talwindproblem ein geschlossenes Zirkulationssystem mit einem tagsüber in der Höhe vom Gebirge weggerichteten Strom zu erwarten sein.

Die Monsune sind das Analogon zu den Land- und Seewinden, nur daß sie die thermischen Gegensätze zwischen Land und Wasser im Laufe des Jahres zur Ursache haben. Am großartigsten sind, der Größe des sie erregenden Kontinents entsprechend, die Monsune im Indischen Ozean ausgebildet. Der Sommermonsun aus SW weht hier unter vollkommener Unterdrückung des nach dem planetarischen Windsystem eigentlich fälligen Nordostpassats über beide Indien bis zum Himalaya. Als Fortsetzung des Südostpassats der Südhemisphäre schafft er in einer gewaltigen wasserdampfreichen Strömung von 3—4 km Mächtigkeit Luft der Südhalbkugel bis in die Subtropen der Nordhalbkugel. Im Winter werden die beiden Indien von dem trockenen Nordostmonsun überflossen, der mit der in diesen Breiten zu erwartenden Nordostpassatströmung zusammenfällt.

Monsune sind auch in Australien, Ostafrika und Südamerika bekannt, monsunartige Strömungen sind noch viel häufiger. Eine ziemlich regelmäßig Mitte Juni in Mitteleuropa einsetzende Wetterverschlechterung durch die Sommerregenzeit ist sicher einer Strömung mit Monsuncharakter zuzuschreiben.

Stürme, lokale Winde. Klimatisch bedeutsam ist die Stärke der Luftströmung. Ihr Extrem wird in den Stürmen und Orkanen erreicht. Die Stürme der höheren und mittleren Breiten sind meistens an eine Verstärkung des Gradienten innerhalb eines zyklonalen Systems gebunden, erstrecken sich über größere Gebiete und heben sich im allgemeinen nicht sehr schroff von den Strömungsverhältnissen ihrer Umgebung ab. Damit stehen sie im bedeutsamen Gegensatz zu den Sturmerscheinungen der Tropen. In ihnen wirkt in erster Linie die Zentrifugalkraft der Gradientkraft entgegen, und dadurch ist ihnen eine verhältnismäßig lange Lebensdauer gesichert. Die tropischen Orkanwirbel sind durch eine äußerst charakteristische Bahn ausgezeichnet. Ihr Entstehungspunkt liegt meist bei 10° n. Br., von dort verläuft die Bahn zunächst westwärts und gewinnt nur wenig an Breite. Sie biegt schließlich nach Nordosten um, um so in die Bahn der Druckströmungen höherer Breiten einzumünden. Ihr Auftreten ist auf gewisse Teile der tropischen Meere begrenzt. In Westindien führen sie die Bezeichnung Hurrikane, im Chinesischen Meere werden sie Taifune genannt. Die Bai von Bengalen, das Arabische Meer, der südliche Große Ozean sind gleichfalls bekannte Orkangebiete. Fast frei von ihnen sind besonders der südliche Atlantische Ozean und der Osten des südlichen Großen Ozeans.

Nicht zu verwechseln mit diesen tropischen Zyklonen, deren Durchmesser durchschnittlich noch etwa 250 km beträgt, sind die Tornados mit einer Breite von meist weniger als 300 m. Diese hauptsächlich in Nordamerika beobachtete Wirbelsturmbildung hat ihre Entstehungsursache im Wolkenniveau und greift von dort erst auf die Erdoberfläche über, während die Tropenwirbel wahrscheinlich an den Grenzflächen zwischen der verhältnismäßig kalten Luft der Passate und der warmen äquatorialen Luft entstehen.

Örtlich bedeutsam werden die Umänderungen, die eine strömende Luftmasse durch die Oberflächenformen erleidet, zumal wenn kräftige Gegensätze in der Temperaturverteilung hinzukommen. Man spricht von Fallwinden, wenn die Luftmassen von einem höheren Hochlande in das tiefere Niveau absteigen. Die bekannteste Erscheinung ist der Föhn, zunächst nur in den Alpen beobachtet, jetzt aber aus allen Gegenden des Erdballs mit Niveauunterschieden beschrieben. Er kann auch als Nord- und Südföhn auf beiden Seiten der Alpen auftreten. Wärme und Trockenheit des Föhns sind auf die dynamische Erwärmung zurückzuführen, die die Luft beim Herabsteigen in die Täler erfährt. Die Ursache hierfür liegt in dem Absaugen der Luft aus den Alpentälern, durch eine Depression außerhalb des Alpengebietes. Entstammt die auf diese Weise angesaugte Luft einem hochgelegenen, aber besonders kalten Hinterland, so tritt zwar beim Absteigen gleichfalls dynamische Erwärmung ein, der Fallwind wirkt unten aber doch relativ kühl. Dieses ist bei der Bora in Istrien und Dalmatien und dem Mistral des Golf von Lion der Fall. In ihnen stoßen Luftmassen polarer Herkunft in sonst wärmere Gegenden vor.

Werden Luftmassen durch bestimmte Drucklagen aus Gebieten besonders hoher Erhitzung, z. B. Wüsten, abgezogen, so behalten sie ihren heißen Charakter noch bei. Der Sahara entströmt z. B. auf diese Weise der Khamsin nach Ägypten, der Harmattan nach Oberguinea, der Scirocco in das Mittelmeergebiet. Der Samum der arabischen Wüste gehört gleichfalls hierher. Die heißen Winde finden ihr Gegenstück in den Ausstrahlungen der Kältepole, wie wir sie in den Schneestürmen des Buran und der Purga in Sibirien und als Blizzard in Nordamerika kennen.

Der Wasserdampf in der Atmosphäre und seine Kondensation.

Die Verdunstung. Der in wechselnden Mengen in der Atmosphäre stets vorhandene Wasserdampf entstammt durch den Prozeß der Verdunstung hauptsächlich den Ozeanen, besonders ihren tropischen Teilen, aber auch in nicht zu unterschätzendem Betrage den Seen, Flüssen und den mit einer Vegetationsdecke bedeckten Teilen der Erdoberfläche. Die Intensität der Verdunstung hängt ab von der Temperatur der Verdunstungsfläche, der Luftfeuchtigkeit, der Windgeschwindigkeit und dem Luftdruck. Da vor allem der stark wirksame Einfluß der Windgeschwindigkeit sehr von den lokalen Verhältnissen abhängig ist, ist es schwer, genaue Verdunstungsmessungen zu erhalten. Auch gelingt es nie, die wirklichen Verhältnisse bei der Aufstellung der gebräuchlichen Verdunstungsmessungen nachzuahmen. Neuerdings ist häufig versucht worden, durch sorgfältige Bestimmung der Zufluß- und Abflußmengen von Seen oder Flußgebieten die Gebietsverdunstung zu berechnen.

Die Abhängigkeit der Verdunstung von den meteorologischen Faktoren darzustellen ist mehrfach versucht worden, z. B. in folgender Form:

$$V = C(1 + \alpha t) \cdot (E - e) \cdot f(w).$$

Hier ist V die Geschwindigkeit der Verdunstung, C eine Konstante, E die maximale Spannkraft bei der Temperatur des verdunstenden Wassers, e die in der Luft herrschende Dampfspannung und $f(w)$ die Windwirkung.

Über den mittleren Betrag, den die Verdunstung in den einzelnen Zonen der Erde, getrennt nach Festland und Meer, erreicht, unterrichtet nachstehende Tabelle.

Mittlere jahrliche Verdunstungshöhe (cm).

	Nordhemisphäre.					Südhemisphäre.			
	Breitenzone								
	70—90°	70—50°	30—50°	10—30°	10° N.—10° S.	10—30°	30—50°	50—70°	70—90°
Weltmeer . . .	7	26	83	117	107	116	73	16	2
Festland	7	28	35	65	119	65	50	15	5
Ganze Erde . .	7	25	61	100	110	104	71	16	5

Die verschiedenen Maße der Luftfeuchtigkeit. Der Grad der Feuchtigkeit beeinflußt das Wohlbefinden der organischen Wesen in höchstem Grade. Ihre Kenntnis ist in der Klimatologie deshalb wichtig. Man pflegt sie auf verschiedene Weise anzugeben.

1. Als absolute Feuchtigkeit (r). Sie gibt das Gewicht des Wasserdampfes in Grammen an, der in der Volumeneinheit (m^3) ist.

2. Als Dampfdruck (e); darunter versteht man die Spannkraft des Wasserdampfes durch die Höhe einer Quecksilbersäule gemessen, die den gleichen Druck ausübt. Dampfdruck und absolute Feuchtigkeit unterscheiden sich zahlenmäßig nur wenig.

3. Als relative Feuchtigkeit (f), die das Verhältnis der in der Luft vorhandenen Dampfmenge zu der bei der herrschenden Temperatur überhaupt möglichen angibt. Die relative Feuchtigkeit hat für praktische Fragen viel Anwendung gefunden, da sie leicht zu übersehen gestattet, wie weit der Wasserdampfgehalt von der Kondensation entfernt ist.

Wird statt des Quotienten die Differenz zwischen dem herrschenden und dem bei der gegebenen Temperatur überhaupt möglichen Dampfdruck gebildet, so ergibt sich das Sättigungsdefizit. Schließlich hat man sich bei gewissen Betrachtungen auch mit Vorliebe des Begriffes der spezifischen Feuchtigkeit (q) bedient. Sie gibt im Gegensatz zur absoluten Feuchtigkeit das Gewicht des Wasserdampfes in der Gewichtseinheit (kg) feuchter Luft an.

Die Beziehungen der verschiedenen Maße für den Feuchtigkeitsgehalt der Luft untereinander lassen sich durch folgende Gleichungen ausdrücken:

$$r = \frac{1{,}06}{1 + \alpha t} \cdot e \qquad q = 0{,}623 \frac{e}{b} \qquad f = \frac{e}{E},$$

b ist dabei der Barometerstand, E der Dampfdruck der Sättigung.

Die absolute Feuchtigkeit schließt sich in der räumlichen Verteilung der Temperaturverteilung sehr eng an. Sie nimmt vom Äquator nach den Polen zu ab. Die relative Feuchtigkeit hat die geringsten Werte im Gebiet der Roßbreiten (Wüstengürtel), ihre größten am Äquator und an den Polen. Im jährlichen Gang geht die absolute Feuchtigkeit den Temperaturen im allgemeinen parallel, bei der relativen Feuchtigkeit ist der Jahresgang meist dem der Temperatur entgegengesetzt, nur in den Monsungegenden kann die kältere Zeit des Landwindes die trockenere Zeit sein. Auch auf den Gipfeln und Berghängen der mittleren Breiten steht ein relativ trockener Winter einem feuchten Frühling und Sommer gegenüber. Der tägliche Gang der absoluten Feuchtigkeit zeigt eine deutliche Depression zur Mittagszeit als Folge des dann kräftigen Austausches der oberen, weniger Wasserdampf enthaltenden Luftschichten mit den unteren. Aus dem gleichen Grunde geht der Dampfdruck auf Bergen dem täglichen Temperaturgang parallel. Die relative Feuchtigkeit hat in den Niederungen eine der Temperatur entgegengesetzte, auf Bergen dagegen einen ihr ähnlichen Tagesverlauf. Windrichtungswechsel und andere Störungen können den mittleren Gang stark abändern.

Die mittlere Abnahme des Dampfdruckes mit der Höhe im Gebirge ist durch die Formel $e_h = e_0 \cdot 10^{\frac{-h}{6300}}$ ausgedrückt worden.

Die Kondensation des Wasserdampfes. Die Wolken. Die Luft kann bei jeder Temperatur nur einen Maximalbetrag von Wasserdampf aufnehmen. Dieser maximale Dampfdruck beträgt bei den einzelnen Temperaturgraden:

−20°	−10°	0°	10°	20°	30°	40°
0,96	2,16	4,58	9,21	17,54	31,83	55,3 mm

Die angegebenen Werte für Temperaturen unter 0^0 gelten für die Dampfspannung über Wasser. Über Eis erniedrigen sich die Werte etwas und sind z. B. für $-10^0 = 1{,}97$.

Luft, die die maximalen Wasserdampfmengen enthält, ist gesättigt. Die entsprechende Temperatur ist die Sättigungstemperatur oder der Taupunkt. Würde Luft in diesem Stadium noch weiter Wasserdampf zugeführt (sehr selten) oder umgekehrt Wärme entzogen werden, so tritt Übersättigung ein. Die Folge ist Ausscheiden des überschüssigen Wasserdampfes als flüssiger oder fester Niederschlag (Kondensation).

Die Neigung zur Kondensation ist abhängig von der Anwesenheit von sog. Kondensationskernen, an deren Oberfläche die Kondensation beginnen kann. Als solche wirken vor allem kleine hygroskopische Teilchen. Staubfreie Luft bedingt dagegen Übersättigung. In kondensationskernreicher Luft (Großstädte) kann Kondensation schon unterhalb des Sättigungspunktes eintreten, es bilden sich sog. trockene Nebel.

Temperaturerniedrigung, die die Hauptbedingung für die Kondensation des Wasserdampfes ist, tritt in folgenden Fällen ein:

1. Bei Ausstrahlung der Wärme nach dem kalten Erdboden oder nach dem Wolkenraum. Am wirksamsten ist dies in der Nacht bei wolkenlosem Himmel. Beschränkt ist sie auf die bodennahen Schichten und führt hier zur Nebelbildung, die mit einem feintropfigen Regen verbunden sein kann.

2. Bei Berührung warmer feuchter Luft mit durch Ausstrahlung erkalteten Körpern (Bäumen, Pflanzen, Gebäuden usw.). Auch hierbei werden nur geringe Wasserdampfmengen zur Kondensation gebracht. Es entsteht Tau, unter 0^0 Reif, Rauhreif oder ein Eisüberzug (Glatteis). In regenarmen Gegenden kann der Tauniederschlag eine große Bedeutung erlangen.

3. Durch Mischung von zwei Luftmassen verschiedener Temperatur mit hohem, dem Sättigungspunkt nahen Feuchtigkeitsgehalt. Die auf diese Weise zur Kondensation kommende Wassermenge ist aber sehr gering.

4. Durch dynamische Abkühlung beim Aufsteigen feuchter Luft. Dieser Vorgang ist unbedingt die wichtigste Veranlassung zur Wolken- und Niederschlagsbildung. Aufwärts gerichtete Bewegung finden wir, wenn Luft über ein Hindernis (Gebirge) hinwegstreichen muß, bei den konvektiven Strömungen über stark erwärmten Gebieten, wenn warme Luft auf kalte hinaufgeschoben wird, oder wenn eine spezifisch schwerere Luftmasse sich unter eine leichtere schiebt und diese anhebt.

Das Kondensationsprodukt des Wasserdampfs in der Atmosphäre sind Wassertröpfchen, nicht, wie früher irrtümlich angenommen wurde, Wasserbläschen. Der Tropfendurchmesser schwankt nach den bisherigen Befunden zwischen 0,005 und 0,127 mm. In den höchsten Schichten kann die Tropfennatur auch bei Überkaltung erhalten bleiben, schließlich bilden sich Eisnadeln.

Anhäufungen solcher Wassertröpfchen sind die für unser Auge sichtbaren Wolken. Nach Form und Höhenlagen, die in enger Beziehung zu ihrer Entstehungsursache stehen, werden unterschieden:

a) Niedrige Wolken: Nebel, Hochnebel und Stratus. Ihre Entstehung ist meist durch Ausstrahlung begründet.

b) Mittlere Wolken: Altokumulus und Altostratus in ca. 4000 m Höhe.

c) Hohe Wolken: Zirrostratus und Zirrokumulus.

d) Kumulus oder Haufenwolken.

Wolken, aus denen Regen fällt, werden mit Nimbus bezeichnet.

Im täglichen Bewölkungsgang, der eine Neigung zu stärkerer Bewölkung morgens und mittags zeigt, sind nebelartige Wolken (Bodennebel und Stratus) in der Nacht und am Morgen am häufigsten, Kumuluswolken bilden sich dagegen am stärksten in den Mittags- und Nachmittagsstunden aus. Abends ist die Bewölkung unter dem Einfluß abwärts gerichteter Luftströme am geringsten.

Für die Verteilung der Bewölkung auf der Erde ist in den großen Zügen die allgemeine Zirkulation maßgebend. Der Gürtel der äquatorialen Windstillen mit der starken Verdunstung und der Neigung zu konvektiven Strömungen ist auch ein Gürtel hoher Bewölkungsziffern. Die subtropischen Hochdruckgürtel mit der absteigenden Tendenz der Luft sind bewölkungsarm. Die Westwindzonen der höheren Breiten mit den zahlreichen Gelegenheiten zur aufsteigenden Luftbewegung haben die stärkste Bewölkung (bis über 8 im Jahresmittel). Wüsten und Steppen der Tropen und Subtropen sind am wolkenärmsten. Hier kann das Jahresmittel unter 2 herabgehen.

Die Niederschläge. Wächst die Größe der Wolkenelemente durch weitere Kondensation an der Oberfläche oder durch Zusammenfließen so stark an, daß sie sich nicht mehr in der Luft schwebend erhalten können, so fallen sie als Niederschlag zur Erde. Man mißt ihn in geeigneten Auffanggefäßen (Regenmessern) in Millimetern Wasserhöhe, d. h. es wird angegeben, wie hoch das Wasser den Boden bedecken würde, wenn nichts abflösse, verdunste und versickerte.

Der letzte Anlaß zur Auslösung der Regenbildung ist noch nicht bekannt. Wahrscheinlich sind hier Vorstellungen der Kolloidchemie mit Vorteil zu verwenden.

Von den Arten des Niederschlags erwähnten wir schon die sich an der Erdoberfläche bildenden Formen: Tau, Reif, die sich bei Ausstrahlung an dem stark abgekühlten Boden und den auf ihm befindlichen Gegenständen, besonders wenn es schlechte Leiter sind, niederschlagen. Das ebenfalls schon erwähnte Glatteis tritt bei Witterungsumschlägen auf, wenn nach einer Frostperiode warme feuchte Luft über den noch kalten Boden hinwegstreicht und zur Kondensation gezwungen wird. Ein Eisüberzug kann aber auch dann entstehen, wenn überkalteter Regen mit festen Gegenständen in Berührung kommt und dann gefriert.

Die in der Höhe entstehenden Niederschläge können sich in fester oder flüssiger Form (Graupel, Hagel, Schnee und Regen) bilden: Die Niederschlagsform des Schnees überwiegt nur in den Polargebieten der Erde, in mittleren Breiten kommt sie nur im Winter vor. Die Äquatorialgrenze liegt meist unter 30° Breite, kann an einigen Stellen aber auch den Wendekreis überschreiten. Über den Ozeanen und Küstenländern kann sie sich bis 45° zurückziehen. In den Tropen fällt Schnee nur auf den höchsten Gipfeln. Hagel und Graupel, die von dem Beobachter nur schwer auseinandergehalten werden, sind meist an Gewitter- oder andere Wolken eines kräftig aufsteigenden Luftstromes gebunden. Sie kommen in allen Breiten der Erde vor, am stärksten in den Subtropen.

Die Verteilung des Gesamtniederschlages auf der Erde ist uns noch nicht vollständig bekannt, da die gelegentlichen Messungen von den weiten Flächen der Ozeane noch nicht zur sicheren Abschätzung der Jahressumme ausreichen. Immerhin läßt eine gute Karte der Niederschlagsverteilung[1] den Einfluß von 3 Faktoren erkennen. Dies sind die geographische Breite, die Verteilung von Wasser und Land und die Oberflächenbeschaffenheit der Erd-

[1] Wie z. B. die in HANN-SÜRING: Lehrbuch der Meteorologie vorhandene Karte.

oberfläche. Daneben macht sich noch der thermische Charakter der Meeresströmungen in den Niederschlagsverhältnissen bemerkbar. Die geographische Breite findet ihren Ausdruck in der zonalen Anordnung der Niederschläge, die trotz der Störung durch die Festländer zu erkennen ist. Am Äquator ist der Kalmengürtel mit seiner aufsteigenden Bewegung feuchter und warmer Luft das regenreichste Gebiet der Erde. An ihn schließt sich polwärts das trockene Gebiet der Passate und der Roßbreiten an. Passatwinde, die Luft aus höheren Breiten nach niederen mit einer höheren Temperatur schaffen, müssen der Kondensation feindlich sein. Ihre Trockenheit wird auch noch durch die geringe absteigende Komponente ihrer Bewegung verstärkt. Nur dort, wo der Passat zum Aufsteigen gezwungen wird, wie an hohen Inseln oder gebirgigen Küsten, wird er zum Regenwind. Der Regenreichtum der Ostküsten wird in den Tropen dadurch bedingt. Dem niederschlagsarmen Gürtel gehören auch die großen Wüsten der Festländer an, wo zum Teil vollständige Regenlosigkeit herrscht. In höheren Breiten, wo die außertropischen Depressionen die Witterung beherrschen, nimmt die Niederschlagsmenge wieder zu. Doch trifft diese Zunahme mehr für die Ozeane und den Westteil der Kontinente zu, während nach dem Osten zu auf dem Festlande der Regenreichtum immer mehr abnimmt. Die Polargebiete schließlich sind niederschlagsarm, da die kalte Luft hier sehr wasserdampfarm ist und auch konvektive Heizung der Luft meistens fehlt. Aus dem allgemeinen Bild der Niederschlagsverteilung heben sich die Gebirge durch größeren Niederschlagsreichtum deutlich hervor, zumal wenn sie im Bereich der Hauptzugstraßen der Störungsgebiete liegen. Wird das Gebirge nur von einer Seite her von wasserdampfreichen Strömungen getroffen, so bilden sich starke Unterschiede zwischen der Luv- und Leeseite aus. Sie können sich so weit steigern (z. B. im Passatgebiet), daß die Luvseite außergewöhnlich niederschlagsreich ist und eine üppige Vegetation hervorbringen kann, während die Leeseite wüstenhaft trocken ist.

Mit der Zunahme der Höhe nimmt im Gebirge auch die Niederschlagsmenge zu, aber nur bis zu einer gewissen Höhe; in größeren Höhen tritt dann wieder eine Abnahme ein. Diese Maximalzone der Niederschläge, über welche wir noch schlecht unterrichtet sind, liegt im Sommer höher als im Winter. In den Berner Alpen ist sie in 2800 m Höhe gefunden worden.

Die regenreichste Stelle der Erde liegt, soweit uns bekanntgeworden ist, auf dem Mount Waialeale auf der Insel Kauai der Hawaigruppe (1738 m). Dort fallen im Jahre durchschnittlich 12000 mm. Andere regenreiche Orte sind Cherapunji (Vorderindien, Khasiagebirge 1250 m) mit 11000 mm, Debundja am Kamerunberg mit 10270 mm. Das regenreichste Gebiet in Europa liegt im Hintergrunde der Bucht von Cattaro mit 4640 mm im Jahre. (Berlin empfängt 570 mm.)

Das Klima wird nun weniger durch die Jahressumme des Niederschlages charakterisiert als durch seine Verteilung über die Jahreszeiten. Dieser jährliche Gang bestimmt auch die Vegetationsformen. Man unterscheidet hier folgende Haupttypen:

1. den Tropentypus zwischen 10° n. und 10° s. Br. mit zwei Maxima im Laufe des Jahres im April und im November, einem Hauptminimum im Juli und einem Nebenminimum im Januar. Weiter polwärts bis zu den Wendekreisen sind mit der gegenseitigen Annäherung der Zenitalstände der Sonne nur noch eine einfache, etwa vier Monate dauernde sommerliche Regenzeit und eine zusammenhängende Trockenzeit zu unterscheiden.

2. den Passattypus. Dieser Typ kann dort, wo der Passat als Regenwind auftritt, den Tropentypus stören. Diese typischen Geländeregen sind näm-

lich im Winter am stärksten, da dann in jenen Breiten der Passat am stärksten entwickelt ist. An der Ostküste von Mittelamerika und auf Madagaskar finden wir Beispiele für diesen Typ.

3. den Monsuntypus. Auch dieser unterbricht den reinen Tropentyp. Er zeigt nur eine einfache Regenzeit zur Zeit des höchsten Sonnenstandes.

4. den Winterregentypus der Subtropen. Die Subtropen liegen im Sommer im Bereiche des Hochdruckgürtels der Roßbreiten und damit der trockenen Passatwinde, im Winter werden sie dagegen von dem Westwindgürtel berührt und nehmen teil an dessen Depressionsregen. Ein typisches Beispiel ist das europäische Mittelmeergebiet.

5. den Typ der gemäßigten Zone mit Niederschlägen zu allen Jahreszeiten. Die Niederschläge sind hier hauptsächlich an die Depressionen und die mit diesen verbundenen Konvergenzlinien gebunden. Entsprechend deren jährlicher Häufigkeit überwiegen an den Westküsten und über den Meeren die Winterregen. Im Inneren des Landes kommt es dagegen zu einem sommerlichen Maximum, begünstigt durch konvektive Vorgänge und unter Umständen monsunartige Strömungen. Zur Ausbildung von Sommermonsunen kommt es vor allem an den Ostküsten der Kontinente. In den Mittelgebirgen der mittleren Breiten überwiegen wieder die Winterregen.

Begleiterscheinungen heftiger Kondensationsprozesse sind die Gewitter. Am häufigsten treten sie in den Tropen auf, wo durchschnittlich mit 100 bis 150 Gewittertagen im Jahre zu rechnen ist. Stellenweise werden aber auch mehr als 200 gezählt. Gewitterarm sind dagegen die Passatgebiete mit ihrem Mangel an Kondensationsmöglichkeit. In der gemäßigten Zone kommen 30—50 Gewittertage im Jahre vor. An den Küsten sind sie seltener (nur 5—10) als im Innern der Kontinente. Gebirge sind gewitterreicher als die benachbarten Ebenen. An den Polen gibt es vielleicht ganz gewitterfreie Gegenden. Die Polargrenze der bis jetzt beobachteten Gewitter liegt auf der Nordhemisphäre zwischen 70 und 75° n. Br. und steigt hier im Gebiete des Golfstromes am weitesten polwärts an. Auf der Südhemisphäre enden die Gewitter bereits zwischen 50 und 55°. Das Meer ist gewitterärmer als das Land.

Der Wasserhaushalt der Erde. Das Schicksal des Wassers auf der Erde vollzieht sich in zwei geschlossenen Kreisläufen, einem großen und einem kleinen. In dem kleinen Kreislauf verdunstet das Wasser an der Oberfläche des Meeres, kondensiert sich in den Wolken und fällt als Niederschlag sogleich in das Meer zurück. Im großen Kreislauf wird das verdampfte Wasser durch die Luftströmungen auf das Land geführt und fällt erst hier zu Boden. Von dort wird es durch die Flüsse zum Meere zurückgeführt, soweit es nicht über dem Lande durch Verdunstung wieder der Atmosphäre zugeführt wird. Da der Wasserhaushalt der Erde als konstant angenommen werden muß, gelten die Gleichungen:

$$R_{\text{meer}} + F = V_{\text{meer}} \quad \text{und} \quad R_{\text{land}} - F = V_{\text{land}}.$$

(R = Niederschlag, F = Abfluß, V = Verdunstung.)

Wüst[1] hat sie benutzt, um mit Hilfe der Verdunstungsbeobachtungen auf dem Meer und der Niederschläge auf dem Land, die mittlere Verteilung von Niederschlag und Verdunstung auf der ganzen Erde zu bestimmen (s. nachstehende Tabelle).

[1] Wüst, G.: Verdunstung und Niederschlag auf der Erde. Z. Ges. Erdkde zu Berlin 1922, 35—43.

Zonale Verteilung von Niederschlag und Verdunstung auf der Erde.
(Wassermengen in 1000 km³ im Jahr.)

Zone	Weltmeer			Festland			Ganze Erde		
	R	*V*	*R−V*	*R*	*V*	*R−V=F*	*R*	*V*	*R−V*
°N 90—80	(0,5)*	(0,2)*	(+ 0,3)	(0,1)*	(0,0)*	(+0,1)*	(0,6)*	(0,2)*	(+ 0,4)
80—70	(2,4)	(0,7)	(+ 1,7)	(0,9)	(0,3)	(+0,6)	(3,3)*	(1,0)	(+ 2,3)
70—60	2,7	0,7	+ 2,0	4,7	1,6	+3,1	7,3	(2,3)	+ 5,0
60—50	10,4	4,4	+ 6,0	7,4	5,3	+2,1	17,8	9,7	+ 8,1
50—40	**17,6**	10,5	**+ 7,1**	8,4	5,5	+2,9	**26,0**	15,9	**+10,1**
40—30	10,7	20,0	— 9,3	8,1	5,9	+2,2	18,8	25,9	— 7,1
30—20	5,5*	28,9	—23,4*	11,9	7,5	+4,3	17,4	36,4	—19,0*
20—10	19,7	**37,8**	—18,1	10,7	8,9	+1,8	30,5	**46,7**	—16,2
10— 0	**47,5**	34,0*	**+13,5**	17,4	11,6	**+6,8**	**64,9**	45,6*	**+19,3**
°S 0—10	32,2	38,4	— 6,2	**18,8**	**12,7**	+6,1	51,0	**51,2**	— 0,2
10—20	22,2	**40,1**	—17,9	10,3	8,5	+1,8	32,5	48,5	—12,0
20—30	15,9*	34,6	—18,7*	6,0	3,8	+2,2	21,9*	38,4	—16,5*
30—40	**28,6**	28,8	— 0,2	2,3	2,1	+0,2	**30,9**	30,8	+ 0,1
40—50	28,0	17,7	10,3	0,9	0,5	+0,4	28,9	18,2	+10,7
50—60	17,7	5,8	**11,9**	0,2	(0,0)*	+0,2	17,9	5,9	**+12,0**
60—70	(5,0)	(1,5)	3,5	(0,2)*	(0,1)	(+0,1)	(5,2)	(1,6)	(+ 3,6)
70—80	(0,5)	(0,2)*	(0,5)	(2,6)	(0,4)	(+2,2)	(3,1)	(0,6)	(+ 2,5)
80—90	(0,0)*	(0,0)	(0,0)	(1,2)	(0,2)	(+1,0)	(1,2)*	(0,2)*	(+ 1,0)
Ganze Erde	267,1	304,2	—37,1	112,1	75,0	+37,1	379,2	379,2	0,0

Die Größe Niederschlag-Verdunstung ist groß am Äquator und zwischen 40—60°. In den dazwischenliegenden Breiten 10—30° überwiegt die Verdunstung den Niederschlag sehr stark. Hier haben wir die eigentlichen Wasserdampfreservoire für die Atmosphäre der Erde zu suchen.

Die Klimatypen.

Aus dem Zusammenwirken der vorstehend im allgemeinen geschilderten meteorologischen Elemente ergeben sich für einen gegebenen Ort, je nach seiner Einordnung in die Oberflächenform der betreffenden Erdstelle und seiner Lage zum Meer einige Klimaeigenschaften, die in folgendem kurz zusammengefaßt werden sollen:

1. Ozeanisches (maritimes) Klima. Kühle Sommer, warme Winter, geringe Temperaturschwankungen im Jahres- wie im Tagesverlauf. Größere Feuchtigkeit. Regenreiche Winter. Verspätung der Temperaturextreme im Jahresverlauf bis zu 2 Monaten gegen den Sonnenstand. Der Frühling ist wärmer als der Herbst. Starke Bewölkung. Große mittlere Windstärke. Große Reinheit der Luft von Staub, aber stärkerer Salzgehalt.

2. Kontinental- (Land-) Klima. Verstärkung der täglichen und jährlichen Periode fast aller Elemente. Gleichfalls Verstärkung der unperiodischen Schwankungen. Der Herbst ist kälter als der Frühling. Geringe relative Feuchtigkeit im Sommer, zu große im Winter. Verstärkte Verdunstung. Häufige Trübung der Atmosphäre durch Staub. Geringere Windstärke mit ausgesprochener täglicher Schwankung. Geringe Bewölkung. Im Sommer mittags starke Kumulusbildung mit Regengüssen, im Winter entweder ganz klare Tage oder geschlossene Nebel- und Stratusbedeckung. Trockenheit und Luftruhe bei Kälte, größere Windstärken zu Mittag an den sommerlichen Hitzetagen lassen die Extreme des Kontinentalklimas für den Menschen nicht so fühlbar werden.

3. Wüstenklima. Eine extreme Form des Kontinentalklimas. Äußerste Wasserarmut der Luft läßt nur wenig Wolkenbildung aufkommen. Die seltenen

Regengüsse können heftige Überschwemmungen herbeiführen. Starke Ein- und Ausstrahlung bedingen besonders in der Nähe des Bodens große Temperaturschwankungen. Mittags führen starke Austauschbewegungen in den untersten Schichten den Staub in die Höhe, nachts wird er wieder abgelagert. Wüstenluft ist aber frei von Krankheitskeimen. Die starke Bestrahlung fördert die Entstehung von Wirbelwinden. Daneben treten Böenwinde auf, die als heiße Winde noch im benachbarten Gebiete einbrechen können.

4. Küsten- oder Litoral-Klima. Wechsel von Land- und Seewinden bringt schnelle Temperaturänderungen hervor, Amplitude aber gering. Niederschläge und Bewölkung im allgemeinen groß. Nur in der Passatregion sind die Westküsten trocken. In höheren Breiten stehen die Ostküsten unter kontinentalem Einfluß und sind dadurch trockener und kälter als die Westküsten. Wo in den Tropen sich längs den Küsten stagnierende Wasserflächen vorfinden, ist Gelegenheit zu Krankheitsherden gegeben.

5. Monsunklima. Kombination von Seeklima (Sommer) und Landklima (Winter). Die größte Hitze wird vor Eintritt des Sommermonsuns erreicht. Der Herbst-Monsunwechsel läßt die Temperatur nicht so hoch steigen, leidet aber als Nachwirkung der sommerlichen Regenzeit unter feuchter schwüler Luft.

6. Waldklima. Der große Windschutz vermindert stark die Austauschmöglichkeiten, auf Waldlichtungen daher Verstärkung der täglichen Extreme im Gegensatz zum Walde selbst, wo Abschwächung stattfindet. Aufspeicherung des Wassers in den oberen Bodenschichten, daher in den Tropen starke, in höheren Breiten geringere Erhöhung der Feuchtigkeit. Der Einfluß auf die Niederschlagsmenge ist nur gering und unsicher. Bei Nebel findet aber starke Ablagerung von Wasser an Zweigen und Ästen statt. Die unperiodischen Temperaturänderungen werden abgeschwächt. Staubfreiheit der Luft.

7. Höhen- und Gebirgsklima. Vom Höhenklima spricht man über 3000 m, da hier die Regionen liegen, wo sich der verringerte Luftdruck in Störungen des menschlichen Organismus bemerkbar machen kann (Bergkrankheit). In geringerer Höhe ist das Gebirgsklima von wohltuender Wirkung. Zunahme der Strahlungsintensität, besonders der kurzwelligen Sonnenstrahlung, wobei allerdings starke Unterschiede im Klima durch die Exposition der Hänge entstehen. Starke Rückstrahlung bei Schneedecke. Reinheit der Luft und geringer Wasserdampfgehalt bedingen vermehrte Ausstrahlung. Im Jahresgang fehlt die sommerliche Hitze, wenn es sich um Hang- und Gipfellagen handelt. Im Winter sind diese infolge Temperaturumkehr häufig wärmer als die Täler, wo es zur Stagnation stark abgekühlter Luftmassen kommt. Untertypen des Gebirgsklimas sind daher Hang- und Talklima. Ersteres ist durch einen fast ununterbrochenen Luftaustausch ausgezeichnet. Hochtäler können durchaus kontinentale Klimazüge haben. Auch ist in vielen Fällen die Bezeichnung Plateauklima mit gleichfalls kontinentalen Eigenschaften gerechtfertigt. Steigerung der Evaporationskraft durch den verminderten Luftdruck. Zunahme der Niederschläge bis zu einer Maximalzone. Bei konstanter Windrichtung aber starke Ausbildung von Luv - und Leeseiten. Gebirge sind ausgesprochene Klimascheiden. Jahresschwankung der Bewölkung ist groß je nach der Höhenlage. In dem Hochgebirge im Sommer große, im Winter geringe Bewölkung. Mittelgebirge haben meist das ganze Jahr hindurch stärkere Bewölkung als die Ebene. Ausbildung der Berg- und Talwinde innerhalb der Täler und Umänderung der allgemeinen Strömungen zu Föhnwinden oder kalten Fallwinden.

2. Die Klimate der Erde.

Die verschiedenen Versuche der Klimagliederungen.

Haben wir bisher eine Art Klimaanalyse betrieben, d. h. das Klima in seine einzelnen Elemente zerlegt, so ist es doch notwendig, das Zusammenwirken dieser Elemente in Form einer Klimasynthese zu erfassen. Dazu gehört vor allem, in die Mannigfaltigkeit der verschiedenen Klimate eine gewisse Ordnung zu bringen. Die im vorigen Kapitel aufgestellten Klimatypen haben nur örtliche Bedeutung. Die Entwicklung dieser Typen unter den verschiedenen Breiten bietet noch zu starke Gegensätze. Daher hat es nicht an Versuchen gefehlt, die regionale Verteilung der Klimate zu erfassen. Dabei ging man entweder von der organischen oder anorganischen Natur aus, oder stellte die meteorologischen Faktoren in den Vordergrund.

Ungenügend ist die älteste Einteilung der Erde in Klimazonen auf Grund der geographischen Breiten, nach der innerhalb der Wendekreise die Tropen, zwischen Wendekreisen und Polarkreisen die gemäßigten Zonen und jenseits der Polarkreise die kalten Zonen liegen. Befriedigen kann gleichfalls nicht das noch häufig angewandte Einteilungsprinzip, das die Tropen mit den Jahresisothermen von 20^0 im Meeresniveau begrenzt, den gemäßigten Zonen Mitteltemperaturen zwischen 20 und 0^0 und der kalten Zone die Temperaturen unter 0^0 zuteilt. Von reduzierten, d. h. ideellen Temperaturwerten auszugehen, muß von vornherein ein falsches Bild geben.

Eine brauchbare Klimaklassifikation darf sich auch nicht auf das Verhalten eines einzelnen Elementes stützen, da dieses auf keinen Fall das ganze Klima, d. h. den Akkord aller meteorologischen Faktoren, widerspiegeln kann. Verständlich ist es daher, daß eine Reihe von Autoren das Klima auf Grund der Beziehungen zum Pflanzenleben einzuteilen versuchten. Hier sind die Versuche von A. DE CANDOLLE[1], GRISEBACH[2], DRUDE[3] und W. KÖPPEN[4] (1900) zu nennen. Letzterer gibt nicht nur die Charakterpflanzen an, sondern berücksichtigt schon Temperatur und Niederschläge. Diese Versuche kranken aber daran, daß die Auswahl der Charakterpflanzen auf große Schwierigkeiten stößt und schon gewisse Kenntnisse der Ökologie der Pflanzen voraussetzt. Interessant sind auch die Versuche, das Klima nach dem Schicksal des auf die Erde niederfallenden Wassers zu klassifizieren, also Hydrologie in den Vordergrund zu stellen. Nachdem A. WOEIKOF[5] bereits 1884 das Klima auf Grund des Verhaltens der Flüsse einteilte, hat A. PENCK 1910[6] den hydrologischen Gedanken weiter ausgebaut, indem er die Beeinflussung der Erdoberfläche durch das Wasser berücksichtigte. PENCK unterscheidet drei Gruppen und sechs Typen:

a) Das humide Klima, in welchem mehr Niederschlag fällt als durch die Verdunstung entfernt werden kann, so daß ein Überfluß in Form von Flüssen abfließt.

1. Polarer Klimatyp. Bodeneis statt Grundwasser, daher Fehlen echter Grundwasserquellen; es gibt lediglich oberflächlich abfließendes Wasser.

[1] CANDOLLE, A. DE: Géographie botanique raisonnée. Arch. Sci. bibl. Univ. Genève 1874.

[2] GRISEBACH, A.: Die Vegetation der Erde nach ihrer klimatischen Anordnung. 2 Bde. Leipzig 1872.

[3] DRUDE, O.: Die Ökologie der Pflanzen. Braunschweig 1913.

[4] KÖPPEN, W.: Versuch einer Klassifikation der Klimate, vorzugsweise nach ihren Beziehungen zur Pflanzenwelt. Geogr. Z. 1900, 593—611, 657—679.

[5] WOEIKOF, A.: Die Klimate des Erdballes. Jena 1887.

[6] PENCK, A.: Versuch einer Klimaklassifikation auf physiogeographischer Grundlage. Sitzgsber. preuß. Akad. Wiss., Physik.-math. Kl. 1910, 236—246.

Lange Eisbedeckung der Flüsse, Speisung durch Schneeschmelze; kurzes Sommerhochwasser und langanhaltendes Winterniederwasser.

2. Phreatischer Klimatyp. Teilweises Einsickern der Niederschläge, Grundwasser; Auslaugungsböden, Grundwasserquellen. Die Flüsse werden also nur teilweise unmittelbar durch den ablaufenden Regen gespeist. Untertypen entsprechen jahreszeitlicher Verteilung und Art der Niederschläge: vollhumider Typ mit gleichmäßig über das Jahr verteiltem Regen; semihumider Typ mit jahreszeitlichem Wechsel von humiden und ariden Zuständen (Tropen mit Zenitalregen, Monsunregion, Subtropen mit Regenfall zur Zeit des tiefsten Sonnenstandes); subnivaler Typ gekennzeichnet durch die regelmäßig zur Entwicklung kommende Schneedecke, die monatelang das Eindringen des Wassers in die Tiefe hindern kann, um dann bei ihrem Schmelzen sowohl das Grundwasser als auch die Flüsse kräftig zu speisen. Schneeschmelzhochwasser.

b) Das aride Klima, in dem die Verdunstung allen gefallenen Niederschlag aufzehrt und noch mehr aufzehren könnte, also auch einströmendes Flußwasser zu entfernen vermag. Keine regelmäßig fließenden Flüsse.

3. Semiarider Typ. Das bei einzelnen Regengüssen gefallene Wasser fließt zum Teil als Torrente ab, zum Teil sickert es in den Boden ein. Das einsickernde Wasser vermag sich im Boden jedoch nicht als ausgedehntes Grundwasser anzusammeln, sondern verdunstet in der Trockenzeit wieder aus dem Boden heraus. Oberflächenkrusten.

4. Vollarider Typ. Die Niederschläge sind so gering, daß der Boden bei der hohen Temperatur überhaupt nicht durchfeuchtet wird und daher auch die Krustenbildung fortfällt.

c) Das nivale Klima, in dem mehr schneeiger Niederschlag fällt, als die Ablation an Ort und Stelle entfernen kann, so daß eine Abfuhr durch Gletscher erfolgen muß.

5. Seminivaler Typ. Der Schneefall wird gelegentlich durch Regenfälle unterbrochen.

6. Vollnivaler Typ. Ausschließlich schneeiger Niederschlag.

Die PENCKsche Einteilung zeichnet sich durch leichte Vorstellungsmöglichkeit und große Klarheit aus. Eine schärfere Herausarbeitung der Untertypen dürfte sich wohl noch ermöglichen lassen. In der kartographischen Darstellungsmöglichkeit steht sie den übrigen Klassifikationsversuchen nicht nach.

Von den Klimaklassifikationen, die von der meteorologischen Klimastatistik ausgehen, sind die von R. HULT, E. DE MARTONNE, A. HETTNER, A. PHILIPPSOHN, H. WAGNER und W. KÖPPEN zu nennen. E. DE MARTONNE[1] geht bei seinen 9 Hauptgruppen und 30 Untertypen von geographischen Grundsätzen aus. Er unterscheidet:

a) Heiße Klimate ohne Trockenperiode (Äquatorialklimate). Mittlere Jahrestemperatur über 25°, Jahresschwankung höchstens 5°. Jährliche Regenmenge wenigstens 150 cm. 1 ozeanischer Typ, 2 kontinentale Typen: Ozeanienklima; Viktoria Njansaklima, Amazonienklima.

b) Heiße Klimate mit Trockenperiode (tropische Klimate), mittlere Jahrestemperatur über 20°, Jahresschwankung noch unter 5°. Jährliche Niederschlagsmenge geringer und periodisch; im Festland Sommerregen und Winterdürre. 1 ozeanischer Typ, 2 kontinentale Type: Polynesienklima; Sudanklima, Senegalklima.

[1] MARTONNE, E. DE: Traité de Géographie Physique, 205—225. Paris 1909.

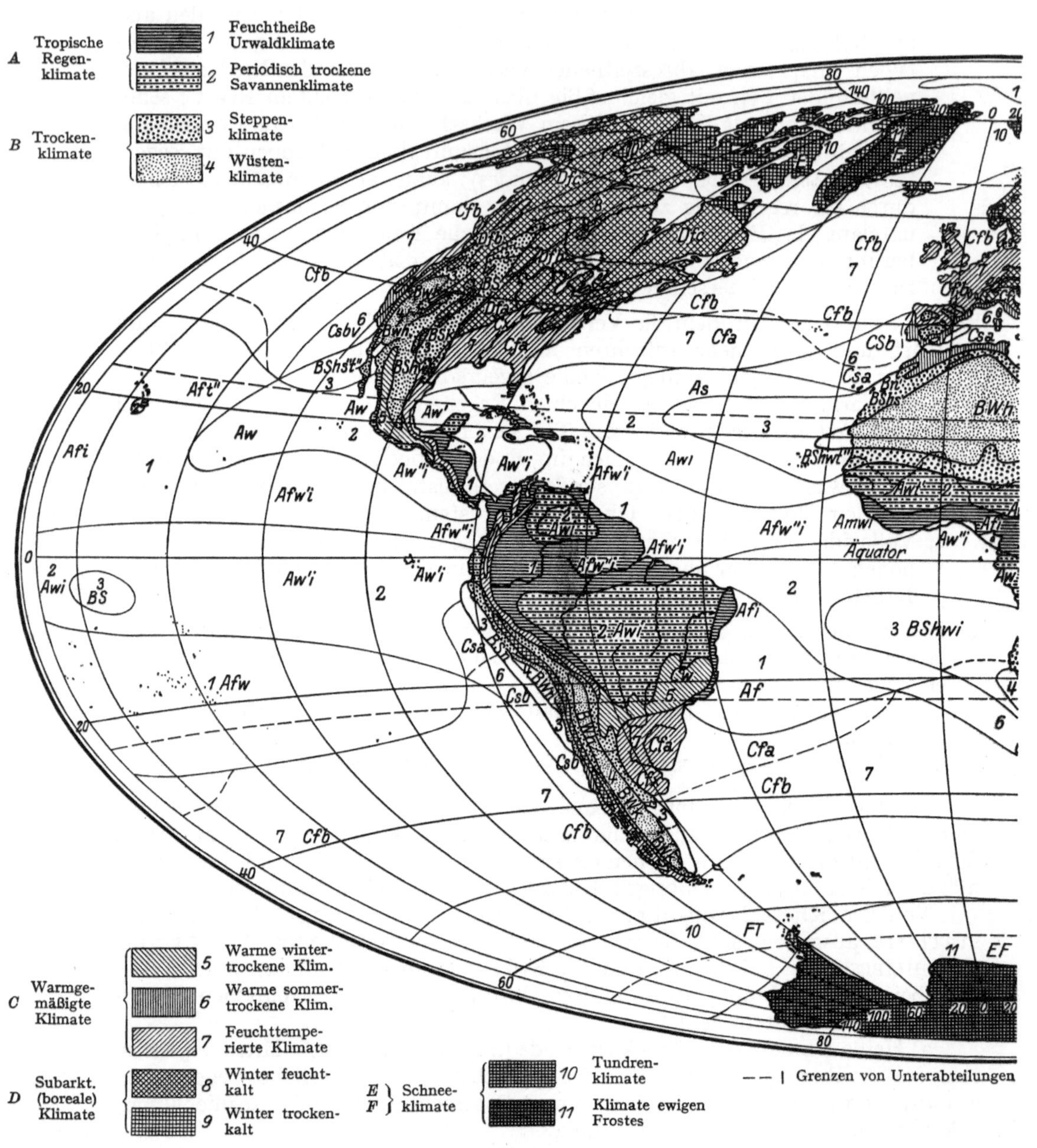

Abb. 3. Die Klimazonen der Erde.

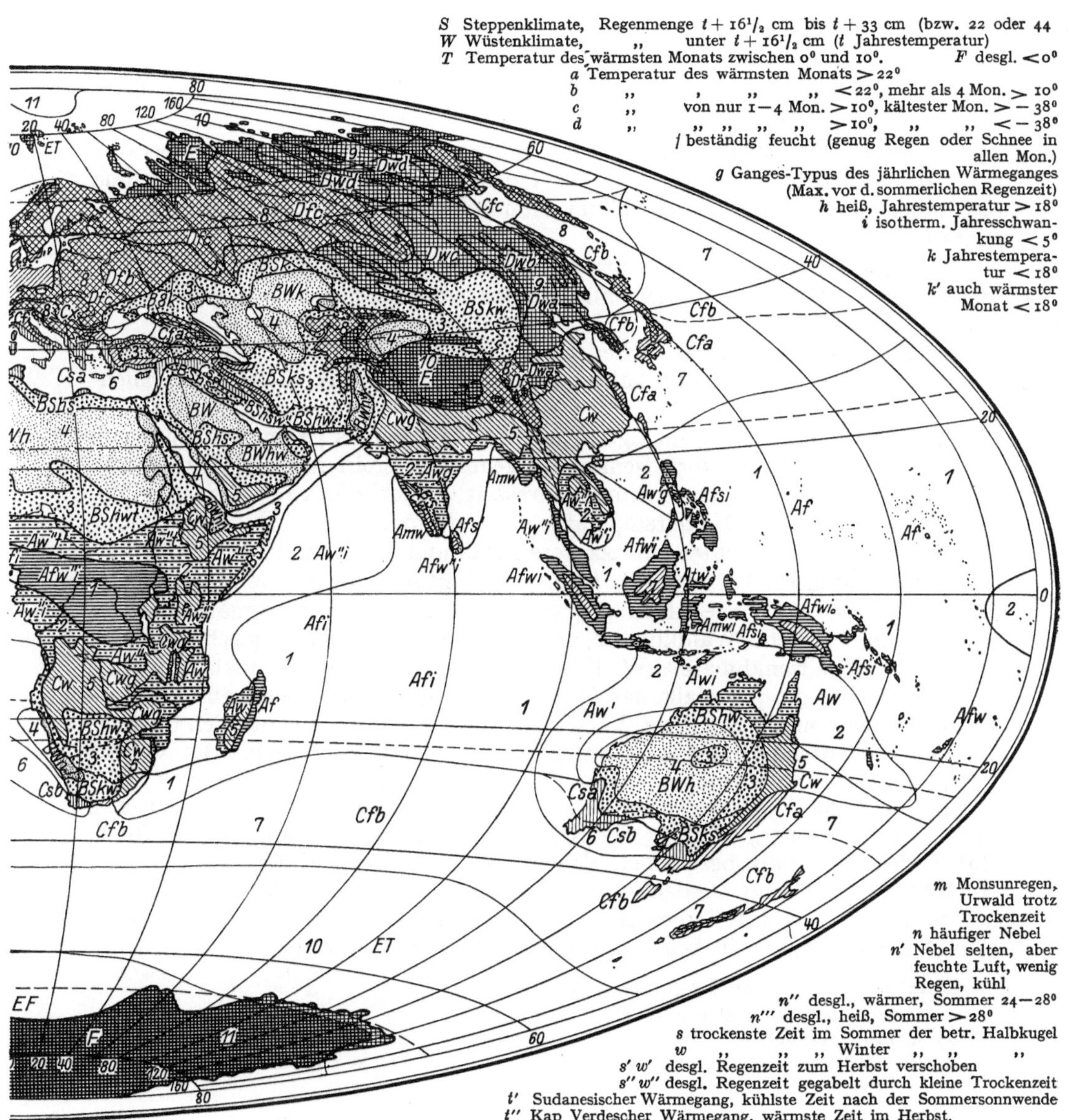

S Steppenklimate, Regenmenge $t + 16^1/_2$ cm bis $t + 33$ cm (bzw. 22 oder 44
W Wüstenklimate, „ unter $t + 16^1/_2$ cm (*t* Jahrestemperatur)
T Temperatur des wärmsten Monats zwischen 0° und 10°. *F* desgl. < 0°
a Temperatur des wärmsten Monats > 22°
b „ „ „ „ < 22°, mehr als 4 Mon. > 10°
c „ von nur 1–4 Mon. > 10°, kältester Mon. > – 38°
d „ „ „ „ „ > 10°, „ „ < – 38°
f beständig feucht (genug Regen oder Schnee in allen Mon.)
g Ganges-Typus des jährlichen Wärmeganges (Max. vor d. sommerlichen Regenzeit)
h heiß, Jahrestemperatur > 18°
i isotherm. Jahresschwankung < 5°
k Jahrestemperatur < 18°
k' auch wärmster Monat < 18°

m Monsunregen, Urwald trotz Trockenzeit
n häufiger Nebel
n' Nebel selten, aber feuchte Luft, wenig Regen, kühl
n'' desgl., wärmer, Sommer 24–28°
n''' desgl., heiß, Sommer > 28°
s trockenste Zeit im Sommer der betr. Halbkugel
w „ „ „ „ Winter „ „ „
s' w' desgl. Regenzeit zum Herbst verschoben
s'' w'' desgl. Regenzeit gegabelt durch kleine Trockenzeit
t' Sudanesischer Wärmegang, kühlste Zeit nach der Sommersonnwende
t'' Kap Verdescher Wärmegang, wärmste Zeit im Herbst.

Nach W. Köppen.)

c) Monsunklimate. Ähnlich wie b), jedoch charakterisiert durch die Herrschaft der Monsune und durch das sich daraus ergebende Regenregime. 5 Typen: Bengalenklima (subäquatoriales Monsunklima), Hinduklima (tropisches Monsunklima), Pendschabklima, Annamklima, Siamklima.

d) Warm temperierte Klimate ohne Frostperiode (subtropische Klimate). Mittlere Jahrestemperatur unter 20°, höchstens 4 Monate unter 10°. 6 Typen: Chinaklima, Portugalklima, Griechenlandklima, Syrienklima, Mexikoklima, Hochkolumbienklima.

e) Temperierte Klimate mit kalter Jahreszeit. Mittlere Jahrestemperatur um 10°, höchstens 4 Monate kalt. 6 Typen: Bretagneklima und Parisklima (ozeanisch), Polenklima, Ungarnklima, Mandschureiklima, Ukraineklima (kontinental).

f) Heiße Wüstenklimate. Starke tägliche und jährliche Temperaturschwankung. Jährliche Niederschlagssumme unter 25 cm. 2 Typen: Peruklima, Saharaklima.

g) Kalte Wüstenklimate. Niederschlagsmenge bisweilen ein wenig höher, brennend heiße Sommer, sehr kalte Winter. 2 Typen: Aralklima, Patagonienklima.

h) Kalte Klimate mit gemäßigtem Sommer. Mindestens 4 Sommermonate von 10° oder mehr. 2 Typen: Norwegenklima (ozeanisch), Sibirienklima (kontinental).

i) Kalte Klimate ohne warme Jahreszeit. Auch die vier wärmsten Monate bleiben unter 10° Mitteltemperatur. Polarklima.

A. Hettner[1] verzichtet auf exaktere Erfassung der Klimatypen und unterscheidet a) Äquatorialklimate, b) tropische Kontinental- und Monsunklimate, c) Passatklimate, d) Etesienklimate, e) subtropische Kontinentalklimate, f) außertropische immerfeuchte Waldklimate, g) Prärieklimate, h) außertropische Trockenklimate, i) Tundrenklimate. W. Köppen[2] hat 1918 eine Klimaklassifikation herausgebracht, die jedenfalls das für sich in Anspruch nehmen kann, daß sie am schärfsten von allen anderen Versuchen durchgearbeitet ist und sich bemüht, die meteorologische Statistik weitestgehend zu berücksichtigen. Es werden Temperatur und Niederschlag sowohl nach ihrem Jahreswert als auch nach ihrem jährlichen Gange verwertet. Um einen Ausdruck nach Art der chemischen Formel zu gewinnen, werden die Klimatypen fortlaufend mit großen Buchstaben des Alphabets bezeichnet, denen zwecks weiterer Unterteilung andere Buchstaben angehängt werden, deren Bedeutung am Rande der Karte Abb. 3 auf S. 30—31 auseinandergesetzt ist. Die Abgrenzung der einzelnen Typen erfolgt nach folgender Tabelle (Anordnung nach W. Georgii):

A-Klimate. Tropische Regenklimate.

Kein Monatsmittel unter 18°. Bei einer mittleren Jahrestemperatur von	20	25°
ist die jährliche Regenmenge mehr als	60	70 cm.

1. Feuchtheiße Urwaldklimate.

Af = beständig feucht, im regenärmsten mindestens 6 cm Regen.
Am = Monsunregenklima mit mäßiger Trockenheit.

2. Periodisch trockene Savannenklimate.

Bei einer jährlichen Regenhöhe von	100	150	200	250 cm
hat der regenärmste Monat höchstens	6	4	2	0 ,,

As = sommertrockene Savannenklimate.
Aw = wintertrockene Savannenklimate.

---

[1] Hettner, A.: Die Klimate der Erde. Geogr. Z. 1911.

[2] Köppen, W.: Klassifikation der Klimate nach Temperatur, Niederschlag und Jahreslauf. Pet. Mitt. 1918.

B-Klimate. Trockene Klimate.

3. Steppenklimate = *BS*.

Bei einer mittleren Jahrestemperatur von . .	25	20	15	10	5	0	-5^0
ist die jährliche Niederschlagshöhe kleiner als . . .	70	60	50	40	30	20	10 cm.

4. Wüstenklimate = *BW*.

Bei einer mittleren Jahrestemperatur von . .	25	20	15	10	5	0	-5^0
ist die jährliche Regenhöhe kleiner als	35	30	25	20	15	10	5 cm.

C-Klimate. Warmgemäßigte Regenklimate.

Temperatur des kältesten Monats zwischen . . $+18$ und -3^0.

Bei einer mittleren Jahrestemperatur von . .	5	10	15	20^0
ist die jährliche Regenhöhe größer als	30	40	50	60 cm.

5. Warme wintertrockene Klimate = *Cw*.
   Der regenreichste Monat bringt mehr als zehnmal soviel Niederschlag als der regenärmste Monat.

6. Warme sommertrockene Klimate = *Cs*.
   Der regenreichste Monat bringt mehr als dreimal soviel Niederschlag als der regenärmste Monat.

7. Feuchttemperierte Klimate = *Cf*.
   Unterschied der jahreszeitlichen Verteilung der Niederschläge geringer als in *Cw* und *Cs*.

D-Klimate. Winterkalte, subarktische Klimate (boreale oder Schnee-Wald-Klimate).

Kältester Monat unter -3^0, wärmster Monat über 10^0.

Bei einer mittleren Jahrestemperatur von . .	0	5	10	15^0
ist die jährliche Niederschlagshöhe größer als . . .	20	30	40	50 cm.

8. Feuchtwinterkalte Klimate = *Df*.
   Beständig feucht.

9. Wintertrockenkalte Klimate = *Dw*.
   Periodizität der Niederschläge wie in *Cw*.

E-Klimate. Schneereiche Tundrenklimate.

Wärmster Monat zwischen 10^0 und 0^0.

10a. Tundrenklimate.
10b. Höhenklimate oberhalb 3000 m = *EH*.

F-Klimate. Klimate ewigen Frostes.

Wärmster Monat unter 0^0.

11. Klimate ewigen Frostes.

Einzelne Klimatypen hat W. Köppen mit phänologischen Verhältnissen in Verbindung gebracht, indem er sie durch einen charakteristischen Baum, eine Kulturpflanze oder Vegetationsform bezeichnete, so heißt z. B. das Klima *Dfc* Birkenklima, *Dfb* Eichenklima, *Cfb* Buchenklima, *Csb* Erikenklima usw.

Die verschiedene Wirkung der Sonnenstrahlung und der einzelnen Breitengrade auf Land und Meer schafft zusammen mit dem allgemeinen Kreislauf der Atmosphäre und der Meere eine Anordnung der Klimatypen, deren Schema bereits auf der Erdkarte, trotzdem die verschiedene Form und Größe der Erdteile störend wirken, schon zu erkennen ist. Das Gesetzmäßige dieser Anordnung soll Abb. 4 darstellen, die einen von Pol zu Pol reichenden Kontinent (innerhalb der schraffierten Linie) inmitten zweier Weltmeere annimmt.

Der tatsächliche Anteil der einzelnen Klimagebiete am Gesamtareal der Erde geht aus einer Ausmessung hervor, die Herm. Wagner[1] vorgenommen hat. In Millionen Quadratkilometern ergeben sich die folgenden Flächen:

[1] Wagner, H.: Die Flächenausdehnung der Köppenschen Klimagebiete der Erde (1918). Pet. Mitt. **1921**, S. 216—217.

	Landfläche	Meeresflache	Gesamte Erde	in %
1. *Af*	14,0	103,3	117,3	23,0
2. *Aw*	15,7	51,1	66,8	13,1
3. *BS*	21,2	12,9	34,1	6,7
4. *BW*	17,9	2,2	20,1	3,9
5. *Cw*	11,3	1,4	12,7	2,5
6. *Cs*	2,5	10,7	13,2	2,6
7. *Cf*	9,3	103,2	112,5	22,1
8. *Df*	24,5	5,3	29,8	5,8
9. *Dw*	7,2	0,7	7,9	1,5
10. *ET*	10,3	57,8	68,1	13,4
11. *EF*	15,0	12,5	27,5	5,4
Summe:	148,9	361,1	510,0	100,0

Es sind absichtlich mehrere Klimaklassifikationen hier angeführt, da zur Zeit die Frage noch offensteht, welches System sich allgemein durchsetzt. Die Kritik hat sich bisher auf gelegentliche Einwendungen gegen das eine oder das

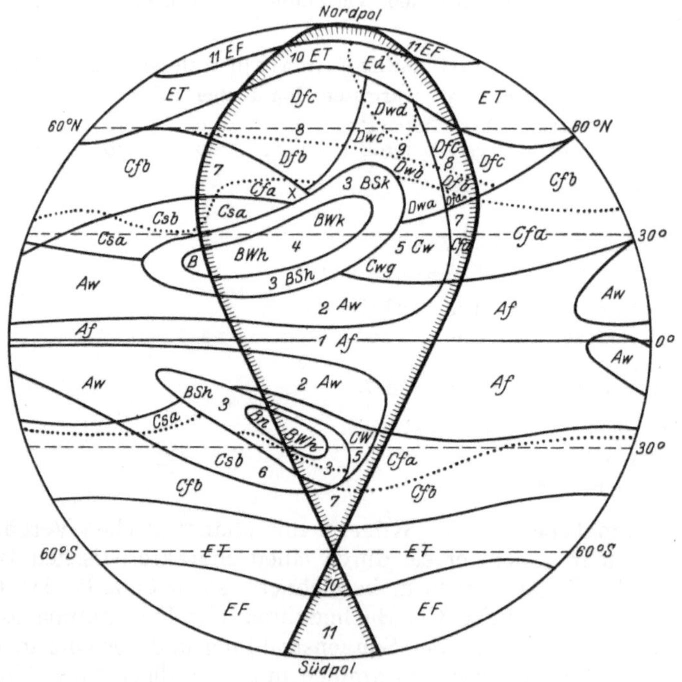

Abb. 4. Normale Anordnung der Klimazonen auf einem idealen Kontinent. (Nach KOPPEN.)

andere System beschränkt, eine eingehendere Überprüfung und Abwägung der einzelnen Versuche zueinander steht noch aus. Auch die KÖPPENsche Klassifikation ist wohl noch nicht in ihrer Entwicklung als abgeschlossen zu betrachten. Die während des Druckes dieses Bandes erschienene Wandkarte von KÖPPEN-GEIGER ist von den 11 Hauptstufen bereits zu 14 übergegangen.

Klimakunde der einzelnen Erdteile[1].

Afrika.

Man hat Afrika stets als den typischen Tropenkontinent bezeichnet, und in der Tat mit einer fast symmetrischen Lage zum Äquator (nördlichster Punkt etwa $37^1/_2{}^0$ n. Br., südlichster Punkt 35^0 s. Br.) gehört sein größter Teil der tropischen Zone an. Bei der geschlossenen Form von Afrika kommen auf ihm die großen Klimazonen in typischer Ausbildung vor. Das Herz des Kontinents wird von dem heißfeuchten äquatorialen Regengebiet (*Af*) eingenommen. Das Savannenklima rahmt diesen Gürtel ein. In den höheren Gebieten von Abessinien und in den Tafelländern zwischen Kongo und Sambesi geht wegen des stärkeren Absinkens der Temperatur in der kühleren Jahreszeit das Klima schon in den Typ der gemäßigten Zone (*C*) über. Das in normaler Anordnung auf das tropische Regenklima folgende Trockenklima ist regional am stärksten nördlich vom Äquator mit seinem Kern in der Sahara entwickelt, im Süden finden wir es nur in geringer Ausdehnung an der Westküste. Gemäßigtes Klima (*C*) auf Grund der Breitenlage ist nur im Norden in den Atlasländern und im äußersten Süden im Kaplande vorhanden. Bemerkenswert ist der Gegensatz zwischen Ost- und Westküsten, der sich sowohl in der Trockenheit der Somaliküste als auch unter dem Wendekreis besonders ausprägt.

Der tropische Regengürtel (*A*). Der tropische Regengürtel[2] ist durch einen regenreichen Kern ausgezeichnet, der sich an der Westküste von 11^0—1^0 n. im Innern aber bis 8^0 s. Br. erstreckt. Der Urwaldstreifen von Sierra Leone bis zum Viktoria Nyansa hat sich hier bei einer Jahresmenge von mehr als 1200 bis über 2000 mm entwickeln können. Kein Monat ist trocken. Auffallend ist das niederschlagsarme Gebiet an der Küste von Aschanti und Togo. Hier sinkt die Jahresmenge unter 700 mm herab. Ursache ist kaltes Auftriebwasser, das sich in den besonders regenarmen Monaten Juli bis September dort einstellt. Im jährlichen Gange der Niederschläge zeigt sich am Äquator das doppelte Maximum März/April und September. Eine einfache sommerliche Regenzeit entwickelt sich im Westen von rund 6^0 n. und 7^0 s. Br. an, im Osten bei 5^0 n. und 6^0 s. Br. Örtliche Abweichungen von dieser allgemeinen Regel sind vorhanden. In Abessinien ist das doppelte Regenmaximum (März und Juli/August) sogar noch unter 9—10^0 n. Br. anzutreffen. Im Hinterlande von Oberguinea finden wir es gleichfalls unter 10^0 n. Br. im Mai/Juni und September. Die Regenzeiten entsprechen den Zeiten, in denen der Kalmengürtel auf seiner Wanderung von Süden nach Norden den Beobachtungsort überschreitet. Während der Trockenzeit kommt der Nordost- oder Südostpassat zur Geltung. In dem tropischen Regengürtel liegt die regenreichste Gegend Afrikas, der Westhang des Kamerunberges. Hier fallen in Debundja (5 m Höhe) bereits rund 10500 mm Jahressumme. Das Regenmaximum am Kamerunberg, der vollkommen unter dem Einfluß des hier monsunartig abgelenkten Südostpassats steht, ist damit aber sicher nicht erreicht, sondern wird in höheren Lagen liegen. Dieser Monsun unterdrückt an der Küste vielfach die doppelte Regenzeit, z. B. hat Kamerun nur ein einfaches Maximum im Juli.

---

[1] Einer Anregung des Herrn Herausgebers entsprechend in der Hauptsache nach den entsprechenden Kapiteln in W. Köppen: Die Klimate der Erde. — Zu einer Orientierung über das Klima einer bestimmten Erdgegend benutzt man am zweckmäßigsten J. Hann: Handbuch der Klimatologie. 3 Bde. 1908—12.

[2] Die genauere Begrenzung der einzelnen Gurtel wird in dieser textlichen Darstellung, die nur eine sehr gedrangte Übersicht bieten kann, nicht gegeben, sondern ist der Karte auf S. 30—31 zu entnehmen.

Für die meist großtropfigen Regen dieser inneren Zone sind Gewitter charakteristisch. Normalerweise treten sie in den Entstehungsgebieten hauptsächlich nachmittags auf. Ein nächtliches Maximum entsteht aber dort, z. B. Kamerunküste, wo sie von den Gewitterherden aus hinziehen. Das Hereinbrechen des Gewitterkörpers ist mit einer plötzlichen Winddrehung und Anschwellen der Stärke verbunden. An der Küste von Loango bis Senegambien nennt man diese Gewitterböen „Tornados".

Erschlaffend wirkt das Klima im tropischen Afrika durch die hohe Luftfeuchtigkeit. An der Küste bleibt sie auch in der Trockenzeit hoch, im Binnenlande kann sie mittags unter 50% sinken. Im Savannenklima ist sie in der Trockenzeit erträglich. Auch sind dort die Nächte schon kühl, wodurch dichte nässende Nebel sich bilden können.

Die Temperatur zeichnet sich im äquatorialen Afrika durch größte Gleichmäßigkeit aus. In der Nähe des Äquators beträgt der Unterschied zwischen der Temperatur des wärmsten und kältesten Monats weniger als 3°, nach Norden und Süden wächst die Differenz beträchtlich an. Die Jahreszeiten werden auf diese Weise nicht durch die Wärme, sondern durch die Regen bestimmt. Innerhalb dieser geringen Schwankungen ist der Jahresgang nicht einheitlich. In Daressalam und Umgebung sowie in Kamerun ist der Februar heißester, Juli oder August kühlster Monat. Der sogenannte indische Temperaturgang herrscht vom Innern Senegambiens bis über Khartum hinaus; hier fällt die höchste Temperatur ans Ende der großen Trockenzeit Mai/Juni, die niedrigste in deren Mitte. Südwärts davon liegt ein Gürtel mit der heißesten Zeit schon im März/April, die kühlste Zeit dagegen erst im Juli/August, d. h. die kühlste Zeit fällt in die kleine Trockenzeit oder in die Mitte der einfachen Regenzeit, die heißeste Zeit dagegen ans Ende der großen Trockenzeit. Dieser im Sudan und Oberguinea auftretende eigentümliche Temperaturgang mit der kühlsten Zeit im Nordsommer erklärt sich durch eine aspirierende Wirkung der stärker erwärmten Nordhalbkugel und insbesondere der Sahara, wodurch Luft von der kühleren Südhalbkugel monsunartig angezogen wird. In Deutschostafrika ist der Temperaturgang normal. Die große winterliche Trockenzeit ist unter der Herrschaft des Südostpassats die angenehme kühle Zeit, die heißesten Monate, die je nach der Lage zur Küste auf November bis Februar fallen, werden durch den Nordostmonsun beeinflußt und bringen drückend heiße Nächte.

Die höchsten Temperaturen werden nicht im Kern des regenfeuchten Gürtels, sondern am Nordrand erreicht, wo selbst in 400 m Höhe noch regelmäßig 40° überschritten werden. In der kühleren Zeit kann die Temperatur in extremen Fällen aber bis auf 5° sinken. An der Küste und auf den Inseln unter dem Äquator erreicht die durchschnittliche Schwankung nur 12—15°.

Unter den Winden verdient der in Oberguinea während des Nordwinters sich häufig einstellende, sehr trockene, stauberfüllte Ost- bis Nordwind Erwähnung. Er führt den Namen Harmattan und stellt nichts anderes dar als den kräftig wehenden Nordostpassat, der Luft aus der Sahara heranführt.

Der tägliche Wechsel von Land- und Seebrise ist an den Küsten meist gut ausgebildet und bildet einen wichtigen Faktor für die Gesundheitsverhältnisse der tropischen Küsten.

Die beiden Trockengebiete (*B*). Es besteht ein großer Unterschied zwischen dem nördlichen und südlichen Trockengebiet. Das nördliche durchschneidet ganz Afrika vom Atlantik bis zur Küste des Roten Meeres, das südliche ist auf die Westküste und auf das Innere beschränkt, während in diesen Breiten die Ostküste, d. h. Natal und Mozambique, ein warmgemäßigtes Klima mit reichlicherem Niederschlag hat. Beide Gebiete haben einen Kern mit echter

Wüste und einen Steppengürtel als Übergang zum Savannenklima. Während sich aber in der Sahara die Wüste durch den ganzen Kontinent zieht und nur von einem schmalen Steppengürtel umgrenzt wird, ist im südlichen Trockengebiet die Wüste nur von 22 bis 32° s. Br. an der Küste (Namib) entwickelt und reicht nur am unteren Orangefluß bis 22° ö. L. ins Innere. Dagegen ist hier im Verhältnis zur Wüste das Steppenklima in der rund 1000 m hoch gelegenen Kalahari sehr ausgedehnt.

Die Niederschläge fehlen in den Wüsten fast ganz. Treten die seltenen Regen ein, so fallen sie in heftigen Güssen, die in den Trockentälern (Wadis) schnell zum Abfluß kommen und in flachen Becken weite Überschwemmungen erzeugen. Grundwasser kann sich in den trockenen Flußbetten vorfinden. Die Steppe hat im Gegensatz zur Wüste eine spärliche, aber doch ziemlich regelmäßige Regenzeit, die die Steppenvegetation schnell emporschießen läßt. Die Regen fallen in der Kalahari und in den Sudansteppen im Hochsommer, ein einzelner Gewitterregen kann dann den vierten Teil der gesamten Jahresmenge bringen. Der Nordrand der Sahara gehört aber bereits zum Regenregime des Mittelmeergebietes und hat daher Winterregen, während die Hochsommermonate gerade die trockensten Monate sind. Von den Wüstengebirgen haben die Bergländer von Air und Tibesti den südlichen Sommerregentypus, die von Ahaggar und Tassili dagegen Winterregen.

Die Temperaturen zeigen in den wärmsten Monaten häufig Werte von 30 bis 35°. Die kühlsten Monate haben am Südrande der Sahara meist 20—21°, am Nordrande kann aber schon starke winterliche Abkühlung bis zum Mittelwerte von 4—5° eintreten. Die tägliche Temperaturschwankung ist bei sehr starker Bodenerwärmung, die 80° erreichen kann, sehr groß. In einzelnen Monaten erreicht die mittlere Tagesschwankung 17—20°. In den zentralen Teilen liegt in den heißesten Monaten das tägliche Maximum durchschnittlich über 45°. Die Wirkung dieser Hitze wird aber durch die Trockenheit und die nächtliche Abkühlung (mittleres Minimum rund 27°) wesentlich gemildert.

Die Küstenstrecken der Trockengebiete haben unter dem Einfluß der Meere Klimazüge, die vom Binnenlande deutlich abweichen. Die tägliche und jährliche Temperaturschwankung ist merkbar geringer, höhere Luftfeuchtigkeit bedingt häufigere Nebelbildung, macht aber auch das heiße Klima unerträglicher. Berüchtigt ist in dieser Hinsicht die Küste des Roten Meeres. Auffallend ist, daß diese Küste südlich vom Kap Guardafui (Somaliküste) bis rund 2° s. Br. zum Trockenklima gehört. Der Monsun, der hier Regen bringen könnte, weht aber in beiden Jahreshälften parallel zur Küste. Die Trockenküste von Südwestafrika hat als Folge kalten Aufquellwassers ein typisch trocken-nebliges Klima mit stärkstem Nebel nachts und morgens. Trotz reichlicher Benetzung des Bodens vermögen diese aber nur an wenigen Stellen einen schwachen Graswuchs hervorzubringen. Erst nordwärts von 20° nehmen die Regen zu, Loanda hat aber noch Steppenklima mit häufigen Nebeln in der Trockenzeit. Starke Winde, die besonders im Sommer als unangenehme Staubstürme auftreten, und, falls sie aus dem höher gelegenen Osten kommen, Föhncharakter annehmen, unterstreichen die Trockenheit der Namib. An der Atlantikküste der Sahara vom Senegal bis Casablanca sind bis auf Marokko Nebel trotz hoher Luftfeuchtigkeit selten. Die Lufttrübungen des „Dunkelmeers", d. i. der Meeresteil vor dieser Küste bis über die Kapverden-Inseln hinaus, sind auf Staubwinde aus der Sahara zurückzuführen. Im jährlichen Temperaturgange ist für diese Küste und auch für die südwestafrikanische Trockenküste die starke Verspätung des Maximums bis auf September bzw. März charakteristisch. Die Winde an dieser Küste sind bis auf die schon erwähnten Monsune der Somaliküste passatischen

Charakters und stimmen in ihrer Hauptrichtung mit dem Küstenverlauf überein. Land- und Seebrisen bilden sich bei den großen Temperaturgegensätzen zwischen Innerm und Küste häufig zu heftigen Winden aus. So können die Seewinde als auffallend starke Westwinde gespürt werden, die häufig böenartig abends im Binnenlande von Südwestafrika auftreten. Heiße, vom Innern abströmende Landwinde sind typisch für das Klima Ägyptens, wo sie Chamsin genannt werden, ferner für die kühlere Jahreszeit (Mai/Juni) in Südwestafrika und auch für die Westküste der Sahara.

Die gemäßigten Regenklimate (*C*). Gemäßigtes Klima haben Teile des Nordrandes, die äußerste Südspitze und weite Räume im Innern in einer entsprechenden Seehöhe. Ein beständig feuchtes Klima mit Niederschlag in allen Monaten kommt nur einigen Gebirgsgegenden, wie dem Kamerunberge und Ostusambara und der Südküste des Kaplandes zwischen Georgetown und Port Elizabeth zu. Sonst ist eine Zeit mit Regenmangel vorhanden.

In Marokko, Algerien und Tunis sind die Sommer heiß, heißester Monat 25—26°, und regenarm, die Winter kühl und Bringer der Regenzeit. Von Tanger bis Bizerta ist an der Küste ein reines Wintermaximum vorhanden, im Binnenlande dagegen ein doppeltes Maximum im Frühling und Herbst.

An der Südspitze von Afrika, im verhältnismäßig kleinen Raum der Umgebung von Kapstadt, ist der Jahresgang der Niederschläge wohl ähnlich (Wintermaximum), nach der Karroo zu ist auch das doppelte Maximum März-April und Oktober/November vorhanden; die Sommer sind hier aber kühl (Kapstadts wärmster Monat rund 21°).

Im Innern von Afrika sind in der südlichen Hälfte des Kontinents weite Teile mit einem wintertrockenen, gemäßigten Klima ausgezeichnet, dessen Gebiet über die Drakensberge hinweg die Küste erreicht. In der Gegend der ostafrikanischen Seen, soweit sie nicht zum tropischen Regenklima gehören, sind sogar 3 Jahreszeiten zu unterscheiden: ein heißer Frühling, eine Regenzeit im Sommer und Herbst und eine kühle Zeit im Winter. Winter und Frühjahr bilden die Trockenzeit. In Abessinien verschiebt sich die kühlste Zeit auf den Spätsommer, d. h. in die Mitte der Regenzeit.

Amerika.

Der Doppelkontinent Amerika besitzt die größte meridionale Ausdehnung und reicht von der nördlichen kalten bis in die südliche gemäßigte Zone hinein. Eine hohe Gebirgsmauer, die sich längs der Westküste hinzieht, gestattet es aber nicht, daß das Klima der Westküste in das Innere übergreift. Auf diese Weise wird die natürliche zonale Anordnung der Klimazonen außerordentlich stark gestört. Die Klimagürtel ordnen sich mehr meridional an, und große Gegensätze zwischen Ost- und Westküste sind die Regel.

Der tropische Regengürtel (*A*). Der tropische Regengürtel ist im allgemeinen zwischen den Wendekreisen zu finden, ist aber von dem Gebirge mit kühleren Klimaten durchsetzt und an der Westküste Südamerikas durch den kalten Perustrom bis auf 10° s. Br. zurückgedrängt.

Das immerfeuchte Tropenklima (*Af*) herrscht in größerer Erstreckung zunächst unter dem Äquator, im großen Waldgürtel des Amazonasstromes und seiner Nebenflüsse, dann aber auch an den Luvseiten der Gebirgszüge, wo es in schmalen Streifen den Wendekreis erreicht. Die Regenzeiten folgen nicht in einfacher Weise dem Gange der Sonne, sondern teilweise sind einfache Regenmaxima in der Nähe des Äquators und doppelte in größerer Entfernung von ihm vorhanden. Der obere Amazonas (65° w. L.) bekommt zum größten Teile seine Niederschläge in zwei Regenzeiten, Februar bis Juni und Mitte Oktober bis Anfang Januar. Das Land nach dem Gebirge zu (73° w. L.) hat die Regenzeit von November bis Juni. Der Mittellauf des Stromes (Manaos) empfängt die Niederschläge in gleichmäßigerer Verteilung, nur August und September sind trockener. Das Mündungsgebiet hat entschieden nur eine einfache Regenzeit von Ende Dezember bis Mai, doch sind auch die übrigen Monate nicht regenfrei. Mit scharfem Übergang schließt sich von 5° s. Br. ein ausgedehntes Gebiet mit einfacher sommerlicher Regenzeit und winterlicher Trockenheit bis nach Paraguay und Nordargentinien an. Nordwärts vom Äquator ist es in den Savannen Venezuelas vorhanden. Auf den Großen Antillen und der Nordküste von Südamerika, auf kolumbanischem Gebiet, ist die Regenzeit im allgemeinen gegabelt. Die Passatseiten der gebirgigen Inseln empfangen auch in der Trockenzeit genügend Regen, ihre Leeseiten sind aber trocken. Herbstregen sind auf den Kleinen Antillen und auf der Strecke Pará bis Ceara vorhanden. Südwärts von Kap San Roque verschiebt sich das Regenmaximum sogar auf Anfang Winter (Mai/Juni).

Binnenwärts von dieser verhältnismäßig regenreichen Küste (über 2000 mm) von Nordostbrasilien liegt östlich von dem Parnahybafluß ein Gebiet, in dem die Jahressumme der Niederschläge bis unter 400 mm herabgeht und das vor allem durch Ausbleiben der spärlichen März-Juni-Regen zeitweilig furchtbarsten Hungersnöten ausgesetzt ist. Es gehört zu den Hauptverwaltungsmaßnahmen der beteiligten Staatsregierungen, Maßnahmen zur Bekämpfung dieser Dürren zu treffen.

Die Regen fallen im Tropengürtel meist in Form von nachmittäglichen Gewittergüssen, Dauerregen kommen häufiger nur an den Luvseiten der Gebirgshänge vor. Das Auftreten von Gewittern ist statistisch im tropischen Amerika nur erst ungenügend erfaßt worden.

Das Windsystem wird durch die jahreszeitliche Verlagerung des Stillengürtels beherrscht, er bedingt die Regenzeit, während in den Trockenzeiten der Passat weht. An der Pazifikküste wird im Nordsommer der dann auf die Nordhalbkugel übertretende Südostpassat zum Südwestwind abgelenkt und ist bis 12° n. Br. zu spüren. Weiter nördlich über Zentralamerika bringt der im Winter aus Norden wehende Passat heiteres Wetter (Papagayos). Im mexikanischen Golf kann er starke Temperaturerniedrigungen mit sich bringen (Northers). Wirbelstürme, die westindischen Orkane (Hurrikane) können vor allem in den Monaten August bis Oktober die westindische Inselwelt heimsuchen.

Die Temperatur ist in der Nähe des Äquators sehr gleichmäßig (26—28°). Die Jahresschwankung beträgt nur 1—1½°, im Norden und Süden des Tropengürtels steigt sie auf 6—7° an. Die Extreme bewegen sich im Amazonasgebiet etwa zwischen 20 und 33°, an den Grenzen im Norden und Süden zwischen 12 und 36°.

Die Gebirgsklimate innerhalb der Wendekreise lassen naturgemäß die Höhenlage, in der das Monatsmittel unter 18° sinkt, der Breitenlage entsprechend schwanken. Im gebirgigen Hinterland der Ostküste von Brasilien endet das Tropenklima unter 23° s. Br. bei 300 m, unter 20° bei 800 m. In Guatemala reicht es auf 1000—1500 m hinauf und unter 5° n. Br. sogar bis zu 2000 m. Nach der Anbaumöglichkeit für die einzelnen Kulturpflanzen unterscheidet der Einheimische gewisse Höhenzonen, deren Abgrenzung wohl Schwankungen unterliegt, für die aber die nachstehende, für Guatemala geltende, als typisch angesehen werden kann: 1. 0—600 m das heiße Land, „tierra caliente", Kakao, Kautschuk- und Mahagonibaum, 2. 600—1800 m das gemäßigte Land, „tierra templada", bis 1200 m Kaffee, bis 1600 m noch Kaffee- und Zuckerrohrbau im großen, aber mit Frostgefahr. 3. 1800—4150 m das kalte Land, „tierra fria", bis 3250 m Weizen, Kartoffeln und Äpfel, darüber Hochgebirgsregion mit alpinen Kiefernwäldern und Bergwiesen, oberhalb 3970 m baumlos.

Die Trockengebiete (*B*). Den in Nord- und Südamerika auftretenden beiden Trockengebieten ist gemein, daß sie sowohl die Westküste erreichen, als auch über die Hochgebirge nach Osten ausgreifen. Sie unterscheiden sich aber beträchtlich durch ihren Abstand vom Äquator, der beim nördlichen größer als beim südlichen ist, und in den binnenwärts nach höheren Breiten vorgeschobenen Teilen dadurch, daß in den Prärien von Montana und Kalifornien ein extrem kontinentales Klima mit sehr kalten Wintern (Januar -15^0) und sehr warmen Sommern (Juli $+19^0$) herrscht, während Patagonien ein sehr gemäßigtes Klima hat. In Nordamerika sind überdies hauptsächlich Hochländer, in Südamerika dagegen Tiefländer zu beiden Seiten der Kordillere am Trockenklima beteiligt.

Der innere fast regenlose Kern beschränkt sich in Nordamerika auf das Tal des Koloradoflusses und das Gebiet zwischen dem großen Salzsee und der Sierra Nevada. Die geringste Regenmenge beträgt 80 mm. Es sind ähnlich wie in dem nordwärts anschließenden Steppenklima Winterregen. In Südamerika ist die ganze Westküste zwischen 10^0 und 30^0 s. Br. fast regenlos, nur ganz gelegentliche Sommerregen treten auf. Im Osten der Küstenkordillere beginnt das Wüstenklima unter 17^0 s. Br. und zieht sich in langen Streifen bis nach Patagonien hinein, wo unter 42^0 s. Br. die Atlantikküste erreicht wird. Von 38^0 s. Br. an ist der Osthang der Kordilleren nicht mehr trocken, sondern nimmt schon an den reichlichen Niederschlägen der chilenischen Seite teil.

Die Steppenklimate sind in Nordamerika am meisten ausgedehnt. Der westliche Teil hat Winterregen, der östliche Teil von 110^0 w. L. an Sommerregen, doch liegen die Maxima nicht einheitlich in den gleichen Monaten. Das Hochland von Mexiko empfängt zwar schon 500—700 mm Niederschlag, da aber $^3/_4$ dieser Menge in der heißen Zeit Juni bis September fallen, ergibt sich doch ausgesprochen der Typus eines Trockenklimas.

In der fast regenlosen Zone an der Westküste Südamerikas, wo die Temperaturen infolge der kühlen Meeresströmung relativ niedrig sind, bringen häufige winterliche Nebel einen feinen Nieselregen (Garuas), der eine spärliche Vegetation unmittelbar an der Küste erzeugen kann. Am dürrsten sind die Striche oberhalb der Nebelzone und außerhalb des Einflußbereiches der Niederschläge im Gebirge. Es ist die Zone, in der der Chilisalpeter gewonnen wird.

Im Gebirge schließt sich an die untere Trockenregion ein schmaler Waldgürtel an, der nach oben von einer baumlosen Tundren- oder Almenregion begrenzt wird. Die Schneegrenze steigt mit zunehmender Trockenheit in die Höhe. Unter 15^0 s. Br. liegt sie auf der trockenen Westkette bei rund 6000, auf der feuchteren Ostkette bei rund 5300 m. Sie bleibt bis zu den polaren Grenzen der Passatgürtel hoch und senkt sich erst in den Westwindzonen schnell ab. An der feuchten Ostabdachung der bolivianischen Anden unterscheidet man die folgenden Kulturzonen: unterhalb 1600 m die Yunga (Kakao, Zuckerrohr, Bananen, Kaffee usw.), 1600—2900 m die medio Yunga (Feld- und Gartenfrüchte), 2900—3300 m die Cabezera de valle (Weizen, Mais, Gemüse); 3300 bis 3900 m die Puna (Kartoffel, Gerste, Kohl, Zwiebeln), über 3900 m die Puna brava, d. h. die fast unbewohnte Region. In Ecuador wird die Puna als Paramo-Region bezeichnet mit wechselvollem, meist rauhem Wetter.

Die warmgemäßigten Regengürtel (*C*). Osten und Inneres. Da ein monsunartiger Windwechsel über Amerika nur in ganz beschränktem Maße vorhanden ist, so kann sich das gemäßigte Klima mit trockenem Winter (*Cw*) auch nur in kleinen Gebieten, d. h. am Westrande des mexikanischen und am Südrande des brasilianischen Hochlandes entwickeln. Größere Ausdehnung hat dagegen die Form des warmgemäßigten Klimas ohne ausgesprochene Trockenzeit

(*Cf*). Sehr milde Winter sind in ihm in Nordamerika aber nur in den Küstengegenden am Golf von Mexiko und Florida zu finden (Zuckerrohrkultur), während nach Norden zu die Winter schnell kälter werden. In dieser Klimaregion wachsen hauptsächlich Baumwolle und Tabak. In Südamerika ist nur der südliche Teil der Provinz Buenos Aires winterkalt. Die sommerliche Hitze ist in Nord- wie in Südamerika im warmgemäßigten Gürtel beträchtlich, der wärmste Monat hat meist eine Mitteltemperatur von über 22°.

Der meridionale Verlauf der Gebirge in Amerika gestattet einen ungehinderten Luftmassenaustausch zwischen hohen und niederen Breiten, daher sind die unperiodischen Temperaturschwankungen bedeutend höher, wie z. B. in Südeuropa, wo ein quer verlaufendes Gebirge, die Alpen, den Luftaustausch unterbindet. Diese Massenverlagerungen gehen am eindruckvollsten in heftigen Böen mit starken Temperatursprüngen und Richtungswechsel des Windes vor sich. In den Golfstaaten werden sie als Norther, in Argentinien als Pampero bezeichnet. Hitzewellen gehen im Sommer dem Einbruch polarer Luftmassen voraus, die, wenn sie in den empfindlichen Vegetationsperioden starke nächtliche Abkühlungen hervorrufen, große Frostschäden an wertvollen Kulturen verursachen können.

Die Regenverteilung über das Jahr ist meist sehr unregelmäßig. Ausgeprägteren Jahresgang zeigen z. B. Florida und die Gebiete am Parana mit Sommerregen. Die regenreichen Gebiete in den niedrigen Breiten und östlichen Teilen empfangen im Jahr über 1500 mm. Die Regendichte, d. h. die auf den einzelnen Regentag entfallende Menge, ist namentlich in Südamerika besonders groß (Pampas von Argentinien 10—25 mm). Gewitter sind ziemlich häufig (30—70 Gewittertage im Jahre). Im nordamerikanischen *Cf*-Gebiet sind die Tornados, das sind stark entwickelte Windhosen mit ungeheurer Zerstörungskraft, charakteristisch. Am Missouri und oberen Mississippi sind sie im April bis Juli am häufigsten. Schneefall kommt in den höheren Breiten des *C*-Klimas alljährlich, in den niederen nur in ganz vereinzelten Jahren vor. Die Luftfeuchtigkeit ist in Nordamerika besonders im Winter und Herbst gering. Im argentinischen Trockengebiet sinkt sie im Sommer unter 50% herab.

Westküste. Die regenlosen Gebiete der Westküste werden polwärts in rund 34° n. und 31° s. Br. durch Winterregengebiete abgelöst, die von 49° n. und 39° s. Br. ab aber auch im Sommer nicht mehr regenarm sind. Mit Zunahme der Breiten nimmt die Jahresmenge des Niederschlags sehr stark zu (3000—4000 mm) mit einem geringen Überwiegen der Sommerregen. Nach der Grenze der Trockengebiete zu sind die Jahresmengen sehr veränderlich. Starken Trockenheiten stehen Überschwemmungsjahre gegenüber. Gewitter sind im ganzen Gebiet aber sehr selten.

Der Jahresgang der Temperatur zeichnet sich unter dem Einfluß der Küstenströme in den Winterregengebieten der Küste durch kühle Sommer aus (wärmster Monat 22°). Nur das Binnental Kaliforniens hat heiße Sommer. Die kalifornische Küste zeigt eine starke Verspätung des Temperaturmaximums bis in den Herbst, da das stark erhitzte Innere im Hochsommer einen Monsun vom Meere anzieht, der die sommerlichen Temperaturen erniedrigt. Unter seinem Einfluß ist die Luftfeuchtigkeit an der Küste auch hoch.

Die Gegensätze zwischen den Windrichtungen sind viel geringer als im Osten der Kordilleren. Die schroffen Temperaturstürze sind an der Westküste unbekannt. Die mittlere Temperaturverteilung ist sehr gleichmäßig und eine Abnahme mit der Breite kaum vorhanden. Das Klima ist im ganzen überhaupt sehr milde und gleichmäßig und nur in den Längstälern des Innern extremer.

Der große Niederschlagsreichtum in den Gebirgen Südchiles zusammen mit den geringen Sommertemperaturen läßt die Schneegrenze sehr stark sinken. In Westpatagonien reichen die Gletscher in das Meer.

Für die Pflanzenwelt bringt die winterliche Regenzeit in Südkalifornien und in Mittelchile den Höhepunkt der Entwicklung, während der Sommer die Ruhe im Pflanzenleben bedeutet. Im Sommer Kaliforniens werden dann Nebel für sie bedeutungsvoll. Diese sind an der Küste eine Sommererscheinung, während sie im Hinterlande mehr im Winter auftreten.

Der boreale (Schnee- und Wald-) Gürtel (*D*) in Nordamerika. Die Gestalt des nordamerikanischen Kontinents, der den von Norden her zuströmenden kalten Luftmassen eine leichte Abflußmöglichkeit zum Atlantik bietet, läßt die extreme Form des subarktischen Klimas nicht aufkommen. Es ist nur das Klima *D* mit Niederschlägen zu allen Jahreszeiten vertreten. Vorübergehend sich bildende Antizyklonallagen können in Nordamerika zwar fast so tiefe Kältegrade wie in Sibirien entstehen lassen, aber sie sind nur von kurzer Dauer, und die Monatsmittel sind bedeutend höher als die in gleicher Breite von Nordostasien. Aus denselben Gründen sind die sommerlichen Temperaturwerte in Nordamerika aber auch geringer als in Asien.

An die Trockengebiete schließt sich zunächst die sommerheiße Abart des *Df*-Klimas mit Julitemperaturen über 22° an. Hier sind die Hauptzentren der Maiserzeugung der Vereinigten Staaten. Die Umgebung der großen Seen gehört aber des abkühlenden See-Einflusses wegen bereits zum Eichenklima (*Dfb*), denn hier bleibt der wärmste Monat unter 22°. Neuschottland, das südliche Kanada, Norddakota und auch Teile westwärts vom Felsengebirge gehören hierher. Weizen und Hafer werden in ihm besonders angebaut. Nach Norden zu, d. h. im Innern von Alaska, in Britisch-Nordamerika bis zum großen Bärensee und der Hudsonbai, sowie über Teilen von Labrador herrscht das sogenannte Birkenklima, wo nur in höchstens 4 Monaten der Mittelwert von 10° überschritten wird. Gerste gedeiht nur am Südrande dieser Zone. Wegen der starken Erwärmung im Frühling und Sommer greifen die Zonen im Innern des Kontinents weit nach Norden aus. Die Weizengrenze schiebt sich bis zum Sklavensee vor, Gerste geht sogar bis über den Bärensee hinaus.

Die in den Südstaaten auftretenden Kältewellen sind im *D*-Klima in verstärktem Maße vorhanden, können an der hier widerstandsfähigeren Kultur aber keinen großen Schaden anrichten. Der Einbruch der kalten polaren Luftmassen unter die feuchtwarmen südlicher Herkunft äußert sich in schweren Schneestürmen, den „Blizzards", die dem Viehbestand sehr gefährlich werden können. Andererseits kann im Sommer die warme Vorderseite der von Westen nach Osten ziehenden Depressionen außerordentlich stark ausgeprägt sein, so daß eine Hitzewelle sich einstellt, bei der auch die Nächte sich durch drückende Schwüle auszeichnen. Am Osthang des Felsengebirges treten im Winter föhnartige Winde auf, die Chinook genannt werden.

Die Regenverhältnisse sind nicht einheitlich, zwischen 34 und 54° n. Br. ist der Sommer die niederschlagreichste Zeit. Anfang des Herbstes ist hier aber mit großer Regelmäßigkeit eine besonders wolkenarme Zeit mit wenigen Regentagen — der sog. Indianersommer — zu erwarten. In Britisch-Nordamerika verschiebt sich nach Norden zu das Maximum der Niederschläge immer mehr auf den Herbst, der zur trübesten Jahreszeit wird, während der Winter die heiterste Zeit ist. Damit sind Anfänge zur Ausbildung eines kalten Ausstrahlungsklimas vorhanden.

In Zentralkanada kommt es dabei nur zu einer geringen Schneebedeckung, die dem Vieh den Aufenthalt im Freien gestattet. Der Osten ist aber stark mit

Schnee bedeckt und vereist. Hier empfängt der Winter sogar etwas mehr Niederschläge als der Sommer. An den großen Seen ist bereits der Herbst am niederschlagreichsten.

Die tägliche und jährliche Schwankung der Temperatur ist im Innern groß. Die mittleren täglichen Extreme sind z. B. in Winnipeg im Januar — 26,5 und —14,0°, im Juli 12,6° und 26,8°. In Kanada werden im Westen die tiefsten Temperaturen mit weniger als — 50° erreicht. Die sommerliche Hitze kann auf 30—33° ansteigen. Die großen Seen im Innern von Kanada tragen im Winter eine Eisdecke von 2—3 m Mächtigkeit. Der Eisboden wird bei Klondyke noch in 80 m Tiefe angetroffen. Im Norden sind die Flüsse von Mitte November bis Mitte Mai zugefroren.

Asien.

Asien, der größte unter den Kontinenten, hat, abgesehen von Teilen Indiens, ein durchaus kontinentales Klima mit großen jahreszeitlichen Gegensätzen. Der kontinentale Charakter des Innern wird noch dadurch verstärkt, daß hohe Randgebirge den Luftaustausch mit den Randgebieten stark behindern. Nur nach dem Nordosten zu verschiebt das Kältereservoir des Innern im Winter seinen Einfluß, so daß auch das Gebiet größter Jahresschwankung der Temperatur nicht im Zentrum des Kontinents liegt, sondern sich stark nach Osten verschiebt. Ein einfaches Bild der Klimazonen kann wegen der gewaltigen Massenerhebung von Zentralasien und dem Gebirgssystem von Vorderasien nicht zustande kommen. Gebiete mit kalten Tundrenklimaten schieben sich bis 30° südwärts vor, trockene Wüstenklimate reichen polwärts bis über 50° hinaus.

Der tropische Regengürtel (*A*). Dieses Klimagebiet reicht von Vorderindien über Hinterindien bis nach den Philippinen und dehnt sich südwärts über die ganzen Sundainseln aus.

Der Winter ist in diesen Ländern die Zeit des Nordostmonsuns. Unter seiner Herrschaft ist die Zeit Oktober bis Ende Februar die kühlere Jahreszeit. März bis Juni, wo die Intensität des Landwindes erheblich nachläßt, ist die heiße Zeit. Anfang oder Mitte Juni erfolgt dann über ganz Indien häufig ein ausgeprägter Wettersturz, mit dem der Südwestmonsun eingeleitet wird, der bis Oktober die Regenzeit bringt. Dieses einfache Schema der Jahreszeiten erleidet lokal aber erhebliche Abänderungen. Vor allem sind die Gegensätze zwischen Luv- und Leeseite in den Gebirgen groß. Nur die dem Südwestmonsun zugewandten Hänge erhalten sommerliche und reichliche Niederschläge. Der südliche Teil der Ostküste empfängt dagegen seine viel geringeren Regen zur Zeit des einsetzenden Nordostmonsuns im Herbst. Außerdem empfangen die nördlichen Teile von Vorderindien sehr bedeutsame Winterregen, die die Ausläufer der Niederschläge des europäischen Mittelmeergebietes darstellen. Bengalen, Assam und die südlichen Teile von Birma erfreuen sich für den Ackerbau außerordentlich wichtiger Frühjahrsregen. An der äußersten Südwestküste setzt schließlich der Monsunregen bereits Ende Mai ein, während Bombay erst Anfang oder Mitte Juni erreicht wird. Die größte Regenmenge fällt als Frühlings- und Sommermonsunregen an den Südhängen des östlichen Himalaya. Tscherrapundschi in 1200 m Höhe empfängt hier durchschnittlich eine Niederschlagsmenge von rund 12000 mm im Jahre.

In der Nähe des Äquators hat die ostindische Inselwelt zwischen 6° n. und 6° s. Br. Regen zu allen Jahreszeiten mit geringem Nachlassen zu der Zeit, wo die Sonne über der anderen Halbkugel steht. Dort, wo der vom Meere kommende Wintermonsun aber eine gebirgige Küste trifft, wie an der Nordostseite der Philippinen und Borneos und an der Südostseite von Neuguinea, bildet sich ein ausgesprochenes Wintermaximum aus.

Die Regenzeit des Südwestmonsuns auf Vorderindien ist übrigens nicht einheitlich, sondern am regenreichsten sind Beginn und Ende der Monsunzeit. Beide sind auch gelegentlich durch das Auftreten der Orkane gekennzeichnet. In den Monaten der stärksten Entwicklung des Monsuns, Juli und August, lassen die Regen nach. Im Lee der Westghats auf Vorderindien ist ein trockener Streifen mit Steppenklima entwickelt, während die regenfeuchte Malabarküste Urwälder trägt.

Die Temperatur ist in der eigentlichen Äquatorialzone zwischen 10^0 n. und 10^0 s. Br. erstaunlich gleichmäßig. Von einem Jahresgang kann kaum die Rede sein. In Indien sind aber der Temperatur entsprechend die kühlste Zeit November bis Februar, die heiße Zeit März bis Mai und die Regenzeit deutlich voneinander abgetrennt. Der mit Gewittern und Stürmen begleitete Ausbruch des Monsuns setzt zwar die Hitze stark herab, läßt aber die Feuchtigkeit sich zu unerträglicher Schwüle steigern, die das Klima ungesund macht. Erst der Herbst bringt wieder angenehmes Wetter. Die kühle Zeit kann in Nordindien nachts so tiefe Temperaturen haben, daß sich Eis und Reif bilden können.

Die Zeiten des Monsunwechsels können in dem südasiatischen Meere verheerende Orkane bringen. Ihre Hauptzeit ist im Arabischen Meer das Frühjahr, in der Chinasee der Herbst und in der Bai von Bengalen auch der Herbst am ausgeprägtesten, doch nimmt dort ebenfalls im Frühjahr (April bis Juni) die Sturmhäufigkeit merkbar zu. Die ungeheuren Zerstörungen werden besonders durch die den Sturmwirbel begleitende Flutwelle hervorgerufen. Die Regen der Monsunzeit sind in Bengalen an kleine Depressionen gebunden, die das Gangestal hinaufziehen.

Das in gewissen Jahren vorkommende Ausbleiben der Monsunregen hat vor allem in den inneren Provinzen verhängnisvolle Hungersnöte zur Folge. Voraussetzung für einen genügend ergiebigen Sommermonsun ist ein kräftig entwickelter Südostpassat der Südhemisphäre, der imstande ist, die nötige Energie an den Südwestmonsun abzugeben. Aus Beziehungen zur Witterung anderer Erdstellen haben die indischen Meteorologen die Unterlagen für eine schon frühzeitig gegebene Monsunprognose abgeleitet.

Die Trockengebiete (*B*). Das große Trockengebiet Afrikas, die Sahara, setzt sich zwar nach Asien unter beträchtlicher Nordwärtsverlagerung fort, hat aber keinen zusammenhängenden Wüstenkern mehr, sondern weist fünf solcher Wüstengebiete auf: Die Ostufer des Roten Meeres, die arabische, die Wüste Tharr in Nordwestvorderindien, die aralokaspische und die ostturkestanische Wüste. Die beiden letzten haben schon kalte Winter mit Schneestürmen.

Wegen der hohen Temperatur des Meeres kann sich in den Küstengebieten ein nebelreiches Klima wie in Südwestafrika und Peru nicht ausbilden, doch kommt es zu hoher Luftfeuchtigkeit verbunden mit großer Hitze. Die geringe Abkühlung bei Nacht ruft starke Taubildung hervor. Der Indusmündung bringt der Sommermonsun spärliche Regen, die arabischen Küstenwüsten erhalten sie im Winter. Nach dem Innern zu nimmt die hohe Luftfeuchtigkeit der Küsten schnell ab, nur an der Indusmündung trägt der Südwestmonsun feuchtere Luft weiter landeinwärts.

Die Binnenwüsten zeichnen sich in der wärmeren Jahreszeit durch große Lufttrockenheit aus. Sie läßt tagsüber die Einstrahlung, nachts aber die Ausstrahlung stark zur Wirkung kommen. Eine beträchtliche Tagesschwankung der Temperatur ist die Folge. Nachtfröste können selbst in den höher gelegenen Teilen von Arabien auftreten. In den innerasiatischen Wüsten kann die Temperatur noch unter -20^0 sinken.

Heiße staubführende Winde drücken dem Klima vieler Teile des Trockengebietes im Sommer einen besonderen Stempel auf. In den oberen Teilen von Persien und Afghanistan sind es Nord- und Nordwestwinde. Im südlichen Afghanistan sind sie von Mai bis September am stärksten entwickelt und können Temperaturen bis zu 48° mit sich bringen (Wind der 120 Tage). Am Lob-Nor kommen die Frühlingsstürme aus Ost bis Nordost. Alle Sommerstürme sind aber nur Tageserscheinungen, die Nächte sind ruhig. Der Winter ist bei antizyklonaler Wetterlage im allgemeinen ruhiger. Schnee fällt selten. Unangenehm sind aber die in der Kirgisensteppe vorkommenden Schneestürme (Burane).

Im Hochland von Tibet und Pamir tritt zu dem Charakter des Wüstenklimas noch die durch die Höhenlage bedingte Temperaturabnahme hinzu, so daß polare Klimazüge entstehen. In 3500—4000 m hat hier der wärmste Monat eine Temperatur von 10°. Intensive Ein- und Ausstrahlung erzeugt starke Temperaturschwankungen. Die Gipfel über 7000 m erreichen den Nullpunkt nicht mehr.

Im Osten bringt der Sommermonsun diesen Hochländern vor allem an den Südhängen starke Niederschläge. Der ziemlich reiche Pflanzenwuchs in der Gegend von Lhasa hat in solchen Juniregen seinen Grund. Im übrigen ist das Hochland aber dürr.

Der warmgemäßigte Regengürtel (*C*). Ostasien. Von dem tropischen Gürtel, mit dem Ostasien durch den Monsun verbunden ist, unterscheidet es sich nur durch die schnell nach Norden hin abnehmende Wintertemperatur, die zwischen 19 und 37° Breite im Januarmittel von 18 auf —2° abnimmt. Im Sommer erstrecken sich die Temperaturen von Südostasien ziemlich weit nach Norden. Im Winter ist der kontinentale, trockene Westen sehr wesentlich vom feuchteren, durchaus maritimen Osten geschieden. Die Küste von Nipon und Korea, die Ostküste Chinas von Schanghai bis Foutschou gehören zum beständig feuchten Typ des *C*-Klimas. In Japan werden die jährlichen Gänge des Niederschlags sehr kompliziert, da sowohl der winterliche Nordostmonsun als auch der sommerliche Südwestmonsun Regen bringen, aber jeder nur der jeweiligen Luvseite.

Der als indischer Typ bezeichnete Jahresverlauf der Temperatur mit dem Maximum vor Eintritt der Regenzeit ist nur bis 22° n. Br. vorhanden. In Hinterindien ist Juni bis August die wärmste Zeit, zwischen Honkong und Schanghai ist es der Juli, am Gelben Meere und in Japan verspätet sie sich auf den August und in Nemuro sogar auf den September. Im Innern von China ist der kontinentalen Lage entsprechend der Juli der wärmste Monat, nur am mittleren Jangtsekiang ist es der August. Im ganzen erfreut sich Japan eines gemäßigteren Klimas als China in gleicher Breitenlage. Die jährliche Temperaturschwankung wächst z. B. unter 36° n. Br. von 23° binnenwärts auf 31°. Die hochgelegenen inneren Teile von Japan nehmen mit ihren kalten Wintern am borealen Klima teil.

Vorderasien. Das orographisch wenig einheitliche Vorderasien hat Klimagebiete, die meist den Gebirgszügen entsprechend in schmalen Streifen angeordnet sind und sich sowohl auf das sommertrockene als auch ständig feuchte *C*-Klima beziehen mit eingesprengten Gebieten, wo Steppenklima und feuchtwinterkaltes Klima herrscht. Die höchsten Lagen haben *E*-Klima.

Das sommertrockene „Etesienklima" findet sich an der Küste Kleinasiens und Palästinas, zieht sich aber auch in einem Streifen am Südhange des Gebirges von Kurdistan bis nach Laristan hinein. Es liegt in der Bahn der vom Mittelmeer ostwärts nach Indien ziehenden winterlichen Druckstörungen. Tigrisebene und große Teile von Persien haben zwar die gleiche jährliche Regenverteilung, aber die geringen Jahresmengen weisen das dortige Klima doch zum Typ des Steppenklimas. Stellenweise, wie in Iran und Taschkent, empfängt erst der März die größte Monatsmenge. Am Nordrand der vorderasiatischen Gebirge geht so das Wintermaximum in ein Frühlingsmaximum über. Die Gebirge im Osten des Schwarzen Meeres und im Süden des Kaspisees haben aber Regen zu allen Jahreszeiten (*Cf*).

Steppenklima liegt im Innern Kleinasiens, im Kuratal, südlich vom Kaukasus und ist auch für das armenische Hochland anzunehmen.

Für die Temperaturverhältnisse ist in Vorderasien die Seehöhe und der Abstand von der Küste bestimmend. Die Jahresschwankung beträgt an der syrischen Küste 15°, im Innern von Armenien dagegen 31°.

Der boreale (Schnee- und Wald-) Gürtel (*D*) (Sibirien und Mandschurei). Das sibirische Klima teilt sich in einen östlichen Gebietsstreifen, der von 110—120° ö. L. fast bis zum Stillen Ozean reicht, mit heiteren, kalten Wintern und einem westlichen feuchteren Teil, wo noch das an Hoch- und Tiefdruckgebiete gebundene veränderliche Wetter von Nordeuropa herrscht. Der Osten hat einen besonders streng kontinentalen Klimacharakter, im Westen klingt der von westlichen Winden weit nach Osten getragene Einfluß des Atlantiks langsam aus. Ostsibirien hat ein gleichmäßigeres Wetter als Westsibirien. Die starken Kältegrade im Winter werden wegen der größeren Luftruhe auch nicht so stark empfunden, zumal da die geringe Bewölkung eine starke Sonnenstrahlung zuläßt. Die winterlichen Temperaturmittel sind außerordentlich tief. Jakutzk hat ein Dezembermittel von —40°, ein Januarmittel von —43°. In sehr schnellem Übergang bricht Mitte Mai der Sommer an, der bis Mitte September währt. Wärmster Monat ist der Juli mit einer Mitteltemperatur von rund 19°. Die sommerliche Hitze kann 30° überschreiten. Der Herbst ist gleichfalls sehr kurz, denn von Mitte Oktober an wird der Nullpunkt durchschnittlich nicht mehr überschritten. Von Anfang November bis Ende Mai sind die Flüsse mit Eis bedeckt. Der Boden taut im Sommer nur bis zu 1 m Tiefe auf, läßt aber trotzdem den Anbau von Roggen und Sommerweizen zu. Die Tiefe und Ausbreitung des Eisbodens ist wenig bekannt.

Noch intensivere Kältegrade kommen in Tälern vor, wo bei Ausstrahlung und größerer Luftruhe die Abkühlung sich sehr steigern kann, z. B. in Werchojansk mit einem Februarmittel von —51° und einem extremen Minimum von —68°.

Im Süden dieses ostsibirischen Kältegebietes, in der Mandschurei, hat das Monsungebiet Ostasiens wesentlich mildere Winter. Die Januartemperatur nimmt von Charbin nach Peking um 14°, von Werchojansk nach Peking um 46° zu. Die Gebirgsketten verhindern hier ein stärkeres Abströmen der Luft aus dem kalten Ostsibirien, wo eine langanhaltende Schneedecke die Ausstrahlungskälte wesentlich begünstigt. In Peking hat der Januar eine Mitteltemperatur von —5°, in Mukden —13°, in Charbin —19°. Dem Winter stehen in der Mandschurei heiße Sommer gegenüber. Das Julimittel ist für Peking 26°, für Mukden 24, für Charbin 22°.

Dieses wintertrockenkalte Klima (*Dw*) geht auf den vorgeschobenen Inseln und Halbinseln des Pazifik in den feuchtwinterkalten Typ über. Hier nimmt es nur einen schmalen Saum ein, in Westsibirien beherrscht es aber das ganze riesige Gebiet bis nach Nordeuropa hinein. Es empfängt auch noch im Winter beachtliche Niederschläge. Die extremen winterlichen Monatsmittel von Ostsibirien werden im Westen nicht mehr erreicht. Januarmittel von —28° sind Ausnahmen. Die Julimittel liegen in den größten Teilen zwischen 18 und 19°.

Australien.

Australien gehört mit seinen nördlichen Teilen noch der Tropenzone an und steht hier unter dem Einfluß eines gut entwickelten Monsunsystems. Im

Sommer bildet sich über dem nordwestlichen und nördlichen Teil des Kontinents, der dann stark erwärmt ist, ein Tiefdruckgebiet aus, dem von Norden her nordwestliche bis nördliche, im Süden südliche bis südöstliche Winde zuströmen. Im Winter liegt der nordwärts verlagerte Roßbreitengürtel über dem Kontinent und sendet über die Nordhälfte Australiens den trockenen Südostpassat aus, während der Südrand bereits unter der Einwirkung der veränderlichen Westwindzone steht. Sie sendet ihre Tiefdruckausläufer bis auf den Kontinent, wo im Wechsel der kalten polaren und warmen Nordwinde starke Temperaturänderungen vor sich gehen.

Diese Druck- und Windentwicklung bringt dem größten Teil des Kontinents eine Trockenzeit im Laufe des Jahres. Der Typ des heißfeuchten Tropenklimas kommt wegen des Monsuns auf Nordaustralien nicht mehr zur Entwicklung. Lediglich die gebirgige Küste von Neusüdwales ist leidlich gut das ganze Jahr hindurch befeuchtet, weil im Sommer hier auch der Südostpassat zum Regenbringer wird.

Das tropische Regengebiet (*A*). Das tropische Regengebiet umfaßt nur den Norden Australiens von 16° s. Br. der Westküste (King Sund) bis 20° s.Br. der Ostküste (Pt. Denison). Hier herrscht Savannenklima (*Aw*) mit einer ausgesprochenen Trockenzeit von Mai oder Juni bis zum September oder Oktober. Der Nordwestmonsun bringt die Regenzeit Dezember bis März/April (Sommerregen), deren Ergiebigkeit von Norden nach Süden stark abnimmt. Kap York empfängt im Jahre rund 2000 mm, Carpentaria nur 900 mm. Sommerregen sind zwar auch noch weiter südlich über den Wendekreis hinaus zu finden, aber wegen der geringen Jahresmenge gehören diese Gebiete bereits dem Steppenklima an.

Die Trockenzeit verfrüht sich von Norden nach Süden. Am Kap York setzt sie mit Juni, im Süden des Carpentaria-Golfes bereits im April ein. An der Ostküste fällt in der Trockenzeit durchschnittlich etwas mehr Regen als in der entsprechenden Zeit im Innern. Unter 15° s. Br. werden aber auch 20 mm Monatsmenge nicht erreicht, erst von Brisbane ab wird der Winter regenreicher, aber auch um so kühler, daß die für das Tropenklima geforderte Temperaturgrenze unterschritten ist.

Die Temperatur zeigt starke Gegensätze zwischen Küste und Innerem. Am Kap York ist der Dezember der wärmste Monat mit $27^1/_2$, der August der kühlste mit $24^1/_2$°, es herrscht also hier nur ein sehr geringer Jahresgang von 3°. Das Innere ist dagegen im Winter viel kühler, im Sommer bedeutend wärmer als die Küste. Im tropischen Teil können dann Mitteltemperaturen von 31—32° in dem heißesten Monat erreicht werden. Über dem Wendekreis steigert sich dann die Hitze noch weiter, so daß das Innere von Australien mit zu den heißesten Gegenden der Erde gehört.

Das Trockengebiet (*B*). Gegenüber den Verhältnissen auf den übrigen südhemisphärischen Kontinenten besitzt Australien ein Wüstengebiet mit Steppenumrahmung von besonders großer Ausbildung. Sie reicht von der Westküste durch das Innere hindurch bis zur Südküste und dringt weit nach Osten bis zu dem Randgebirge vor. Kühle Küstengewässer sind nicht vorhanden, deshalb fehlt auch der Typ der nebelfeuchten Küstenwüsten. Im Innern wird der fast regenlose Wüstenkern, den große Strecken dichtesten Gesträuchs (Scrub) charakterisieren, durch das etwas besser benetzte Mac-Donnel-Gebirge unterbrochen. Das hier herrschende Klima hat wohl den Steppencharakter.

In der Mitte der Wüste geht der sommerliche Regentyp des Nordens unter 26—27° Breite in den Wintertypus des Südens über, also in südlicheren Breiten, als an der Ostküste. Diese Winterregen werden aber 3—4° nördlich von Adelaide in ihrem Auftreten bereits sehr unsicher, so daß der Südrand des Trockengebietes in manchen Jahren unter starker Dürre leidet. Die Sommergewitter entschädigen nicht immer für dessen Ausfall, da sie häufig keinen Regen, wohl aber Staubstürme bringen. Die Nordwestküste wird außerdem zeitweise von tropischen Orkanwirbeln betroffen. Daneben ist hier das Gebiet zerstörender Windhosen (Willy-Willies), die den bekannten Tornados Nordamerikas ähneln.

Die Temperatur zeigt der ausgeprägten kontinentalen Verhältnisse wegen eine für diese Breiten sehr große jährliche Schwankung. In Alice Springs am Mac-Donnel-Gebirge beträgt sie 19° (Januar 29,8, Juli 11,0°). Dies dürfte aber noch nicht die extremste Gegend sein. Entsprechend sind bei der meist geringen Bewölkung die täglichen Amplituden sehr bedeutend, solche von 30 bis 40° sind keine Seltenheiten. Nachtfröste bis zu — 5° kommen selbst unter dem Wendekreise vor. Eine sehr starke Verdunstung läßt gelegentlich starke Überschwemmungen, die hier wie in allen Wüsten zeitweise auftreten, sehr bald wieder verschwinden.

Der warmgemäßigte Regengürtel (*C*). An der Ostküste ist die Zone von 20—26° s. Br. in der Trockenzeit nicht mehr so trocken wie weiter im Norden, da der am Gebirge aufsteigende Südostpassat schon seine Feuchtigkeit niederschlägt. Mit Julitemperaturen, die zwischen 15 und 18° liegen, gehört dieses Gebiet schon ausgesprochen zum *C*-Klima, und zwar zum Typ mit trockenen Wintern. In dieser Jahreszeit können bereits leichte Nachtfröste auftreten. Von Brisbane ab ist der Gegensatz zwischen Regen und Trockenzeit weiter ausgeglichen, von 33° Br. an verschiebt sich das Regenmaximum in den Herbst. Es herrscht der *Cf*-Typ. Die Temperaturen nehmen entsprechend der Breitenzunahme ab. Brisbane hat $24^1/_2$° im Dezember, Melbourne rund 20° im Januar, die kühlsten Monate an beiden Orten haben 14° und 9°. Nördlich des Gebirges an der Südspitze des Kontinents ist ein Gebiet mit Winterregen und trockenem Sommer eingeschoben.

Im Sommer brechen heiße Winde aus dem stark erhitzten Inneren über diese Küstengegenden. Melbourne hat durchschnittlich 19 solcher heißen Winde mit maximalen Temperaturen von 40—44° und Trockengraden, die bis 10% relative Feuchtigkeit gehen. Sie stehen im großen Gegensatz zu dem „Southerly burster", den Einbrüchen kalter, polarer Luftmassen. An ihrem sommerlichen Vorkommen ist die dann besonders starke aspirierende Wirkung des Kontinents schuld. Im Durchschnitt ist wohl das Klima Südaustraliens ausgeglichener als in den entsprechenden Breiten des europäischen Mittelmeergebietes, die Veränderungen von Tag zu Tag sind aber in Australien größer.

Das Gebirge von Südostaustralien hat im Winter reichlichen Schneefall, der an geschützten Stellen sogar den Sommer überdauern kann.

Südwestaustralien steht im Sommer vollständig unter dem Einfluß des Passats, der hier, da die Gebirge fehlen, seinen trockenen Charakter bewahrt. Im Winter, wenn die Passatgrenze nach Norden zu gerichtet ist, herrschen veränderliche Winde. Winterregen und Sommerdürre sind die Folge (*Cs*-Klima). Die Winterregen reichen bis 28° Breite, also sehr weit nach Norden. Es fallen meist 800—900 mm Niederschlag im Jahre. Die Ernte hängt von der gleichmäßigen Verteilung, weniger von dem absoluten Betrag der Winterregen ab. Das *Cs*-Klima greift von Südwestaustralien über den Australischen Golf nach dem unteren Murray hinüber, da dieses Gebiet Regenschatten für den sommerlichen Südostpassat ist. Wärmster Monat ist in Südwesten verspätet der Februar. Am Nordrand des Klimagebietes hat er 24°, im Süden 19°, der kühlste Monat, der Juli, nimmt entsprechend in seiner Mitteltemperatur von 15 auf 11° ab.

Europa.

Obgleich Europa nur die Nordwestecke des großen Kontinentes Eurasien ist, hat es doch klimatisch infolge der besonderen Wärmeverhältnisse des Nordatlantik und des weiten Eingreifens des Mittelmeeres in den Kontinent hinein so charakteristische Klimazüge, die eine selbständige Betrachtung rechtfertigen. So nimmt das sommertrockene Etesienklima die Küsten des Mittelmeeres ein und hat damit hier die größte Ausdehnung von allen Kontinenten. Das feuchte gemäßigte Klima (*Cf*) erstreckt sich über ganz Westeuropa bis zum Südrand von Skandinavien. Den Osten Europas und Skandinavien beherrscht als Ausläufer der großen Klimazone in Westsibirien das Schneewaldklima *Df*. Beschränkte nördliche Gebiete haben Tundrenklima. So kreuzen sich in Europa die Wirkung eines warmen Meeres und der größten Kontinentalmasse. Vorherrschende westliche Winde geben dem ersten Einfluß das Übergewicht. Es resultiert so ein Klima, das in der ganzen Nordwesthälfte von Europa keine besonderen Extreme bietet. Die Kontinentalität nimmt natürlich nach dem Osten zu. Die Zunahme der Jahresschwankung von 10° auf 35° läßt dies deutlich erkennen. Mannigfaltigkeit der Klimate auf kleinem Raum wird aber in Europa durch die starken Niveauunterschiede und auch durch die Aufgeschlossenheit des Landes erzeugt, da die größeren Halbinseln im kleinen sich klimatisch wie Kontinente auswirken.

Im Winter sind maritimer und kontinentaler Einfluß ungefähr durch eine von dem Südende des Urals über die Alpen nach Spanien verlaufende Linie getrennt. In der Luftdruckverteilung tritt sie als Hochdruckrücken hervor (große Achse des Kontinents). Nördlich wehen Süd- bis Nordwestwinde, die einen gemäßigten Sommer erzeugen und Regen zu allen Jahreszeiten bringen. Südlich davon wehen meist in Südrußland trockene Ostwinde, im Mittelmeergebiet lokal beeinflußte Windsysteme. Sie bringen heiße, trockene Sommer.

Das mittlere Temperaturgefälle ist nicht nach dem Norden, sondern im Winter nach Nordosten und Osten, im Sommer nach Nordwesten zu gerichtet. Stärkste Kälte wird daher im Winter aus Nordost, größte Kühle im Sommer aus Nordwest zugeführt. Daneben können sich winterliche Kältegebiete durch Ausstrahlung, besonders bei Anwesenheit einer Schneedecke, an Ort und Stelle bilden.

Die Trockengebiete (*B*). Trockengebiete in Europa sehen wir auf ausgedehnten Strecken in den Steppen am Schwarzen und Kaspischen Meere, wo sie die Fortsetzung des an das zentralasiatische Wüstengebiet sich nordwärts anschließenden Steppengürtels bilden, und im beschränkten Umfang auf den Hochflächen der Iberischen Halbinsel.

Am Schwarzen und Kaspischen Meer sinkt die Regenmenge beträchtlich ab (Astrachan 150 mm). Die stärksten Regen fallen im Frühsommer (Juni), für die Landwirtschaft sind aber die Regen im Spätherbst und Winter bedeutungsvoll. Im Süden hören die Steppen mit den Waldgebirgen des Kaukasus, der Krim und der Dobrudscha auf, die bedeutend mehr Niederschläge empfangen. Die winterlichen Schneefälle sind meist gering, geben aber örtlich zu starken Schneeverwehungen Veranlassung. Die Winterstrenge ist sehr verschieden. Im Schutz der Gebirge können die Monatsmittel alle über 0° bleiben (Südküste der Krim), in Orenburg hat der Januar aber — 16°. Die Julitemperaturen liegen zwischen 20 und 25°.

Die Pußten von Ungarn, die Walachei und Nordbulgarien sind die letzten Ausläufer des Steppenklimas, gehören aber der größeren Regenmenge wegen (rund 600 mm) bereits zum *C*-Klima.

Die Trockengebiete in Spanien erstrecken sich am Mittellauf des Duero und des Ebro, am Mittel- und Oberlauf des Guadiana. Die Regenmenge beträgt rund 300—400 mm. Die sommerliche Erhitzung ist stark, es entwickeln sich Julimittel bis zu 26°. Die Winter sind milde (Januar 2—5°). Der Sommer ist ausgesprochen regenarm, wird aber von dem Regen im April bis Juni und September bis November eingerahmt.

Der warmgemäßigte Regengürtel (*C*). Das sommerdürre Mittelmeergebiet (*Cs*). Trockene heitere Sommer sind sein besonderes Kennzeichen. Abgesehen von der Küstenstrecke zwischen Südtunis und Palästina, wo die Regen überhaupt so gering sind, daß das Steppenklima über die Küste hinwegreicht, empfängt das Mittelmeergebiet Winterregen. Am Nordrand ist von Malaga bis Livorno der Oktober, und von da nach Osten der November der niederschlagreichste Monat. Die höheren Erhebungen empfangen auch im Sommer stärkere Niederschläge. Bewölkung und Luftfeuchtigkeit sind an den Küsten überall im Sommer sehr gering. Der Himmel zeigt ein besonders tiefes Blau. Die Sichtigkeit ist sehr groß. Nur im Innern von Spanien und Griechenland kann im Sommer starker Hitzedunst (Calina) auftreten. Zwischen dem winterlichen Regen tritt noch viel Sonnenschein auf.

Die Po-Ebene mit einem Mai- und Oktoberregenmaximum, die durch mäßige Sommerregen verbunden sind, gehört nicht mehr zum Etesienklima (*Cs*), sondern zu dem durchweg feuchten Typ des *C*-Klimas. Im übrigen ist der Gürtel des eigentlichen Etesienklimas durch die besonders milden Winter (Januarmittel 4—12°) von den kälteren Wintern des Binnenlandes scharf geschieden. Die Julitemperaturen schwanken zwischen 22 und 26°, sind also, trotz des maritimen Charakters, recht hoch.

Die Luftströmungen werden im Sommer östlich von Korsika und Sardinien bis zum Adriatischen und Schwarzen Meere von nicht sehr starken, im Osten aber sehr beständigen Nordwestwinden beherrscht. Im Winter werden die Druckstörungen der höheren Breiten mit veränderlichen Winden wirksam. Feuchtwarme Südostwinde (Scirocco) wechseln dann mit einem stürmischen kalten Nordost ab. Wo letzterer über ein Gebirge an warme Küsten vorstoßen kann, z. B. bei Noworossijssk im Kaukasus, entwickelt er als Bora eine besondere Gewalt. In Südfrankreich bezeichnet man dieses Abfließen kälterer Luft aus dem Hinterland nach der See als Mistral. Land- und Seebrisen entwickeln sich dort, wo keine stärkere allgemeine Strömung sie zu unterdrücken vermag.

Das feuchttemperierte Klima von Mitteleuropa (Buchenklima *Cfb*). Das westeuropäische Klima gehört größtenteils zu dem sommerkühlen Typ des *Cf*-Klimas, in dem die Mitteltemperatur des Juli zwischen 10° und 22° liegt, nur in der Po-Ebene, an der mittleren und unteren Donau werden Julitemperaturen von 22—25° erreicht. Im übrigen bilden sich innerhalb seines Bereiches schon starke Gegensätze aus, wie z. B. zwischen dem rein ozeanischen, trüben regnerischen Klima der Westküste Irlands und Schottlands und dem schon kontinentale Züge tragenden Klima Schlesiens mit kalten schneereichen Wintern. So nimmt auch die tägliche Temperaturschwankung von der Küste binnenwärts auf den doppelten Betrag zu. Eine Verspätung der Jahresextreme ist im Westen zwar im Sommer, nicht aber im Winter vorhanden.

In der jährlichen Verteilung der Niederschläge sind nur geringe Unterschiede vorhanden. Die Westküsten von Irland und Schottland empfangen die stärksten Regen im Winter (Dezember/Januar), das deutsche Binnenland dagegen im Sommer. In Böhmen liegt das Maximum im Juni und verspätet sich nordwärts fortschreitend bis auf den August. Frankreich, England, Ostschottland und ein großer Teil der norwegischen Westküste zeigen ein Oktobermaximum, das sich in Frankreich, mit Ausnahme des Nordwestens, mit dem Maimaximum des Inneren von Spanien, und in Dänemark mit dem Augustmaximum der Ostsee zu einem Doppelmaximum verbindet. Das sommerliche Maximum äußert sich aber nicht in einem Anwachsen der Zahl der Niederschlagstage, sondern in einer stärkeren Ergiebigkeit der einzelnen Regenfälle, die aber durch die stärkere sommerliche Verdunstung ausgeglichen wird.

Die Gebirge des westlichen Europas gehören bereits dem borealen Klima an.

Der boreale Gürtel (*D*). Osteuropa und mitteleuropäische Gebirge. Sein Gebiet greift nordwärts bis an die 10°-Isotherme des Juli und die Waldgrenze aus, im Süden stößt er in der Linie Orenburg-Braila an die Grenze des Trockenklimas (*B*), nach dem Westen greift er in den Höhenlagen der Gebirge weit nach Mitteleuropa aus.

In ihm steht ein warmer, teilweise sogar heißer Sommer einem kalten Winter mit langanhaltender Schneedecke und Eisbedeckung der Flüsse gegenüber.

Eine Linie von Oslo über das südliche Finnland und Petersburg, Perm, Ural, Orenburg, scheidet die nördliche Hauptstufe, das Birkenklima (*Dfc*, nur ein Monat über 10°) von der südlichen Hauptstufe, dem Eichenklima (*Dfb*) mindestens 4 Monate über 10°). Sie ist auch ungefähr die Nordgrenze für Obstbau und Weizenbau. Roggen geht weiter darüber hinaus, z. B. bis Archangelsk.

In den Gebirgslagen Deutschlands finden wir das boreale Klima in den Sudeten und im Erzgebirge von etwa 500 m ab. Mit der allgemeinen Erwärmung hebt sich nach Westen zu diese Grenze und liegt im nordwestlichen Schwarzwald erst bei 1000 m Höhe. In den Schweizer Alpen sind die Temperaturen bis zu 900 m noch über —3°, in den geschützten Tälern der Ostalpen können sich aber bereits in 300 m Höhe Januarmittel von — 3° ausbilden, und dadurch nimmt das boreale Klima besonders in den Ostalpen einen breiten Raum ein. In geschützten Hochtälern entstehen so Januarmittel von —7 bis —9°. Die Zentralalpen haben überhaupt bei geringerer Bewölkung und Niederschlag einen kontinentaleren Klimacharakter als die Randgebiete. Wetterlagen mit klarem, stillem Wetter können im Winter den Alpentälern am Boden sehr tiefe Temperaturen, an den Höhen bei geringerer Bewölkung aber bedeutend milderes Strahlungswetter bringen.

Die Temperaturen zeigen innerhalb des borealen Klimagürtels sehr große Gegensätze, in denen sich die Breiten und die Lage zum warmen Meere ausdrücken. In Nordskandinavien liegt im südlichen Teile und auf den Inseln der kälteste Monat bei — 3 bis —4°. in Karesuando aber bei — 16°. Das gleiche wiederholt sich in dem großen zusammenhängenden Gebiet von Osteuropa. Hier nimmt zwischen Ostsee und Ural die Temperatur im Januar zwischen — 3 bis —16° von Westen nach Osten, im Juli dagegen von Südosten nach Nordwesten ab (von 22½ auf 13°), östlich der Ostsee nimmt der kontinentale Charakter des Klimas rasch zu.

Die jährliche Regenverteilung ähnelt im Süden Rußlands noch der des Trockengebietes. Der Juni ist der regenreichste Monat. Nach Norden zu verspätet sich das Regenmaximum in Nordrußland und in Finnland, außer an dessen Westküste, auf den Juli oder August, am Eismeer sogar auf den September. Heiterster Monat ist im Norden der Juni oder Juli, im Süden der August. November und Dezember sind in Zentral- und Westrußland mit rund 80% Bewölkung so trübe wie in Deutschland. Der Sommer in Rußland hat eine etwas geringere Bewölkung (50%).

Von großer in die Wirtschaft des Landes sehr einschneidender Bedeutung ist die alljährlich wiederkehrende Eisbedeckung der Ströme und Randmeere, sowie die starken Frühlingshochwasser als Folge der gewaltigen winterlichen Schneemassen. Die mittlere Dauer der Eisbedeckung beträgt z. B. bei Archangelsk 190, Moskau 140, Riga 120, Kiew 100 Tage.

Polargebiete.

Die Polarzonen (*E*). Die Grenze dieser sommerlosen Gebiete, die auf den Festländern sich nördlich der Baumgrenze ausdehnen, fällt auf der nördlichen Halbkugel ungefähr mit dem Polarkreis, auf der südlichen mit dem 50. Parallel zusammen. Thermisch wird die Polarzone genauer durch die Isotherme 10° des wärmsten Monats begrenzt.

Trotz geringer Niederschläge ist der Boden der Polarländer, selbst in den Randteilen, fast während des ganzen Jahres unter einer Schneedecke begraben, die in den Gebirgen in die Form des Inlandeises übergeht und als Gletscher den Überschuß des Niederschlags über Ablation und Verdunstung an das Meer abführen kann.

Ackerbau ist nicht mehr möglich. Die spärliche Bevölkerung ist auf Fischerei und Jagd angewiesen. Erstere wird allerdings dadurch gestört, daß das Meer während eines großen Teils des Jahres mit Eis bedeckt ist, das Bewegungen durch Stürme und Strömungen unterliegt.

Die Arktis. Infolge der weit in das nördliche Polargebiet vordringenden warmen Meeresströmungen entstehen starke horizontale Gegensätze der Temperaturverteilung, die sich besonders in den Temperaturen des kältesten Monats zeigen, aber auch in den Temperaturen des wärmsten Monats noch vorhanden sind. Das tiefste Julimittel wurde auf der Framtrift etwa unter 83° n. Br., 89° ö. L. mit 0,0° beobachtet, das Maximum des wärmsten Monats steigt der Definition der Klimagrenze entsprechend auf 10° an. Bedeutend größer ist die Differenz zwischen den Mittelwerten der kältesten Monate. Hier stehen sich Werte von nur — 2 bis — 3° an der isländischen Küste und solche von fast — 40° an der Lena-Mündung gegenüber.

Island steht noch vollständig unter dem erwärmenden Einfluß des Atlantik, der sich besonders an seiner Südküste äußert, wo der kälteste Monat (Dezember) noch eine Mitteltemperatur von rund 1° hat. Doch zeichnen sich die isländischen Winter neben der großen Sturmhäufigkeit vor allem durch eine starke Veränderlichkeit aus. Sie ist bedingt durch starke Schwankungen in den Windverhältnissen, die für eine längere Periode bald nördliche, bald südliche Winde bringen können. Länger im Sommer anhaltende nördliche Winde führen zu Eisblockaden der Nordküste und damit zu schweren wirtschaftlichen Schädigungen der Insel. Baumwuchs findet sich nur in wenigen geschützten Tälern des Innern. Da die Insel im Bereiche der barometrischen Druckstörungen liegt, ist die Himmelsbedeckung im Laufe des ganzen Jahres ziemlich hoch (60—80%). Auch die Niederschlagsmenge ist mit 1000 mm für das Polargebiet beträchtlich. Die Winde sind zwar noch veränderlich, aber wegen der Lage am Nordrand des ausgedehnten Tiefdruckgebietes (Island-Zyklone) bereits vorwiegend nordöstlich.

Auf den übrigen polaren Inseln, deren Inneres vereist ist, kommt es das ganze Jahr hindurch zur Ausbildung von Antizyklonen, denen die Winde küstenwärts entströmen. Grönland, dessen Binneneis zur stärksten Entwicklung kommt, entwickelt diese Antizyklone auch am ausgeprägtesten. An der Ostküste werden die aus dem Innern fließenden Luftmassen zu heftigen Nordwinden umgewandelt, die das Eis längs der Küste weit nach Süden führen. An der Westküste können im Winter die aus dem inneren Plateau absteigenden Winde als Föhnwinde mit kräftigem Temperaturanstieg auftreten. Der kälteste Monat (Februar) nimmt mit seiner Mitteltemperatur von — 8° an der Spitze bis unter — 24° im Norden der Westküste ab, der wärmste Monat (Juli) schwankt zwischen 10° und 5°. Der Schneefall beträgt im Südgrönland rund

1000 mm und nimmt nach Norden bis auf 100—200 mm ab, so daß der Nordrand vom Binneneis frei bleibt und wenigen Moschusochsen ein kärgliches Dasein ermöglicht wird. In ähnlicher Weise bewirken die geringen Niederschläge auf Spitzbergen, die noch nicht 300 mm im Jahre umfassen, daß hier ein Teil des Bodens in dem kurzen Sommer (Juli 3 bis über 5°) schneefrei bleibt und eine niedrige arktische Vegetation hervorbringt, die aber wilden Renntieren zu leben gestattet. Die Temperatur des kältesten Monats bewegt sich je nach der Lage zur warmen Küstenströmung um 20 bis 23°. Spitzbergen zeichnet sich durch häufigen Nebel besonders im Sommer aus. Im Jahr werden 112 Nebeltage gezählt. Die Sommernebel lassen auch die mittlere Bewölkung des Sommers auf 80% ansteigen, während der Winter heiterer ist (60%).

Die europäische Eismeerküste hat unter dem Einfluß des Golfstroms einen zwar stürmischen, aber doch milden Winter. Die sibirische Küste unterliegt aber ganz den Einflüssen des Festlandes mit den extremen Kältegraden des Winters. Die Eisblockierung verschwindet fast das ganze Jahr nicht, und selbst die Mündungen der großen Ströme sind in manchen besonders eisreichen Sommern verschlossen. Die mittlere Dauer der Eisdecke auf der Mündung des Jenissej beträgt 295 Tage. Der Sommer ist durch eine feuchte Kälte an der Küste sehr unangenehm, während der Winter trotz der starken Kälte, zumal wenn diese bei ruhigem Wetter auftritt, leichter ertragen wird.

Am Beringsmeer, wo das Meer einen stark abkühlenden Einfluß im Sommer ausübt, ist arktisches Klima mit Baumlosigkeit nur unmittelbar auf die Küste beschränkt, im Inneren beginnen bald die hochstämmigen Wälder. An der Küste von Labrador reicht unter dem Einfluß kalter polarer Strömungen das arktische Klima bis 55° n. Br., ist aber in dieser Breite auch nur auf die Küste beschränkt. Im Innern von Nordamerika werden zwar die tiefen Monatsmittel von Ostsibirien nicht erreicht, doch sind deswegen die Jahresmittel nicht höher, da auch die Sommer nicht so heiß wie in Sibirien sind. Die Tundren erstrecken sich bis über den Großen Bärensee.

Die Antarktis. Klimatisch ist das Gebiet noch wenig erforscht. Die Überwinterungen der Expeditionen beziehen sich auf den Rand der Antarktis, in das Innere sind nur wenige sommerliche Vorstöße ausgeführt.

Mit dem Polarkreis beginnt das gänzlich von Binneneis bedeckte Festland. Damit hört auch das ozeanische Klima auf und wird durch kontinentale Klimazüge ersetzt. Die Westwindzone endet gleichfalls bei rund 60°, an ihre Stelle treten entweder östliche Strömungen oder Winde lokalen Charakters. Der Winter in der Antarktis ist durch strenge Kälte entsprechend der großen Ausdehnung des Kontinents ausgezeichnet. Die dauernde Eisbedeckung läßt aber eine stärkere sommerliche Erwärmung nicht zu. Auch der wärmste Monat hat am Rand der Antarktis nur eine Temperatur von —1°, in Framheim sogar nur von —7°. Das Sommerwetter ist ozeanisch, kalt, trübe und stürmisch. In Framheim wurde auch die stärkste Winterkälte mit —45° (Augustmittel) gefunden. Mit —20° muß man am Rande als niedrigstes Mittel sicher rechnen. Starke unperiodische Temperaturänderungen können besonders im Winter auftreten, wenn heftigere Winde die gewöhnlich über dem Inlandeis und seinem Rande liegende starke Bodeninversion zerstören und die wärmere Luft aus höheren Schichten zum Erdboden vordringt. Dieses Zerstören der Bodeninversion ist meist von heftigen Schneestürmen begleitet, die besonders am Eisrande rasen. So fand die australische Expedition unter Mawson auf Adelie-Land ein Jahresmittel der Windgeschwindigkeit von 80,5 km/Stunde; 145 km Stundengeschwindigkeit sind dort nicht selten. Die Bezeichnung „Heimat des Blizzards" ist für diese wohl stürmischste Gegend der Erde durchaus gerechtfertigt.

b) Das Klima der Bodenoberfläche und der unteren Luftschicht in Mitteleuropa.

Von J. SCHUBERT, Eberswalde.

Mit 11 Abbildungen.

Die meteorologischen Vorgänge an der Erdoberfläche sind im wesentlichen Wirkungen der Sonnenstrahlung. Durch den wechselvollen Gang der Ein- und Ausstrahlung wird nicht nur die Erdoberfläche erwärmt und abgekühlt, sondern es entstehen Temperaturunterschiede in der Luft, die nach Ausgleich durch Bewegung streben. Durch Wärmezuführung wird Eis geschmolzen, Wasser in Dampf verwandelt, der die Luftfeuchtigkeit erhöht und bei Abkühlung zu Niederschlägen, unterhalb des Gefrierpunktes zu Eisbildung führt. Die Dampfwärme und im geringen Maße auch die Schmelzwärme mildern die Temperaturänderungen.

Die nähere Erläuterung dieser Vorgänge gliedert sich naturgemäß in die Abschnitte: Strahlung, Temperatur der Erdoberfläche und der Luft, Bewegung der Luft, Feuchtigkeit, Wolken und Niederschläge, Verdunstung und Wasserhaushalt. Die Verhältnisse des norddeutschen Flachlandes sollen dabei vornehmlich berücksichtigt werden.

1. Strahlung.

Die Sonnenstrahlen sind die Träger der Energie, welche in verschwenderischer Fülle von dem Tagesgestirn nach allen Seiten ausgesandt wird, und deren von der Erde aufgefangener Anteil in mannigfachen Wandlungen physikalische, chemische und biologische Wirkungen ausübt. Bei diesen Vorgängen wird heiße Sonnenstrahlung in kältere Erdstrahlung umgewandelt und fast dieselbe Energiemenge, welche wir von der Sonne beziehen, schließlich durch Ausstrahlung in den kalten Weltenraum wieder abgegeben. So durchfließt ein gewaltiger Energiestrom in der Richtung vom Warmen zum Kalten das Strahlungssystem Sonne-Erde-Weltenraum[1].

Die Erdoberfläche erhält diffuses Himmelslicht (zerstreute Sonnenstrahlung) und die von der Atmosphäre durchgelassene direkte Sonnenstrahlung, die vornehmlich aus kurzwelliger Strahlung besteht. Sie sendet diffuse, langwellige, dunkle, ihrer Temperatur entsprechende Strahlung aus, die größtenteils von der Atmosphäre absorbiert wird.

Durch die absorbierte Sonnen- und Erdstrahlung erwärmt, sendet die Atmosphäre eine kräftige diffuse, langwellige Gegenstrahlung zur Erde. Diese erhält also zerstreute und direkte Sonnenstrahlung und diffuse atmosphärische Gegenstrahlung[2]. Die Erde erhält von außen die volle Sonnenstrahlung für ihren Querschnitt, d. h. für ein Viertel ihrer Oberfläche oder täglich

$$\tfrac{1}{4} \cdot 1440 \cdot 1{,}932 \text{ cal/cm}^2 = 695{,}5 \text{ cal/cm}^2.$$

Für die Breitenkreise 40°, 50° und 60° (0° und 90° als Vergleich) ist die Sonnenstrahlung (⊙) nach den Relativzahlen (Äquatorialtagen) von MEECH[3] in nachstehender Tabelle auf cal/cm² umgerechnet angegeben. Die langwellige schwarze Strahlung, welche die Bodenschicht der Atmosphäre aussendet, ist in der zweiten Zeile eingetragen (♁). Sie ist durchweg größer als die Sonnenstrah-

[1] EMDEN, R.: Über Strahlungsgleichgewicht und atmosphärische Strahlung. Sitzgsber. bayer. Akad. Wiss. Munchen **1913**, 55, 57.
[2] Vgl. A. DEFANT: Lufthulle und Klima, 33f. 1923.
[3] HANN, J.: Handbuch der Klimatologie **1**, 100. 1908.

lung. Nirgends liefert also die Sonne so viel Wärme, wie von der unteren Luftschicht ausgestrahlt wird. Es bedarf der Gegenstrahlung aus der Atmosphäre, um Einnahme und Abgabe auszugleichen. Am Äquator überwiegt die Ausstrahlung um 100, in der Breite $\varphi = 50^0$ um 134 Einheiten.

Tägliche Strahlung in cal/cm².

Jahr

	Breite φ				
	0°	40°	50°	60°	90°
⊙	850	671	581	483	353
♁	950	793	715	633	439

Gegenüber der Sonnenstrahlung an der Außengrenze der Atmosphäre ist die Strahlung, welche die Bodenschicht kraft ihrer Temperatur aussendet, im Durchschnitt der ganzen Erde um etwas über 17,5% vergrößert. Vom Äquator bis 37° Breite ist die Sonnenstrahlung größer als es diesem Verhältnis entspricht, in höheren Breiten, also auch in Mitteleuropa, kleiner. Aus dem Überschußgebiet, das 6 Zehntel der Erdoberfläche umfaßt und dessen Grenzen schon v. Bezold[1] bestimmte, wird Wärme nach den höheren Breiten durch Luft- und Meeresströmungen geführt.

Die Sonnenstrahlung (⊙) im Januar und Juli ist nach Zenker[2] und Wiener[3] nebst der Strahlung der unteren Luftschicht (♁) in folgender Tabelle wiedergegeben. Im Sommer erscheint die Sonnenbestrahlung besonders in höheren Breiten verhältnismäßig sehr hoch, im Winter niedrig. Die Luftmassen höherer und auch mittlerer Breiten empfangen im Winter ihre Wärme nicht an Ort und Stelle, sondern sie zehren von der Sonnenwärme des Überschußgebietes, die ihnen durch Strömungen und atmosphärische Strahlung zugeführt wird.

Tagliche Strahlung in cal/cm² (Nordhalbkugel).

	Breite φ				
	0°	40°	50°	60°	90°
			Januar		
⊙	854	358	214	81	—
♁	952	708	593	516	344
			Juli		
⊙	798	960	945	919	979
♁	942	922	851	805	649

Der jährliche Gang der Strahlung im mittleren Norddeutschland sei an dem Beispiel von Potsdam erläutert. Die nächste Tabelle enthält die tägliche Sonnenstrahlung an der Außengrenze der Atmosphäre in der Mitte der Monate (⊙), ferner nach langjährigen Messungen in Potsdam[4] die tägliche direkte Sonnenstrahlung, welche die horizontale Erdoberfläche bei heiterem Himmel empfängt (○) und bei durchschnittlicher Sonnenscheindauer (●). Zum Vergleich ist die

---

[1] Bezold, W. v.: Abhandlungen **16**, 357, 364 (1906); Sitzgsber. Berl. Akad. Wiss. **1901**, 1330.

[2] Zenker, W.: Der thermische Aufbau der Klimate. Leop.-Karol.-Akad. Naturwiss. **67**, 1, 11—13, Tab. 2 (1895).

[3] Wiener, Chr.: Z. Meteorol. **14**, 118 (1879).

[4] Marten, W.: Das Strahlungsklima von Potsdam. Abh. preuß. meteorol. Inst **8**, 4. — Schubert, J.: Die Sonnenstrahlung im mittleren Norddeutschland. Meteorol. Z. **1928**, 1.

auf Strahlungsmaß umgerechnete Temperatur der unteren Luftschicht (♁) angegeben. Letztere ist im Jahresdurchschnitt um 33% größer als die äußere Sonnenstrahlung. Über diesen Durchschnitt hinaus zeigt die Luft im Winter ein Mehr, das im Januar über 400 Wärmeeinheiten ausmacht, im Sommer (Juli) einen ebenso großen Fehlbetrag. Durch die Atmosphäre wird die Wärmewirkung am Erdboden im Durchschnitt erhöht und im jährlichen Gange stark gemildert. Die tägliche Wärmesumme, welche die horizontale Erdoberfläche auch bei völlig heiterem Himmel durch direkte Sonnenstrahlung empfängt, bleibt hinter der Ausstrahlung der unteren Luftschicht namentlich im Winter weit zurück. Die Bewölkung setzt die direkte Sonnenwirkung noch mehr herunter, so daß die Luft ihr Strahlungsvermögen zumeist auf anderen Wegen erhält.

Jährlicher Gang der Strahlung (Tagessummen in cal/cm²).

	Potsdam 52° 23′ n. Br.											
	Januar	Februar	Marz	April	Mai	Juni	Juli	August	Sept.	Okt.	Nov.	Dez.
⊙	181	310	514	729	904	**981**	939	789	591	375	215	144
○	78	161	262	434	547	**602**	540	438	342	208	97	60
●	20	44	102	196	276	**319**	269	223	165	81	25	15
♁	647	659	686	732	791	829	**843**	832	797	743	690	660

Der tägliche Gang der Strahlung in Potsdam Mitte Mai ist in Abb. 5 wiedergegeben. Von morgens vor 8 bis nachmittags nach 4 Uhr ist nicht nur die Außenstrahlung (⊙), sondern auch die direkte, an völlig heiteren Tagen beobachtete Sonnenstrahlung (○) größer als die Strahlungsfähigkeit der unteren Luftschicht (♁), während die direkte Sonnenstrahlung bei Berücksichtigung der Bewölkung (●) durchweg darunter bleibt. Die Strahlung an heiteren Tagen hat mittags ihr Maximum (1,065), bei mittlerer Bewölkung kurz nach 11 Uhr (0,53). Im Laufe eines ganzen Maitages liefert die Sonne nach obiger Tabelle direkt nur 276 cal/cm², während die Luft 791 ausstrahlt. Der Rest von 515 cal/cm² täglich oder 0,358 in der Minute wird durch die Wärmewirkung der Atmosphäre ersetzt. Außerdem erscheint in Abb. 5 die auf Strahlungsmaß umgerechnete Lufttemperatur in ihrem täglichen Gange außerordentlich ermäßigt.

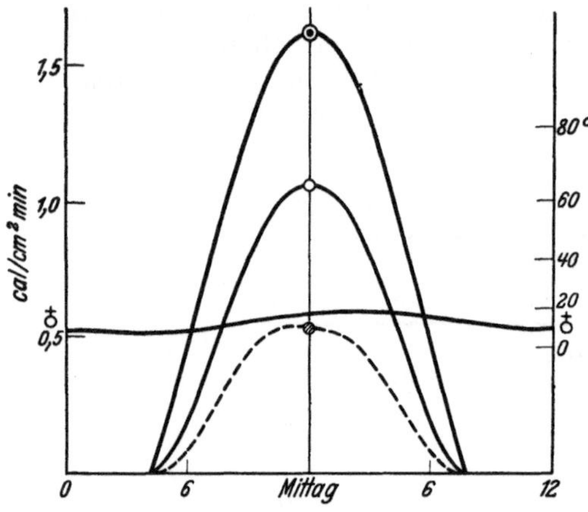

⊙ Außenstrahlung
○ Strahlung an heiteren Tagen
● Mittlere Strahlung

Abb. 5. Strahlung in Potsdam Mitte Mai.

Die direkte Sonnenstrahlung. Der hauptsächlich kurzwellige Anteil der Sonnenstrahlung, welcher, ohne von der Atmosphäre aufgehalten zu werden, zur Erdoberfläche gelangt, liefert, wie wir sahen, im Mai gegen Mittag bei heiterem Himmel in der Minute etwa eine Wärmeeinheit auf die horizontale Flächeneinheit. Mit Rücksicht auf die Bewölkung setzt man als Durchschnittswert den halben Betrag an. Um die Bedeutung der direkten Sonnenstrahlung richtig zu würdigen, beachte man, daß während der wolkenfreien Zeit die volle Strahlung von einer Wärmeeinheit in der Minute auf die horizontale Flächeneinheit wirkt, die einer Strahlungstemperatur von rund 60° entspricht. Bei rechtwinkligem

Auftreffen steigt die Strahlungswärme auf 1,278 Einheiten entsprechend einer Temperatur von 80° C. Die erhitzten Oberflächen geben Wärme an die wesentlich kühlere Luft ab, und der große Temperaturunterschied führt zu lebhaften meteorologischen Austauschvorgängen. Auch an den Oberflächen wird die intensive Bestrahlung entsprechend kräftige Wirkungen verschiedener Art hervorrufen. Um einen ungefähren Überblick über die direkte Sonnenstrahlung auf der Erdoberfläche zu geben, benutzen wir die Berechnung von ANGOT[1]. Bei Annahme eines Durchlässigkeitsgrades der Luft von 0,6 ergeben sich folgende Werte. Die ganze Größe der Sonnenstrahlung (Durchlässigkeit 1,0) ist zum Vergleich darübergesetzt.

Tägliche Sonnenstrahlung (Jahresdurchschnitt in cal/cm²).

Durchlassigkeit	Breite				
	0°	40°	50°	60°	90°
1,0	850	671	581	483	353
0,6	413	279	220	163	69

Hiernach würde die direkte Sonnenstrahlung an der Erdoberfläche bei heiterem Himmel am Äquator 49%, in 50° Breite 38 und am Pol kaum 20% der ganzen Strahlung ausmachen. Im Juli nimmt die tägliche Strahlung auf der nördlichen Halbkugel nebenstehende Werte an.

Tägliche Strahlung in cal/cm² (Juli).

Durchlassigkeit	Breite		
	40°	50°	60°
1,0	960	945	919
0,6	446	400	349

Die direkte Sonnenstrahlung im mittleren Norddeutschland ist durch langjährige Messungen in Potsdam[2] bestimmt. Die Vollstrahlung oder Totalintensität J, wie sie eine zu den Sonnenstrahlen rechtwinklige Fläche empfängt, zerlegen wir in eine Vertikalkomponente Z (vom Zenit abwärts gerichtet) und in die Horizontalintensität H und letztere wieder in eine Südkomponente X (Strahlung von Süd nach Nord) und in eine Westkomponente Y. Es bedeutet also X die Bestrahlung einer Südwand, Y die einer Westwand und Z die Strahlung, welche eine Horizontalebene empfängt. Bezeichnet h den Höhenwinkel, A das Azimut, δ die Deklination der Sonne, t den von Mittag aus gezählten Stundenwinkel, φ die geographische Breite (für Potsdam 52° 23′) so ist

$$H = J \cos h$$
$$X = J \cos h \cos A = J (\cos\delta \sin\varphi \cos t - \sin\delta \cos\varphi)$$
$$Y = J \cos h \sin A = J \cos\delta \sin t$$
$$Z = J \sin h \qquad = J (\cos\delta \cos\varphi \cos t + \sin\delta \sin\varphi)\,.$$

Die Bestrahlung einer beliebigen Ebene oder die Intensität in der Richtung ihrer Normalen setzt sich aus diesen Komponenten zusammen. Z. B. ergibt sich die Bestrahlung für eine Südwestwand

$$(X + Y) \cos 45^0,$$

für einen Südhang mit der Neigung ν

$$X \sin\nu + Z \cos\nu = J [\cos\delta \cos(\varphi - \nu) \cos t + \sin\delta \sin(\varphi - \nu)].$$

[1] ANGOT, A.: Recherches théorétiques sur la distribution de la chaleur à la surface du globe. Ann. Bur. centr. météorol. France T. I. Paris 1885. — Meteorol. Z. **1886**, 540. — HANN, J.: Handbuch der Klimatologie 1, 104. Stuttgart 1908.

[2] MARTEN, W.: a. a. O. S. 4.

Die Werte der Vollstrahlung bei wolkenlosem Himmel sind symmetrisch zum wahren Mittag berechnet unter Zusammenfassung von je zwei gleich entfernten Stunden[1]. Für Mitte Mai ist die Vollstrahlung nebst der Horizontalintensität H und der Vertikalkomponente Z in Abb. 6 dargestellt. Es sind nur die Vormittagsstunden angeschrieben. Von $9^1/_2$ Uhr vormittags bis $2^1/_2$ nachmittags ist die Sonnenhöhe im Mai größer als 45^0, und die horizontale Erdoberfläche empfängt mehr Wärme als jede Wand.

Die Horizontalintensität H im Mai ist nebst ihren Komponenten X aus Süd und Y aus West in Abb. 7 dargestellt. Sie erreicht schon morgens gegen 8 Uhr

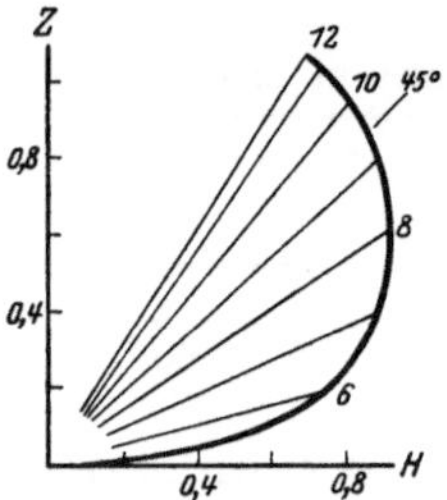

Abb. 6. Sonnenstrahlung im Mai.

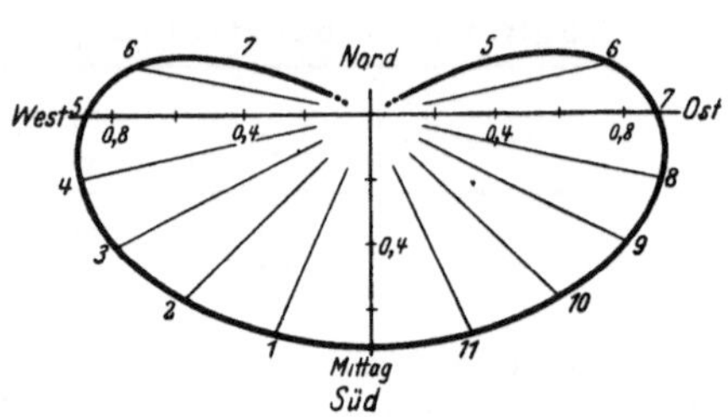

Abb. 7. Sonnenstrahlung im Mai (Horizontalintensität).

und nachmittags kurz nach 4 Uhr ihren größten Wert, wenn die Sonne 10^0 südlich von der Ost- oder Westrichtung steht. Eine Wand, deren Normale nach dieser Himmelsgegend weist, erhält dann 0,934 cal/cm²·min, die Südwand mittags nur 0,707 Einheiten.

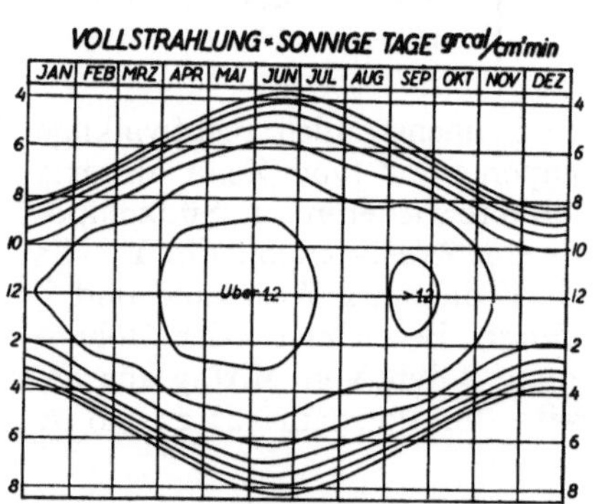

Abb. 8a. Sonnenstrahlung. Totalintensitat.

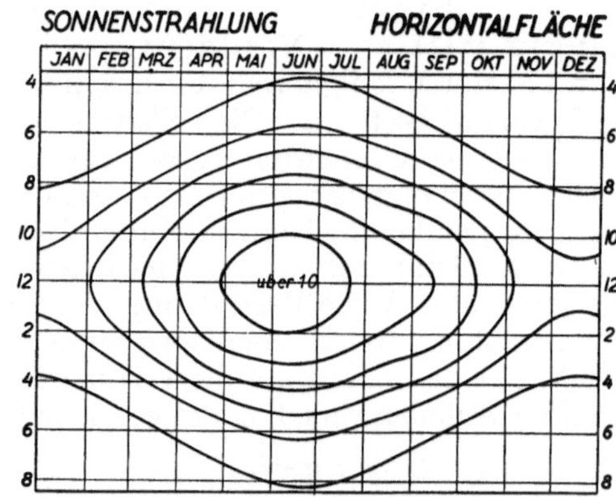

Abb. 8b. Sonnenstrahlung. Vertikalkomponente.

Die Vollstrahlung und die Bestrahlung der Horizontalfläche (Vertikalkomponente) bei völlig heiterem Himmel sind in Abb. 8 durch Linien gleicher Intensität in Abständen von 0,2 cal/cm²·min (von 0—1,2) wiedergegeben. Der höchste Wert der Vollstrahlung 1,278 cal/cm²·min fällt auf den Mittag im Mai. Von 10—2 Uhr hat der Mai, bis 9 und von 3 Uhr ab der Juni eine stärkere Strahlung als die anderen Monate. In Abb. 8a erkennt man bei der Vollstrahlung das Hauptmaximum im Mai, ein zweites im September. Die Be-

[1] Ein erster Versuch, die feineren Unterschiede zwischen Vor- und Nachmittag zu ermitteln, ist von MARTEN: Das Strahlungsklima, a. a. O. S. 9, ausgefuhrt. Danach verschieben sich die Höchstwerte um eine Stunde oder weniger im Sommer auf den Vormittag, im Herbst auf den Nachmittag.

strahlung der Horizontalebene zeigt in Abb. 8b einen recht regelmäßigen Verlauf; sie ist von grundlegender Bedeutung für die Klimatologie des mittleren Norddeutschlands.

Die Horizontalfläche empfängt zu allen Tageszeiten die größte Wärmemenge im Juni, die geringste im Dezember. Zwischen 8 und 4 Uhr ist die Strahlung im Mai größer als im Juli und von 9 bis 3 Uhr im April größer als im August. Die Bestrahlung der Horizontalfläche $Z = J \sin h$ ist mittags bei größter Sonnenhöhe am stärksten und besitzt dann den Wert $J \cos(\varphi - \delta)$.

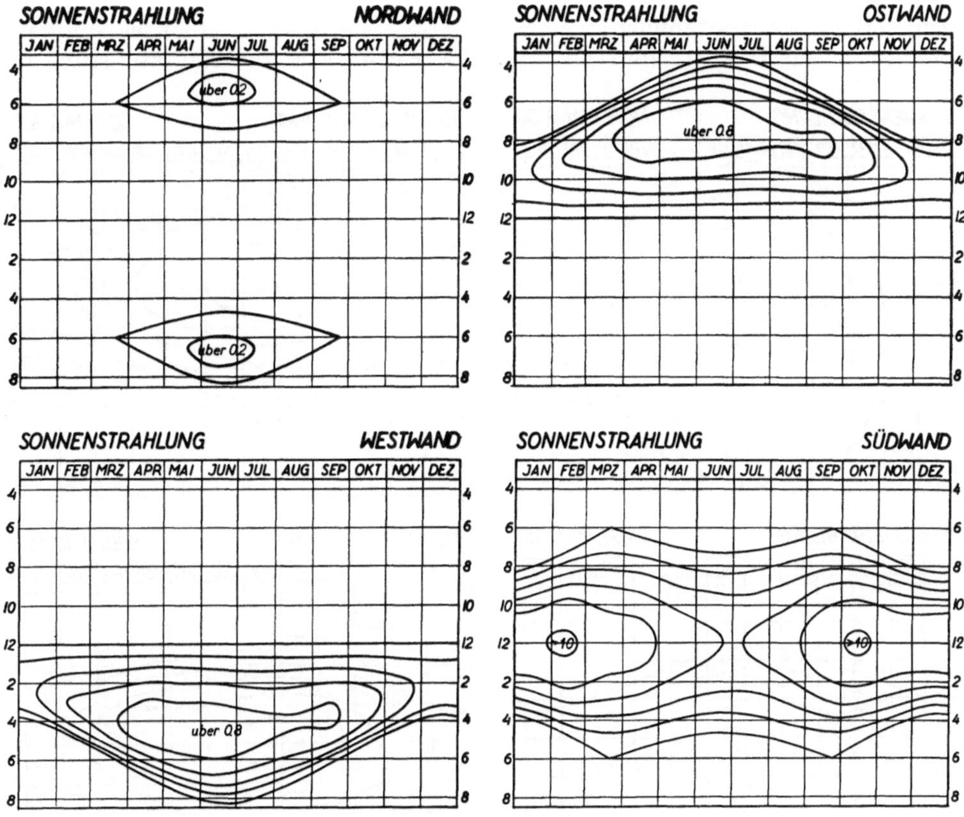

Abb. 9. Bestrahlung von senkrechten Wanden.

Die Bestrahlung einer Nord-, Ost-, Süd- und Westwand, gegeben durch die Komponenten $-X$, $-Y$, X und Y, ist aus Abb. 9 zu ersehen. In den Begrenzungs- oder Nullkurven für die Nord- und Südwand treten die Zeiten des Sonnenaufgangs und -untergangs bei Tag- und Nachtgleiche als Spitzen hervor. Die Nordwand erhält nur im Sommerhalbjahr in den Morgen- und Abendstunden etwas Sonnenstrahlung. Eine Südwand empfängt ihre größte Bestrahlung mittags im Oktober (1,019) und nächstdem im Februar (1,016 cal/cm^2 · min). Ihre Bestrahlung ist mittags im Winter größer als in den Sommermonaten März bis September. Im Winter erhält die Südwand mehr, im Sommer weniger Strahlung als die Horizontalfläche. Sie erreicht auch im Winter größere, im Sommer kleinere Höchstwerte als eine Ost- oder Westwand. Im Dezember empfängt die Südwand mittags fast die 4fache Strahlung wie die horizontale Erdoberfläche. Im Juni hat die Ostwand zwischen 7 und 8 Uhr, die Westwand zwischen 4 und 5 Uhr die stärkste Bestrahlung von rund 0,92 Einheiten. Bemerkenswert ist, daß der Anteil der Strahlung, den eine senkrechte Meridianebene (Ost- oder Westwand) auffängt, von der geographischen Breite nicht abhängt.

Die Bestrahlung eines Hanges setzt sich zusammen aus der Strahlung für die gleichgerichtete Wand und für die Horizontalfläche. So erhält z. B. ein Südhang von 30° Neigung die Strahlung

$$X \sin 30^0 + Z \cos 30^0 = 0{,}5\, X + 0{,}866\, Z.$$

Den Verlauf der Bestrahlung eines Nord-, Ost-, Süd- oder Westhanges von 30° ersieht man aus Abb. 10. Nord- und Südhang zeigen wieder die charakteristischen

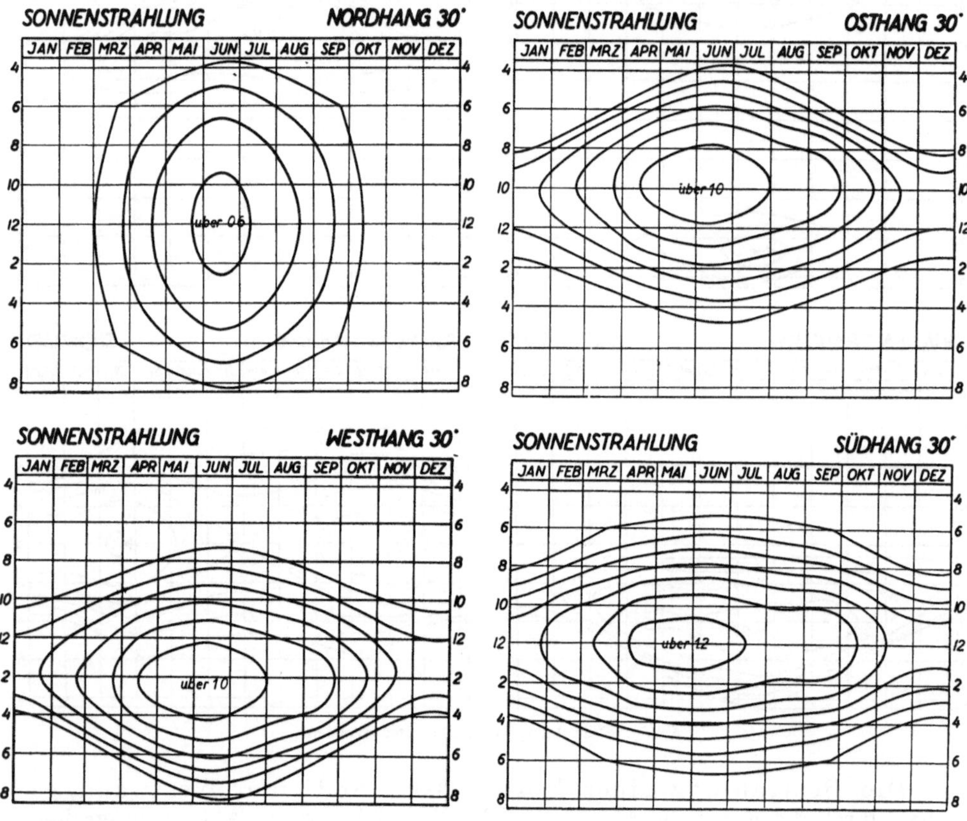

Abb. 10. Bestrahlung von Hangen.

Spitzen beim Auf- oder Untergang der Sonne zur Tag- und Nachtgleiche. Ein Nordhang von 30° erhält (mittags) von Anfang März bis in den Oktober hinein Sonnenstrahlung, die im Juni sogar die der Südwand übertrifft und den Betrag von 0,654 Einheiten erreicht. Der Osthang erhält die höchste Strahlung ungefähr um 10 Uhr vormittags, der Westhang um 2 Uhr nachmittags. Die Höchstwerte liegen zwischen 0,3 im Dezember und 1,16 im Juni. Ein Südhang von 30° Neigung hat in den Mittagsstunden von 9 oder 10 Uhr ab eine stärkere Strahlung als die andern Flächen. Sie ist um 12 Uhr im Juni der Vollstrahlung gleich und erreicht im Mai den Höchstwert von 1,276 Einheiten.

Die Wanderung der Strahlung im Mai von Ost über Süd nach West an Hangflächen von 30° Neigung zeigt folgende Zusammenstellung:

Strahlung im Mai in cal/cm²·min.

Zeit	Ost	Sudost	Süd	Sudwest	West
8 a. m.	0,979	—	—	—	—
9	1,086	1,110	—	—	—
10	**1,119**	1,233	1,106	—	—
11	1,055	**1,247**	1,236	1,026	—
Mittag	0,922	1,172	**1,276**	1,172	0,922
1 p. m.	—	1,026	1,236	**1,247**	1,055
2	—	—	1,106	1,233	**1,119**
3	—	—	—	1,110	1,086
4	—	—	—	—	0,979

Bis 11 Uhr wird der Südosthang, von 1 Uhr ab der Südwesthang stärker bestrahlt als der nach Süden abfallende.

Ein Südhang mit der Neigung ν hat zur Sonne dieselbe Lage und erhält demnach denselben Anteil der Vollstrahlung wie die Horizontalebene in einer um ν geringeren Breite. Ein Südhang von 30° Neigung im mittleren Norddeutschland hat dieselbe Lage zur Sonne wie die Horizontalfläche an der Grenze der heißen Zone (etwa in der Sahara). Eine südliche Neigung von 10° entspricht bezüglich der direkten Sonnenstrahlung einer Breitenverschiebung vom Norden Deutschlands an die Riviera. Eine Nordneigung von 10° versetzt uns nach dem mittleren Skandinavien oder Finnland. In Potsdam ist im Mai mittags die Strahlung

auf einem Nordhang von 5° Neigung	0,999 cal/cm²·min
„ der Horizontalfläche	1,065 „
„ einem Südhang von 5° Neigung	1,123 „

Die starke Bestrahlung südlicher Hangflächen kann zu hoher Erwärmung der obersten Bodenschicht führen. Im Naturschutzgebiet bei Bellinchen an der Oder[1] kommen steile nach Südwest abfallende Hänge vor. Hier wurden an einem heißen Nachmittage im Juli in der obersten Schicht des Lehmbodens (1 cm tief) Temperaturen bis 51,5° gemessen. Pflanzen- und Tierwelt zeigen dort mehrfach den Charakter südlicher Zonen. Es ist bezeichnend, daß das aus dem Griechischen abgeleitete Wort Klima Neigung bedeutet[2].

Die Wirkung der Sonnenstrahlen hängt nicht nur ab von dem Einfallswinkel, unter dem sie eine Fläche treffen, sondern auch von der Stärke der Vollstrahlung bei rechtwinkligem Auftreffen. Eine regelmäßige Änderung der Totalintensität mit der geographischen Breite ist (mittags) im deutschen und benachbarten Beobachtungsgebiet kaum erkennbar. In Finnland ergab sich mittags im Mai auch nur eine Zunahme von 0,03 cal/cm²·min von 70 auf 60° Breite. Solche geringen Unterschiede kommen der Wirkung einer Neigung der beschienenen Fläche von wenigen Graden gleich. Höhenstationen in Deutschland und der Schweiz zeigen eine Zunahme der Intensität mit der Höhe, die (mittags im Mai) bei 1000 m Erhebung der Wirkung einer Neigung nach Süden um etwa 12° gleichkommt. Ein Südhang von dieser Neigung würde danach dieselbe Strahlung erhalten wie eine 1000 m höher gelegene Horizontalfläche. Zusammenfassend kann man sagen, daß innerhalb des mitteleuropäischen Klimagebietes — abgesehen von Höhenstationen — die Unterschiede der geographischen Lage und der Er-

[1] Hueck, K.: Das v. Keudellsche Naturschutzgebiet, 33. Neudamm 1927.
[2] Köppen, W.: Die Klimate der Erde, 4. Berlin u. Leipzig 1923.

hebung in ihrer Wirkung auf die Sonnenstrahlung nur mäßigen Verschiedenheiten der Exposition und Neigung entsprechen.

Strahlung bei mittlerer Sonnenscheindauer. Durch die Bewölkung wird die Sonnenwirkung stark eingeschränkt. Die Produkte aus Strahlungsintensität und Sonnenscheindauer, die als Maß für die Strahlung im Durchschnitt aller Tage gelten, sind in untenstehender Tabelle enthalten. Die Symmetrie des täglichen Ganges wird durch die Bewölkung gestört, da die Sonnenscheindauer im April bis August um 9 Uhr, im März und September um 10 Uhr und im Oktober um 11 Uhr vormittag, dagegen von November bis Februar um 1 Uhr am größten ist. Das Maximum der Sonnenscheindauer (58%) tritt im Juni um 9 Uhr vormittag auf, während im Dezember die Sonnenscheindauer 26% oder weniger beträgt.

Sonnenstrahlung bei mittlerer Bewölkung in cal/cm²·min.

Stunde	Monatsmitte											
	Januar	Februar	März	April	Mai	Juni	Juli	August	Sept.	Okt.	Nov.	Dez.
Vorm.	Vollstrahlung (bei rechtwinkligem Auftreffen)											
4	—	—	—	—	—	0,014	0,002	—	—	—	—	—
5	—	—	—	—	0,050	0,157	0,076	0,020	—	—	—	—
6	—	—	—	0,128	0,296	0,410	0,287	0,166	0,036	—	—	—
7	—	—	0,100	0,338	0,492	0,544	0,449	0,377	0,223	0,030	—	—
8	—	0,110	0,300	0,500	0,611	0,646	0,547	0,518	0,450	0,196	0,022	—
9	0,076	0,226	0,423	0,598	0,657	0,699	0,616	0,609	0,567	0,378	0,129	0,046
10	0,212	0,289	0,465	0,616	0,678	**0,715**	0,628	0,623	0,642	0,446	0,239	0,167
11	0,254	0,312	0,456	0,594	0,651	0,685	0,595	0,600	0,618	0,485	0,262	0,232
Mittag	0,264	0,325	0,437	0,536	0,626	0,650	0,574	0,573	0,573	0,467	0,266	0,242
1	0,273	0,334	0,423	0,544	0,638	0,660	0,571	0,554	0,582	0,474	0,272	0,242
2	0,212	0,321	0,422	0,555	0,653	**0,690**	0,594	0,568	0,571	0,446	0,248	0,191
3	0,087	0,226	0,383	0,528	0,609	0,651	0,582	0,556	0,523	0,378	0,136	0,054
4	—	0,087	0,274	0,479	0,556	0,600	0,536	0,499	0,441	0,203	0,022	—
5	—	—	0,100	0,347	0,473	0,514	0,468	0,377	0,237	0,024	—	—
6	—	—	—	0,113	0,296	0,384	0,302	0,172	0,040	—	—	—
7	—	—	—	—	0,050	0,146	0,086	0,026	—	—	—	—
8	—	—	—	—	—	0,014	0,002	—	—	—	—	—
Nachm.												
Vorm.	Horizontalfläche											
4	—	—	—	—	—	0,000	0,000	—	—	—	—	—
5	—	—	—	—	0,005	0,026	0,011	0,001	—	—	—	—
6	—	—	—	0,017	0,076	0,128	0,084	0,032	0,002	—	—	—
7	—	—	0,013	0,098	0,200	0,250	0,197	0,131	0,045	0,001	—	—
8	—	0,013	0,082	0,217	0,333	0,384	0,315	0,254	0,157	0,036	0,001	—
9	0,009	0,056	0,170	0,334	0,436	0,496	0,427	0,373	0,269	0,117	0,021	0,004
10	0,044	0,099	0,231	0,404	0,512	0,571	0,492	0,440	0,367	0,181	0,060	0,029
11	0,067	0,125	0,255	0,424	0,529	**0,586**	0,499	0,459	0,391	0,226	0,081	0,053
Mittag	0,075	0,137	0,253	0,394	0,522	0,568	0,493	0,450	0,374	0,228	0,087	0,060
1	0,072	0,134	0,236	0,388	0,519	0,564	0,479	0,424	0,368	0,221	0,084	0,055
2	0,044	0,110	0,210	0,363	0,493	0,551	0,465	0,401	0,326	0,181	0,062	0,033
3	0,010	0,056	0,154	0,295	0,404	0,462	0,404	0,340	0,248	0,117	0,022	0,005
4	—	0,011	0,075	0,208	0,302	0,357	0,309	0,244	0,153	0,038	0,001	—
5	—	—	0,013	0,100	0,192	0,236	0,205	0,131	0,048	0,001	—	—
6	—	—	—	0,015	0,076	0,120	0,088	0,033	0,002	—	—	—
7	—	—	—	—	0,005	0,025	0,012	0,001	—	—	—	—
8	—	—	—	—	—	0,000	0,000	—	—	—	—	—
Nachm.												

Die Höchstwerte der Sonnenstrahlung im täglichen periodischen Verlauf sind in Grammkalorien pro Quadratzentimeter und Minute in nachstehender Tabelle zusammengestellt; die höchste Einzelbeobachtung am 11. Mai

1920 ergab 1,443 Einheiten, also $^3/_4$ der Solarkonstante (1,932). Die Vollstrahlung, die Bestrahlung der Horizontalebene und der südlichen Flächen sowie des Nordhanges von 30° haben ihr Maximum im wahren Mittag. Durch die Bewölkung tritt außer der zeitlichen Verschiebung bei der Südwand auch eine Änderung der Größenfolge ein. Sie hat ihr periodisches Strahlungsmaximum von fast 1,02 Einheiten bei heiterem Himmel mittags im Oktober, während sie im Durchschnitt aller — auch der bewölkten — Tage im September kurz nach 11 Uhr nur 0,46 cal/cm²·min erreicht. Eine Wand, deren Normale von der Südrichtung um 17° nach Ost oder West abweicht, wird im Oktober um 11 oder 1 Uhr bei heiterem Himmel stärker bestrahlt als die Südwand am Mittag.

Höchstwerte der Sonnenstrahlung in cal/cm²·min.

		Heiter	Bewolkt
Vollstrahlung	Mai	1,278	—
,,	Juni	—	0,72
Südhang 30°	Mai	1,276	—
,, 30°	Juni	—	0,67
Osthang 30°	,,	1,160	0,66
Westhang 30°	,,	1,160	0,64
Horizontalfläche	,,	1,113	0,59
Wand nach Süd 17° Ost oder West	Oktober	1,022	—
Südwand	,,	1,019	—
Ostwand	Juni	0,923	0,52
Westwand	,,	0,923	0,48
Südwand	September	—	0,46
Nordhang 30°	Juni	0,654	0,36
Nordwand	,,	0,257	0,10

Die täglichen Wärmesummen, welche die Sonnenstrahlung liefert, sind in folgender Tabelle zusammengestellt. Bei heiterem Himmel erhält die Südwand

Tägliche Wärmesummen in cal/cm².

	Jan.	Febr.	Marz	April	Mai	Juni	Juli	Aug.	Sept.	Okt.	Nov.	Dez.
					A. An heiteren Tagen							
Vollstrahlung	357	511	619	813	916	**972**	878	766	712	570	387	312
Horizontalfläche	78	161	262	434	547	**602**	540	438	342	208	97	60
Nordwand	—	—	—	6	39	**70**	51	15	0	—	—	—
Ost- oder Westwand	64	118	169	242	278	**295**	265	229	203	142	78	52
Südwand	311	**393**	380	345	264	222	222	278	381	**407**	326	281
Nordhang 30°	—	—	38	206	361	**446**	382	249	106	—	—	—
Ost- oder Westhang 30°	79	158	251	403	500	**547**	491	402	321	201	97	62
Südhang 30°	223	336	417	546	591	**606**	559	513	487	383	247	193
					B. Bei mittlerer Bewölkung							
Vollstrahlung	84	134	226	354	441	**489**	414	375	329	212	95	70
Horizontalfläche	20	44	102	196	276	**319**	269	223	165	81	25	15
Nordwand	—	—	—	1	11	**23**	14	4	0	—	—	—
Ostwand	13	29	61	106	133	**148**	122	112	91	49	17	10
Südwand	74	106	146	**158**	136	120	113	143	**184**	157	82	65
Westwand	14	29	56	99	126	**139**	121	106	88	49	18	12
Nordhang 30°	—	—	15	91	176	**228**	183	124	50	—	—	—
Osthang 30°	18	42	96	182	251	**289**	240	204	153	76	24	14
Südhang 30°	54	91	161	248	303	**326**	283	263	235	149	63	45
Westhang 30°	19	42	92	175	245	**281**	239	198	149	76	25	15
					Verhältniszahlen 100 B : A							
Vollstrahlung	24	26	37	44	48	**50**	47	49	46	37	25	22
Horizontalfläche	26	27	39	45	50	**53**	50	51	48	39	26	25

im Oktober und nächstdem im Februar ihre größte Wärme, bei mittlerer Bewölkung im September und nächstdem im April. Alle anderen Höchstwerte fallen auf den Juni. Bei heiterem Himmel erhält die horizontale Erdoberfläche an einem Tage im Dezember ein Zehntel der Sonnenwärme im Juni. Durch die Bewölkung gestaltet sich dies Verhältnis für den Winter noch ungünstiger, denn bei Berücksichtigung der durchschnittlichen Sonnenscheindauer erhält ein Tag Mitte Dezember kaum ein Zwanzigstel der Wärme eines Junitages.

Eine Ost- oder Westwand empfängt das ganze Jahr hindurch, eine Südwand in der Hauptvegetationszeit von April bis August weniger Tageswärme als die horizontale Bodenfläche und auch weniger als der Hang gleicher Himmelsrichtung. Die Südwand erhält auch im März und September weniger Wärme als der Südhang von 30° Neigung, sowie im Juni und Juli, bei heiterem Himmel auch im Mai weniger als eine Ost- oder Westwand, und im Mai bis Juli auch weniger als ein Nordhang von 30° Neigung.

Für den Monat Mai wurde durch ausführlichere Rechnungen ermittelt, daß bei heiterem Himmel diejenige Wand die größte Tageswärme erhält, deren Normale von der Südrichtung um 56° nach Ost oder West abweicht; ihre tägliche Wärmesumme beträgt 308 cal/cm². Unter allen Ebenen empfängt ein Südhang von 23,5° Neigung die größte Tageswärme = 594 Einheiten. Der Südhang bleibt im Vorteil bis zu Neigungen von 45°. Bei steileren Flächen rückt das Maximum der Tageswärme nach Ost und West.

Die mittleren täglichen Wärmesummen für die Hauptvegetationszeit April bis August sind in nachstehender Tabelle der Größe nach angeführt. Der Südhang von 30° ist in der Wärmezuteilung nicht nur von den anderen Hängen gleicher Neigung, sondern auch im Vergleich zur Horizontalebene bevorzugt. Unter den Wänden behauptet ebenfalls die südliche den Vorrang, die Nordwand bleibt erheblich zurück. Durch die Bewölkung wird meist etwa die Hälfte, bei der Nordwand sogar $^7/_{10}$ der Strahlung abgehalten. Wenn man die durchschnittlichen Werte ausdrückt in Prozenten der Strahlung bei heiterem Himmel, ergibt sich nachstehendes Bild. In diesem gilt die mittlere Zahl für die Horizontalfläche, die benachbarten entsprechen den vier Hängen von 30°, die äußeren den Wänden.

Mittlere tägliche Wärmesummen in cal/cm².
(Hauptvegetationszeit: April bis August.)

	Heiter	Bewolkt	%		Heiter	Bewolkt	%
Vollstrahlung	869	415	48	Nordhang 30°	329	160	49
Südhang 30°	563	285	51	Südwand	266	134	50
Horizontalfläche	512	257	50	Ostwand	262	124	47
Osthang 30°	469	233	50	Westwand	262	118	45
Westhang 30°	469	228	49	Nordwand	36	11	30

Nord
31
49
West 45 49 50 50 47 Ost
51
50
Süd

In den einzelnen Monaten des Jahres stellt sich das Verhältnis der Vollstrahlung im Durchschnitt aller Tage zu der bei heiterem Himmel am günstigsten im Juni (50%) und nächstdem im August (49%) und Mai (48%), am ungünstigsten im Dezember (22%) und nächstdem im Januar (24%) und November (25%). Im

Jahr beträgt die Wärmezufuhr bei durchschnittlicher Bewölkung 41% von der bei heiterem Himmel. Bei der Horizontalfläche ist das Verhältnis durchweg etwas günstiger, die durchschnittliche Strahlung steigt im Juni auf 53% der möglichen, bei den südlichen Flächen auf 54%.

Von Wichtigkeit für die Bestrahlung des Bodens kann der Entzug von Wärmestrahlung durch schattengebende Wände sein. Eine von West nach Ost verlaufende Wand beschattet die nördlich anliegende Horizontalebene im April bis 0,92, im Mai bis 0,66 und Mitte Juni bis 0,56 ihrer Höhe. Im Abstande von halber Wandhöhe verliert die nördlich gelegene Bodenfläche im Mai durch Beschattung 348 von den täglich zugestrahlten 547 Wärmeeinheiten. Es verbleibt ihr nur so viel Wärme, wie der unbeschattete Erdboden gegen Ende Februar erhält.

Bei Beobachtungen in Eberswalde im Oktober 1926 sowie im Juli bis September 1927 in den Mittagsstunden bei sonnigem Wetter zeigte ein im Strahlungsgleichgewicht befindliches Schwarzkugelthermometer, das gegen die Einwirkung der Luft geschützt war, im Mittel aus 14 Versuchsreihen auf freiem Felde

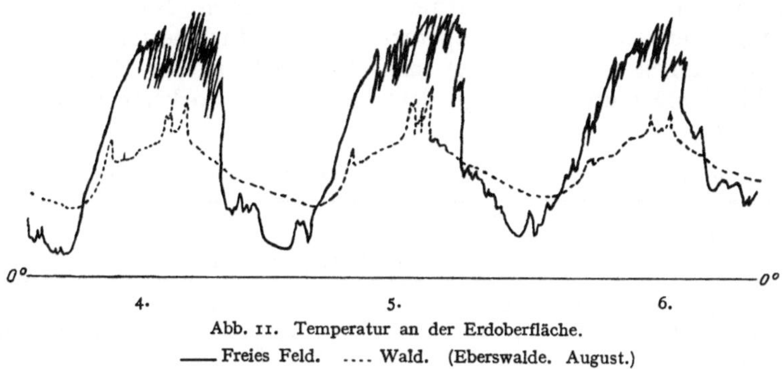

Abb. 11. Temperatur an der Erdoberfläche.
—— Freies Feld. .... Wald. (Eberswalde. August.)

42,8°, dagegen im Schatten des benachbarten Waldes, der aus etwas lückigem Kiefernaltholz und Laubunterwuchs besteht, nur 21,2°. Dies Ergebnis zeigt den großen Unterschied in den Strahlungsverhältnissen der beiden Örtlichkeiten. Der Vergleich mit Thermometern, die nicht gegen die Einwirkung der Luft geschützt waren und daher eine niedrigere Temperatur zeigten, läßt ebenfalls erkennen, daß der Wärmegewinn durch Strahlung, den ein Versuchskörper im freien Felde aufweist, im Waldesschatten nur zu einem geringen Bruchteile vorhanden ist. ÅNGSTRÖM[1] fand bei Messungen am 28. Juni 1925 im Freien eine Strahlung von fast 1 gcal/cm²·min, dagegen in verschiedenen Waldbeständen weniger als ein Zwanzigstel. Damit ist eine grundlegend wichtige und kräftige Wirkung des Waldbestandes auf die klimatischen Verhältnisse in seinem Innern festgestellt: der Strahlungsschutz.

Bei einem kugelförmigen Thermometergefäß trifft die Vollstrahlung der Sonne nur den vierten Teil der ausstrahlenden Oberfläche. Ein Körper, bei dem dies Verhältnis günstiger ist, wird bei gleicher Strahlungsintensität eine höhere Temperatur erreichen, zumal bei geringer Luftkühlung. Als Probe zeigt Abb. 11 die Tageskurve von zwei Thermographen, die auf den Erdboden gestellt waren, der eine im Freien, der Sonne ausgesetzt, der andere im Schatten des Waldes. Auf dem Felde im vollen Sonnenschein erfährt der Thermograph von Sonnenaufgang bis 9 Uhr vormittag eine gewaltige Temperatursteigerung von mehr als

[1] ÅNGSTRÖM, A.: The albedo various surfaces of ground. Geogr. Ann. 1925, 323. — GEIGER, R.: Das Klima der bodennahen Luftschicht, 154. 1927.

30° am 4. August. In den Mittagsstunden folgt auf die Erwärmung durch Strahlung in schnellem Wechsel immer wieder jähe Abkühlung durch Bewölkung oder herbeigeführte kältere Luft. Am Nachmittag setzt dann starkes anhaltendes Fallen der Temperatur ein. Im Walde trifft die Sonne zuweilen durch Lücken des Bestandes auf das thermometrische Gefäß und verursacht ein plötzliches Ansteigen der Temperatur zu bestimmter Tageszeit. Abgesehen hiervon hat die Temperatur des Probekörpers im Waldesschatten — im Gegensatz zum freien Felde — einen gleichmäßigen Gang mit schwacher Erwärmung und Abkühlung am Vor- und Nachmittage ohne die heftigen Schwankungen in den Mittagsstunden, wie sie im Freien auftreten.

2. Die Temperatur der Erdoberfläche.

Die horizontale Erdoberfläche empfängt Wärme durch Einstrahlung und gibt sie durch Ausstrahlung wieder ab; dazu tritt der Wärmeaustausch mit dem Boden und der Luft, der Wärmeverbrauch bei Wasserverdunstung und umgekehrt die Kondensationswärme bei Tau- und Reifbildung. Auch durch kalte Niederschläge kann dem Boden Wärme entzogen werden. Nachstehende Tabelle gibt den täglichen Gang der Temperatur an der Erdoberfläche (Sandboden) nach Beobachtungen in Pawlowsk[1] im Jahre 1888, in der Hauptvegetationszeit April bis August und im Juni, dem Monat mit stärkster Bestrahlung der Horizontalfläche.

Temperatur an der Erdoberfläche (Pawlowsk 1888) in °C.

	Stunde											
	2	4	6	8	10	Mittag	2	4	6	8	10	12
Jahr	—1,5	—1,6	—0,4	2,6	6,1	8,8	9,0	6,8	3,6	1,0	—0,4	—1,1
April bis August	—5,5	5,3	8,3	14,4	19,7	23,3	23,5	20,6	15,3	10,2	7,5	6,3
Juni	6,2	6,7	12,0	18,8	24,3	28,1	**28,8**	25,7	19,4	12,7	8,9	7,5
	Erdoberflache wärmer oder kälter (—) als die Luft											
Jahr	—0,3	—0,2	0,3	1,8	3,8	5,2	4,8	3,1	1,0	—0,1	—0,3	—0,3
April bis August	—0,6	—0,5	0,6	4,1	7,7	10,1	9,8	7,2	3,0	0,2	—0,3	—0,5
Juni	—1,0	—0,7	1,9	6,4	10,6	13,2	**13,2**	10,0	4,7	0,0	—0,7	—1,0

Das Minimum der Oberflächentemperatur trat im Durchschnitt schon vor Sonnenaufgang ein, das Maximum einige Zeit nach dem höchsten Sonnenstande. Die schnellste Erwärmung zeigt die Erdoberfläche im Juni schon morgens um 6 Uhr. Zwar steigt die Intensität der Einstrahlung noch gegen Mittag hin, aber auch die Ausstrahlung und die Wärmeabgabe an die kühlere Luft und die unteren Bodenschichten nehmen zu, so daß bald nach Mittag aufgenommene und abgegebene Wärme sich ausgleichen, und die Temperatur nicht mehr steigt. Weiterhin kühlt sich die Erdoberfläche erst langsam, dann schneller und später wieder langsamer ab, bis mit Sonnenaufgang neue Erwärmung eintritt. Die Erdoberfläche ist nach den angeführten Messungen im Juni von Mittag bis 2 Uhr um 13° wärmer als die Luft, nach 8 Uhr abends bis nach 5 Uhr morgens kühler.

Der jährliche Gang der Temperatur an der Oberfläche und in der Luft nach zehnjährigen Mitteln in Pawlowsk ist in nachstehender Tabelle wiedergegeben. Die schnellste Erwärmung findet vom März zum April, die stärkste Abkühlung vom September zum Oktober statt. Auch im Tagesmittel ist die Sandoberfläche von März bis September und besonders im Juni sowie im Jahresdurchschnitt wärmer als die auflagernde Luft. Den Winter hindurch von Oktober ab ist die

[1] Rep. Meteorol. 13, 7. LEYST, ERNST: Die Bodentemperatur in Pawlowsk, 195f.

Bodenfläche kälter als die Luft. Der Schnee wurde im weiten Kreise um die Beobachtungsstelle fortgekehrt, so daß es sich hier um die Temperatur der nackten Sandoberfläche handelt. Wie sehr eine Schneedecke den Boden vor Abkühlung schützt, zeigen die fünfjährigen Beobachtungen[1] in Pawlowsk 1891—95. Dort war die freie Oberfläche im Januar und Februar 8^{0} kälter als unter einer Schneedecke (38 cm). Beobachtungen vom Heuscheuergebirge[2] und von der samländischen Küste[3] geben das gleiche Bild, z. T. noch stärker ausgeprägt. Im Mai war in Pawlowsk die freie Sandoberfläche $2,5^{0}$ wärmer als die mit Rasen bedeckte, während die äußere Rasenoberfläche im Mai ebenso warm wie die Sandoberfläche und in den folgenden Sommermonaten etwas wärmer als jene war ($0,7—0,2^{0}$).

Pawlowsk. Temperatur in ^{0}C.

	1879—1888												
	Jan.	Febr.	Marz	April	Mai	Juni	Juli	Aug.	Sept.	Okt.	Nov.	Dez.	Jahr
Oberfläche . .	—9,2	—7,7	—4,7	4,0	11,6	18,5	**20,1**	16,9	10,9	2,4	—2,5	—7,1	4,4
Luft	—9,0	—7,5	—5,9	1,8	8,7	14,1	16,6	14,4	10,1	2,9	—2,2	—6,7	3,1
Unterschied . .	—0,2	—0,2	1,2	2,2	2,9	**4,4**	3,5	2,5	0,8	—0,5	—0,3	—0,4	1,3

Um die Schwankungen der Temperatur an der Bodenoberfläche zu beobachten, fanden in Eberswalde[4] im Mai 1891 Ablesungen statt an Thermometern, die auf den Erdboden gelegt waren, wobei sich folgende Monatsmittel ergaben. Die Ablesungen in der Thermometerhütte 1,3 m über dem Boden, sind zum Vergleich mitangeführt:

Eberswalde	Temperatur in ^{0}C							
	im Freien				im Walde			
	Min.	8 a. m.	2 p. m.	Max.	Min.	8 a. m.	2 p. m.	Max.
Thermometer in der Hütte, 1,3 m . .	7,7	13,5 ↑	19,4	20,9	8,3	12,5 ↓	18,1	19,1
Thermometer auf dem Boden	7,7	14,6	29,8	33,9	8,2	11,9	17,5	23,5

Im Freien steigt das Thermometer an der Bodenoberfläche von 7,7 auf $33,9^{0}$, in der Luft nur auf $20,9^{0}$. Im Strahlungsschutz des Waldes bleibt die Erdoberfläche um 2 Uhr nachmittags um 12^{0} kühler als im Freien. Wenn die Sonne zeitweise durch die Lücken des Bestandes auf das Thermometer am Boden scheint, wird dieses so weit erwärmt, daß es im Monatsmittel das Maximum $23,5^{0}$ erreicht. An einer anderen Stelle im Walde war das Maximum im 10tägigen Durchschnitt um 2^{0} niedriger. Es bleibt aber immer noch 10^{0} unter dem Maximum des frei der Sonne ausgesetzten Thermometers auf dem Felde. Bemerkenswert ist die durch Pfeile angedeutete Richtung des Temperaturgefälles um 8 und 2 Uhr. Auf dem Felde hat die Oberfläche am Tage die höhere Temperatur und kann Wärme an die Luft abgeben. Die Waldluft, welche etwas kühler ist als die auf freiem Felde, ist andererseits ein wenig wärmer als der Waldboden und kann diesem in entsprechendem geringen Maße Wärme zuführen. Die Sonnenstrahlung

[1] Wild, H.: Mém. Acad. Pétersbourg, Vol. V, **8**, Nr 8 (1897); Meteorol. Z. **1898**, 4 (Schubert).

[2] Schubert, J.: Die klimatischen Verhältnisse von Schlesien, S. 2. Eberswalde 1912.

[3] In Fritzen wurden Unterschiede von 4^{0} bei schneefreiem, dagegen von 17^{0} bei schneebedecktem Boden zwischen Luft und Boden (1 cm) beobachtet.

[4] Schubert, J.: Der jährliche Gang der Luft und Bodentemperatur und der Wärmeaustausch im Erdboden, S. 23. Berlin 1900. — Meteorol. Z. **1895**, 365.

erwärmt vornehmlich die freie Bodenoberfläche; nur wo sie im Walde durch die Lücken des Bestandes dringt, kann auch die Oberfläche des Waldbodens eine höhere Temperatur annehmen wie die auflagernde Luft und an diese etwas von ihrem Wärmeüberschuß abgeben. Im Mittel aus drei besonders warmen Tagen im Mai 1891 ergaben sich in Eberswalde folgende Temperaturen:

Eberswalde	Temperatur in °C							
	im Freien				im Walde			
	Min.	8 a.m.	2 p.m.	Max.	Min.	8 a.m.	2 p.m.	Max.
Thermometer in der Hütte, 1,3 m . .	4,6	14,9	22,9	24,3	5,7	12,9	21,0	21,7
Thermometer auf dem Boden	5,4	15,0	41,6	42,3	7,1	11,6	19,4	30,2

In diesen Tagen steigt die Temperatur an der Oberfläche im Freien auf 42°, in der Luft nur auf 24°. Im Schatten des Waldes bleibt um 2 Uhr nachmittags die Bodenoberfläche um 22° kühler als im Freien, die Luft um 2°. Auch die nächtliche Abkühlung ist im Waldbestande etwas ermäßigt.

Die tägliche Temperaturschwankung betrug

	In der Luft		An der Oberfläche	
in Pawlowsk:				
im Mai 1888	10,8°	—	23,1°	—
an fünf sonnigen Tagen	—	14,7°	—	32,3°
in Eberswalde:				
im Freien im Mai 1891	13,2°	—	26,2°	—
,, ,, an drei sonnigen Tagen. . .	—	19,7°	—	36,9°
,, Walde im Mai 1891	10,8°	—	15,3°	—
,, ,, an drei sonnigen Tagen. . .	—	16,0°	—	23,1°

Die Temperaturschwankung ist an der Oberfläche des Bodens größer als in der Luft, auf freiem Felde größer als im Walde, an Tagen mit vollem Sonnenschein größer als im Monatsdurchschnitt bei mittlerer Bewölkung. Die Erwärmung der Bodenoberfläche durch die Sonnenstrahlung beherrscht den täglichen Gang der Temperatur im freien Gelände, während im Schatten des Waldes die Strahlungswirkung zurücktritt.

3. Die Temperatur der Luft.

Als Beispiel für den täglichen Gang der Lufttemperatur betrachten wir den Verlauf in Pawlowsk in der Hauptvegetationszeit April bis August 1888. Zum Vergleich sind die Temperaturen an der Erdoberfläche mit angeführt:

Temperatur in Pawlowsk (°C).

	Stunde												
	0	1	2	3	4	5	6	7	8	9	10	11	12
	Vormittag												
Luft, 3,2 m	6,8	6,4	6,1	5,8	5,8	6,5	7,7	9,1	10,3	11,3	12,0	12,7	13,1
Oberfläche	6,3	5,7	5,5	5,2	5,3	6,1	8,3	11,5	14,4	17,3	19,7	21,9	23,3
Unterschied	—0,5	—0,7	—0,6	—0,6	—0,5	—0,4	0,6	2,4	4,1	6,0	7,7	9,2	10,2
	Nachmittag												
Luft, 3,2 m	13,1	13,5	13,7	13,6	13,4	13,0	12,3	11,4	10,0	8,7	7,8	7,3	6,8
Oberfläche	23,3	23,9	23,5	22,3	20,6	18,2	15,3	12,4	10,2	8,6	7,5	6,8	6,3
Unterschied	10,2	10,4	9,8	8,7	7,2	5,2	3,0	1,0	0,2	—0,1	—0,3	—0,5	—0,5

In der täglichen Periode der Temperatur war

	das Minimum	das Maximum	die Schwankung
in der Luft	5,7°	13,7°	8,0°
in der Oberfläche	5,2°	23,9°	18,7°

Der Temperaturgang in der Luft ist gegenüber dem am Boden sehr ermäßigt und etwas verzögert. Die Verspätung ist namentlich beim Maximum in den Zahlenreihen deutlich zu erkennen.

In der freien Atmosphäre zeigt sich mit wachsender Höhe eine Zunahme der Temperatur in der Nacht und eine Abnahme am Tage, wie aus folgenden Beobachtungen in Lindenberg[1] im Sommerhalbjahr hervorgeht:

1917—1919	Temperatur in °C									
	Vormittag					Nachmittag				
Seehohe	3—4	4—5	5—6	6—7	7—8	1—2	2—3	3—4	4—5	5—6
500 m	12,2	12,0	11,8	**11,8**	11,8	13,8	14,0	14,2	**14,3**	14,1
122 m	11,4	**11,1**	11,2	11,7	12,7	18,3	**18,5**	18,5	18,2	17,6
Änderung/100 m	0,23	0,24	0,17	0,02	—0,24	—1,19	—1,19	—1,14	—1,03	—0,93

Die Abnahme mit der Höhe am Tage bleibt unter 1,2° auf 100 m, die Zunahme in der Nacht ist geringer. Von morgens 7 bis nachmittags 2 Uhr erwärmt sich die Luft

	in 1000 m	Seehöhe	um 0,8°
	,, 500 ,,	,,	,, 2,1°
am Boden	,, 122 ,,	,,	,, 6,2°

Mit wachsender Höhe werden die täglichen Temperaturschwankungen abgeschwächt und verzögert.

Um die Verhältnisse der näher am Boden befindlichen Luftschichten zu untersuchen, hat J. Schubert in Eberswalde verschiedene Beobachtungsreihen mit dem Aspirations-Psychrometer durchgeführt. Im Jahre 1906 ergaben sich in 2,2 m Abstand von der Bodenoberfläche folgende mittlere Abweichungen von der Temperatur in 0,2 m Höhe:

Temperatur in Eberswalde (°C). Änderung von 0,2 bis 2,2 m.

Stunde	1906											
	Jan.	Febr.	Marz	April	Mai	Juni	Juli	August	Sept.	Okt.	Nov.	Dez.
8a. m.	0,2	0,0	—0,1	—0,6	—0,6	—0,6	—0,6	—0,6	—0,2	0,0	0,2	0,2
2p. m.	0,1	0,0	—0,1	—0,6	—0,8	—0,5	—1,0	—0,7	—0,4	—0,2	0,1	0,1

Zur warmen Tages- und Jahreszeit nimmt die Temperatur nach der Höhe hin merklich ab, um 2 Uhr mittags im Juli um einen Grad auf 2 m, während sich im Winter morgens eine Zunahme von 0,2° zeigt. Untersuchungen von K. Knoch über den Temperaturgang auf dem 34 m hohen Turm und 2 m über der Wiese in Potsdam[2] hatten ein ähnliches Ergebnis. Zum Vergleich stellen wir einige Werte

[1] Hergesell, H.: Arb. preuß. aeronaut. Observat. **14**, 1, S. 34, 38. Braunschweig 1922.

[2] Knoch, K.: Abh. preuß. meteorol. Inst. **3**, Nr 2. Berlin 1909. — Einfluß geringer Geländeverschiedenheiten. Abh. preuß. meteorol. Inst. **4**, Nr 3. Berlin 1911.

der Temperaturabnahme mit der Höhe um 2 Uhr im Sommerhalbjahr zusammen.

	°C auf 1 m
Lindenberg, 122—500 m Seehöhe	0,012
Potsdam, 2—34 m Höhe	0,037
Eberswalde, 2,2—4,2 m Höhe	0,07
,, 0,2—2,2 ,, ,, ...	0,33

Die mittlere Temperaturverteilung, welche den Beobachtungen in Eberswalde, Potsdam und Lindenberg entspricht, ist für 2 Uhr nachmittags und 9 Uhr abends im Sommerhalbjahr sowie für 7—8 Uhr morgens im Winterhalbjahr in nachstehender Tabelle mitgeteilt. Aus den beobachteten Werten sind diejenigen für die Zwischenstufen durch graphische Ausgleichung abgeleitet. Der Temperaturzustand vom Erdboden bis 200 m Höhe bildet die Grundlage unserer weiteren Betrachtungen. Mittags im Sommerhalbjahr nimmt die Temperatur von der Bodenschicht zunächst sehr stark, dann schwächer mit der Höhe ab. Am Sommerabend hat sich die Luft am Boden merklich abgekühlt, sie wird bis zur Höhe von etwa 40 m wärmer und weiter nach obenhin wieder kälter, so daß sie in 200 m Höhe etwa dieselbe Temperatur hat wie dicht am Boden. Am Wintermorgen ist es in den unteren Luftschichten in der Nähe des Erdbodens am kältesten, die Temperatur nimmt dann bis etwa 20 m Höhe zu, behält auf weitere 100 m ihren Wert und nimmt mit weiter wachsender Höhe langsam ab. Erst in mehreren hundert Metern Höhe ist es wieder so kalt wie am Erdboden. Von 20 bis 200 m ist die Luft am Wintermorgen in ihrem durchschnittlichen Zustande nahezu isotherm (Abb. 12).

Lufttemperatur in °C				Lufttemperatur in °C			
Hohe	Sommerhalbjahr		Winterhalbjahr	Hohe	Sommerhalbjahr		Winterhalbjahr
m	2 p.m.	9 p.m.	7—8 a.m.	m	2 p.m.	9 p.m.	7—8 a.m.
Beobachtet				Ausgeglichen			
380	13,8	13,4	1,0	200	15,0	14,6	1,1
34	17,1	15,8	1,1	100	15,9	15,4	1,1
4,2	18,2	—	—	50	16,7	15,8	1,1
2,2	18,3	14,8	0,9	30	17,2	15,8	1,1
0,2	19,0	—	0,7	10	17,9	15,5	1,05
				4	18,2	15,1	1,0
				2	18,3	14,8	0,9
				0,2	19,0	14,4	0,7

Ein Wärmeausstausch zwischen benachbarten verschieden warmen Luftschichten kann in geringem Maße durch molekulare Wärmeleitung (in ruhender Luft) erfolgen oder in wesentlich stärkerem Betrage durch Konvektion (einschl. der Advektion), d. h. durch Bewegung warmer und kalter Luftmassen. Bei der Wärmeleitung folgt der Wärmestrom nach Richtung und Größe dem Temperaturgefälle; einen kritischen Grenzwert des Temperaturgefälles gibt es hierbei nicht. Die horizontale Fortführung der Luft oder die Advektion erfolgt in der Richtung des abnehmenden Luftdruckes mit einer durch die Erddrehung bedingten Ablenkung nach rechts auf der nördlichen Halbkugel. Herbeigeführte wärmere und daher leichtere Luftmassen werden an den kälteren, schweren aufgleiten; herbeiströmende kalte Luft wird sich unter die warme schieben und sie unter Auftreten von Böen aufrollen.

Bei der vertikalen Konvektion gibt es einen entscheidenden Grenzwert des Temperaturgefälles. Aufsteigende Luft dehnt sich aus und kühlt sich ab, absteigende wird zusammengedrückt und erwärmt. Bei adiabatischen Vorgängen ohne Wärmeaufnahme oder -entzug ändert sich die Temperatur um fast 1° auf 100 m. Dieser Wert ist von entscheidender Bedeutung für den vertikalen Luft- und Wärmeaustausch. Bei einem Luftzustand, wie er mittags im Sommer herrscht, sind die untersten Schichten besonders warm. Die Temperatur nimmt mit der Höhe um mehr als 1° auf 100 m oder 0,01° auf 1 m ab. Ein aufsteigendes Luftteilchen *S* kommt in einer höheren Schicht, da es sich nur um 0,01° auf 1 m abkühlt, wärmer und daher leichter an als ein dort befindliches Luftteilchen *L* und besitzt daher den Antrieb, weiter aufzusteigen. Umgekehrt wird ein fallendes Teilchen *F* in einer tieferen Schicht kälter und somit schwerer ankommen als ein dort befindliches Teilchen *L* und daher bestrebt sein, weiter zu fallen. In diesem Zustand befindet sich die Luft nicht im stabilen Gleichgewicht; die wärmere Luft wird von unten nach oben, die kältere aus der Höhe nach der Tiefe streben. Dadurch werden turbulente Ausgleichsströmungen erzeugt, die bei völliger Durchmischung den indifferenten Zustand mit einer Temperaturabnahme von 1° auf 100 m herstellen würden[1].

Wie die erdnahe Schicht in warmen Zeiten und Zonen vom Boden her überhitzt werden kann, so werden andererseits die höheren Luftschichten durch

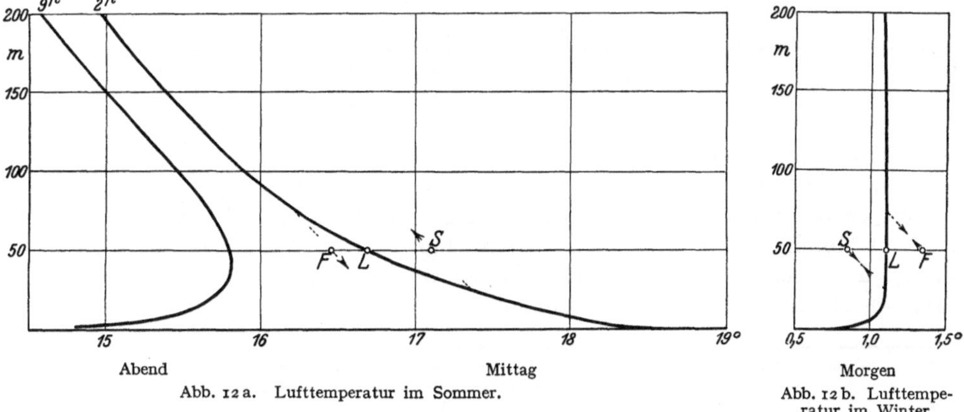

Abb. 12a. Lufttemperatur im Sommer.

Abb. 12b. Lufttemperatur im Winter.

Ausstrahlung abgekühlt und sind daher bestrebt, herabzusinken. Bei Strahlungsgleichgewicht[2] würde die Temperatur vom Erdboden bis zu 3 oder 4 km Höhe um 1,3—1,4° auf 100 m durchschnittlich abnehmen; in Wirklichkeit beträgt die Abnahme 0,6—0,7°. Hierbei wechseln namentlich in den unteren Lagen Schichten stärkerer Temperaturabnahme mit isothermen Schichten ab und mit solchen, in denen Temperaturumkehrungen oder Inversionen auftreten, in welchen die Temperatur mit der Höhe wächst.

Der Zustand des labilen Gleichgewichts reicht im mittleren Norddeutschland im Sommerhalbjahr um 2 Uhr nachmittags durchschnittlich etwa 130 m hoch und geht dort in den indifferenten und weiter oben in den stabilen Zustand über[3]. An heiteren Tagen reicht der labile Zustand höher hinauf und die unteren Schichten erwärmen sich besonders stark. Als Beispiel sei angegeben, daß die Temperatur in Eberswalde auf 2 m Erhebung an 17 meist heiteren Tagen (Juni und Juli 1904) um 1,1° abnahm, an 8 Tagen mit starkem Sonnenschein um 1,6° und an dem besonders heißen 16. Juli um 2°, in Potsdam am gleichen Tage auf 32 m Erhebung um, 1,8°. Diese Werte sind größer als die durchschnittlichen. Indem

[1] Vgl. W. Schmidt: Der Massenaustausch. Hamburg 1925.
[2] Defant, A.: Lufthülle und Klima, S. 83.
[3] Die Luft aus 30 m Höhe über dem Erdboden würde bei adiabatischem Aufstieg bis 350 m auf die dort herrschende Temperatur abgekühlt werden.

kühlere Luft stoßweise bis an die Bodenoberfläche herabsinkt, können dort auch bei heiterem Himmel plötzlich Abkühlungen eintreten, die mehrere Grad betragen. Die Ausgleichbewegungen, welche aus dem labilen, durch Überhitzung der unteren Luftschichten gekennzeichneten Zustand entstehen, bezeichnet man als thermische oder echte Konvektion. Bei stabilem Gleichgewichtszustande kann nur durch Wirkung von außen her eine Vertikalbewegung, eine mechanische, erzwungene Konvektion herbeigeführt werden, die ihre Kraftquelle in den thermisch bedingten Strömungen anderer Gebiete hat. Im stabilen Gleichgewichtszustand (Abb. 12b) werden fallende Luftteilchen (*F*) wärmer und leichter, steigende (*S*) kälter und schwerer als die umgebende Luft (*L*); beide erhalten daher einen Antrieb, in die frühere Lage zurückzukehren.

Nach 30jährigen Beobachtungen 1893—1922 ist der tägliche Gang der Lufttemperatur in Potsdam für die beiden Monate mit größter und kleinster Schwankung in der Hütte auf der Wiese (2 m) in Abweichungen vom Tagesmittel

	Temperatur in °C.											
	Stunde											
	2	4	6	8	10	Mittag	2	4	6	8	10	12
Mai	—4,0	—4,7	—4,0	—0,6	2,1	3,8	**4,7**	4,4	3,1	0,1	—1,8	—3,0
Dezember . .	—0,5	—0,6	—0,7	—0,8	—0,2	1,1	**1,4**	0,7	0,2	0,0	—0,2	—0,4

Im Mai beträgt die größte stündliche Erwärmung, die von 7 bis 8 Uhr eintritt, 1,7°, die stärkste Abkühlung nachmittags von 7 bis 8 Uhr 1,6°. Im Dezember hat die größte stündliche Erwärmung von 10 bis 11 Uhr nur den Wert 0,7°; die stärkste Abkühlung von 3 bis 4 Uhr nachmittags ist 0,4°. Die tägliche Schwankung, d. h. der Unterschied zwischen der höchsten und tiefsten Temperatur, hatte im Monatsmittel in Potsdam folgende Werte:

Januar	Februar	Marz	April	Mai	Juni	Juli	August	Sept.	Okt.	Nov.	Dez.
2,7	4,2	6,2	8,0	**9,4**	9,1	8,4	8,3	7,9	6,0	3,5	2,2

Den täglichen Temperaturverlauf an Sommertagen im norddeutschen Flachlande erläutern wir an Aufzeichnungen in Eberswalde im Juli 1914 (Abb. 13 punktierte Kurve). Wir unterscheiden folgende Typen[1]:

Strahlungstage mit regelmäßigem, ausgeprägtem Temperaturgang auf dem Lande, wie der 2., 3., 15. und 18. Juli,

Tage, an denen der starken Erwärmung im Binnenlande durch Gewitterböen plötzlich ein Ende gesetzt wird, wie am 16. und 17. Juli,

Regnerische Tage mit bewölktem Himmel, an welchen auch die Landstation nur geringe Schwankungen zeigt, wie der 5. Juli.

Im ausgeprägten Seeklima am Strande in Zinnowitz (Abb. 13 ausgezogene Kurve) sind die täglichen Änderungen der Temperatur auch bei voller Sonnenstrahlung stark ermäßigt. Einen besonders regelmäßigen Temperaturverlauf und starken Gegensatz zwischen Land- und Seeklima weist der 3. Juli auf. Die gesamte Temperaturschwankung betrug in Eberswalde über 14°, in Zinnowitz noch nicht 3°. Morgens 8 Uhr wehte am Strande schwacher Ost bis Ostsüdost, mittags 2 Uhr starker Nordost bis Ostnordost. Bei voller Sonnenstrahlung unterdrückte der Seewind jede erhebliche Erwärmung der Luft, die Temperatur hielt sich am Strande unter 22° (nachmittags unter 21°), während sie im Binnenlande

[1] SCHUBERT, J.: Studien über See- und Waldklima. Z. Baln. 1917—18, 114.

über 30° stieg. Zur Kennzeichnung des maritimen Klimas mögen noch folgende Angaben dienen. Die mittlere tägliche Temperaturschwankung war auf der Nordseeinsel Helgoland im November fast 2°, im Juli und August 7° kleiner als im Binnenlande. Im Tagesmittel war die Nordseeinsel im Dezember über 6° wärmer, im Juni fast 3° kühler als Klaußen in Masuren. In Norddeutschland ruft der Einfluß der See im Frühsommer eine starke Abnahme der Temperatur nach Norden hervor.

Bezeichnen wir als Frühlingsmitte die Zeit, in welcher gerade die Jahrestemperatur erreicht ist, so liegt diese am frühesten, nämlich am 18. April, in den südlichen Orten Trier, Ostrowo, Oppeln und Ratibor, am spätesten in Hela am 2. Mai und in Helgoland am 4. Mai. Die mittlere Temperatur von 10° wird in Neuwied a. Rh. am 23. April erreicht, in Helgoland erst am 18. Mai. Im Frühjahr ist also das Rheintal der Nordsee um 25 Tage voraus. Dagegen tritt

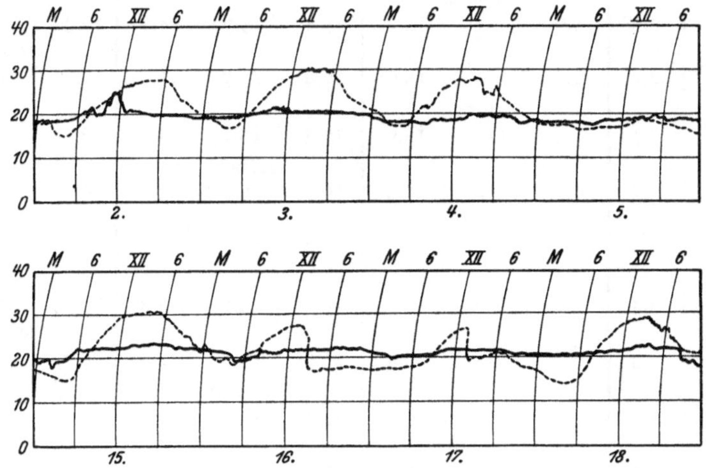

Abb. 13. Lufttemperatur (°C) im Binnenlande und am Strande. Juli 1914.

die herbstliche Abkühlung auf 10° in Marggrabowa am 24. September, in Helgoland erst 24 Tage später, am 18. Oktober, ein. Eine Temperaturtafel für einige Orte in Nord- und Mitteldeutschland ist beigefügt (Tabelle auf S. 74/75). Die Angaben sind dem Klimaatlas[1] von Deutschland entnommen, ebenso wie die folgenden Werte der Temperaturabnahme mit der Höhe, die zur Reduktion auf den Meeresspiegel dienen.

Abnahme der Temperatur 0,01 °C auf 100 m Höhe.

Januar	Februar	März	April	Mai	Juni	Juli	August	Sept.	Okt.	Nov.	Dez.
40	54	62	66	66	65	64	60	53	53	47	44

Die stärkste Abnahme mit der Höhe 0,66° auf 100 m zeigt sich im April und Mai, die schwächste von 0,40° im Januar. Im Jahresmittel nimmt die Temperatur um 0,56° auf 100 m Höhe ab. Derselbe Wert ergibt sich ziemlich übereinstimmend in den Gebirgen der heißen und gemäßigten Zone[2].

[1] Klimaatlas von Deutschland, bearbeitet im Preußischen Meteorologischen Institut von G. Hellmann, G. v. Elsner, H. Henze und K. Knoch, Erläuterungen S. 1, Klimatabellen S. 7f. Berlin 1921.

[2] Hann, J. v., u. R. Süring: Lehrbuch der Meteorologie, 4. Aufl., S. 125.

Temperatur

Westliche Halfte.

Norden

Station	Januar	Februar	Marz	April	Mai	Juni	Juli	August	Sept.	Okt.	Nov.	Dez.
Gramm	—0,2	—0,1	1,7	5,3	10,2	13,8	**15,3**	14,4	11,9	8,0	3,6	1,0
Keitum	0,5	0,5	2,1	5,9	10,8	14,5	**16,1**	15,7	13,5	9,2	4,8	2,0
Flensburg	0,1	0,5	2,3	6,0	11,1	15,0	**16,4**	15,3	12,9	8,6	4,2	1,5
Husum	—0,2	0,4	2,4	6,2	11,1	14,8	**16,4**	15,5	12,9	8,5	4,1	1,3
Kiel	—0,5	0,1	2,0	5,8	10,6	14,5	**16,1**	15,2	12,6	8,2	3,8	1,0
Helgoland	1,5	1,4	2,5	5,6	9,8	13,3	15,4	**15,6**	14,2	10,3	6,2	3,1
Rostock	—0,9	0,0	2,2	6,2	11,4	15,0	**16,6**	15,7	12,9	8,3	3,7	0,7
Meldorf	—0,2	0,6	2,7	6,5	11,5	15,0	**16,3**	15,6	13,1	8,7	4,1	1,2
Lübeck	—0,5	0,5	2,7	6,6	11,6	15,3	**16,7**	15,7	13,0	8,5	3,9	1,1
Borkum	0,8	1,5	3,1	6,6	10,9	14,3	**16,2**	16,0	14,1	9,6	5,1	2,3
Emden	0,5	1,4	3,4	7,0	11,6	14,8	**16,3**	15,7	13,4	9,1	4,7	1,8
Marnitz	—1,2	—0,2	2,3	6,6	11,8	15,4	**16,7**	15,8	12,8	8,1	3,3	0,2
Lüneburg	—0,4	0,8	3,0	7,1	12,4	16,0	**17,1**	16,0	13,0	8,5	3,9	1,1
Oldenburg	0,2	1,3	3,4	7,2	12,0	15,3	**16,7**	15,9	13,1	8,7	4,3	1,5
Löningen	0,2	1,2	3,3	7,1	12,0	15,3	**16,5**	15,5	12,8	8,5	4,2	1,4
Celle	—0,4	0,7	3,1	7,2	12,4	15,9	**16,9**	15,8	12,7	8,3	3,7	1,0
Hannover	0,3	1,3	3,7	7,7	12,7	16,0	**17,2**	16,4	13,5	9,1	4,5	1,6
Magdeburg	—0,4	0,8	3,7	8,2	13,5	17,0	**18,2**	17,3	14,1	9,1	4,0	1,0
Gütersloh	0,6	1,6	4,0	8,0	12,9	16,2	**17,2**	16,4	13,6	9,2	4,8	1,8
Kleve	1,0	2,1	4,4	8,1	12,6	15,8	**17,0**	16,3	13,7	9,2	5,0	2,1
Göttingen	—0,8	0,5	3,2	7,5	12,6	15,7	**17,0**	16,1	12,9	8,5	3,8	0,9
Krefeld	1,3	2,3	4,7	8,5	13,0	16,3	**17,5**	16,8	14,0	9,5	5,3	2,2
Leipzig	—0,9	0,6	3,4	8,0	13,3	16,9	**18,1**	17,3	13,7	8,8	3,7	0,7
Neuwied	0,6	2,1	4,8	8,9	13,1	16,6	**17,8**	17,1	13,9	9,4	5,1	1,9
Trier	0,0	1,5	4,4	8,5	12,5	16,0	**17,4**	16,5	13,5	9,0	4,6	1,6

Suden

in °C.

Östliche Hälfte.

Norden

Station	Januar	Februar	Marz	April	Mai	Juni	Juli	August	Sept.	Okt.	Nov.	Dez.
Memel	—2,7	—2,3	—0,2	5,1	10,9	14,8	**17,0**	16,1	12,8	7,8	2,8	—1,0
Königsberg	—2,7	—1,9	0,6	5,8	11,8	15,5	**17,5**	16,2	12,8	7,7	2,4	—1,2
Insterburg	—3,7	—2,9	0,0	5,9	12,4	15,9	**17,5**	15,9	12,3	7,1	1,6	—2,1
Hela	—0,8	—0,5	1,1	4,9	9,8	14,4	**17,1**	16,7	14,0	9,2	4,2	0,8
Lauenburg	—1,8	—1,0	1,2	5,5	10,9	14,7	**16,8**	15,5	12,4	8,0	3,1	—0,2
Rügenwaldermünde	—1,4	—0,7	1,2	5,3	10,1	14,1	**16,8**	16,1	13,2	8,4	3,6	0,4
Neufahrwasser	—1,9	—1,0	1,3	5,9	10,9	15,1	**17,4**	16,5	13,5	8,1	3,1	—0,3
Marggrabowa	—4,9	—4,1	—1,1	5,0	11,8	15,2	**16,8**	15,1	11,4	6,2	0,7	—3,2
Swinemünde	—1,1	—0,1	2,2	6,3	11,2	15,4	**17,5**	16,5	13,7	8,7	3,8	0,6
Schivelbein	—2,1	—1,2	1,5	6,0	11,6	15,3	**16,9**	15,6	12,5	7,7	2,8	—0,5
Konitz	—3,0	—2,0	0,7	5,8	11,6	15,4	**17,0**	15,6	12,3	7,2	1,9	—1,4
Osterode	—3,3	—2,3	0,5	5,9	12,2	15,6	**17,4**	16,0	12,4	7,4	2,0	—1,7
Stettin	—1,2	0,0	2,7	7,2	12,7	16,4	**18,1**	16,8	13,6	8,5	3,6	0,3
Bromberg	—2,3	—1,1	1,8	7,0	13,1	16,8	**18,5**	16,9	13,1	7,9	2,8	—0,6
Landsberg	—1,9	—0,4	2,4	7,1	12,6	16,1	**17,6**	16,4	13,1	8,1	3,0	—0,4
Berlin	—0,7	0,5	3,2	7,6	13,2	16,7	**18,0**	17,0	13,8	8,8	3,8	0,7
Posen	—1,7	—0,4	2,5	7,6	13,5	17,0	**18,6**	17,2	13,6	8,4	3,1	—0,3
Frankfurt a. O.	—1,4	0,0	2,9	7,6	13,2	16,7	**18,1**	17,0	13,7	8,5	3,3	0,0
Grünberg	—1,7	—0,3	2,7	7,4	13,1	16,6	**17,9**	16,9	13,5	8,5	3,1	—0,3
Ostrowo	—2,2	—1,0	2,3	7,4	13,3	16,5	**18,1**	17,0	13,4	8,4	2,8	—0,8
Liegnitz	—1,6	0,0	3,0	7,6	13,2	16,5	**18,0**	17,1	13,5	8,7	3,3	—0,1
Breslau	—1,6	—0,2	3,1	7,9	13,7	17,0	**18,7**	17,7	14,2	9,1	3,5	0,0
Dresden	—0,3	1,0	3,6	7,8	13,1	16,3	**17,8**	16,9	13,5	9,2	4,2	1,2
Oppeln	—2,0	—0,4	3,0	7,9	13,6	16,8	**18,5**	17,6	14,0	9,1	3,3	—0,3
Ratibor	—2,2	—0,6	3,0	7,9	13,7	16,8	**18,5**	17,4	13,7	9,0	3,3	—0,5

Suden

Bei den Untersuchungen über den Einfluß des Waldes auf das Klima, im besonderen auf die Lufttemperatur sind folgende Fragen zu behandeln[1]:

I. Wie unterscheiden sich die durchschnittlichen Witterungszustände im Walde unter den Bäumen von denen auf benachbarten freien Flächen (Lichtungen)?

II. Wie unterscheiden sich die Witterungszustände auf Lichtungen oder in der nächsten Umgebung des Waldes von denen in größerer Entfernung? Welchen Einfluß übt der Grad der Bewaldung auf das Klima einer Gegend aus?

Nach Beobachtungen in Eberswalde zeigen sich im Sommer im Kiefernwalde mit etwas Laubunterholz in 1,3—1,5 m Höhe folgende Abweichungen vom benachbarten freien Felde:

	Temperatur in °C.		
	1893 Sonnenaufgang	1892 2 bis $2^{1}/_{2}$ p.m.	1893 $2^{1}/_{2}$ bis 3 p.m.
Forstliche Hütte	0,44	—1,24	—1,04
Aspirationsthermometer	0,08	—0,24	—0,31

Bei Sonnenaufgang war es im Walde wärmer, nachmittags kühler. Bei vergleichenden Messungen der Lufttemperatur im freien Gelände und im Bestandesschatten wird eine Thermometeraufstellung, die nicht strahlungsfrei ist, den Unterschied zwischen Feld und Wald nicht rein angeben, da die Strahlungswirkung im Walde, wie wir sahen, wesentlich herabgesetzt ist. Es ist daher nicht verwunderlich, daß die von MÜTTRICH nach dem Vorgange von EBERMAYER benutzte forstliche Hütte, zumal bei geringerer Höhe der Thermometer über dem Erdboden, größere Unterschiede ergibt als das 1892 von SCHUBERT in die forstliche Meteorologie eingeführte Aßmannsche Aspirationspsychrometer. Dieser Umstand ist noch neuerdings wieder übersehen worden[2].

Im Juli und August 1896 war es nachmittags um 2—$2^{1}/_{2}$ Uhr im Kiefernwalde nach der forstlichen Hütte um 1,4°, nach dem Aspirationsthermometer um 0,4° kühler als im Freien. Im schattigen Buchenbestande zeigte das aspirierte Thermometer eine Erniedrigung der Lufttemperatur um 1,2—1,3° gegenüber dem freien Felde und um 0,8—0,9° im Vergleich zum Kiefernwalde. Die mittlere Lufttemperatur war nachmittags im Juli im Freien 22,4°, im Kiefernwalde 22,0° und im Buchenbestande 21,1°.

Bei fünfjährigen Vergleichen fanden sich im Kiefernbestande in Eberswalde folgende Abweichungen von der benachbarten Feldstation:

Unterschiede der Temperatur in °C.

Zeit	1. Juni 1899 bis 1904											
	Jan.	Febr.	März	April	Mai	Juni	Juli	August	Sept.	Okt.	Nov.	Dez.
	Forstliche Hütte 1,3 m											
8 a.m.	0,3	0,1	—0,1	—0,5	—1,0	—1,3	—1,3	—1,1	—0,9	—0,1	0,2	0,3
2 p.m.	—0,3	—0,4	—0,6	—0,7	—0,9	—1,1	—1,4	—1,4	—1,4	—1,0	—0,4	—0,1
	Aspirationsthermometer 2,2 m											
8 a.m.	0,0	0,0	—0,1	0,0	—0,1	—0,1	—0,2	—0,2	—0,3	—0,1	0,0	0,0
2 p.m.	—0,2	—0,2	—0,2	—0,3	—0,2	—0,3	—0,4	—0,5	—0,8	—0,5	—0,3	—0,2

[1] SCHUBERT, J.: Der Einfluß des Waldes auf das Klima. Forstl. Rdsch. **1900**, Mai; Das Wetter **1900**, 209; Meteorol. Z. **1900**, 561. — GEIGER: a. a. O. Kap. 17f.

[2] RUBNER, K.: Die pflanzengeographischen Grundlagen des Waldbaues, 2. Aufl., S. 89. 1925.

Im Walde war die Luft besonders am Spätsommernachmittag kühler als im Freien, das Umgekehrte trat nur bei der Forstlichen Hütte morgens im Winter ein.

Bei Vergleichen in Eberswalde in etwa 40 m Seehöhe, ferner in Friedrichsrode im nördlichen Thüringen 440 m hoch und in Sonnenberg im Harz in 780 m Höhe ergaben sich für den Sommer (Juni-August) 1898 im Walde folgende Abweichungen vom benachbarten freien Felde

Unterschiede der Temperatur in °C.

Thermometeraufstellung	Minimum	8 a.m.	2 p.m.	Maximum
Eberswalde (65—70jahrige Kiefern)				
Forstliche Hutte . . . . . . 1,3 m	0,4	—1,2	—1,4	—2,4
Englische Hutte . . . . . . 2,2 „	0,3	—0,7	—0,7	—1,1
Aspirationsthermometer . . . 1,5 „	—	—0,2	—0,4	—
Friedrichsrode (85—90jährige Buchen)				
Forstliche Hutte . . . . . . 1,3 m	1,5	—2,0	—2,6	—3,8
Englische Hutte . . . . . . 2,3 „	1,2	—1,2	—1,3	—1,5
Aspirationsthermometer . . . 1,5 „	—	—1,2	—1,5	—
Sonnenberg (65jährige Fichten)				
Forstliche Hütte . . . . . . 1,4 m	1,8	—1,0	—1,2	—1,6
Englische Hutte . . . . . . 2,3 „	1,1	—0,5	—0,6	—0,9
Aspirationsthermometer . . . 1,5 „	—	—0,6	—0,8	—

Zur Zeit des Temperaturminimums war es im Walde durchweg etwas wärmer, am Tage kühler als auf der benachbarten Feldstation. Die Ermäßigung der täglichen Temperaturschwankung im Walde betrug nach der forstlichen (englischen) Hütte im Kiefernbestand zu Eberswalde 2,8° (1,4°), im Fichtenbestande zu Sonnenberg 3,4° (2,0°) und im Laubwalde zu Friedrichsrode 5,3° (2,7°). Aus dem Vergleich der Zustände vor und nach Eintritt der Belaubung erkennt man deren Wirkung im Buchenwalde. Indem man die Ergebnisse für Kiefern und Fichten zusammenzieht, erhält man aus den Beobachtungen im Sommer 1898 als Ermäßigung der täglichen Temperaturschwankung im Walde nach der forstlichen (und englischen) Hütte

	°C		
	1898		
	April	Juni	August
Nadelwald	1,7 (1,0)	3,1 (1,5)	3,7 (2,2)
Buchenwald	0,4 (0,1)	5,3 (2,6)	6,2 (3,1)

Vergleichsweise war die tägliche Temperaturschwankung im Buchenwalde im April vor der Belaubung 1,3° (0,9°) größer, im Juni bei voller Belaubung 2,2° (1,1°) kleiner als im Nadelwalde. Nach den von MÜTTRICH[1] für die forstliche Hütte abgeleiteten vieljährigen Mitteln war die Ermäßigung der täglichen Temperaturschwankung

	°C		
	April	Juni	August
Nadelwald	2,2	3,1	3,6
Buchenwald	0,6	4,1	4,2

[1] MÜTTRICH, A.: Über den Einfluß des Waldes auf die Lufttemperatur. Z. Forst- u. Jagdwes. **1890**, H. 7. — Da, wie gesagt, die forstliche Hütte die Unterschiede der Lufttemperatur übertrieben angibt, hat man sich die Mittelwerte verkleinert zu denken.

Vergleichsweise war die tägliche Temperaturschwankung im Buchenwalde vor der Belaubung 1,6° größer, dagegen im Juni bei voller Belaubung 1° kleiner als im Nadelwalde. Das sprunghafte Ansteigen der Schutzwirkung im Buchenwalde vom April zum Juni läßt den Einfluß der Belaubung deutlich erkennen.

Zur Aufklärung über die Wärmevorgänge in Waldbeständen und die Abweichungen von denen im Freien sind Beobachtungen in verschiedenen Abständen vom Erdboden besonders dienlich. Schon oben (S. 67 und 68) hatten wir an der Hand von Messungen am Boden und in 1,3 m Höhe (Tabelle S. 67 und 68) festgestellt, daß im Walde am Tage das Temperaturgefälle (vom Warmen zum Kalten) nicht wie im Freien aufwärts, sondern umgekehrt abwärts gerichtet war. Bestimmungen der Lufttemperatur mit dem Aspirationsthermometer an acht sonnigen Tagen im Juni und Juli 1904 ergaben um 2 Uhr nachmittags im Kiefernwalde eine Abkühlung von 2,3° in 0,2 m Höhe, die sich in 2,2 m auf 0,7° ermäßigte.

Eberswalde. Lufttemperatur in °C.

Hohe m	Feld	Kiefernwald	Unterschied
2,2	26,2	25,5	—0,7
0,2	27,8	25,5	—2,3
Änderung . . .	—1,6	0,0	—

Bei einer Temperaturabnahme von 1,6° auf 2 m war die Luft im Freien labil, im Walde bei gleichbleibender Temperatur stabil gelagert. An dem sehr heißen 16. Juli nahm die Temperatur von 0,2 bis 2,2 m im Freien um 2° ab, im Walde um 0,2° zu. Beobachtungen an 125 Tagen im Mai bis September 1906, die im Freien sowie in und unmittelbar über einer 4 m hohen Buchenschonung in der Stadtforst Eberswalde mit dem Aspirationsthermometer ausgeführt wurden, zeigten im Früh- und Spätsommer eine verschiedene Temperaturschichtung im Walde.

Lufttemperatur in °C.

Hohe	Buchen 1½ Uhr			Feld 2 Uhr		
m	Mai/Juni	Juli	August/Sept.	Mai/Juni	Juli	August/Sept.
4,2	19,0	21,5	19,0	19,0	21,9	19,1
2,2	19,1	21,5	18,9	19,2	22,0	19,2
2,0	19,3	21,5	18,6	19,8	23,1	19,7
Änderung auf 2 m						
2,2—4,2	—0,1	0,0	0,1	—0,2	—0,1	—0,1
0,2—2,2	—0,2	0,0	0,3	—0,6	—1,1	—0,5

Während im Freien namentlich in der unteren Schicht labiler Zustand mit kräftiger Temperaturabnahme besteht, zeigt der Wald im Frühsommer ebenfalls eine schwächere Temperaturabnahme nach oben, im Juli isotherme Schichtung und im Spätsommer ausgesprochen stabile Lagerung mit Temperaturzunahme nach oben. Die Abweichungen der Lufttemperatur in der Buchenschonung (1½ Uhr) von der im Freien (2 Uhr) waren

Hohe m	Mai/Juni	Juli	August/Sept.
4,2	0,0	—0,4	—0,1
2,2	—0,1	—0,5	—0,3
0,2	—0,5	—1,6	—1,1

Die stärkste Abkühlung im Laubwalde trat im Hochsommer am Boden auf. Die Beobachtungen an je 6 Strahlungstagen ergaben als

Änderung der Lufttemperatur in °C auf 2 m:

Hohe m	Buchen 9½	Buchen 1½	Buchen 5½	Feld 10	Feld 2	Feld 6
			Juni/Juli 1908			
2,2—4,2	0,2	0,0	0,6	—0,1	—0,3	0,0
0,2—2,2	0,7	0,4	0,4	—2,2	—1,4	—0,1
			September 1907			
2,2—4,2	0,3	0,6	0,5	—0,4	—0,1	0,5
0,2—2,2	1,2	1,5	0,9	—1,1	—0,4	1,2

Auf freiem Felde befindet sich die Luft vor- und nachmittags im labilen Zustand mit starker Temperaturabnahme nach oben. Im Gegensatz dazu herrscht im Buchenwalde, wo die Sonnenstrahlung durch die Belaubung aufgefangen wird, und die unteren Schichten sich daher weniger erwärmen, stabile Lagerung mit merklicher Temperaturzunahme nach oben, die sich im Freien an den klaren Septembertagen erst gegen Abend (6 Uhr) infolge der starken Abkühlung der unteren Schichten einstellt.

Um den Einfluß des Waldes auf die Temperatur seiner Umgebung zu untersuchen, vergleichen wir waldnahe oder Lichtungsstationen mit waldfernen Orten. Hierzu wurden zunächst die Beobachtungen im Freien in Eberswalde, Friedrichsrode und Sonnenberg im Sommer 1898 benutzt und mit passenden waldfernen Orten verglichen. Ferner sind in den Jahren 1900—1903 auf dem Versuchsfelde Karzig-Neuhaus in der Landsberger Heide bei Berlinchen in der Neumark[1] fortlaufende Untersuchungen angestellt im Bestande, auf einer Lichtung, in der Nähe des Waldes und weiter entfernt auf der freien Ebene. Es ergab sich im Spätsommer als mittlere tägliche

Temperaturschwankung in °C

	August/September 1898	August/September 1900—1903
im Waldbestande	8,5	9,4
in Waldnähe	11,1	10,0
auf Lichtungen		**10,8**
an waldfernen Orten	10,3	9,9

Die Wälder ermäßigen zwar den Temperaturgang im Innern des Baumbestandes, aber nicht in ihrer nächsten Umgebung und auf Lichtungen, wo anscheinend die Temperaturschwankungen ein wenig größer sind als an waldfernen Orten. Ähnliche Ergebnisse wurden schon früher gefunden[2].

[1] SCHUBERT, J.: Anleitung für die Beobachtungen auf dem forstlich-meteorologischen Versuchsfelde Karzig-Neuhaus. Neudamm 1899. — MÜTTRICH, A.: Über die Einrichtung von meteorologischen Stationen zur Erforschung der Einwirkung des Waldes auf das Klima. Das Wetter **1900**, 121. — SCHUBERT, J.: Studien über See- und Waldklima. Z. Baln. **10**, 6, 99, 112 (1917/18).

[2] COUR, P. LA: Z. Meteorol. **7**, 255 (1872). — HAMBERG, H. E.: Über den Einfluß der Wälder auf das Klima von Schweden **2**, 30. Stockholm 1885. — WOLLNY, E.: Forschgn. a. d. Geb. d. Agrikulturphysik **9**, 146 (1886); Meteorol. Z. **1887**, (1). — LORENZ-LIBURNAU, J. v.: Resultate forstlich-meteorologischer Beobachtungen **2**, 87, 1892, unter Mitarbeit von F. ECKERT, Wien.

Um zu zeigen, wie sich der tägliche Verlauf der Temperatur im Waldbestande und auf der Lichtung von dem in freier Ebene unterscheidet, benutzen wir die Temperaturwerte für August-September 1900—03 in Karzig.

Abweichung von der 2 km vom Waldrand entfernten freien Ebene

	Temperatur in °C			
	2 Uhr nachts	8 Uhr morgens	2 Uhr mittags	8 Uhr abends
im Waldbestande	—0,6	—0,9	—0,6	—0,6
auf der Lichtung	—0,7	0,0	0,2	—0,5

Man sieht, daß der Wald die abkühlende Wirkung, die sich im Bestande am Tage zeigt, nicht auf die Umgebung zu übertragen vermag. Weil es sich beim Walde nicht um den Gegensatz ganzer, großer, dicht mit Wald bestandener oder andererseits völlig waldloser Länder handelt, sondern um wesentlich kleinere Flächen und Entfernungen als beim Vergleich von Festland und Meer, so ist weniger die geringe Größe, als vielmehr der Sinn (das Vorzeichen) der im Walde und seiner Umgebung festgestellten Unterschiede zu beachten.

Es fragt sich, ob der im Innern des Buchenwaldes beobachtete mäßigende Einfluß der fortschreitenden Belaubung auf die tägliche Temperaturschwankung sich auch auf der Lichtung einstellt. Auf dem Versuchsfelde in der Landsberger Heide war bei der täglichen Temperaturschwankung die

Abweichung in °C von der freien Ebene (Karzig)

	1900—1903		
	April	Juni	August
im Buchenbestande	1,1	0,1	—0,6
auf der benachbarten Lichtung . .	0,8	0,9	0,8

Während die tägliche Temperaturschwankung im Vergleich zur freien Ebene von der Zeit vor der Belaubung im April im Buchenwalde bis zum Juni um 1° und zum August um 1,7° zurückgeht, bleibt sie auf der Lichtung nahezu unverändert größer als in der freien Ebene[1].

Fragt man, unter welchen Umständen sich überhaupt merkliche Temperaturdifferenzen von mindestens 2° zwischen der freien Ebene und der Waldlichtung zeigen, so ergibt sich, daß derartige größere Unterschiede um 2 Uhr nachmittags hauptsächlich die Folge plötzlicher Temperaturänderungen sind, die auf den verschiedenen Stationen nicht völlig gleichzeitig auftreten. Zu klimatischen Vergleichen eignen sich daher diese Beobachtungen nicht gut. Morgens 8 Uhr traten 1900—1903 im August (zweimal), September (zwölfmal) und Oktober (dreimal) Temperaturunterschiede von mindestens 2° zwischen der freien Ebene und der Lichtung nur dann auf, wenn auf der Waldlichtung Windstille oder (dreimal) ganz schwache Luftbewegung (Südost 1) herrschte. Ausnahmslos war die Morgentemperatur auf der Lichtung an diesen stillen Tagen niedriger als in der freien Ebene. Mittags dagegen gleichen sich die Unterschiede aus, so daß die Temperaturschwankung auf der Waldlichtung die größere war. In dieser Beziehung ist also das Verhalten der Waldlichtung dem der Seeküste entgegengesetzt.

[1] Diese Angaben beziehen sich auf die Beobachtungen in der (englischen) Thermometerhütte. Messungen mit dem Aspirationspsychrometer ergaben insofern eine Abweichung, als nunmehr im Hochsommer die mittägliche Temperatur auf der Lichtung die gleiche war wie auf der freien Ebene.

Wir schließen hieran Nachweise über den Einfluß des Waldes auf den jährlichen durch die Monatsmittel gegebenen Gang der Lufttemperatur. Für die Abweichungen der Temperatur, durch welche sich das Innere der Bestände vom benachbarten freien Felde unterscheidet, hat SCHUBERT aus einer Anzahl von Doppelstationen vieljährige Mittelwerte[1] abgeleitet.

Lufttemperatur in Waldbeständen (°C) (Abweichung vom freien Felde).

Jan.	Febr.	Marz	April	Mai	Juni	Juli	August	Sept.	Okt.	Nov.	Dez.
Kiefern											
0,1	0,0	0,0	0,0	—0,1	—0,2	—0,2	**—0,2**	—0,1	0,0	0,0	0,1
Fichten											
0,3	0,1	—0,1	—0,3	—0,2	—0,2	**—0,3**	—0,2	—0,2	0,0	0,1	0,2
Buchen											
0,1	0,0	0,1	0,1	—0,1	—0,4	**—0,5**	—0,4	—0,3	0,0	0,0	0,1

Im Tagesdurchschnitt ist es im Kiefernbestande im Juni bis August um 0,2°, im Fichtenwalde im April und Juli 0,3° und im Buchenwalde im Juli 0,5° kühler als im Freien, während der unbelaubte Buchenbestand im Winter und noch im April etwas wärmer war als das benachbarte freie Feld. Im Jahresdurchschnitt war es im Walde um 0,1° kühler als im Freien. Die jährliche Temperaturschwankung, d. h. der Unterschied zwischen Januar und Juli, war im Kiefernbestande 0,3°, im Fichten- und Buchenwalde 0,6° kleiner als im Freien. Aus den Monatsmitteln ersieht man, daß die Abkühlung (gegenüber dem freien Felde) im sommergrünen Buchenwalde etwa doppelt soviel ausmacht wie durchschnittlich in Nadelwäldern.

Auf dem Versuchsfelde in der Landsberger Heide[2] ergab sich für die mittlere Lufttemperatur in der Hütte 2,2 m hoch im Waldbestande (Buchen mit eingesprengten Eichen und Kiefern) und auf der Lichtung die

Abweichung von der freien Ebene (Karzig) in °C 1900—03.

Januar	Februar	Marz	April	Mai	Juni	Juli	August	Sept.	Okt.	Nov.	Dez.
Waldbestand											
—0,2	—0,1	—0,1	—0,1	—0,3	—0,6	—0,6	—0,6	**—0,8**	—0,4	—0,2	—0,1
Lichtung											
0,0	0,0	0,0	—0,1	0,0	—0,1	—0,1	—0,1	**—0,4**	—0,2	—0,1	0,0

Während es im Waldbestande bei Karzig im ganzen Jahre und besonders im September (0,8°) kühler war als auf der freien Ebene, verschwindet diese Abkühlung auf der Lichtung im Winter bis März sowie im Mai. Im September erreicht sie 0,4°, im Oktober 0,2°, in den übrigen Monaten 0,1°. Die Abkühlung im Waldgebiet ist also im Tagesmittel zeitweise auch auf der Lichtung, freilich schwächer als im Bestande, erkennbar. Im Spätsommer bis Herbst ist die Abkühlung im Waldgebiet am deutlichsten ausgeprägt.

---

[1] SCHUBERT, J.: Der jahrliche Gang der Luft- und Bodentemperatur usw., S. 21. Berlin: Julius Springer 1900.

[2] Z. Baln. 1917/18, 103.

Für die Breitenkreise der nördlichen Halbkugel[1] ist die mittlere

Temperatur im Meeresspiegel[2] in °C.

	Breite									
	0°	10°	20°	30°	40°	50°	60°	70°	80°	90°
Januar	26,4	25,8	21,8	14,5	5,0	—7,1	—16,1	—26,3	—32,2	—41
Juli	25,6	26,9	28,0	27,3	24,0	18,1	14,1	7,3	2,0	— 1
Unterschied . .	—0,8	1,1	6,2	12,8	19,0	25,2	30,2	33,6	34,2	40

Das stärkste Temperaturgefälle von 1,21° C auf einen Meridiangrad von 111 km oder 60 Seemeilen zeigt sich auf der nördlichen Halbkugel zwischen 40 und 50 Grad sowie zwischen 55 und 65 Grad. Zwischen 50 und 60 Grad Nordbreite beträgt das Gefälle im Januar 0,9 und im Juli 0,4° auf einen Breitengrad. Im mittleren Norddeutschland nimmt die Temperatur auf einen Breitengrad nach Norden im Juli um etwa 0,6° ab, nach Osten auf die gleiche Entfernung 0,2 bis 0,3° zu. Im Januar verlaufen die Isothermen nahezu von Norden nach Süden mit einer Abkühlung nach Osten von rund 0,4° auf 111 km. Im Jahresdurchschnitt beträgt das Temperaturgefälle 0,50° nach Norden und 0,07° nach Osten. Als Abweichungen vom Jahresdurchschnitt findet man für die Jahreszeiten

	Fruhling	Sommer	Herbst	Winter
Nach Norden . . .	0,34	0,17	—0,24	—0,27
Nach Osten	—0,03	—0,26	0,02	0,28

Die Richtung des besonderen Temperaturgefälles, durch das sich die einzelnen Jahreszeiten vom Jahresdurchschnitt unterscheiden, zeigt im Frühjahr ungefähr nach Nord, dreht zum Sommer nach Nordwest bis West, zum Herbst nach Süd und zum Winter nach Südost.

Die jährliche Schwankung der Temperatur ergibt sich als Unterschied zwischen dem Minimum und Maximum, wofür man die Temperatur des kältesten und wärmsten Monats nehmen kann. Das sind in der gemäßigten Zone auf dem Festlande zumeist Januar und Juli. Das Mittel dieser beiden Monate entspricht ungefähr der Jahrestemperatur. So hat z. B. Potsdam die Temperaturen

Januar	Juli	Schwankung	Jahr
—1,1°	17,3°	18,4°	8,1°

Das Jahresmittel stimmt hier ganz mit dem Durchschnitt aus Januar und Juli überein.

Für Nord- und Westdeutschland und Europa hat SCHUBERT Karten entworfen, in welche die Isothermen für Januar und Juli (Abb. 14a u. 14b) zusammen eingetragen sind. Dadurch werden die großen Flachlandgebiete in geeigneter anschaulicher Weise gemäß der Temperatur des kältesten und wärmsten Monats in Klimaprovinzen zerlegt. Betrachten wir z. B. das Viereck, welches die Januar-Isothermen —2 und —1° und die Juli-Isothermen 18 und 19° einschließen, und das die Orte Posen, Glogau und Frankfurt a. d. O. enthält, so würde von der nordwestlichen Ecke (Berlin) nach der südöstlichen die Jahresisotherme von 8,5°

[1] MEINARDUS, W.: Ges. Wiss. Göttingen **1925**, 23. — HANN-SÜRING: Lehrbuch, S. 848.

[2] Die der Reduktion auf den Meeresspiegel zugrunde gelegten Werte vgl. oben S. 73.

verlaufen und von der südwestlichen nach der nördlichen Ecke die Linie der jährlichen Temperaturschwankung von 20°. Eine besonders regelmäßige Gestalt

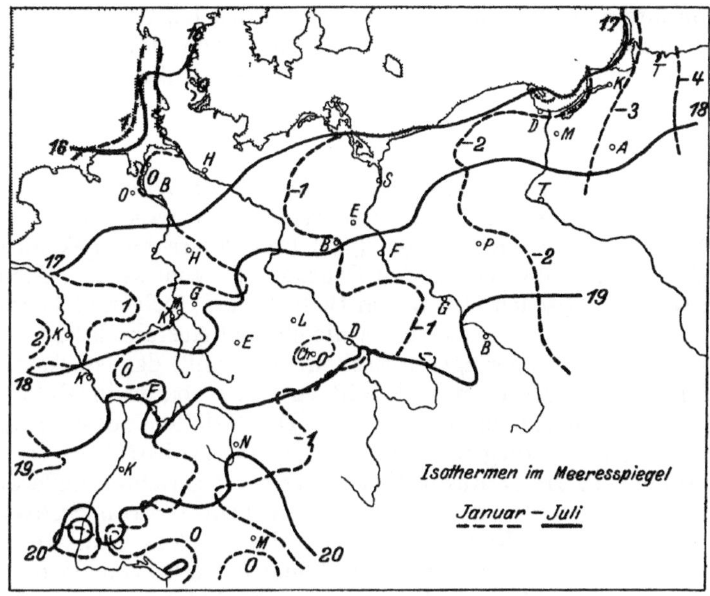

Abb. 14a. Klimaprovinzen in Deutschland.

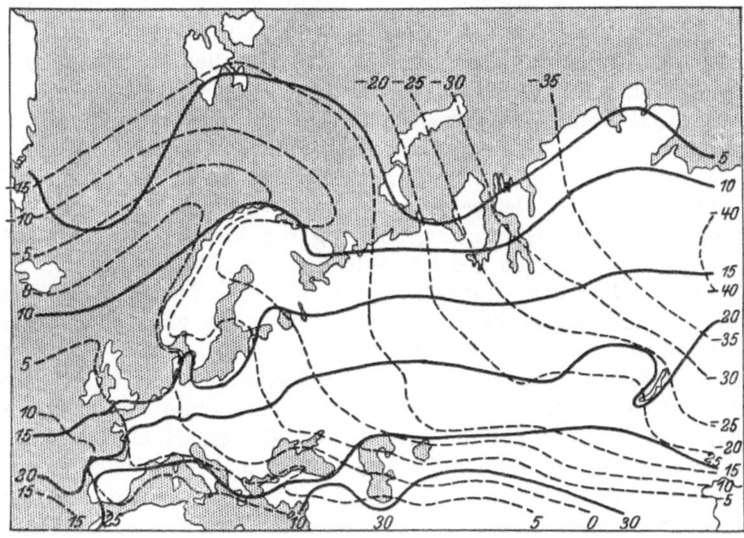

Abb. 14b. Klimaprovinzen. Januar-Juli-Isothermen im europaisch-asiatischen Flachland.

hat das Viereck zwischen — 20 und — 15° im Januar und 10 bis 15° im Juli im nördlichen Rußland. Die Linien gleicher jährlicher Temperaturschwankung in Norddeutschland hat SCHUBERT in einer Karte[1] dargestellt, die sich mit einigen

[1] Z. Baln. 1917/18, 100, Fig. 4.

Änderungen auch im Klimaatlas[1] von Deutschland findet. Die jährliche Temperaturschwankung in Norddeutschland wächst von 16° im Westen auf 22° im östlichen Ostpreußen. Die Linien der Temperaturschwankung von 19 und 20° verlaufen in ihrem nördlichen Teile parallel mit den Küsten von Hinterpommern und Ostpreußen. An der Westküste von Norwegen sinkt die jährliche Temperaturschwankung auf 10—15°, im europäischen Rußland steigt sie auf 40°, in Asien auf 55°.

4. Die Bewegung der Luft.

Die Luftdruckverteilung, mit welcher der Wind nach Richtung und Stärke eng zusammenhängt, ist in mittleren Breiten wesentlich durch den Abfall des Druckes von den Roßbreiten (35°) zum Polargebiet gekennzeichnet. In Europa ist außerdem im Winter das Druckgefälle vom kalten Asien nach dem wärmeren Nordatlantischen Ozean von Bedeutung. Hoch- und Tiefdruckgebiete meist ost- bis nordostwärts ziehend vermitteln den Austausch kalter polarer und warmer Strömungen aus geringeren Breiten. Man mißt das (stärkste) Luftdruckgefälle oder den Gradienten senkrecht zu den Isobaren in Millimeter Druckabnahme auf einen Meridiangrad (111 km). Das Gefälle ist desto größer, je enger die Isobaren aneinanderliegen. Im Jahresdurchschnitt ist in Mittel- und Nordeuropa der Gradient nach Nordnordwest gerichtet, außerdem herrscht im Frühjahr ein Gefälle nach Süden, im Sommer nach Südost bis Ost, im Herbst ein schwaches, im Winter ein starkes Gefälle nach nordwestlicher Richtung. In Norddeutschland entsteht vom Winter zum Sommer ein Luftdruckgefälle von Nordwest nach Südost, d. h. von der Gegend schwächster nach der stärkster Erwärmung.

Eine horizontale Luftbewegung wird infolge der Erdrotation auf der nördlichen Halbkugel nach rechts abgelenkt. Gleichzeitig wird ein Westwind gehoben, ein Ostwind gesenkt. Bei gekrümmten Bahnen tritt die Zentrifugalkraft hinzu, bei Zyklonen die Ablenkung vermehrend. Außerdem wirkt noch, besonders am Boden, die Reibung. Mit der Höhe nimmt der Wind besonders in den unteren Schichten an Geschwindigkeit zu[2] und dreht nach rechts, bis er in größeren Höhen, wo die Reibungswirkung aufhört, in der Richtung der Isobaren weht. Nach Untersuchungen an der Ostseeküste sind die Seewinde 1,4mal so stark wie die Landwinde. Auf dem Grimnitzsee betrug die Windgeschwindigkeit das $1^1/_2$-fache von der bei Nauen in der freien Ebene. Die Waldlichtung wies kaum die halbe Windgeschwindigkeit auf wie die freie Ebene bei Karzig. Noch mehr wurde der Wind innerhalb der Waldbestände bei Eberswalde abgeschwächt. Der Wald wird vom Winde zum größten Teil überweht. Hinter dem Walde nimmt die Windstärke allmählich zu, die Windbahnen senken sich[3]. Bei Messungen an verschiedenen Örtlichkeiten ergaben sich nachstehende Vergleichswerte.

Auch in und über einem 18 m hohen Kiefern-Buchen-Mischbestande in Eberswalde wurden Messungen angestellt. In 4—5 m Höhe über den Baumkronen erreichte der Wind dieselbe Geschwindigkeit wie auf dem benachbarten Felde in gleicher Höhe (4—5 m) über dem Boden. Die durchschnittliche Geschwindigkeit des unteren Luftstromes bis 4 m Höhe betrug näherungsweise auf der freien Ebene bei Karzig 3,2 m/sek, in Waldnähe bei Eberswalde 1,8 m/sek, auf der Lichtung in Rahmhütte (Landsberger Heide) 1,4 m/sek und in den Waldbeständen bei Eberswalde 0,3 m/sek.

---

[1] Bl. 14. Berlin 1921.

[2] Hann-Suring: Lehrbuch der Meteorologie, S. 402.

[3] Schubert, J.: Z. Baln. **1917/18**, 6; Forstl. Wschr. Silva **1922**, 377; Leitfaden für Meteorologie, S. 5. 1922.

Windgeschwindigkeit in m/sek.

Hohe m	1 Buchen (Eberswalde)	2 Kiefern (Eberswalde)	3 Lichtung (Landsberger Heide)	4 Waldnahe (Eberswalde)	5 Freie Ebene (nahe dem Landsberger Waldgebiet)	6	7 See (Grimnitzsee)
4,2	0,54	—	—	2,45	—	—	—
3,5	0,41	0,66	1,90	2,31	3,59	3,96	—
2,2	0,24	0,27	1,52	1,96	—	3,40	—
1,0	—	—	1,07	1,52	—	2,71	—
0,7	—	—	—	1,38	—	2,50	3,80
0,2	0,27	0,09	—	1,13	—	—	—

Durch geometrische Zusammensetzung der Winde nach Richtung und Häufigkeit erhält man eine Resultierende, welche dem vorherrschenden Winde entspricht, und die man wieder in eine Süd- und eine Westkomponente zerlegen kann. Aus 16 Orten in Deutschland[1] fanden sich nach Beobachtungen um 8 Uhr morgens und 2 Uhr mittags die mittleren Häufigkeitskomponenten (%) 13,2 aus Süd und 18,0 aus West. Der vorherrschende Wind weht danach aus Süd 54° West und weicht vom mittleren Luftdruckgradienten um nahezu 60° nach rechts ab. Auch die monsunartigen, den einzelnen Jahreszeiten eigentümlichen Winde (Zusatzwinde) kann man ermitteln, und zwar wehen sie:

Im Fruhling:	Im Sommer:	Im Herbst und Winter:
aus Nordost	Nordwest bis West	Süd bis Sudost

Zur warmen Jahres- und Tageszeit herrschen an der Ostseeküste die Seewinde deutlich vor. Weit bis in das norddeutsche Flachland hinein ist im Früh- und Hochsommer zu Mittag eine Zunahme der nördlichen von der See kommenden Winde[2] bemerkbar. Im allgemeinen frischt der Wind von morgens bis mittags auf und dreht etwas nach rechts, d. h. er wird nach Stärke und Richtung durch den wachsenden vertikalen Austausch mehr von den höheren Schichten beeinflußt. — Die Windstärke nimmt in Deutschland — umgekehrt wie der Luftdruck — vom März zum September ab und steigt dann zum Oktober. Das Maximum der Stärke liegt wie das der Häufigkeit der Winde und Stürme zwischen Südwest und West.

Der Wärmecharakter der Winde hängt ab von dem Temperaturgefälle in ihrer Richtung. Für die einzelnen Monate erhält man das (relative)

Maß der Erwarmung.

Januar	Februar	Marz	April	Mai	Juni	Juli	August	Sept.	Okt.	Nov.	Dez.
10,3	12,2	10,2	—1,8	—6,0	—10,4	—7,1	2,2	3,5	7,6	6,8	8,1

Im Jahresdurchschnitt haben die Winde eine erwärmende Wirkung, welche mit der des Novembers übereinstimmt. Im Frühjahr und Sommer von April ab und besonders im Juni wirken die Winde abkühlend bei gleichzeitiger starker Sonnenstrahlung. Infolgedessen vollzieht sich die Erwärmung nicht stetig, sondern wird durch Kälterückfälle unterbrochen, die in der Tat im Juni am kräftigsten auftreten. Andererseits ermäßigen die Winde die Abkühlung

[1] Schubert, J.: Richtung und Stärke der Winde. Z. Forst- u. Jagdwes. **1918**, 97; Windkarte fur das Jahr, S. 103. — Hellmann, G.: Klimaatlas von Deutschland, Karte 27.

[2] Schubert, J.: Die Richtung der Winde in Eberswalde, Z. Forst- u. Jagdwes. **1915**, 748, 755.

im Herbst und namentlich die Winterkälte. Im März wirken Wind und Sonne vereinigt als Wärmebringer. So finden wesentliche Züge des Wärmeablaufs ihre Erklärung in der entgegengesetzten oder gleichsinnigen Wirkung von Strahlung und Wind.

5. Die Luftfeuchtigkeit.

Die Menge Wasserdampf in Gramm in einem Kubikmeter heißt absolute Feuchtigkeit. Man kann den Feuchtigkeitsgehalt auch messen durch den Dampfdruck, d. h. durch den Druck des Wasserdampfes in Millimeter Quecksilberhöhe. Absolute Feuchtigkeit und Dampfdruck haben nahezu dieselben Zahlenwerte. Der Druck des gesättigten Dampfes steigt mit der Temperatur. Den Unterschied zwischen dem vorhandenen Dampfdruck und dem Sättigungsdruck für die jeweilige Temperatur nennt man Sättigungsdefizit.

Die Sättigungstemperatur für einen gegebenen Dampfdruck heißt Taupunkt. Sinkt die Temperatur unter den Taupunkt, so wird der Dampf kondensiert. Es kann auch Übersättigung oder Unterkühlung eintreten. Die relative Feuchtigkeit gibt den Dampfgehalt an in Prozenten der Sättigkeitsmenge.

Die absolute Feuchtigkeit hat in der Regel eine schwache, doppelte, tägliche Periode. Entsprechend der Temperatur wächst die absolute Feuchtigkeit vom Winter zum Sommer, sowie von den Polen nach den Tropen hin und nimmt mit wachsender Seehöhe ab. Der Taupunkt verringert sich auf 100 m Erhebung etwa um 0,5°. Im Winter ist die absolute Feuchtigkeit in Meeresnähe größer als im Binnenlande, im Januar beträgt der Dampfdruck in Helgoland und Borkum 4,7, in Marggrabowa 3,0 mm. Im Waldbestande zeigt sich gegenüber einer freien Fläche im Spätsommer eine Erhöhung des Dampfdruckes bis etwa 0,4 mm, in schattiger Buchenwaldung oder -schonung nachmittags bis 1 oder 2 mm.

Die relative Feuchtigkeit hat besonders an heiteren Tagen einen ausgeprägten, täglichen Gang, welcher dem der Temperatur entgegengesetzt verläuft, und ist im Winter höher als im Sommer. Die tägliche Periode ist an heiteren Sommertagen an der Küste erheblich weniger ausgeprägt als im Binnenlande, wie nachstehende Tabelle zeigt. In Helgoland ist die relative Feuchtigkeit im Mai um 10% größer als in Marggrabowa, während sich der Unterschied im September ausgleicht. Im schattigen Buchenbestande war die relative

Relative Feuchtigkeit.

	40 Sommertage 1906												
	0	2	4	6	8	10	Mittag	2	4	6	8	10	12
Warnemünde . .	85	89	90	89	75	65	61	58	57	61	72	80	85
Eberswalde . . .	83	88	91	89	73	57	49	46	44	48	62	76	83

Monats- und Jahresmittel[1]

	Jan.	Febr.	März	April	Mai	Juni	Juli	Aug.	Sept.	Okt.	Nov.	Dez.	Jahr
Marggrabowa .	88	86	84	78	72	74	76	80	82	86	90	89	82
Oppeln	85	82	77	71	70	71	71	73	77	81	85	87	78
Helgoland . . .	90	89	87	84	82	82	83	82	81	83	85	88	85
Neuwied a. Rh. .	85	82	77	72	72	73	76	78	82	85	86	86	79

[1] Nach dem Klimaatlas.

Feuchtigkeit im Spätsommer nachmittags bis über 10%, in einer dichten Schonung an heiteren Septembertagen gelegentlich bis über 20% höher als im Freien. Im Waldbestand bei Karzig war die relative Feuchtigkeit im Spätsommer im Tagesdurchschnitt gegen 6% höher als in der freien Ebene. Auf der Lichtung zeigt sich in den Sommernächten eine Erhöhung der relativen Feuchtigkeit gegenüber der freien Ebene bis 4 oder 5%. Faßt man den Dampfdruck als Funktion der Temperatur auf, so zeigen Binnenland und Küste ein wesentlich verschiedenes Verhalten im Frühjahr und Herbst. Im Frühjahr und Vorsommer vermag die Dampfaufnahme im Binnenlande der schnellen Erwärmung nicht zu folgen, während sie auf dem Meere bei unbeschränktem Wasservorrat mit dem mäßigeren Temperaturanstieg besser Schritt hält. Auf dieselbe Temperatur bezogen, bleibt die absolute Luftfeuchtigkeit in Marggrabowa im Frühjahr um 1—2 mm unter der von Helgoland. Im Herbst dagegen, wenn sich die Luft abkühlt und Wasser abgibt, stellt sich die Feuchtigkeit über Land und Wasser ziemlich in derselben Weise auf die Temperatur ein, derart, daß zu derselben Temperatur hier wie dort etwa der gleiche Dampfgehalt gehört. Auf dem Meere stimmt die Frühjahrsfeuchtigkeit mit der im Herbst für dieselben Temperaturen im Durchschnitt überein, auf dem Lande bleibt sie darunter. Ein Vergleich zwischen Fritzen nahe der Samländischen Küste und Kurwien im Binnenlande, Abb. 15, zeigt deutlich das verschiedenartige Verhalten im Frühjahr (links) bei steigender und im Herbst (rechts) bei fallender Temperatur und Dampfmenge.

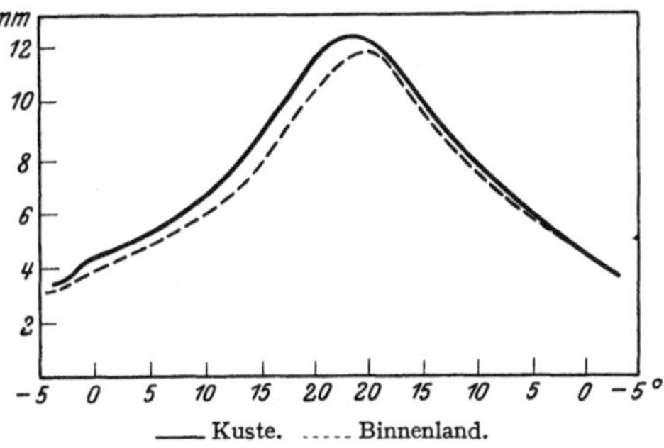

Abb. 15. Temperatur und Dampfdruck.

6. Niederschlag.

An erkaltenden Oberflächen bildet sich Tau, Reif, Rauhreif, Glatteis. Die Kondensationswärme (600 cal) und die Gefrierwärme (80 cal) ermäßigen die Abkühlung. In geringem Maße kann eine Kondensation des Wasserdampfes in der Luft durch Mischung herbeigeführt werden. Schwache Nebel und Schichtwolken (Stratus) entstehen auf diese Weise.

Die Hauptursache für die Bildung von Wolken und Niederschlägen ist die dynamische Abkühlung aufsteigender Luft. Absteigende Luft wird zusammengedrückt und um nahezu 1° auf 100 m erwärmt, während der Taupunkt infolge Verdichtung des Wasserdampfes nur um 0,18° steigt. Beim Absteigen wird die Luft relativ trockener, Wolken lösen sich durch Verdunstung auf. Aufsteigende Luft dehnt sich aus und kühlt sich ab. Die Differenz zwischen Temperatur und Taupunkt verringert sich um 0,82° auf 100 m Erhebung, bis der Kondensationspunkt erreicht wird. Bei weiterem Aufstieg bilden sich Wolken und Niederschläge. Die aufsteigende Luft durchschreitet der Reihe nach das Trockenstadium, in dem die Temperatur über dem Taupunkt liegt, das Regenstadium, in dem sich Haufen- oder Kumuluswolken bilden, das Hagelstadium, in dem die Temperatur des gefrierenden Wassers herrscht, und tritt dann — gelegentlich unter Graupelnbildung — in das Schneestadium. Die in großen Höhen schwebenden Zirrus- oder Federwolken bestehen aus Eisnadeln. Die untere Schicht der Atmosphäre, die Troposphäre, bis etwa 12 km Höhe ist gekennzeichnet durch starke Temperaturabnahme, lebhafte Luftbewegung, auf- und absteigende Luftströme und Wolkenbildung. Darüber lagert die ruhigere, trockene Stratosphäre, die eine gleichmäßige Temperatur hat.

Wenn das Aufsteigen feuchter Luft Abkühlung und Wolkenbildung bewirkt, so ist es erklärlich, daß auf den Bergen, namentlich an der Luvseite feuchter Winde, mehr Niederschlag fällt als in der Ebene. Betrachten wir die Niederschlagsverteilung in HELLMANNS Regenkarte von Deutschland, so fallen die Gebirge und auch geringe Bodenerhöhungen durch vermehrte Niederschläge ins Auge, während östlich davon gewissermaßen im Regenschatten gelegene Gebiete der Ebene trockener sind. Auch die Flußtäler der norddeutschen Ströme zeigen im mittleren Laufe meist geringe Niederschläge. Im Durchschnitt nimmt die jährliche Niederschlagsmenge in Deutschland etwa um 1 mm auf 1 m Erhebung zu. Ein Wald wirkt ungefähr wie eine Bodenerhebung von doppelter Baumhöhe. Die mittlere jährliche Niederschlagshöhe[1] beträgt in

Posen	509 mm	Schlesien	666 mm
Westpreußen	536 ,,	Hannover	695 ,,
Brandenburg	554 ,,	Hessen-Nassau	699 ,,
Sachsen (und Thüringen)	598 ,,	Schleswig-Holstein	714 ,,
Ostpreußen	608 ,,	Rheinprovinz	767 ,,
Pommern	610 ,,	Westfalen	807 ,,

Da die westlichen ozeanischen Winde feuchte Luft herbeiführen, verringert sich die Niederschlagshöhe in Norddeutschland im allgemeinen von Westen nach Osten.

Beim Föhn und in Gebieten hohen Luftdrucks steigt die Luft abwärts, es herrscht trockene, heitere Witterung. In die Gebiete niederen Luftdrucks strömt die Luft auf gewundenen Bahnen ein und steigt dort empor. Daher sind Zyklonen von Wolken und Niederschlägen begleitet. Der warme Südweststrom steigt allmählich über die vorlagernde kältere, schwerere Luft, der kalte Nordost schiebt sich böenartig unter die wärmere Luft und hebt sie empor. Eberswalde hat ein Maximum des Niederschlages bei Südwest-, ein zweites bei Nordostwind. Stettin hat die größte Regenwahrscheinlichkeit, wenn es sich im südwestlichen Quadranten eines Tiefdruckgebietes befindet, d. h., wenn das Zentrum der Zyklone nördlich bis östlich vom Beobachtungspunkte liegt. Dies Resultat ist in Übereinstimmung mit Ermittlungen über die Zugstraßen der barometrischen Minima. Nach diesen bringen uns besonders die Depressionen, welche von der Nordsee nach der südlichen Ostsee und von dort nach Rußland ziehen, sowie an der Ostgrenze Preußens nordwärts wandernde Minima ergiebige Niederschläge. Diese östliche Zugstraße ist oft mit Hochwasser und Überschwemmungen in Schlesien verbunden[2].

Im norddeutschen Flachlande überwiegen die Sommerregen. Die stark erwärmten dampfreichen unteren Luftschichten steigen lebhaft aufwärts und veranlassen so kräftige, vielfach von Gewittern begleitete Regengüsse und auch zuweilen zerstörende Hagelfälle. Bei Böen dringt eine kalte Luftmasse am Boden unter die wärmeren Schichten und veranlaßt deren Aufsteigen. In aufsteigenden Luftsäulen bilden sich Haufenwolken, in absteigenden ist der Himmel blau, daher zeigt sich der teilweise wolkige „gebrochene“ Himmel (Bewölkung 2—8 Zehntel) am häufigsten im Sommer. Nahe der Nordseeküste verschiebt sich das

[1] HELLMANN, G.: Regenkarten der Provinzen Hessen-Nassau und Rheinland, 2. Aufl., S. 16. Berlin 1914.

[2] Literatur über die Polarfronttheorie vgl. J. v. HANN-SÜRING: Lehrbuch der Meteorologie, 4. Aufl., S. 569. 1926.

Niederschlagsmaximum zugleich mit dem der Temperatur nach dem Herbst hin; an die Stelle des Juli, der im Binnenlande der regenreichste Monat ist, tritt dort zumeist der August.

7. Abfluß, Verdunstung, Wasserhaushalt.

Ein Teil des Niederschlages wird durch die Flüsse dem Meere zugeführt, ein anderer verdunstet und kehrt als Dampf wieder in die Atmosphäre zurück. Für längere Zeiträume kann man annehmen, daß auf einer gegebenen Fläche im Jahresdurchschnitt der Niederschlag abzüglich der Verdunstung gleich dem Abfluß sei, und daß eine gleiche Wassermenge, wie sie am Boden abfließt, in der Luft in Form von Dampf und Wolken zugeführt werde. Der Abfluß wird in den Stromgebieten gemessen und die Verdunstung gemäß der obigen Annahme als Überschuß des Niederschlages über den Abfluß berechnet. Es gibt Gebiete mit Abfluß, in denen der Niederschlag größer ist als die Verdunstung, z. B. die Flußgebiete, deren Ströme in das Meer münden. In Gebieten mit Zufluß übertrifft die Verdunstung den Niederschlag; solche Gebiete sind z. B. das Meer, Seen, deren Abfluß geringer ist als die Zuflüsse, Wüsten, in denen Flüsse versiegen. In den Gebieten ohne Ab- und Zufluß ist die Verdunstung gleich dem Niederschlag. Auf der ganzen Erde[1] beträgt die jährliche Abflußmenge der Ströme 25 cm für die Landflächen oder 10 cm Zufluß für die Ozeane. Der jährliche Niederschlag auf den Landflächen beträgt 75 cm, die Verdunstung 50 cm. In Mitteleuropa war im Durchschnitt der Jahre 1851—90 der Niederschlag 714 mm, der Abfluß 268 mm, demnach die Verdunstung 446 mm. Von größeren Niederschlagsmengen, wie sie die Gebirge aufweisen, fließt ein höherer Bruchteil ab als von den geringeren Niederschlägen der Ebene.

Nach Untersuchungen in der Schweiz[2] werden die Schwankungen der Abflußmengen im Gebirgswalde ermäßigt. Im Mai bis November 1903—1917 ergaben sich für den Abfluß im Monat die Vergleichswerte:

Bewaldung	Abfluß				
%	mm	mm	mm	mm	mm
35	0	40	50	100	150
97	12	40	47	86	133

Wenn die Quellen im Freien zu versiegen drohen, liefert das Waldgebiet im Gebirge noch mindestens 12 mm im Monat. Bei monatlichen Abflußhöhen über 40 mm fließt aber aus dem Waldgebiet weniger Wasser ab als aus dem waldärmeren. Auf Grund der nach wahrscheinlichen Annahmen ergänzten und verbesserten Beobachtungsergebnisse kommt ENGLER zu dem Schluß, daß im Jahresdurchschnitt bei gleicher Niederschlagsmenge auch der Abfluß und demgemäß die Verdunstung im Waldgebiet und freien Gelände gleich sind.

Die Verdunstung ist abhängig von dem Trockenheitsgrad der Luft und der Windgeschwindigkeit. Die Messung der Verdunstung mit Hilfe von überdachten Wassergefäßen ergab im norddeutschen Flachlande — wohl im Zusammenhange mit der Windstärke — im allgemeinen eine Abnahme von West nach Ost. Im Zeitraum 1882—96 wurden in Schoo (Nordseeküste) jährlich 431 mm gemessen, in Eberswalde 389 mm, in Ostpreußen 280 mm. Durchschnittlich belief sich die Verdunstung im Dezember auf etwas über 2 %, im Mai auf fast 15 % der Jahres-

[1] HANN-SÜRING: Lehrbuch der Meteorologie, S. 231, 373.

[2] ENGLER, A.: Mitt. schweiz. Zentralanst. f. forstl. Versuchsw. **12** (Zürich 1919); Z. Forst- u. Jagdwes. **1921**, 694 (SCHUBERT).

summe. Im Buchenwalde verdunsten im Juni bis September durchschnittlich 35 %, in der übrigen Zeit, sowie in Kiefern- und Fichtenbeständen im Jahre 49 % der im Freien gemessenen Menge. Im Kiefernbestand bei Eberswalde, der allmählich etwas lichter wurde, stieg die Verdunstung in fünfzehn Jahren von 45 % auf 59 % der im Freien gemessenen. Nach gleichzeitigen Beobachtungen und Umrechnung auf den Zeitraum 1891—1905 erhält man in Eberswalde die Verdunstungshöhe 362 mm, in Potsdam 368 mm, sowie nach Messungen der Landesanstalt für Gewässerkunde die wirkliche Verdunstung im Flußgebiet der Oder bis Hohensaaten 453 mm und die Verdunstung im Grimnitzsee 950 mm.

Für die beiden Jahrzehnte 1876—95 ergaben sich in Eberswalde ein Jahresniederschlag von fast 55 cm und (mit dem Verdunstungsmesser gemessen) eine Verdunstung von 40 cm. Die Untersuchung von FISCHER über Niederschlag und Abfluß im Odergebiet[1] ergab unter Einrechnung des aus dem Strom verschwindenden Wassers einen der Niederschlagsmenge von 55 cm entsprechenden Abfluß von etwa 13 cm. Als Differenz zwischen Niederschlag und Abfluß ergibt sich dann eine jährliche Verdunstung von 42 cm, während in Eberswalde 40 cm gemessen wurden. Wenn man in demselben Verhältnis auch die Monatswerte der gemessenen Verdunstung erhöht und aus den für Pollenzig und Hohensaaten geltenden Zahlen für das Gebiet passende, auf eine Jahressumme von etwa 13 cm ausgeglichene Abflußwerte bildet, so kann man für jeden Monat den Betrag finden, um welchen der Niederschlag die Summe aus Abfluß und Verdunstung überschreitet oder unter ihr bleibt (nachstehende Tabelle). Den Hauptüberschuß an Niederschlag haben in annähernd gleicher Höhe die Monate Oktober (23 mm) bis Dezember, dann zeigen in schwächerem Maße Januar und auch noch Februar eine Mehreinnahme an Wasser. Daraus ergibt sich eine winterliche Wasseraufspeicherung und ein Maximum der Bodenfeuch-

Wasserhaushalt Eberswalde (Odergebiet).

Januar	Februar	Marz	April	Mai	Juni	Juli	August	Sept.	Okt.	Nov.	Dez.
Gebrochene Bewölkung (2 bis 8 Zehntel)											
9,4	9,8	11,4	12,7	16,0	16,5	**18,6**	17,2	14,9	12,7	9,7	8,0
Niederschlag in mm											
32	34	41	28	44	57	**75**	56	44	53	39	41
Abfluß in mm											
11	14	**19**	17	14	8	7	8	6	6	7	11
Verdunstung in mm											
8	11	22	42	63	63	**64**	57	42	24	12	8
Änderung des Wasservorrats in mm											
13	9	0	—31	**—33**	—14	4	—9	—4	**23**	20	22
Wasservorrat am Monatsanfang in mm											
24	37	**46**	**46**	15	—18	—32	—28	—37	**—41**	—18	2
Grundwasserstand im Oderbruch am Monatsanfang in cm											
0	11	19	**22**	19	10	—6	—14	—20	—19	**—17**	—10
Wasserstand bei Hohensaaten. Mittel in cm											
38	77	**99**	88	57	—31	—54	—62	—85	—79	—52	9

[1] FISCHER, KARL: Niederschlag und Abfluß im Odergebiet. Jb. Gewässerkde Norddeutschlands, Bes. Mitt. **3**, Nr 2 (Berlin 1915).

tigkeit und des Wasserstandes im März. Umgekehrt tritt die Frühjahrsaustrocknung deutlich hervor, im April und Mai (33 mm) erfolgt eine sehr kräftige, im Juni eine schwächere Wasserentziehung, die nach einer geringfügigen Zunahme im Juli bis zum September erkennbar bleibt. Demgemäß erreichen Bodenfeuchtigkeit und Gewässer in der normalen jährlichen Periode ihren Tiefstand im September. Mit diesen Ergebnissen sind die Wasserstandsmessungen in der Oder bei Hohensaaten sowie in Teichen und Brunnen im Ober-Oderbruch in vollem Einklang.

Für die Bodenkunde dürfte folgende Betrachtungsweise wichtig sein. Der Niederschlag übertrifft (nach Tabelle auf der voraufgehenden Seite) die Verdunstung in den Monaten

	Okt.	Nov.	Dez.	Januar	Februar	Marz
um	29	27	33	24	23	19 mm

Im Winterhalbjahr findet demgemäß ein absteigender Wasserstrom von der Oberfläche zur Tiefe statt zugunsten des Wasservorrats und der Quellen. Durch den Frost wird allerdings die Bewegung des Wassers gehemmt. Umgekehrt übersteigt die Verdunstung den Niederschlag in den Monaten

	April	Mai	Juni
um	14	19	6 mm

Dieser Fehlbetrag muß durch eine zur Oberfläche aufsteigende Wasserströmung aus dem Wasservorrat ergänzt werden, der außerdem noch den Abfluß zu speisen hat. Je mehr der Winterzustand mit Niederschlagsüberfluß und absteigender Wasserbewegung vorherrscht, wird man das Klima als bodenfeucht oder humid bezeichnen, und je mehr der Regenmangel des Frühjahrs ausgeprägt ist, wird man es bodentrocken oder arid nennen.

Wo es an Messungen der Verdunstung fehlt, hat man versucht, als Ersatz Werte, welche die Lufttrockenheit kennzeichnen, z. B. das Sättigungsdefizit, heranzuziehen. Dabei bleibt aber die Windstärke gänzlich unberücksichtigt. Wenn auch Feuchtigkeitsmessungen fehlen, benutzt man schließlich die Temperatur allein zur Beurteilung der Verdunstungskraft der Luft. Auf Grund des durchschnittlichen Verhaltens könnte man die Niederschläge auf eine Normaltemperatur reduzieren. Das rohe Verfahren, den Niederschlag einfach durch die Temperatur zu dividieren, ist durchaus abzulehnen. Dieser Quotient, den man Regenfaktor zu nennen beliebt, wird bei der Temperatur Null Grad unendlich groß und liefert auch bei Temperaturen, die nur wenig über Null liegen, übermäßig große Werte. Das würde bedeuten, daß gerade die Niederschläge bei diesen Temperaturen ausschlaggebend sind für die Humidität des Klimas. Derselbe Niederschlag bei $0{,}1^0$ würde 200mal soviel gelten wie bei 20^0. Will man sich mit der Aufstellung einer einfachen Verhältniszahl als Kennwert für die Humidität begnügen, so empfiehlt es sich, zum Nenner nicht die Temperatur, sondern die ihr entsprechende Sättigungsmenge des Wasserdampfes zu wählen. Diese behält auch bei niedrigen Temperaturen einen endlichen bestimmten Wert. — Auch das Verhältnis Niederschlag: Sättigungsdefizit ist nicht brauchbar, da es bei gesättigter Luft unendlich groß wird. Es wäre entweder der Nenner um eine Einheit zu vermehren oder noch besser eine mit dem Dampfmangel steigende Reduktionsgröße vom Niederschlag abzuziehen.

c) Klimaschwankungen in jüngerer geologischer Zeit.

Von E. WASMUND, Langenargen am Bodensee.

Mit 2 Abbildungen.

Ein Thema, das internationale Geologen- und Biologenkongresse mehrfach beschäftigt hat, um das zwischen ganzen Schulen oft unentschieden generationenlang gekämpft wurde, dessen Literatur eine Bibliothek darstellt, und das bei weltweiter Verteilung der Erscheinungen von geographischen, historischen und fast allen Naturwissenschaften angepackt werden muß, ist an diesem Orte irgendwie vollständig, richtig oder neuartig zu behandeln unmöglich.

Die Vollständigkeit der Literaturkenntnis wurde in großen Zügen angestrebt, einleitend wird aus naheliegenden Gründen nur auf die großen Sammelwerke der beiden Internationalen Geologenkongresse 1905 zu Mexiko, 1910 zu Stockholm[1], des Internationalen Botanikerkongresses 1905 zu Wien und die Aufsatzfolgen der Carnegie Institution Nr. 192 (1914), Nr. 352 (1925) verwiesen, in denen ausführliche Literaturverzeichnisse zu finden sind. Selbständige Darstellungen des rein paläoklimatischen Themas stammen von DACQUÉ[2], ECKARDT[3], KÖPPEN-WEGENER[4], SPITALER[5] u. a.; dazu kommen die großen quartärgeologischen Monographien, wie von PENCK und BRÜCKNER[6] und ALB. HEIM[7] für die Alpen, WAHNSCHAFFE-SCHUCHT[8] für Norddeutschland, MADSEN-NORDMANN-JESSEN[9] für Dänemark, GEIKIE und BROOKS[10] für Großbritannien, COLEMAN[11] und SCHUCHERT[12], OSBORN[13] u. a. m. für Nordamerika usw. In den Bänden des Handbuchs der Regionalen Geologie finden sich manche Angaben für große Teile der Erde. Hunderte von Quartärarbeiten stehen in den Publikationen aller skandinavischen geologischen Landesuntersuchungen und Gesellschaften. Schließlich ist in den bisher 17 Bänden der Zeitschrift für Gletscherkunde eine Fülle Materials enthalten. An diesen Stellen findet sich alle ältere Literatur zitiert, die neuere ist ziemlich vollständig in einem 35 Seiten starken Literaturverzeichnis des jüngsten Werkes von ANTEVS[14] angeführt. Aus Raumgründen ist im allgemeinen nur Literatur zitiert worden, die bei ANTEVS nicht angegeben ist. Angeführt sind also nur die wichtigsten früheren Sammelwerke und die neuere seitdem erschienene Literatur. Vielfach benutzte meteorologisch-klimatologische Literatur wurde, um Platz

[1] Die Veranderungen des Klimas seit dem Maximum der letzten Eiszeit. 11. Internat. Geol.-Kongr. Stockholm 1910.

[2] DACQUÉ, E.: Grundlagen und Methoden der Paläogeographie. Jena 1915. — Palaogeographie. Wien 1926.

[3] ECKARDT, W.: Das Klimaproblem der geologischen Vergangenheit und historischen Gegenwart. Braunschweig 1909. — Palaoklimatologie. Leipzig 1910. — Die Paläoklimatologie, ihre Methoden und ihre Anwendung auf die Paläobiologie. ABDERHALDEN: Handbuch der biologischen Arbeitsmethoden X, 3 (1927).

[4] KOPPEN, W., u. R. WEGENER: Die Klimate der geologischen Vorzeit. Berlin 1924.

[5] SPITALER: Das Klima des Eiszeitalters. Prag 1921.

[6] PENCK, A., u. E. BRUCKNER: Die Alpen im Eiszeitalter 1—3. Leipzig 1901—09.

[7] HEIM, A.: Geologie der Schweiz 1. Leipzig 1921.

[8] WAHNSCHAFFE, F., u. F. SCHUCHT: Geologie und Oberflachengestaltung des norddeutschen Flachlandes. Stuttgart 1921.

[9] Übersicht uber die Geologie von Danemark. Danm. geol. Unders. 5, 4. Kopenhagen 1928.

[10] GEIKIE, J.: The great Ice Age. New York 1899. — BROOKS, E. P.: The evolution of climate. London 1925. — Climate through the ages. London 1926.

[11] COLEMAN, A. P.: Ice ages, recent and ancient. New York 1926.

[12] SCHUCHERT, CH.: Climates of geologic time. Carn. Inst. Publ. 192 (1914). — Climates of the past. Yale. Rev. New Haven 1913.

[13] OSBORN, H. F.: Review of the Pleistocene of Europe, Asia and northern America. Am. N.Y. Acad. Sci. 26 (1915).

[14] The last glaciation. Amer. geogr. Soc., Res. ser. Nr. 17, 1928.

zu sparen, nicht erwähnt. Der Universalität der Quartärerscheinungen gemäß wurde Allgemeinheit der Darstellung angestrebt.

Für eine halbwegs richtige objektive Darstellung ist vielleicht weniger die Literaturkenntnis und die für den Autor heimische Disziplin entscheidend, als das, was ihm vom Augenschein bekannt ist. Allzu Subjektives möge mit diesem Hinweis erklärt werden. Trotz der Nähe der jüngsten geologischen Periode, in deren Nachwirkungen wir selber stehen, häufen sich nirgends so in der Erdgeschichte die Schwierigkeiten der geologisch-chronologischen Schichtdeutung, nie verwirren schneller Fazieswechsel über- und nebeneinander, nie bewirkt unberechenbare Folge von Erosion und Akkumulation, nie dichte Nachbarschaft von reichem Leben und sterilem Gelände so den getrübten Blick in der Fülle der Erscheinungen, wie gerade hier. Auf Neuartigkeit kann diese Darstellung wenig Anspruch machen, der bodenkundliche Zweck und der Raum schließt das aus, verengen sogar die Erwähnung vieler z. B. biologischer Tatsachen über Gebühr das Bild. Der Zweck erfordert aber sicherlich eine stärkere regionale Betrachtungsweise als es im allgemeinen üblich ist.

Die Darstellung der paläoklimatischen Verhältnisse des Diluviums der ganzen Erde erforderte eigentlich einen paläometeorologischen Unterbau im einzelnen, wir betreten hier in weitem Umfang Neuland, über das nur geringe literarische und kartograpische Ansätze vorliegen[1]. Der Wert der benutzten Methode, nämlich der Anwendung der Gleichung: Rezente Geographie : rezenter Meteorologie = Paläogeographie : x Paläometeorologie muß erst der Diskussion unterworfen werden, zweifellos ist der Nenner noch mit manchen unsicheren Faktoren belastet.

Die rezenten zonal und regional wechselnden Bodentypen sind an die Klimagürtel und ihre kontinentalen und ozeanischen Wandlungen gebunden, die Böden sind wie alle Erdoberflächenerscheinungen historisch bedingt. Jeder heutige Boden kann subfossiler Entstehung sein, oder es finden sich in seinem Liegenden fossile Böden, immer erhebt sich die Frage nach den vergangenen klimatischen Bildungsbedingungen. Das Klima, nach HANN: „Die Gesamtheit aller meteorologischen Erscheinungen, welche den mittleren Zustand der Atmosphäre an irgendeiner Stelle charakterisieren", ist eine Folge kosmischer (größtenteils solarer) und tellurischer Bedingungen, deren wechselnde Vergangenheit wir nur sehr lückenhaft rekonstruieren können. Die Paläogeographie liefert einerseits die irdischen Faktoren auf geologischer Beobachtungsgrundlage, während andererseits nur Ansätze astronomischer Mathematik als exakte Grundlage einer Fülle kosmischer Theorien und Hypothesen gegenüberstehen. Die paläoklimatologischen Methoden werden in folgendem besprochen. Die Vergänglichkeit der Bodenbildungen erlaubt aber eine Vernachlässigung älterer geologischer Zeiten, für die nur gesagt sei, daß die Existenz der Klimazonen und damit überhaupt klimatischer Unterschiede sich bis ins Paläozoikum nachweisen läßt, während sie im Mesozoikum zeitweise verwischt erscheint. Am meisten in die Augen fallen unter allen paläoklimatischen Veränderungen die Eiszeiten, die sich im amerikanischen Paläozoikum und im südafrikanischen Permokarbon erkennen lassen. Die Gesteinskruste war auch in den ältesten geologisch bekannten Epochen eine so mächtige, daß ein früherer größerer Einfluß der Erdwärme praktisch nicht in Frage kommt. Seitdem Lebewesen existieren, ist das Klima eine solare Funktion. Die für uns wichtigsten Klimaschwankungen des Quartärs werden eingeleitet durch eine im Laufe des Tertiärs immer mehr spürbare Abkühlung im ganzen und durch deutliche Herausbildung der Polarzonen, so daß an dieser Stelle einige Worte über die Tertiärklimate am Platze sind.

[1] WASMUND, E.: Zur Palaogeographie und Paläometeorologie des Quartärs. Im Druck.

Die Klimagürtel lassen sich im Tertiär in etwas verschobener Lage nach der Verbreitung der fossilen Fauna und Flora deutlich erkennen. Gips- und Salzlager liegen in ariden, reiche Kohlenflöze in humiden Zonen. Die Hauptschlüsse zieht man aus der Vegetation, wenn auch die Art- und Altersbestimmungen ihres klassischen Erforschers O. HEER nicht mehr ganz zu halten sind. Auch sind die heutigen Standortsbedingungen der gleichen oder nahestehenden Arten — in Ostasien und den Golfstaaten — kein Abbild der frühtertiären (miozän war zu spät angesetzt) subtropischen Flora unserer Breiten. Daß aber bei einem Bestand von Pappeln, Linden, Ulmen, Platanen, Zedern, Sumpfzypressen, Reben, Magnolien auf Grönland und Spitzbergen im Frühtertiär gemäßigtes Klima herrschte, und in Mitteleuropa die hinzukommenden Palmen, immergrüne Eichen, Bambus, Zimt- und Kampferbäume subtropisches Klima erweisen, ist klar. Weite Verbreitung transgredierender Schelfmeere, große Insularität der Nordhemisphäre mögen im Zusammenhang stehen, und mit dem Miozän setzt ein Abkühlungsprozeß ein, der mit einer Tendenz zur Kontinentalität übereingeht. In Nordamerika wie Nordeuropa weichen die südlichen Lebensgemeinschaften den an kälteres Klima angepaßten, besonders in der Neuen Welt werden sie direkt boreal. Die Bildung der Poleiskappen setzt ein, der Nordpol war seit dem Kambrium — seit seiner letzten ausgesprochenen Festlandszeit — nicht mehr vereist. Frostspuren finden sich in Buchenblättern der Lausitzer miozänen Braunkohle, Mammutbäume und Sumpfzypressen zeigen mit Jahresringen erstmalig phänologische Erscheinungen. Eine pliozäne Laubflora bei Frankfurt a. M. deutet mit gleichen Schäden auf Nachtfröste. Gegenüber dem Miozän ist das Pliozän eine Zeit ausgesprochener orogenetischer und epirogenetischer Ruhe, der Abtragung und Einebnung, Land- und Meerverteilung ähneln der heutigen schon stark, da setzt die letzte erdgeschichtliche Eiszeitfolge ein. Manche Autoren setzen die früheste nordamerikanische Eiszeit noch ins Pliozän, andere auch die europäische Günzzeit. KÖPPEN-WEGENER halten eine tertiäre Eiszeit um die Beringstraße wegen ihrer Annahme einer extrem westlichen Pollage für sicher und deuten das fossile Steineis Nordost-Sibiriens und Alaskas als spättertiär—doch diese Datierungen sind nur für den Anhänger der Polwanderungs- und Kontinentalverschiebungstheorie (KVT) mehr wie nomenklatorische Fragen. Man kann sich das Auftreten exotischer Blöcke in verschiedenen Teilen des spättertiären Europas als erratische Treibeisvorboten erklären, doch muß bei gleichen Ursachen der Vereisungen und Klimagürtelverschiebungen auch eine relative Gleichzeitigkeit ihrer Äußerungen über die ganze Erde hin gefordert werden, und dem fügen sich bei zunehmender Kenntnis und Vergleichsmöglichkeit die Tatsachen bis in die Klimaschwingungen der Nacheiszeit hinein immer mehr ein. ANTEVS widmet sich diesen Fragen bei umfassender Tatsachen- und Literaturkenntnis weitgehend und bejahend. Ein augenscheinlicher Zusammenhang sei noch angedeutet: Das Mitteltertiär und das Karbon sind in besonderem Maße Hauptgebirgsbildungszeiten der Erdgeschichte, beiden Paroxysmen folgen die beiden großen Eiszeitalter.

1. Methoden der Forschung (Klimazeugen und ihre Deutung).

Wir behandeln in diesem Kapitel die Menge der geologischen, biologischen, geographischen und historischen Tatsachen gedrängt, die als einwandfreie Klimazeugen dienen, und die zu ihrer Erforschung und chronologisch-klimatalogischen Deutung erfolgreichen Methoden, unterscheiden aber scharf von den Theorien und Hypothesen über die Ursachen der Eiszeit. Eine mehrfache Vereisung scheint uns durch diese verschiedenen Klimazeugen gegeben, und — nachträglich durch die mathematisch-astronomische Theorie der Schwankung der Sonnenstrahlungsmenge gesichert zu sein. Von dieser, wenn man will, einseitigen Grundlage ausgehend, wird in einem weiteren Kapitel der erdgeschichtliche Ablauf des Quartärs auf der Erde dargestellt, ein Schlußkapitel bringt kurz die postdiluvialen Klimaschwankungen, die nur für einen Teil Europas gesichert sind. Soweit als möglich zergliedern wir der Übersicht halber vorliegende Erörterungen in die stratigraphisch-morphologischen und paläobiologischen Fakta, in die paläogeographische Darstellung des quartären Erdbildes, aus der die meteorologische Rekonstruktion zur klimatischen Deutung führt, und in die anthropohistorischen Begebenheiten.

Die stratigraphischen und morphologischen Klimazeugen haben während der Vereisungszeiten im Glazial-, Periglazial- und Pluvialgebiet ein verschiedenes Gesicht. Biologische Fakta werden darum ebenso wie anorganische mehr zur Beurteilung der Interglazial- und Postglazialentwicklung nötig. Eingerechnet sind hierbei die bodenkundlichen Tatsachen; sie finden nur kurze Erwähnung im Gesamtbild des 2. Abschnittes, da ihnen im Rahmen dieses Handbuches eine eigene Darstellung gewidmet wird.

Im Glazialgebiet bezeichnen Grundmoränenlandschaften, Endmoränenkränze mit Vorschüttsandur die Ausdehnung des nordeuropäischen und nordamerikanischen Inlandeises. Moränen aller Art von mit Seen erfüllten Zungenbecken, in übertieften Tälern, mit toten Karen, Firn- und Eisschliffgrenzen im Nährgebiet, mit Schmelzwasserabsätzen und Schotterdecken im Zehrgebiet geben die alten Gebirgsvergletscherungen wieder. Da die Höhe der rezenten Schneegrenze zum heutigen Klima auf dem ganzen Globus im bestimmten Verhältnis steht, läßt die von den Tropen bis in hohe Breiten bekannte diluviale Depression der Schneegrenze in ihrer Parallelverschiebung Schlüsse auf das diluviale Klima zu. Der morphologische Erhaltungszustand, Art und Intensität der Verwitterungsrinde, Überlagerung im Profil, Verzahnung zweier Fazies gestatten eine mehr oder weniger relative Altersbestimmung. Die Herkunftsbestimmung und Verbreitung der Geschiebe und Findlinge, Eisschrammen und Gletscherschliffe erlauben Schlüsse auf Richtung und Transportkraft des Eises. Die rezenten Eismassen der Arktis und Antarktis sind Relikte der Eiszeit. Toteisblöcke haben sich noch bis ins Postglazial im ehemaligen Glazialgebiet erhalten und landschaftsformend ausgewirkt. Das Bodeneis Sibiriens, das mächtige Steineis der neusibirischen Inseln und Alaskas sind weit vorgeschobene Relikte unter Bodenbedeckungsschutt, sogar in Südfinnland will man unter Kies diluviale Eisreste gefunden haben. Das grönländische Inlandeis ist ein Relikt im strengsten Sinn, nur durch seine Höhenlage über der Schmelzisotherme geschützt, würde es sich nicht mehr neu in der Form bilden. Zeichen einer äquatorial weit vorgeschobenen Treibeisgrenze sind die einerseits bis Teneriffa, andererseits bis auf die Höhe Südamerikas auf dem atlantischen Meeresboden gedretschten Geschiebe, ebenso sind die an der Grenze Pliozän-Diluvium gefundenen fluviatilen Treibeisfindlinge weit im Süden als erste Glazialvorboten zu werten und damit als Zeichen für früh beginnende Abkühlung anzusehen.

Das Periglazialgebiet, das sich im kontinentalen Vorland alluvialer oder diluvialer Eiskappen befindet, ist durch seine meteorologische Abhängigkeit von der Vereisung sowie durch antizyklonale Temperaturen und Winde zum Unterschied vom Pluvialgebiet als zyklonalem Gegenspieler gekennzeichnet. Wechselnde Erosion und Akkumulation während der Glazial- und teilweise der Interglazialzeiten hat zu komplizierter oft tektonisch noch verbogener Terrassenbildung geführt, die besonders in Thüringen[1], am Niederrhein und in den

[1] SORGEL, W.: Diluviale Flußverlegungen und Krustenbewegungen. Berlin 1923.

großen Alpentälern[1] studiert worden sind. Aus Höhenlage und Zahl der Terrassen schließt man auf die Zahl der Vereisungen und die dazwischenliegenden Zeitspannen, wobei sich bei gleichen Ursachen eine Korrespondenz mit der Zahl der Eisvorstöße ergibt. Die Verwitterungstiefen sind für die Zeiteinschätzung der Interglaziale wichtig. — Dünen und Lößablagerungen mit Windkantern sind aerischen Ursprungs, sie lassen unter Umständen die Windrichtung erkennen, ihr karger Fossilinhalt wird zeitlich recht verschieden ausgelegt. Während sie glazialen oder interglazialen, teilweise auch postglazialen Steppen entsprechen sollen — entsprechend rezenten Bildungsbedingungen von Südrußland bis China —, weisen eine Anzahl weiterer Erscheinungen zweifellos auf Tundrenklima hin. Dazu gehören Reste und Spuren von Fließerden und Brodelböden, von pseudoglazialem Gekriech, von Polygonböden und Frostrissen, entsprechend den Solifluktionserscheinungen rezenter Tjäleböden im arktisch-subarktischen Gebiet. Isolierte Felsformen, Blockfelder und Felsenmeere, Blockstufen und Wannenbildungen in den Talabschlüssen der unvergletscherten Mittelgebirgsteile weisen ebenfalls auf Periglazialklima hin. Viele dieser Dinge sind Pseudoglazialia, die Periglazialgeologie ist erst in den letzten Jahren ausgebaut worden (vgl. KESSLER, GRIPP, SÖRGEL, KEILHACK, GRAHMANN u. a.)[2].

Das Pluvialgebiet, das durchweg ein diluvial niederschlagreiches Gebiet im heutigen nördlichen Trockengürtel ist, hat u. a. folgende Erkennungsmöglichkeiten: Flußterrassen, tote Flußbetten und Schuttfelder ohne rezente Bildungsmöglichkeit, veränderte menschliche, tierische oder pflanzliche Besiedlung, Spuren gegenüber der herrschenden ariden stark humiden Verwitterung (Furchensteine usw.). Besonders aber erlauben heute leere oder stark abgesunkene Seen mit ihren Terrassen Schlüsse auf veränderte Temperatur-, Niederschlags- und Verdunstungshöhen.

Die Interglazial-, Interpluvial- und Postglazialentwicklung ist heute sehr ungleich bekannt, während noch über die Zahl der Zwischeneiszeiten diskutiert wird, und außerdem die komplizierten Alterszuweisungen Schwierigkeiten machen, ist die schon früh in Skandinavien eingehend geologisch und paläobiologisch studierte Nacheiszeit durch zwei geniale von Schweden ausgehende Methoden einer absoluten Zeitrechnung zugänglich gemacht worden. Es sind die Bänderton-Chronologie und die Pollenanalyse.

Die „schwedische Zeitskala" beruht auf einer „Erfindung" Baron GERARD DE GEERS[3]. Sie beruht auf der Tatsache, daß die Schmelzwässer vorwiegend im Sommer eine Schicht Ton absetzen, die Dicke einer solchen „Warwe" entspricht der Sommerhalbjahrs-Strahlungsmenge. Die Zählung der Bänder, von einem Aufschluß zum nächsten, also mit „Konnexionen" der gleichstarken Warwen, ergibt eine absolute Jahreszählung, die den Anschluß an die Eiszeitstadien durch Verknüpfung mit den Moränen der Eisrandlagen, den an die Jetztzeit durch Bändertonzählung der Sedimente im Jahre 1796 abgeflossenen Ragundassee Nordschwedens erreicht. Neuerdings haben verschiedene seiner Schüler mit Warwenzählungen in Nordamerika (ANTEVS), am Himalaya und in Argentinien (CALDENIUS) begonnen. Die von DE GEER unternommenen Fernkonnexionen beruhen praktisch auf einem geometrischen Vergleich der erhaltenen Kurven, theoretisch auf der Meinung, daß universale thermische Strahlungsschwankungen überall ähnliche Warwen-

---

[1] PENCK, A.: Glaziale Krustenbewegungen. Sitzgsber. preuß. Akad. Wiss., Physik.-math. Kl. 1922.

[2] KESSLER, P.: Das eiszeitliche Klima und seine geologischen Wirkungen im nichtvereisten Gebiet. Stuttgart 1925.

[3] GEER, G. DE: A geochronology of the lest 12000 years. C. R. Congr. internat. Géol. XI, Stockholm 1910, H. 1 (Stockholm 1912).

dickenschwankungen hervorgerufen hätten. Die Methode, die so zu einer einheitlichen postglazialen Solarkurve kommen will, indem sie die Warwenkurven als Thermogramm auffaßt, hat nicht umsonst eine ähnliche Tendenz mit HUNTINGTONS Zählung der Jahresringe an den Mammutbäumen und der Einführung der Strahlungskurve in die Quartärgeologie. Während die Baumkurve aber nur die historische Zeit mit einiger Sicherheit erfaßt, versagt gerade die Strahlungskurve vorläufig und nur für die Postglazialzeit, wo augenscheinlich wie heute geographische Einflüsse die solaren überschatten. Einwände, die HUNTINGTON sich schon selbst machte, sind u. a. von KÖPPEN, auch im eigenen Lager DE GEERS von ANTEVS wohl mit Recht dahin gemacht worden, daß eine lang bekannte meteorologische Tatsache die der gegensinnigen Kompensation von Temperaturabweichungen ist, und es zunächst den Beweis für gleichsinnige universale Sonnenstrahlungsschwankungen von Jahr zu Jahr zu erbringen gilt. Die Gültigkeit der langfristigen astronomisch begründeten Strahlungskurve wird dadurch nicht berührt, wohl aber in starkem Maße die Erörterungen über historische Klimaveränderungen, und zwar besonders des nördlichen Trockengürtels.

Die nach Anfängen von C. A. WEBER von L. v. POST[1] ausgebaute Pollenanalyse erlaubt, auf Grund einer bestimmten technischen Aufbereitung der fossilen Waldbaum-Blütenstaubkörner in See- und Torfablagerungen und einer horizontiert-statistischen Zählung in meist gebohrten Profilen die Einwanderungsgeschichte, die geographische Verteilung, das Mengenverhältnis und durch Anschluß an geologische und prähistorische Fakta die zeitliche Stellung der Waldbäume zu rekonstruieren. Ursprünglich in Nord- und Osteuropa nur auf postglaziale Sedimente angewandt, hat sie jetzt auch schon für Meeressedimente und für Interglazialablagerungen schöne Forschungserfolge gehabt. Auch hier hängt die Überzeugungskraft der Deutung und der Fernvergleiche in weitem Maße wie in der ganzen Quartärforschung von der Vielseitigkeit rezent-biologischer, biogeographischer und klimatologischer u. a. Erwägungen ab. In mehreren Zusammenfassungen und Referaten wurden seit 1916 Ergebnisse und kritische Einwände wie neue technische Aufbereitungsmethoden gegenseitig abgewogen. H. GAMS[2] hat die letzte solcher Zusammenstellungen mit ausführlichem Literaturverzeichnis gegeben.

Makro- und Mikrofossilien sind inter- und postglazial in Mooren, Kalktuffen (Travertinen), in See- und Meeresablagerungen, in Höhlen und Flußabsätzen nicht selten erhalten geblieben. Die z. T. gehobenen (Mittelmeer, arktische und antarktische Inseln, Fennoskandia) oder vom nächsten Eisvorstoß verschleppten Faunen (Ostpreußen, Nordelbingen) der diluvialen Meerestransgressionen sind in ihren ökologischen Ansprüchen gemeinsam mit den gleichzeitigen terrestrischen und limnischen Biozönosen zu deuten, was gerade durch die häufigen scheinbaren Widersprüche klimatische Aufschlüsse verspricht und erst bei gesicherter Chronologie auch besser möglich sein wird. Die vom Klima zeugende Kraft der Quartärfossilien wird im nächsten Abschnitt der Biologie abgehandelt.

Eindeutiger wie diese oft strittigen Zeugnisse, aber auch seltener sind die fossilen Böden, sowohl die gegenwärtigen unter ihrer Klimalage nicht ausreichend erklärbaren als die umgewandelten, degradierten, als auch die oberflächlich erhaltenen oder begrabenen fossilen Bodenbildungen. Die tiefgehenden Verlehmungshorizonte der Moränenlandschaften, ganze Profilfolgen von Laimenzonen, Bodenbildungen im Löß, schließlich auch Reliktböden von Podsol, Tscher-

[1] POST, L. v.: Skogsträdpollen i sydsvenska torvmosselagerföljder. Verh. 16. Skand. Naturforsch.-Kongr. u. Geol. För. Förh. **38** (1916).

[2] GAMS, H.: Die Ergebnisse der pollenanalytischen Forschung in bezug auf die Geschichte der Vegetation und des Klimas von Europa. Z. Gletscherkde **15**, 3 (1927).

nosjom oder Laterit mitten in andersartigen Steppen- oder Waldgebieten gehören hierher. Immer wird eine Inkongruenz der sich sonst deckenden Vegetations- und Bodenzonen einen Rückschluß auf Verschiebung des Klimagürtels erlauben, wie heute im südlich ausweichenden absterbenden Tundrawald der sibirischen Taigawaldgrenze und im vorrückenden Wald auf Schwarzerdesteppenboden Südrußlands.

Die biologischen Zeugnisse scheiden sich in paläobiologische und biogeographische. Ihre paläoklimatologische Auswertung beruht in erster Linie auf der ökologischen Biogeographie. Es ist klar, daß dabei eurytope Ubiquisten weit weniger brauchbar sind als streng stenözische Organismen, aber die nicht allzu sichere Voraussetzung dieses aktualistischen Verfahrens ist die Konstanz der z. B. stenothermen, halophilen oder eunivalen Biotopsansprüche einer Art. Blinder Aktualismus ist aber im Organischen noch weniger angebracht als in der sich mit der anorganischen Materie beschäftigenden Geologie. Zwei Beispiele für die übliche Methodik mögen hier Platz finden. Der Zweischaler *Cyprina islandica* findet heute sein Lebensoptimum etwas südlich der Polarkreisgewässer in der borealen Biozone, im Ausgang des Pliozäns kommt das Mollusk an den sizilianischen Küsten vor, also sollen damals im Mittelmeer boreale Umweltsbedingungen geherrscht haben. Ein reziproker Gedankengang ließe sich zur Erklärung rezent-lusitanischer Marinformen in baltischen Interglazialmeeren anführen. In Oberweiden in Mähren findet man auf einem dürren grasig buschigen Platz beschränkter Ausdehnung 80 Arten Orthopteren völlig verschieden von den Geradflüglern der Umgegend; die Biozönose zeigt größte Ähnlichkeit mit der Fauna des Wolgatals, also wird der Bezirk für eine aus der diluvialen Steppenzeit reliktär erhaltene faunistische Insel erklärt.

Die Fossilien liefern teilweise natürlich das tatsächlichere Bild der eiszeitlichen Fauna und Flora, doch ist die paläontologische Überlieferung durch die Erhaltungsfähigkeitsauslese lückenhaft. So ergänzen die Verbreitung vieler heutiger Lebewesen oder deren Lebenseigentümlichkeiten und Anpassungsgewohnheiten mannigfach die Anschauung von der Art und Ausdehnung und dem Wechsel des diluvialen Umweltklimas. Die paläobiologischen Funde lehren für paläoklimatologische Zwecke zweifellos das, daß interglazial und postglazial Faunen und Floren gelebt haben, die heute an Steppen und Tundren angepaßt sind, und von denen einige Reste sich isoliert auf begünstigten Arealen noch erhalten haben. Von den Relikten sei später gesprochen. Die Schwierigkeiten aber sind zweierlei Art:

1. Die Lagerungsverhältnisse sind durchweg verschieden gedeutet worden, eine allgemeingültige Datierung fehlt besonders bei vielen zwischeneiszeitlichen Resten. 2. Die Labilität der Organismen läßt einerseits eine weitgehende Anpassung möglich erscheinen, so daß von der heutigen Verbreitung der Arten in ihrem biozönotischen Optimum ein Rückschluß auf vielleicht mehr pessimale Standorte zu weit geht, kennen wir doch auch heute beträchtliche Abweichungen. Dahin gehört auch die oft ungenügend beobachtete Tatsache, daß quartäre Meere oder Binnengewässer ihren Organismen ganz andere, durchschnittlich günstigere Lebensbedingungen gewähren konnten, als es die periglaziale Atmosphäre der festländischen Fauna und Flora in gleichen Breiten bot. Bei Meeresfaunen wird der primäre äquatoriale Breitenfaktor oft stark übertönt durch meridionale Strömungszonen, die auch in den Küstenprovinzen eine kältere oder wärmere, jedenfalls feuchtere Lebewelt bedingen können, als den benachbarten kontinentaleren Lebensstätten entspricht. Die zahlreichen Funde von Süßwasserpflanzen sind auch problematisch, weil 1. die meisten Arten weit verbreitet, kosmopolitisch oder sehr anpassungs- und verschleppungsfähig sind, und 2. auch bei gesunkener Temperatur die Einstrahlungswinkel unserer Breiten im Diluvium in flachen

Gewässern weit höhere Insolationswärme zu erzeugen vermögen als in den ihnen vergleichbaren Gewässern des Polarkreises.

Daß mit der Umformung der Arten zu rechnen ist, beweisen z. B. die behaarten Nashörner und Mammute, warum sollten sich nicht andere, nicht ausgestorbene Arten wieder zurückgeformt haben? Gerade in der Alten Welt ist um so mehr damit zu rechnen, als die Pyrenäen, der Kaukasus und die Alpen im Süden und die boreale Eismeertransgression mit den westsibirischen Süßwassertransgressionen im Osten die Abwanderung weitgehend versperrten, was in Nordamerika nicht der Fall war. So sehen wir, daß u. a. das Mastodon bei uns mit dem Pliozän ausstirbt und in der Neuen Welt mit ihren Ausweichmöglichkeiten nach Süden das Diluvium durchhält. Auch stenotope Pflanzen können durch verschiedene Farbstoffe unterschiedliche Strahlungsmengen absorbieren und zu Wärme umformen. Auch vergißt man, daß die Verbreitungsareale nicht nur klimatisch und edaphisch, sondern ebenso biotisch bestimmt sind; daß also die heutige Gebundenheit einer Art an eine engdefinierte Landschaft oft nur durch die Zurückwanderung der zahlreichen postglazial erst wieder eingewanderten Konkurrenten verständlich ist und sie diluvial auch unter erweiterten Milieuansprüchen vorgekommen sein mag. Man vermeidet z. T. diese Bedenken bei fossilen Funden dadurch, daß man nicht die einzelne fossile Art mit Hilfe ihrer rezenten Lebensverhältnisse klimatisch auswertet, sondern die ganze Lebensgemeinschaft. NEHRING[1] hat so die Existenz einer diluvialen Steppensäugerfauna gesichert, wenn auch seine heute noch einflußreichen Vorstellungen bei Mangel an Autopsie ein etwas verzerrtes Bild vom Steppenmilieu geben, SERNANDER[2] hat diese Methode schon früh und erfolgreich für die Erforschung der postglazialen Entwicklungsgeschichte der Pflanzenvereine auf soziologisch-physiognomischer Grundlage ausgebaut. So hat man in nordischen Mooren aus der zeitlichen Folge trockener und feuchter Vegetation wie dem Auftreten einzelner Arten[3] die Geschichte der klimatisch-tropisch bedingten Moortypen, und neuerdings ebenso die unter dem Klimawechsel stattgehabten Seetypenwechsel in einzelnen Seen[4] erschlossen. Versuche mit den Diatomeen-Biozönosen sind nicht so gelungen; die schönste statistische Methode ist aber die Pollenanalyse, die durch diagrammatische Darstellung die prozentuale Häufigkeit der einwandernden Waldbäume abzulesen gestattet. Auch die Verbreitungserforschung und Fundstatistik von Samen, Früchten und Hölzern war oft, besonders in Verbindung mit prähistorischen Funden (Pfahlbauten), erfolgreich.

Eine weitere neue Methode paläoklimatischer Rekonstruktion ist die von HUNTINGTON[5] an *Sequoia Whashingtoniana* eingeführte und kürzlich von ANTEVS[6] positiv nachgeprüfte Methode der Jahresringmessung. Sie muß, wie DE GEERS Warwenmessung, den jährlich sich wiederholenden Bauunterschied im Dickenwachstum der Mammutbäume auf bestimmte klimatische Elemente zurückführen. Das Jahreswachstum, das an rezenten Bäumen experimentell nachgeprüft wurde, hängt von biotischen, edaphischen und klimatischen Faktoren ab. Niederschläge, Temperaturen beider Halbjahre und Sonnenstrahlung kommen in Frage. Innere individuelle Bedingungen und Nachwirkungen der vorhergehenden Jahre

---

[1] NEHRING, A.: Über Tundren und Steppen der Jetzt- und Vorzeit. Berlin 1890.

[2] SERNANDER, R.: Die schwedischen Torfmoore als Zeugen postglazialer Klimaschwankungen. 11. Internat. Geol.-Kongr., Stockholm 1910.

[3] ANDERSSON, G.: Die Entwicklungsgeschichte der skandinavischen Flora. Wiss. Erg. internat. Bot.-Kongr. Wien 1905, Jena 1906.

[4] LUNDQUIST, G.: Utvecklingshistoria Insjostudier i Sydsverige. Sver. geol. Und., C 330 (Stockholm 1925).

[5] HUNTINGTON, E.: Tree growth and climatic interpretations. Carn. Inst. Publ. **352** (Washington 1925).

[6] ANTEVS, E.: The big tree as a climatic measure. Carn. Inst. Publ. **352** (Washington 1925).

modifizieren wesentlich. Das Mengenverhältnis der festen zu den flüssigen Niederschlägen, die Zeit der Schneeschmelze am Mittelgebirgsstandort kommen weiter dazu, schließlich aber zeigt sich doch die Niederschlagskurve als ausschlaggebend, und die Wachstumskurven spiegeln somit mindestens die Niederschlagskurven der pazifischen Unionstaaten wieder. HUNTINGTON selbst hat auf die Alternanz der Klimaveränderungen kurzer Dauer aufmerksam gemacht und fordert zu einer ähnlichen Untersuchung der auch ein hohes Alter erreichenden Libanonzedern auf. ANTEVS möchte bei der geringen Anzahl der ältesten zur Verfügung stehenden Bäume nur bis zirka 1000 v. Chr. in der Kurvenverwertung zurückgehen, hier hat er aber durch geeignete Auswahl der Hölzer, nämlich getrennten Vergleich der Bäume nasser, trockener usw. Standorte, durch Methoden der Statistik und Wahrscheinlichkeitsrechnung Korrektionskurven von zuverlässigem Wert zustande gebracht.

Zum Schluß der paläobiologischen Erwägungen seien einige Beispiele für die kritischen Bedenken gegen das Postulat der Konstanz der Ökologie der das Pleistozän überlebenden Arten aus der Fülle rezent-biologischer Anomalien ausgewählt. — Moschusochsen gelten mit Recht als Tundrabewohner, aber im nördlichsten Grönland leben ganze Herden nur noch 600 km vom Pol unter hocharktischen Verhältnissen. Im Amurland kommt weitverbreitet eine Roterde vor, die nur oberflächlich podsoliert wird, es ist dasselbe Land, wo die Weinrebe die Tanne umschlingt, wo Zobel und Tiger zusammenleben, in dem Elen und Ren unter *Juglans mandschurica* und *Phellodendron amurense*, einer ,,Korkeiche'', ihr Futter finden. — In Alaska wie in Patagonien steht Laubwald auf gefrorenem Boden oder dicht neben den Gletscherzungen. Das Beispiel vom Mt. Elias am Malaspinagletscher ist oft gegen die hier vertretene Anschauung von glazialem Klima verwandt worden, aber hier erzeugt die pazifische westliche Feuchtigkeitsfracht gleichzeitig Schneegrenzendepression und üppigen Waldwuchs — ähnlich in den Südanden —, es liegt also eine unvergleichbare regionale Ausnahme vor. — Aus Daghestan hat BOGDANOWITSCH[1] tote Gebirgsgletscher ohne Firnfeld beschrieben, ,,auf dem Eis sind grüne Grasinseln entstanden, die die Schafe von den trockenen Gehängen der Schlucht anlocken''; TAGANZEFF[1] fand ähnliche tote Gletscher mit Wüstenrinde der Firngerölltrümmer und Wüstenverwitterung der Obermoräne in Turkestan. Korallenriffe von der Mächtigkeit wie im Tropengürtel werden immer als stenothermer Entstehung angesehen werden können, auch wenn dem die Ausnahme kleiner Korallenbänke in der Tiefe norwegischer Fjorde gegenübersteht. Aber man sieht, daß die Bewertung biologischer Klimazeugen sehr subjektiv sein kann. — SERNANDER[2] und die Upsalaer Schule sahen im Stubbenhorizont der nacheiszeitlichen Moore einen Beweis für die postglaziale Wärmezeit, G. ANDERSSON hat dieses, und zwar nicht allein, entschieden bestritten; tatsächlich hat sich der ,,Grenzhorizont'' als eindeutigeres, wenn auch nicht allgemeingültiges Austrocknungskriterium für eine andererseits auch richtig vermutete postglaziale Wärmezeit erwiesen. Mit der Möglichkeit, daß im biologischen Kreis der Klimazeugen solche biologischen und sogar, wie gezeigt, physiographischen Anomalien in der anormalen Quartärzeit weitere Verbreitung oder gar kein rezentes Analogon haben, ist allgemein zu rechnen, kennen wir doch auch höchstens in Ostsibirien ein kaum vergleichbares Gelände zu dem Nebeneinander von Tundren und Steppen, wie es im Pleistozän weithin durch die dynamische Wirkung heute unbekannter Druck- und Temperaturgradienten bedingt war.

---

[1] Vgl. dazu W. W. SAMANSKY: Das Absterben der Gletscher und die Eiszeit. Z. Gletscherkde 8 (1914).

[2] SERNANDER: a. a. O., S. 128.

Die zweite biogeographische Gruppe der Klimazeugen beruht auf zwei Deutungsmethoden: der Hypothese von den disjunkten Arealen und der Hypothese von den Relikten, beides Methoden, die nicht nur für das Pleistozän Anwendung finden. Die Zerstückelung des Verbreitungsgebietes z. B. des Schneehuhns auf den Norden Eurasiens einerseits, Kaukasus, Alpen, Pyrenäen andererseits, läßt den Schluß auf diluvialen Arealzusammenhang durch Mitteleuropa unter arktischen Klimabedingungen um so mehr zu, als es hier fossil vorkommt. Wie das weitgehend für alpine Pflanzen, die über die europäische Hochgebirge verstreut sind, gilt, so kennt man auch solche pflanzengeographische Zusammenhänge für die ostsibirische Tundra, den Altai und einzelne chinesische Gebirgszüge, oder für das Gebiet zwischen dem nordkanadischen Archipel und den Höhen am St. Lorenzstrom. Die gleichen Beispiele lassen sich für stenotherme Kaltwasserrelikte (Winterlaicher!) oder für Tiere und Pflanzen aus der postglazialen Wärmezeit, der xerothermen Periode der schweizerischen Botaniker geben.

Verwandtschaften zwischen der Lebewelt der drei weit getrennten Südkontinente und der zusammenhängenden Landmassen der Nordhalbkugel werden, abgesehen von der allzu voraussetzungsvollen Pendulationstheorie der Polachsen SIMROTHS, von mehr biologischer Seite durch die „Brückenbauer"-hypothesen, von mehr geophysikalischer durch die Kontinentalverschiebung begründet. Im Quartär liegen die geologischen Grundlagen für beide Erklärungsversuche klarer als in älteren Zeiten, doch um so unverwendbarer scheinen noch die inkongruenten Meinungen der Zoologen und Botaniker. Während R. HESSE[1], MATHEW[2] u. a. eine Ausstrahlung und Abwanderung der Tierwelt aus der Nordhemisphäre nach dem Süden annehmen und sogar experimentell zu erhärten suchen, hat IRMSCHER[3] kürzlich ein „allgemeines Gesetz der Pflanzenausbreitung" aufgestellt, nach dem die meisten neuen Formen im gemäßigten Klima bis zur arktischen Baumgrenze hin von tropischen Vorfahren abstammen. KÖPPEN-WEGENERS Schluß, das gelte auch für den Menschen, ist zweifellos unrichtig. Augenscheinlich herrscht in diesem Teil der Biogeographie noch zu wenig Sicherheit, um paläoklimatologische Schlüsse zu ziehen. Vorsicht ist zweifellos bei allen organischen Klimazeugen mehr als bei anorganischen nötig, denn die Konstanz der Artökologie widerspricht der Annahme der Anpassung, wenn man diese nicht = Artbildung auffassen will, was nach dem Stand der Kenntnis zu weit geht.

Die Paläogeographie kann man, indem man DACQUÉS[4] beiden vorzüglichen Darstellungen folgt, umgekehrt definieren, wie es DAVIS[5] für die Geographie tat, die den gegenwärtigen Erdzustand aus dem vergangenen versteht. Die Grundlage dieser in ihren Folgerungen notwendig hypothesenreichen und bisher noch ungesicherten Disziplin ist die Rekonstruktion der vorweltlichen Land- und Meergrenzen und der Vereisungsgrenzen, wie wir für das Pleistozän ergänzen können. Ihr paläoklimatologischer Zweig versucht auf Grund der rezenten meteorologischen Gesetze aus der quartären Land-Meer-Eis-Verteilung die damalige Verbreitung und jahreszeitliche Folge der Temperaturen, Niederschläge, Winde, Meeresströmungen und schließlich die Klimazonenlage festzustellen. Die Lage der Hochdruckgebiete, der meteorologischen Aktionszentren, der zyklonalen Zugstraßen usw. läßt sich daraus theoretisch rekonstruieren. Stimmt sie mit den regionalen geologischen Befunden überein, so kann man sie als gesichert an-

[1] HESSE, R.: Tiergeographie auf okologischer Grundlage. Jena 1924.

[2] MATHEW, W. D.: Climate and evolution. Ann. N. Y. Acad. Sci. **24** (New York 1915).

[3] IRMSCHER, E.: Pflanzenverbreitung und Entwicklung der Kontinente. Mitt. Inst. allg. Bot., Hamburg **1922**.

[4] DACQUÉ: a. a. O., S. 92.

[5] DAVIS, W. M.: Die erklarende Beschreibung der Landformen. Leipzig 1912.

sehen. Die biogeographischen Rekonstruktionsmethoden dienen als Ergänzung, ebenso die paläobodenkundlichen u. E. in noch höherem Maße, desgleichen müssen paläoastronomische und paläotopographische Methoden herangezogen werden. Dabei glauben wir, vorerst ohne ungesicherte, strittige oder unbeweisbare geophysikalische Hypothesen wie Kontinentalverschiebung, Änderung der Mondstellung, kosmische Eiszufuhr auszukommen, solange sich die Tatsachen auch so hinlänglich erklären lassen, ohne aber diese von bedeutenden Forschern vertretenen Vorgänge für unmöglich halten zu wollen. Solche Änderungen sind prinzipiell ebensowenig ausgeschlossen wie die für die Entwicklung der jüngsten Quartärforschung so überaus wichtigen und erwiesenen astronomischen Änderungen im Vergleich zur heutigen Erd-Sonnen-Konstellation. Das von MILANKOVITCH[1] auf Grund früherer Berechnungen von STOCKWELL[2] und PILGRIM[3] berechnete astronomische System der Gliederung des Eiszeitalters wurde von KÖPPEN und WEGENER in die Klimaforschung eingeführt und inzwischen schon von verschiedensten geologischen und biologischen Seiten angenommen, wenn auch die Schwierigkeiten des faktischen Nachweises bei der verschleiernden glazialen Akkumulation sich vielleicht nie vollständig werden beheben lassen. BAYERS[4] Einwände, die SÖRGELS[5] Zustimmung zu der sich herausstellenden Vielzahl der Vereisungen eine „krankhafte Hypertrophie" nennen, beruhen auf einer Einspannung geologischer Dinge in ein vorausgesetztes prähistorisches System und auf starker Verkennung der paläobiologischen und stratigraphischen Sachlage; unpassende Fossilien werden als „muß falsch bestimmt sein" wegdiskutiert, usw. Es ist hier nicht der Platz zur Kritik, aber bei aller Anerkennung des umfassend vorgetragenen prähistorischen Materials und des Scharfsinns der von BAYER erwählten frühen französischen Meister kann zwar ein vorgeschichtlicher Fund von stratigraphisch höchstem Werte sein, aber es kann niemals die Diluvialarchäologie Grundlage einer exakten absoluten Quartärchronologie werden.

Die Konstruktion der Sonnenstrahlungskurve geht auf die schwankend gegensinnige oder gleichsinnige, sich verstärkend oder aufhebend wirkende Periodizität der Exzentrizität der Erdbahn, Änderungen der Perihellänge und Änderungen der Ekliptikschiefe (Neigung der Erdachse zur Erdbahnebene) zurück. Die Ekliptikschiefe schwankt in einer Periode von etwa 40400 Jahren, das Perihel macht seinen Umlauf durch alle Jahreszeiten in 20700 Jahren, die Schwankungen der Exzentrizität haben eine durchschnittliche Dauer von etwa 91800 Jahren, und von der Lage dieser viel langsameren Schwankung hängt es ab, ob die übrigen Änderungen dadurch mit wirksam werden, und so außerordentliche Schwankungen in der Bestrahlung bewirken. Die auf Abb. 16 wiedergegebene solare Bestrahlungskurve gibt die Änderungen der Strahlungsintensität des für die eiszeitliche Ablation wichtigeren Sommerhalbjahrs für höhere Breiten wieder, ausgedrückt in fiktiven Breitenschwankungen, aus denen sich die langfristig gescharten kalten Sommer ablesen lassen. Auf die Übereinstimmung der von anderen Autoren im Glazialgebiet und im Pluvialgebiet jeweils nach selbständigen Methoden erzielten Schätzungen der quartären Zeitabstände sei vorausgreifend hingewiesen, auch die bei den verglichenen Kurven nicht wiederzugebende postglaziale Solarkurve DE GEERS stimmt den angenommenen Zeitmaßen nach mit

[1] MILANKOVITCH, M.: Théorie mathématique des phénomènes thermiques produits par la radiation solaire. Paris 1920.

[2] STOCKWELL: Memoir on the secular variations of the elements of the eight principal planets. Smithson. contrib. knowl. **18** (1873).

[3] PILGRIM, L.: Versuch einer rechnerischen Behandlung des Eiszeitalters. Jber. Ver. vaterländ. Naturkde Württ. **60** (1904).

[4] BAYER, J.: Der Mensch im Eiszeitalter **1**, **2**. Leipzig u. Wien 1927.

[5] SÖRGEL, W.: Die Gliederung und absolute Zeitrechnung des Eiszeitalters. Berlin 1925.

der Strahlungskurve überein. Strahlungsänderungen können nur durch eingreifende Änderungen der Maßverhältnisse von Land- und Wassermassen und der Kontinenthöhen übertönt oder verstärkt werden, wie das auch im Quartär der Fall ist. Solche paläotopographischen Unterschiede beruhen auf hydrosphärischen und lithosphärischen Bewegungen und lassen sich durch direkte geologische Methoden feststellen, so werden Abweichungen vom solaren Klimagesetz erklärbar. Hier kommt die Rolle von Gebirgsbildungen und Vulkanismus in Frage, es ist ein eventueller Zusammenhang mit Vereisungen zu prüfen. Am wichtigsten aber sind die eustatischen (Süss) Bewegungen der Strandlinie, die für das ganze Quartär bis heute in allen Meeren nachgewiesen sind. Ursächlich kommen hier die isostatische Wirkung der Eisbelastung mit ausgleichender magmatischer Unterströmung, und die Bindung beträchtlicher Teile der Hydrosphäre in den Eismassen in Frage. Die epirogenetischen und säkularen Schwankungen haben in den Schelfmeeren und Küstenfestländern aller Erdteile meteorologisch-klimatisch bedeutsame Schwankungen hervorgerufen, sie sollen a. a. O. diskutiert werden.

Die historischen Methoden sind zeitweise zu voreiligen Schlüssen auf paläoklimatische Zustände verwandt worden (Huntington[1], auch Gams und Nordhagen), so daß eine Reaktion eintrat (Brückner, Berg, Hedin und Blanckenhorn u. a.), die vielleicht in ihrer radikalen Ablehnung aller jüngeren Klimaveränderung zu weit ging. Die prähistorische Siedlungsgeographie hat in Zusammenarbeit mit der Pflanzengeographie (Wahle[2], Gradmann[3] u. a.) und der Pollenanalyse (v. Post) Erfolge gehabt, die ebenfalls teilweise durch neuere Arbeiten von Bertsch[4] in Frage gestellt werden. Einzelne Funde sind bei Kenntnis ihres Lagerungshorizontes oder durch Verwendung ihnen anhaftender Reste von Torf usw. analysiert worden; die festgestellten Lagebeziehungen zwischen bestimmten vorgeschichtlichen Fundtypen und dem jeweils erreichten Stand der postglazialen Waldentwicklung führen so gegenseitig zu immer besseren Altersbestimmungen. Auch die pollenanalytische Bearbeitung größerer prähistorischer Funde und Wohnstätten ist heute ganz üblich geworden (Federseeried). Die urgeschichtliche Siedlungsgeographie hat Übereinstimmung der Wohngebiete einer Zeit mit den Reliktarealen bestimmter Pflanzenvereine festgestellt und daraus auf das Klima der Zeit zu schließen versucht. Auch während der Glazial- und Interglazialzeit muß ein Zusammenhang der Rassensitze und ihrer Kulturhöhe, ihrer Wohnweise usw. mit dem Klima bestanden haben, das zu verfolgen aber schon gewisse Kenntnisse vom eiszeitlichen Klima voraussetzt.

Die Häufung von Völkerwanderungen in bestimmten Gebieten auf ziemlich engbegrenzte Zeiten (Germanen, Mongolen, Kelten) hat man mit Klimaverschlechterungen in Zusammenhang gebracht, eindeutige Beweise hierfür werden nie geliefert werden, als Stütze können solche Ereignisse methodisch verwendbar sein. Auch der Gesamtkulturstand von Ländern, ihre Besiedlung, und diese oft in Verein mit historischen Quellen als Zeugnis für Klimaveränderung, z. B. Austrocknung, können herangezogen werden (Mesopotamien, Mittelmeer, USA-Südstaaten, Maya- und Inkakulturen); Gegenerklärungen können oft Sinken der Kulturhöhe, Aussterben der Kulturträger, Waldraubwirtschaft, Verkarstung, Bodenzerstörung usw. sein.

[1] Huntington, E.: The pulse of Asia. Boston u. New York 1907. — Climatic changes, their nature and causes. New Haven 1922.

[2] Wahle, E.: Die Besiedelung Südwestdeutschlands in vorrömischer Zeit nach ihren natürlichen Grundlagen. 12. Ber. röm.-germ. Kommiss. Frankfurt 1920. — Urwald und offenes Land in ihrer Bedeutung für die Kulturentwicklung. Arch. Anthropol., N. F. **13** (1914).

[3] Gradmann, R.: Beziehungen zwischen Pflanzengeographie und Siedlungsgeschichte. Geogr. Z. **12** (1905).

[4] Bertsch: a. a. O., S. 129.

Kurzfristige Klimaschwankungen sind auf Grund meteorologischer Statistik zu allseitiger Anerkennung gelangt. Am bekanntesten ist die BRÜCKNERsche 33—35jährige Klimaperiode, die auf Grund der gleichsinnigen Änderung verschiedener meteorologischer Elemente und klimatischer Erscheinungen wie Spiegelschwankungen abflußloser Seen (Kaspi), Regenfall, Mitteltemperaturen, Flußeisgang, Weinerntezeit, Gletscherschwankungen, magnetischer Phänomene usw. aufgestellt ist. Die Ursachen dieser zyklischen Periode mit gleichsinnig wechselnden Witterungsabläufen ist ungeklärt und wahrscheinlich in der Sonnentätigkeit zu suchen. Zeigen doch auch die 11 jährigen Sonnenfleckenperioden klare Zusammenhänge mit dem Ablauf der Temperaturmittel der ganzen Erde. Weitere kurzfristige Schwankungsperioden sind in letzter Zeit öfter aufgestellt worden, sie haben keine sonderliche Bedeutung für die hier für bodenkundliche Zwecke gestellte Aufgabe. HUNTINGTON hat bei der letzten Diskussion 1925 seiner „big tree curve" die gleichzeitige ± Tendenz der irdischen Klimaschwankungen betont, wie sie von DOVE, NANSEN, MEINARDUS u. a. nachgewiesen wurde, so daß GAMS[1] Vorwurf 1926, er beachte die Alternanz der Klimaänderungen nicht, hinfällt.

2. Klimatologie des Eiszeitalters.

Als Arbeitshypothese dieser Schilderung des zeitlichen Ablaufs der Eiszeiten nehmen wir folgende Grundsätze an: Die eiszeitlichen Erscheinungen sind von einer Ursache, einer Herabsetzung hauptsächlich der Sommertemperaturen, bedingt, die schon an sich eine Vermehrung der Niederschläge und eine Erniedrigung der maximalen Kondensationsschicht hervorruft. Die Wirkungen dieser zeitweiligen Änderung muß an Klimazeugen verschiedenster Hinweise — feste oder flüssige Niederschläge, herabgesetzte Verdunstung u. a. m. — über alle Klimagürtel hin sichtbar sein. Die Schwankungskurve der Sonnenstrahlungsmenge gibt zwar nicht die hinreichenden aber die notwendigen Bedingungen, um den Klimaablauf zu verstehen, genügt sie nicht allein für die Ursachenerkenntnis und für die Erklärung der regionalen Unterschiede, so reicht sie doch zum Verständnis der zeitlichen Gliederung des Quartärs völlig aus. Die Kurve ergibt vier Gruppen von Eiszeiten mit drei großen Zwischeneiszeiten — jeweils länger als die Postglazialzeit — und einer Anzahl Zwischenstadien so beträchtlichen Ausmaßes, daß auch schon Einwanderung von Fichtenwald in Mitteleuropa zwischen Eiszeit IVb und IVc möglich war.

Die rein astronomisch berechneten Zeitabstände stimmen auffallend überein mit der PENCKschen Schätzung (auch mit der ALB. HEIMS), die hauptsächlich auf der fluviatilen Erosionsleistung und den Verwitterungstiefen von Glazial zu Glazial aufgebaut wurde. SÖRGEL[2] hat die mitteldeutschen periglazialen Flußterrassen nach seiner schon bestehenden Gliederung mit der Strahlungskurve in überraschende Übereinstimmung gebracht, die schwierige Aufgabe der Einordnung der norddeutschen Endmoränen und sächsischen Flußterrassen hat GRAHMANN[3] angegriffen. EBERL[4] hat, noch unbekannt mit MILANKOVITCHS Kurve, aus der Entfernung der Moränenrandlagen des Iller-Lech-Gletschergebiets vom Wurzelgebiet bzw. Alpentor das Ausmaß der Eisentwicklung in

[1] GAMS, H.: Richtung und Ursache von Klimaschwankungen. Die Erde 3, 10 (1926).

[2] SÖRGEL, W.: Die Gliederung und absolute Zeitrechnung des Eiszeitalters. Fortschr. Geol. u. Paläontolog., H. 13 (Berlin 1925).

[3] GRAHMANN, R.: Über die Ausdehnung der Vereisungen Norddeutschlands und ihre Einordnung in die Strahlungskurve. Ber. sachs. Akad. Wiss. Leipzig, Math.-physik. Kl. 80 (1928).

[4] EBERL, B.: Zur Gliederung und Zeitrechnung des alpinen Glazials. Z. dtsch. geol. Ges. B 80, 3/4 (1928).

der einen Richtung diagrammatisch dargestellt, und die Phasenabstände „mit dem relativen Ausmaß wiedergegeben, wie sie sich aus dem Gesamtkomplex der einschlägigen Erscheinungen mit größerer oder geringerer Sicherheit erschätzen lassen". Schließlich gibt die Abbildung noch die Kurve, die BLANCKEN-

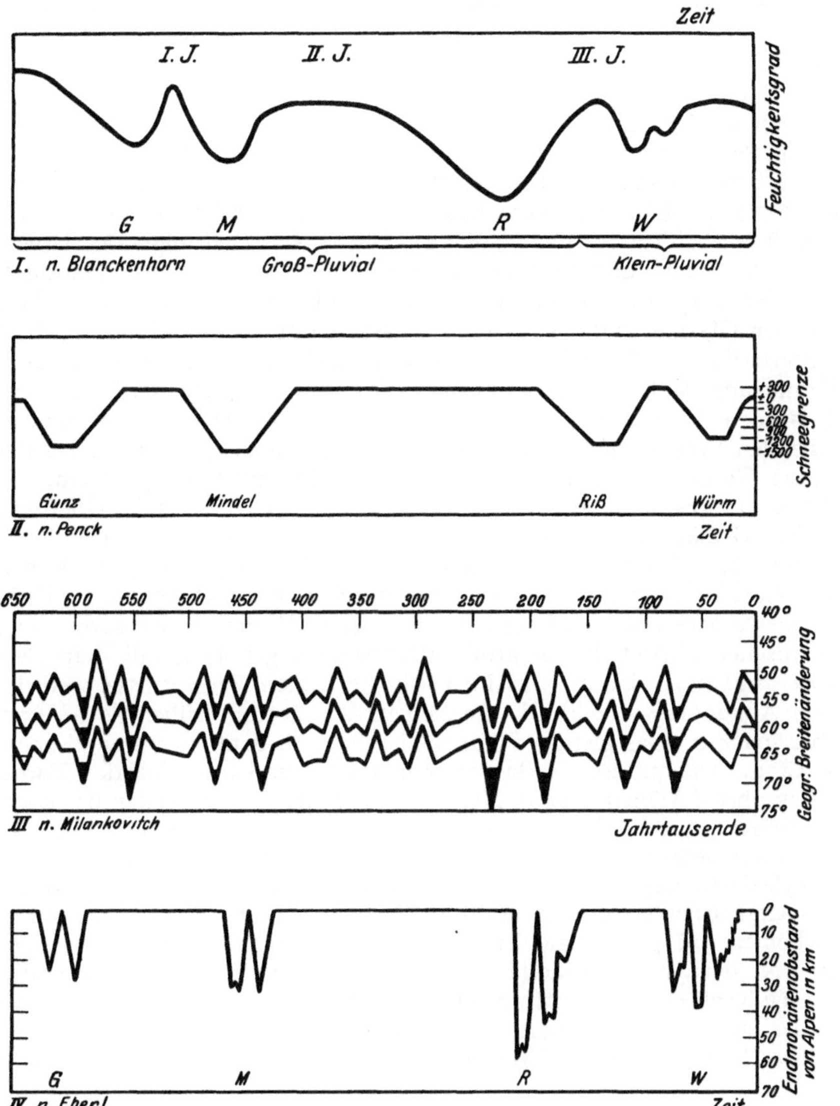

Abb. 16. Die Klimaverschiebungen auf der Nordhemisphäre im Vergleich zu den diluvialen Sonnenstrahlungsverschiebungen.

HORN[1] in Verbesserung seiner Kurve von 1910 im Stockholmer Klimawerk 1921 für die Intensität und die Phasengliederung der Pluvialzeiten in Ägypten, Syrien und Palästina gebracht hat[1], die „Tiefe der Kurve soll den Grad des Unterschiedes gegenüber der Jetztzeit bzw. Mittelpliozänzeit bezüglich der Nieder-

[1] BLANCKENHORN, M.: Das Klima der Quartärperiode in Syrien-Palästina und Ägypten. — Die Veränderungen des Klimas usw. Stockholm 1910. — Die Steinzeit Palästina-Syriens und Nordafrikas. Das Land der Bibel 3, 5 (Leipzig 1921).

schläge bezeichnen". Alle diese unabhängig voneinander gewonnenen stratigraphischen Diagramme bieten graphische Übereinstimmungen (SÖRGELS Zeichnung eignet sich nicht zur Wiedergabe in gleicher Form) — die Abstände, die Intensitäten sind derart von der Strahlungskurve bestätigt worden, daß die Kurven gegenseitig ihre Beweiskraft stärken. Auch die schwedische Geochronologie kommt für den betr. Zeitabschnitt zu gleichen Zeitmaßen, wenn auch DE GEERS[1] Solarkurve nicht nur astronomische Ursachen hat, und in den Fernkonnexionen noch zur Diskussion steht. Die biologischen Tatsachen und der von KLUTE[2] zuletzt durchgeführte Vergleich der parallelen diluvialen Schneegrenzendepressionen durch alle Breiten hindurch führen gemeinsam mit der Strahlungskurve zu der Annahme, daß die sommerliche Temperaturminderung die Abweichung aller anderen meteorologischen Elemente vom heutigen Zustand weit übertroffen hat, allerdings in ihren Wirkungen dann auch erhebliche Veränderungen der Druck- und damit wieder Wind- und Niederschlagsverteilung nach sich zog. Daraus erhellt u. a. der Versuch, die in ein- und mehrfacher Zahl von allen Kontinenten bekanntgewordenen Glaziale und Pluviale des Quartärs mit den seit PENCK und BRÜCKNER international gebrauchten Glazialzeitbezeichnungen zu identifizieren, und die Vermutung, daß es heute wie bisher oft eher der Mangel an Kenntnissen als an Tatsachen ist, der das noch mancherorts erschwert. In dem nun zu beschreibenden Verlauf der Quartärklimate wird sich zeigen, daß die Tatsachen mit diesen Voraussetzungen in harmonischem Zusammenhang stehen.

Eiszeitvorboten zeigen sich am Ausgang des Pliozäns, im Übergang zum Diluvium. Gemäß unserer Voraussetzungen ist es eine nomenklatorische Selbstverständlichkeit, daß alle eigentlichen Eiszeiterscheinungen ins Quartär gehören. Im pliozänen Mittelmeer zeigen sich die durch GIGNOUX[3], WEPFER[4], DEPÉRET[5] bekanntgewordenen Meeresablagerungen borealer Natur, an den süditalienischen und sizilischen Küsten bis in große Meereshöhen gehoben, mit dem Leitfossil *Cyprina islandica*, damit eine über die alluvialen Verhältnisse weit hinausgehende Abkühlung anzeigend, die sich in den Meeren früher als an Land bemerkbar machte. Das gleiche Phänomen zeigt sich deutlich im englischen pliozänen Crag. Die unteren Teile des präglazialen und interglazialen Forest bed über dem oberpliozänen Crag of Norwich — einem Küstenstreifen der quartären Rheinmündungsgegend im Nordseetiefland — hat eine pliozändiluviale Säugermischfauna (Elefanten, Hirsche, Höhlenbären, Nashörner) und zeigt schon in den präglazialen Lagen mit dem Litoralmollusk *Leda myalis* das herannahende kühle Glazial an; ortsfremde Quarzite und Basalte in Flamborough auf abradiertem Fels scheinen auf präglaziale Treibeisverfrachtung hinzuweisen. Die Tegelenschotter an der preußisch-holländischen Grenze, im Hangenden von diluvialgedeuteten Rhein-Maas-Schottern und Pliozän, werden je nach Einschätzung des Alters der ersten niederländischen Eisbedeckung als präglazial oder interglazial (nach ihrer Flora) gehalten. Treibeisfindlinge von Riesengröße im holländischen

---

[1] GEER, G. DE: On the solar curve as dating the Ice Age, the New York Moraine and Niagara Falls through the Swedish time scale. Geogr. Ann. **8** Stockholm 1926.

[2] KLUTE, F.: Die Bedeutung der Depression der Schneegrenze für eiszeitliche Probleme. Z. Gletscherkde **16**, H. 1/2 (1928).

[3] GIGNOUX: La classification du Pliocène et du Quaternaire dans l'Italie du Ind. C. r. Acad. Sci. Paris **3**, 29 (1910). — Les formations marines pliocènes et quaternaires de l'Italie du Ind. et de la Sicile. Ann. Univ. Lyon **1913**.

[4] WEPFER, E.: Über das Vorkommen von *Cyprina islandica* im Postpliozän von Palermo. Zbl. Min. usw. **1913**. — Beiträge zur geologischen Geschichte der südlichen Apenninhalbinsel seit dem Pliozän. Neues Jb. Min. usw., Beil.-Bd. **46**.

[5] DEPÉRET, CH.: Essai de coordination chronologique générale des temps quaternaires. C. r. Acad. Sci. Paris **1918—20**.

Maasdiluvium führt man auf die vereisten Ardennen zurück — rein hypothetisch —, es ist fraglich, ob sie nicht von Norden kamen (MOLENGRAAFF und WATERSCHOOT VAN DER GRACHT[1]). RUTOT erwähnt in den pliozän-präglazialen Marinschichten Belgiens ähnliche Treibeisfindlinge wie die englischen. Dieselbe Fazies — die noch allenthalben der Erforschung harrt — hat in Südrußland ihre Spuren hinterlassen. Herrn Dr. KROKOS, Odessa, verdankt der Verfasser folgende freundliche mündliche Mitteilungen: Er fand schon im Obersarmat und unterem Pliozän des Dnjepr-Bassins kristalline Blöcke (auch SOKOLOW[2] erwähnt sie von der unteren Diluvialgrenze), die nur auf fluviatile Eisverfrachtung von Norden her zurückgehen können. Der rote pontische Kalk zeigt dort auf seiner Oberfläche dünne schwarze Rinden mit prächtigem Wüstenlack, den Übergang zu echt quartären Schichten bilden in der Odessaer Gegend rote Tone, die er als fossile Terra rossa bezeichnet. Die gleichen roten Grenztone sah er in der Gegend von Nowo-Tscherkask am Don. Im südrussischen und kaspischen Rayon sind in der Übergangszeit vom Tertiär zum Diluvium starke Klimaschwankungen, wie durch die erwähnten Funde angedeutet, sehr wohl möglich, denn die paläographischen Bedingungen der Gegend veränderten sich ganz enorm, man denke nur an die Einschrumpfung der pontisch-sarmatischen Binnenmeere einerseits und die Bildung des größten Teils des östlichen Mittelmeeres und des ganzen Roten und Schwarzen Meeres andererseits, welche Einbrüche alle zu jener Zeit oder nicht viel später erfolgten.

MILANKOVITCH hat bei EBERL die Strahlungskurven weiter wie bei KÖPPEN-WEGENER, nämlich auch für pliozäne Zeiten, berechnet. Wir haben auch hier schon entschiedene Strahlungsminima, in die EBERL zeitlich verschiedene bisher für altquartär gehaltene, aber pliozäne Schotter der bayrisch-schwäbischen Donaugegend setzt. Wir haben also entsprechend allen diesen Anzeichen, die sich bei Aufmerksamkeit in Zukunft sicher vermehren ließen, schon früh mit Temperaturveränderungen und verstärkter Erosion, wenn auch noch nicht mit eigentlichen Vereisungen zu rechnen. Möglicherweise gehören auch die präglazialen Saale-, Herzynschotter usw. in die gleiche Zeit vor der Günzabkühlung.

Über das wenig sichere, was über die präglaziale Paläographie zu sagen ist, sei hier nur das eine angedeutet, daß die Vereisungen bei Ausgang des Pliozäns eine beträchtliche Höherlage vieler Kontinente und Großinseln vorfinden, sowie daß erst während der Eiszeiten eine Reihe der wichtigsten Einbruchsbecken und Flachseemeere entstanden. Die hochkontinentale Tendenz des Pliozäns ist zweifellos eine der begünstigenden Ursachen der kommenden Eiszeiten. Einzelheiten findet man bei WASMUND[3] ausführlicher.

Das **Diluvium**, nach unserer Annahme die Zeit einer stärkeren Temperaturabnahme und geringeren Niederschlagszunahme, von kühlen Sommern und milderen Wintern, infolge mehrerer Senkungen der Strahlungskurve, muß sich also äußern in einer mehrmaligen transuniversalen Erweiterung der kalten und gemäßigten Zonen in vertikalem und horizontalem Sinn und damit in einer Vergrößerung oder Verschiebung der Kondensations-Niederschlagszone. Topographische Höhenunterschiede, besonders meridional laufende Wettersperren, mögen modifiziert haben, ebenso Meeresströmungen, wenn wir auch hier eine größere dynamische und damit wieder meteorologische Wirkung verstärkter polarer ozeanischer Oberflächen- und Tiefenströme annehmen. Die Ausbreitung der arktischen Polareiskappen auf die vorgelagerten Kontinente, die äquatoriale Verschiebung der

---

[1] MOLENGRAAFF, G. A. F., u. WATERSCHOOT V. D. GRACHT: Niederlande. Handbuch Reg. Geol. 1, S. 3. Heidelberg 1913.

[2] SOKOLOW, N. A.: Über die Geschichte der Steppen am Schwarzen Meer. La Pédologie 1914, 2/3. (Russ., franz. Rés.)

[3] WASMUND, E.. Zur Paläogeographie und Paläometeorologie des Quartärs. Im Druck.

meteorologischen Aktionszentren und damit der feuchten gemäßigten Klimazone gehen mit einer Verengerung des tropischen und der beiden Trockengürtel Hand in Hand. Dem entspricht in vertikalem Sinn eine allgemeine Verfirnung und Vergletscherung aller Gebirge, die vorher kaum oder gar nicht in der Kondensations- oder nivalen Zone gelegen hatten. Wir gewinnen zunächst eine Übersicht über die irdischen quartären Vereisungen und diskutieren dann die Zahl derselben und ihre zeitlich-räumlichen Beziehungen.

Die Nordhemisphäre weist die großartigsten Glazialphänomene auf. Die eigentliche Polarzone wird auch im Diluvium unter mehr antizyklonalen Bedingungen ähnlich geringe Niederschläge wie heute gehabt haben. Deshalb liegen die Nährzentren der nordamerikanischen und westeuropäischen Inlandeisdecke auch getrennt davon auf dem Kamm des skandinavischen Hochgebirges, und drüben sich ablösend in Keewatin in Nordkanada westlich der Hudsonbai und auf Labrador. Die tertiären Orogene von den Pyrenäen bis zum Himalaya, den Anden und nordamerikanischen Kordilleren, waren weithin vergletschert, und waren in den Zentralalpen mit ihren mächtigen Vorlandseisfächern am besten entwickelt und studiert. Die Mittelgebirge zeigten dieselbe Depression der Schneegrenze, jedoch verfolgen wir die Maximalausbreitung im einzelnen.

Die nordatlantischen Polarinseln[1], wie Spitzbergen, König-Karl-Land und Franz-Josef-Land, weisen ebenso wie Grönland nur geringe quartäre Endmoränen im Verhältnis zu den rezenten auf. Auf Island läßt sich durch vulkanische und marine Zwischenschaltungen eine mehrfache Gesamtvereisung erkennen, kalben doch auch heute noch die großen Eisfelder ins Meer. Auf den Faröer strahlen die Glazialschrammen radial aus, die Inseln waren selbständig vergletschert, wie übrigens auch die Britischen Inseln eigne Nährzentren, im Gegensatz zum festländischen Inlandsgebiet, hatten. Das gesamte nordatlantische Polargebiet war zweifellos eine tertiäre Landeinheit, die durch submarine Basaltbrücken von den Faröern nach Schottland und Island heute noch nachweisbar ist. Ob die Verbindung frühdiluvial oder schon spättertiär unterbrochen wurde, steht nicht fest.

Das fennoskandische Inlandeis umfaßt kaum ein Drittel des nordamerikanischen Glazialareals (die Würmvereisung faßte ca. 3,3 Millionen km²). Nowaja-Semlja bezeichnet seine maximale Nord- und Ostgrenze, es scheint ins Eismeer und in die Norwegische See nicht weit von den Küsten gereicht zu haben, schon allein wegen der vorhandenen beträchtlichen Meerestiefen. Nach Westen überdeckte es ganz Großbritannien mit Ausnahme der Kanalküste und reichte dann über ganz Holland an den Fuß der deutschen Mittelgebirgsgrenze, in Lücken wie westlich des Harzes eindringend. Durch Polen zog sich die Grenze südwärts, indem sie die karpathischen Teilvereisungen nirgends berührte, und überschritt in Südrußland den 50. Breitengrad in den Eisloben des Dnjepr- und des Dontales zweimal. Auf etwa 45° ö. L. kam das Inlandeis ziemlich bis an das weit ins mittlere Wolgagebiet heraufreichende Kaspimeer heran und bog etwa parallel — nicht zufällig — mit dessen Ufern nach Norden um, um dann schließlich bei ca. 60° ö. L. die nördlichsten Uralausläufer noch überschreitend mit den ausstreichenden Ketten die Karische Eismeerküste zu gewinnen.

Nordasien ist nicht so unvereist geblieben, wie noch im allgemeinen angenommen wird. Über die präglaziale Paläogeographie wissen wir außer einem geschlosseneren Zusammenhang mit Nordamerika und einer etwas größeren Landausdehnung nach Norden herzlich wenig. Darauf weisen z. B. unter den Meeresspiegel getauchte Flußläufe im eurasiatisch-arktischen Küstenschelf[2] hin. Im Ural-Ob-

[1] Vgl. die betreffenden Teile des Handbuchs Reg. Geol. Heidelberg.

[2] Tolmachoff: A few remarks on exploration of arctic Eurasia. Arktis 1, 1/2 (1928).

Gebiet sind wie im Taimyrgebirge Vergletscherungen nachweisbar, im Mündungsgebiet der Dwina fanden sich Moränen, neuerdings erst entdeckte OBRUTSCHEW[1] an der unteren Indigirka im Nordosten Sibiriens ein ehemals vergletschertes Gebirge. Selbst die mächtigen Gebirgszüge um den Kältepol der Erde bei Werchojansk weisen Vereisungsspuren auf, was bei den minimalen Temperaturen und Niederschlägen heute nicht mehr möglich ist. Weiter gibt es in der Küstentundra nördlich des Polarkreises Vergletscherungsspuren, so daß kein Grund besteht, das fossile Steineis an den Weißmeerküsten, aus dem fast ganze Teile der Neusibirischen Inseln bestehen, als tertiär anzusehen, um so weniger, als Kamtschatka eine bis ans Meer reichende Vergletscherung aufweist. Ebenso waren die nordjapanischen Alpen vergletschert. Die erwähnte Annahme wurde zugunsten einer wesentlich westlicheren quartären Pollage von KÖPPEN und WEGENER gemacht, es vertragen sich aber damit nicht recht die letzten Tatsachen.

Nordamerika weist die größte diluviale Inlandsvereisung auf (15 Millionen km²; die letzte Vereisung faßte 11,5 Millionen km²), vier Zentren entfalten wechselnde, aber nicht zeitlich sich folgende — wie früher angenommen — Produktionen: das Labradoreis (vom Atlantik westlich), das Patrician (Nährgebiet um den Trout Lake), das Keewatin-Eiszentrum (westlich vom Hudson, reichend vom Missisippi bis zum Felsengebirge), der Kordillerenstrom (Ausgang: Britisch-Kolumbien reichend bis Pazifik). Daneben lagen wie in Nordeuropa kleinere selbständige Vereisungen, wie auf Neufundland. Wie heute der Trockengürtel im Westen weit in niedrige Breiten hinaufreicht, ging entsprechend der Eisschild im Diluvium im Osten weiter nach Süden, bis auf die Höhe von Neapel hinab. Am oberen Mississippi ist mitten im vereisten Gebiet eine weite Landinsel die „driftless area", wahrscheinlich aus topographischen Gründen, unvereist geblieben. Im kanadischen Arktisarchipel scheint es eisfreie Strecken geringer Ausdehnung gegeben zu haben, im Gebiet des St. Lorenzstromes überragten während der (jüngsten und kleinsten) Wisconsinvereisung Nunatakr den Eismantel. Von den auf der Karte Abb. 17 weiß wiedergegebenen ozeanischen Strecken wissen wir faktisch nichts über die wirkliche Eisdecke, über die Meeresverbreitung und Packeisgrenze zur damaligen Zeit, doch wird man kaum glauben, daß NANSEN damals mit der Fram auf der großen Eismeer-Querdrift durchgekommen wäre. Formen und Fazies der nordamerikanischen glazialen (Moränen, Åser, Kames, Drumlins) und fluvioglazialen Sedimente (Schotter, Sandur, Bändertone usw.) sind die gleichen wie in der Alten Welt.

Der zirkumpolaren Vereisung folgt im Süden die zirkumpolare Periglazialfazies. Dem Inlandeis sind weniger Schotter, als bei dem langen Gesteinsfrachtweg Sande in den breiten Zonen der Urstromtäler, der Geestrücken usw. angegliedert. Größtenteils aus den Schmelzwasserabsätzen ausgeweht folgt dann im Süden die Lößzone, die sich in Mitteleuropa wieder mit den Schotterterrassen der Mittelgebirgsflüsse verzahnt. Fluvioglazialsedimente und Löße verschiedenen Alters sind in gleicher Weise auch in Osteuropa und Nordamerika im Süden der Glazialformationen zu finden, bei ausschließlich südlich gerichteter Entwässerung aber kommen die gegenläufigen periglazialen Schotter nicht zur Entwicklung. „Zu jeder Eiszeit gehört ein Löß", diese besonders von SÖRGEL[2], OSBORN, PENCK u. a. vertretene Meinung ist wohl die im allgemeinen richtige, ebenso die Theorie von der aerischen Entstehung. Zweifellos gibt es fluviatil umgelagerte „Sand-

---

[1] OBRUTSCHEW, S. W.: Geologie von Sibirien. Fortschr. Geol. u. Paläogr. 15 (Berlin 1926). — Forschungen im Gebiet des Flusses Indigirka (Jakutische Republik) im Jahre 1926 und Feststellung einer ausgedehnten eiszeitlichen Vergletscherung daselbst. Z. Gletscherkde 15, 3 (1927).

[2] SÖRGEL, W.: Löße, Eiszeiten und paläolithische Kulturen. Jena 1919.

und Sumpflöße (Rhein, Theiß), wie auch Löß postglazial (Alpen, Oberrhein) und rezent (Rußland, Alpenrhein) gebildet wurde. Die antizyklonalen Eisrand-Ostwinde entsprechen dem Mischtyp einer eigenartigen Tundrensteppe; die im Löß gefundene Schneckenfauna weist auf Waldlosigkeit, die Säuger auf subarktische und kontinental-gemäßigte Bedingungen hin. Moschusochse, Polarhase, Lemming, Ziesel, Steppenantilope, Steppenmurmeltier, Pferde und Wildesel bevölkern in historischer Zeit die Moostundren und die angrenzenden Steppen, nicht den Waldgürtel Osteuropas und Nordasiens. Floristisch entspricht das der Dryasflora mit Polarweiden, Zwergbirken, Moosen und Flechten, die am Eisrand gedieh und

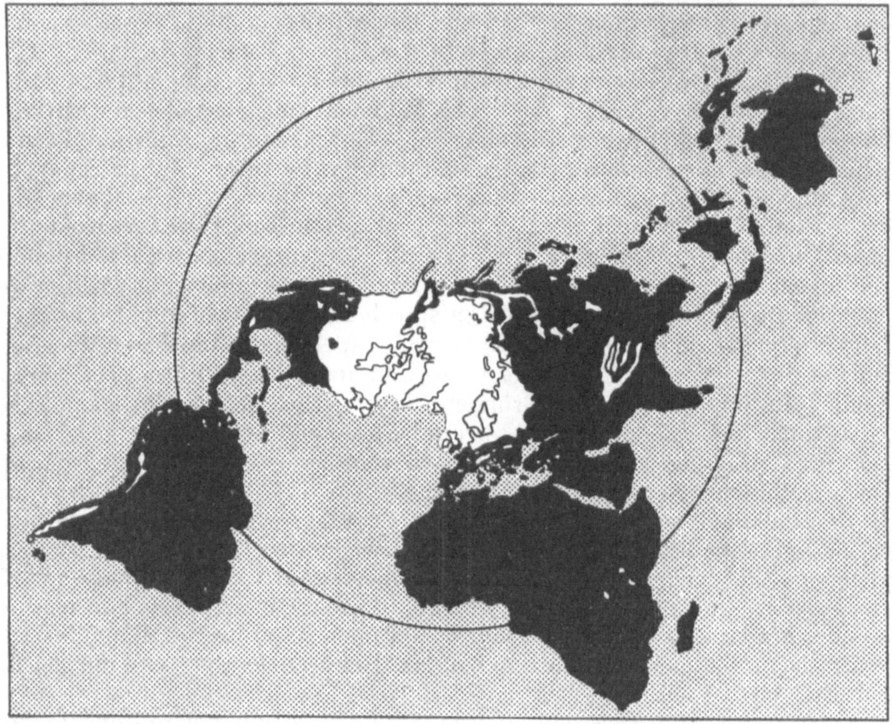

Abb. 17. Die quartaren Vereisungen.

in den Alpen (Schussenried) wie im Norden (Lübeck, Dänemark) und Osten (Galizien) beim Rückzug des Würmeises sich fossilisierte. Die Lößbedeckung reicht in Europa vom fennoskandinavischen Eisrand bis zum alpinen und bis zum Kanal, in Ungarn, Südrußland geht sie immer südlicher und erstreckt sich in wachsender Mächtigkeit bis an das Chinesische Meer quer durch Zentralasien. Da ihr in Osteurasien keine Eisdecke im Norden entspricht, und von der Wolga bis Ungarn heute noch Steppenstaub aus den transkaspischen Steppen niederfällt, muß eine allgemeine kontinentale Ostwindtrift über ganz Eurasien diluvial eine noch größere Rolle spielen, die lokal wie im Oberrheintal auch vom Westwetter als Verfrachter ersetzt wurde. In den Vereinigten Staaten schließt sich an das Glazialdiluvium ebenso eine breite Lößzone bis in die Golfstaaten hinüber an, sie reicht bis zum Pazifik, nicht aber bis zum Atlantik, weil nach den heutigen feuchten Süd-Nord-Zyklonenbahnen an der atlantischen Küste zu urteilen die Absatzbedingungen nicht gegeben waren.

Den Sandoberflächen im Norden entsprechen um die vergletscherten tertiären Gebirgszüge die Schotter, die in Terrassen abgelagert wurden. Ebenso wechselt mit den Klimaschwankungen die Wasserführung des eisfreien Gebietes, und so sind in Deutschland z. B. die Schotterterrassen von Mosel, Rhein, Weser, Saale und den Thüringischen Flüssen genau studiert und verschiedene Parallelisierungen mit den glazialen Zeitabschnitten versucht worden. Um die Alpen lassen Erhaltungszustand und Verzahnung mit glazialen Bildungen klar eine Teilung in ältere und jüngere Deckenschotter, in Hoch- und Niederterrassenschotter und dementsprechend in vier Haupteiszeiten erkennen. Diese PENCKsche Teilung ist neuerdings von EBERL im Gebiet der Iller-Lech-Platte dahin spezialisiert worden, daß sich eine Doppelung der Schotter und der damit verknüpfbaren Moränen nachweisen ließ (vgl. Abb. 16). Dementsprechend glaubt auch SÖRGEL in den Schotterterrassen Thüringens die Zahl der in der Strahlungskurve angezeigten Vereisungen klar wiederzuerkennen, was von andern Autoren (GRUPE[1], GRAHMANN) noch bezweifelt wird.

Die übrigen Periglazialbildungen spielen ihrem Areal nach, insbesondere als Klimazeugen einer herabgesetzten Jahrestemperatur und starker Frostentwicklung, keine große Rolle, sie weisen auf das Vorhandensein einer perennen Tjäle in dem vereisten Gebiet hin. Fließerdestrukturen sind neuerdings von KESSLER[2] in Schwaben, Brodelböden von GRAHMANN[3], KEILHACK[4] in der Lausitz, GRIPP in Nordwestdeutschland nachgewiesen worden; in Dänemark sind Tjäleböden über interglazialen Mooren beschrieben worden (Brörup), Strukturböden, und besonders Blockfelder und Felsenmeere im Mittelgebirge wie im Odenwald, Vogelsberg u. a. nachgewiesen[5]. Sie weisen eindeutig auf Tundrenklima Mitteleuropas hin, Wald bestand in den Glazialzeiten nicht. In den Hochzeiten der Erosion während der Eiszeiten entstanden viele der heutigen Trockentäler, wie sie südlich der Elbe, im Wesergebiet, in der östlichen Schwarzwaldabdachung, auf der Alb bekannt wurden. Viele der Pseudomoränen der Mittelgebirge, wie in der Rhön, sind als Warpbildung aufzufassen, es sind Tjälebildungen wasserübersättigter Böden auf ewig gefrorener Unterfläche. Im Mittel- und Hochgebirge hat die Spaltenfrostverwitterung eine Hochfrequenz der Muren — Gehängeschutt — und Bergsturzbildungen hervorgebracht, die z. B. aus den Alpen glazial und interglazial bekannt wurden, da sie auch nach Rückzug der stützenden Eismassen niedergingen. Große glaziale und interglaziale Bergstürze lassen sich über und zwischen Moränen nachweisen. Die Verfrachtung eines solchen mächtigen Bergsturzes im Alpenrheintal läßt sich z. B. in Gestalt eines ca. 4000 m^3 fassenden Kalkdolomitfindlings im Allgäu nachweisen, der in dieser wohl unerreichten Mächtigkeit auf der Oberflächenmoräne transportiert wurde, wie das NANSEN heute von Grönlands Nunatakern beschreibt[6].

Den Schottern des Alpenvorlandes entsprechen ebenso verschiedenaltrige des Pyrenäenvorlandes usw., den mitteldeutschen fluviatilen Kiesterrassen die Fluß-

---

[1] GRUPE, O.: Tal- und Terrassenbildung im Gebiet der Werra—Fulda—Weser und SORGELS „Gliederung und absolute Zeitrechnung des Eiszeitalters". Geol. Rdsch. **18**, 3 (1926).

[2] KESSLER, P.: Das eiszeitliche Klima und seine geologischen Wirkungen im nichtvereisten Gebiet. Stuttgart 1925. (Dort weitere Literatur.)

[3] FIRBAS, F., u. R. GRAHMANN: Über jungdiluviale und alluviale Torflager in der Grube Marga bei Senftenberg (Niederlausitz). Abh. sachs. Akad. Wiss., Math.-physik. Kl. **40**, 4 (1928).

[4] KEILHACK, R.: Über Brodelboden im Taldiluvium bei Senftenberg usw. Dtsch. geol. Ges. B **79**, 11/12 (1927).

[5] Arbeiten von SALOMON-CALVI, HARRASSOWITZ u. a. (vgl. KESSLER: Literaturverz.).

[6] WASMUND, E.: Der größte Eiszeitfindling Europas im Allgau. Bl. Natursch. u. Naturpfl. **12**, H. 1/2 (Munchen 1929).

terrassen an der Somme mit den berühmten prähistorischen Funden, die sich in gleichgestaffelter Weise auch an den südfranzösischen Flußläufen wiederholen. Periglaziale Böden unter Frost- und Windwirkung, Gehängeschuttströme, Binnendünen sind andererseits auch im Osten, wie in Galizien, Polen usw. beschrieben worden. Die Flußterrassen Südeuropas lassen sich zahlenmäßig in Beziehung zu den alpinen Eiszeiten und den marinen Mediterranterrassen setzen.

Weiter entspricht den Klimabedingungen der Eiszeiten, der Herabsenkung der Schneegrenze, die in ihrer Wirkung noch durch Herabsenkung der maximalen Kondensation an den Gebirgswänden bei niedrigerer Temperatur verstärkt worden sein muß, die Vergletscherung zahlreicher heute eisfreier Höhen zwischen dem Inlandeis und den Eiszentren der Tertiärketten. Da sie nur von lokaler Bedeutung sind, höchstens in Ostasien weiter ins Land reichen, seien sie nur kurz angedeudet: Im nordamerikanischen Periglazialgebiet entsandten die Bergzüge um das große Becken im Westen ihre eigenen Vergletscherungen, die allerdings kaum mehr in der periglazialen Zone, die in den USA nicht so deutlich von der pluvialen unterscheidbar ist wie in Europa. Ein Tundrengürtel ist nach den Fossilfunden vorhanden, ein Steppengürtel scheint trotz der Lößverbreitung in der Weise wie in West- und Osteuropa gefehlt zu haben, im Osten folgten nach Süden lockere Waldbestände, im Westen die ebenen Halbwüsten außerhalb der Pluvialzone. Es fehlt eine typische Steppenfauna.

In der Alten Welt gehören zu den periglazialen Verfirnungen das Zentralplateau der Auvergne, Vogesen und Schwarzwald, Jura, Harz, Böhmerwald, Riesengebirge, während andere Vergletscherungsangaben (Pfälzer Wald, Rhön, Venn usw.), weil sie pseudoglazial sind, einzuziehen sind.

Die im Tertiär hochgewölbten Ketten vom Atlas und den Pyrenäen durch ganz Eurasien bis an den Pazifik hin weisen durchweg Vergletscherungen auf; die Alpenvergletscherung war nach bisheriger Kenntnis die intensivste. Die Absenkung der Schneegrenze betrug hier ca. 1200 m, was einem Temperaturabfall von 4° entsprechen dürfte. In klimageschichtlicher Hinsicht haben die tertiären Orogene die Rolle einer klaren Scheidung zwischen Periglazialzone und Pluvialzone gespielt, wie sie auch heute noch als Wetterscheiden auftreten. Wir zählen von Westen bis Osten auf: Pyrenäen, Alpiden, Dinariden (Herzegowina, Albanien, Rilagebirge, Pirin, Balkan, Thessalischer Olymp), Karpathen (besonders Beskiden und Tatra), Kaukasus, Pamirplateau, Himalaya, Tibet-Hochland, Tienschan, Altai sowie alle nordostsibirischen und die meisten transbaikalisch-mongolischen Grenzgebirge. Die Absenkung der Schneegrenze erfolgte parallel der heutigen Lage, Unterschiede in der Absenkungshöhe sind durch die geographisch-meteorologischen Umstände bedingt. Wie die fluvioglaziale Akkumulation im Periglazialstreifen eine Hauptrolle spielte, so ist dies auch in den nördlichen Randgebieten der Gegenden, die wir schon zum Pluvialgebiet rechnen können, der Fall. Die Aufschotterung der Poebene und der Wallachei gehört dahin. Eine andere direkte klimatische Wirkung hat die transeurasiatische Hochgebirgsvergletscherung nach Süden hin kaum gehabt. ANDERSSON[1] hat in insubrischen Mooren glazialen Waldbestand festgestellt. Auf der kantabrischen Südseite der Pyrenäen haben die durch die hochentwickelte Magdalénienkultur berühmt gewordenen Altamirahöhlen *Tichorhinus antiquitatis* (= *Rhinocerus tichorinus*) und *Elephas primigenius* geliefert, die dadurch angezeigte gewisse Abkühlung hat nicht weit nach Spanien hinein gereicht. Das Vorkommen des Mammuts aber als Beweis für die glaziale und nicht interglaziale Entstehungsweise eines Fundorts anzusehen, wie BAYER dies

---

[1] ANDERSSON, G.: Beiträge zur Kenntnis des spätquartären Klimas Norditaliens. Die Veränderungen des Klimas usw., Stockholm 1910.

tut, ist ganz unmöglich, denn dieselbe Fauna kommt diluvial auch in Palästina vor.

Die Pluvialzone, deren meteorologische Bedingungen im Eiszeitalter durch die Südverlegung der Zyklonenbahnen über die amerikanischen und europäischen Mittelmeergebiete gekennzeichnet ist, liegt südlich der eurasiatischen Sperrkette. In der Neuen und Alten Welt ist sie durch geologische und auch zuweilen paläontologische Reste gekennzeichnet, die eine Niederschlagerhöhung gegenüber dem jetzigen Klima anzeigen. Diese Folgen der allgemeinen Temperatursenkung sind an der polaren Trockengürtelgrenze deutlicher als an der äquatorialen, ebenso sind die pluvialen wie ja auch die glazialen Spuren der Südhemisphäre bei der Breitenlage und der ozeanischen Dominanz der Südkontinente gering. Von den Veränderungen der historischen Zeit abgesehen, sind den Glazialzeiten entsprechend auch mehrere Pluvialzeiten feststellbar. Zweifellos ist die Kenntnis der Pluvialzeugen noch lückenhaft. Gemäß der vertikalen und äquatorialen einseitigen Ausbreitung der Nivalzone ist nicht eine Hin- und Rückverschiebung der ariden und humiden Zonengrenzen zu erkennen, wie PENCK[1] noch vor kurzem annahm, sondern nach den Forschungen der letzten Jahre ist eine positive Horizontalverschiebung der feuchten Zonen, eine negative der Trockengürtel im Diluvium mit Unterbrechungen in den Interpluvialzeiten zu bemerken. Als pluviale Klimazeugen kommen in erster Linie erklärlicherweise hydrographische Veränderungen in Betracht.

Beginnen wir im Mittelmeergebiet. Die Tore des Herakles öffneten sich nach DOUVILLÉ[2] zum ersten Male im Unterpliozän, den pliozänen Uferlinien in 8 m Höhe folgen zahlreiche quartäre bis 200 m ü. NN mit reicher Säugerfauna. Gewisse verbogene Strandterrassen lassen auf Unterbrechungen der Gibraltarstraße, die ozeanographisch und klimatisch wichtig wäre, schließen. Die Balearen haben dieselben Strandlinien. Wie auf Sizilien ist die pliozäne Fauna noch afrikanisch, die quartäre europäisch, sie ist sichtlich nordisch beeinflußt. Die eustatischen Meeresbewegungen und isostatischen Krustenbewegungen, wie man sie an verbogenen Cardiumkalken der Strandlinien sieht, werden im Zusammenhang mit allen eiszeitlichen Niveauverschiebungen erörtert. Die Küstengebirge Spaniens trugen eine gewisse Vergletscherung.

In Italien hatte sich die Schneegrenze ebenfalls auf Teile der Apenninen, der Abruzzen und Korsikas gesenkt. Strand- und Flußterrassen sind vom Arno bis nach Sizilien bekannt und durch die tektonischen Randschwingungen der glazialen Umrandungszone in ihrer ursprünglichen Höhenlage ungemein verändert worden.

Der Balkan stand im ganzen wohl unter östlicheren Klimabedingungen wie heute, denn die Nordadria wie die Ägäis sind spätquartäre Einbrüche, auch das Schwarze Meer war ein neuer, kaum brackischer Binnensee. Die bis zum Olymp herabreichenden Gebirgsvergletscherungen sind schon erwähnt, es werden Klimazeugen aus demgemäß besonders trockenen Interpluvialzeiten im nächsten Teil behandelt. Besonders wichtig ist der Fund von *Rhododendron ponticum* auf der Insel Skythos, da er für weit höhere Feuchtigkeit zeugt, als ihr jetzt zukommt. Die alpin-interglaziale pontische Alpenrose ist heute in der feuchtwarmen Kolchis zu Hause, in Spanien hat sie noch einige pluviale Reliktstandorte.

Auf der Südseite des Mittelmeers finden sich in quartärer und alluvialer Zeit verschiedene Feuchtigkeitsepochen. In Nordwestafrika waren Teile des

[1] PENCK, A.: Die Formen der Landoberflache und Verschiebungen der Klimagurtel. Sitzgsber. preuß. Akad. Wiss. 4 (1913).

[2] DOUVILLÉ: La Péninsule ibérique, L'Espagne. Handbuch Reg. Geol. 3, S. 3. Heidelberg 1911.

Atlas vereist, die Schotts hatten höhere Wasserstände mit Süßwassersedimenten, sie gehören in eine den westamerikanischen Salzseen ähnliche Gruppe. In den Dünen finden sich quartäre Täler mit erhaltenen Deltas. Vom Atlas, vom Ahaggarmassiv in der zentralen Sahara strahlen radial fossile Flußbetten aus. Tropische Fische kommen in der Biskra-Oase und dem Wadi R'ir vor, ebenso äthiopische Mollusken und Krokodile, während die karthagischen Elefanten und Flußpferde wohl historischen Klimaänderungen ihre Wanderungsfähigkeit durch den Wüstengürtel verdanken. Durch FROBENIUS bekanntgemachte vorgeschichtliche Felszeichnungen stellen eine südlichere reiche Fauna dar. Am Ostrand der Oase Chargeh der Nubischen Wüste sind pluviale Kalktuffe mit *Quercus-iex*-Blättern vorhanden. Das Niger-Entwässerungssystem besaß ehemals eine weit größere Erstreckung in das heutige aride Gebiet hinein. Im schwach salzigen Tschadsee zeugen Fisch- und Molluskenfunde von einem humideren Klima, welches der Bildung von Süßwasser zusagt. Allerdings hat hier PENCK eine andere Auffassung wie LEMOINE[1] vertreten. Viel für sich hat die jüngste von JÄGER[2] vertretene, nach der der Tschadsee mit seinem Süßwasser erst ganz junger Entstehung und kein Reliktgewässer ist, während Fossilien im Bodelebecken das Vorhandensein eines Pluvialsees von 200000 km² Oberfläche sicherstellen, der seinen Zufluß an den jetzigen südlichen Nachbar abgab.

In Ägypten beweisen Muschelschalenbänke und Korallenriffe eine weit landeinwärts reichende Transgression des Mittelmeers und Roten Meers. BLANCKENHORN[3] ist auf Grund der Gliederung der quartären Nilterrassen und Deltas früher zu drei, neuerdings zu einer Vierteilung der Pluvialzeiten gekommen. Im Niltal sprechen noch mächtige Kalktuffe von eingegangenen pluvialen Binnenseen. Die Pluvialzone findet aber zu beiden Seiten des Niltals und bei 25^0 n. Br. ihr Ende. Im Westteil der Libyschen Wüste fehlen die Kalktuffe, die Schotterdeltas der quartären Seitenwâdis erstrecken sich nur bis zur genannten Grenze. Abessinien, das heute am Nordrand der Monsunregion liegt, scheint in der Pluvialzeit nicht hineingereicht zu haben, trotz rezenten ewigen Schnees zeigt es keine diluviale Vergletscherung, der Blaue Nil erreichte Ägypten damals nicht. Während Gips- und Salzlager quartären Seen entsprechen sollten, glauben andere, wie nach obigem wahrscheinlich ist, nur Anzeichen gesunkener Bewässerungskunst in den Pseudopluvialen zu sehen. Die großen afrikanischen Einbrüche um die Pliozän-Quartär-Wende mögen besonders in den arabisch-mesopotamischen Gebieten die humide Tendenz verstärkt haben. In Palästina korrespondieren die pluvialen Flußterrassen mit den ägyptischen. Das Tote Meer besaß im „Jordansee" des „Großen Pluvials" eine Länge von 250 km. Die Libanonvergletscherung bildete Moränen, dortige Kalktuffe enthalten Eiche, Buche, Haselnuß, die heute in Syrien verschwunden sind.

Kleinasien war anscheinend nur am Mysischen Olymp vergletschert. Flußschotterterrassen sind recht häufig, die gewaltigen Randschottermassen der Gebirge erzählen von stark humidem Klima, die eigenartigen Schuttströme in großen Höhen führt PHILIPPSON[4] auf pluviales Gekriech zurück. FRECH[5] beschrieb aus dem Taurus mächtige glazialzeitliche Schotter. Das Schwarze Meer entstand im älteren Diluvium, mehrfache Trans- und Regressionen entsprachen den pleistozänen Klimaschwankungen, und erst in der Postglazialzeit entstand das heutige Bild der südrussischen Küste mit den Limanen, Nehrungen und

[1] LEMOINE, P.: Westafrika. Handbuch Reg. Geol. 7, S. 6. 1913.

[2] JÄGER, F.: Die Gewasser Afrikas. Z. Ges. Erdkde Berlin, Jub.-Bd. 1928.

[3] BLANCKENHORN, M.: Die Steinzeit Palästina-Syriens und Nordafrikas. Das Land der Bibel 3, 5 (1921).

[4] PHILIPPSON, A.: Kleinasien. Handbuch Reg. Geol. 5, S. 2. Heidelberg 1918.

[5] FRECH, F.: ebenda.

Salzseen[1]. Armenien hat nach F. Oswald[2] ein strenges eiszeitliches Klima besessen, die Hochgebirge waren wie der benachbarte Kaukasus vergletschert, weite Süßwasserseen mit der heute dort ausgestorbenen *Dreissensia polymorpha* und Formen von Paludina und Unio erfüllten die Senken, die heute noch bestehenden Wan-, Goktscha- und Urmiaseen besitzen sehr hohe pluviale Uferlinien, sind aber abflußlose versalzte Grabenseen mit quartärer Tektonik[3].

In Persien ist eine Vergletscherung ungewiß, die Bedeckung ganzer Provinzen mit mächtigen Serien von quartären Sanden, Tonen, Lößen und Konglomeraten gehört der Pluvialperiode an, für deren starke Feuchtigkeitswirkungen Sven Hedin[4] mehrere Beweise anführt. In Ostpersien kennt man große ausgetrocknete Süßwasserbecken und verschieden hohe Uferlinien. Zwei hochgelegene Schotterterrassensysteme begleiten Euphrat und Tigris[5].

Der Kaukasus ist wie die Alpen von Löß umgürtelt, an seiner Nordseite greifen bis 186 m hoch die diluvialen Abrasionsterrassen der diluvialen Transgression des heute über NN deprimierten Kaspisees ein. Hier, in Westasien, hat die Pluvialzeit ihre eindruckvollsten Spuren in dem riesigen Transgressionsmeer des zeitweise einheitlichen Aral-Kaspi-Beckens hinterlassen, das im Norden bis an die Kamamündung in die Wolga reichte und mehrmals im Diluvium mit dem Pontus durch den Manytsch in Verbindung stand. Hier hat ein Austausch der Fauna stattgefunden, ist doch das Vorkommen u. a. des Seehundes nur auf Grund einer Verbindung durch Flüsse und Seen mit der borealen Eismeertransgression in Nordasien zu verstehen, die nicht auf klimatische sondern isostatische Ursachen zurückgeht. Weiter nach Zentralasien hin entsprechen starken Gebirgsvereisungen diluviale weitgedehnte Seen, deren Terrassen erhalten sind. 30 bis 130 m höhere Terrassen besitzen u. a. der Balkasch- und andere Seen im Tibethochland, die Salzseen im nordkaspischen Gebiet hält Penck (1914) für eingedampfte Pluvialseen[6]. Diese Region riesiger Binnenseen, die bei Kiew beginnt und bis in die heutigen hochariden zentralasiatischen Gebiete hineinreicht, entspricht wohl der pluvialzeitlich möglichen Fortsetzung der konzentrierten mediterranen Zyklonenbahn.

Leuchs[7] schildert die gewaltigen Löß- und Schottermassen Zentralasiens als Absätze stehenden und fließenden Wassers, die in diesem Schutt heute erstickenden Gebirge stehen unter hocharidem Klima, nur noch der Wind saigert die Akkumulationsmassen des aquatischen Quartärs in rezenten Lößstürmen aus. Mit den weitverbreiteten quartären epirogenetischen Bewegungen bringt Obrutschew das Entstehen großer Seen im Becken von Minnussinsk, am nördlichen Fuß des Altai, im Amphitheater von Irkutsk zusammen, ebenso den Tiefeneinbruch des Baikalsees, der zu seinen Tertiärrelikten — wie das Kaspimeer — von der borealen bis 62° n. Br. reichenden Transgression eine Eismeerfauna durch breite Urströme erhielt. Der Baikalsee stand, allerdings wohl vor den jüngsten Einbrüchen, 1200 m höher als heute.

---

[1] Wasmund, E.: Biostratonomisch-malakologische Beobachtungen zur Quartargeschichte der sudrussisch-pontischen Saumtiefe. Geol. Rdsch. **20** (1929).

[2] Oswald, F.: Armenien. Handbuch Reg. Geol. **5**, S. 3. Heidelberg 1912.

[3] Bogatschoff, V. V.: The Urmia and the Van Lakes. Ann. Lenin-Univ. Aserbeidschan, Sect. Nat. Hist. u. Med. **7** (Baku 1928).

[4] Hedin, S.: Some physico-geographical indications of post-pluvial climatic changes in Persia. Die Veränderungen des Klimas usw., Stockholm **1910**.

[5] Stahl, A. F. v.: Persien. Handbuch Reg. Geol. **5**, S. 6. Heidelberg 1911.

[6] Verfasser wird a. a. O. den Nachweis zu führen versuchen, daß es sich hier aber um Salzaugen permotriadischer Salzhorste handelt, die im tektonischen Gitter uralischer und kaukasischer Richtung in Salzlinien aufgestiegen sind. Hingegen scheint es in der nordwestindischen Wuste solche echten Pluvialseen, die heute zu Salzgewässern eingedampft sind, zu geben.

[7] Leuchs, R.: Zentralasien. Handbuch Reg. Geol. **5**, S. 7. Heidelberg 1916.

Ganz entsprechend finden wir in Nordamerika eine Ausbreitung der nivalen und humiden, und eine Schrumpfung der ariden Klimazone. Die klassischen Forschungen von RUSSEL[1] und GILBERT[2] im Großen Becken sind neuerdings von JONES[3] und besonders ANTEVS[4] ergänzt worden. In den Randgebirgen kennt man eine 2—3fache Vereisung, sie war ziemlich kümmerlich. Die Uferterrassen stammen durchweg aus der Würmpluvialzeit, in der die älteren zerstört worden sind, doch läßt sich im Profil durch den Wechsel der Litoral- und Profundalsedimente die Zahl der Spiegelschwankungen erschließen. Der quartäre Lake Lahontan hat so nachweislich 3—4 Hochstände erlebt, korrespondierend den Vereisungen im Norden. Der Lake Bonneville war mit der größte, heute sind im hochariden Klima nur wenige Salzseen erhalten; wichtig ist, daß der südliche Teil des Great Bassin, obwohl es abflußlose Becken besitzt, auch im Quartär kaum von Süßwasser erfüllt war, der nördliche Teil aber überwiegend überflutet war. Also war die allgemeine Temperatursenkung, welche die Verdunstung herabsetzte, die Ursache für die nicht erhöhten Niederschläge, wie dieses PENCK[5] in gewohnter überzeugender Weise dargetan hat. JÄGER[6] hat in Mexiko neben Vereisungsspuren auch Seespiegelschwankungen bekanntgegeben, die höher liegenden Terrassen sollen durch Funde von *Elephas imperator* als diluvial gesichert gelten.

Wenn sich also nach diesen Angaben der nördliche Trockengürtel nicht südwärts an der äquatorialen Grenze verschoben, sondern verengert hat, so müssen sich dafür auch Anzeichen finden. Vor den zentralen Wüsten und Halbwüsten haben die quartären Klimaschwankungen augenscheinlich, wie schon angedeutet, Halt gemacht. Die Namib ist nach E. KAISER[7] im Miozän ein extrem arides Gebiet, die Sedimentation der mindestens seit dem Tertiär abgelagerten Kalaharisande hört nun im Diluvium auf, und es wird eine gewisse Abtragung behauptet[8]. Die Sahara und innere ägynubische, ebenso wie nach MORTENSEN[9] die nordchilenische Wüste, waren im Diluvium auch Kernwüste, und der argentinische Pampaslöß soll sich seit der Kreide gebildet haben. Anders liegt es mit den äquatorialen Trockengrenzen. PENCK glaubte, daß die Formen des inselreichen weiten Tschadsees auf das aride Klima des Quartärs zurückzuführen sind, sie haben morphologisch die Kennzeichen der ariden Bolsone, der abflußlosen Schuttstapelplätze der Wüsten und Halbwüsten[10]. Sein geringer Salzgehalt deutet ebenso wie das Brackwasser der Etoschapfanne im südafrikanischen Trockengürtel auf postglaziale Wasserbereicherung. Ähnlich könnte man mit HUME und CRAIG[11] deuten, daß die Nilquellen im Eiszeitalter keinen Abfluß aus Abessinien nach Norden fanden. Die zahlreichen Pfannen sind für beide Pluvialgürtel das, was die ver-

---

[1] RUSSELL, J. C.: Geological History of Lake Lahontan, a Quaternary lake of Northwestern Nevada. U. S. Geol. Surv. Monogr. 11 (1885).

[2] GILBERT, G. R.: Lake Bonneville. Ebenda 1 (1890).

[3] JONES, J. C.: Geologic History of Lake Lahontan. Carn. Inst. Publ., Washington **1925**, 392 (Quaternary Climates).

[4] ANTEVS, E.: On the Pleistocene History of the Great Basin. Ebenda **1925**.

[5] PENCK, A.: The shifting of the climatic belts. Scot. geogr. Mag. **30** (1914). — Die Ursachen der Eiszeit. Sitzgsber. preuß. Akad. Wiss., Math.-physik. Kl. **6** (1928).

[6] JÄGER, F.: Forschungen uber das diluviale Klima in Mexiko. Pet. geogr. Mitt. **1926**, Erg.-H. 190.

[7] KAISER, E.: Die Diamantenwuste Sudwestafrikas **1**, **2**. Berlin 1926.

[8] KRENKEL, E.: Geologie Afrikas **1**, **2**. Berlin 1925—27.

[9] MORTENSEN, H.: Geographische Forschungen in Chile 1925. Naturwiss. **15** (1927). — Das Formenbild der chilenischen Hochkordillere in seiner diluvial-glazialen Bedingtheit. Z. Ges. Erdkde Berlin **1928**, 314.

[10] Vgl. S. 114.

[11] HUME, W. F., u. J. I. CRAIG: The glacial period and climatic changes in northeast Africa. Rept. Brit. Ass. Adv. Sci. **81** (1911). — Climatic changes in Egypt during Postglacial times. Die Veranderungen des Klimas usw., Stockholm 1910.

moorten und verlandeten Seen der glazialen Seenplatten bedeuten, die Zeugen einer fremdklimatischen Hydrographie und Morphologie.

Auf der Südhalbkugel sind entsprechend der heutigen Land-Meer-Verteilung und der resultierenden Klimatologie die Quartärklimawirkungen wesentlich geringer, doch scheinen sie aber im Prinzip gleicher Natur zu sein. Die Pluvialzeiten sind im südlichen Trockengürtel ebenso erkennbar. TROLL[1] hat neuerdings in Südamerika Hochstände des Titicacasees und Pooposees kennen gelehrt, die für eine Verengerung der Trockenzone am Gebirgsrand sprechen. Der Lago Poopo füllte zur Eiszeit als Lago Minchin ein gewaltiges Becken. Die gleichen Erscheinungen lassen sich nach KRENKEL[2], KLUTE[3] usw. auch von der äquatorialen Trockengrenze in Ostafrika anführen. Wie drüben die ekuadorisch-peruanischen Andengipfel heute eine schwache Firnhaube tragen und diluvial eine rund 600 m starke Senkung der Schneegrenze erfuhren, so ist das auch bei den heute schwach oder gar nicht mehr vergletscherten Vulkanhöhen des Kilimandscharo (Kibo), des Kenia und Ruwenzori der Fall. Die Bergflora und -fauna enthält sogar mediterane und paläoarktische Elemente, die nur in einer kühl-feuchten Zeit einwandern konnten. Heute verlandete Seen „schmückten in der Pluvialzeit in großer Zahl die Grassteppen der Hochländer", Kalkkrusten von über 2 m Dicke beobachtete OBST in den Schwarzerdedecken von Turu, wo der seekreideartige, gräserhaltige Kalk bis 2 m über dunklen Böden liegt. Der Njassa, Tanganjika- und Rudolfsee sowie die andern ostafrikanischen Einbruchsbecken werden von Konglomeraten, Mollusken- und Diatomeenabsätzen hoch umsäumt, die quartären Seestände reichen mindestens 150 m höher. Veränderungen der Verdunstungshöhen möchte der Verfasser für ausschlaggebend halten, Wasserzufuhränderungen und Senkungsfortdauer überkreuzen sich nach KRENKEL in der Wirkung. Im Innern des afrikanischen Hochlandes sind Schottermassen flächenhafter Ausbreitung weit verbreitet und werden pluvial gedeutet. In Südafrika fehlen trotz mehrerer Behauptungen sichere Glazialspuren quartären Alters. Zeichen größeren Wassserreichtums sind im Gebiet der heutigen Pfannen und intermittierenden Flüsse zu finden. Sonst aber nehmen die Vereisungsspuren, wenn wir über die südlichen Roßbreiten weiter südwärts gehen, zu.

Die südaustralischen Alpen lassen Glazialspuren deutlich erkennen, ebenso Tasmanien und Neuguinea, besonders aber trug die Südinsel Neuseelands gewaltige Gletscher, die diluviale Schneegrenzenkurve läuft hier 1000 m unter der heutigen. Südaustralien hat eine deutliche Pluvialzeit gehabt, Süßwassersedimente großer Mächtigkeit, *Eucalyptus*-Galeriewälder ohne die zugehörigen Flüsse dienen als Beweis. Auf Neuguinea und Hawai sind Spuren ehemaligen ewigen Schnees oder kleiner Eisfelder erkannt worden. Andere Anzeichen für die Pluvialzeit der ostindischen Inseln sind auch im Äquatorialgürtel höhere Seestände, Flußterrassen mit verstärkter Geschiebeführung und die Bildung einer roten Vulkanerde als Verwitterungsprodukt (VAN BAREN).

Südamerika weist im Süden heute wie im Diluvium stark vereiste Gebiete auf, das Magalhaensgebirge wie gewisse Ostteile der Küstenkordillere waren von Inlandeis bedeckt, in Patagonien reichten Gletscher durch tief eingeschnittene Fjordlandschaften bis ans Meer, Randseen begleiten die südchilenischen Anden wie die Alpen. Die geologisch-morphologischen Erscheinungsformen sind die gleichen wie in Europa, aus der Vergletscherung aller beträchtlichen Höhen der ganzen pazifischen Ketten von Kanada über den Äquator bis zum Kap Horn läßt sich Gleich-

[1] TROLL, R.: Forschungen auf dem Hochland von Bolivien. Z. Ges. Erdkde Berlin 1927.

[2] KRENKEL, E.: Geologie Afrikas 1, 2. Berlin 1925—27.

[3] KLUTE, F.: Ergebnisse der Forschungen am Kilimandscharo 1912. Berlin 1920.

zeitigkeit der Vereisung beider Halbkugeln mit hoher Wahrscheinlichkeit schließen. Im argentinisch-patagonischen Vorland der Kordilleren breiten sich Fluvioglazialschotter vor den Moränen aus, die beide in verschiedenen Höhenlagen und verschiedenen Erhaltungszuständen, also vielfachen Alters, vorhanden sind, vor den Schotterfluren folgt eine Sandzone und dieser wieder die Lößbildung bis zur atlantischen Küste hin. Flußterrassen in den südbrasilianischen Staaten S. Paolo und Parana mit Aufschotterung und Terrarossadecken sind pluvialzeitlich, die zeitliche Einordnung ist aber noch unsicher.

Die Antarktis war weit über das heutige Maß vereist, nicht nur die Nunataker über dem festländischen Inlandeis wie der Gaußberg tragen Findlinge, auch das Schelfeis lag weiter draußen, die vorgelagerten Inselgruppen (Südorkneys, Südgeorgien, Kerguelen usw.) waren analog Spitzbergen völlig vergletschert, und schließlich beweisen die Bodenproben der Deutschen Südpolarexpedition (PHILIPPI) und der Deutschen Atlantischen Expedition (PRATJE) ein Hinaufreichen der Treibeisgrenze weit in den Südatlantik hinein, wo auch Feuerland und, noch unsicher, die Falklandinseln eine Eisdecke trugen.

Die Schilderung der Interglazial- und Interpluvialzeiten führt uns schon mehr in das Problem der Zahl und der Gleichzeitigkeit der eben dargestellten Vereisungen. Geologisch-bodenkundliche und paläontologische Tatsachen geben die Hauptzeugen für Art und Dauer der Klimaverbesserungen während des Diluviums ab. Bodenbildungen im Periglazial- und Pluvialgebiet, Altersanzeichen der glazigenen Formen und Lagen terrestrischer wie mariner Faunen und Floren zwischen zwei eiszeitlichen Ablagerungen zeigen klar, daß zwischen den Eiszeiten Epochen lagen, in welchen die heutige Klimaverteilung herrschte, wo sogar regional noch günstigere, anscheinend feuchtwarme Umweltsbedingungen vorlagen. Der Charakter mancher ungestörten Fossilfolgen läßt sogar noch An- und Abstieg der Einwanderung gemäßigter Formen und den Endsieg der anfänglich noch herrschenden borealen oder subarktischen Organismen, die stetige oder sprunghafte Erwärmung und Abkühlung erkennen. Sehr selten liegen zwei Interglazialablagerungen in demselben Profil, nie drei. Wenn dadurch auch schon drei Glaziale in Nordeuropa gesichert sind, ist die älteste Günzvereisung der Alpen durch Verknüpfung der Schotter mit den dazugehörigen Moränen ebenso erwiesen. In Nordamerika scheinen ebenso 4 Eiszeiten nachgewiesen zu sein, auch LEVERETT[1] hat sich neuerdings von der Idendität der Iowan- und Illinoian-Eiszeit (= Riß) überzeugt. Für Norddeutschland und Dänemark gibt es nur die Möglichkeit, 3 Eiszeiten und 2 Interglaziale zu sehen. Will man nicht Zerstörung oder lückenhafte Erforschung annehmen, so kann man sich auch denken, daß der Günzeiszeit eine im Ausräumungsgebiet der folgenden Vereisungen nicht mehr erkennbare Eisdecke nur über Fennoskandia entsprach, erst später, vielleicht durch die steigende im Pliozän beginnende Kontinentaltendenz entwickelte sich das eigentliche Inlandeis.

Die Chronologie des Eiszeitalters stand in der Kampfperiode Monoglazialismus contra Polyglazialismus auf schwankenden Füßen. Die von PENCK und BRÜCKNER auf Grund der interglazialen Verwitterungsintensitäten damals geschätzten Zahlen haben aber ihre schöne Bestätigung gefunden durch die Strahlungskurve und die schwedische Solarkurve. Damit erhalten wir exakte Zahlenmaße für die quartären Klimaschwankungen. Die nebenseitige Tabelle gibt Aufschluß über die aus verschiedenen Ländern stammenden terminologischen Äquivalente und die Zeitmaße.

[1] LEVERETT, F.: The comparison of the North American and European glacial deposits. Z. Gletscherkde 4 (1910). — The pleistocene glacial stages: Were there more than four? Proc. amer. phil. Soc. 65 (1926).

Chronologische Vergleichstabelle der diluvialen Zeitabschnitte nach der Strahlungskurve.

Ziffer		Alpen	Norddeutschland	England	Nordamerika	Jahre vor der Gegenwart in Jahrtausenden		Absolute Dauer in Jahrtausenden	
Glazial	Interglazial					Eiszeit	Zwischeneiszeit	Eiszeit	Zwischeneiszeit
IVc		Seestadien	Weichseleiszeit = baltischer Vorstoß			26—21		5	
	IVb—IVc						66—26		40
b		Würm II Innere Jungendmorane	Wartheeiszeit	Mecklenburgian	Wisconsin	74—66		8	
	IVa—IVb						110—74		36
a		Würm I Äußere Jungendmoräne				118—110		8	
	IVα—IVa						139—118		21
IVα		Riß-Würm-Interglazial		Durntenian	Sangamon	144—139		5	
	IIIb—IVα						183—144		37
b		Riß II	Saaleeiszeit			193—183		10	
	IIIa—IIIb			Polonian	Illinoian-Iowan		225—193		32
a		Riß I				236—225		11	
	IIIα—IIIa						302—236		66
IIIα		Mindel-Riß-Interglazial		Tyrolian	Yarmouth	306—302		4	
	IIb—IIIα						429—306		123
b		Mindel II	Elstereiszeit			434—429		5	
	IIa—IIb			Saxonian	Kansan		470—434		36
IIa		Mindel I	↓ oder			478—470		8	
	Ib—IIa	Günz-Mindel-Interglazial		Norfolkian	Aftonian		543—478		65
b		Günz II	↑ Älteste ostdeutsche Vereisung			550—543		7	
	Ia—Ib			Skanian	Jerseyan-Nebraskan		585—550		35
Ia		Günz I				592—585		7	

Ein vielfach überraschendes Ergebnis war die Verdoppelung der Eiszeiten, unter Umständen noch mit Vorboten oder Nachklängen, die sich nicht immer als Vereisung, sondern nur als Flußterrassenschotter ankündigten. Nach allem ist zu erwarten — und hat sich durch EBERLS Forschungen bestätigt —, daß bei der konservativeren Natur des Inlandeises, und auch mitverschuldet durch seine enormen Zerstörungskräfte, die einzelnen Großschwankungen von der periglazialen Flußtätigkeit und von den beweglicheren alpinen Vorlandgletschern mit deren Schotterstraßen besser widergespiegelt werden. Es wird immer zu bedenken sein, daß die Strahlungskurve nur die an der Atmosphärengrenze auftreffenden primären Strahlungsmengen angibt, es ist zweifellos, daß die sekundären Witterungsfaktoren zeitweise die ersten übertönen können. Jene beruhen auf der jeweiligen paläogeographischen Konstellation, und so muß die hochkontinentale Tendenz am Ausgang des Pliozäns, die Reduzierung der Schelfmeere, das Hochsteigen weiter Kontinentaltafeln im Zusammenhang mit dem früher schon aus geologischen und paläobiologischen, jetzt aus astronomischen Gründen erschlossenen Temperaturabfall den Beginn der Vereisungen verstärkt haben. In der weiteren Folge der Eiszeiten ist eine eigenartige Selbstverdoppelung sichtbar: Die weite Eis- und Schneedecke befördert durch erhöhte Ausstrahlung den Temperaturabfall, andrerseits wird der Abschmelzvorgang, wenn einmal eingeleitet, durch die großen Wasserflächen der Schmelzwasserstromtäler, der Randseen, der Pluvialbinnengewässer und der Transgressionsmeere über den noch tiefliegenden, eben entlasteten Landstrecken in Richtung auf maritimeres Klima nur beschleunigt. Durch die Strahlungskurve liegt die Zahl von 4 Eiszeitgruppen fest. Allerdings, es variieren die zeitliche Verteilung und noch mehr die Intensität ziemlich stark mit der Breite. Auf der Südhemisphäre ist sogar die Zahl der Strahlungsminima eine andere. Dabei sind die paläogeographisch-klimatischen Nebeneinflüsse noch unberücksichtigt geblieben, ebensowenig die hypothetischen Breitenänderungen eines Punktes.

Die Günzeiszeit ist als zweifache Vereisung im Anschluß an PENCK durch EBERL im nördlichen Alpenvorland durch Verknüpfung mit zwei Schottern sichergestellt. In Norddeutschland ist die Existenz dieser ältesten Eiszeitgruppe noch fraglich, möglicherweise gehört die älteste in Westpreußen festgestellte Vereisung hierher. In Dänemark fehlt sie sicher, wenigstens ist sie nicht mehr feststellbar. Im fennoskandischen Ausräumungsgebiet sind naturgemäß derartige Feststellungen nie möglich. In Nordamerika läßt sich Jerseyan und Nebraskan verkoppeln, wahrscheinlich setzen die Vereisungen aber schon früher ein, worauf manche Anzeichen, die sich mit der Strahlungskurve vereinigen lassen, hindeuten. Die Parallelisierung der norddeutschen Endmoränen untereinander, mit der holländischen und erst recht mit der polnisch-russischen ist bei vielen sich widersprechenden Versuchen auf morphologischer Grundlage noch zweifelhaft und nur bei den Würmstadien vorläufig erfolgversprechend. Eine auch nur relative Konnektierung der Warwenzählungen der Stauseen am Mittelgebirgseisrand wäre ein Mittel. Ein petrographisches Vergleichsmittel hat MADSEN[1] mit dem Steinzählungskoeffizient (Verhältnis der Feuersteine zu den übrigen Geschieben in Prozenten) in Dänemark mit gutem Erfolg eingeführt. Das älteste Interstadial zwischen den beiden Günzvorstößen ist bei dieser Sachlage noch unbekannt, nicht viel anders steht es mit der 1. Interglazialzeit. Die Tegelenschotter in den Niederlanden und die entsprechenden Horizonte im britischen Cromer-forest-bed sind hier noch z. T. einzugliedern. In der Mindeleiszeit liegen ebenfalls zwei Vorstöße fest, in Norddeutschland, Dänemark usw. ist sie als „Elstereiszeit", 1. Vereisung bekannt.

[1] USSING, N. V., u. V. MADSON: Beskrivelse tıl det geologiske kortblad Hindsholm. Danm. geol. Unders., 1. R. 2 (1897).

Das Mindel-Riß-Interglazial mit seiner Dauer von 123000 Jahren übertrifft alle Zwischeneiszeiten, Zwischenstadien und die Nacheiszeit ganz gewaltig an Jahren, nicht umsonst heißt es auch das „Große Interglazial". Auch in Nordamerika wird das 2. = Yarmouth-Interglazial, das der Mindel-Riß-Zwischeneiszeit entspricht, als das längste aufgefaßt (ANTEVS). Ebenso erscheint auf der S. 105 wiedergegebenen Kurve dieser Zeitabschnitt für den Orient als das Große Interpluvial. Der Neandertalmensch lebte in Frankreich und Mitteldeutschland, die Höttinger pontische Alpenrose bei Innsbruck bewohnte wohl die ganzen Alpen, *Elephas antiquus* und *Rhinozeros Merckii* sind für dies ältere Diluvium bezeichnend. Die noch von GAMS und NORDHAGEN[1] versuchte Aufrechterhaltung der Mühlbergschen Eiszeit (im Aaregletschergebiet festgestellt) ist ein Zeichen für die Notwendigkeit, die Vereisungen doppelt zu fassen. Die genannte Phase gehört zur Rißgruppe. Süßwasserabsätze, wie solche von Cannstatt oder Halberstadt, zeigen die temperierten Binnengewässer unserer Breiten, die noch Tertiärrelikte, wie die Wassernuß *Trapa natans* oder die Seerose *Brasenia purpurea*, beherbergten. Marine Schichten kalten (Yoldienton der Haffe, Cardienschichten der unteren Elbe) und gemäßigten Charakters (Schleswig-Holstein) bezeichnen die Transgressionen, die der norddeutschen Depression im Elbe- und Weichselgebiet im ähnlichen Umfang folgen, wie es vorher die spättertiären und nachher die Eemüberflutungen taten, und die schließlich heute noch die Flußmündungen benützen. Auf Perioden sehr heißer Sommer in dieser langen Zwischeneiszeit deutet die Umwandlung der südalpinen Deckenschotter in leuchtend roten Ferretto, Rinden- und Politurbildung der älteren Geschiebe, schalenartige Absonderungsverwitterung usw. in Norddeutschland. Die Rißeiszeit wird wenigstens in Europa durch eine Mittelstellung gekennzeichnet, auch in Nordamerika ist die je folgende Vereisung immer die kleinere. Ihr erster Vorstoß reicht, wie im Alpenvorland sichtbar, ganz entsprechend dem großen Strahlungsminimum weiter als der zweite. Ihr folgt das dritte und letzte Interglazial, obwohl dies von kürzerer Dauer ist, wir haben aus naheliegenden Gründen mehr Reste davon erhalten, schon weil die Würmvereisungen und deren erosive Wirkungen sich nicht mehr auf das ganze frühere Glazialgebiet erstreckten (auf beiden Kontinenten) und so auch Rückzugsbildungen und Interstadiale zur Erhaltung kommen. Eine große Zahl von Torflagern, besonders in Nordwestdeutschland, von Schieferkohlen im Alpenvorland läßt durch Zeitfolge der Makro- und Mikrofossilien die Klimafolge erkennen. Die altpaläolithische Kultur (Moustérien?) der Siedlungen von Wildkirchli und Drachenloch im Säntisgebiet[2] zeigt, wie weit der Rheingletscher sich zurückgezogen haben muß, rituelle Gebräuche und Kunstäußerungen erzählen von dem Menschen einer entschieden höheren Stufe. Mammut und wollhaariges Nashorn (Rixdorfer Fauna) sind ganz diluvial, pliozäne Elemente wie in den Faunen von Mauer und Mosbach (Odenwald und Taunus) sind verschwunden.

Buchenwälder wie heute standen bis an die Ostsee, die sich in Form des Eemmeeres über Holland, beide Friesland, Nordschleswig, Rügen nach Westpreußen hineinzog. Im Anfang (Cyprinentone) und am Ende (Skaerumhede-Serie, ältere Yoldientone), war es borealer, in der Mitte von lusitanischer Fauna und Formen bevölkert, die gleich nördlich nur noch einmal im postglazialen Klimaoptimum an schwedischen Küsten erschienen und heute hier nicht mehr lebensfähig sind. Anzeichen von Gezeiten und höherem Salzgehalt deuten auf uns unbekannte ozeanische Verbindungen. Die Sedimentation in den dänischen

[1] GAMS, H., u. R. NORDHAGEN: a. a. O., S. 128.

[2] BÄCHLER, E.: Die Forschungsergebnisse im Drachenloch ob Vättis im Taminatale. Jb St. Gall. naturwiss. Ges. **59** (1923).

Süßwassersedimenten dieses Interglazials ist von KNUD JESSEN und MILTHERS[1] vorbildlich untersucht worden, das Resultat liefert unseres Erachtens einen weiteren Beweis für die Geltung der Strahlungskurve auch im Norden, die sich auch in der mitteldeutschen „Präwürmterrasse" bemerkbar macht, die natürlich in den Eisrandbildungen nicht wieder zu erkennen ist. KILIAN hat übrigens für die französischen Alpen schon früh eine Zweiteilung der letzten Eiszeit vertreten. Es könnte sich bei der eben genannten klimatischen Oszillation auch um den ersten Würmvorstoß handeln, der auch in den Alpen vom zweiten überfahren wurde. Zu Beginn des letzten Interglazials ist die dänische limnische Sedimentation durch anorganogene Ablagerungen mit arktisch-subarktischer Dryasflora gekennzeichnet, dann folgt normale Gyttjasedimentation mit Birken und Kiefern, dann mit Eichenmischwald, ein Teil der Seen ist vertorft. Dann verschwinden aber die thermophilen Wasserpflanzen und der Laubwald, Tanne und Kiefer werden in Tonen und Sanden, und schließlich nur noch subarktische Heidevegetation gefunden. Diesem Anzeichen eines innerskandinavischen Eisvorstoßes folgt nochmals Torf und Gyttjasedimentierung mit wiederkehrendem Laubwald, und erst dann geht anorganogene Sedimentation mit hochnordischer Flora endgültig in die Würmglazialzeit über. Ähnliche Doppelfolgen sind von STOLLER bei Krölpa (Thüringen) und von SZAFER[2] in Polen untersucht worden. In diesem Sinne mag auch die früher von Ew. WÜST[3] auf Grund sorgsamer, schichtmäßiger Deutung der Konchylien aus den Weimarer Kalktuffen aufgestellte Interglazialfolge Waldphase-Steppenphase-Waldphase doch noch ihre Bestätigung finden, ein Vorstoß im Norden im Gefolge eines kleineren Strahlungsminimums ist durchaus möglich.

Der Würmeiszeit mit zwei noch morphologisch deutlich erkennbaren Vorstößen (in den Alpen lange schon als äußere und innere Jungendmoräne geschieden, vgl. Tabelle S. 119) folgt ein größerer dritter Vorstoß, der in den Alpen die Randseezungenbecken umschließt (Konstanzer Stadium, Ammerseestadium) und im Norden als Baltischer Vorstoß sich morphologisch so wesentlich von den greisenhafteren Formen von Würm I/II unterscheidet (GRIPP[4], WOLDSTEDT[5]), daß es nur noch der Bestätigung durch die Strahlungskurve bedurfte, um ein längeres Interstadial zu beweisen. Die folgenden postglazialen Klimaschwankungen sind für bodenkundliche Zwecke so wichtig, daß sie eine geschlossene Behandlung verdienen. Da die Einordnung der organischen und prähistorischen Funde in die mehrfachen Zwischenzeiten und -stadien zum größten Teil noch strittig ist, und für unsere Zwecke die prinzipiell zu ziehenden klimatischen Schlüsse am wichtigsten sind, so folgen hier einige Ausführungen über die Beweiskraft der vorgeschichtlichen, bodenkundlichen und biologischen Klimazeugen für die Interglazialgebiete und das bisher vernachlässigte Pluvialgebiet.

Die erhaltene diluviale Tierfauna vermag noch weniger vom klimatischen Standpunkt als vom stratigraphischen exakte, eindeutige Auskunft zu geben.

---

[1] JESSEN, R., u. V. MILTHERS: Stratigraphical and palaeontological Studies of Interglacial Freshwater-deposits in Jütland and Northwest Germany. Danm. geol. Unders., 2. R. **48** (1928).

[2] SZAFER, W.: Über den Charakter der Flora und des Klimas der letzten Interglazialzeit bei Grodno in Polen. Bull. Acad. Pol. **1925**.

[3] WUST, E.: Die plistozanen Ablagerungen des Travertingebiets der Gegend von Weimar und ihre Fossilienbestände in ihrer Bedeutung fur die Beurteilung der Klimaschwankungen des Eiszeitalters. Z. Naturwiss. **82** (1910).

[4] GRIPP, K.: Über die außerste Grenze der letzten Vereisung in Nordwestdeutschland. Mitt. geogr. Ges. Hamburg **36** (1924).

[5] WOLDSTEDT, P.: Die großen Endmoranenzuge Norddeutschlands. Z. D. geol. Ges. **17**, 77 (1925). — Die „außere" und die „innere" baltische Endmorane in der westlichen Umrandung der Ostsee. Zbl. Min. B **1925**.

Nur in großen Zügen gesehen ergibt sich ein Hineinreichen pliozäner Elemente auch der Pflanzen bis ins „Große Interglazial", während in Nordamerika erst die letzte Eiszeit den entscheidenden Umschwung gebracht hat. Dank der günstigeren orographischen Lage der Gebirgssperren konnten noch im Alluvium Faunenelemente tertiärer Herkunft wieder nordwärts wandern, dasselbe gilt für die reiche nordamerikanische Flora, wie Sumpfzypressen usw. Den Mastodonten, Säbeltigern usw. im amerikanischen Diluvium stehen in der Alten Welt von vornherein kaum pliozäne Typen, nur Altelefanten (*Elephas meridionalis* und *E. antiquus*) gegenüber, weiter das Mercksche und das etruskische Nashorn, das bis England gehende Flußpferd, Zebras und Tigerpferde, diese altdiluviale Fauna wird seit der Rißzeit von Formen, wie *Elephas primigenius*, *Tichorhinus antiquitatis*, von eigentlichen Pferden, Hirschen, Wisent und Auerochsen, in Nordamerika vom Büffel, abgelöst. Wald-, Steppen- und Tundrentiere bewegen sich mit den wandernden Klimagürteln hin und her. In den Trockenzeiten dringen Kamele bis Rumänien und Südrußland vor, während sie in ihrem Stammland Amerika mit der Eiszeit aussterben. Das Verschwinden der diluvialen Pferde in Südamerika bis zu ihrer Wiedereinführung durch die Spanier wird neuerdings bestritten. Mit dem Mammut wandern Tundrensäuger wie Ren und Moschusochse im jüngeren Diluvium nach Nordamerika hinüber. In den Glazialzeiten zieht sich der Mensch in Westeuropa auf die Höhlen zurück, mit Höhlenlöwen und Höhlenbären liegt er im Kampf. In Südrußland und den angrenzenden asiatischen Gebieten scheinen Mammut, Nashorn und Elasmotherium, der Massenhaftigkeit der Funde, ihrem Erhaltungszustand und den Sagen nach zu schließen, erst im Alluvium ausgestorben zu sein. Die diluviale Fauna Südamerikas und Australiens zeichnet sich durch Riesenformen aus, auf Neuseeland und Madagaskar sind diluviale Riesenvögel erst in historischer Zeit ausgestorben, klimatische Bedeutung haben sie nicht.

Der nordeuropäische Eisrand war umgürtet von einem wohl ziemlich schmalen Tundragürtel, einem Steppengürtel, der durch eine Parksteppenlandschaft in die Wälder östlich und westlich der Alpen überging. Wir finden demgemäß nicht nur die zugehörigen Böden, sondern auch die Faunen bestätigen, wenigstens in Europa, das meteorologisch bedingte zonare Bild, während in Nordamerika die vermittelnde Steppe mit einer für sie typischen Fauna zu fehlen scheint. Außerhalb der Tundra „came a third belt of still less homogeneity; in the east it was composed of deciduous forests and their associated fauna, while in the west it was made up of plains and desert types of life" (ADAMS)[1]. Ihren heutigen und subfossilen, zweifellos aber zusammengedrängten Verbreitungsgebieten nach gehören an Fossilfunden zur Tundrenfauna: Lemminge, Moschusochse, Eisfuchs, Vielfraß, Mammut und wollhaariges Nashorn, Renntier, Schneemaus, Schneehase, im Übergangsgebiet zur Steppe mögen Steinbock, Gemse und Alpenmurmeltier gelebt haben, die Steppe war bevölkert von Wildpferd, Wildesel, Saigaantilope und einer Unzahl Kleinsäuger wie Steppeniltis, Steppenfuchs, Steppenmurmeltier, Großer Pferdespringer, Zwergpfeifhase, Ziesel, Hermelin u. a. m. Eine weitere Zahl von Tieren wie Edelhirsch, Riesenhirsch, Ur (beide erst historisch ausgestorben), Damhirsch, Wisent, Birk- und Auerhahn, Waldtaube lassen auf Waldsteppe schließen oder mögen, wie die weitverbreiteten Mäuse, Ratten, Hamster und Maulwürfe, ebenso wie die Bären, Wölfe, Hyänen und Katzen überall geraubt haben.

Nach dem Höhepunkt einer Eiszeit mußten sich infolge des schnelleren Temperatur- und Strahlungsanstieges, dem der Eisrückzug nicht im Tempo zu

---

[1] ADAMS, CH. C.: The postglacial dispersal of the North American biota. Biol. Bull. 9 (1905). — Postglacial origin and migrations of the life of the northeastern United States. J Geogr. 1 (1902).

folgen vermochte, die Vegetations-, Boden- und Faunengürtel verengen bzw. ganz verschwinden. Beim Eisrückzug haben wir nur einen schmalen Tundrengürtel am Eisrand anzunehmen, dem der aus Birken, Erlen und Kiefern bestehende Waldrand bald folgte. Das sehen wir auch darin bestätigt, daß nach der letzten Würmzeitklimax schon alle Anzeichen der Steppe in Dänemark fehlen und auch die Dryaszone in Skandinavien ausfällt.

Die Reliktstandorte vieler der genannten Tiere, wenn sie auch durch den Menschen beschränkt oder verändert worden sind, zeigen noch deutlich durch die rezenten ökologischen Ansprüche das ehemalige Klimamilieu der nun abgewanderten Fauna. Die arktischen Tundrasäuger zogen sich nach Hochskandinavien, in die Alpen und an die eurasiatischen Polarmeerküsten zurück, die Steppennager und das Steppengroßwild bevölkern den trockenen Osten von den nogaischen bis in die transkaspischen Steppen, wo sie auch heute noch unter kontinental-kalten Wintern leben müssen. Die auseinandergerissenen Wohngebiete vieler Relikte deuten auf die ehemalige Arealzusammengehörigkeit im periglazialen Gebiet hin. Typische Zeugen für das Klima periglazialer Gewässer sind die Coregonen unter den Fischen, weiter gewisse tiergeographisch sich ähnlich verhaltende Kleinkrebse und Plattwürmer u. a. m. Die Felchen und Renken der Alpenrandseen haben ihre Verwandten in den Maränen der norddeutschen baltischen Seen und in sibirischen Flüssen[1]. Im baltischen Seengürtel kommen sie nur hinter der Würmmoräne IVc vor, denn nur dort hat sich noch das jugendlich unreife oligotrophe an Tiefenwasser gebundene, nährstoffarme und sauerstoffreiche Seestadium erhalten[2]. Im Periglazialgebiet leben sie heute nirgendwo natürlich, sie sind also über Mitteldeutschland in den wasserreichen Glazialzeiten nach Süden eingewandert und leben am nördlichen Alpenrand als kaltstenotherme Tiefenfische, die durch ihre Winterlaichzeit an glaziale Herkunft erinnern. Die gleichen Beispiele ließen sich auch für alpine nordische Glazialpflanzen anführen, wobei nur des hübschen Beispiels des Alpensteinbrechs *Saxifraga oppositifolia var. amphibia* gedacht sei, der am Bodenseesteinstrand glazialreliktär vorkommt, und hier schon seiner Herkunft und heutigen Hochgebirgsumwelt entsprechend im Frühling bei Niederwasser blüht, bis ihn das alljährlich steigende Frühjahrswasser vor dem untragbaren Sommerklima des Alluviums schützt. Weitere Beispiele für Glazialrelikte ließen sich zahlreich aus Fennoskandia, dem Osten, dem Balkan usw. anführen[3].

Die Vegetation läßt bei ihrer größeren Standortsgebundenheit und geringeren Wanderungsfähigkeit bessere Schlüsse auf die Wandlung der Klimate zu. Indem sie die höheren Makrofossilbestände ergänzt, läßt die pollenanalytische Forschung auch die einzelnen Vegetationsstadien mehr im einzelnen erkennen. Allgemein steht fest, daß während der Eiszeiten die Wälder weit nach Süden über die tertiären Ketten oder um sie herum in die submediterranen Gebiete zurückgewichen waren und höchstens verstreut Waldsteppeninseln mit lichten Birken-Kiefer-Beständen auftraten. Die Hypothese von Eichen-, Buchenwäldern in Böhmen, Irland usw. während der Eiszeiten läßt sich nicht mehr halten. Hingegen muß aus biogeographischen Gründen (Verbreitung der Weiden, Schmetterlinge, des norwegischen Lemmings usw.) angenommen werden, daß Nordwestnorwegen (Lofoten,

[1] THIENEMANN, A.: Die Süßwasserfische Deutschlands, eine tiergeographische Skizze. Handbuch der Binnenfischerei Mitteleuropas 3. Stuttgart 1925.

[2] WASMUND, E.: Limnologische Beiträge zur Glazialgeologie. Geol. Rdsch. 16, 4 (1925).

[3] EKMAN, S.: Die Methodik der Tiergeographie des Süßwassers, in ABDERHALDEN: Handbuch der biologischen Arbeitsmethoden IX 2 II. 1927. — Djurvärldens utbrednings historia på Skandinaviska halvön. Stockholm 1922. — BROCKMANN-JEROSCH, H. u. M.: Die Geschichte der schweizerischen Alpenflora. In SCHROETER: Pflanzenleben der Alpen 5, 2. Aufl. Zürich 1926.

Westerålen) während der letzten Eiszeit ein eisfreies Refugium für Tiere und Pflanzen war, augenscheinlich begann das Einrücken der Golfstromgewässer in das Nordmeer über die absinkende Basaltbarre.

In den Interglazialzeiten läßt sich ein humides Wärmeoptimum mit auf- und absteigendem Kurvenast klar erkennen, wobei die starke Ausbreitung ozeanischer Gehölze wie der Buche, der Stechpalme, der Tanne bis an die Nord- und Ostsee wohl durch schnelle Ausbreitungsmöglichkeiten vom Pluvialgebiet her in die von Transgressionsmeeren und Seen bedeckten ozeanischen Glazialgebiete erklärt werden kann. Es bricht sich die Ansicht Bahn, daß den Interglazialen nicht ein warm-trockenes, sondern ein warm-feuchtes Klima zuzugestehen ist. Andrerseits haben FIRBAS[1], JESSEN[1] u. a. auf relativ schnelle Einwanderung interglazialer und sogar interstadialer Wälder (wie Fichtenwälder in der Lausitz zwischen Wartheeiszeit und Weichseleiszeit = IV b—IV c) aufmerksam gemacht. Wenn die kontinentale Ansprüche machende Fichte bis an den Niederrhein und nach England vordringt, muß die Küste weit im Westen gelegen haben. Es ist bezeichnend, daß in der ersten Hälfte des letzten Interglazials der Eichenmischwald mit der Eemtransgression zusammenfällt, in der zweiten Hälfte aber Fichtenwälder in Dänemark und nach FIRBAS'[2] neuer Darstellung auch im Helgoländer Töck auftreten. Die Nordsee-Ebene war also weit vom Meer entfernt, es kann weder an den Golfstrom noch an Einflüsse des englischen Kanals gedacht werden. Erst nach dem baltischen Vorstoß zeigt der unterseeische Torf der Nordsee, z. B. der in das Präboreal gehörende Moorlog der Doggerbank[3], überwiegend Kiefern im Pollenspektrum und damit zwar noch Land über die deutsche Bucht hinaus, aber näherkommende ozeanische Einflüsse an. Das sind deutliche Beispiele für den hohen Klimazeugenwert der diluvialen Vegetation. Die Nacheinanderfolge der Einwanderung der Waldbäume ist, abgesehen von solchen wechselnden kontinentalen oder ozeanischeren Umweltsveränderungen, im allgemeinen die gleiche wie in der Postglazialzeit, und zeigt analoge Verhältnisse zur heutigen Höhenstufeneinteilung wie zu den horizontalen pflanzengeographischen Regionen, was sowohl auf klimatische wie biotische Bedingungen der Sukzession hinweist. Unter den Wasserpflanzen finden sich besonders bis zum „Großen Interglazial" hin solche Arten, die Wärme verlangen und seit der letzten Eiszeit nicht mehr bei uns erschienen sind.

Die fossilen Böden sind noch deutlichere Zeugen für Klimaänderungen als die an sie gebundene Vegetation. Da sie a. a. O. dieses Handbuches besondere Behandlung finden, seien sie hier nur kurz eingefügt. Die glazigenen und fluvioglazigenen Kumulativböden (RAMANN)[4] sind schon erwähnt, ebenso die arktischen Eluvialböden, wie Warpe, Blockströme usw., wie auch die durch alle nördlichen gemäßigten Zonen verbreiteten Lößderivatböden der glazialen Kontinentalsteppe. Wenden wir uns den humideren Bildungen der Interglazial- und den arideren der Interpluvialgebiete zu. Im Löß sind Verwitterungszonen eingeschaltet, die man schon früh in Deutschland (WÜST, SCHUHMACHER[5]) mit dem süddeutschen Ausdruck Laimenzonen als Zeichen feuchteren Klimas deutete. Interglaziale Verwitterungsrinden sind auch zur Altersbestim-

---

[1] a. a. O.

[2] FIRBAS, F.: Über die Flora und das interglaziale Alter des Helgolander Sußwassertocks. Senkenbergiana **10**, 5 (1928).

[3] ERDTMANN, G.: Microanalyses of „Moorlog" from the Dogger Bank. Essex Naturalist **21** (1925).

[4] RAMANN, E.: Bodenbildung und Bodeneinteilung (System der Böden). Berlin 1918.

[5] WUST, E.: Eine alte Verwitterungsdecke im Diluvium der Gegend von Sonnendorf bei Großheringen. Z. Naturwiss. **71** (1898). — SCHUHMACHER, B.: Bildung und Aufbau des oberrheinischen Tieflandes. Mitt. Komm. Geol. L. U. Elsaß-Lothr. **2** (1890).

mung von norddeutschen Moränen besonders von GAGEL[1] mit Erfolg herangezogen worden. Interglaziale Rotlehme und Rotsande, meist an kalkhaltiges Muttergestein gebunden, sind von Holland bis in die Ostmarken hinein bekannt geworden und entsprechen dem südalpinen Ferretto im Hangenden älteren glazigenen Schutts. BLANCK[2] folgert daraus ein feuchtwarmes Klima der Interglaziale, „d. h. mit anderen Worten, die Bedingungen für die Entstehung der interglazialen Roterden dürften ähnliche gewesen sein, wie diejenigen der rezenten mediterranen Roterden". Mit diesem Schluß vereinigen sich neuerdings auch die Ergebnisse biologischer und geologischer Forschungen (vgl. unten). Die Lößverlehmungshorizonte sind in zwei- bis vierfacher Zahl besonders aus dem Elsaß, Mitteldeutschland und Niederösterreich bekanntgeworden. Ist der Löß eine hochkontinentale Glazialbildung, so entsprechen die braunroten und gelblichen Laimen einem Interglazial. Stellenweise gehen diese mehr oder weniger podsolartigen Böden sogar in fossile Schwarzerden über, wie sie wohl reliktär in der Magdeburger Börde, in Anhalt, Rheinhessen usw. noch erhalten sind. Weiter nach dem Süden ist dieselbe Reihenfolge wie heute zu erwarten, zunächst Tschernosjom und kastanienbraune Böden, dann die subtropischen Roterden. Da die Klimate auch innerhalb eines Interglazials gewechselt haben, werden wir im Profil oft ebensolchem Wechsel begegnen wie heute auf der Oberfläche. P. TREITZ[3], v. LOCZY[4], GORJANOVIC-KRAMBERGER[5] haben auf rote und gelbe Lagen in den ungarischen und kroatischen Lößen hingewiesen, die auf den Wechsel humider und arider Zeiten hindeuten sollen. Auch die Postglazialzeit weist im feuchtwarmen Klimaoptimum solche begrabene fossile Böden unter den rezenten Ortsböden auf. E. KRAUS[6] hat nacheiszeitlichen „Blutlehm" von den Niederterrassenschotterfluren des Sundgaus und der Münchner Ebene beschrieben, WASMUND[7] fand die gleiche Fazies auf Würmendmoränen unter Gehängeschutt am Starnberger Seeufer usw. In Alt-Rumänien stellte MURGOCI[8] auf Grund der Löße mit Schwarzerde-, Roterde- und Alkalihorizonten quartäre Klimatypen auf („aralide", „hellenische" und „rezente"), deren zeitliche Folge noch etwas unklar ist. Erst in unsern Tagen haben die Forschungen russischer emigrierter Forscher wie FLOROW[9] in Beßarabien, LASKAREW[10] in Serbien und noch umfassender die Arbeiten KROKOS'[11] in der Ukraine drei bzw. vier begrabene Böden zwischen Lößablagerungen festgestellt, zuweilen in großer Mächtig-

[1] GAGEL, C.: Die Bedeutung der Verwitterungszonen fur die Gliederung des Diluviums. Zbl. Min. usw. B **11** (1926).

[2] BLANCK, E.: Beitrage zur regionalen Verwitterung in der Vorzeit. Mitt. landw. Inst. Univ. Breslau **6**, 5 (1913)

[3] TREITZ, P.: Les sols et les changements du climat. Die Veranderungen des Klimas, Stockholm **1910**.

[4] LOCZY, L. DE: Sur le climat de l'époque pleistocène récente et post-pleistocène (holocène) en Hongrie. Ebenda.

[5] GORJANOVIC-KRAMBERGER, R.: Die Klimaschwankungen zur Zeit der Lößbildung in Kroatien-Slawonien. Ebenda.

[6] KRAUS, E.: Der Blutlehm auf der suddeutschen Niederterrasse als Rest des postglazialen Klimaoptimums. Geognost. Jh. **34** (1921), München 1922.

[7] WASMUND, E.: Zur Postglazialgeschichte des Wurmseegebiets. Verh. internat. Vgg. theor. u. angew. Limnol. (Moskau) **3**. Stuttgart 1927.

[8] MURGOCI, G.: The climate in Roumania and vicinity in the Late-Quatenary times. Die Veranderungen des Klimas, Stockholm **1910**.

[9] FLOROW, N.: Über Loßprofile am Schwarzen Meer. Z. Gletscherkde **15**, 3 (1927).

[10] LASKAREW, V.: Sur le loess des environs de Belgrade. Ann. géol. Pén. Balkanique **7**, 1 (Belgrad 1922). — Deuxième note sur le loess etc. Ebenda **8**, 2 (1923).

[11] KROKOS, V. J.: Le loess et les sols fossiles du sud-ouest de l'Ukraine. 4. Conf. internat. Péd. Rome 1924, ukrain., franz. Rés. Charkow 1924. — Les sols fossiles du Gouvernements d'Odessa. Odessa 1926 (ukrain.). — Chemische Charakteristik des Lößes im fruheren Chersoner Gouvernement. Ber. wiss. Forsch.-Inst. Odessa **1**, 10/11 (1924).

keit und Tiefe. Ihre Deutung schwankt, teilweise bezieht man die angezeigten Schwankungen auf die letzten Würmstadien, teilweise auf die großen Vereisungen. Da das Alter der einflußreichen Dnjepreiszunge noch nicht feststeht, sollte man die erhaltenen Podsol- und Tschernosjom-Böden nur allgemein als Äquivalente der Interglaziale ansehen. FLOROW will in den fossilen Böden der neurumänischen Gebiete Anzeichen für Wald-, Gras- und Wüstensteppenklima sehen. Da sich die natürlichen Aufschlüsse der Gehängelöße in den Steppensenken und Tälern der Ukraine undeutlich zeigen, hat KROKOS umfangreiche Grabungen und Bohrungen auf der Mitte der Plateaus angestellt, die erst im Gegensatz zu den umgelagerten Talwandlößen die untereinander und mit den Eiszeiten übereinstimmende Zahl der umgewandelten ehemaligen Lößoberflächen ergaben.

R. SCHUBERT[1] sieht die Bildung der Karst-Terrarossa der früheren österreichischen Küstenländer als Wirkung eines trockenen interglazialen Steppenklimas an. In Ägypten und, wie erwähnt, in Südbrasilien, treten über den Pluvialterrassen Roterden und rote Gehängebreschen auf, die heute und über den jüngeren Quartärbildungen fehlen. In Kleinasien und verschiedenen Teilen des äquatorialen und südlichen Afrikas werden fossile Terrarossabildungen mit interpluvialem Klima erklärt. RAMANN andererseits hält die meisten Karstroterden für Anzeichen kühleren und regenreicheren Pluvialklimas.

3. Klima der postglazialen und historischen Zeit.

Wenn versucht worden ist, mit Hilfe von Klimazeugen aus allen Erdteilen ein einheitliches geographisches Bild der quartären Klimate zu schaffen, so ist das für die Postglazialzeit nicht möglich, denn hier stehen mit verschwindenden Ausnahmen nur Nachrichten aus Nord- und Mitteleuropa und aus dem nahen Osten zur Verfügung, aber es ist hier andrerseits um so intensiver gearbeitet worden. Es kann dabei nicht auf die große Zahl der noch unentschiedenen und strittigen Fragen eingegangen werden, denn je näher wir der Gegenwart kommen, und je geringfügiger die jüngeren Klimafluktuationen dem Grade und der Zeit wie der räumlichen Geltung nach werden, desto geringere Bedeutung haben sie auch für bodenkundliche Zwecke. Die Strahlungskurve zeigt nur noch ein nicht allzu starkes Klimaoptimum um 8000 v. Chr. an, für die Unterteilung der einzelnen klimatischen Stadien seit der letzten Eiszeit verläßt uns aber diese Methode. Auch lithologische Zeugnisse stehen uns nicht mehr in dem Maße zur Verfügung, im allgemeinen ist es nur die biogen beeinflußte Sedimentation, wie in Seen und Mooren, die noch auf die Einzelschwankungen reagiert. Die Pflanzen sind naturgemäß reaktionsfähiger als die Tierwelt, so liefern z. B. die Mollusken nur Anhaltspunkte für die extremeren Klimaunterschiede. Deutlicher sprechen schon die noch erkennbaren Verschiebungen der biogeographischen Grenzen, wie der Wald- oder Steppengrenze, einzelner Artareale, wie das der Hasel, der Wassernuß u. a. m., in deren Gefolge auch Verschiebungen der klimaregional bedingten Böden eintreten. In geringem Ausmaß werden unter besonders trockenen oder feuchten Zeiten Böden gebildet, die heute reliktär ortsfremd auf ihre paläoklimatische Herkunft aus der Nacheiszeit schließen lassen. Die Bändertonchronologie liefert uns feste Handhaben für die in Betracht kommenden Zeitabschnitte, nordeuropäische, nordamerikanische und alpine Stillstandslagen können parallelisiert werden; in dieses absolute zeitliche Schema kann das durch die pollenanalytische Forschung biologisch-klimageschichtlich so detaillierte und durch die Archäologie noch vervollständigte Bild eingebaut werden, das zu dem uns heute umgebenden Naturzustand geführt hat.

[1] SCHUBERT, R.: Die Küstenlander Österreichs. Handbuch Reg. Geol. 5, S. 1. 1914.

Geschichtlich ist nur kurz zu sagen, daß J. GEIKIE schon frühzeitig, nämlich 1866[1], aus dem Aufbau der Moore auf einen Wechsel zwischen trockenen und feuchten Perioden geschlossen hat, gleichzeitig erwog er, indem er auf die untermeerischen Torfe der englischen Ostküste aufmerksam machte, postglaziale Niveauverschiebungen. Gerade weil die Strahlungskurve uns hier zu wenig sagt (oder unsere Vorstellungen vom postglazialen Klimawechsel noch übertrieben und einseitig sind), muß dieser letzte Punkt in Zukunft weit mehr berücksichtigt werden, denn die wechselnde Kontinentalität und Ozeanität der jüngsten Klimaentwicklung hängt wohl hauptsächlich mit meteorologischen Variationen je nach der Lage des fernen oder näheren Atlantik und mit der Entwicklung der Nord- und Ostsee (nur die letzte ist genauer bekannt) zusammen. Die für die postglazialen Klimate in Europa gebräuchlichen Namen stammen aus der Malakologie, ED. FORBES[2] hat sie 1846 zuerst für die tiergeographische Einteilung der britischen Organismen gebraucht, von ihm übernahm sie M. SARS für die norwegischen Quartärmollusken, und diese Namen verwandte dann sein Landsmann AXEL BLYTT[3] für seine 1876 aufgestellte Theorie der wechselnden kontinentalen und insularen Klimate auf Grund pflanzengeographischer Verbreitungsstudien und zur Erklärung von Einwanderungsfragen. Zu den alten Namen arktisch, subarktisch, boreal, atlantisch kamen dann noch subboreal und subatlantisch hinzu. Mit dieser weit vorahnenden Hypothese begann ein Streit, der heute selbst auf skandinavischem Boden in vielem noch nicht ausgetragen ist, und 1923 suchten GAMS und NORDHAGEN[4] die BLYTT-SERNANDERsche Lehre[5] vom doppelten postglazialen Klimawechsel auch bei uns einzuführen. Jedoch muß gesagt werden, daß jene Untersuchungen nicht mehr als verläßliches „standard work“ gelten können, wie das z. B. von geologischer und prähistorischer Seite öfter geschehen ist, manche der angezogenen Beweise wie die auf tektonischem Gebiet, die Meinungen über die Seespiegelschwankungen u. a. bedürfen der Kritik. Gewisse Parallelisierungen, z. B. mit glazialen Stadien, sind von den Autoren inzwischen selber verbessert worden, im ganzen aber möchte sich der Verfasser den nachstehend wiedergegebenen Worten von PAUL und RUOFF[6] anschließen: „Wenn wir auch im Verlauf unserer Untersuchungen in einigen Fällen ihre Angaben richtigstellen mußten, so können wir doch nicht umhin, die ungemein anregende Wirkung dieses Werkes hervorzuheben, die es auf uns, und wie aus der Literatur ersichtlich ist, auch anderwärts ausgeübt hat.“

Der klimatisch bezeichnende Sinn, der den postglazialen Zeitnamen ursprünglich innewohnte, ist schon ganz aufgegeben worden[7]. Das hat einerseits bei den Anhängern der genannten Theorie zu dem Vorschlag geführt, die Namen

---

[1] Trans. roy. Soc. Edinb. **24** (1866).

[2] FORBES, E.: On the connexion between the distribution of the existing Fauna and Flora of the British Isles. 1846.

[3] BLYTT, A.: Forsøg til en Theorie om Invandringen of Norges Flora under vexlende regnfulde og torre tider. Nyt. Mag. Naturv. Kristania **1876**. — Die Theorie der wechselnden kontinentalen und insularen Klimate. Englers Bot. Jb. **2** (1882).

[4] GAMS, H., u. R. NORDHAGEN: Postglaziale Klimaveränderungen und Erdkrustenbewegungen in Mitteleuropa. Landesk. Forsch., Geogr. Ges. Munchen **25** (1923).

[5] SERNANDER, R.: Die schwedischen Torfmoore als Zeugen postglazialer Klimaschwankungen. Die Veranderungen des Klimas usw., Stockholm **1910**. — Die geologische Entwicklung des Nordens nach der Eiszeit in ihrem Verhaltnis zu den archäologischen Perioden. Mannus **4** (1912).

[6] PAUL, H., u. S. RUOFF: Pollenstatistische und stratigraphische Mooruntersuchungen im südlichen Bayern **1**. Bayer. bot. Ges. **19** (1927).

[7] Vgl. GAMS, a. a. O. 1928: „. . . wogegen die anderen mit SERNANDER, v. POST und WEBER den BLYTTschen Bezeichnungen jeden allgemeingultigen klimatischen Charakter nahmen und sie lediglich als bestimmte Zeitabschnitte fassen, was sicher zweckmaßiger ist.“

fallen zu lassen und sie durch neutrale zu ersetzen, wie frühpostglazial, mittelpostglazial usw. v. Bülow[1], andrerseits aber Bertsch[2] veranlaßt, auf die Priorität der urgeschichtlichen Zeitbezeichnungen aufmerksam zu machen, und nötigenfalls für die jeweilige Gegend den herrschenden Waldtypus namengebend zu verwenden. In seiner Zusammenfassung für ganz Mitteleuropa, der sich Verfasser nicht nur wegen ihrer besseren Übereinstimmung mit den Ergebnissen der Geophysik, sondern auch wegen seengeschichtlicher und pflanzengeographischer Erwägungen weitgehend anschließt, meint er abschließend folgendes: „Die schwedischen Bezeichnungen boreal, atlantisch, subboreal und subatlantisch habe ich vermieden, so gut es möglich war. Nur die Bezugnahme auf fremde Arbeiten hat sich nicht ganz umgehen lassen. Sie wurden von Blytt als Klimabezeichnungen eingeführt und von Sernander als solche in seine Klimawechsellehre übernommen. Aber für Deutschland sind sie zu reinen Zeitbestimmungen herabgesunken, und manche Autoren machen auch gar kein Hehl daraus. Aber als Zeitbestimmungen haben alte Namen der Vorgeschichte die Priorität, ganz abgesehen davon, daß die schwedischen Bezeichnungen für Süddeutschland so unglücklich als nur möglich sind. Wir müßten ja gerade die wärmste Zeit der Nacheiszeit als ‚nordisch' (boreal) bezeichnen und die kältere Zeit, welche etwas später nachfolgt, als ‚weniger nordisch' (subboreal)."

Wir müssen darauf gefaßt sein, daß auch die weitere Zukunft sowohl Vereinfachungen unserer Anschauungen bringen kann, wie es durch die Aufgabe der Laufenschwankung und Achenschwankung durch Penck[3] in den Alpen, oder durch die sich herausstellende Einheitlichkeit einer postglazialen Wärmezeit und nicht zweier geschehen ist, aber auch damit rechnen, daß unsere einfachen Ansichten, wie wir sie z. B. von der Entwicklungsgeschichte der Ostsee in zwei marine, durch ein limnisches getrennte Stadien hatten, sich ganz wesentlich komplizieren und in ein Vielfaches von Trans- und Regressionen auflösen. In der Waldgeschichte kommen säkulare klimatisch bedingte Sukzessionen ebenso wie biotische, durch die verschiedene Wanderungsfähigkeit verursachte, in Betracht; in der Darstellung der Niveauschwankungen der Glazialgebiete, die klimatisch teilweise bedeutsam waren, lassen sich die eustatischen von den isostatischen Bewegungen noch schwer trennen. So wären der Schwierigkeiten noch mehr aufzuzählen, doch es ist genug, wenn wir darauf aufmerksam gemacht haben, daß es, von einigen gesicherten Grundlinien und Tatsachen abgesehen, noch kein feststehendes Schema gibt.

Die spätglaziale Zeit wird eingeleitet von den jungen, frisch erhaltenen Endmoränenkränzen, die wir als Baltische Endmoräne in Norddeutschland, als Jungendmoräne oder Schaffhausener Stadium in den alpinen Vorlandgletschern und als innere Wisconsinmoränen in den nördlichen Vereinigten Staaten kennen. Wir können diesen Beginn der spätglazialen Zeit mit ca. 20000 v. Chr., der Strahlungskurve folgend, ansetzen. Der Rückzug erfolgte überall in Etappen, Haltestadien von mehreren Jahrhunderten Dauer, Oszillationen wie die der wärmeren Alleröd-schwankung nachfolgenden Vorstöße kennzeichnen sie in allen Vereisungsgebieten (bisher mit Ausnahme Nordamerikas). Jedoch kann von einer gesicherten Parallelisierung noch keine Rede sein. Dryasablagerungen mit ihrer charakteristisch

---

[1] Bülow, K. v.: Vorschlag zu einer Reform der Postglazial-Nomenklatur. Zbl. Min. B **1927**.

[2] Bertsch, K.: Klima, Pflanzendecke und Besiedlung Mitteleuropas in vor- und frühgeschichtlicher Zeit nach den Ergebnissen der pollenanalytischen Forschung. 18. Ber. röm.-germ. Komm., Frankfurt a. M. **1929**.

[3] Penck, A.: Ablagerungen und Schichtstörungen der letzten Interglazialzeit in den nördlichen Alpen. Sitzgsber. preuß. Akad. Wiss., Math.-physik. Kl. **20**, 1921 (1922).

arktisch-armen Flora und Fauna beherrschen am Alpenrand und im Norden vor den zurückweichenden Eismassen das Bild, nur in den wärmsten Lagen wie am Oberrhein, am unteren Main und in Böhmen vermochten sich schon während der letzten Eiszeit unter 200 m Waldkiefer und Birke und in der Höhenstufe 200 bis 500 m die Bergkiefer zu halten. Hochflächen wie die Alb oder die Mittelgebirge waren nach pollenanalytischem Ausweis völlig baumfrei und wurden auch während der ersten Rückzugsstadien nicht besiedelt[1]. Interstadiale sind auch am Alpenrand in den spätglazialen Tonen bekannt geworden. Betrachten wir die einzelnen Rückzugsstadien:

In den Alpen unterscheiden wir mit K. Troll[2] drei Lagen des peripheren Gürtels, noch außerhalb der Zweigzungenbecken, die von den maximalen Jungendmoränenkränzen bis gerade zu den Enden der Zweigbecken reichen, und allgemein für die Vorlandgletscher mit den Namen des Rheingletschers als Schaffhausener, Dießenhofener und Singener Phase bezeichnet werden. Dann folgt eine Endmoräne, die durch ihre die Zweigbecken und Stammbecken trennende Lage bezeichnet ist (Nantesbuch und Weilheim zwischen Isargletscherstammbecken und den Zungen des Würmsees und Ammersees, oder Konstanzer Phase zwischen Obersee und Untersee bzw. Überlingersee usw.). Bisher kommt weder Moorbildung auf, noch ist ein Baumwuchs in den eisfrei gewordenen Lagen möglich. Das letzte Stadium, Seemoränen genannt und früher als Bühlstadium bezeichnet, kann nun durch Untersuchungen von Stark und Bertsch[1] an die Pollenanalyse angeschlossen werden, nur mit dem Vorbehalt, daß es sich hier nicht um das Bühlstadium (oder allerdings nur im aufgegebenen Penckschen Sinn) handelt, sondern um eine eigene Rückzugsphase, von Troll Ammerseestadium genannt. Vielleicht bleibt man auch der Einfachheit halber bei dem eindeutigen Namen Seemoränen. Diese Seemoränen entsprechen zumindest im Pollendiagramm der Bodenseemoore dem ersten Birkengipfel, also dem Höhepunkt der Einwanderung dieses Baumes, neben der die Ausbreitung der beiden Kieferarten einhergeht. Schon innerhalb der Alpen liegen das eigentliche Bühlstadium und die weiteren Rückzugsstadien des Geschnitz- und Daunstadiums. Wenn wir mit de Geer die Zweiteilung des Inlandeises über dem skandinavischen Hochgebirge als Beginn des Postglazials ansehen, sind sie alle noch spätglazial. Langsam beginnt Mittel- und Nordeuropa sich mit Föhrenwäldern zu bestocken, im Norden teilweise von Birkenwäldern und ausgebreiteten Beständen des Sanddorns begleitet. Über die vermutliche Stellung dieser Haltepausen im relativ einheitlichen Rückschmelzen der Alpengletscher wird nun berichtet werden. Prähistorisch entsprechen die Jahrtausende des Spätglazials dem Paläolithikum.

Im nordeuropäischen Inlandeisgebiet erfolgt der Rückzug von den Endmoränen der letzten Würmeiszeit (Wartheeiszeit) bis nach Schonen von Jütland und der norddeutschen Baltischen Endmoräne aus in langsamen Etappen unter Toteisbildung. Der Beginn ist durch die Strahlungskurve, das Endstadium, zwischen das die Allerödoszillation (Dänemark, Masuren u. a.) fällt, durch Warwenmessungen in Schonen und auf Seeland festgelegt. De Geer bezeichnet die ganze Zeit als Daniglazial und läßt sie mit ca. 18000 v. Chr. beginnen, aufhören ca. 10400 v. Chr. bzw. 12600. Er zeichnet allerdings auch in seiner neuesten Publikation die Verbindung irrtümlich und verbindet die skanodanische Lage

---

[1] Bertsch, K.: Wald- und Florengeschichte der schwäbischen Alb. Veroff. Staatl. Stelle f. Natursch. Wurtt. **1929**. — Waldgeschichte des wurttembergischen Bodenseegebiets. Jber. Bodenseegeschichtsverein **55** (1929).

[2] Troll, K.: Die Rückzugsstadien der Würmeiszeit im nordlichen Vorland der Alpen. Mitt. geogr. Ges. München **18**, 1/2 (1925).

mit einem ostholsteinisch-mecklenburgisch-hinterpommerschen Moränenzug[1]. In Norddeutschland kann man die Rückzugsphasen noch nicht exakt gliedern, in Dänemark zählt man deren vier. Die erste in Mitteljütland entspricht unserer baltischen mit den vorgelagerten großen Sandflächen, die zweite steht noch auf jütischem Boden und liegt ungefähr am Ende der zimbrischen Föhrden, die dritte geht wenigstens im Norden schon nach Fünen zurück, alle aber dürften noch auf deutschem Boden vertreten sein. Die vierte Lage gibt Schonen teilweise eisfrei und zieht nach Norden ins Kattegat und Skagerrak hinaus, nach Süden läuft sie über Seeland und Langeland, ob sie deutsches Festland noch berührte, wissen wir nicht, Bornholm jedenfalls. Da beim weiteren Rückzug seit der daniglazialen Zeit der Abschmelzvorgang noch weiter langsam, in Etappen, erfolgte (im südlichen Schweden jährlich etwa 50 m), so könnten der Lage in Schonen etwa unsre Seemoränen, möglicherweise auch erst das inneralpine Bühlstadium, entsprechen.

Die Abschmelzzeit von Schonen bis zur großen mittelschwedischen Endmoränenlage bis zum Ras der norwegischen Küste und dem Salpausselkä in Finnland wird Gotiglazial genannt; ihre Datierung wird verschieden angegeben. Die neueren Arbeiten über die schwedische Zeitskala (ANTEVS[2], K. TROLL[3], SANDEGREN[4] u. a.) nehmen im Gegensatz zu älteren von DE GEER, BRÜCKNER[5], KÖPPEN[6] u. a. einen früheren Beginn des Gotiglazials an, dem wir hier folgen. Danach begänne es ca. 12600 v. Chr., Zentralschonen ist nach ANTEVS, der dort die Warwenmessung vornahm, um ca. 11400—12000 eisfrei geworden. Die Zeit der mittelschwedischen großen Endmoränen nahm etwa 700 Jahre Bildungsdauer in Anspruch, das Gotiglazial selbst hat 3000 Jahre gedauert. Von da ab beginnt ein schnellerer Rückzug, bei Stockholm wurden jährlich schon 250 m, weiter nördlich 300—400 m eisfrei. Die Zeit dieses schnellen Eisrückgangs — ganz Finnland wird eisfrei — bis zur Teilung der Eiskappe in zwei Teile heißt Finiglazial, mit seinem Ende, 6900 v. Chr., hört die eigentliche Eiszeit auf und es beginnt das Postglazial. Der rapide Eisrückgang muß mit dem zeitlich vorhergegangenen Maximum der Solarstrahlung zusammenhängen, er macht sich auch biologisch, wie wir sehen werden, bei noch kontinentalen Bedingungen, als Einsetzen der postglazialen Wärmezeit bemerkbar. Die weiteren Jahreszählungen der schwedischen Zeitskala fußen nicht mehr auf den Absätzen der Eisrandgewässer, sondern auf denen des Ragundasees und der fluviatilen des Ångermanelfes, sie wurden durch Ragnar LIDÉN[7] durchgeführt.

Die Geschichte der Ostsee setzt im Gotiglazial ein, als Teile der Ostsee eisfrei wurden, sie ist wesentlich komplizierter als früher angenommen. Dem gotiglazialen Baltischen Eissee folgte das erste Yoldiameer, das durch die Eingangspforten des Billingenberges und der Närkesunde in Mittelschweden mit dem offenen Meere in breiter Verbindung stand, es war ein Meer mit hocharktischer Fauna, eines höheren als des heutigen Salzgehalts. Niveauschwankungen machen sich hier schon geltend, in Dänemark wird eine Verflachung des Meeres durch die Saxi-

[1] Vgl. mit seiner Karte 1928 die richtige Einzeichnung in dem Sammelband der Geologie von Danemark 1928.

[2] ANTEVS, E: Swedish Late-Quaternary geochronologies. Geogr. Rev. 15 (1925).

[3] TROLL, K.: Methoden, Ergebnisse und Ausblicke der geochronologischen Eiszeitforschung. Naturwiss. 13, 45 (1925).

[4] SANDEGREN, R.: Ragundatraktens postglaciala utvecklings historia enligt den subfossila florens vittnesbord. Sver. geol. Unders., Ser. Ca. 12, 2. ed. (Stockholm 1924).

[5] BRÜCKNER, E.: Geochronologische Untersuchungen uber die Dauer der Postglazialzeit in Schweden, in Finnland und in Nordamerika. Z. Gletscherkde 12 (1921).

[6] KOPPEN, W. Das System der Bodenbewegungen und Klimawechsel des Quartars im Ostseebecken. Ebenda 12 (1921).

[7] LIDÉN, R.: Geokronologiska studier ofver det finiglaciala skedet i Ångermanland. Sver. geol. Unders, Ser. Ca. 9 (1913).

cavasande angezeigt, dann löst das wieder tiefere Zirphäameer am Ende des Finiglazials diese Zeit ab. Mit der beginnenden kontinentalen Wärmezeit beginnt die auch unterbrochene Periode der Süßwasserzeit des Anzylussees. Diese Gliederung gilt für Dänemark, die schwedische ist pollen- und diatomeenanalytisch zeitlich etwas genauer festgelegt, den Flachseestadien im Westen entspricht vielleicht der Gyrosigma-See während subarktischer Zeit mit Süßwasserflora. Der Beginn der Wärmezeit wird in Schweden durch die höchste spätglaziale Transgression eingeleitet: es ist das „Echineis-Meer", das durch den Vänern mit dem Weltmeer verbunden war. Der Öresund lag trocken, lag wie die deutsche Ostseeküste höher als heute und trägt infolgedessen keine Spuren jener, dem Zirphäameer wohl gleichzustellenden Zeit. Wie sich die Nordsee während dieser komplizierten eustatischen und isostatischen spätglazialen Gleichgewichtsregulierung verhielt, wissen wir nicht, sicherlich aber sind auf diese mehrfachen Wechsel in der Meeresbedeckung des Schelfs bestimmte regionale Klimaschwankungen zurückzuführen.

Die Parallelisierung mit den alpinen Rückzugsstadien hat PENCK dahin vorgenommen, daß die Gschnitzmoränen gleichzeitig mit den großen fennoskandischen Moränen, also um 9500—8500 v. Chr., gebildet wurden, das Daunstadium entspricht dann den Postglazialmoränen (um 7400—6900 v. Chr.) und damit dem Ende des Spätglazials.

Die spätglazialen Rückzugsstadien von der äußersten Lage der Würm-Wisconsin-Eiszeitgruppe in Nordamerika sind durch eine schwedische geochronologische Expedition untersucht worden, ANTEVS[1] hat dann drüben die Warwenmessungen von DE GEER und LIDÉN[2] fortgesetzt, in den Fernverknüpfungen ist ANTEVS allerdings, und wohl mit Recht schon aus meteorologisch-synoptischen Gründen, ganz wesentlich zurückhaltender[3]. Dem Daniglazialendstadium entsprechen die ausgeprägten Endmoränenzüge, die von der Neuenglandküste über Long Island und die Weltstadt südlich der Großen Seen unfern vom Lake Erie und dem Michigan Lake laufen: nämlich die New-York-Moränen. Der weitere Rückzug, entsprechend dem Gotiglazial, ging bis zu einer Lage nördlich der Großen Seen, deren Moränen ostwestlich bis zum Lake Superior verlaufen und dann nordwestlich in die Landstrecken westlich der Hudsonbai abbiegen. Ein eigenartiger Eislappen, nach Süden ausholend, umfaßt noch zu Beginn des Finiglazials den Ontariosee, der sich damals im Stadium der Iroquis-Strandlinie befand.

An dieser Stelle sei noch ein Wort eingeschoben über die nordamerikanischen Stauseen am Eisrande, deren zahlreiche Namen jetzt für uns durch die von ANTEVS geschaffene Möglichkeit relativer zeitlicher Zuordnung zu uns bekannten Ereignissen etwas sinnvoller werden. Dem spätglazialen Baltischen Eisstausee und seinen limnischen und marinen Nachfolgern entspricht faziell das Gebiet der heutigen Great Lakes, deren großartigste Entwicklung in riesigen Becken bis weit nach Kanada hinein durch dieselben Faktoren wie in Nordeuropa, isostatische Erdkrustenbewegungen, eustatische Meeres- und Seespiegelschwankungen, Entleerung und Aufstau, bestimmt wird. Transgression und Regression in ebenso lebhafter Folge, wie sich das jetzt auch für die Ostsee herausstellt, werden durch Landhebungen oder Abzapfungen (Hudson, Niagara, St. Lorenz) bedingt, haline atlantische Einbrüche werden durch lakustrine Einschaltungen

---

[1] ANTEVS, E.: a. a. O. 1928. — Retreat of the last ice-sheet in eastern Canada. Geol. Surv. Canada Mem. 146 (1925).

[2] GEER, G. DE: Schwankungen der Sonnenstrahlung seit 18000 Jahren. Geol. Rdsch. 18, 6 (1928). (Dort weitere Literatur.)

[3] Vgl. auch W. KÖPPEN: Mehrjahrige Temperaturschwankungen vor 8—18 Jahrtausenden. Meteorol. Z. 7 (1928).

gedoppelt wie bei uns. Im Osten entstand aus dem arktischen Lake Dawson im Erie-Ontario-Becken das Iroquis-Stadium, das zeitlich dem Lake Algonquin, der spätglazialen Einheit der Seen Superior, Michigan, Huron weiter im Westen entspricht. Auf Unionsboden entsprachen diesen Stadien gleichfalls kleinere Stauseen, die sich alle durch Schmelzwässer von Norden ernährten.

Im gotiglazialen Stadium bildeten sich aus dem Lake Algonquin die Nipissing Lakes, die immer noch weit größer als ihre heutigen Restbecken sind, im Osten entwickelten sich nacheinander Lake Frontenac und Lake Ontarion, zuerst durch den Hudson, dann durch den St. Lorenzstrom entwässert. Gleichzeitig mit den mittelschwedischen Moränen begann die Erosion der Niagaraschlucht, im Finiglazial entstanden im Gebiet der sehr zusammengeschrumpften Reliktseen des Lake Timiskaming-Gebiets der Lake Ottawa, im oberen Ottawatal die Stauseen Lake Barlow und Lake Ojibway, während des Ottawastadiums bestanden noch die Nipissing Lakes. Als die Niederungen des Ottawatals und des St. Lawrence ganz frei waren, brach in sie die Champlainsee herein, von der man zwei marine Stadien mit einer zwischengeschalteten Hebung kennt, in finiglazialer Zeit. Den hochskandinavischen Postglazialmoränen soll dann der Eisrand gleichkommen, der sich nördlich von diesen beiden Tälern nach Westen zieht und dann zur Hudsonbai heraufgeht. Wir hätten also das eigenartige Ergebnis, daß die Eisfront, die die letzten Stadien des Lake Agassiz abgrenzte, immerhin noch die ganz riesige zusammenhängende Eismasse des Keewatinzentrums, des Eises um die Hudsonbai und der gesamten Eiskappe auf Labrador hinter sich hatte, und diese ganze Eismasse also während des europäischen Neolithikums noch bestand und in der relativ kurzen Zeit seit 6900 v. Chr. abgeschmolzen sein soll. Es leuchtet allerdings ein, daß meteorologisch die Hudsonbai, die heute noch den meteorologischen Eiskeller Nordamerikas bildet, konservierend gewirkt haben mag, andrerseits aber muß man sich, wenn sich dies Ergebnis der Geochronologie bestätigen sollte, die paläometeorologischen Konsequenzen überlegen, die diese gewaltige postglaziale Eismasse noch auf die gesamtirdische und die atlantische Zirkulation und damit auf die postglaziale Klimaentwicklung Europas gehabt haben muß. Vielleicht haben wir ihr die verspätete Einwirkung des letzten Strahlungsmaximums im Klimaoptimum zu verdanken. Es sei darauf hingewiesen, daß ANTEVS in seiner jüngsten Arbeit[1] die nordamerikanischen Stadien viel früheren nordeuropäischen zuweist, so vergleicht er die Räumung der Timiskamingregion dem Freiwerden Südschwedens, er betont, daß topographische und klimatische wie hydrographische (Einbruch des englischen Kanals, des Golfstroms in die norwegische See) Faktoren den Vergleich heute noch sehr unsicher machen, so zählte man z. B. für die Bildung der mittelschwedischen Moränen 860 Jahre nach dem Warwenausweis, während nach derselben Methode für die Oszillationen in Nordontario vielleicht mehr als 2000 Jahre in Frage kämen. Über die postglaziale Klimaentwicklung in Nordamerika sind wir, außer einigen Arbeiten DACHNOWKYS[2] mit angezweifeltem Resultat, so gut wie nicht unterrichtet, da eine Mikrofossilforschung fehlt.

Die postglaziale Wärmezeit in Europa ist unbestritten, sie hat unter demselben Namen schon auf dem Stockholmer Kongreß nicht nur für Mitteleuropa und Skandinavien, ja sogar mit Zeugnissen aus der marinen Mollusken- und Algenwelt für die Inseln der europäischen Nordmeere ihre Darstellung gefunden. In den Alpen kam man aus pflanzengeographischen Studien heraus ebenfalls schon damals auf die Existenz der „xerothermen Periode". Mit dieser letzten

[1] a. a. O. 1928.

[2] DACHNOWSKY, A. P.: The correlation of time units and climatic changes in peat deposits of the United States and Europe. Proc. nat. Acad. Sci. **8** (1922).

erklärte man in den Alpenländern die Reliktenverbreitung der insubrischen und illyrischen Pflanzen, in Norddeutschland erkannte WEBER[1] den Grenzhorizont der Moore als Zeichen für deren unterbrochenes Wachstum, Wollgrastorfhorizonte, Stubbenschichten wurden herangezogen, gerade ihr gelegentlich mehrfaches Auftreten hat sie damals und heute bei pollenanalytischer Altersfestlegung nicht als durchgängig brauchbar erweisen lassen. Nicht nur die borealen subfossilen Muscheln der Nordmeere, die fossilen Torfmoore der arktischen Inselwelt, deren heute sterile oder hybride Vegetation, wies eindringlich auf eine weitverbreitete Temperaturerhöhung hin, sondern NANSEN[2] hat sogar gewisse Meeressedimente der Nordmeere und PHILLIPPI ebensolche der Antarktis als Zeugen für ein postglaziales Zurückweichen der Treibeis-Packeis-Grenze gedeutet, in deren engerem Bereich heute keine planktogene Sedimentation stattfinden kann. Die Ausbreitung von wärmeliebenden ausgestorbenen Wasserpflanzen wie der Wassernuß (*Trapa natans*) bis weit nach Schweden und Rußland hinauf, die weite Nordverschiebung der Horizontalgrenze der Hasel — der jüngst eine ebenso wärmezeitliche vertikale ehemalige Ausbreitung im hohen Vorarlberg gegenübergestellt werden konnte[3] — alle diese Dinge brachten auch Gegner der BLYTTschen Theorie wie GUNNAR ANDERSSON[4] dazu, die wärmezeitliche Erhöhung der Sommertemperatur auf etwa 2,5^0 zu schätzen, die wohl allgemein als richtig angenommen ist. Außerhalb Europas können wir bisher den Gang der Ereignisse nicht im einzelnen verfolgen, wir wissen nicht einmal, wieweit er für die übrige Welt gilt.

Der schnelle finiglaziale Eisrückzug bis zur postglazialen Trennung des Inlandeises, das Fehlen von Moränen in den Alpen vom Daunstadium fast bis zu den heutigen Gletscherenden auf Strecken von 70 km weist nur zu deutlich in der Zeit nach 9000 v. Chr. auf das kurz vor 10000 v. Chr. einsetzende Strahlungsmaximum hin, warum nun die Auswirkung auf die Lebewelt erst wesentlich später zu spüren ist, etwa seit 6900, scheint klar in den meteorologischen Verhältnissen zu liegen, d. h. in dem endgültigen Verschwinden der glazialen auf das baltische Gebiet beschränkten aber doch weit hin auf den Lauf der Zyklonenbahnen, der Kaltlufteinbrüche und der Tropikluftabflüsse wirksamen Antizyklone, wie unter Umständen dem Herüberwirken des nordamerikanischen Eishochs. Naturgemäß haben die paläogeographischen und die biotischen Verhältnisse auch ihre Rolle mitgespielt, für die Verzögerung um mehrere Jahrtausende aber werden Astronomie und Geophysik doch noch Gründe beizubringen haben. Über die spät- und postglaziale Meteorologie haben wir nur wenige Anhaltspunkte, denn die mit ihren Öffnungen nach Westen gewandten Barchandünen der norddeutschen Binnendünenlandschaft sind nicht nur genauer undatierbar, sondern beweisen auch nichts, da es sowohl Barchane als Parabeldünen mit Luvwirbeln oder Leewirbeln der Luftströmung gibt. Nur die von BERTSCH[5] angeführte Tatsache scheint dem Verfasser beweiskräftig zu sein, daß die während des ganzen Postglazials gleichmäßig vor sich gehende Verlandung des oberschwäbischen Federsees auf seiner Westseite am raschesten vorschritt, während an der Ostseite sich

[1] WEBER, C. A.: Was lehrt der Aufbau der Moore Norddeutschlands über den Wechsel des Klimas in postglazialer Zeit. Z. geol. Ges. **1910**.

[2] NANSEN, F.: Bathymetrical features of the North Polar Sea. The Norweg. Polar-Exped. 1893—96 **4**. Kristiania 1904. — PETTERSSON, O.: Der Atlantische Ozean wahrend der Eiszeit. Internat. Rev. Hydrogr. u. Hydrobiol. **6** (1913).

[3] FIRBAS, F.: Über einige hochgelegene Moore Vorarlbergs und ihre Stellung in der regionalen Waldgeschichte Mitteleuropas. Z. Bot. **18** (1925/26).

[4] ANDERSSON, G.: Die Geschichte der Vegetation Schwedens. Engl. bot. Jb. **22**, 3 (1896). (Vgl. spatere Arbeiten im Klimawerk. Stockholm 1910.)

[5] BERTSCH, K.: a. a. O. 1929.

Kliffs und Litoralsande ausbilden. Vorherrschende Westwinde herrschten also wie heute schon damals in Süddeutschland, wie auch nicht anders zu erwarten ist, und dasselbe glaubt BERSU[1] bei seinen Ausgrabungen des Spätneolithikums auf dem Goldberge bei Nördlingen aus der eigenartigen Orientierung der Wohnbauten jener Zeit zu erkennen.

Zunächst seien die parallel gebräuchlichen archäologischen, paläoklimatischen und baltogenetischen Namen zeitlich festgelegt: Seit der Inlandeisteilung fällt in die Periode 6900—5500 v. Chr. zusammen die Anzyluszeit der Ostsee (abgesehen von den schon genannten präborealen und Übergangsabschnitten), die boreale Klimaperiode nach BLYTT und das Epipaläolithikum oder Mesolithikum, das bis vor kurzem im Alpenvorland noch als fehlend galt. Von 5500—3000 v. Chr. zählen wir die Litorinazeit (die letzte Gruppe von Ostseetransgressionen), die der Atlantischen Klimaperiode und der Jungsteinzeit gleichsteht. Von diesem Höhepunkt der postglazialen Wärmezeit ab zählen wir noch das Subboreal, von 3000—900 (nach anderen 500) reichend, übereinstimmend mit dem Ausklang des Neolithikums und der ganzen Bronzezeit, der zweiten Litorinaperiode des Baltikums entsprechend. Mit diesem Jahr setzt die postglaziale Klimaverschlechterung ein, auch subatlantische Zeit genannt, zu der man nicht nur die eisenzeitlichen Perioden (Hallstatt, La Tène, Römer), sondern auch die historische Zeit rechnen kann. Die heutige Paläogeographie scheint seit dieser Zeit erst ihre volle meteorologisch-klimatische Wirksamkeit zu entfalten. Das Limnäameer bricht beim Übergang subboreal-subatlantisch nach MUNTHE[2] ein, und wird historisch durch das Myameer ersetzt.

Die stetig zunehmende Erwärmung im Postglazial ist zunächst kontinental-trocken — während dessen breiten sich die ausgedehnten Haselbestände aus, die durch den Eichenmischwald ersetzt werden — es wird dann langsam kontinental feuchter, geht schließlich kontinuierlich zum Seeklima über. Offensichtlich hängt das mit den isostatischen Vorgängen zusammen. Im Boreal liegen Schottland, Norwegen, Dänemark höher als heute, der Anzylussee vertritt die salzigbrackischen Vorgänger und Nachfolger. Erst am Ende des Boreals geht die süße Ostsee durch das Mastogloiameer, das THOMASSON[3] diatomeen-analytisch durch einen halinen Einschlag von Bacillariaceen kennzeichnet, in die Gruppe der Litorinatransgressionen über. Die Urgeschichte wollte früher die geringe Besiedelungsdichte dieser Zeiträume durch einen dichten Urwald in der mesolithischen Zeit erklären, tatsächlich aber hat es sich herausgestellt, daß wir es in dieser Zeit der Einwanderung der edlen Laubhölzer, wie Ulme, Linde, Eiche, Ahorn, die den Kiefern und Birken folgen, mit einem licht bestockten Hain zu tun haben, und es sich viel weniger um eine Besiedelungslücke als um eine Beobachtungslücke gehandelt hat. In höheren Lagen übrigens, wie im Erzgebirge[4], am Gebirgsrand wie im Chiemgau[5] oder in den Ostalpen (Lunz)[6] und Westalpen (Einsiedeln)[7], zeigt sich in den Pollendiagrammen immer ein Überwiegen der Fichte über den Eichenmischwald, den wir heute noch natürlich etwa im Hagenauer Forst (xerothermes Gebiet) im Unterelsaß antreffen. In diese Zeit setzen wir nun (nach BERTSCH) die Einwanderung der pontischen und sarmatischen Pflanzen, die schon während

[1] Nach vorlaufiger Mitteilung in der Tagespresse.

[2] MUNTHE, H.: On the Late-Quaternary History of the Baltic. Geol. För. Förh. **46** (1924).

[3] THOMASSON, H.: Baltiska tidsbestämningar och baltisk tidsindelning vid Kalmarsund. Geol. For. Förh. **1927**.

[4] RUDOLPH, K., u. F. FIRBAS: Die Hochmoore des Erzgebirges. Beih. Bot. Zbl. **41 II**, 1/2 (1923). — Die Moore des Riesengebirges. Ebenda **43 II**, 2/3 (1927).

[5] PAUL, H., u. S. RUOFF: a. a. O. 1927.

[6] GAMS, H.: Die Geschichte der Lunzer Seen, Moore und Wälder. Internat. Rev. Hydrobiol. u. Hydrogr. **17** (1927).

[7] KELLER, P.: Pollenanalytische Untersuchungen an Schweizer Mooren. Veröff. Geobot. Inst. Rubel. Zürich 1928.

der Haselzeit als Gräser und Stauden schneller wandernd wie die langsam fruchtenden Bäume, Mitteleuropa überzogen und sich auch während der mesolithischen Eichenzeit hielten, bis erst die schattenspendende den Unterwald zerstörende Buche sie an ihre heutigen kontinentalwarmen Reliktstandorte ins Churer Rheintal, auf die Felsen des Donautals, an die Talhänge des Wallis und Engadins drängte. Die Einwanderung der Waldbäume erfolgt um beide Alpenflanken herum, die Reihenfolge schwankt in verschiedenen Regionen etwas, im ganzen aber entspricht sie zeitlich ziemlich genau der heutigen räumlich-geographischen Trennung von Nord nach Süd.

Der prähistorische „Hiatus" zwischen Magdalénien und Neolithikum ist pollenanalytisch im Voralpengebiet durch die Festlegung verschiedener Funde (Campignien = Kjökkermöddingerzeit bei Moosseedorf im Kanton Bern, Tardénoisien im Federseeried)[1] in die Haselzeit zu stellen. Die Parklandschaft der Kiefernzeit und der Steppenwald der Eichenzeit wird nun beim Übergang vom warmtrockenen Klima in ein warmes Seeklima durch die während der jüngeren Steinzeit einwandernde Buche und Tanne ersetzt. Beide kommen aus Südwesten, der besonders im Spätglazial und frühen Postglazial durch die Abdrängung der Zyklonen durch das restliche glaziale Hochdruckgebiet einen hohen Grad von Feuchtigkeit besessen haben muß. Der Sieg über den Eichenmischwald, der beim Übergang zur Bronzezeit voll errungen ist, ist nicht nur klimatisch erklärbar, sondern auch biotisch der natürliche. Beide Bäume haben wegen ihrer Zufluchtsstandorte den weitesten Zuwanderungsweg, ihre schweren Samen kommen hemmend hinzu, und nur das geringere Lichtbedürfnis allein läßt sie schon jeden geschlossenen Eichenbestand überwältigen. Es braucht nicht weiter darauf eingegangen zu werden, daß damit für die ausklingende Wärmezeit eine Theorie von der Steppenheide, die die jungsteinzeitlich-bronzezeitliche Besiedlung ermöglicht haben soll, hinfällig wird. Daß es sich auch während dieser Zeit (dem Atlantikum und Subboreal) nicht um geschlossene Wälder gehandelt haben kann, geht aus dem Vorkommen von Hamster und Wildpferd in der neolithischen Station Schweizersbild hervor.

Die Subborealzeit, die im Norden durch die Litorinazeit gekennzeichnet ist, soll in Süddeutschland ausnehmend trockenwarm gewesen sein wie auch in Schweden und das Klimaoptimum gebracht haben. Von dieser Ansicht SERNANDERS, GAMS' und NORDHAGENS scheinen einige der Autoren doch zugunsten derer ANDERSSONS[2] — Optimum im Neolithikum — abgewichen zu sein, aber doch nicht so, daß z. B. die Absenkung aller großen Alpenseen um mehrere Meter unter den heutigen Stand, die Verlandung kleinerer Gewässer als allgemeine Regel nicht mehr gälte. Schon wegen der Wirkung der nun meerverbundenen Litorinaostsee ist das unwahrscheinlich, das Klima muß sich gleichsinnig ozeanischer gestaltet haben, wenn auch lokale Abweichungen nie geleugnet werden können. Während der ganzen atlantischen und subborealen Zeit stand das höher wie die heutige Ostsee auch über deutschen Ufern gelegene Litorinameer und die langsam sich ausbreitende Nordsee kontinentalen Klimarichtungen im Wege, die Ausbreitung der feuchtigkeitliebenden Buche und Tanne beweisen ja das Gegenteil. THOMASSON[3] hat auf Grund der Diatomeenanalyse am Kalmarsund auf die wenig stationäre Oberfläche der Ostsee in jener Zeit hingewiesen, LUNDQVIST[4] hat auf Grund des Fundes einer intramarinen Kalkgyttja auf Öland auch auf eine Zweiteilung des Litorinameers und auf eine allerdings kurzdauernde Süßwasser-

---

[1] REINERTH, H.: Oberschwäbisches Mesolithikum. Nachr. dtsch. anthropol. Ges. 3, 9/10 (1928).

[2] Vgl. Klimawerk. Stockholm 1910. [3] a. a. O. 1927.

[4] LUNDQVIST, G.: Studier i Ölands myrmarker. Sver. geol. Unders. C 353 (1928).

regression geschlossen, das alles läßt höchstens auf sprunghafte Übergangszeit in der meteorologischen Umstellung der Zirkulation, nicht auf eine Wiederholung der borealzeitlichen Zustände schließen. Daß allerdings wechselnde Niederschläge die von GAMS[1] betonten abnormen Wasserstandsverhältnisse und „Hochwasserkatastrophen" in Binnengewässern in Einzelfällen nachzuweisen erlauben, scheint in diesem Zusammenhang einleuchtend. Nicht aber ist dies der Fall für die allgemeine Austrocknung, die zu Dauervorgängen wie Tiefstand der großen subalpinen Seen oder regionalen Verlandungsvorgängen, zu Folgen wie den an Land stehenden Bronzezeitpfahlbauten führt. BERTSCH[2] hat die genaue neuerliche Vermessung der postglazialen Verlandung zu dem Urteil geführt: „Wir können keine Beschleunigung der Verlandung im Spätneolithikum und in der Bronzezeit feststellen, aber auch keine Verzögerung in der Eisenzeit. Die Verlandung des Federsees kann also nicht als Beweis für postglaziale Klimaschwankungen dienen, im Gegenteil." Über den Bodensee der Bronzezeit schreibt dessen geologischer Erforscher SCHMIDLE[3]: „Es mag dazu gekommen sein, daß der Seespiegel wie heute in trockenen Jahren einen etwas tieferen Stand einnahm, doch ist der heutige Stand hauptsächlich von der Schmelzwassermenge abhängig, die die Alpenflüsse bewegen, und diese war damals größer, da die Gletscher in dem warmen Klima rascher abschmolzen. Wenn neuerdings behauptet wird, daß die Pfahlbauten am Ufer standen und nicht im See, so halte ich dies nicht für richtig. Denn die Fundstücke sind deutlich in einen nassen und weichen Seeschlick gefallen und wurden von diesem wieder bedeckt, ... dabei muß man bedenken, daß unmittelbar am Ufer Sand oder Gerölle abgelagert werden, Kalkschlick aber erst in einiger Entfernung." Man kann dem hinzufügen, daß auch der nach dem sogenannten subatlantischen Klimasturz wieder steigende See mit seinem Uferwellen Artefakte und Baureste hätte restlos zerstören müssen, was er in gleichbleibendem tieferen Wasser offenbar nicht getan hat. Als letztes führen wir die Meinung FAVRES[4] an: „Enfin, l'hypothèse d'un haut niveau, postérieur à l'âge du fer, et notablement supérieur à celui d'aujourdhui, 10 m par exemple, comme semblent l'admettre GAMS et NORDHAGEN, n'est basée sur aucun fait valable. Par contre, il est possible que le lac se soit très légèrement relevé, ce qui expliquerait plus facilement la présence d'anciens villages de l'âge de bronze par 5 m et 6 m d'eau." Da der Wasserhaushalt der Erdoberfläche das feinste Reagens auf Klimaschwankungen ist, scheint die Frage der Seespiegelschwankungen geeignet, die Existenz einer wirklichen Trockenzeit am Ende der postglazialen Wärmezeit zu entscheiden. Verfasser möchte dagegen einwenden, daß doch die geologisch erste Erwägung bei solchen Problemen die nach den Zufluß- und Abflußverhältnissen ist. Die erste hat SCHMIDLE schon berührt, die zweite könnte man für den Bodensee, Genfer See usw. nur mit einer völlig unbegründeten Annahme einer zeitweiligen Senkung des Rheinauslaufs bei Konstanz oder Rhôneablaufs bei Genf umgehen. Ein Flußsee kann aber nicht bis zum gewünschten Stand sinken, um Pfahlbauten zu erklären, denn dann müßte sich das Flußbett am Ende selber absenken, was kein hydrographischer, sondern ein tektonischer Vorgang ist. Sonst steigt er auch bei geringer Zufuhr, automatisch, bis er wieder einen Ablauf findet, tropische Verdunstungshöhen kommen ja nicht in Betracht, und damit sind den Absenkungsvorgängen der Alpenseen enge Grenzen gesetzt.

Für die Bodenlehre im besonderen ist die Existenz der einheitlichen postglazialen Wärmezeit insofern wichtig, als sie die stratigraphisch mannigfach auf-

---

[1] a. a. O. 1923. [2] a. a. O. 1929.

[3] SCHMIDLE, W.: Geologie und Vorgeschichte der Reichenau. (S.-A. o. J.)

[4] FAVRE, J.: Les mollusques post-glaciaires et actuels du Bassin de Genève. Mém. Soc. Physic. Histol. Nat. Genève **40**, 3 (1927).

tretenden Fazieswechsel in den Sedimenten der Seen und Moore (Grenzhorizont, der aber subboreal in Nordfennoskandia und dem kontinentalen Rußland, Nordwestdeutschland, Böhmen, in Süddeutschland vom Schwarzwald bis Bayern fehlt), durch die nacheiszeitliche Klimageschichte erklären kann. Auch die elsässischen und oberbayrischen Blutlehme, die begrabenen bis zu 1 m starken Schichten von Schwarzerde[1] auf Löß in Rheinhessen und Mittelschlesien stammen wohl aus dieser Zeit der warmen Sommer. Für eine absolute Datierung fehlen aber noch die Unterlagen.

Um die Höhe des sommerlichen Temperaturanstiegs zu bestimmen, fehlen auch sichere Handhaben, denn sie aus der Elevation der biogeographischen Höhenstufen oder der Verschiebung der Breitengürtel zu erschließen, ist insofern mißlich, als das ebenso aus der Verminderung der Niederschläge heraus erklärlich wäre, die wieder lokal sein kann. Jedenfalls aber müssen wir, etwa seit dem subboreal-subatlantischen Kontakt, also seit einem halben Jahrtausend v. Chr., mit einer Abnahme der Wärme und Zunahme der Feuchtigkeit rechnen. Dem Höhepunkt der Luftfeuchtigkeit zur Hallstattzeit entspricht etwa die Zeit der Ausbildung unseres atlantisch bestimmten Pflanzenbildes, denn seitdem dürfen wir auch mit einer der heutigen gleichartigen Ausbildung der geographisch-meteorologischen Konstellation Europas rechnen. Das Zurückweichen des Waldes in der sibirischen Taiga vor der Tundra, das Vorrücken der Waldgrenze in die Tschernosjomgebiete der Steppe in Südrußland und Rumänien geht dem Hand in Hand. Mit der Römerzeit kommt dann ein ausgedehnter Landbau, die Kulturpflanzen und die Ausbildung der Kultursteppe, die Zerstörung der natürlichen Biozönosen und ihrer Böden ins Land.

Die historische Zeit verzeichnet eine große Anzahl kurzfristiger aber eingreifender Klimaabnormitäten ohne eindeutige Richtung. Manche scheinen weltweit gereicht zu haben, wie Übereinstimmungen zwischen der anfangs erwähnten Sequoiakurve und den schweren mittelalterlichen Eisperioden der Ostsee zeigen. Aber sie sind alle von kurzer, bodenkundlich belangloser Dauer. Austrocknungsprozesse, wie sie zahlreich für die Subtropen und Tropen (so HUNTINGTON) behauptet worden sind, konnten immer wieder durch sorgfältige statistisch-historische Studien als kulturell bedingt nachgewiesen werden (LEITER, ZUMOFFEN, BRÜCKNER[2] u. a.). Progressive Klimaänderungen wurden im Sinne einer Austrocknung der nördlichen Trockengürtelgrenze (Zentralasien, Nordafrika, Südstaaten USA) zwar oft behauptet, aber auch immer durch sorgfältige historische Studien unwahrscheinlich gemacht oder auf zyklische Schwankungen zurückgeführt. Auch PETTERSSONS[3] geistvolle Begründung einer Verschlechterung des Klimas im hohen Norden (Besiedelung Grönlands usw.) wurde neuerdings von NANSEN[4] eingehend widersprochen. So einschneidende Wirkungen lokale Klimastürze z. B. für Völkerwanderungen gehabt haben mögen — deren letzte Ursachen auch nicht vom

[1] KÖPPEN-WEGENER: a. a. O., S. 246. 1924.

[2] HANN, J.: Handbuch der Klimatologie 1. Stuttgart 1908. Vgl. das Kapitel „Klimaänderungen". Ferner: E. BRÜCKNER: Klimaschwankungen seit 1700. Wien 1890. — L. BERG: Das Problem der Klimaanderung in historischer Zeit. Leipzig u. Berlin 1914. — H. LEITER: Die Frage der Klimaänderung wahrend geschichtlicher Zeit in Nordafrika. Abh. geogr. Ges. Wien **8** (1909). — R. P. ZUMOFFEN: La Metéorologie de la Paléstine et de la Syrie. Bull. Soc. Geogr. **20** (1899). — H. H. HILDEBRANDSSON: Sur le changement du climat européen en temps historique. New Act. Soc. Sci. Ups., Ser. 4, **4**, 5 (1915). — A. NORLIND: Einige Bemerkungen über das Klima der historischen Zeit nebst einem Verzeichnis mittelalterlicher Witterungserscheinungen. Lunds Univ. Årsks., N. F., Avd. 1, **10**, 1 (1914)

[3] PETTERSSON, O.: Climatic Variations in historic and prehistoric time. Göteborg 1914.

[4] NANSEN, F.: Klima-Vekslinger i Nordens historie. Avh. Norske Vid. Akad. Oslo, ath-physik. Kl. **1925**, Nr 3.

Menschlich-Persönlichen zu trennen sind —, so wirkungslos sind auch die periodischen Schwankungen gewesen, nur ihres Rhythmus halber seien sie erwähnt. SCHOSTAKOWITSCH[1] hat die durch die heute so moderne Klimaperiodenforschung bisher gefundenen Perioden zusammengestellt. In seinen umfangreichen Tabellen vergleicht er zusammenfallende geophysikalische Ereignisse und biologische Daten parallel nach den abgerundeten Periodenjahresgruppen von 3, 6, 11 (Sonnenflecken)33 (Brücknerperiode = 3mal Sonnenfleckenperiode), 16, 100, 130, 265, 435 Jahren miteinander. Auch in diesen minimalen Klimafluktuationen kommt wieder und immer wieder die wechselnde Sonnenstrahlung zum Ausdruck, die hier, nur da und dort auf der Erde, einmal wirksam, uns im großen in den eiszeitlichen Klimaschwankungen der Solarkurve für die ganze Erde in mächtigem Rhythmus vorgezeichnet ist.

d) Die Pollenanalyse, ein Hilfsmittel zum Nachweis der Klimaverhältnisse der jüngsten Vorzeit und des Alters der Humusablagerungen.

Von G. SCHELLENBERG, Göttingen.

Mit 3 Abbildungen.

Die Altersbestimmung der Torfarten der postglazialen Moore beansprucht ein mehr geologisches, prähistorisches und botanisches als bodenkundliches Interesse, denn chemische und physikalische Beschaffenheit der Schichten einer Torfablagerung sind nicht so sehr bedingt durch das Alter der betreffenden Schicht als durch die Art ihrer Entstehung. Die einzelnen Stufenfolgen der Verlandung eines Sees oder der Versumpfung eines Quellbodens, wie wir sie im Moore übereinander geschichtet finden, können wir nebeneinander noch heute an den verschiedenen Gewässern und Moortypen entstehen sehen: auch heute noch bilden sich, je nach dem Grade der Verlandung oder der Versumpfung und je nach dem Grade des Nährstoffgehaltes, namentlich des Kalkgehaltes des Moorwassers, Seggentorfe, Waldtorfe, Moostorfe und wie die Torfarten auch bodenkundlich bezeichnet und unterschieden werden mögen, und nur nach dieser von dem Kalkgehalt des Bodens im wesentlichen abhängigen Zusammensetzung des Torfes werden die Torfarten bodenkundlich unterschieden. Unter sich können also die einzelnen Torfarten, wenn auch in ihrem chemischen und physikalischen, also bodenkundlichen Verhalten einander völlig gleich, doch recht verschiedenen Alters sein. Zu allen Zeiten nach der Eiszeit wurden und werden z. B. Niedermoortorfe gebildet, lediglich von den Moos- oder Sphagnumtorfen kann man ganz allgemein aussagen, daß der ältere stets vor, der jüngere stets nach der Eichen- = Bronzezeit abgelagert worden ist.

Das relative Alter einer Moorschicht läßt sich ermitteln aus Funden menschlicher Kultur in dieser Schicht, also etwa von Steinwerkzeugen oder von Topfscherben. Ferner lassen sich Schlüsse auf das Alter einer Torfprobe ziehen, und in diesem Falle auch Schlüsse auf das Klima zur Zeit der Ablagerung dieses Torfes, an Hand von gröberen pflanzlichen Einschlüssen. Die Wald- oder Holzhorizonte der Moore sind dafür weniger geeignet, denn zu allen Zeiten wuchsen gewisse Holzarten, zumal Erlen und Birken, dann aber auch Kiefern, auf Mooren. Dagegen deuten Reste der Silberwurz (*Dryas octopetala*) oder der Polarweide unzweifelhaft darauf hin, daß der betreffende Torf in der ältesten Periode, am Ausgang der Eiszeit nach dem Rückzug der Gletscher abgelagert worden ist.

[1] SCHOSTAKOWITSCH, W. B.: Periodizitat in den geophysikalischen und biologischen Erscheinungen. Meteorol. Z. **46**, 1 (1929).

Auf der anderen Seite deuten Reste der Wassernuß (*Trapa*), der Nixenkräuter (*Najas*-Arten) unzweideutig darauf hin, daß ein sie enthaltender Torf einer wärmeren Periode entstammt, denn die genannten Pflanzen sind wärmeliebend und kommen in unserem heutigen Klima kaum noch fort. Aber in den allermeisten Fällen fehlen solche charakteristischen Bestandteile im Torfe, und in all diesen Fällen hat jene Untersuchung einzusetzen, die als Pollenanalyse bezeichnet wird und die im folgenden geschildert werden soll.

Die bei der Vertorfung entstehenden Humusverbindungen sind ein ausgezeichnetes Konservierungsmittel für pflanzliche Substanzen, welche sonst nur unter ganz besonders günstigen Umständen fossil erhaltbar sind, während im Gegensatz hierzu die Humussäuren gerade die fossil sonst leicht erhaltbaren tierischen Hartteile aus Kalk, Schalen und Knochen auflösen und zerstören, hingegen wieder alle tierischen Hornteile (Klauen, Hörner, Haare) und Chitinteile leicht konservieren. An pflanzlichen Teilen sind auch in den ältesten Torfen die stark pektinisierten und kutinisierten Teile besonders gut erhaltbar, darunter auch alle Sporen und Pollenkörner.

An solchen sind im Torfe nun nicht nur jene der auf dem Moore selbst wachsenden Pflanzen erhalten, es werden in die Moore in großen Mengen auch die Pollenkörner aller jener in näherer oder weiterer Entfernung vom Moore wachsenden Pflanzen hineingeweht, deren Pollen vom Winde verbreitet wird, zumal der Pollen fast aller unserer Waldbäume. Gelingt es also den im Torfe in den Humusverbindungen fest eingebetteten Pollen von diesen zu befreien, so läßt sich aus der prozentualen Häufigkeit eines Baumpollens auf die Häufigkeit der betreffenden Baumart im Walde der Ablagerungszeit der Torfprobe rückschließen. Da man andererseits aus der heutigen Verbreitung der betreffenden Baumarten nach dem Pole zu und ihrer Höhengrenze in den Gebirgen Schlüsse auf ihr Wärmebedürfnis ziehen kann, so kann man aus der Häufigkeit eines Baumpollens in der Torfprobe und damit der Häufigkeit des betreffenden Baumes zur Ablagerungszeit der Torfprobe auf das Klima der Ablagerungszeit seinerseits wieder Rückschlüsse ziehen. Die Bestimmung des Prozentanteiles einer Holzart in einer Torfprobe ist das, was man als Pollenanalyse bezeichnet. Die Pollenanalyse ermöglicht also das etwaige Klima früherer Zeiten zu bestimmen, sie gibt uns einen Einblick in die Waldzusammensetzung früherer Zeiten, gibt Hinweise auf die Einwanderung unserer Flora nach der Eiszeit und gibt uns ein Bild der jeweiligen Flora einer Periode auch außerhalb des Moores, dessen Flora wir ja auf Grund der gröberen Einschlüsse, Früchte und Samen, Zweige und Blätter, kennen; denn aus der Waldzusammensetzung außerhalb des Moores können wir auch wenigstens grobe Schlüsse auf die übrige Flora ziehen.

Ferner ist man mittels der Pollenanalyse imstande, Torfarten makroskopisch recht verschiedenen Aussehens und verschiedenster Entstehung zeitlich in Parallele zu setzen, andererseits gleich aussehende Torfe zeitlich richtig einzureihen. Wir können auch an älteren, in Museen aufbewahrten Funden, Hornscheiden der Wildrinder, Booten oder Werkzeugen des prähistorischen Menschen, bei denen bei der Aufsammlung der Moorhorizont nicht festgelegt worden ist, an Hand der Untersuchung der den Gegenständen anhaftenden Torfreste mittels der Pollenanalyse den Horizont nachträglich festlegen.

Die große Bedeutung der Pollenanalyse für Klimarückschlüsse und Altersbestimmung der Moore und Torfe läßt es wohl berechtigt erscheinen, daß ihre Methodik in diesem Handbuche geschildert werden soll, auch wenn ihr rein bodenkundliches Interesse geringer sein sollte.

Die gröberen im Torfe erhaltenen Pflanzenteile hat man schon seit bald einem Jahrhundert von den humosen Substanzen, in denen sie eingebettet sind, zu trennen und zu untersuchen gelernt. JAPETUS STEENSTRUP[1] hat als erster auf diese Weise die fossile Flora der Moore seiner dänischen Heimat untersucht. Es hat dann in den 40er Jahren GRISEBACH[2] das Studium der Moore der Emsniederung in Angriff genommen, BLYTT[3] und SERNANDER[3] haben norwegische und schwedische Moore studiert, C. A. WEBER[4] namentlich nordwestdeutsche Moore. Alle diese Untersuchungen erfolgten aber mehr oder weniger makroskopisch bzw. mit der Lupe und bestanden in der Bestimmung von Blättern, Früchten und Samen, und lediglich bei Holzresten wurde die Bestimmung mit Hilfe des Mikroskops vorgenommen, es sei denn, daß man die Algenflora der Mudden, der ersten am Grunde eines Sees abgelagerten Torfschichten, im Mikroskop zu erfassen suchte. Die Loslösung der erkennbaren Reste aus der sie fest umschließenden Humussubstanz wurde in der ersten Zeit rein mechanisch am frischen Material vorgenommen, indem man mit einem geeigneten Gegenstand die auf dem Bruch des Torfstückes sich zeigenden Teile isolierte. Da man dabei kleinere Samen leicht übersieht und auch sonst Verluste hat, ging man später dazu über[5], die Huminsubstanzen mit auf $^1/_4$ verdünnter rauchender Salpetersäure zu lösen, eine Methode, die auch heute noch in Anwendung kommt, sobald man lediglich die größeren Partikel in der Torfprobe isolieren und gewinnen will. Die meisten der größeren Einschlüsse werden durch die Gasblasenentwicklung an die Oberfläche gerissen und können hier leicht mit dem Pinsel abgenommen werden, den feinschlammigen Rest kann man natürlich auswaschen, man kann dekantieren und kann Proben mikroskopisch untersuchen.

Nachdem vor etwa 25 Jahren LAGERHEIM[6] darauf hingewiesen hatte, daß diese mikroskopische Untersuchung des feinsten Detritus und namentlich das Studium des darin enthaltenen Pollens von großem Wert sein könnte, haben namentlich v. POST[7] in Stockholm und dessen Schüler, unter denen besonders ERDTMAN[7] genannt werden muß, die Methodik weiter ausgebaut, das nötige Fundament und Vergleichsmaterial geschaffen, die Fehlerquellen mit größter Sorgfalt erörtert und experimentell überprüft und auf Grund der gewonnenen Grundlagen die Moorvorkommen Schwedens, und namentlich Südschwedens, in eingehendster Weise untersucht. In den letzten Jahren ist dann die pollenanalytische Bearbeitung der Moore der übrigen europäischen Staaten überall in Angriff genommen worden, desgleichen in Nordamerika. Die Literatur über den Gegenstand ist eine sehr ausgedehnte geworden. Es sei lediglich das Sammelreferat STARKS[8]: „Der gegenwärtige Stand der pollenanalytischen Forschung"

[1] STEENSTRUP, JAPETUS: Geognostisk-geologisk Undersögelse af Skovmoserne Vidnesdam og Lillemose i det nordlige Sjæland. Vidensk. Selsk. naturv. og math. Afh. **9**, Kopenhagen 1842.

[2] GRISEBACH, A.: Über die Bildung des Torfs in den Emsmooren. Göttinger Stud. **1845**.

[3] BLYTT, AXEL: Zur Geschichte der nordeuropäischen, besonders der norwegischen Flora. Engl. bot. Jb. **17** (1893). — Für weitere Literatur, wie auch fur SERNANDER s. H GAMS u. R. NORDHAGEN: Postglaziale Klimaänderungen und Erdkrustenbewegung in Mitteleuropa. Mitt. geogr. Ges. München **16**, 2 (1923).

[4] WEBER, C. A.: Die Geschichte der Pflanzenwelt des norddeutschen Flachlandes seit der Tertiarzeit. Wiss. Erg. internat. bot. Kongr. in Wien 1905, Jena 1906. — Aufbau und Vegetation der Moore Norddeutschlands. Engl. bot. Jb. **40** (1907). — Sonstige Arbeiten vgl. GAMS und NORDHAGEN.

[5] ANDERSSON, GUNNAR: Vgl. die Literatur und die Methode in H. POTONIÉ u. W. GOTHAN: Paläobotanisches Praktikum, S. 104ff. Berlin 1913.

[6] LAGERHEIM, G.: Torftekniska notiser. Geol. Fören. i Stockh. Förh. **24** (1902).

[7] ERDTMAN, O. G. E.: Pollenanalytische Untersuchungen von Torfmooren und marinen Sedimenten in Südwestschweden. Ark. Bot. (schwed.) **17**, Nr. 10 (1921). Dort auch reiche Literaturangaben, so auch über Arbeiten von v. POST. — Die Methode ist auch durch STARK geschildert.

[8] STARK, P.: Der gegenwärtige Stand der pollenanalytischen Forschung. Z. Bot. **17** (1925).

genannt, worin in kurzen Zügen die Ergebnisse der Forschungen bis zum Jahre 1925 zusammengestellt sind.

Während die obengeschilderte ANDERSSONsche Salpetersäuremethode zur Trennung der größeren geformten Partikel im Torfe sehr handlich ist, eignet sie sich weniger zur Aufschließung der feinen Masse, da deren Aufarbeitung auf solche Weise zu viel Zeit beansprucht und da durch das erforderliche Auswaschen Materialverluste und damit für quantitatives Arbeiten Fehlerquellen gegeben sind. Durch ERDTMAN[1] ist daher eine andere Methode für solche Arbeiten ausgearbeitet worden. Man entnimmt der zu untersuchenden Torfprobe etwa 1 ccm Substanz (bei hoch humifizierten Torfen genügt schon weniger), kocht mit ca. 10 % Kalilauge oder Natronlauge bis zur Verdunstung des Wassers auf — es entsteht ein charakteristischer loheartiger Geruch, der schwer zu beschreiben ist, aber leicht erkannt wird und das Verdunsten des Wassers anzeigt, im übrigen ist das völlige Verdunsten des Wassers nicht so wichtig —, setzt dem auf diese Weise erhaltenen Brei einige Tropfen (1—4) Glyzerin hinzu, um das Eintrocknen der Masse zu verhindern. Vor der Entnahme eines Tropfens zur mikroskopischen Analyse rührt man die Masse gut durch, entnimmt dann den Tropfen, streicht ihn auf dem Objektträger aus und bedeckt mit dem Deckglas. Man zählt dann, das Präparat auf dem Kreuztisch durchmusternd, die Pollenkörner aus, gleichzeitig natürlich die betreffende Baumart notierend, während man die Pollen der übrigen Gewächse vernachlässigen kann. In den mannigfaltigen Arbeiten der Schweden hat es sich gezeigt, daß ein Auszählen des Baumpollens über 100 Pollenkörner hinaus den prozentualen Anteil der einzelnen Gehölzart am Waldbilde nicht ändert. Man braucht also nur die ersten 100 Baumpollenkörner zu notieren — falls im ersten Präparate nicht so viele erhalten sind, sind weitere Präparate anzufertigen und zu durchmustern — um somit direkt die Prozentzahlen zu erhalten.

Stark mit mineralischen Partikeln durchsetzte Torfe bieten oft die Schwierigkeit, daß sie so pollenarm sind, daß ein Durchzählen bis 100 eine Unzahl Präparate erfordern würde, andererseits stören mineralische Partikel oft das erwünschte flache Aufliegen des Deckglases. ASSARSSON und GRANLUND[2] haben für solche Fälle das folgende Verfahren ausgearbeitet. Die Huminsubstanzen, die Bodenkolloide, werden wie gewöhnlich durch 10 % Kalilauge gelöst, größere mineralische Partikel im entstehenden Brei entfernt man durch Schlämmen. Kalkpartikel löst man darauf mit Salzsäure aus, den Rest kocht man zur Lösung der Silikate mit Flußsäure im Platingefäß. Die so entstehenden Verbindungen entfernt man durch Aufkochen mit Salzsäure, sodann konzentriert man den Rückstand durch Zentrifugieren. Die stark kutinisierten Außenmembranen der Sporen und Pollenkörner widerstehen dieser Behandlung, man erhält eine Anreicherung des Rückstandes an Pollen auf das 10- bis 20fache des Ausgangsmaterials, ohne daß das sogenannte „Pollenspektrum", der prozentuale Anteil der einzelnen Pollenarten sich geändert hat. Es hat sich lediglich die „Pollendichte", die Anzahl der Pollenkörner auf dem Quadratmillimeter des Präparates geändert.

Die Feldarbeit, das Aufsammeln der Torfproben am Fundort, ist keine schwierige. Hat man einen günstigen Aufschluß, so kann man direkt dem Profil in gewissen Abständen Torfproben entnehmen, wobei man allerdings nicht die oberflächlichen Schichten einsammeln darf, da hier durch herabrinnendes Wasser und durch Anflug rezenten Pollens das Bild gestört sein kann. Eine Tiefe von

---

[1] Siehe S. 141 Anm. 7.

[2] ASSARSSON u. GRANLUND: En method för pollenanalyse av minerogena jordarter. Geol. Foren i. Stockh. Forh. **46** (1924).

etwa 3 cm unter der Oberfläche ist aber schon ausreichend. Ist kein Aufschluß vorhanden, so kann man mit dem Kammerbohrer aus jeder Tiefe gesichert reine Proben des Profils entnehmen. Die Proben werden vorteilhaft bergfeucht aufbewahrt, durch das Eintrocknen und Schrumpfen des Torfes entstehen Zerreißungen, die zu Pollenverlust führen. Das Wachstum von Algen kann man leicht durch Verdunklung der Proben fernhalten, Pilzwachstum durch Zusatz einiger Tropfen Karbolsäure usw.

Das Erkennen der einzelnen Pollenarten ist meist ein nicht schwieriges, sofern es sich lediglich um die Festlegung der Pflanzengattung handelt, denn für die einzelnen Pflanzengattungen ist die Form des Pollens in der Regel eine sehr charakteristische. Da Abbildungswerke für Pollen jedoch kaum bestehen[1], so ist es erforderlich, sich von rezentem Material eine Vergleichssammlung anzulegen, d. h. von den in Betracht kommenden Pflanzenarten mikroskopische Präparate des Pollens in Glyzeringelatine anzufertigen, evtl. sich selbst kleine Skizzen der betreffenden Pollenarten anzufertigen. Zwar ist der im Torf konservierte Pollen etwas verquollen und vielleicht etwas verzerrt, doch sonst hat er seine Gestalt treu bewahrt, auch kann man den rezenten Pollen durch Verquellen in schwacher Kalilauge oder in Humussäuren dem subfossilen angleichen. Zur Erkennung der Arten reicht die Gestalt des Pollens allerdings nur selten aus. Es bestehen zwischen den Pollenkörnern der gewöhnlichen Kiefer und der Bergkiefer (Latsche, Föhre), zwischen dem Pollen der Eichen- und der Birkenarten nur Größenunterschiede, wobei an den Grenzen die Größen sich überdecken, die größten Pollenkörner der einen mit den kleinsten der anderen Art übereinstimmen. Hier muß man die Zuflucht zu Messungen und Übertragung dieser Messungen auf Kurven seine Zuflucht nehmen. Je nach der Lage des Gipfels der Kurve kann man dann auf die betr. Art schließen, zweigipflige Kurven deuten auf ein Gemisch beider Arten hin.

Bei manchen Pflanzen reicht die Gestalt des Pollens nur zur Erkennung der Familie, so bei den Doldengewächsen, den Seggen und Sauergräsern und bei den echten Gräsern. Die Bestimmung des Pollens dieser Gewächse ist aber für die Pollenanalyse ohne Belang, man zählt ja doch nur den Pollen der Waldbäume, kann aber den Pollen der anderen Familien nebenbei notieren. Die auf dem Moore wachsenden Vertreter der genannten Familien haben im Torf makroskopische Reste hinterlassen und lassen sich, falls erwünscht, an Hand dieser sicher bestimmen. Schwerwiegender ist die Erscheinung, daß zuweilen der Pollen weit verschiedener Pflanzengattungen untereinander fast völlig übereinstimmt. So ist der Pollen der Eichen von dem des Moorveilchens nicht zu unterscheiden; der im Torf gefundene Pollen wird jedoch kaum jemals dem Veilchen zuzurechnen sein, weil dieses nur wenig und klebrigen Pollen erzeugt, der zudem nicht ausfällt, sondern von Insekten geholt wird, und somit nur in ganz besonderen Ausnahmefällen und in ganz geringen Mengen in den Torf gelangen kann, während die Eichen große Mengen vom Winde verbreiteten und somit leicht in die Moore verwehten Pollen erzeugen. Es können also nur vereinzelt aufgefundene Pollenkörner von Eichenpollengestalt zweifelhaft sein. Große Ähnlichkeit besteht ferner zwischen dem Pollen der Hasel und der Hopfenbuche. Früchte oder Blätter dieser südosteuropäischen Pflanze sind bisher im Torf nie gefunden

[1] Erdtman, O. G. E.: Beitrag zur Kenntnis der Mikrofossilien. Ark. Bot. (schwed.) 18, 19 (1922). — Dokturowski: Pollen im Torf. Mitt. wiss.-exper. Torfinst. Moskau (russ.) 1923. — Rudolph u. Firbas: Paläofloristische und stratigraphische Untersuchungen böhmischer Moore. Die Hochmoore des Erzgebirges. Beih. bot. Cbl., II. Abt. 41 (1924). — Dokturowsky, W., u. W. Kudrjaschow: Schlussel zum Bestimmen der Baumpollen im Torf. Geol. Arch. 3, 180 (1923). — Meinke, Herbert: Atlas und Bestimmungsschlussel zur Pollenanalytik. Bot. Arch. 19, 380—449 (1927).

worden, sie wären auch nur im Südosten zu erwarten. Der beobachtete Pollen dürfte in den anderen Gebieten stets richtig der Hasel zuzurechnen sein. Der Haselpollen ist ferner übereinstimmend mit jenem des Gagelstrauches (Myrica).

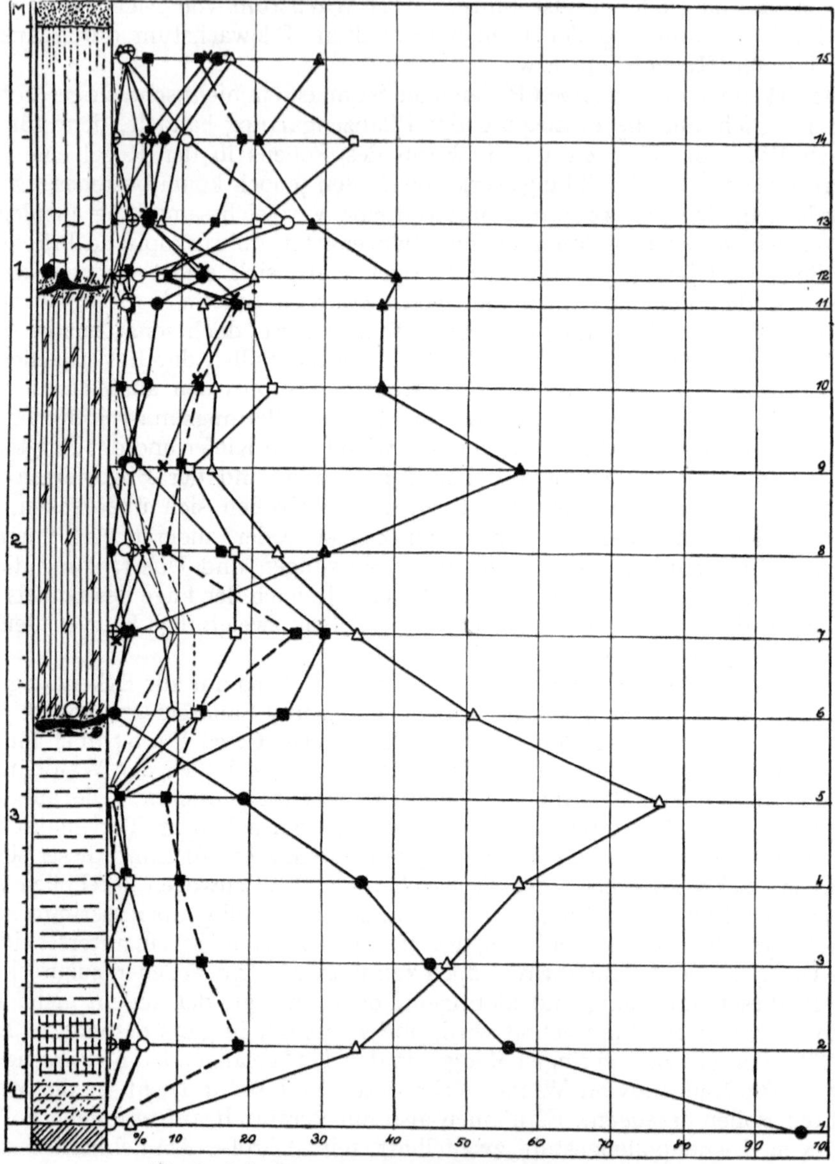

Abb. 18. Pollendiagramm des Leopoldskroner Moores bei Salzburg.

Der Pollen dieses auch heute noch die westlichen Moore besiedelnden Strauches scheint aber nicht erhaltungsfähig zu sein. In rezenten Oberflächenproben nördlich der heutigen Haselgrenze in Schweden hat man nie ,,Haselpollen" gefunden, was der Fall sein müßte, wenn der Pollen des dort reichlich vorkommenden Gagelstrauches erhalten wäre, so daß also ,,Haselpollen" stets wirklich auf die Haselnuß hindeutet.

Die auf Grund der Auszählung des Waldpollens in den Proben eines Moorprofils gewonnenen Prozentzahlen des Vorkommens von Pollen der einzelnen Baumarten überträgt man auf ein Koordinatensystem, indem man auf der Ordinate den Torfhorizont in metrischem Maßstabe angibt, auf die Abszisse die Pollenprozente einträgt. Vorteilhafterweise kann man auf der linken Seite der Zeichnung einen schematischen Querschnitt des Moores in Signaturen andeuten, wie dies in der beifolgenden Abbildung 18 geschehen ist; die Schweden pflegen dies nicht zu tun, sondern sich mit der metrischen Feststellung zu begnügen. Verbindet man die für die einzelne Baumart in den einzelnen Horizonten gefundenen Prozentzahlpunkte durch eine Linie, so erhält man eine (aufrecht stehende) Kurve der Verbreitung der betreffenden Holzart in den einzelnen Horizonten des Moores, d. h. Zeitpunkten der Ablagerung der untersuchten Torfschicht, man bekommt ein getreues Abbild ihrer Häufigkeit auf dem Moore oder in dessen Umgebung zu

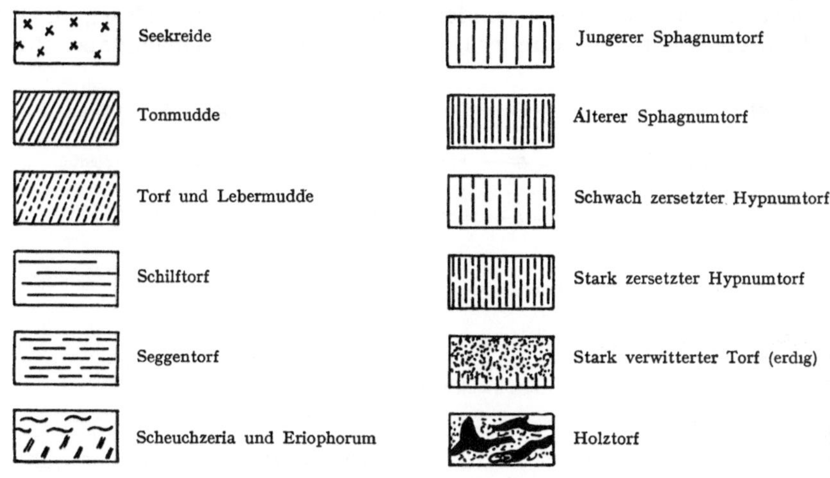

Abb. 19. Zeichenerklärung fur den geologischen Querschnitt.

den verschiedenen Zeiten der Ablagerung des Moores. Dieses Bild wird am übersichtlichsten, wenn man für die einzelnen Baumarten verschiedene Farben wählt, wobei die schwedischen Staatsgeologen ein bestimmtes Schema verwenden; für den Druck wählt man in der Regel die durch v. POST und seine Schule eingeführten konventionellen Signaturen (s. Abb. 20). Die erhaltenen Pollenkurven bezeichnet man als das Pollenspektrum des betreffenden Moores[1].

Man hat gegen die Zuverlässigkeit dieser Pollenspektren, die Richtigkeit des durch sie dargestellten Waldbildes, eine ganze Reihe von Bedenken erhoben; man erwog, daß verschieden starke Pollenproduktion der einzelnen Holzarten, verschiedene Sinkgeschwindigkeit und Schwimmfähigkeit der Pollenkörner, verschiedene Resistenz des Pollens, unterschiedlicher Ferntransport und der lokale Einfluß durch die das Moor selbst bewohnenden Bäume das gewonnene Waldbild fälschen könnten. Eine eingehende Analyse von Oberflächenproben Südschwedens und der Vergleich der erhaltenen Resultate mit der heutigen Bewaldung Schwedens haben jedoch gezeigt, daß die erhobenen Bedenken un-

[1] Als schönes Beispiel wird in Abb. 18 das Pollenspektrum des Leopoldskroner Moores bei Salzburg gegeben. — Die Druckstöcke verdankt der Verfasser der Liebenswürdigkeit von Prof. RUDOLPH in Prag und Dr. FIRBAS in Frankfurt a. M. Sie entstammen der Arbeit der genannten Forscher: Die Hochmoore des Erzgebirges. Beih. Bot. Cbl. II 41 (1924).

erheblich sind: Waldbild und Pollenspektrum paßten sehr gut zueinander. Gewiß bedingen die das Moor bewachsenden Bäume ein lokales Überwiegen ihres Pollens, im Gebirge können aufsteigende Winde eine höhere Baumgrenze vortäuschen, doch wie STARK es ausdrückt: „Mit den nötigen Kautelen ist die Pollenanalyse durchaus anwendbar, und nur die schwach eingestreuten Pollensorten können zu Bedenken und Korrekturen Anlaß geben."

Betrachtet man nun die Florenfolge in einem vollständigen Moorprofil, d. h. einem Moorprofil, dessen unterste, älteste Schichten schon bald nach dem Rückzug der eiszeitlichen Vergletscherung sich bildeten, so findet man in diesen Schichten die Reste einer Vegetation, wie sie noch heute als Tundra oder Zwergstrauchheide im nördlichen Europa beheimatet ist. BLYTT und SERNANDER bezeichnen diese Periode als arktische und subarktische Zeit, oft findet sich auch die Bezeichnung Übergangszeit. Gegen Schluß dieser Periode verschwindet die Zwergstrauchheide immer mehr und an ihre Stelle treten lichte, aus Espen und Birken zusammengesetzte Wälder. Die Kiefer und die Hasel, in Mitteldeutschland auch die Fichte, wandern langsam ein, ihr Pollen macht aber stets nur

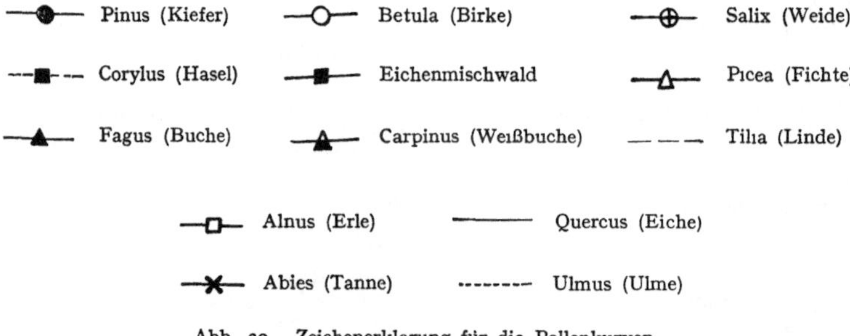

Abb. 20. Zeichenerklärung für die Pollenkurven.

wenige Prozente des Spektrums aus. Die Temperatur wird immer günstiger, das Klima wird allmählich zu einem trocken-warmen (kontinentalen), und als Folge davon breiten sich in dieser borealen Zeit die Kiefernwälder rasch aus (hohe Kiefernpollenprozente!), langsam wandern Eiche und Linde ein. Dann wird das Klima wieder feuchter, bleibt aber milde (maritimes Klima), wir treten in die atlantische Zeit, in welcher sich der ältere Sphagnumtorf bildete und in den Wäldern die Eiche, d. h. der lichtere Laubmischwald mit viel Eiche, immer mehr überhandnimmt. Das Klima wird in der darauffolgenden subborealen Zeit sehr trocken und warm, wir sind nun in der eigentlichen Eichenzeit, die Buche, welche in der atlantischen Zeit einzuwandern begann, tritt wieder etwas zurück, die Moore trocknen weitgehend aus, es entsteht dabei auf ihnen, ähnlich wie heute eine Erikazeenheide (der sogenannte Grenzhorizont), der Mensch beherrscht völlig die Steintechnik, hat schön geschliffene Steinwerkzeuge (Vollneolithikum) und lernt Metalle zu bearbeiten, zuerst die Bronze, dann, in der frühen Hallstattzeit, auch das Eisen. Darauf verschlechtert sich das Klima wiederum, es wird merklich feuchter, was sich im erneuten Zuwachs der Moore äußert, es entsteht der jüngere Sphagnumtorf; das Klima wird aber, zumal zu Beginn dieser subatlantischen Zeit, bedeutend kühler, so daß Wassernuß (*Trapa*) und ähnliche Wärme liebende Pflanzen stark zurückgehen. Der herrschende Waldbaum ist nun die Buche, in den Gebirgen treten Fichten und Tannen wieder in größter Menge auf. Das Klima wird aber in der Neuzeit, etwa in den ersten Jahrhunderten n. Chr., zur Zeit der Völkerwanderung, wieder trockener, die Moore verheiden langsam, es ist die Klimaperiode, in welcher wir heute leben.

Dies ist natürlich nur ein ganz grobes Bild der Klimaänderungen seit der letzten Eiszeit, welches besonders für Mitteleuropa gilt und sich durch lokale Einflüsse verschiebt. So tritt im Norden und im Gebirge z. B. vor der Eichenzeit eine ausgesprochene Haselzeit auf, so fehlt im Norden während der Kiefernzeit die Fichte, welche erst zur Buchenzeit auf dem östlichen Wege nach Schweden einwandert. Man hat ferner in diese Chronologisierung der Klima- und Waldperioden auch die einzelnen Perioden der menschlichen Kulturen eingefügt, ebenso die einzelnen geologischen Abschnitte der Geschichte der Ostsee. Eine chronologische Tabelle dieser Ereignisse soll in einem späteren Bande des Handbuches gegeben werden[1]. Es muß aber bemerkt werden, daß mit dieser Chronologisierung keine absolute historische Datierung gegeben werden kann und soll. Die einzelnen Perioden sind im gesamten europäischen Raume nördlich der Alpen-Karpathen-Kette nicht absolut gleichzeitig gewesen. Der Rückzug der Gletscher der großen Vereisung erfolgte langsam von Süden nach Norden (im Gebirge von unten nach oben), so daß, um ein Beispiel zu geben, die Eichenzeit in Schweden sicherlich um etliche Jahrhunderte später gelegen ist als die gleiche Periode in Mitteldeutschland. Bei geologischen Zeiträumen spielen jedoch derartige säkulare Unterschiede eine geringere Rolle.

[1] Siehe Bd. 4.

C. Der Einfluß und die Wirkung der physikalischen, chemischen, geologischen, biologischen und sonstigen Faktoren auf das Ausgangsmaterial.

1. Allgemeine Verwitterungslehre.

Begriff, Wesen und Umfang der Verwitterung.

Von **E. BLANCK**, Göttingen.

Der äußere Mantel der Erdrinde erweist sich durchaus nicht als ein starres oder totes Gebilde, wie solches oberflächliche Beobachtung wohl vorzutäuschen vermag, sondern auch hier herrscht, wie überall in der Natur, dauernde Bewegung. Die Gesteine unterliegen den mannigfaltigsten Umsetzungen, ihre Bestandteile werden in verschiedenstem Grade und mit wechselnder Geschwindigkeit umgewandelt oder auch gar völlig zerstört. „Die Gesteine der auf- und absteigenden Rindenteile gelangen mit ihren Mineralien", wie sich H. HARRASSOWITZ[1] ausdrückt, „teils an die Oberfläche unter niedrige Temperatur (t) und meist geringen Druck (p), teils in die Tiefe unter hohes t und steigendes p". Damit gelangen die Minerale unter andere physikalisch-chemische Bedingungen, ein neues Gleichgewicht wird sich einzustellen trachten, sie werden somit umgewandelt, indem sie die Ausbildungsform annehmen, die den neuen Gleichgewichtsbedingungen entspricht. Die Umwandlungen in der Tiefe, die sich ganz allgemein unter erhöhter Temperatur und Druck vollziehen, nennen wir gemeinsam Metamorphose, diejenigen an der Oberfläche unter niederer Temperatur und Druck werden dagegen zumeist schlechthin als Verwitterungsvorgänge bezeichnet. Diese letzteren sind die augenfälligsten Erscheinungen der Gesteinszersetzung, sie vollziehen sich unmittelbar an der Erdoberfläche, an der Grenze zwischen Atmosphäre und Lithosphäre, ihre „Bewegung" ist die schnellste und ihr Zerstörungswerk am gründlichsten. Erscheint somit der Ort, wo sich der Vorgang der Verwitterung an der Erdoberfläche abspielt, im allgemeinen klar festgelegt, so erweist es sich jedoch von weit größerer Schwierigkeit, das Wesen der Verwitterung zu kennzeichnen und zu umgrenzen.

Schon E. WEINSCHENCK[2] hat diese Schwierigkeit mit Recht hervorgehoben, indem er sagt: „Unter dem Namen Verwitterung werden heute die heterogensten Vorgänge zusammengefaßt", und wenn auch das Wort „Verwitterung" zum Ausdruck bringen soll, daß alles, was mit Witterung zusammenhängt, in ursächliche Verbindung mit der Zerstörung der Gesteine gebracht, ihr Wesen zu erklären vermag, so kann doch hierdurch nur in ganz allgemeinen Zügen wiedergegeben werden, um was für einen Vorgang es sich handelt[3].

---

[1] HARRASSOWITZ, H.: Anchimetamorphose usw. Ber. oberhess. Ges. Naturwiss. Heilk. Gießen, Naturwiss. Abt., N. F. **12**, 9 (1927).

[2] CORNU, F.: Die heutige Verwitterungslehre im Lichte der Kolloidchemie. Kolloid-Z. **4**, 291 (1909).

[3] Vgl. hierzu wie im folgenden E. BLANCK: Lehrbuch der Agrikulturchemie. Bodenlehre, T. 3, S, 27—37. Berlin: Gebr. Bornträger 1928.

Nun sollte man allerdings glauben, daß wenigstens bei Geographen, Geologen und Bodenforschern, die sich doch berufshalber in ausgiebigster Weise mit den Verwitterungserscheinungen zu beschäftigen haben, Einigkeit darüber vorhanden wäre, was sie als Verwitterung gelten lassen. Doch auch dies ist keineswegs der Fall, denn während hierüber die Ansichten der Geographen sehr in die Breite gehen[1], wird die Verwitterung bei den Bodenkundlern zu einem recht umgrenzten Begriff. Zum Teil liegt dieses wohl darin begründet, daß sowohl Geographen wie auch Geologen noch jene Erscheinungen, wie die der Ablation, des Transportes und der Korrasion zur Verwitterung rechnen, die eigentlich strenggenommen nicht mehr als solche angesehen werden sollten, da sie, trotz z. T. recht schwieriger Abtrennung, doch nur als ihre Folgeerscheinungen im Nacheinander der Dinge zu betrachten sind[2]. Zwar muß eingeräumt werden, daß die drei genannten Vorgänge gleichfalls am Zerstörungswerk des Erdfesten mitbeteiligt sind, aber vorwiegend liegt ihre Wirksamkeit doch nur in der Fortschaffung des durch die Verwitterung gebildeten Materials. Nur insofern, als sie sich dieses Materials bemächtigen und es auf das feste Gesteinsmaterial erneut einwirken lassen, kann eine abermalige Zerlegung des ersteren geschehen, so daß des weiteren eine Zerstörung des vorher noch nicht beeinflußten Gesteinsmaterials damit verbunden ist. Es empfiehlt sich daher ganz sicherlich, jene abhebenden, fortschaffenden und sich dabei nochmals angreifend und zertrümmernd betätigenden Kräftewirkungen als besondere, und zwar als sogenannte Denudationserscheinungen abzutrennen, bzw. sie dem vorbereitenden Verwitterungsvorgang streng gegenüberzustellen. Denn sie verkörpern gewissermaßen den 2. Akt in der Aufbereitung der Gesteinsmassen, während die Verwitterung den 1. Akt, d. h. die unmittelbare Voraussetzung zu ihrer Tätigkeit und Wirkungsmöglichkeit abgibt. Beide Teilakte lassen sich als „Gesteinsaufbereitungsvorgang“ zu einem Ganzen verbinden. Wenn aber gemeiniglich oder doch recht häufig die durch die Denudationsvorgänge geschaffenen Ausbildungsformen an der Oberfläche der Erde als durch den Verwitterungsvorgang erzeugte Gebilde angesprochen werden, so kann dies nur insofern als zutreffend anerkannt werden, als die Verwitterung nur vorbereitend zu ihrem Zustandekommen mit beigetragen hat. Formen der Verwitterung selbst sind sie eigentlich nicht, sondern stellen geradezu das Gegenteil dar, denn ihre Gegenwart und ihr Fortbestehen zeigt und spricht dafür, daß sie der Verwitterung noch nicht zum Opfer gefallen sind. Immerhin muß betont werden, daß eine strenge Unterscheidung zwischen Denudation und Verwitterung in dem von uns dargelegten Sinne nicht immer als durchführbar erscheint. Der Bodenforscher rechnet daher denn auch nicht mehr alle jene Erscheinungen zur Verwitterung, sondern beschränkt diesen Vorgang auf alle direkten Umwandlungen, die das Gestein durch die Atmosphärilien erfährt.

Im allgemeinen begegnet man wohl der Auffassung, daß man die Verwitterung als Ausdruck des Einflusses exogener Kräfte auf die Gesteinswelt anzusehen habe, wie solches generell auch wohl zutrifft, wenn schon hierdurch gewisse Erscheinungen, die man eigentlich nicht mehr zur Verwitterung rechnet und von

---

[1] Vgl. u. a. SJUTS: Über die Bedeutung der Verwitterung fur die Umgestaltung der Erdoberfläche. LÜBBECKE, S. 7, 1906, der darauf hinweist, daß eine strenge Scheidung selbst zwischen „Verwitterung“ und „Erosion“ besondere Schwierigkeiten bereitet. — Auch bei S. PASSARGE in seiner Landschaftskunde 3, 1920, tritt dieser Unterschied nicht immer klar zutage.

[2] Allerdings unterscheidet schon A. PENCK: Morphologie der Erdoberfläche 1, 202, Stuttgart 1894, neben rein oberflächlichen Veränderungen durch Verwitterung einfache Massenbewegungen und Massentransporte durch Luft, Wasser und Eis, doch meint SJUTS, daß solche Unterschiede nur theoretische Bedeutung besäßen.

denen noch die Rede sein wird, mit unter den Begriff derselben fallen würden. H. Harrassowitz faßt im obigen Sinne die Verwitterung auf, wenn er sagt: „Als Verwitterung bezeichnen wir die unter dem gemeinschaftlichen Einfluß der exogenen Kräfte bewirkte Zersetzung der äußersten Erdrinde," und erläuternd fügt er hinzu, „die Kräfte, die bei der Verwitterung wirken, sind solche, die von außen her an die Gesteine herantreten. Es handelt sich um die Einwirkung des Wassers, das in verschiedener Form und mit verschiedenen mitgeführten Stoffen wirken kann, um den Wind, um Gletscher, um Kohlensäure, Temperaturveränderungen u. a.[1]." Auch ähnlich lautet das Urteil E. Weinschencks, nämlich: „Als Verwitterung faßt man alle jene Veränderungen zusammen, welche durch die Einwirkung der Atmosphäre und der in dieser vorhandenen Agenzien, den Atmosphärilien, sowie durch die Organismen innerhalb der Lithosphäre hervorgebracht werden. Dieselben sind teils chemische, teils mechanische und laufen in der Hauptsache auf eine Zerstörung der ursprünglichen Gesteine hinaus"[2]. Desgleichen finden wir diese Ansicht bei F. Cornu vertreten, allerdings etwas modifiziert und in Hinsicht auf die Natur der Verwitterungsprodukte schärfer umgrenzt, denn es heißt bei ihm: „Verwitterung ist die Veränderung, die die Gesteine an der Erdoberfläche durch den Einfluß der Atmosphärilien (bzw. auch der Humussäuren) erleiden, sie ist immer zugleich Gelbildung[3]." Auch setzt er sogar noch hinzu: „Ich weiß, daß ich damit nichts Neues sage; aber heutzutage, wo das Wort ‚Verwitterung' schon ein äquivoker Name geworden ist, erscheint es wohl angebracht, in einer Abhandlung über dieses Thema zuerst den Begriff scharf zu umgrenzen."

Johannes Walther[4] hat den Begriff Denudation für die Gesamtheit aller lithogenetischen Erscheinungen geprägt, die im Gegensatz zur Auflagerung die Länge des Erdradius verkürzen, und, wie schon oben angedeutet, Verwitterung, Ablation, Transport und Korrasion als Teilvorgänge der Denudation angesprochen. Jedoch, wie gleichfalls schon betont wurde, handelt es sich in der Verwitterung um einen für diese ganze Erscheinung vorbereitenden Vorgang, der den eigentlichen den Erdradius verringernden Ablations-, Transport- und Korrasionsvorgängen gegenübergestellt werden muß, so daß die Verwitterung als besonderer Akt von prinzipiell verschiedenem Charakter der sonstigen Denudationserscheinungen im Gesteinsaufbereitungsvorgang anzusehen ist und damit nicht schlechthin als Denudationsvorgang aufzufassen ist. Das prinzipiell oder wesentlich Verschiedene im Vollzug der Verwitterungsgeschehnisse liegt aber in der Lockerung der Gesteine, die bis zur Auflösung und gänzlichen Vernichtung derselben führen kann, und damit erscheint es uns aus logischen und prinzipiellen Gründen geboten und berechtigt, den soeben dargelegten Unterschied aufrechtzuerhalten und uns in bezug auf das Wesen der Verwitterung der Ansicht Johannes Walthers anzuschließen, der dieser durch nachstehende Worte Ausdruck verleiht: „Wir nennen die Vorgänge, durch welche die Oberflächenschichten der Lithosphäre gelockert und dadurch für die Transportkräfte angreifbar gemacht werden: Verwitterung[5]." R. Lang[6] spricht sich mit Recht im

[1] Harrassowitz, H.: Verwitterung und Lagerstattenbildung. Naturwiss. Mh. biol.-chem. usw. Unterr. 4, 141 (1922).

[2] Weinschenck, E.: Allgemeine Gesteinskunde, S. 61. Freiburg i. Br. 1902.

[3] Cornu, F.: a. a. O., S. 291.

[4] Walther, Johannes: Einleitung in die Geologie als historische Wissenschaft, S. 550. Jena: G. Fischer 1893/94.

[5] Walther, Johannes: a. a. O. 554.

[6] Lang, R.: Verwitterung und Bodenbildung als Einführung in die Bodenkunde, S. 9. Stuttgart: E. Schweizerbart 1920.

gleichen Sinne aus, wenn er wie folgt des Näheren ausführt: „Der wesentlichste jedermann in die Augen springende Vorgang bei der Gesteinsverwitterung ist die mechanische Lockerung, die Umbildung zu porenreicher Erde. Nur bei der Verwitterung, bei keinem anderen geologischen Prozeß, tritt im Zusammenhang mit mechanischer Zerkleinerung der Masse auch eine gleichzeitige Lockerung des Gefüges ein. Nur bei ihr entstehen, gegen die Oberfläche zu in zunehmendem Maße, feinste Spalten und kleine und große Hohlräume und Fugen, durch die die einzelnen festen Teile immer mehr voneinander getrennt werden. Überall sonst verhindert der Druck des darüber lastenden Gesteins dauernde Lockerung." In dieser Lockerung sieht er aber das wesentlichste und wichtigste Merkmal für die Beschaffenheit des Bodens, den er als einen Spezialfall der Gesteine auffaßt, wie solches aus seinen weiteren Ausführungen hervorgeht, denn dort heißt es: „Durch die Bildung von Hohlräumen aller Art wird die entstandene Erde in hohem Maße befähigt, Luft und Wasser in sich aufzunehmen, während dies bei allen Gesteinen von kompakter Beschaffenheit wegen geringer oder fehlender Porosität meist nur in geringem Umfang, auf Klüften und Schichtfugen möglich ist. Erst durch den Zerfall des Gesteins zu Erde wird es möglich, daß höhere Pflanzen auf ihr sich ansiedeln, da erst jetzt die Wurzeln die nötigen Hohlräume vorbereitet finden, durch die sie in den Boden einzudringen vermögen." Wenn auch wohl zum Teil dieser Auffassung zugestimmt werden kann, so muß doch darauf hingewiesen werden, daß es sehr viele Gesteine gibt, die durchaus locker, d. h. ohne festen Verband sind, aber dennoch nicht als Boden oder unmittelbarer Standort von Pflanzen gelten können. Das lockere Gefüge an sich ist noch lange kein Kriterium für den Boden. In wahrer Erkenntnis dieses Sachverhaltes, falls von ihm die Verwitterung nicht lediglich als Lockerung des Gesteinsgefüges angesprochen wird, sondern als ein besonderer physikalisch-chemischer Vorgang, der zu einer wesentlichen Stoffumwandlung der Gesteinswelt führt, äußert sich denn auch der Genannte in einer später erfolgten Publikation[1] folgendermaßen: „Wenn ein Gestein nicht locker ist, wie dies zumeist, besonders in älteren Formationen der Gesteine, der Fall ist, bedarf es einer vorherigen Aufbereitung, bevor es zu Boden wird, und weiterhin als Standort von höheren Pflanzen besiedelt werden kann: es bedarf der Verwitterung oder Detritation." ADOLF MAYER[2] drückt dieses Verhalten folgendermaßen aus: „Zur Bildung eines auch nur erträglichen Bodens aus diesem widerstandsfähigen Materiale[3] ist daher mindestens das Hinzutreten eines neuen Momentes erforderlich, das der Verwitterung, welche die oberflächliche Felsschicht erst in grobe und dann immer in feinere und feinere Stücke schlägt."

Auch von E. KAYSER[4] ist die Lockerung der Gesteine als kennzeichnendes Merkmal der Verwitterung in Anspruch genommen, da er sich hierüber wie folgt vernehmen läßt: „Weitaus die meisten zutage ausstreichenden Gesteine erweisen sich als nicht mehr frisch. Sie sind gebleicht oder sind umgekehrt von dunklerer, bräunlicher oder schwärzlicher Farbe, von mattem, erdigem Aussehen, mehr oder weniger mürbe und in ihrem Gefüge gelockert: kurz, sie zeigen die Merkmale des Zustandes, den der Geologe als verwittert bezeichnet." Jedoch schon früher, und zwar wohl zumeist, ist der Verwitterungsprozeß zur Hauptsache als ein Vorgang der Gesteinslockerung betrachtet worden, denn so spricht z. B. W. DETMER[5]

[1] LANG, R.: Forstliche Standortslehre. WEBER: Handbuch der Forstwissenschaft, 4. Aufl., 1, S. 27. Tübingen: Lauppsche Buchh. 1924.

[2] MAYER, A.: Agrikulturchemie 2, 20. Heidelberg 1902.

[3] Er meint damit das Gestein.

[4] KAYSER, E.: Allgemeine Geologie, 5. Aufl., S. 332. 1919.

[5] DETMER, W.: Die naturwissenschaftlichen Grundlagen der allgemeinen landwirtschaftlichen Bodenkunde, S. 86. Leipzig u. Heidelberg: C. F. Winter 1876.

davon, „daß sich dort, wo Verwitterung stattfindet, ein Boden, d. h. eine Anhäufung mehr oder minder lockerer Erdmassen bildet“, und E. RAMANN[1] gibt in der Erstauflage seiner Bodenkunde vom Jahre 1893 folgende Definition der Verwitterung, die gleichfalls hierauf Rücksicht nimmt: „Die festen Gesteine der Erdoberfläche werden durch physikalische und chemische Einwirkungen, sowie durch die Tätigkeit der Pflanzenwelt verändert, in ihrem Zusammenhange gelockert und allmählich in ein feinkörniges Aggregat, den Erdboden, umgewandelt. Alle hierauf bezüglichen Einwirkungen faßt man unter den Begriff der Verwitterung zusammen.“ Diese Begriffsumgrenzung ist im wesentlichen bis in die 3. Auflage[2] übernommen worden. Desgleichen finden wir bei L. MILCH[3] Anklänge in dieser Richtung und R. LANG schreibt an anderer Stelle[4]: „Die Verwitterung umfaßt die Vorgänge der Gesteinszerstörung entlang der Oberfläche der festen Erdrinde, die zur Bildung lockerer Erden und Böden führt.“

Also nur in einer Lockerung des Gesteinsgefüges haben wir das grundsätzliche Wesen der Verwitterung zu erblicken. Diese Einschränkung erweist sich aber auch noch von anderen Gesichtspunkten aus als durchaus beachtenswert und notwendig.

Wohl ist der Boden stets das Produkt der Verwitterung, und es wird niemand in der Lage sein, diesen Satz zu widerlegen, aber niemals wird ein Boden durch Denudation hervorgehen können. Zwar kann die Denudation das durch die Verwitterung erzeugte Material an anderem Orte zum Absatz bringen, aber das, was sie dort abgelagert hat, kann ohne weiteres niemals als Boden gelten, sondern es ist lediglich ein Gestein. Soll es Boden werden, so muß dort an Ort und Stelle, also auf sekundärer Lagerstätte, abermals, aber ganz von neuem, der Vorgang der Verwitterung eingreifen, um dieses zu ermöglichen. Diese Tatsache schließt andererseits auch in sich ein, daß die lose Beschaffenheit einer Ablagerung an sich durchaus noch nicht als Kriterium benutzt werden kann, um einer solchen die Natur eines Bodens zuzubilligen, denn es nehmen bekanntlich viele Gesteine in losem Verbande Anteil am Aufbau der Erdkruste, auch waren die meisten Sedimentgesteine vor ihrer diagenetischen Verfestigung lose Ablagerungen. Sie alle erfuhren ihren Absatz gleichfalls durch Denudationskräfte, und die Verwitterung hatte nur vorbereitenden Anteil. In diesen Verhältnissen liegt denn auch u. a. eine der Grenzen zwischen Geologie einerseits und Bodenforschung andererseits gegeben, insofern, als die Denudationsformen ins Reich der Geologie gehören, die Verwitterungsgebilde, d. i. aber der Boden, zum Gegenstand der Behandlung der Wissenschaft vom Boden wird. Dagegen besitzt die als Kennzeichen der Verwitterung erkannte Lockerung des Gesteinsgefüges als Ausfluß der bei dieser Erscheinung wirksamen Kräfte einen derartig ausgeprägten und besonderen Charakter, daß das Wesen des ganzen Vorganges hierdurch im Gegensatz zu der durch die Denudation bewirkten Lockerung bestimmt wird.

Welcher Art ist nun aber diese Lockerung? Daß sie sowohl auf mechanische wie auch auf chemische Weise herbeigeführt wird, bedarf keiner Erwähnung, und es kann hierin also auch nicht das Besondere, Eigentümliche des Vorganges begründet sein, sondern solches ist in den den Vorgang verursachenden Kräften zu erblicken. Schon F. SENFT hebt dieser Erkenntnis Rechnung tragend hervor: „Aus der mechanischen Zertrümmerung der Erdrindemassen entsteht zunächst

---

[1] RAMANN, E.: Forstliche Bodenkunde und Standortslehre, S. 114. Berlin: Julius Springer 1893.

[2] RAMANN, E.: Bodenkunde, S. 8. Berlin: Julius Springer 1911.

[3] MILCH, L.: Die Zusammensetzung der festen Erdrinde als Grundlage der Bodenkunde, S. 114. Leipzig u. Wien: Fr. Deuticke 1926.

[4] LANG, R.: Die Verwitterung. Fortschr. Min., Krist., Petrogr. 7, 176 (1922).

der Fels- oder Gesteinsschutt und dann aus der teilweise chemischen Zersetzung sowohl dieses letzteren, wie überhaupt der bei weitem meisten Felsarten der Erdschutt oder Erdboden" und leitet aus diesem Zusammenhang erst mittelbar die Tatsache ab, daß „die festen Gesteinsmassen der Erdrinde" als „die Mütter für alle Arten des Erdbodens" anzusehen sind[1]. Wenn daher die Verwitterung letzten Endes als der „Zerfall und Zerkleinerung der Gesteine ohne wesentliche Änderung der Zusammensetzung und die Zersetzung der Gesteine" angesprochen wird, wie dies auch durch RAMANN[2] geschehen ist, so können wir darin das Wesen der Verwitterung nicht allein erblicken, selbst dann nicht, wenn wir der Mitwirkung der organischen Lebewelt am Zustandekommen des Vorganges besonders gedenken würden, obgleich sich auch diese nur in selbiger Weise zu betätigen vermag, denn es bedarf noch des wesentlichen Zusatzes, daß die Zerlegung und Zersetzung als Ausfluß rein atmosphärischer Tätigkeit zu erfolgen hat. Damit soll keinesfalls gegen RAMANN ein Vorwurf erhoben werden, denn er ist es gerade gewesen, der den von uns in dieser Richtung geltend gemachten Standpunkt stets voll erkannt und vertreten hat. Aber in seinem Satz, wie auch u. a. zum Beispiel in der Definition G. FREBOLDs für Verwitterung: „Als Verwitterung bezeichnen wir eine Reihe von Umwandlungsprozessen der Gesteine, die bedingt sein können durch mechanischen Zerfall (physikalische Verwitterung), durch chemische Zersetzung (chemische Verwitterung) und durch die Tätigkeit der Organismen"[3], findet sich der Ausdruck „Zersetzung", ja, bei FREBOLD wird derselbe sogar dem Begriff „chemische Verwitterung" gleichgestellt, und doch besagt dieser viel mehr als das, was die Atmosphärilien zu leisten imstande sind. Verwitterung und Gesteinszersetzung sind nicht die gleichen Erscheinungen, sie schließen sich sogar im Grunde gegenseitig aus. Zersetzungsvorgänge innerhalb der Gesteine erkennt man auch in Tiefen der Erdkruste, wo die Agenzien der Verwitterung längst keinen Zutritt mehr haben, nämlich im Reich der Metamorphose. Man kann sich hiervon leicht überzeugen, wenn man äußerlich völlig unverwitterte, frisch gebrochene Gesteine auf ihren inneren Zersetzungszustand hin prüft und dann wahrnimmt, daß sich trotz der Frische des Gesteins oftmals eine Umwandlung einzelner Minerale vollzogen hat. Auch ist andererseits von einer gleichzeitigen Lockerung des Gesteinsgefüges nichts zu beobachten. Hier müssen also andere Kräfte als die der Verwitterung am Werke gewesen sein. Es geht dies allein schon daraus hervor, daß sich besagte Umwandlung stets nur an einzelnen und bestimmten Mineralien des Gesteins beobachten läßt, während die übrigen noch ganz frisch erscheinen, und zwar sind dies die kleineren, sozusagen die Grundmasse des Gesteins bildenden Anteile. Bei der Gesteinsverwitterung geht aber die Umwandlung und Lockerung gerade umgekehrt von der „Grundmasse" aus und zieht die größeren Kristallindividuen, sagen wir Einsprenglinge, erst zu allerletzt in Mitleidenschaft. Besonders H. RÖSSLER[4] hat wiederholt und mit Recht eindringlich auf diesen fundamentalen Gegensatz hingewiesen. Wir werden hierauf gleich nochmals zurückzukommen haben, jedenfalls zwingen uns diese Erscheinungen, eine scharfe Trennung zwischen Gesteinszersetzung und Gesteinsverwitterung vorzunehmen.

Daß die Zone der Gesteinsauflockerung etwa dort ihr Ende erreicht, wo sich das Grundwasser vorfindet, scheint recht naheliegend, da dieses im wesent-

---

[1] SENFT, F.: Der Erdboden nach Entstehung und Eigenschaften, S. 3. Hannover: Hahnsche Buchh. 1888.

[2] RAMANN, E.: Bodenbildung und Bodeneinteilung, S. 4. Berlin: Julius Springer 1918.

[3] FREBOLD, G.: Grundriß der Bodenkunde, S. 47. Berlin u. Leipzig: de Gruyter & Co. 1928.

[4] RÖSSLER, H.: Beiträge zur Kenntnis einiger Kaolinlagerstätten. Neues Jb. Min. usw. 15, 231 (1902).

lichen nichts anderes ist als das sich aus den Gesteinsporen und Klüften der mehr oder weniger zerstörten Oberfläche sammelnde Regenwasser, das durch die feste und undurchlässige Beschaffenheit der unterlagernden, noch nicht so tief angegriffenen Schichten im weiteren Vordringen behindert wird. Es wird daher „die obere Grenze dieses Grundwassers, der Grundwasserspiegel, zweckmäßig als eine annähernde Grenzlinie angesehen“[1] werden können, und zwar in der Richtung, daß alles das, was sich oberhalb dieser Grenze befindet, als Zone der Verwitterung, unterhalb derselben als Zone der Ausfällung und Anreicherung zu gelten hat, wie dieses van Hise[2] dargetan hat. Aber von der Oberfläche bis an den Grundwasserspiegel ändern sich dauernd die Angriffsbedingungen der wirksamen Verwitterungsagenzien, d.h. der mit Sauerstoff, Kohlensäure und Salzen beladenen Sickerwässer. Ersterer nimmt mit der Tiefe zunehmend ab, ebenso wie die Lösungsfähigkeit des Wassers, wogegen der Gehalt an Kohlensäure und Salzen zunimmt. Im Grundwasser ist kaum noch Sauerstoff vorhanden, wie überhaupt dessen Lösungsvermögen nur noch gering ist. Diese Verhältnisse haben zur Folge, daß sich auch die Verwitterungsprodukte zonenweise ändern. H. Schneiderhöhn[3] gelangt infolgedessen für die Entstehung sulfidischer Erzlagerstätten zu nachstehender Charakterisierung, die aber nicht nur für diese gilt, sondern sich von allgemeiner Bedeutung erweist: „Wir bezeichnen den ganzen Bereich einer sulfidischen Lagerstätte, die unter dem verwitternden Einfluß der Atmosphärilien steht, ebenso wie bei anderen Mineralparagenesen und den Gesteinen als Verwitterungszone. Die Umbildung der obersten Zone ist am stärksten beherrscht durch Sauerstoffüberschuß. Wir bezeichnen diese als Oxydationszone. Sie ist in allen Lagerstätten aller Metalle mehr oder weniger stark ausgeprägt und mehr oder weniger charakteristisch ausgebildet. Der unterste Teil der Verwitterungszone reicht bis in das Grundwasser hinein. Er ist durch Sauerstoffmangel und Überschuß an frischen unzersetzten Sulfiden gekennzeichnet. In den Lagerstätten vieler Metalle, besonders der weniger edlen, stellt diese Zone nur den mehr oder weniger verschwommenen Übergang zwischen der Oxydationszone und den unverwitterten Sulfiden dar.“ Hierunter folgt die Zone der Erzausscheidung der edlen Metalle, indem die frischen Sulfide „auf die aus der Oxydationszone absteigenden schwermetallsulfathaltigen Sickerwässer ausfällend“ einwirken. Diese Zone wird Zementationszone genannt, sie und die Oxydationszone werden auch wohl gemeinsam als „sekundäre Teufenzonen“ zusammengefaßt.

In der Zone der Ausfällung kann aber auch, wenn auch nur nebengeordnet, eine Lösung und Wanderung gewisser Bestandteile erfolgen. Da die Ausfällung im allgemeinen dagegen einsetzt, sobald der Sauerstoff verbraucht ist, und solches auch schon oberhalb des Grundwasserspiegels unter Umständen eintreten kann, so vermögen auch Zementationsvorgänge schon oberhalb des Grundwasserspiegels einzusetzen[4], wodurch die Grenze beider Gebiete oftmals unscharf wird.

Jedenfalls hat diese Erkenntnis dazu geführt, zwischen Oberflächenverwitterung und Tiefenverwitterung oder Gesteinszersetzung zu unterscheiden. F. Cornu war wohl einer der ersten, der hierauf mit Nachdruck hingewiesen hat. Welche große Bedeutung dieser Forscher einer solchen Trennung beigemessen hat, geht wohl am besten aus seinen eigenen, folgenden Worten hervor: „Daher ist es das erste, daß wir Geologen und Mineralogen uns über den Begriff Verwitterung einigen, oder besser gesagt, wieder zu dem ursprünglichen

---

[1] Behrend, F., u. G. Berg: Chemische Geologie, S. 220. Stuttgart: Ferd. Enke 1927.

[2] Hise, van: Treatise on Metamorphism. U. S. geol. Surv. **1904**, 47, 162.

[3] Schneiderhöhn, H.: Oxydations- und Zementationszone der sulfidischen Erzlagerstätten. Fortschr. Min., Krist., Petrogr. **9**, 68 (1924).

[4] Vgl. Behrend u. Berg: a. a. O, S. 387.

Begriff der Verwitterung zurückkommen, und da gilt es zunächst, alle Zersetzungsvorgänge auszuschließen ... Sie alle sind unheilbaren Krankheiten des Gesteinskörpers zu vergleichen[1]." „Die eigentliche Verwitterung dagegen ist", nach ihm, „eine senile Erscheinung, die überall dort auftritt, wo Gesteine an der Oberfläche liegen und dem Einfluß der Atmosphärilien ausgesetzt sind." Vorgänge ersterer Art, welche hier verdienen genannt zu werden[2], sind vor allen Dingen die Kaolinisierung[3] im Gegensatz zur gewöhnlichen Tonbildung bei der Verwitterung tonerdehaltiger Minerale, ferner die Grünsteinbildung oder Propylitisierung[4] gewisser basischer Gesteine sowie Saussuritisierung und Serpentinisierung gleichfalls basischer Eruptiva und feldspatfreier Olivingesteine, der Peridotite. Desgleichen ist hinzuweisen auf die Talkbildung[5] magnesiareicher Silikatgesteine, die eng mit der Serpentinisierung verbunden ist, schließlich auf die Serizitisierung[6] und Zeolithisierung[7], welch letztere die Zersetzung des Nephelins, des Leuzits und der Minerale der Sodalithgruppe umfaßt. Wenn bei all den genannten Vorgängen nun auch Kohlensäure und Wasser eine wichtige Rolle spielen, so ist ihre Herkunft entweder wesentlich anderer Art als die der nämlichen aus der Atmosphäre stammenden Atmosphärilien, oder die Agenzien der Atmosphäre haben z. T. eine Veränderung erfahren. Es handelt sich einerseits in ihren Bildungen um Produkte postvulkanischer[8] oder pneumatolytischer Tätigkeit, andererseits um solche gleichfalls hydrolytischer Wirksamkeit wie bei der normalen Verwitterung, jedoch unter abweichenden Verhältnissen. Wenn nämlich auch die sogenannte Bergfeuchtigkeit unterhalb des Grundwasserspiegels kaum wanderungsfähig erscheint und die in ihr enthaltenen Salze nur sehr gering sind, so wird trotzdem eine molekulare Umlagerung gewisser Gesteinsanteile durch sie hervorgebracht, und höhere Erdwärme aus den tiefen Erdschichten wird sogar eine vermehrte hydrolytische Wirkung des Wassers bewirken, aber „die chemische Zusammensetzung des Gesteins ändert sich dabei nur insofern, als die unstabilen wasserfreien Mineralien wenigstens teilweise in wasserhaltige Verbindungen umgesetzt werden[9]".

---

[1] CORNU, F.: a. a. O., S. 291. [2] WEINSCHENCK, E.: a. a. O., S. 116.

[3] Vgl. F. CORNU: a. a. O., S. 293. — H. STREMME: Die Chemie des Kaolins. Fortschr. Min., Krist., Petrogr. **2**, 87 (1912). — E. DOELTER: Handbuch der Mineralchemie **2**, 73. 1914. — H. HARRASSOWITZ: Laterit, S. 257—303. Berlin: Gebr. Bornträger 1928. — W. DIENEMANN u. O. BURRE: Die nutzbaren Gesteine Deutschlands. Stuttgart: Ferd. Enke 1928. — W. WETZEL: Sedimentpetrographie. Fortschr. Min., Krist., Petrogr. **8**, 126 (Jena 1923).

[4] LACAREVICZ: Die Propylitisierung. Z. Geol. **1913**, 345.

[5] Siehe E. WEINSCHENCK: Talkvorkommen bei Mautern in Steiermark. Z. prakt. Geol. **8**, 41 (1900). — K. A. REDLICH u. F. CORNU: Zur Genesis der alpinen Talklagerstätten. Z. prakt. Geol. **16**, 145 (1908).

[6] GRODDECK, v.: Zur Kenntnis einiger Serizitgesteine. Neues Jb. Min. usw. **1882**, Beilagebd. 2. — STELZNER, A.: Studien über Freiberger Gneise und ihre Verwitterungsprodukte. Neues Jb. Min. usw. **1884 I**, 27. — LINDGREN, W.: Metasomatic Processes in Fissure veins. Trans. amer. Inst. Min. Eng. **1903**.

[7] CORNU, F.: Kolloid-Z., a. a. O., S. 294. — WEINSCHENCK, E.: a. a. O., S. 122. — LEEDEN, R. VAN DER: Über das Verhalten einiger durch Verwitterung entstandener Tonerde-Kieselsaure-Mineralien. Cbl. Min. usw. **1911**, 139, 173. — BEHREND, F., u. G. BERG: a. a. O., S. 190, 191. — CORNU, F., u. C. SCHUSTER: Zur Kenntnis der Verwitterung des Natroliths. Tscherm. min. petrog. Mitt. **26**, 321 (1907). — CORNU, F.: Über die Verbreitung gelartiger Körper im Mineralreich. Cbl. Min. usw. **1909**, 333. — EITEL, W.: Physikalisch-chemische Mineralogie und Petrologie, S. 104. Dresden u. Leipzig: Steinkopff 1925.

[8] Vgl. E. WEINSCHENCK: a. a. O., S. 63. — Ferner V. M. GOLDSCHMIDT: Die Kontaktmetamorphose im Christianagebiet. Christiania 1911. — Über die metasomatischen Prozesse in Silikatgesteinen. Naturwiss. **1922**. — F. BECKE: Fortschritte auf dem Gebiete der Metamorphose. Fortschr. Min., Krist., Petrogr. **1**, 221 (1911); **5**, 210 (1916).

[9] BEHREND, F., u. G. BERG: a. a. O., S. 387.

Die bei diesen Vorgängen in Erscheinung tretenden Umwandlungen sind aber meist ohne weiteres auf die beim Verwitterungsvorgang sich vollziehenden stofflichen Veränderungen in der Annahme übertragen worden, daß auch hier die nämlichen Mineralsubstanzen zur Ausbildung gelangen wie dort. Einer solchen Ansicht kann man aber entgegenhalten, daß sich im Boden, dem Produkt der Gesteinsverwitterung, keine Neubildung von Mineralen nachweisen läßt. So ist selbst die Natur der mit Unrecht als Zeolithe oder zeolithische Substanzen des Bodens[1] bezeichneten Gebilde eine wesentlich andere als die der Zeolithe in gewissen jungen Eruptivgesteinen[2]. Ebenso hat der dem Boden so wichtige und eigentümliche Bestandteil Ton nichts mit dem Mineral Kaolin oder Kaolinit zu tun. Die Verschiedenheit in der chemischen Beschaffenheit der durch die Vorgänge der Zersetzung und Verwitterung entstandenen Produkte findet ihre Ursache in den wesentlich andersartigen Bedingungen, unter welchen dieselben zur Ausscheidung gelangten, während nämlich unter den Verhältnissen der Verwitterung, die sich nur in den oberen, im ständigen Austausch mit der Atmosphäre stehenden Erdschichten vollzieht, von einer Konstanz der Bedingungen nicht die Rede sein kann, ist dies in den tieferen Schichten ständig der Fall. Hier herrschen konstanter Druck, konstante Temperatur, und hier ist das Reich der Zersetzung. Daher hat man denn auch, um das diesen Prozessen einerseits Gemeinsame und Ähnliche, andererseits Unterscheidende und Trennende zum Ausdruck zu bringen, von einer Tiefenverwitterung oder säkularen Verwitterung im Gegensatz zur Oberflächenverwitterung, welch letztere, wie schon angedeutet, als Alterserscheinung aufzufassen sei, gesprochen[3]. H. HARRASSOWITZ[4] weist mit Recht darauf hin, daß das bei der Oberflächenumwandlung in erster Linie tätige Wasser Stoffwanderungen unter Auflösung und Abbau von Mineralen verursacht, und daß der weiterhin herrschende chemische Vorgang in einer Entkieselung und Entbasung besteht, in sehr vielen Fällen schließt sich das Verwitterungsprodukt nicht unmittelbar an das Ursprungsgestein an, sondern es werden Übergangsgebilde beobachtbar. Auch bei der Metamorphose lassen sich die gleichen Erscheinungen wahrnehmen. Das Wasser ist gleichfalls stark beteiligt. Stoffwanderung ist gleichfalls mit Abbau, Entkieselung und Entbasung verbunden. Die Umwandlungsübergänge erscheinen deutlicher. Demnach betont er die große Ähnlichkeit beider Vorgänge, stellt aber noch eine Zwischenstufe, nämlich die der Anchimetamorphose, auf, die jene Bildungen enthält, wenn eine der beiden Zonen in das Wirkungsbereich der anderen gelangt. Dennoch läßt sich ein fundamentaler Unterschied in stofflicher Hinsicht zwischen den durch säkulare Verwitterung und durch Oberflächenverwitterung entstandenen Gebilden nachweisen, der von größter Tragweite für die neuzeitliche Auffassung von der Natur des Bodens geworden ist.

Während nämlich durch die soeben hervorgehobenen Prozesse der Gesteinszersetzung stets Körper von der Natur kristalloider Substanzen, speziell Mineralneubildungen, entstehen, bringt die Oberflächenverwitterung Körper hervor, die in diesem Sinne nicht als Neubildungen bezeichnet werden können. Sie sind

---

[1] BLANCK, E.: Die Beschaffenheit der sogenannten Bodenzeolithe. Fühlings Landw. Ztg **62**, 560 (1913).

[2] F. RINNE bemerkt hinsichtlich der Zeolithe: „Es liegt hier ein Forschungsfeld vor, dessen weitere Bearbeitung auch zur Erkundung der im Boden wirksamen austauschenden Substanzen führen muß, die man oft als zeolithisch bezeichnet, deren mineralisches Wesen aber noch ganz unbekannt ist." Bodenkundlicherseits sollte man diese Worte beherzigen. Kristallographisch-chemischer Ab- und Umbau, insbesondere von Zeolithen. Fortschr Min., Krist., Petrogr. **3**, 179 (1913).

[3] CORNU, F.: a. a. O., S. 292.

[4] HARRASSOWITZ, H.: a. a. O. Anchimetamorphose, S. 11.

ihrer chemischen Beschaffenheit nach Kolloidsubstanzen, soweit sie nicht durch mechanischen Zerfall hervorgegangene Reste, also Bruchstücke der ursprünglichen Gesteinsmassen, stofflich unverändert geblieben sind, oder infolge des chemischen Einflusses bei der Verwitterung in lösliche Verbindungen überführt wurden. Letztere werden in den humiden Gebieten durch das überschüssig vorhandene Lösungsmittel Wasser ausgewaschen oder von den kolloiden Bestandteilen je nach ihrem Absorptionsvermögen in diesen festgelegt und damit im losen Verbande dem Umwandlungsprodukt erhalten. Die große Schwierigkeit und damit die Ursache für die erst so spät einsetzende Kenntnis dieses Sachverhaltes liegt nun aber darin gegeben, daß die chemische Zusammensetzung der gebildeten kolloiden Körper die gleiche oder doch eine recht ähnliche wie die der durch Zersetzung hervorgegangenen Neubildungen ist, nämlich unter Voraussetzung eines gleichen Ursprungsmaterials. Da nun ferner, wie z. B. beim Kaolinisierungsprozeß, die durch diesen hervorgegangenen Körper verhältnismäßig selten als wohl ausgebildete Kristalle zur Entwicklung gelangen, sondern zumeist als amorphe Massen vorgefunden werden, so blieb die verschiedene Beschaffenheit, die zwischen beiden Körperklassen besteht, um so mehr verschleiert, als auch die Verwitterungsprodukte äußerlich den Charakter amorpher Gebilde tragen. Erst die neuzeitliche Erkenntnis vom kolloiden Zustand der Materie brachte die gewünschte Einsicht und Erklärung.

Die hydrothermalen Vorgänge der Metamorphose sind in ihren Produkten ganz besonders von denjenigen der Verwitterung zu scheiden, da sie sich äußerst nahestehen und seit jeher zu Verwechselungen Veranlassung gegeben haben. Insbesondere gehört auch hierher der für den Bodenkundler so wichtig scheinende Vorgang der soeben erwähnten Kaolinisierung, der ihn von Rechts wegen eigentlich nichts angehen sollte. Man hat die Kaolinisierung als eine Wirkung saurer Lösungen anzusehen, und sie beruht auf der Entziehung der Alkalien und eines Teils der Kieselsäure aus dem Feldspat. Kohlensäure und Wasser sind in den Thermalwässern das wirksamste Agens zur Vollbringung des Vorganges und so erkennen wir, daß das Nebengestein der Thermalspalten in Kaolin übergeht, also kaolinisiert wird. Auch in Vulkangebieten vollzieht sich ein derartiger Vorgang. Kohlensäurehaltige Lösungen lassen gleichfalls die Serizitisierung hervorgehen, wobei abermals, wenn auch nur im geringen Umfange, ein Entzug von Alkali aus dem Feldspat stattfindet. Auch Alkalikarbonatlösungen vermögen Gleiches zu bewirken. Bedenkt man nun aber, daß auch das Agens der atmosphärischen Verwitterung zur Hauptsache das kohlensäurehaltige Wasser ist, so leuchtet es ohne weiteres ein, daß beide Vorgänge chemisch in naher Beziehung zueinander stehen werden, jedoch die physikalischen Verhältnisse veranlassen die verschiedene Natur der Umwandlungsprodukte. „Von der Hydrolyse und der Hydratbildung durch Verwitterung", sagt allerdings G. BERG[1], „werden sich die entsprechenden Prozesse der hydrothermalen Metamorphose, also nur durch größere Intensität und Vordringen in größere Tiefe unterscheiden."

Einer der ersten, der zu der Auffassung von einer prinzipiellen Unterscheidung der Umwandlungsprodukte nach ihrer chemischen Natur gelangt ist, war wohl F. CORNU. Er hat der Auffassung Geltung zu verschaffen gesucht, daß die Verwitterungsprodukte im Gegensatz zu den durch Zersetzung hervorgegangenen Neubildungen stets Gelbildungen seien, während die letzteren als gut definierbare mineralogische Kristalloidverbindungen, wenn man sich heute noch derartig ausdrücken darf, angesehen werden müssen. Er spricht daher von den Verwitterungsprodukten als von Tonerdekieselsäuregelen, Kieselsäuregelen, Eisen- und Tonerdehydratgelen usw., und auch die Humusstoffe treten als kolloide Ver-

[1] Siehe F. BEHREND u. G. BERG: a. a. O., S. 566.

bindungen auf. Daher heißt es denn auch im letzten Satz seiner Definition der Verwitterung, „sie sei immer zugleich Gelbildung". Damit wurde aber eine bisher fehlende, sichere Umgrenzung aller Erscheinungen, die unter den Verwitterungsbegriff fallen, gewonnen. Allerdings darf nicht verschwiegen werden, daß diese Ansichten bisher noch nicht Allgemeingut unserer Wissenschaft geworden sind, so teilen R. GANSSEN[1] und mit ihm eine Reihe anderer Forscher diese Auffassung nicht, sondern sehen im Ton Alumosilikate von konstanter Zusammensetzung und in den sich im Boden absorbierend betätigenden Stoffen Aluminatsilikate von der Natur chemischer Verbindungen. G. LINCK[2] schließt aus dem von G. CALSOW[3] an Kaolinen und Tonen mit dem Tensi-Eudiometer durchgeführten Entwässerungsversuchen, daß die Tone im wesentlichen Gemenge von kristalloiden Kaolin mit amorphen wasserhaltigen Tonerdesilikaten darstellen, während die Kaolinite als wesentlichen Bestandteil nur kristalloiden Kaolin enthalten. Anstatt des Ausdrucks „kolloider" Beschaffenheit oder Natur will er lieber „amorph" gesetzt wissen, da ja heute „Kolloid" lediglich einen Dispersionsgrad ohne Rücksicht darauf, ob der betreffende Körper kristallisiert oder amorph ist, darstellt. Andererseits haben auch die von F. RINNE angestellten röntgenspektrographischen Untersuchungen für Aluminiumoxydhydratniederschläge die Natur des Hydrargillits dargetan und die Allophantone die Linien des Hydrargillits, wenn auch nur in schwacher Ausprägung, gezeigt, während sich die Kaoline als kristallisierte Aggregate und Permutite als zweifellos amorph erwiesen haben[4].

Zu wiederholten Malen haben wir die Mitbeteiligung biologischer Faktoren, der organischen Substanz und ihrer Zersetzungsprodukte bei der Aufbereitung der Gesteine bzw. der Verwitterung hervorheben müssen. Die meisten Definitionen für den Verwitterungsvorgang nehmen unmittelbar Rücksicht auf dieses Verhältnis, und auch bei F. CORNU[5] finden wir in Hinweis auf die Humussäuren[6] diesen Tatbestand, wenn auch nur als von nebengeordneter Bedeutung, angeführt. Letzteres ist wohl darauf zurückzuführen, daß in bezug auf die Anteilnahme der ihrer chemischen Natur nach immer noch umstrittenen Humussäuren an der Aufbereitung der Gesteine besondere Unsicherheit herrscht. Das gilt nicht nur für den Umfang ihrer Beteiligung[7], sondern im gleichen Maße auch für die stoffliche Beschaffenheit der durch ihre Mitwirkung veränderten Um-

[1] GANSSEN, R. (GANS, R.): Die Bedeutung der Nährstoffanalyse in agronomischer und geognostischer Hinsicht. Jb. kgl. preuß. geol. Landesanst. **23**, H. 1 (1902). — Zeolithe und ähnliche Verbindungen in Konstitution und Bedeutung. Ebenda **26** (Berlin 1906); **27** (1908). — Die Charakterisierung des Bodens nach der molekularen Zusammensetzung des durch Salzsäure zersetzlichen silikatischen Anteils des Bodens. Internat. Mitt. Bodenkde 3, H. 6 (1913). — Über die chemische und physikalische Natur der kolloidalen wasserhaltigen Tonerdesilikate. Cbl. Min. usw. **1914**, 273. — Zeolithe und ähnliche Verbindungen, ihre Konstitution und Bedeutung. Jb. preuß. geol. Landesanst. **26** (1902); Berlin **1908**, 179.

[2] CALSOW, G.: Über das Verhältnis zwischen Kaolinen und Tonen. Chemie d. Erde **2**, 442 (1926). — Ferner G. LINCK u. G. CALSOW: Betrachtungen zur Arbeit G. CALSOW usw. Ebenda 442. — G. LINCK: Über den mineralogischen Bestand der Tone. Ebenda **3**, 370. — H. BÖGE: Über den Kaolingehalt von Tonen. Ebenda **3**, 341.

[3] CALSOW, G.: Über das Verhältnis zwischen Kaolinen und Tonen. Chemie d. Erde **2**, 415. — S. auch E. BLANCK u. W. GEILMANN: Etwas über die chemische Kennzeichnung des Tons und Kaolins. J. Landw. **1922**, 253.

[4] Vgl. W. EITEL: Physikalisch-chemische Mineralogie und Petrologie, S. 118. Dresden u. Leipzig 1925.

[5] Siehe F. CORNU: a. a. O. Kolloid-Z. 291.

[6] BAUMANN, A., u. E. GULLY: Untersuchungen über die Humussäuren I, II. Mitt. bayr. Moorkulturanst. **3**, **4** (1909/10). — ODÉN, SWEN: Die Huminsäuren. Dresden u. Leipzig: Steinkopff 1919. Hier auch eingehender Literaturnachweis.

[7] Siehe H. NIKLAS: Untersuchungen über den Einfluß von Humusstoffen auf die Verwitterung von Silikaten. Internat. Mitt. Bodenkde **2**, 214 (1912). — Chemische Verwitterung der Silikate und Gesteine, S. 39. Berlin 1912.

wandlungsprodukte. Denn einerseits sollen unter ihrem Einfluß Gebilde entstehen, die denen der Tiefenzersetzung gleich sind[1], andererseits sprechen dagegen jene Untersuchungen, welche für sie nur auf eine geringfügige Wirkung in einer solchen Richtung schließen lassen, und schließlich erscheint es mehr denn fraglich, ob besagter Einfluß überhaupt auf sie zurückzuführen ist, denn es lassen sich namhafte Gründe dafür geltend machen, daß einer wesentlich anderen Substanz ein solcher zuerkannt werden muß[2]. Trotz solcher gegenteiligen Erwägungen schließen wir uns vorläufig dem Satze CORNUS vollinhaltlich an und sehen das Eigenartige, das Charakteristische des Verwitterungsvorganges einerseits in der Wirkung der atmosphärischen Agenzien auf die Gesteinsoberfläche gewährleistet, andererseits in der dadurch bedingten von anderen Vorgängen ähnlicher Art scharf unterschiedenen und damit besonderen Beschaffenheit der Produkte dieses Umwandlungsprozesses gegeben. Somit dürfen wir Verwitterung und Bodenbildung als synonyme Begriffe betrachten.

Das Meerwasser wirkt selbstverständlicherweise genau so wie das atmosphärische Wasser auf die in seinem Bereiche liegenden Gesteine auflösend und zersetzend ein. Die im Meerwasser gelösten Salze und sonstigen Bestandteile alterieren dieses Vermögen im Gegensatz zum Vorgang der atmosphärischen Verwitterung in verschiedener Richtung aber beträchtlich. Diese Vorgänge lassen sich mit denen der atmosphärischen Verwitterung vergleichen, da sie ihnen nicht unähnlich sind, so daß man von ihnen im Gegensatz zu jenen als von unterseeischer Verwitterung sprechen könnte, wenn man jene als terrestrische Verwitterung bezeichnen wollte[3]. Von K. HUMMEL[4] ist versucht worden, die Bezeichnung „Halmyrolyse" für die Vorgänge der Zersetzung an der Grenze zwischen Gestein und Meerwasser einzuführen, und K. ANDRÉE[5] hat der submarinen Gesteinszersetzung als diagenetischem Vorgang Geltung verschaffen wollen, was aber wohl kaum als begründet angesehen werden kann. Hierzu ist, worauf schon G. BERG aufmerksam macht, zu bemerken, daß HUMMEL auf einen sehr charakteristischen Unterschied zwischen Verwitterung und Halmyrolyse aufmerksam gemacht hat: „Bei der Halmyrolyse ist die Feuchtigkeit ein konstanter Faktor, bei der Verwitterung dagegen ein stark veränderlicher; umgekehrt ist Sauerstoff bei der Verwitterung fast stets zugegen, bei der submarinen Gesteinszersetzung dagegen ist er in sehr wechselnden Mengen vorhanden, kann sogar fehlen[6]." Wie BERG des näheren mit Recht ausführt, kommt dem Meerwasser wesentliche Einwirkung auf die Gesteine der Küsten, auf die durch Vulkanausbrüche ins Meer verfrachteten Aschen und auf den terrigenen Staub zu, und wenn wir diese Vorgänge auch aus dem Rahmen unserer unmittelbaren Erörterungen über die Bildung des Bodens ausschließen, so gehören sie doch unstreitig zu den Er-

[1] STREMME, H.: Über die Beziehungen einiger Kaolinlager zur Braunkohle. Neues Jb. Min. usw. **1909 II**, 91. — Desgleichen R. LANG: Die Entstehung von Braunkohle und Kaolin im Tertiar Mitteldeutschlands. Erdmann, Jb. d. Halleschen Verb. f. d. Erforschg. d. mitteldtsch. Bodenschatze, H. 2.

[2] KAPPEN, H., u. M. ZAPFE: Über Wasserstoffionenkonzentration in Auszügen von Moorboden usw. Landw. Versuchsstat. **90**, 343 (1917). — BLANCK, E., u. A. RIESER: Über die chemische Veränderung des Granits unter Moorbedeckung. Chemie d. Erde **2**, 15 (1926). — BLANCK, E., u. H. KEESE: Über sogenannte Kaolinitisierung eines Granits unter Rohhumusbedeckung im Schwarzwald. Ebenda **4**, 35 (1929). — HARRASSOWITZ, H.: Laterit, S. 257.

[3] BEHREND, F., u. G. BERG: a. a. O., S. 389.

[4] HUMMEL, K: Die Entstehung eisenreicher Gesteine durch Halmyrolyse. Geol. Rdsch. **13**, 41, 97 (1922).

[5] ANDRÉE, K.: Die Sedimentbildung am Meeresboden. Geol. Rdsch. **3** (1912); **12** (1922). — Die Diagenese der Sedimente. Ebenda **2**, 73 (1911). — Vgl. auch G. LUNDQUIST: Bodenablagerungen und Entwicklungstypen der Seen. Stuttgart: Schweizerbart 1927.

[6] BEHREND, F., u. G. BERG: a. a. O., S. 389.

scheinungen der Gesteinszerstörung entlang der Oberfläche der festen Erdrinde und führen somit gleichfalls letzten Endes zu Bodenbildungen. Thololyse ist schließlich die Gruppe chemischer Umwandlungen genannt worden, die unter Süßwasserbedeckung ausgelöst wird und welche den vorhergenannten Erscheinungen sicherlich sehr nahesteht[1].

Sicherlich dürfen wir aber nach unseren voraufgegangenen Darlegungen mit R. Lang sagen: „Die Verwitterung ist ein komplexer Vorgang, hervorgerufen von einer großen Reihe von Faktoren. Will man das Wesen der Verwitterung analysieren, so muß man bestrebt sein, jede einzelne Verwitterungsart für sich herauszuheben und zu bestimmen. Man muß sich dabei aber bewußt bleiben, daß die verschiedenen Arten der Verwitterung meist nicht für sich allein, sondern gemeinsam wirksam sind, wenn auch einzelne Verwitterungsarten dabei oft zurücktreten oder in graduell verschiedenstem Maße einwirken oder auch völlig fehlen können[2]." Die Verwitterung vermag sich infolgedessen entweder physikalisch oder chemisch wirksam zu erweisen, sie kann mit oder ohne Anteilnahme der Organismenwelt erfolgen, so daß wir zwischen physikalischer, chemischer und biologischer Verwitterung zu unterscheiden haben, doch die Art der Wirkungsweise wird durch das jeweilige an einem Orte der Erdoberfläche herrschende Klima bedingt. Wäre dies nicht der Fall, so müßten auf der gesamten Erdoberfläche überall dieselben Bodenarten, die nur wenige Abweichungen infolge der Verschiedenheit des zugehörigen Muttergesteins aufweisen würden, anzutreffen sein. Derartig liegen nun aber die Verhältnisse nicht, denn der Unterschied in der Verwitterung und demzufolge im entstandenen Boden kann außerordentlich groß sein, worauf wir späterhin des näheren einzugehen haben werden.

Je nach der Temperatur und der Menge der Niederschläge ist der Verlauf der Gesteinsverwitterung ein anderer. Aber nicht nur die anorganischen Bestandteile des Bodens erhalten hierdurch ihr abweichendes Gepräge, auch die am Aufbau des Bodens Anteil habenden organischen Körper erfahren in gleicher Weise eine Beeinflussung. Wenn es auch allgemein bekannt ist, daß sich die lebenden Pflanzen und Tiere in ihrem Vorkommen und ihrer Verbreitung an der Erdoberfläche als vom Klima abhängig erweisen, so besteht eine solche Abhängigkeit vielleicht in noch weit höherem Grade für die Erhaltung ihrer Masse nach dem Tode, bzw. für die Art der sich bei ihrer Zerlegung und Umwandlung vollziehenden Vorgänge. Je extremer das Klima ist, um so einheitlicher und für das betreffende Gebiet typischer wird sich die Bodenausbildung gestalten. Nur dort, wo das Klima nicht extrem genug ist, kann eine Beeinflussung auch noch durch andere Faktoren eintreten, um dann den sonst beherrschenden Einfluß des Klimas auszuschalten. So gelangt denn auch Ramann[3], unser Altmeister der Bodenkunde, nach kritischer Würdigung sämtlicher Erscheinungen, die sich bei dem Vorgang der Verwitterung abspielen, zu nachstehend wiedergegebenen Schlußfolgerungen, indem er dem Wasser als Ausfluß meteorologisch-klimatologischen Geschehens letzten Endes die Hauptrolle zum Zustandekommen des ganzen Prozesses beimißt.

1. „Als Verwitterung bezeichnet man alle Vorgänge, welche unter abweichenden Verhältnissen gebildete Gesteine in Verbindungen überführen, die unter dem Einfluß der Atmosphärilien, bei herrschenden Drucken und Temperaturen am beständigsten (stabilsten) sind.

2. Der Verlauf der Verwitterung hängt von den in jedem Fall auftretenden chemischen Gleichgewichten ab.

---

[1] Vgl. W. Wetzel: a. a. O., S. 105.

[2] Lang, R.: Die Verwitterung. Fortschr. Min., Krist., Petrogr. **7**, 176 (1922).

[3] Ramann, E.: Kohlensäure und Hydrolyse bei der Verwitterung. Cbl. Min. usw. **1921**, 272.

3. Die Verwitterung erfolgt durch Wasser, Kohlensäure und Salze.

4. Die Wirkungen des Wassers (Hydrolyse) und der Kohlensäure (Säurewirkung) sind beim ersten chemischen Angriff auf die Silikate verschieden, führen jedoch beide zum Auftreten von Hydroxylionen. Hydroxyl ist als Hauptträger der Silikatzersetzung zu betrachten.

5. Die im Gestein vorhandenen Flüssigkeiten sind Salzlösungen verschiedener Zusammensetzung und Konzentration. Zwischen Gestein (feste Phasen) und Salzlösungen (flüssige Phase) treten Gleichgewichte auf, die bei ruhendem Wasser wenig veränderlich sind, bei bewegtem (fließendem) Wasser durch Zufuhr und Abfuhr gelöster Salze fortwährend gestört werden; hierdurch wird die Verwitterung beschleunigt. Der stärkste Wechsel herrscht nahe der Oberfläche, daher nimmt die Verwitterung von der Erdoberfläche nach der Tiefe ab."

CORNU[1] hält auf Grund der chemischen Beschaffenheit der Verwitterungsprodukte und weil, wie wir gehört haben, die typischen Produkte der Verwitterung Gele sind, und diese durch die Änderungen der Verwitterungsvorgänge gleichfalls in ihrer Ausbildung verändert werden, eine „Gelgeographie", d. h. eine Verteilung der Bodenarten hinsichtlich ihrer kolloiden Bestandteile und Beschaffenheit auf der Erde für möglich. Dieser Ausblick sowie die durch die Verwitterung erzeugte Lockerung des Gesteinsgefüges gepaart mit dem hydrolysierenden Einfluß des Wassers auf die Stoffbestandteile der Gesteine geben uns, um es nochmals zu betonen, die charakteristischsten Züge der atmosphärischen oder Oberflächenverwitterung im Gegensatz zur Tiefenzersetzung wieder.

Hinsichtlich des Auftretens der Verwitterungserzeugnisse in der Natur müssen wir aber noch auf gewisse Verhältnisse und Unterschiede hinweisen, um den vorliegenden Verhältnissen gerecht zu werden, denn die alleinige Gegenüberstellung von einem „ungelösten Rückstand" und einer „Verwitterungslösung", wie wir solches bisher, wenn auch nur nebensächlich, erwähnt und dargetan haben, gibt noch kein rechtes Bild von der Art der Verteilung, der Anordnung und des Zustandes der Verwitterungsprodukte am ursprünglichen Bildungsorte. In dieser Hinsicht hat H. HARRASSOWITZ[2] beachtenswerte Anregungen und Richtlinien gegeben. Er hat zunächst die Ausdrücke Fracht und Frachtrest eingeführt. Zum Frachtrest rechnet er den Verwitterungsrückstand und außerdem einen Teil der Verwitterungslösung, woran sich noch die Begriffe Ortsfällung und Fernfällung anschließen[3]. Hierfür gibt er nachstehendes Schema:

<table>
<tr><td colspan="2">Am Ort des Urbaues verbleibend</td><td colspan="2">Vom Ort des Urbaues ± weit hinweggeführt</td></tr>
<tr><td>Urbau</td><td>Abbaureste</td><td colspan="2">Ausbauprodukte</td></tr>
<tr><td colspan="2">Rückstand
besteht aus unlöslichen Stoffen</td><td colspan="2">Lösung
enthält die gelösten Stoffe und liefert</td></tr>
<tr><td colspan="2"></td><td>Ortsfällung</td><td>Fernfällung</td></tr>
<tr><td colspan="3">Frachtrest
besteht aus unlöslichen und aus Verwitterungslösung niedergeschlagenen Stoffen</td><td>Fracht
besteht aus mechanisch und chemisch verfrachteten Stoffen</td></tr>
<tr><td colspan="3">Im Bereich des Verwitterungsvorganges verbleibend</td><td>ganz hinweggeführt</td></tr>
</table>

[1] CORNU, F.: a. a O., S. 295.

[2] HARRASSOWITZ, H.: Verwitterung und Lagerstättenbildung, S. 146, 147, 159; vgl. auch Laterit, S. 266 (14).

[3] Hierzu gehören u. a. auch die Ortsteinbildungen.

Zusammenfassend gibt er hierzu folgende Erklärung: „Wir finden in dem Verwitterungsrückstand Mineralien, die einen ursprünglichen Bau vollständig repräsentieren (Urbau). Daneben finden sich Abbaureste, die teils die ursprüngliche Struktur noch besitzen oder sie schon verloren haben. Neben diese treten aber die Ausbauprodukte, die in Lösung gewesen sind, und sehr bald niedergeschlagen wurden. Wenn wir außerdem die mechanisch zurückgelassenen Mineralien nehmen, so haben wir bis hierher das Gebiet des Frachtrestes, gleichgültig, ob dieser einmal gelöst war oder nicht. In der Verwitterungsfracht finden wir gelöste Ausbauprodukte und dann freilich auch ... Restprodukte, die ursprünglich als Gelform ausgefällt, nachträglich als Sole, vielfach unter dem Einfluß von ungesättigtem Humus weiter transportiert wurden.“

2. Physikalische Verwitterung.

Von **E. Blanck**, Göttingen.

Mit 15 Abbildungen.

Die in bezug auf den Zerstörungsgrad einfachste Art der Verwitterung ist unzweifelhaft der mechanische Zerfall der Gesteine, denn handelt es sich in diesem Vorgang doch lediglich um eine Veränderung des Gesteins in physikalischer Hinsicht insofern, als die in einem mehr oder minder festen Verband stehende Gesteinsmasse gelöst und zu einem Trümmerwerk stofflich unveränderter Bruchstücke umgewandelt wird. Mit Recht sagt denn auch A. Penck[1] von der mechanischen oder physikalischen Verwitterung, daß sie in „einer oberflächlichen Lockerung des Gesteinsgefüges und Auflösung des Gesteins in Trümmer, wobei sich substantiell keine Veränderungen ergeben“, besteht. Er fügt in Hinsicht auf Ausmaß und Dauer der Erscheinung in bezeichnender Weise hinzu, daß sich dieser Vorgang der Gesteinszerstörung so lange vollziehe, bis das Gestein „in einzelne Brocken aufgelöst ist, die sich den Temperaturgesetzen gegenüber einheitlich verhalten“. Hierdurch erscheint der Endzustand des Vorganges nicht nur festgelegt, sondern es wird das Zustandekommen des Gesamtprozesses letzten Endes auf die an der Erdoberfläche herrschenden Temperaturschwankungen, also Faktoren klimatischer Natur, zurückgeführt. Im gleichen Sinne lautet auch E. Ramanns[2] Definition der physikalischen Verwitterungserscheinungen, wenn er schreibt: „Die physikalischen Einwirkungen führen zum Zerfall der Gesteine in Bruchstücke aller Größen, ohne daß die chemische Zusammensetzung der Massen verändert wird“, und auch S. Passarge[3] spricht „alle Kräfte, die zu einem Zerfall des Gesteins aus nicht zersetzten Massen führen“, als Kräfte der physikalischen Verwitterung an. R. Lang[4] äußert sich folgendermaßen: „Die physikalische Verwitterung führt zur mechanischen Lockerung und Zermürbung des Gesteins und zur Bildung loser Massen.“ Also kurz zusammengefaßt: es handelt sich in der physikalischen Verwitterung lediglich um den einfachen Zerfall der Gesteine.

Daß sich die physikalische Verwitterung, wie überhaupt die Verwitterung, als ein Postulat des Klimas erweist und solches jederzeit und allerseits als zu Recht bestehend anerkannt worden ist, läßt sich leicht aus dem Schrifttum er-

---

[1] Penck, A.: Morphologie der Erdoberfläche, S. 1. Stuttgart. — Siehe auch P. Wagner: Grundlagen der allgemeinen Geologie, 2. Aufl., S. 106. Leipzig 1919.

[2] Ramann, E.: Bodenkunde, 3. Aufl., S. 8. Berlin: Julius Springer 1911.

[3] Passarge, S.: Die Grundlagen der Landschaftskunde 3, S. 134. Hamburg: L. Friederichsen & Co. 1920.

[4] Lang, R.: Die Verwitterung. Fortschr. Min., Krist., Petrogr. 7, 176 (1922).

weisen, insbesondere sind es aber die an der Erdoberfläche hervorgebrachten Temperaturschwankungen, die zur Auslösung des Vorganges führen, so daß man ganz allgemein gesprochen, sie zur Hauptsache als die wesentlichsten Faktoren der physikalischen Verwitterung stempeln kann[1]. JOH. WALTHER[2] hat sich u. a. in diesem Sinne geäußert: „Die physikalische Verwitterung ist eine Folge der Schwankungen der Besonnung unserer Erde", und Graf ZU LEININGEN[3] weist mit folgenden Worten auf dieses Sachverhältnis hin, um nur einige Autoren wörtlich zum Ausdruck gelangen zu lassen: „Von Bedeutung ist die Atmosphäre zunächst als Vermittlerin der Sonnenwärme, die ja bei allen Verwitterungsvorgängen eine Rolle spielt." Die Erwärmung durch die Sonnenstrahlen setzt sich vornehmlich in mechanische Energie um und zeigt damit aufs deutlichste die durchaus physikalische Natur des Vorganges an. Insbesondere hat erst neuerdings W. LOZINSKI[4] auf die Strahlenwirkung der Sonne aufmerksam gemacht, indem er den bisher beim besagten Vorgang unbeachteten ultravioletten Strahlen eine ganz besonders hervorragende Tätigkeit bei den Erscheinungen der Insolationswirkung einräumt. Infolge dieses Umstandes sind denn auch in der Tat diejenigen Gebiete der Erde, woselbst die durch die Sonnenbestrahlung hervorgerufenen Temperaturschwankungen am größten sind, diejenigen, in denen die physikalische Verwitterung ihre Vorherrschaft hat. Das sind einerseits die Wüsten mit ihrer intensiven Sonnenhitze am Tage und starken Abkühlung zur Nachtzeit und andererseits die Gegenden in der Nähe der Schneegrenze, sowohl im Hochgebirge als im Polargebiet, so daß man von letzteren geradezu als von Kältewüsten gesprochen hat und bis noch vor kurzer Zeit der Meinung war, daß in solchen Wüstengebieten, welcher Art sie auch seien, von einer chemischen Verwitterung überhaupt nicht gesprochen werden könnte.

Wenn nun auch unzweifelhaft die Sonnenbestrahlung als vornehmster Faktor für die physikalische Verwitterung angesehen werden muß, so treten doch noch weitere Einflüsse hinzu, die sich allerdings z. T. wiederum indirekt von der Strahlenwirkung der Sonne als abhängig erweisen. Man wird die Faktoren oder die Kräfte, welche die physikalische Zerstörung der Gesteine herbeiführen, etwa derartig gliedern können, daß man von einem gesonderten Einfluß der Besonnung oder Strahlung und des damit in Verbindung stehenden Temperaturwechsels (ohne Mitbeteiligung des Wassers) als von Temperaturverwitterung spricht und ihr die sogenannte Frostverwitterung (zur Hauptsache unter Mitbeteiligung des Wassers) in Gestalt des Spaltenfrostes gegenüberstellt. Aber nicht nur durch gefrierendes Wasser, sondern auch durch die Auskristallisation von Salzen kann eine Gesteinssprengung herbeigeführt werden, so daß noch der gesonderte Akt der Salzsprengung hinzutritt, obgleich dieser schon die Mitwirkung voraufgegangener chemischer Verwitterungseinflüsse voraussetzt. Physikalisch aufbereitend vermögen sich sodann tektonische Kräfte zu betätigen, und zwar auch zur Hauptsache gewissermaßen nur vorbereitend, indem sie Bruchgebiete schaffen, in welchen die physikalischen wie auch sonstigen Verwitterungskräfte besonders leichtes Spiel des Angriffs gewinnen. Dem Ausmaß nach zwar noch untergeordneter können sich auch Blitzschläge in besagter Richtung geltend machen, und ganz besonders sind es ferner Pflanze und Tier,

---

[1] Vgl. E. BLANCK: Bodenlehre. HASELHOFF u. BLANCK: Agrikulturchemie, T. 3, S. 38. Berlin: Gebr. Borntrager 1928.

[2] WALTHER, JOH.: Einfuhrung in die Geologie als historische Wissenschaft, S. 554. Jena: G. Fischer 1893/94.

[3] LEININGEN, W. Graf ZU: Die Verwitterung, S. 5. Wien 1913.

[4] LOZINSKI, W.: Ein unsichtbarer geologischer Faktor. Ann. Soc. geol. Pologne à Cracovie 4, 93 (1927).

die ihre lebendige Kraft in den Dienst der Sache stellen, wenngleich im großen und ganzen durch sie wohl nur Kleinarbeit geschaffen wird und sich im besonderen die Mitwirkung der Tiere zur Hauptsache auf den schon ausgebildeten Boden beschränkt. Auch spielt bei der diesbezüglichen Tätigkeit der Pflanzen der chemische Einfluß der Wurzelausscheidungen eine große Rolle mit, so daß auch hier nicht ganz streng zwischen rein physikalischer und chemischer Wirkungsweise zu trennen ist, wie solches ja überhaupt in der Natur des gesamten Verwitterungsprozesses liegt. Jedenfalls kann man aber die Gesamtwirkung von Pflanze und Tier in Richtung auf die mechanische Gesteinszerstörung als physikalisch-biologische Verwitterung zusammenfassen.

Alle bisher erörterten Erscheinungen sind jedoch als physikalische Verwitterung im engeren Sinne von einer solchen im weiteren Sinne abzutrennen, obgleich sich auch hier wiederum keine allzu scharfe Grenze ziehen läßt. So vermag u. a. das Wasser ganze Gesteine (z. B. Geschiebelehme) oder Gesteinskitte aufzuweichen und damit die Gesteine in ein Haufwerk von Trümmern ohne gleichzeitig erfolgte stoffliche Umwandlung zu verwandeln. Der Wind kann die Spaltenausfüllungen der Gesteine ausräumen und beladen mit Sand- und Staubteilen eine mechanische Zertrümmerung leichter angreifbarer Gesteinspartien herbeiführen. Jedoch eine solche korradierende Tätigkeit des Windes, genau so wie solche des Wassers und Eises gehören entschieden schon in das Gebiet einer Einwirkung der Transportkräfte auf die Gesteine, von denen im ersten Bande des näheren gesprochen worden ist. Dasselbe gilt für die Erscheinungen und Vorgänge, die sich an die durch Temperaturwechsel, Wind und Niederschläge, Pflanze und Tier hervorgerufenen mechanischen Einflüsse als eine Folgeerscheinung von Bewegungen anschließen, bei denen die Gravitation als Hauptursache anzusehen ist, wie z. B. die Steinschläge, der Absturz und Abbruch unterhöhlter Felsenteile, das Abrutschen stark durchtränkter, lockerer Massen, Muren, Wildbäche in ihren Betätigungen, die eben nicht mehr streng zu der eigentlichen Verwitterung gerechnet werden können, sondern einen Teilakt der Wirkung transportierender Kräfte ausmachen. Sie sind zweckentsprechend als Vorgänge der physikalischen Abwitterung zu bezeichnen. R. LANG[1] äußert sich über dieses Verhältnis in bezeichnender Weise wie folgt: „Physikalische Verwitterung im weiteren Sinne, insofern sie, jedoch nur unter gleichzeitigem Transport, ebenfalls verwittertes Material liefert, wird durch das Schwergewicht, den Wind, das bewegte Wasser und die Gletscher als Massen und im Verein mit mitgeführten festen Teilchen erzeugt. Ich bezeichne diese Vorgänge als physikalische Abwitterung.“

So mannigfach die Ursachen auch für das Zustandekommen der physikalischen Verwitterung sein mögen, so ist das ausschlaggebende Agens nach F. BEHREND[2] immer ein Bewegungsvorgang, der die Lockerung einzelner Gesteinsbestandteile aus ihrem Verbande zu veranlassen bestrebt ist. Nach der Art dieser Bewegung unterscheidet er zwei Gruppen von Vorgängen: 1. solche, bei denen die Bewegung innerhalb des festen Gesteins selbst vor sich geht (endokinetische), er rechnet hierher die Volumschwankung der Gesteinsbestandteile durch den Einfluß von atmosphärischer Wärme und Kälte, ferner eine solche bei der Hydratbildung; 2. die Auflockerung durch fremde Agenzien (exokinetische), ein Vorgang, der nicht im Gestein selbst begründet ist. Letztere Vorgänge gliedert er nochmals in zwei Untergruppen, nämlich Sprengwirkungen (durch Frost, Pflanzen und Kapillarwirkung des Wassers) und Stoß- und Schleifwirkungen (durch Bewegung von Wasser, Eis und

[1] LANG, R.: Fortschr. Min., Krist., Petrogr. 7, 178 (1922).
[2] BEHREND, F., u. G. BERG: Chemische Geologie, S. 221 Stuttgart 1927.

Wind). Die letzte Untergruppe fällt aber entschieden unter die Abwitterung und scheidet unseres Erachtens aus dem eigentlichen Verwitterungsvorgang aus.

Die einzelnen Arten der physikalischen Gesteinsverwitterung sind wenig studiert worden, man hat sich zumeist in den Lehrbüchern mit allgemeinen Angaben begnügt, und eine eingehende, exakte Durchforschung der einschlägigen Verhältnisse liegt nur in wenigen Fällen vor. Am besten sind wir noch über die Wirkungen und Vorgänge der Spaltenfrostverwitterung unterrichtet, aber auch über den Einfluß der direkten Sonnenstrahlenwirkung sind eine Anzahl von Beobachtungen und Untersuchungen vorhanden, immerhin liegt hier noch ein Forschungsgebiet vor, daß der eingehenderen Betätigung wartet.

Das Produkt der physikalischen Verwitterung ist der als Felsschutt im Gegensatz zum Erdschutt zu bezeichnende Gebirgsschutt oder Steinsschutt anzusehen, wie solches von F. Senft[1] geschehen ist. Diesen spricht der Genannte „als reine, durch mechanische Zerreißung oder Zerstampfung entstandene Trümmer, sei es als große Felsblöcke, sei es als abgerundete Gerölle und Geschiebe, sei es als kleine, höchstens erbsengroße Sandkörner" an und bringt damit zugleich zum Ausdruck, daß hierin auch die Produkte der physikalischen Verwitterung im weiteren Sinne einbegriffen sind. Um letztere von denen derjenigen im engeren Sinne abzutrennen, unterscheidet er denn auch den Spreng- oder Verwitterungsschutt von dem Schwemm- oder Rollschutt. Ersterer besteht nach ihm „vorherrschend aus mehr oder minder verwitterten, rissigen Felstrümmern, welche meist eine ganz rauhe, nicht selten erdige Oberfläche besitzen, so daß die Verwitterungspotenzen leicht in ihr Inneres eindringen und dasselbe in Erdschutt umwandeln können". Jedoch läßt sich hierdurch wiederum deutlich erkennen, daß eine scharfe Grenze zwischen rein physikalisch hervorgegangenen und chemischen Verwitterungsprodukten schwer zu ziehen ist, da eigentlich fast stets die Faktoren beider Vorgänge am Zustandekommen des Verwitterungsproduktes beteiligt sind. Der Spreng- oder Verwitterungsschutt liegt dagegen zum Unterschied vom Schwemm- oder Rollschutt stets in unmittelbarer Nähe seines Herkunftsgesteins, d. h. ist diesem an den Gebirgshängen oder am Fuße derselben aufgelagert. Der Schwemm- oder Rollschutt, der uns an dieser Stelle eigentlich nicht interessiert, besteht dagegen nach Senft „vorzüglich aus innerlich noch ganz frischen sehr oft von Rissen ganz freien Felstrümmern, welche eine meist sehr glatt abgeschliffene, dichte Oberfläche haben, an welcher die Verwitterungspotenzen nicht haften und in das Innere derselben (nicht) eindringen können, so daß dieses letztere sehr lange Zeiträume hindurch ganz frisch bleibt". Räumlich lagert der Schwemm- oder Rollschutt meist weit entfernt von seinem Muttergestein, so am Ufer des Meeres, der Ströme usw. Je nach der Art der Größe und Form seiner Bestandesmassen kann man den Felsschutt, ganz gleichgültig, ob es sich um solchen erster oder zweiter Art handelt, mit Senft einteilen in Blockbildungen mit einem Umfang von mehr denn $^1/_2$ m Querdurchmesser, in Felsbrocken von Kopf- bis Walnußgröße, in Grand, Grus oder Kies von Haselnuß- bis Erbsengröße und in Sand und Mehlsand mit einer Korngröße von jedenfalls unter 2 mm Durchmesser. Dabei ist zu bemerken, daß die Form oder Gestalt der Einzelbestandteile beim Felsschutt im engeren Sinne vorzugsweise durch die petrographische Beschaffenheit der Muttergesteine bedingt wird.

Temperaturverwitterung durch Sonnenbestrahlung.

Als letzte und eigentliche Ursache der physikalischen Verwitterung ist nach den voraufgegangenen Erörterungen die Sonne anzusehen. Die Temperatur-

[1] Vgl. hierzu F. Senft: Der Erdboden nach Entstehung und Eigenschaften, S. 18—24. Hannover: Hahnsche Buchh. 1888.

schwankungen an der Erdoberfläche, die ihr Ausfluß sind, können sich in doppelter Weise geltend machen, indem sie einmal die Körperwelt sich durch Erwärmung ausdehnen lassen, andermal durch Abkühlung ihre Zusammenziehung bewirken. Einer solchen Ausdehnung und Zusammenziehung sind aber auch die Minerale, das sind die Einzelbestandteile der Gesteine, unterworfen, und wenn auch bei ihnen die thermische Dilatation im allgemeinen nur sehr gering ist, so werden doch ganze Gesteinspartien und Platten, besonders bei schneller Erwärmung und Abkühlung, zum Zerspringen gebracht, da innere Spannungen im Gestein auftreten und damit ein Zerbersten der Masse infolge hervorgerufener Inhomogenität des Ganzen bewirken. Die Volumveränderung von Granit, Marmor und Sandsteinen beträgt z. B. für 1 m und 1° C nur etwa 0,005—0,012 mm lin. Ausdehnung, so daß bei Temperaturschwankungen von 50° erst etwa 0,25—0,60 mm in Betracht kommen[1]. Es beträgt der lineare Ausdehnungskoeffizient für 1° C in Millionteln bei:

	Im Minimum	Im Mittel	Im Maximum
Sandstein	9,0	10,2	13,7
Marmor	7,7	9,3	10,6
Schiefer	7,4	9,5	11,3
Granit	7,2	9,0	10,4

Wird somit der maximale Temperaturunterschied an der Erdoberfläche einer Gegend gleich t gesetzt und der lineare Ausdehnungskoeffizient gleich α, so ergibt sich als nötiger Spielraum für die Ausdehnung einer Flächeneinheit der Wert $2\alpha t + \alpha^2 t^2$, und demzufolge nach obigen Werten für einen Temperaturunterschied von 70° als etwaigen Spielraum für die Ausdehnung eines Quadratmeters ein Areal von 1400 Quadratmillimetern[2].

Bei diesem Vorgange spielt die anfängliche Beschaffenheit der Gesteine eine bedeutsame Rolle, da die spezifische Wärme der verschiedenen Minerale immerhin eine wechselnde ist, so daß die Ausdehnung der Masse selbst bei gleicher Sonnenbestrahlung bzw. gleicher Wärmezufuhr, im besonderen wenn es sich um „gemengte Gesteine" handelt, eine sehr verschiedene ist, und sich aber auch demzufolge nicht die gleich große Kontraktion bei der Abkühlung einstellt. Zudem erfolgt die Volumveränderung der regulär kristallisierenden und amorphen Minerale wohl nach allen Richtungen hin gleichmäßig, nicht aber gilt dieses für die weniger symmetrisch ausgebildeten Minerale, so daß hierdurch abermals weitere Spannungsverhältnisse angebahnt werden, die das Gefüge einer kristallinen Gesteinsmasse, zumal bei häufigem Temperaturwechsel, stark lösen und lockern lassen. Aber selbst bei aus gleicher Mineralart aufgebauten Gesteinskörpern, wie z. B. Marmor, wird eine Auflockerung des Gesteinsgefüges nicht ausbleiben, weil die hier zu Aggregaten verbundenen Mineralindividuen nicht eine gleiche Orientierung aufweisen und somit auch hier Spannungserscheinungen an den Berührungsstellen der Einzelkristalle auftreten werden. Als allgemeine Regeln für die Wärmezu- und -abfuhr in Mineralen lassen sich folgende Sätze aufstellen: Dunkle Minerale werden schnell erwärmt und geben die aufgenommene Wärme auch wieder schnell von sich, hell gefärbte Minerale nehmen die Wärme nur lang-

[1] Vgl. E. RAMANN: Bodenkunde, 3. Aufl., S. 10.

[2] Siehe A. PENCK: Morphologie der Erdoberflache 1, S. 203. Stuttgart 1894. — Siehe auch E. MITSCHERLICH: Pogg. Ann. **10**, 137 (1827). — R. BENOÎT: Trav. et mem. Bur. Internat. **6**, 1 (1888); J. Physique **8**, 253 (1889). — G. STADLER: Bestimmung des absoluten Wärmeleitungsvermogens einiger Gesteine. Inaug.-Diss Zurich; Vjschr. naturforsch. Ges. Zurich **1889**.

sam auf und halten sie dementsprechend auch lange fest. Mit zunehmender rauher Oberfläche der Minerale steht eine erhöhte Zu- und Abfuhr der Wärme im Einklang, so daß mit glatter Oberfläche ausgebildete Minerale das entgegengesetzte Verhalten zeigen. Für die aus verschiedenen Mineralen zusammengesetzten Gesteine ergibt sich daraus, daß die polychromen früher als die homochromen Gesteine gelockert werden. Je grobkörniger das Gestein ist und damit schärferen Kontrast in der Farbenverteilung besitzt, um so schneller wird sich der Einfluß der Sonnenbestrahlung auf den Zerfall der Gesteine bemerkbar machen.

Eine weitere Verstärkung erfährt die Wirkung der Sonnenbestrahlung nun noch dadurch, daß die Wärmezufuhr von außen nach innen und Wärmeabgabe von innen nach außen nach erfolgter Bestrahlung, infolge des nur geringen

Abb. 21. Durch Insolation gesprengter Granitblock in der Sierra de los Dolores (nach J. WALTHER).

Wärmeleitungsvermögens der Minerale und Gesteine, nur sehr langsam vor sich geht, wodurch schon innerhalb der einzelnen Gesteinspartien ungleichmäßige Erwärmung und damit Hand in Hand gehend ungleiche Ausdehnung erzeugt wird, was abermals zum Zustandekommen von Spannungsdifferenzen Veranlassung gibt. Schalenförmiges Abspringen von Felsstücken ist die Folge dieser Verhältnisse. Diese als sogenannte Insolations- und Desquamationserscheinungen bezeichneten Geschehnisse, insofern schaliges Abschuppen und Abblättern der Gesteine sowie ein Zerfall derselben in scharfkantige Scherben in Frage kommt, haben wir aber noch des näheren zu betrachten. Sie sind besonders in den Hitzewüsten studiert worden, wenngleich nicht zu verschweigen ist, daß nämliche Bildungen auch in den Kältewüsten auftreten, aber in ihrer Bildungsweise dortselbst nur schwer von den Gebilden des Spaltenfrostes zu trennen sind.

Wenn wir jedoch im folgenden die Erscheinungen der sogenannten trockenen Verwitterung verfolgen, so müssen wir doch dessen eingedenk sein, daß bei ihrem Zustandekommen immerhin noch andere Kräfte unterstützend beteiligt sind, denn schon JOH. WALTHER[1] hebt mit Recht hervor: „Die trockene Verwitterung erfolgt zwar auch unter Mitwirkung des Wassers, aber es ist die Wirkung starker Lösungen und hoher Temperaturen, die hierbei die maßgebende Rolle spielen." Wir wollen diese Sondervorgänge[2] an dieser Stelle soweit denn möglich beiseite stellen, um sie später bei der Besprechung der Salzsprengung zu erörtern, und da wir uns bewußt sind, daß sie nicht gänzlich von der rein mechanischen Verwitterung zu scheiden sind.

Den an und für sich wohl recht mannigfaltigen Erscheinungen der trockenen Verwitterung ist hinsichtlich ihrer Verbreitung sicherlich eine große Gleichförmigkeit eigentümlich. Die Felswüste und die Kieswüste (Hamada und Sserir)

Abb. 22. Abschuppung am Granit in der Sierra de los Dolores, Texas (nach J. WALTHER).

dürften die Erscheinungen der Insolation und Desquamation wohl am besten zeigen. Insbesondere ist es JOH. WALTHER[3] gewesen, der auf diese Erscheinungen die allgemeine Aufmerksamkeit gelenkt hat.

Wie z. B. D. LIVINGSTONE[4] beschrieben hat, ist das Zerspringen von Basaltgesteinen an kühlen Abenden nach heißen Tagen deutlich durch einen eigentümlich klingenden Ton wahrzunehmen und CH. DARWIN[5] vermochte u. a. zu beobachten, daß Grünsteinfelsen in große kantige Bruchstücke mit vollkommen frischen Flächen zerklüftet waren. UNGER[6] wies auf das Zerspringen des versteinerten Holzes und der Kieselsteine vom „großen versteinerten Wald bei

[1] WALTHER, Joh.: Das Gesetz der Wüstenbildung, S. 19. Berlin: Dietrich Reimer 1900.

[2] Vgl. auch N. OBRUTSCHEW: Über die Prozesse der Verwitterung und Deflation in Zentralasien. Verh. russ. min. Ges. **33**, 229 (1895); Jb. Fortschr. Agrikultur-Chem. **20**, 40 (Berlin 1898).

[3] WALTHER, JOH.: Die Denudation in der Wuste. Abh. kgl. sächs. Ges. Wiss., Math.-physik. Kl. **16**, 18 (1891). — Vgl. auch F. v. RICHTHOFEN: Fuhrer für Forschungsreisende. Berlin 1886.

[4] LIVINGSTONE, D.: Pet. Mitt. **22**, 262. — Nach JOH. WALTHER: a. a. O., S. 556.

[5] DARWIN, CH.: Gesammelte Werke **1**, S. 294. Stuttgart 1875.

[6] UNGER: Sitzgsber. Akad. Wiss. Wien **1858**, 219. — Vgl. JOH. WALTHER: S. 557.

Kairo" infolge von Temperaturschwankungen hin, und JOH. WALTHER[1] verfolgte auf diese Weise die Zerlegung der verschiedensten Gesteine, wie Kalke, Sandsteine, Quarze, Porphyr, Gneis und Granit, worüber er wie folgt berichtet: „Der Sprung dringt allmählich in die Tiefe, so daß halbgesprungene Gerölle nicht selten beobachtet werden. Sprünge kann man beobachten an nußgroßen Steinchen, ebenso wie an haushohen Blöcken, und oft zerlegt ein ganzes System von Sprüngen den Felsen." Auch lösen sich nach ihm[2] „papierdünne (Kalk des Uadi Dugla, des Mokattam, des Galalaplateaus, der Gipsschlucht bei Krasnowodsk in Transkaspien) oder mehrere Zentimeter dicke Rinden (Granit des Sinai, der Sierra de los Dolores in Texas) von dem festen, unverwitterten Gestein so vollständig los, daß es gelingt, metergroße, bauchig gebogene Granitschalen abzuheben". Das sind aber Vorgänge, die seitens vieler Reisenden Bestätigung ge-

Abb. 23. Gebirgsschutt an den Hangen des Kayster, Kleinasien.

funden haben[3]. O. FRAAS[4] beschreibt sogar den besonderen Fall, daß von einem zu seinen Füßen liegenden Feuerstein kurz nach Sonnenaufgang eine halbzöllige kreisrunde Schale absprang. Mit Recht bemerkt aber JOH. WALTHER[5] hierzu: „In der Wüste bleiben die scharfen Sprungkanten nicht lange erhalten, denn der Flugsand rundet dieselben immer von neuem. Deshalb ist die Mehrzahl der in den Kieswüsten den Boden bedeckenden Gerölle von rundlichem Umriß, und nur bei sorgfältiger Beobachtung sieht man dazwischen die neu gesprungenen Stücke liegen."

[1] WALTHER, JOH.: a. a. O. Lithogenesis der Gegenwart, S. 557.

[2] WALTHER, JOH.: Gesetz der Wustenbildung, S. 28.

[3] Vgl. F. WOHLTMANN: Die naturlichen Faktoren der tropischen Agrikultur, S. 123. Leipzig: Dunker & Humblot 1892. WOHLTMANN sagt von der Temperaturverwitterung: „Ich mochte die zersetzende Wirkung des Frostes bei uns mit derjenigen weniger mächtiger Hammerschläge vergleichen, denen in den Tropen auf Grund der haufigen hohen Temperaturwechsel solche in schneller und wiederholter Aufeinanderfolge, wenn auch nicht immer von derselben Wucht, gegenuberstehen."

[4] FRAAS, O.: Aus dem Orient, geologische Beobachtungen am Nil, auf der Sinaihalbinsel und in Syrien, S. 38. Stuttgart 1867.

[5] WALTHER, JOH.: Einleitung in die Geologie, S. 557.

Ein vorzügliches Beispiel[1] der schalenförmigen Abwitterung im großen gibt nach JOH. WALTHER der Djebel Kassalah in Nubien ab. Steil hebt er sich aus der ebenen Steppe als ein durch riesige Sprünge in Schalen zerlegter Dom empor. Der Gesteinsschutt ist an den Wänden herabgeglitten und hat ein Meer von Trümmern und Bruchstücken aller Größen an seinem Fuß angehäuft. Die gleiche Erscheinung zeigt die vorstehende Abbildung der physikalischen Gesteinsverwitterung bei Ajasolūk in Kleinasien, aufgenommen von F. GIESECKE im Juli 1928 (Abb. 23).

Die radialen Kluftbildungen, die früher WALTHER von den peripherischen Randsprüngen scharf geschieden hat, führt er auf den Einfluß der Abkühlung zurück, indem er bei einem Felsblock, dessen äußere Rindenschicht durch Erwärmung ausgedehnt und darauf der schnellen Abkühlung ausgesetzt wird, Bedingungen für die zusammenziehende Schicht gegeben sieht, die zur Entstehung eines radialklaffenden Sprunges führen müssen. Zwischen diesen Bildungen und den völlig geborstenen Gesteinsfelsen und Geröllen gibt es die verschiedensten Übergänge in der Ausbildung der Spalten. Eine für den Zerfall der Gesteine hier nicht unerwähnt bleibende wichtige Beobachtung SICKENBERGERS teilt JOH. WALTHER mit folgenden Worten mit: „Bei einem chemischen Versuch hatte er drei Wüstenkiesel in einem Sandbad liegen, das ziemlich rasch erhitzt wurde. Bei einer Temperatur von 60° C zersprang der eine Kiesel in zwei Teile, bei 80° zersprangen diese beiden Hälften ebenso wie die andern Kiesel in schalige, lange, der Kieseloberfläche entsprechend gekrümmte Scherben, bei 100° war von den 3 Steinen nichts mehr übrig als messerförmige oder lamellen- und lanzettförmige, oft sehr dünne, an den Rändern scharfe und spitze Scherben, zum Verwechseln den Feuersteinsplittern ähnlich . . . oder wie sie oft weite Strecken in der Wüste übersäen[2].“ „Da nun solche Sprünge“, fährt er weiter fort, „nicht allein an den in der Ebene liegenden Geschieben, sondern ebenso an steilen Felswänden entstehen, hier sogar leichter, weil die Orientierung derselben plötzliche Bestrahlung oder rasche Beschattung begünstigt, so wird hier überall ein scharfkantiger Schutt gebildet, welcher, der Schwerkraft folgend, leicht in die Tiefe stürzt und sich zu hohen Schuttkegeln anhäufen kann.“ Schließlich gelangt der Genannte zu dem Ergebnis, daß die überall vorhandenen Spuren hochgradiger Verwitterung in der Wüste „keineswegs ein Überbleibsel aus früheren Zeiten, wo ein regenreiches Klima geherrscht haben soll, sind, sondern charakteristische Wirkungen des trockenen Wüstenklimas der Gegen-

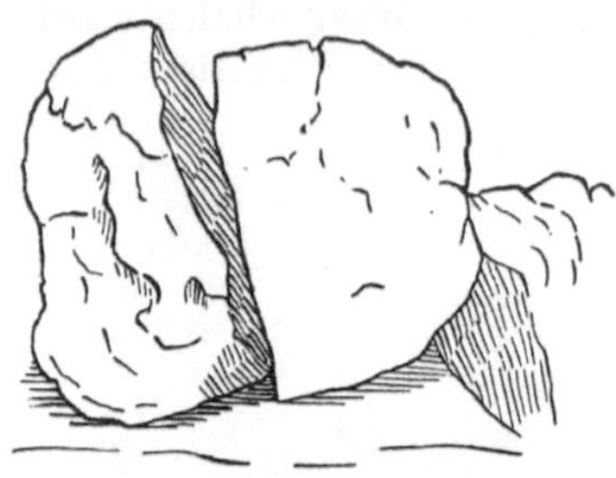

Abb. 24. Kernsprung in einem Granitblock am Lager bei Schellal (nach S. PASSARGE).

Abb. 25. Granitblock am Lager bei Schellal. a Quersprung mit glatter Flache und konzentrierten Schalensprungen; b derselbe Block von der Seite (nach S. PASSARGE).

[1] Siehe JOH. WALTHER: Gesetz der Wustenbildung, S 29.
[2] Ebenda, S. 30.

wart" vorstellen. Auch die Löcher und Höhlungen vieler Felsen sind nach seiner Ansicht nicht dem Einfluß bohrenden Sandes oder korradierender Wasserstrudel zuzuschreiben, sondern als Folgen von physikalischen und chemischen Prozessen, die der Wüste eigentümlich sind, zu betrachten[1]. S. PASSARGE[2] teilt die durch Insolation geschaffenen Umwandlungsformen des Granits von Assuan folgendermaßen ein, indem er allerdings auch betont, daß sowohl physikalische als auch chemische Verwitterung beim Zerfall des Gesteins stets Hand in Hand gehen, jedoch fügt er in bezeichnender Weise hinzu: „Immerhin wird vielleicht das Bild klarer, wenn man zuerst die mechanische Verwitterung ins Auge faßt."

Abb. 26. Wollsackgranit (nach S. PASSARGE).

„Schaliges Abplatzen: fingerbis handdicke Platten lösen sich los, hängen an den glatten Wänden, sitzen als Hauben auf der Rundung (Abb. 24, 25, 26 u. 27). Manchmal ist ein kohlartiges Aufblättern der Schalen höchst bezeichnend (Abb. 29).

Feinplattiges Abschuppen: dünne Plättchen von einer Dicke, die zwischen Bruchteilen eines Millimeters und einigen Millimetern schwankt, lösen sich von dem Felsen los (Abb. 26).

Kernsprünge: J. WALTHER nennt so die mächtigen Spalten, die die großen Blöcke quer durchsetzen; nach dem Zerspringen sind oft Verschiebungen eingetreten (Abb. 24, 25, 30, 31).

Abb. 27. Wollsackgranit (nach S. PASSARGE).

Trümmersprünge: der Block wird durch ein Netzwerk von Sprüngen in einen Haufen von Stücken aufgelöst, der lange im Zusammenhang bleiben kann (Abb. 32).

Grusiger Zerfall: Das Gestein löst sich wie eine Masse zersprungener Kristalle auf. Die Oberfläche ist rauh und zerfressen. Die Kristalle lösen sich los und fallen ab; Abgrusung könnte man diesen Vorgang nennen (Abb. 27)."

---

[1] WALTHER, JOH.: Gesetz der Wustenbildung, S 30.

[2] BLANCK, E., u. S. PASSARGE: Die chemische Verwitterung in der agyptischen Wüste, S. 9. Hamburg: L. Friedrichsen & Co. 1925.

D. C. Barton[1] hat sehr beachtenswerte Ermittlungen über die Verwitterungsvorgänge an ägyptischen Baudenkmälern gemacht, so vermochte er zu beobachten, daß der Sockel und unterste Teil von Statuen oftmals mit abblätternden Schuppen bedeckt war, während noch der obere Teil, schon vom Knie an, seine ursprüngliche Politur besaß. Aus diesen Feststellungen errechnete

Abb. 28. Wollsackgranit (nach S. Passarge).

er den durchschnittlichen Verwitterungsfortgang zu 0,5—1 cm in ca. 5000 Jahren, vermochte aber in einzelnen Fällen sogar einen Fortschritt von 1 cm in 2000 Jahren

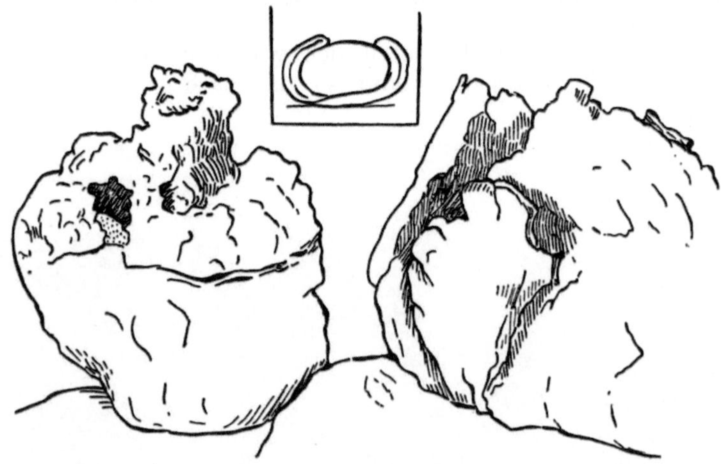

Abb. 29. Kohlschalen eines Wollsackgranitblocks. Lager bei Schellal. Oben (klein): der ideale Querschnitt (nach S. Passarge).

oder gar keinen nachzuweisen und macht für diese abweichenden Verhältnisse die verschiedenen klimatischen Bedingungen Ägyptens verantwortlich.

Jedoch nicht nur die Gesteine als Ganzes werden infolge der Sonnenstrahlenbeeinflussung durch ungleichseitigen Druck, Schub, Zug oder Biegung der in ihnen enthaltenen Minerale entlang ihren Berührungsflächen gelockert, sondern auch die Minerale selbst werden hierbei in Mitleidenschaft gezogen, insbesondere

[1] Barton, D. C.: J. of Geol. **24**, 382—393 (1916). — Nach Behrend u. Berg: a. a. O., S. 231.

solche mit ausgeprägter Spaltbarkeit wie Glimmer, Feldspäte und Kalzitkristalle, denn sie werden ebenfalls aufgeblättert, und solche ohne Spaltbarkeit wie z. B. der Quarz, zerspringen und werden zerkleinert[1]. Von J. HIRSCHWALD[2] ist darauf hingewiesen worden, daß nach Beginn des Aufblätterns von spaltbaren Mineralen die Spaltwirkung durch das Gestein benetzendes Wasser erhöht wird, insofern dasselbe einen Kapillardruck auf die Spaltungsflächen ausübt, allerdings handelt es sich hier nicht mehr um die reine Wirkung der Sonnenbestrahlung

Abb. 30. Wollsackgranit mit Schalen und Kernsprung. Lager bei Schellal (nach S. PASSARGE).

auf das Gestein. Immerhin sind aber die täglichen Temperaturdifferenzen, die alle diese Wirkungen auslösen, auf die Gesteinsoberfläche beschränkt und dringen nur bis höchstens 1 m Tiefe in das Gesteinsinnere vor. Nach R. LANG[3] beträgt die Geschwindigkeit des Eindringens der Wärme im Durchschnitt etwa 3 cm in einer Stunde. Jedoch die Tiefe der Temperaturverwitterung ist nach gleichem Autor in erster Linie nicht vom täglichen Ausmaß,

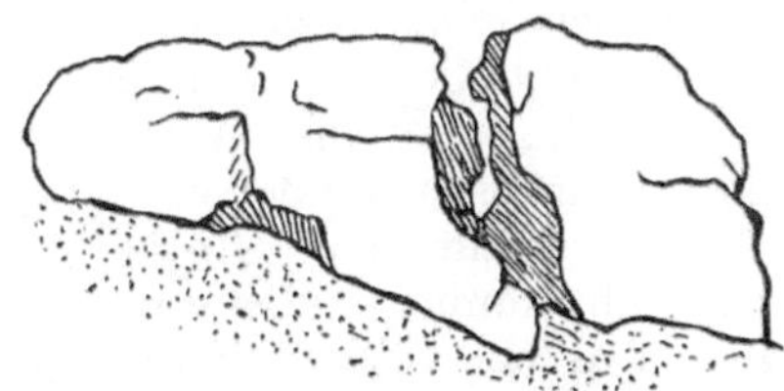

Abb. 31. Kernsprung, Absinken des rechten Stuckes, Aufreißen einer Spalte von unten im Block links (nach S. PASSARGE).

Abb. 32. Granitblock mit Trummersprüngen auf zersetztem Granit (nach S. PASSARGE).

sondern vielmehr von dem der jährlichen Bodentemperaturschwankung abhängig, so daß, je extremer kontinental die Gebiete bei an sich starken Temperaturschwankungen sind, um so mehr die Temperaturverwitterung in die Tiefe dringen wird. Daher gelangt denn R. LANG zu der in nachstehenden Worten wiedergegebenen Auffassung: „Während aber die oberflächliche Temperatur-

[1] Vgl. R. LANG: Verwitterung, S. 179. — Vgl. ferner V. POLLACK: Verwitterung in der Natur und an Bauwerken, S. 82. Wien u. Leipzig 1923.

[2] HIRSCHWALD, J.: Die Prufung der Bausteine auf ihre Wetterbestandigkeit, Berlin 1908 und Handbuch der technischen Gesteinsprufung, Berlin 1910 nach R. LANG: a. a. O., S. 179.

[3] LANG, R.: Verwitterung, S. 182—184

verwitterung in plötzlichen Auslösungen oder mindestens im Verlaufe von Jahren sich deutlich erkennbar äußert, handelt es sich wohl mindestens um säkulare, vielleicht um geologische Einwirkungszeiten, in denen erst die Tiefenverwitterung ein beobachtbares Ergebnis liefert. In diesem Falle geringer Temperaturschwankungen muß die lange Dauer und dadurch die Häufigkeit der Wiederholung das Ausmaß der Temperaturintervalle ersetzen[1]."

Frostverwitterung und Spaltenfrost.

Dringt Wasser in die auf irgendwelche Art und Weise geschaffenen Sprünge des Gesteins oder in die natürlichen Kapillarräume oder auf Absonderungsflächen, wie solche verschiedenen Gesteinen eigentümlich sind, ins Innere vor, so wird sich bei stark genug herabgesetzter Temperatur der auf die mechanische Zerlegung der Gesteine überaus starke Einfluß des gefrierenden und wieder auftauenden Wassers geltend machen. Bekanntlich hat das Wasser bei $+ 4^0$ C seine größte Dichte und nimmt daher bei dieser Temperatur sein kleinstes Volumen ein, es muß daher sowohl bei weiterer Abkühlung als auch bei weiterer Erwärmung eine Volumvermehrung eintreten[2]. Die Ausdehnung des gefrierenden Wassers beträgt ein Elftel seines Volumens, und da das Wasser von 0^0 das spezifische Gewicht 0,99987, das Eis gleicher Temperatur dasjenige von 0,91674 besitzt[3] und dagegen das Volumen des Wassers bei dieser Temperatur 1,00013, das des Eises 1,09083 beträgt, so erfolgt zu dem Zeitpunkte, in dem die Umwandlung des flüssigen Wassers zu festem Eis stattfindet, eine Volumvermehrung von 1000,13 auf 1090,83, worauf die gewaltige Sprengkraft des Wassers beruht[4], zumal bei wiederholtem Gefrieren und Auftauen des Wassers bzw. Eises die durch die Volumvermehrung und -verminderung erzeugten Druck- und Spannungsverhältnisse innerhalb der Gesteine und Minerale eine Veränderung erleiden[5]. Natürlich kann das Wasser diese Wirkung nur in geschlossenen Räumen bewerkstelligen, wie solches aber für unseren Fall zutrifft. Den Gesamtvorgang nennen wir Frostverwitterung oder Spaltenfrost, er vollzieht sich im Gegensatz zur Temperaturverwitterung (Insolation usw.) in solchen Gegenden, wo genügend Niederschläge fallen und die Temperatur unter 0^0 C sinkt. Die gemäßigten und kalten Breiten sowie die hohen Gebirgslagen sind vorzugsweise das Feld der Betätigung des Spaltenfrostes. Soll aber der Spaltenfrost zur Wirkung gelangen, so ist die Erfüllung der Gesteinsporen mit Wasser bis zu einem gewissen Grade die Vorbedingung, denn es müssen mindestens $^{10}/_{11}$ des Hohlraumvolums der Gesteinsporen mit Wasser erfüllt sein. Enthalten die Hohlräume weniger Wasser, so kann es hierzu nicht kommen, ebensowenig aber auch beim Überschreiten genannter Grenze, „und bei völliger Erfüllung mit Wasser tritt eine Sprengwirkung nicht ein, soweit die wassererfüllten Hohlräume nach außen offen stehen und somit das gefrierende Wasser als Eispfropfen aus der Öffnung austreten lassen. Erst dann, wenn die wassererfüllten Hohlräume nur durch Kapillaren nach außen münden, findet Sprengwirkung statt[6]."

---

[1] LANG, R.: Verwitterung, S. 182—184.

[2] Vgl. H. FESEFELDT: Bd. 1 des Handbuchs, S. 188.

[3] Vgl. A. LEDUC: C. r. **142**, 149 (1906).

[4] Vgl. G. TAMMANN: Lehrbuch der heterogenen Gleichgewichte, S. 42. 1924.

[5] LANG, R.: Verwitterung, S. 185. — Vgl. ferner P. EHRENBERG: Der Frost und die Beeinflussung des Erdbodens durch denselben. Landw. Versuchsstat. **107**, 258 (1928). — Siehe auch H. GORKA: Neue Experimentaluntersuchungen uber die Frostwirkung auf Erdboden. Kolloidchem. Beih. **25**, H. 5—8, 127.

[6] Vgl. hierzu H. SEIPP: Italienische Materialstudien, S. 226. — T. L. LYON u. E. O. FIPPIN: Principles of soil management, 7. Aufl. 1913.

In den einzelnen Kristallen sind Hohlräume wohl zumeist sehr klein, so daß hier kaum unmittelbar von dem Einfluß des Wassers in gedachter Richtung die Rede sein kann. Jedoch Flüssigkeits- und Gaseinschlüsse sind in manchen Mineralen, wie z. B. Quarz, durchaus nicht selten, so daß beim Gefrieren doch wohl schon ein größerer Druck durch sie auf die Umgebung ausgeübt werden muß. Im Mineralaggregat als Gestein liegen die Verhältnisse in dieser Beziehung schon etwas günstiger, insofern die Struktur- und Texturverhältnisse Leitbahnen für die Wirkung des Wassers abgeben, und zwar insbesondere dann, wenn die Insolationswirkung schon vorgearbeitet hat. Im allgemeinen wird man annehmen dürfen, daß Gesteine von körniger Ausbildung, besonders wenn sie grobkörnig sind, schneller den Einflüssen des gefrierenden Wassers unterlegen sein werden als dichte und vor allen Dingen glasig ausgebildete oder mit glasiger Grundmasse ausgestattete Gesteine. Schon die rauhere Oberfläche wird für ein kräftigeres Anhaften des Wassers sorgen, und aus diesem Grunde eignen sich mit schiefriger Struktur versehene Gesteine, obgleich sie dem Wasser den Zutritt wohl erleichtern, nicht für einen starken mechanischen Zerfall durch Frostwirkung, weil sie das Wasser an ihren glatten Flächen schnell abfließen lassen. Poröse Beschaffenheit der Gesteine, wie sie namentlich bei bindemittelarmen Sandsteinen vorkommt, unterstützt dagegen die Zersprengung der Gesteine. Die mit den Abkühlungsvorgängen bei der Entstehung der Eruptivgesteine aus dem Magma im Zusammenhang stehenden Absonderungsfugen und Flächen, wie sie im besonderen bei Basalten[1], Porphyren, Phonolithen und anderen Gesteinen ausgebildet sind, und ferner die durch gebirgsbildende Prozesse hervorgerufenen Gesteinsklüfte u. dgl. erlauben dem Wasser günstigeren Zutritt und damit kräftigere Angriffs- und Wirkungsweise. Dort, wo sich auf Schichtfugen und Klüften des Gesteins Wasser in der Tiefe ansammelt und gefriert, werden die überlagernden Schichten gehoben und mit der Zeit in ihrem Gefüge gelockert, so daß die zusammenhängenden Felsen schließlich in kleine Bruchstücke zerlegt werden. Die oberflächliche plattenförmige Absonderung gewisser Gesteine hängt hiermit zusammen, ebenso das Ausfrieren einzelner Felsblöcke und Steine aus dem Erdboden.

Da sich die Sprengwirkung des gefrierenden Wassers als abhängig von der Wasserkapazität der Gesteinsart erweist, so hat J. Hirschwald[2] die Fähigkeit der Gesteine, Wasser aufzusaugen, experimentell zu bestimmen gesucht, indem er die Gesteinsporen mit Wasser unter hohem Druck im Vakuum erfüllte. Dabei hat sich eine für die Verwitterung sehr wichtige Regel ergeben, die dahin lautet, daß dann, wenn der Sättigungskoeffizient über 0,8 hinausgeht, Verwitterung Platz greift. Der Sättigungskoeffizient S berechnet sich aus der Formel $\frac{W_2}{W_c} = S$, wobei W_c die zur vollständigen Ausfüllung der Poren erforderliche Wassermenge darstellt, während W_2 die Menge des lediglich kapillar aufgenommenen Wassers bei langsamer Durchtränkung der Gesteinsprobe bedeutet. Zeigen die Gesteine

[1] Hier ist auch auf das besondere Vorkommen der sog. „Sonnenbrenner" im Basalt und anderen Gesteinen hinzuweisen, das insonderheit technische Bedeutung genießt. Vgl. I. E. Hibsch: Über Sonnenbrand der Gesteine. Z. prakt. Geol. **28**, 78 (1920). — G. Schott u. G. Linck: Über die Hydratation natürlicher und künstlicher Gläser. Kolloid-Z. **34**, 113 (1924). — G. Linck: Über den spontanen Zerfall eines Melaphyrs. Steinbruch und Sandgrube **21**, 561 (1912). — E. Blanck u. F. Alten: Beitrag zur Erscheinung des Sonnenbrenners im Basalt. Chem. d. Erde **2**, 135 (1926). — V. Pollack: Verwitterung in der Natur und an Bauwerken, S. 78. Wien u. Leipzig 1923.

[2] Hirschwald, J.: Die Prufung der Bausteine auf ihre Wetterbeständigkeit. — S. auch R. Lang: a. a. O., S. 185. — Böhme: Untersuchungen von naturlichen Gesteinen auf Festigkeit usw. Mitt. kgl. techn. Versuchsanst. Berlin 1889.

ausgeprägte Schichtung oder Schieferung oder führen die Hohlräume sehr wechselnde Wassermengen oder sind Teile des Gesteins erweichbar, so kann die Verwitterung schon einsetzen, wenn der Sättigungskoeffizient gleich 0,7 ist.

Wie schon erwähnt, und wie solches auch ohne weiteres verständlich ist, wirkt der Spaltenfrost am stärksten im Polargebiet. Seine Wirkungen sind insbesondere auf Spitzbergen von B. Högbom[1] studiert und beschrieben worden. Nach Högbom ist es der sogenannte Vorgang der Regelation, d. h. das wiederholte Gefrieren und Auftauen, welches erfolgt, wenn Eis unter Druck sich verflüssigt und nach Nachlassen desselben wieder gefriert, wodurch der Frost zum wichtigsten geologischen Faktor wird. Zwar weist er darauf hin, daß Druckveränderungen, wie sie unterhalb der Gletscher vorkommen, wohl Regelation hervorzubringen imstande wären, jedoch sei zumeist die Temperatur unter den Gletschern Spitzbergens so tief unter dem Gefrierpunkt, daß die vertikalen Druckveränderungen nicht in der Lage wären, Regelation zu erzeugen, womit er das bekannte und auffällige Fehlen von Spuren einer Glazialerosion erklärt[2]. Das kapillare Wasser müsse, um zu gefrieren, schon einer bedeutenden Unterkühlung ausgesetzt sein, denn im nicht gefrorenen Boden seien Temperaturen von —1 bis —5° beobachtet worden, doch dürfte in der Nähe der Tjäle, wo Eis- und Schmelzwasser zusammentreten und Kristallisationskerne genügend vorhanden sind, nur eine unbedeutende Unterkühlung stattfinden. Nur bei beträchtlicher Erniedrigung der Lufttemperatur unter 0° erfolge eine solche und erreiche das Wasser in diesem Zustande die Tjäle, so gefriere es augenblicklich. Mit diesen Verhältnissen steht nach ihm die Beobachtung von Holmquist[3] im Einklang, daß der von mit Eis erfüllten Spalten durchsetzte glaziale Bänderton noch nicht bei —5° C gefroren war. „Die Regelation und dadurch die Frostwirkungen", fährt er fort, „erreichen die größte Bedeutung in einem Klima, wo der Boden für Temperaturschwankungen um den Gefrierpunkt besonders ausgesetzt ist. Damit ist nicht gesagt, daß ein Klima mit einer mittleren Jahrestemperatur von etwa 0° und mit schwachen Unterschieden der Jahreszeiten für diese Prozesse das günstigste ist, dann würde z. B. in Lofoten ein paar 100 m ü. M. mit dem dortigen, insulären Klima eine besonders kräftige Frostsprengung vorkommen, was aber gar nicht der Fall ist. Es ist vielmehr auffallend, daß je strenger das Klima ist, desto kräftiger arbeitet der Frost. So z. B. in den am meisten kontinentalen Gegenden auf Spitzbergen, wo wenigstens das halbe Jahr zu kalt ist, um irgend einAuftauen zu gestatten, und wo übrigens während etwa vier Monaten zufällige Erwärmung durch Sonnenstrahlung ausgeschlossen ist. Auch in unseren Gebirgsgegenden, z. B. in Lappland, erreicht der Spaltenfrost seine stärkste Entwicklung erst in einer Höhe von 1200 bis 1500 m, wo eine Jahrestemperatur von mehreren Graden unter Null herrscht."

Also besonders dort, wo die Tjäle recht kräftig ausgebildet ist und niedere Temperaturen zeigt, wird sich der Vorgang der Regelation einstellen. Liegt die Tjäle nicht sehr tief, so sind sogar schon recht geringe und nur kurz andauernde Temperaturschwankungen, wie sie durch den täglichen Wechsel von Schatten und Licht oder durch Tag- und Nachtwechsel bedingt werden, zur Erzeugung

---

[1] Högbom, Bert.: Über die geologische Bedeutung des Frostes. Bull. geol. Inst. Upsala **12** (Uppsala 1914). — Vgl. auch C. L. van Balen: Nieuwere opvattingen omtrent de beteckenis van de vorst als geologische factor. Tijdskr. v. h. Koninklijk Nederlandsch Aardrijkskundig Genootschap Leiden, II. ser. **35**, 524 (1918). — Ferner P. Kessler: Das eiszeitliche Klima. S. 115. Stuttgart: Schweizerbart 1925.

[2] Vgl. W. Salomon: Spitzbergenfahrt des Internationalen Geologischen Kongresses. Geol. Rdsch. **1**, 306 (1910).

[3] Holmquist, P.: Mechanische Storungen und chemische Umsetzungen in dem Bänderton Schwedens. Bull. geol. Inst. Upsala **3** (Uppsala 1897).

der Regelation imstande. Für das Polargebiet kommen dagegen die ersteren Ursachen, für das Gebiet der niederen Breiten Tag- und Nachtwechsel hierfür mehr in Frage. Je tiefer die Tjäle aber im Sommer zurückgedrängt wird, um so schwächer machen sich die äußeren Wärmeschwankungen auf sie bemerkbar. „In Gegenden mit sehr strengem Klima wird aber die Tjäle nicht tief genug zurückgetrieben, um außerhalb des Bereichs der von der Erdoberfläche geleiteten mehr kurz dauernden Temperaturschwankungen zu kommen. Auf Spitzbergen z. B. liegt im festen Gestein die Tjäle nur ausnahmsweise und während eines ganz unbedeutenden Teils der ‚Regelationssaison' tiefer als 1 m, im Erdboden meistens nur einige Dezimeter. Hier gibt es daher während dieser Periode eine Schicht, wo die Regelation fast ununterbrochen in größerem oder kleinerem Maßstabe arbeitet[1]." Da aber alle an der Tjäleoberfläche merkbaren Temperaturschwankungen nach HÖGBOM zu Regelationserscheinungen ausgelöst werden, so kann aus diesem Grunde der Spaltenfrost auch während der relativ warmen Sommermonate des Polargebietes dauernd zur Wirksamkeit gelangen.

Wenn auch sicherlich der Insolation im Polargebiet gleichfalls eine nicht unbedeutende Rolle zufällt, so wird ihr Einfluß doch nicht immer von dem des Spaltenfrostes scharf zu unterscheiden sein. Jedoch hat E. v. DRYGALSKI[2] von Erscheinungen auf Grönland berichtet, die unzweifelhaft denen der Insolation in Wüstengebieten durchaus entsprechen, denn es sind bei im allgemeinen ziemlich niedriger Lufttemperatur und recht intensiver Sonnenbestrahlung die Bedingungen für die Auswirkung der Insolation auch hier erfüllt und die von keiner Vegetation geschützten Felsen vermögen sich außerordentlich hoch zu erwärmen. Beim Betreten der gerundeten Felsen bemerkt man infolgedessen nach v. DRYGALSKI auch häufig einen hohlen Klang, denn die erhitzte Gesteinsschale hat sich über dem kühleren Kern ausgedehnt und damit einen Hohlraum überspannt. Schließlich platzt oder blättert sie ab und gibt damit Veranlassung zur weiteren Fortsetzung dieses Vorganges. Allerdings sieht HÖGBOM[3] die Einflüsse der Insolation im Polargebiet nur für untergeordnet an.

Hinsichtlich der Mechanik der Frostsprengung weist HÖGBOM für die Verhältnisse auf Spitzbergen darauf hin, daß bei aller Anerkennung der Einflüsse der Natur und Beschaffenheit der Gesteine „die Art und der Grad der Verklüftung" vielmehr „als die Härte für die Widerstandsfähigkeit gegen den Frost entscheidend" seien. „Mitunter findet man", so setzt er erläuternd hinzu, „Schiefergebirge, wie z. B. in dem Daonellaniveau in den Triasgebirgen, steile Abstürze bilden, während Sandsteingebirge ganz ununterbrochene, schuttbedeckte Böschungen haben können, wie die höchsten Tertiärniveaus in Belsund. Die genannten weichen Schiefer spalten sich nur in großen flachen Platten auf, und sind, wenn die Lagerstellung wagerecht oder gegen die Bergseite geneigt ist, ziemlich widerstandsfähig, während die fraglichen Sandsteine sehr inhomogen, porös und mit verschiedenen zersplitterten Schieferbändern zwischengelagert sind. Wie wenig die Härte für die Widerstandsfähigkeit der Gesteine entscheidend ist, wird von den Gipsablagerungen besonders gut illustriert, solche bilden nämlich gern ziemlich markierte Abschüsse, und es scheint, als übertreffe der Gips die anlagernden Kalk- und Kieselgesteine, die sonst als die am meisten resistenten betrachtet werden müssen ... Während die anderen Blöcke bald ganz zerfallen, sind noch die Gipsblöcke weit von ihrem Ursprungsorte erhalten. Jede Formation auf Spitzbergen hat dank der spezifischen Verhältnisse ihrer Gesteine zu dem Spalten-

[1] HÖGBOM, BERT.: a. a. O., S. 269.

[2] DRYGALSKI, E. v.: Über die Vorexpedition nach Westgrönland. Verh. Ges. Erdkde Berlin 18, 457 (1891).

[3] HOGBOM, B.: a. a. O., S. 271.

frost meistens charakteristische Gebirgsformen, wodurch die Verbreitung der verschiedenen Formationen in der Natur sich kundgibt. Gewisse Horizonte sind schon von ferne topographisch sehr gut erkennbar, wie der Spiriferenkalk des Karbons, das Daonellaniveau der Trias, der ‚Festungssandstein' des obersten Jura usw.[1]."

Die Wirkungen des Spaltenfrostes werden aber dadurch sehr stark unterstützt, daß alle Steine in arktischen Regionen fast ständig durchfeuchtet sind, da überall schmelzendes Wasser abrinnt, Wasserdampf aus der Luft an den kalten Gesteinsflächen sich kondensiert oder Schnee für die Gegenwart von Feuchtigkeit sorgt. Nur die lange Nacht im Winter stellt „eine tote Saison" für die Frostwirkung dar. Die Wirkungen des Spaltenfrostes treten natürlich erst beim Auftauen ein. Das Herabfallen der Block- und Steinmassen zur Frühjahrszeit gibt hiervon Kunde. Die sogenannten Stein- und Blockmeere der hochalpinen oder arktischen Gebiete sind das schließliche Ergebnis der Frostwirkung[2]. „Auf Spitzbergen ist das Klima streng genug, um Blockmeere sogar an den niedrigsten Niveaus zu entwickeln, obgleich sie dort nicht lange den Atmosphärilien exponiert gewesen sind, denn die Landhebung hat hier erst in später Zeit aufgehört. Nur die am meisten widerstandsfähigen Gesteine, wie der Diabas, zeigen noch hie und da Felsenpartien mit Gletscherschliff und Schrammen. Hier kann man deshalb die Einzelerscheinungen und die Mechanik der Frostsprengung am besten studieren, wie auch die beginnende Bildung von Blockmeeren[3]." Im allgemeinen trifft man aber auf Spitzbergen nur ganz selten große Felsblöcke an, Högbom erklärt dieses damit, daß der Frost hier nicht tiefer als etwa 1 m zu arbeiten vermag, so daß nur ausnahmsweise tiefer liegende Felsteile aus dem Verbande losgelöst werden können[4]. R. Lang[5] weist demgegenüber darauf hin, daß die Zermürbung der Gesteine auch in unseren Breiten recht auffällig bei einer Tiefe von 0,5—1 m einsetzt, also in der Zone, bis zu welcher der Frost in besonders starken Wintern hinuntergeht. Er erblickt darin eine unmittelbare Abhängigkeit der Tiefenverwitterung von der Frosttiefe.

Infolge der großen Angriffsflächen, die sie besitzen, unterliegen die einzelnen Gesteinsblöcke ganz besonders schnell der Zerlegung durch den Frost. Högbom äußert sich hierüber unter Zugrundelegung der Verhältnisse auf Spitzbergen folgendermaßen: „An den Moränen lebender Gletscher kann man Steinhaufen sehen, die offenbar großen Einzelblöcken zugehört haben. Bei dieser Zerstörung der Blöcke macht sich ihre verschiedene Widerstandskraft besonders geltend: Schiefer und Sandsteine, wenn erst aus den Bergwänden losgemacht, zersplittern schnell. Dagegen sind die Eruptivgesteine, wie die Granite, Diabase, Porphyre, Gneise und Amphibolite mehr widerstandsfähig, dies ist auch, wie schon erwähnt, bei Gips der Fall[6]."

Ein ganz besonders eigenartiges Phänomen stellt das Hinaufheben oder Hinaufschieben bzw. Auffrieren losgesprengter Blöcke, insbesondere Diabasblöcke, dar, das unser Gewährsmann gleichfalls eingehend beschrieben hat (S. 275—276). Da diese Erscheinung aber schon z. T. mit dem Auffrieren von

[1] Högbom, Bert.: a. a. O., S. 271.

[2] Vgl. Bert. Högbom: Beobachtungen aus Nordschweden über den Frost als geologischer Faktor. Bull. geol. Inst. Upsala **20**. — Ferner F. M. Behr: Über geologisch wichtige Frosterscheinungen in gemäßigten Klimaten. Internat. Mitt. Bodenkde **8**, 50 (1918). — Auch Z. dtsch. geol. Ges. **1918** (Monatsber.), 95. — A. Hamberg: Geol. Foren. Forh. **37**, 593 (1915).

[3] Högbom, Bert.: a. a. O., S. 273, 274.

[4] Högbom, Bert.: a. a. O., S. 277.

[5] Lang, R.: Verwitterung, S. 187.

[6] Högbom, Bert.: a. a. O., S. 278.

Felsen im Boden und den sich daran anschließenden Vorgängen der Polygonbodenbildung zusammengehört und diese an anderer Stelle eingehende Behandlung finden werden (vgl. Bd. 3 des Handbuches), so soll hier davon abgesehen werden, nur sei noch kurz auf die experimentellen Untersuchungen A. BLÜMCKES und S. FINSTERWALDERS[1] hingewiesen, die dartun, daß selbst harte Gesteine unter der Decke von Gletschereis eine andauernde mechanische Zerstörung und Aufbereitung erfahren. Diese Autoren ließen nämlich Gesteinsproben in Eis einfrieren, verflüssigten das Eis unter Anwendung von hohem Druck und brachten es durch Nachlassen des Drucks zum Wiedergefrieren, so daß sie Regelationswirkung in allen ihren Phasen auf das Gesteinsmaterial zur Einwirkung brachten. Die Druckveränderungen wurden mehrfach wiederholt und die dabei entstandenen Materialverluste des Gesteins mit denjenigen verglichen, die bei gewöhnlicher

Abb. 33. Tempelberg in der Tempelbay (Spitzbergen).
(Aus: Chem. d. Erde 3. Jena Gustav Fischer 1928.)

Frostwirkung auftreten. Das unter diesen Bedingungen von ihnen erhaltene „Verwitterungsprodukt“ ist ein mikroskopisch feiner Staub, und seine Menge erwies sich bei gleichem Material annähernd proportional der Anzahl der Frosteinwirkungen. Die Genannten entnehmen ihren Untersuchungsbefunden, „daß die Frostwirkung, welche durch Druckverminderung herbeigeführt wird, quantitativ von der durch bloße Temperaturerniedrigung erzeugten nicht wesentlich verschieden ist und daß ferner die Löslichkeit des Materials im Wasser nur nebensächlichen, die Druckwirkung des Eises allein (ohne gleichzeitige Aggregatsänderung) verschwindenden Einfluß auf den Materialverlust hat. Aber auch qualitativ ist die Erscheinung die gleiche: Erst regelmäßiges Abfrieren feinen Staubes, später unregelmäßiges Abblättern und Abbröckeln gröberer Teile“. Es scheint ihnen hierdurch bewiesen, daß die Verwitterung auch unter der Decke des Gletschereises ihren Fortgang nehmen kann und ihm diese außer seiner schleifenden Tätigkeit noch zukommt. Ob dieselbe allerdings der oberflächlichen

[1] BLÜMCKE, A., u. S. FINSTERWALDER: Zur Frage der Gletschererosion. Sitzgsber. Akad. Wiss. Munchen, Math.-physik. Kl. 1890, 435.

Verwitterung der Felsen als Folge von Temperaturschwankungen vergleichbar ist, entzieht sich der Beurteilung.

Die Bedeutung der Frostsprengung für die Ausbildung der Landschaftsformen im arktischen Gebiet sei dagegen durch nachstehend wiedergegebene Abbildungen illustriert (s. Abb. 33, 34 u. 35).

An die soeben hervorgehobenen Untersuchungen BLÜMCKES und FINSTERWALDERS schließen sich gewissermaßen diejenigen anderer Autoren über den

Abb. 34. Erste Runze (Gehängetal), nordwestl. des Longyeartales. Westhang. (Spitzbergen.)

mechanischen Zerfall der Gesteine unter gewöhnlichen Bedingungen der Frostwirkung an, wie sie gegeben sind, wenn Gesteinsbruchstücke über einige Jahre hinaus den Einflüssen der Atmosphäre mittlerer Breiten ausgesetzt sind. Zwar handelt es sich hier natürlich nicht allein um die Wirkung des Spaltenfrostes. Aber innerhalb unseres Klimagebietes, woselbst diese Versuche zur Ausführung gelangt sind, wird dem Spaltenfrost bei der mechanischen Gesteinszerlegung doch wohl der größte Einfluß zuzubilligen sein. Die ersten in dieser Richtung liegenden Untersuchungen stammen von TH. DIETRICH[1] her, welcher Gesteins-

[1] DIETRICH, TH.: Landw. Z. f. Reg.-Bez. Kassel 1874, Nr 21, 647; s. auch Zbl. Agrikulturchem. 8, 4 (1875).

brocken von etwa Bohnengröße in Zinkkästen einfüllte und diese zunächst während der Zeit von 2 Jahren den Verwitterungseinflüssen aussetzte. Er fand nach dieser Zeit gebildet an:

	Buntsandstein %	Muschelkalk %	Basalt %	Rot %
Feinerde	2,30	0,75	0,60	2,50
Kleinere Gesteinsstucke	8,00	9,00	1,00	49,00

Abb. 35. Wie Abb. 34, in etwas weiterem Abstande aufgenommen.

Diese Versuche wurden späterhin mit Gesteinsstücken von 8—10 mm Durchmesser bei einer Versuchszeitdauer von 4 Jahren mit nachstehendem Erfolg fortgesetzt:

	Buntsandstein %	Muschelkalk %	Basalt %	Rot %
Feinerde (in 0,5 mm Durchmesser)	2,61	1,38	0,47	3,12
Sand (bis 4 mm Durchmesser)	4,32	4,87	2,52	49,44
Gestein der ursprünglichen Größe	93,07	93,75	97,01	47,44

Auch diese Zahlen lehren den geringen mechanischen Zerfall des Basaltes als eines Vertreters der dichten Eruptivgesteine andern Gesteinen gegenüber, insbesondere erweist sich der Rötmergel dem mechanischen Zerfall hervorragend zugänglich. E. HASELHOFF[1] hat diese Untersuchungen unter Benutzung gleicher Gesteine mit Ausnahme des Rötmergels, für welchen er Grauwacke einsetzte, fortgeführt. Die Gesteine wurden in einer Korngröße von 7,5—10,0 mm im Juni 1902 in Blechkästen eingefüllt und gleichfalls während einer Zeit von 4 Jahren den Verwitterungsagenzien, Luft, Wärme, Niederschlägen und Frost, überantwortet. Es ergab sich, daß das ursprüngliche Material nach dieser Zeit in folgende Korngrößen zerfallen war:

	über 7,5 mm kg	7,5—5,0 mm kg	5,0—0,5 mm kg	unter 0,5 mm kg
Buntsandstein	7,730	7,700	0,220	0,250
Grauwacke	14,650	3,240	0,053	0,028
Muschelkalk	14,700	6,000	0,066	0,026
Basalt	14,820	4,080	0,061	0,032
	d. i. in Prozenten der angewandten Gesteinsmenge:			
Buntsandstein	48,8	48,6	1,4	1,6
Grauwacke	81,5	18,0	0,3	0,2
Muschelkalk	77,9	21,6	0,3	0,2
Basalt	70,9	28,7	0,3	0,1

Man ersieht aus diesen Zahlen deutlich die starke Zerlegung des klastischen Buntsandsteins, während insbesondere die Grauwacke den mechanischen Einflüssen den größten Widerstand entgegengesetzt hat. FR. PFAFF[2] hat Platten von Syenit und Jurakalk zwei Jahre den Einflüssen des Wetters ausgesetzt und gefunden, daß von der Jurakalkplatte 0,180 g, von der Syenitplatte 0,285 g während dieser Zeit in Verlust geraten waren. Bei der Annahme einer gleichen Abtragung aller Teile der Platte berechnet er dieselbe für die benutzte Kalkplatte pro Jahr zu 0,01374 mm, für die Syenitplatte zu 0,00137 mm. Ferner hat A. HILGER[3] ähnliche Versuche wie TH. DIETRICH mit Stubensandstein, Personatussandstein, Jurakalk und Glimmerschiefer durchgeführt, indem auch hier die Gesteine in gleichmäßiger Größe unter Fortfall aller feinpulvrigen Anteile und Staub im völlig unverwitterten Zustande in einer Korngröße von 10—20 mm (beim Stuben- und Personatussandstein) und von 4,5—6,5 mm (beim Jurakalk und Glimmerschiefer) angewandt wurden. Innerhalb von 3 Jahren war der weiße Stubensandstein zu 18,3% in Grobsand (über 2 mm) und 35,6% Feinsand und 2,9% Feinerde (unter 0,5 mm) zerfallen, so daß 34,2% des ursprünglichen Korns unverändert zurückgeblieben waren. Der Personatussandstein des braunen Jura wies einen Zerfall in 22,6% Grobsand, 1,27% Feinsand und 24,4% Feinerde auf, so daß hier 46,4% ursprünglichen Materials übriggeblieben war, woraus sich ergibt, daß der Personatussandstein bedeutend schneller als der Stubensandstein in Feinerde übergeht. Ganz entgegengesetzt dazu verhielt sich der weiße Jurakalk, denn dieser zerfiel außerordentlich langsam zu 3% Grobsand, 0,16% Feinsand und 0,23% Feinerde, d. h. eigentlich so gut wie gar nicht, da 96,6% des Gesteinsmaterials unverändert geblieben war. Es hängt dieser Ausfall wohl mit der dichten Beschaffenheit des Kalksteins zusammen, der keine erhebliche Wasseraufnahme gestattet, wie dieses auch die Versuche E. BLANCKS[4] über die Verwitterung des Muschelkalkes dargetan haben. Schließ-

[1] HASELHOFF, E.: Untersuchungen über die Zersetzung bodenbildender Gesteine. Landw. Versuchsstat. **70**, 58 (1909).

[2] PFAFF, FR.: Beiträge zur Experimentalgeologie. Z. dtsch. geol. Ges. **24**, 404 (1872).

[3] HILGER, A.: Über Verwitterungsvorgange bei kristallinischen und Sedimentargesteinen. Landw. Jb. **8**, 1—11 (1879).

[4] BLANCK, E., u. A. RIESER: Vergleichende Untersuchungen über die Verwitterung von Gesteinen usw. Chem. d. Erde **3**, 441 (1928).

lich ließ der Glimmerschiefer einen geradezu auffallend raschen mechanischen Zerfall der größeren in kleinere Bruchstücke erkennen, wogegen sich die Bildung von Feinerde aus ihm nur langsam vollzog, denn es waren aus dem ursprünglichen Material 39,6% Grobsand, 7,27% Feinsand und nur 1,1% Feinerde gebildet worden, so daß 51,5% unberührt geblieben waren, die aber schon im Verlauf des ersten Jahres zur Entstehung gelangten. Die diesen Ergebnissen zugrunde liegenden Einzelbefunde waren folgende[1]:

	1. Jahr		2. Jahr		3. Jahr	
	in kg	in %	in kg	in %	in kg	in %
1. Weißer Stubensandstein (angewandt 19,843 kg Gesteinsmasse von 10—20 mm Durchm.)						
über 6,5 mm	10,310	51,9	8,462	42,6	6,767	34,2
„ 4,5 „	2,709	13,65	2,904	14,6	2,005	10,1
„ 2,0 „	1,275	6,4	1,373	6,9	1,627	8,2
„ 1,0 „	2,660	13,4	3,563	17,9	5,627	28,3
„ 0,5 „	2,371	11,9	3,004	15,1	3,228	16,3
Feinerde	0,516	2,6	0,537	2,75	0,589	2,9
2. Personatussandstein (angewandt 20,501 kg Gesteinsmasse von 10—20 mm Durchm.)						
über 6,5 mm	9,966	48,6	9,610	46,8	9,517	46,4
„ 4,5 „	6,893	33,6	5,652	27,5	3,621	17,6
„ 2,0 „	0,692	3,3	0,581	2,8	1,100	5,0
„ 1,0 „	0,062	0,3	0,055	0,27	0,203	0,99
„ 0,5 „	0,027	0,13	0,033	0,16	0,058	0,28
Feinerde	2,860	13,9	4,570	22,3	5,002	24,4
3. Weißer Jurakalk (angewandt 24,590 kg Gesteinsmasse von 4—6 mm Durchm.)						
ursprüngl. Korn	23,767	96,6	23,700	96,7	23,660	96,6
über 2,0 mm	0,774	3,1	0,800	3,2	0,828	3,3
„ 1,0 „	0,018	0,07	0,019	0,08	0,028	0,11
„ 0,5 „	0,010	0,04	0,035	0,14	0,014	0,05
Feinerde	0,019	0,08	0,036	0,15	0,060	0,23
4. Glimmerschiefer (angewandt 23,947 kg Gesteinsmasse von 4—6 mm Durchm.)						
über 4,5 mm	13,792	57,5	13,224	55,2	12,434	51,6
„ 2,0 „	8,978	37,4	9,220	38,5	9,490	39,6
„ 1,0 „	0,857	3,4	0,946	3,9	1,700	7,1
„ 0,5 „	0,206	1,2	0,344	1,4	0,040	0,17
Feinerde	0,112	0,4	0,206	0,8	0,268	1,1

Den mechanischen Zerfall der Gesteine nach 9jähriger Versuchsdauer gibt nachstehende Übersicht wieder[2]:

	Stubensandstein		Personatussandstein		Jurakalk		Glimmerschiefer	
	in kg	in %	in kg	in %	in kg	in %	in kg	in %
über 6,5 mm	4,209	21,21	6,879	33,56	—	—	—	—
„ 4,5 „	2,330	11,74	5,243	25,57	23,411	95,21	11,556	48,26
„ 2,0 „	1,749	8,81	1,386	6,76	1,450	4,25	9,053	37,81
„ 1,0 „	3,063	15,44	0,181	0,88	0,029	} 0,39	2,015	8,42
„ 0,5 „	7,397	37,28	0,065	0,32	0,026		0,374	1,57
Feinerde	0,477	2,87	6,402	31,03	0,029		0,666	3,24

[1] Hilger, A.: Landw. Jb. **8**, 6—8 (1879).
[2] Hilger, A., u. R. Schütze: Landw. Jb. **15**, 431—434 (1886).

Es ist diesen Zahlen zu entnehmen, daß der Zerfall der Sandsteine schnell vor sich geht, insbesondere, daß der Personatussandstein, nachdem sein Zerfall einmal begonnen ist, er sofort auch in die feinsten Produkte zerfällt, woraus zu schließen ist, daß sein Bindemittel außerordentlich leicht verwittert. Der geringe mechanische Zerfall des Kalkgesteins wird aber durch diese Zahlen besonders deutlich vor Augen geführt. Die mechanische Verwitterung des Glimmerschiefers geht anfangs schnell vonstatten, der Zerfall gröberen Kornmaterials in feinere Produkte nur langsam, und es bemerkt A. HILGER hierzu: „Der Glimmerschiefer zeigt durchgehend die Eigentümlichkeit, einmal zerfallenes Material in Feinerde umzuwandeln, und dies geht mit einer gewissen Regelmäßigkeit von durchschnittlich 0,4—0,5% jährlich vor sich. Das zurückgebliebene Korn ursprünglicher Größe mit Einschluß des Siebrückstandes III[1] läßt ebenfalls eine gewisse Regelmäßigkeit erkennen."

Versuche in der Art von FR. PFAFF führte auch HILGER aus, indem er Platten frisch gebrochener Gesteine von 200 qcm Oberfläche und 7 cm Dicke der Luft und Verwitterung überließ. Die hierdurch erzielten Ergebnisse bringt er wie folgt zur Darstellung:

	Gewicht der Platten (in kg)			
	am 1. Juni 1875	am 1. Juni 1876	am 1. Juni 1877	am 1. Juni 1878
Glimmerschiefer	6,850	6,815	6,790	6,700
Jurakalk	7,263	7,259	7,256	7,250
Personatussandstein	5,230	5,226	5,221	5,250
Stubensandstein	5,724	5,735	5,733	5,750

Er fügt diesen Befunden hinzu: „Während der Glimmerschiefer eine äußerst rapide Zertrümmerung durch die atmosphärischen Niederschläge zeigt, der Jurakalk im geringeren Maße, bleiben die Gewichtszunahmen, namentlich im 3. Jahre, bei den Sandsteinen eine Erscheinung, die im Anfange von mir als Beobachtungsfehler aufgefaßt, sich aber richtig erwies. Ob diese Gewichtszunahme auf eine bedeutende Wasseraufnahme, veranlaßt durch die größere Porosität der Gesteine, oder eingetretene chemische Umwandlung oder andere Einflüsse zurückzuführen ist, vermag ich heute noch nicht zu entscheiden[2]." Jedenfalls zeigen aber diese Versuche aufs deutlichste den verschiedenen Einfluß, den die Natur der Gesteine auf den Verlauf des mechanischen Gesteinszerfalls ausüben kann. Überblickt man die Erscheinungen der Wärme- und Kälteverwitterung in ihrer Gesamtheit, so könnte man wohl annehmen, daß ihr Unterschied nur ein theoretischer sei. Jedoch schon R. LANG[3] weist mit Recht darauf hin, daß dieses nicht der Fall ist, und zwar aus dem Grunde nicht, weil wohl überall bei Temperaturen über dem Gefrierpunkt zu der physikalischen Verwitterung die chemische hinzutritt, die aber bei der Kälteverwitterung notwendigerweise fehlen muß. Dementsprechend sind die Produkte der reinen Kälteverwitterung nur mechanisch, die der Wärmeverwitterung stets auch chemisch beeinflußt. „Durch diesen Gegensatz, der sich aufs schärfste in der Beschaffenheit der verschiedenen Verwitterungsprodukte äußert," schreibt der Genannte, „wird es möglich, die reine Kälteverwitterung von der Wärmeverwitterung scharf zu trennen. Dadurch wird es möglich, die Verwitterung in zwei große Gruppen zu gliedern, die nichts miteinander gemein haben, in die Kälte-

[1] uber 0,2 mm.

[2] HILGER, A.: Landw. Jb. 8, 10 (1879). — Vgl. hierzu E. BLANCK u. A. RIESER: a. a. O. Chem. d. Erde 3, 437 (1928).

[3] LANG, R.: Verwitterung und Bodenbildung als Einfuhrung in die Bodenkunde, S. 20. Stuttgart: Schweizerbart 1920.

verwitterung, die auf die Temperaturen unter null Grad beschränkt ist, und in die Wärmeverwitterung, die die Verwitterungsvorgänge über null Grad Temperatur umfaßt." Dieses gegensätzliche Verhalten zeigt sich unter Umständen deutlich in dem nunmehr zu erörternden Vorgang der mechanischen Salzsprengungswirkung.

Salzsprengung.

Der mechanische Zerfall der Gesteine durch Salzsprengung ist ein Vorgang, dem durchaus keine unbedeutende Rolle zukommt, aber man darf wohl sagen, daß er des näheren bisher kaum untersucht worden ist. Im Schrifttum begegnet man nur allgemeinen Angaben. In den mehr oder weniger streng ariden Gebieten der Wüsten verschafft sich dieser Vorgang, gepaart mit dem Einfluß der Insolation, besondere Geltung, aber auch in anderen Gegenden beeinflußt er sicherlich die Spaltenfrostwirkung. Es ist nun aber keine Frage, daß von allen chemischen Bestandteilen der Wüste die Salze entschieden die wichtigsten sind[1]. Sie übernehmen dortselbst bei der schalenförmigen Verwitterung der Gesteine eine wichtige Funktion, indem der durch sie ausgeübte Druck gewissermaßen hier die Stelle der Spaltenfrostwirkung vertritt. Dieser, den Wüstengebieten besonders eigentümliche Einfluß ist durchaus nicht zu unterschätzen, er wird immer wieder von allen Seiten[2] hervorgehoben. Ja, G. SCHWEINFURTH hat sogar vom Salz als von der Seele der Verwitterung in der Wüste gesprochen[3], und daß sich der hohe Salzgehalt dann auch als wasseranziehendes Agens betätigt, ist ein weiterer Umstand, der den Verwitterungsprozeß in der Wüste beschleunigt[4]. Allerdings fällt dieser letztere Einfluß schon in das Gebiet der chemischen Aufbereitung. E. BLACKWELDER[5] geht allerdings so weit, daß er die allgemeinübliche Ansicht von der starken Sprengwirkung durch Temperaturwechsel in der Wüste zugunsten der Salzsprengwirkung bestreitet. Zum Beweis dessen macht er geltend, daß die schalige Verwitterung vorwiegend nur Silikatgesteine befällt, Kalksteinen und Quarziten aber fehlt, weil letztere einer Hydrolyse oder Hydratbildung nicht zugänglich seien.

JOH. WALTHER[6] beschreibt den Vorgang der Salzsprengung mit folgenden Worten: „Während der Nacht zieht das hygroskopische Salz die geringen, in der Luft enthaltenen Spuren von Wasser an sich, und vom Gesteinskern aus dringt die Salzlösung leicht in die kapillaren Spalten hinein. Bei beginnender Besonnung wird das Wasser verdunstet, und das Salz kristallisiert aus. Infolge der dabei stattfindenden Volumvergrößerung erweitern sich die kapillaren Spalten und intensives Abblättern und Abbröckeln weicher Gesteine kann man in der Wüste leicht beobachten, sobald der erste Sonnenstrahl eine vorher beschattete Felswand trifft. Auf der Hinterseite derartig abgeblätterter Fragmente beobachtete SCHWEINFURTH konstant einen zarten Überzug von Salzkristallen." Und an anderer Stelle[7] heißt es: „Beim Austritt des Salzes aus dem Gestein bilden sich krümelige und faserige Salzkristalle, die durch ihre Kristallisation in allen Spalten ebenso wirken müssen, wie der Spaltenfrost in unserem Klima;

[1] Vgl. H. WISZWIANSKI: Die Faktoren der Wüstenbildung, S. 74. Berlin: Mittler & Sohn 1908.

[2] Vgl. u. a. S. PASSARGE: Die Kalahari, S. 615. Berlin 1904.

[3] Vgl. E. BLANCK u. S. PASSARGE: Die chemische Verwitterung in der ägyptischen Wuste, S. 41. Hamburg 1925.

[4] Vgl. u. a. K. FUTTERER: Der Pe-schan als Typus der Felsenwuste. Geogr. Z. **8**. 323 (1902).

[5] BLACKWELDER, E.: J. of Geol. **33**, 793 (1925).

[6] WALTHER, JOH.: Einleitung in die Geologie, S. 558.

[7] WALTHER, JOH.: Gesetz der Wustenbildung, S. 21.

so erweicht das Salz nicht nur auf chemischem Wege die Felsen der Wüste, sondern zertrümmert sie auch mechanisch.“ Auch S. Passarge[1] sah auf einem Block mehrere Schalen sich konzentrisch ablösen und abblättern, er fand, daß überall Staub, Zersetzungsstoffe und Salze zwischen den sich loslösenden Schalen vorhanden waren. Dem vom Winde eingewehten Staub mißt er gleichfalls eine besondere Rolle beim Zustandekommen des Gesteinszerfalls bei, indem von ihm eine chemische Zersetzung längs der Spalten ausgehen soll. Schließlich hängen letzten Endes auch die Wüstenlackbildungen mit dem Aufstieg von Salzlösungen im Gestein zusammen, und wir erkennen aufs deutlichste den oben schon hervorgehobenen Zusammenhang von physikalischer und chemischer Wirkungsweise bei der Wärmeverwitterung gewahrt.

Zwar wird das Gefrieren des Wassers durch einen vorhandenen Salzgehalt erschwert, jedoch muß sich ein solcher auch auf die sprengende Wirkung des Frostes in irgendeiner Richtung hin bemerkbar machen. Beträchtliche Mengen von Salz auf Gesteinen und im Boden sind z. B. auf Spitzbergen[2] und Grönland[3] wiederholt nachgewiesen worden, so daß auch hier mit einem Einfluß der Salze gerechnet werden darf.

Physikalisch-biologische Verwitterung.

Auch von der physikalisch-biologischen Verwitterung, die sowohl durch lebende Pflanzen als auch lebende Tiere herbeigeführt wird, spricht man im allgemeinen mehr und hält sie für außerordentlich bedeutungsvoll, als daß man imstande wäre, des näheren über das Ausmaß dieser Erscheinung Rechenschaft zu geben. Es ist allgemein bekannt, daß Pflanzenwurzeln die Kraft zukommt, Gesteinsplatten zu heben oder einzelne Blöcke aus Mauern herauszudrängen oder sie zu verschieben, desgleichen Gesteine, in deren Spalten sie eingedrungen sind, zu zerspalten, und ebenso bekannt dürfte es sein, daß man der Pflanzenwurzel einen Energieverlust beim Eindringen in den Boden zuschreibt, der sich im Ernteausfall als ein vermindernder Faktor geltend machen soll[4]. Diese mechanische Leistung der Pflanze ist verständlich, wenn man bedenkt, daß der Turgordruck der Wurzelzellen, der die Kraft für das Wachstum hergibt, mehr denn 10 Atmosphären beträgt. Die von Bäumen bei ihrem Wachstum entwickelten Druckkräfte erweisen sich ganz erstaunlich hoch, denn es bedarf eines Gegendruckes von 10—15 kg/cm², um das Dickenwachstum eines Baumes merklich zu verlangsamen[5], und Untersuchungen Pfeffers[6] haben dargetan, daß der Wurzeldruck eingegipster Wurzeln noch zunimmt, so daß der Gipsblock, in dem die Wurzel eingeschlossen war, zersprengt wurde. Es vermag daher eine Wurzel von 10 cm Dicke und 1 m Länge eine Masse von 30—50 t Gewicht zu heben, was beim Fehlen seitlicher Reibung und bei einer Grundfläche von 1 qm,

---

[1] Blanck, E., u. S. Passarge: Chemische Verwitterung in der ägyptischen Wuste, S. 12, 13.

[2] Siehe B. Hogbom: Über die geologische Bedeutung des Frostes, S. 267. —Ferner B. Högbom: Wustenerscheinungen auf Spitzbergen. Bull. geol. Inst. Upsala **11**, 242. — Desgleichen auch E. Blanck, A. Rieser u. H. Mortensen: Wissenschaftliche Ergebnisse einer bodenkundlichen Forschungsreise nach Spitzbergen. Chem. d. Erde **3**, 659 (1928).

[3] Nordenskjold, O.: Einige Zuge der physikalischen Geographie der Entwicklungsgeschichte Südgrönlands. Geogr. Z. **20** (1914); Bull. geol. Inst. Upsala **15** (1916).

[4] Vgl. E. A. Mitscherlich: Bodenkunde fur Land- und Forstwirte. Berlin: Paul Parey 1923. — P. Ehrenberg: Spielt der Energieverbrauch durch die Arbeit der Wurzeln eine erhebliche Rolle? Fuhlings Landw. Ztg **59**, 12, 267 (1910).

[5] Vgl. R. Lang: a. a. O. Verwitterung, S. 188. — A. Reier u. G. Görz: Mitt. Labor. preuß. geol. Landesanst. **1925**, 6.

[6] Siehe W. Lepeschkin: Lehrbuch der Pflanzenphysiologie, S. 201. Berlin: Julius Springer 1925.

einer Gesteinsmasse von 10—15 m Höhe entsprechen würde[1]. Also nicht nur durch Druck wird eine Zertrümmerung der Gesteine herbeigeführt, sondern auch durch Reibung hervorgebracht werden können[2].

Eine zahlenmäßige Erfassung der zerstörenden Einwirkung der Pflanzen wurzel auf die Gesteine liegt u. E. bisher nicht vor, nur die Untersuchungen E. HASELHOFFS[3] über die Größe der Gesteinszertrümmerung durch Pflanzen geben einen annähernden Hinweis auf die in Rede stehende Fähigkeit derselben. Er zog auf unverwitterten Gesteinsbruchstücken von bestimmter Korngröße, nämlich 5,0—7,5 und 0,5—5,0 mm, die zur Hälfte im Vegetationsgefäß vorhanden waren, die verschiedensten Pflanzen und bestimmte nach der Vegetationsperiode die Korngröße des Gesteinsmaterials. Die Versuche liefen drei Jahre hindurch, und als Versuchspflanzen dienten von Kulturpflanzen Bohne, Erbse, Lupine, Gerste und Weizen und von sonstigen Pflanzen junge Kiefern, Birken und Ginsterpflanzen; sie alle erhielten nur eine ganz schwache Stickstoffdüngung. Der Grad der durch sie bewirkten mechanischen Zertrümmerung der Gesteine: Buntsandstein, Grauwacke, Muschelkalk und Basalt, ergibt sich aus nachstehender Tabelle, welche die Mittelbefunde in Prozenten des angewandten Gesteinsgewichtes zum Ausdruck bringt:

	Buntsandstein			Grauwacke			Muschelkalk			Basalt		
	Korngroße in mm											
	7,5 bis 5,0	5,0 bis 0,5	unter 0,5	7,5 bis 5,0	5,0 bis 0,5	unter 0,5	7,5 bis 5,0	5,0 bis 0,5	unter 0,5	7,5 bis 5,0	5,0 bis 5,5	unter 0,5
Zu Anfang des Vers.	50,0	50,0	—	50,0	50,0	—	50,0	50,0	—	50,0	50,0	—
Nach d. Anbau von												
Bohne	41,3	52,0	6,7	42,0	55,7	2,3	47,5	51,7	0,8	43,9	54,4	1,7
Erbse	40,8	52,3	7,0	42,3	56,9	1,9	46,4	52,8	0,8	43,7	54,2	2,1
Lupine	41,8	52,2	6,0	44,6	53,5	1,9	48,6	50,8	0,6	43,0	54,8	2,2
Gerste	44,0	49,2	6,6	44,5	53,9	1,7	48,5	51,0	0,5	43,2	54,9	1,9
Weizen	40,6	52,7	6,7	44,5	54,2	1,3	49,3	50,3	0,4	44,7	53,4	1,9
Birke	48,3	47,6	4,1	44,8	54,3	0,9	45,5	54,0	0,5	46,2	53,2	0,6
Kiefer	47,4	46,5	6,1	42,4	56,5	1,1	47,7	51,7	0,6	45,7	53,6	0,7
Ginster	41,5	52,8	5,7	45,5	53,1	1,4	44,9	54,6	0,5	43,0	55,7	1,3
Ohne Pflanzen	46,5	48,2	5,3	47,3	51,7	1,0	48,5	51,0	0,5	44,5	54,5	1,0

HASELHOFF zieht aus diesen Befunden nachstehende Schlußfolgerungen, wobei allerdings zu bemerken ist, daß die „ohne Pflanzen" belassenen Gefäße nur Gesteinsbruchstücke von der Korngröße 7,5—10,0 mm enthalten haben. „Ein Vergleich der Korngrößen des mit Pflanzen bestandenen und des ohne Pflanzen gebliebenen Gesteins ergibt, daß durch die Pflanzen die Zertrümmerung der Gesteine gefördert worden ist; ein erheblicher Unterschied in der Wirkung der verschiedenen Pflanzen tritt nicht hervor, obwohl die Annahme naheliegt, daß das stärkere Wachstum der Leguminosen mit ihrem größeren Wurzelnetz zu einem schnelleren Zerfall der Gesteine hätte führen müssen; einzelne Versuchs-

[1] Vgl. R. LANG: Verwitterung, S. 188.

[2] M. DAUBRÉE hat, allerdings unter Benutzung von Wasser, Versuche uber den Einfluß der Reibung auf die Zerlegung des Feldspates durchgefuhrt. Er schätzt den Grad der Abnutzung oder Abreibung, nach der Menge des erzeugten Schlammes bezogen auf 1 km zuruckgelegten Weges (Abnutzungskoeffizient) und fand denselben für Feldspat in eckigen Stücken zu 0,003, in abgrundeten Stücken zu 0,002, für Basalt zu 0,003, für Serpentin und Feuerstein zu 0,003 bzw. 0,0002. Landw. Ztg f. d. nordwestl. Deutschland **1867**, 45; Jb. Agrikultur-Chem. **10** (1867). Berlin 1868.

[3] HASELHOFF, E.: a. a. O. Landw. Versuchsstat. **70**, 59 (1909). — BERKMANN, M.: Untersuchungen über den Einfluß der Pflanzenwurzeln auf die Kultur des Bodens. Internat. Mitt. Bodenkde **3**, 1 (1913).

ergebnisse deuten zwar darauf hin, jedoch besteht hierin keine Regelmäßigkeit, so daß daraus nicht auf die Berechtigung zu dieser Annahme geschlossen werden kann. Die einzelnen Gesteine zeigen hinsichtlich des Grades der Zertrümmerung ähnliche Unterschiede, wie sie unter der Einwirkung der Atmosphärilien hervorgetreten sind. Auch hier ist der Zerfall beim Buntsandstein am größten; danach folgen Basalt und Grauwacke, während Muschelkalk durchweg am langsamsten zerfallen ist[1]."

Ein weiterer, gleichfalls über drei Jahre hindurch analog durchgeführter Versuch[2] sollte den Einfluß eines Fruchtwechsels in gedachter Richtung dartun, indem Leguminosen mit Gramineen, und zwar derartig wechselten, daß entweder zwei Gramineen und eine Leguminose oder zwei Leguminosen und eine Graminee nachfolgend angebaut wurden. Das Ergebnis war nachstehendes:

	Buntsandstein			Grauwacke			Muschelkalk			Basalt		
	Korngroße in mm											
	7,5 bis 5,0	5,0 bis 0,5	unter 0,5	7,5 bis 5,0	5,0 bis 0,5	unter 0,5	7,5 bis 5,0	5,0 bis 0,5	unter 0,5	7,5 bis 5,0	5,0 bis 0,5	unter 0,5
Zu Anfang des Vers.	50,0	50,0	—	50,0	50,0	—	50,0	50,0	—	50,0	50,0	—
Nach Anbau von												
Gerste, Lupine, Weizen . . .	42,5	51,0	6,5	44,2	54,2	1,6	47,4	52,0	0,6	45,0	53,6	1,4
Weizen, Bohne, Gerste	40,4	54,2	5,4	44,1	53,9	2,0	47,8	51,5	0,7	45,9	52,7	1,4
Gerste, Erbse, Weizen . . .	43,5	50,0	6,5	47,2	51,1	1,7	48,3	51,2	0,5	47,6	51,1	1,3
Erbsen, Weizen, Bohne	42,8	50,8	6,4	46,6	51,9	1,5	48,0	51,3	0,7	46,1	52,3	1,6
Bohne, Gerste, Lupine	45,4	48,3	6,3	42,9	55,9	1,2	50,1	49,3	0,6	47,3	51,3	1,4
Ohne Pflanzen . .	46,5	48,2	5,3	47,3	51,7	1,0	48,5	51,0	0,5	44,5	54,5	1,0

Wie die Zahlen der vorstehenden Tabelle zeigen, ist dem Fruchtwechsel kein besonderer Erfolg beschieden gewesen.

Schließlich wurde noch ein weiterer Versuch, den wir nicht übergehen können, von Haselhoff angesetzt[3]. Derselbe sollte den Einfluß des Durchfrierens der Gesteine auf die mechanische Zertrümmerung gleichzeitig prüfen. Dementsprechend wurden einige Gefäße den Winter hindurch im Vegetationshause gegen Schnee und Regen geschützt, andere draußen den atmosphärischen Niederschlägen ausgesetzt aufgestellt. Nach dieser Vorbereitung wurden in den beiden ersten Versuchsjahren Bohnen und im dritten Versuchsjahre Gerste oder umgekehrt in das vorbehandelte Gesteinsmaterial eingesät, während in einer weiteren Versuchsreihe die Gesteine ohne Pflanzen blieben. Die im übrigen analog den früheren durchgeführten Vegetationsversuche brachten nachstehendes Ergebnis.

Aus diesen Befunden läßt sich vielleicht für den Buntsandstein allein eine geringe günstige Beeinflussung des Durchfrierens mit der Winterfeuchtigkeit auf die Gesteinszertrümmerung herauslesen. Dieses Verhalten ist vermutlich durch die größere Wasserkapazität des Buntsandsteins zu erklären, aber auch beim Buntsandstein sind die beobachteten Unterschiede nicht beträchtlich. Jedenfalls zeigt sich der Buntsandstein als dasjenige von den geprüften Gesteinen, welches am leichtesten und schnellsten zerfällt, insbesondere verhält sich der Muschelkalk den mechanisch wirksamen Agenzien gegenüber sehr indifferent.

[1] Haselhoff, E.: a. a. O., S. 63. [2] Haselhoff, E.: a. a. O., S. 63—66.
[3] Haselhoff, E.: a. a. O., S. 66—69.

	Buntsandstein			Grauwacke			Muschelkalk			Basalt		
	Korngroße in mm											
	7,5 bis 5,0	5,0 bis 0,5	unter 0,5	7,5 bis 5,0	5,0 bis 0,5	unter 0,5	7,5 bis 5,0	5,0 bis 0,5	unter 0,5	7,5 bis 5,0	5,0 bis 0,5	unter 0,5
Zu Anfang des Vers.	50,0	50,0	—	50,0	50,0	—	50,0	50,0	—	50,0	50,0	—
a) im Freien überwintert												
Nach Anbau von Bohne, Bohne, Gerste	47,6	47,9	4,5	45,6	52,9	1,5	46,4	53,3	0,3	46,3	53,0	0,7
Gerste, Gerste, Bohne	46,0	48,6	5,4	48,1	50,5	1,4	46,4	53,2	0,4	47,6	51,8	0,6
Ohne Pflanzen . .	44,9	50,3	4,8	44,4	54,2	1,4	43,1	56,6	0,3	44,0	55,1	0,9
b) im Vegetationshause überwintert												
Nach Anbau von Bohne, Bohne, Gerste	48,9	46,3	4,8	45,7	53,1	1,2	45,6	53,7	0,7	46,1	53,2	0,7
Gerste, Gerste, Bohne	47,6	47,5	4,9	44,9	53,8	1,3	45,5	53,8	0,7	46,6	52,5	0,9
Ohne Pflanzen . .	46,5	48,7	4,8	44,5	54,1	1,4	47,3	52,0	0,7	46,3	53,2	0,5

Daß der Einwirkung der höheren Pflanzen in gedachter Richtung die der niederen vorarbeitet, ist gleichfalls ein Vorgang, der allgemeine Anerkennung genießt, über den man aber ebenso wenig oder eigentlich noch viel weniger unterrichtet ist. Zur Hauptsache handelt es sich hier aber doch um eine in chemischer Richtung liegende Veränderung und Umwandlung, so daß wir ihrer an späterer Stelle zu gedenken haben. Die Tierwelt beteiligt sich am Vorgang der physikalischen Verwitterung gleichfalls, aber schon allein dadurch, daß die Tiere den Pflanzen gegenüber an Zahl im großen und ganzen zurückstehen, kommt ihnen in dieser Beziehung eine geringere Bedeutung zu. Auch erstreckt sich die wühlende und grabende Tätigkeit der höheren Tiere, wie z. B. der Mäuse, Maulwürfe, Kaninchen und dergleichen doch nur auf ein Gesteinsmaterial, das nicht mehr im engeren Verbande, sondern schon als Verwitterungsschutt oder Boden vorliegt, und auch Tiere, wie Ratten, Schlangen, Fledermäuse, Spinnen, Käfer usw. benutzen auch dort selbst wohl vorwiegend nur die schon durch voraufgegangene mechanische Verwitterung gebildeten Hohlräume im Gestein zu ihren Schlupfwinkeln und Aufenthaltsorten, um sie gelegentlich sekundär zu vergrößern. Infolge der allen Tieren zukommenden Fähigkeit der Ortsbewegung sind sie aber imstande, schon in verhältnismäßig kurzer Zeit mechanische Zerstörungen hervorzubringen, zu welchen auch u. a. die durch Herdentiere z. B. in Steppen auf mürbe Gesteine, wie Kalkkrusten, ausgeübten mechanischen Angriffe gehören, indem sie mit ihren Hufen das Gestein zerschlagen und in ein Haufwerk von Trümmern zerlegen. Derartige Wirkungen können wohl lokal von größerem Ausmaß sein, nehmen aber in ihrer Gesamtheit doch wohl nur einen bescheidenen Anteil an der physikalischen Aufbereitung der Gesteine. Regenwürmer, Ameisen, Engerlinge, deren Einfluß auf den Boden als solchen sehr beachtenswert ist, beschränken ihre zerlegende Tätigkeit wohl nur auf diesen und greifen Gesteine nicht an. R. LANG[1] stellt sich auf den wohl zutreffenden Standpunkt, daß alle Tiere wenig bis keine direkte physikalische Verwitterung hervorrufen, vielmehr höchstens die Einwirkung anderer physikalisch wirkender Agenzien vorbereiten, wenn auch nicht ihre Bedeutung für die chemische Verwitterung zu verkennen sei. Nur

[1] Vgl. R. LANG· a. a. O., Verwitterung, S. 188.

einzig und allein macht der Mensch, infolge der ihm zur Verfügung stehenden Hilfsmittel hierin eine Ausnahme, doch dieser scheidet in seiner Wirkungsweise für unsere Erörterungen an dieser Stelle aus.

Sonstige mechanische Verwitterungsfaktoren.

Von solchen sind schon erwähnt worden die Zertrümmerung der Gesteine durch Blitzschlag, der Einfluß tektonischer Vorgänge, Wasser und Wind in ihrer rein physikalisch wirksamen Kraftentfaltung, welche Angriffsmöglichkeiten letzterer Art allerdings schon in den Bereich der sogenannten Abwitterung fallen. Während der Blitzschlag und die auf tektonische Störungen, wie Verwerfungen und dergleichen Erscheinungen zurückführbaren Einflüsse in ihrer Wirkungsweise für den gedachten Zweck unmittelbar vor Augen treten und daher kaum einer näheren Besprechung bedürfen, sei noch zunächst die Aufmerksamkeit auf die Spalt- und Kluftbildung im Gestein gelenkt, denn auch sie gibt eine besondere Veranlassung zum Zerfall desselben[1]. Neben eigentlichen Absonderungen führen wohl die meisten Gesteine noch weit weniger sicht- und erkennbare Zerteilungen, die gewissermaßen verborgen — latent — vorhanden sind. Als „Lose", „Lassen" oder „Lossen" werden diese Inhomogenitäten bezeichnet. Solche Trennungen stehen meist steil oder rechtwinklig zu den Ablösungs- bzw. Schichtflächen, und zwar in Abständen von wenigen Zentimetern bis mehreren Metern. Sie durchsetzen das Gestein auf größere Entfernung hin, wenn sie eben ausgebildet sind, sonst zeigen sie eine weniger ausgeprägte Gleichmäßigkeit. Sind zwei Spaltensysteme vorhanden, so pflegt das eine mehr ebenflächiger als das andere zu sein, „es zeigt in paralleler Wiederholung ein gleichmäßiges Fortsetzen und ist als das primäre zu betrachten, dessen Entstehung auf Druckwirkung zurückzuführen ist. Das zweite weniger ebenflächig ausgebildete und unregelmäßiger fortsetzende System dürfte durch Senkung der Gesteinsmasse zwischen den primären Spalten entstanden sein. Zwei Systeme geben prismatische und bei Hinzutreten von Absonderungen polyedrische bzw. parallelepipedische Gliederung. Dicht aneinanderliegende Trennflächen oder solche von mehreren Millimetern bis beträchtlichen Abmessungen geben Risse, Spalten, Klüfte. Bisweilen sind Risse oberflächlich kaum erkennbar, bewirken aber bei der Bearbeitung ein ebenflächiges Zerfallen. Ablösungen, die infolge Erkalten oder Trocknung entstehen und die eine gewisse Ähnlichkeit mit den durch Druck bedingten Spalten zeigen, werden als Kontraktionsspalten benannt"[2]. Jedoch können auch durch Volumvermehrungen, die als Folge chemischer Umwandlungen auftreten, wie z. B. bei der Bildung von Gips aus Anhydrit, beim Übergang von wasserfreien Silikaten in tonige Substanzen oder von Serpentin aus Olivin Spaltenbildungen hervorgerufen werden. Ja, sogar eine Auftreibung ganzer Gebirgsteile kann die Folge solcher Vorgänge, wie z. B. bei der Gipsbildung, sein. Die Spaltenbildungen, die auf diese verschiedene Weise zustande kommen können, kann man als Senkungsspalten, wenn dadurch die Decke über Hohlräumen einstürzt, als Aufbruchspalten, als Faltungsspalten und als Pressungsspalten unterscheiden.

Eine weitere Volumvermehrung, die eine mechanische Aufbereitung der Gesteinsmasse zur Folge hat, kann durch auf Wasserzufuhr beruhende Quellungserscheinungen der Tone oder toniger und mergliger Gesteine ausgelöst werden,

[1] Vgl. auch E. van den Broeck: Mémoire sur les phénomènes d'altération des dépôts superficiels par l'infiltration des eaux météoroliques. Mém. couronnées Acad. Bruxelles **1880**, 44.

[2] Vgl. V. Pollack: Verwitterung in der Natur und an Bauwerken, S. 98. Wien u. Leipzig 1923.

welcher Einfluß beim Austrocknen der Gesteine in Gestalt von Schwundrissen in Erscheinung tritt. Aber auch anscheinend frische Eruptivgesteine zerfallen nach Aufnahme von Wasser unter Hydratbildung beim Liegen an der Luft in kleine Stücke[1]. Schließlich vermag auch die Oxydation von Schwefelkies zu Sulfat, der Übergang von Kristallen in die mit größerem Volumen ausgestatteten Kolloide zur Veranlassung derartiger Volumvermehrungen zu werden. Sind leicht und schwer lösliche Bestandteile der Zusammensetzung eines Gesteins eigentümlich, so kann auch wohl die Zufuhr von Wasser, indem der wasserlösliche Anteil entfernt wird, zu einem mechanischen Zerfall der ganzen Masse führen, wie solches bei gipsführenden oder bei kalkhaltigen Mergeln und Sandsteinen der Fall sein kann, indem z. B. der Sandstein auf diese Weise seines verbindenden Zementes beraubt wird. Diese Vorgänge letzterer Art leiten uns aber schon zu den Vorgängen der chemischen Verwitterung über. Die Stellung der Gesteinsschichten, ob z. B. flach einfallend oder senkrecht aufgerichtet, ebenso wie die Steilheit der Felsen oder ein etwaiger Wechsel zwischen harten und weichen Bänken sind letzten Endes gleichfalls Momente, welche die mechanische Verwitterung in ihrem Ausmaß und ihren Folgen stark beeinflussen, worauf noch zum Schluß kurz hingewiesen sein möge[2].

3. Chemische Verwitterung.

Von **E. Blanck**, Göttingen.

Mit 1 Abbildung.

Viel tiefer einschneidend als die physikalische Verwitterung wirkt der chemische Verwitterungsprozeß auf die Gesteine und deren Bestandteile ein, denn handelt es sich hier doch um die stoffliche, substantielle, also chemische Zerlegung des Gesteinsmaterials an der Erdoberfläche. Die stoffliche Umwandlung im Gegensatz zur einfachen mechanischen Zerteilung charakterisiert diesen Vorgang. Infolgedessen ist die Gegenwart eines Lösungsmittels die Voraussetzung zum Zustandekommen desselben, und als vornehmstes Lösungsmittel hat in der Natur einzig und allein das Wasser zu gelten. Alles, was sonst noch in der Natur in dieser Richtung wirkt, erweist sich demgegenüber als nebensächlich oder doch erst in zweiter Linie in Frage kommend und bedarf abermals ständig der Mitwirkung des Wassers, um seinem Einfluß Geltung zu verschaffen. F. Behrend[3] gibt dieses Verhältnis mit folgenden Worten wieder: „Die chemische Verwitterung dagegen hat im Grunde nur einen einzigen Faktor zur Voraussetzung, ohne den alle anderen Agenzien nicht wirksam werden können; dieses *eine Grundagens ist das flüssige atmosphärische Wasser*. Damit ist auch sofort gesagt, daß chemische Verwitterung nur oberhalb des Gefrierpunktes wirksam sein kann. Eis verhält sich wie irgendein Gestein und kann chemisch nicht wirken.“ Allerdings vermag sich die chemische Verwitterung nicht allein zu betätigen, sondern sie tritt stets mehr oder weniger innig mit der physikalischen Verwitterung verbunden auf, insofern ihr diese zumeist schon vorgearbeitet hat oder sie unterstützt. Sie trachtet danach, die Bestandesmassen der Gesteine entweder in andere chemische Verbindungen zu überführen oder dieselben ganz aufzulösen und fortzuführen. E. Ramann sagt infolgedessen auch von ihr: „Die chemische

---

[1] Vgl. G. P. Merril: Bull. geol. Soc. Amer. **6**, 321 (1895). — O. A. Derby: J. Geol. **4**, 529 (1896).

[2] Siehe S. Passarge: Landschaftskunde **3**, 137 (1920).

[3] Behrend, F., u. G. Berg: Chemische Geologie, S. 254. Stuttgart 1927.

Verwitterung umfaßt alle chemischen Umsetzungen, welche an der Erdoberfläche und in mäßigen Erdtiefen vorhandene feste Körper in die unter den herrschenden äußeren Bedingungen beständigsten (stabilsten) Verbindungen überführen[1]." Im gleichen Sinne äußert sich F. BEHREND, wenn er schreibt: „Chemische Verwitterung bedeutet die chemische Umwandlung der umwandlungsfähigen Bestandteile der Gesteine in eine neue Form unter dem Einfluß der Atmosphäre. Zersetzung durch Vulkane gehört also nicht hierher." Er fügt in bezeichnender Weise, indem er den gesamten Vorgang als einen der chemischen Phasenregel unterworfenen Prozeß hinstellt, hinzu: „Jede chemische Verbindung, somit auch jedes Mineral, hat einen enger oder weiter begrenzten Stabilitätsbereich. Gelangt es außerhalb der Grenzen desselben, so kann es sich auf die Dauer nicht in seiner bisherigen Form halten; es muß sich entweder in eine andere Modifikation umwandeln, d. h. Atome im Raumgitter anders anordnen, oder es entsteht eine andere chemische Verbindung, beim Vorgang der Verwitterung z. B. von Aufnahme von Wasser ins Molekül[2]."

Aber, wie schon angedeutet wurde, kommt dem Wasser nicht allein das Vermögen des Lösens und Zerlegens zu, ja, prinzipiell kommen sogar dafür alle vorhandenen chemisch wirksamen Bestandteile in Frage, doch ganz besonders die in der Natur stark verbreitete Kohlensäure und der Sauerstoff der Luft, wenngleich letzterer auch nur Oxydationswirkungen hervorruft. Diese drei den chemischen Verwitterungsvorgang bedingenden und regelnden Agenzien werden gemeinsam als Atmosphärilien zusammengefaßt. Wieweit sich die in der Luft außerdem noch vorhandene salpetrige und schweflige Säure sowie Ammonnitrat und dergleichen Substanzen von Einfluß in genannter Richtung erweisen, ist nach den bisher vorliegenden Kenntnissen als noch wenig befriedigend geklärt anzusehen[3]. Es sei dies nur deshalb hervorgehoben, weil man noch vor nicht langer Zeit geglaubt hat, der salpetrigen Säure beim Zustandekommen des Laterits eine bevorzugte Rolle einräumen zu müssen[4].

Es sind die Niederschläge, die in Gestalt der Oberflächen- und Sickerwasser die chemische Verwitterung hervorrufen, jedoch ihre chemische Wirkungsweise ist eine sehr verschiedene, indem ihr Einfluß sich entweder als einfacher Lösungsvorgang zu betätigen vermag oder als eine Hydratbildung in Erscheinung tritt, oder schließlich den freien Ionen des Wassers in Gestalt der hydrolytischen Wirkung desselben ein zersetzender Einfluß zukommt. Die verschiedene Art des Angriffes des Wassers richtet sich nach der Beschaffenheit des anzugreifenden Gesteinsmaterials, d. h. nach der chemischen Zusammensetzung desselben. Der im Wasser gelöst enthaltene oder aus der Luft hinzutretende Sauerstoff und die in gleicher Art sich vorfindende und beteiligende Kohlensäure, ferner gelöste Salze sowie schließlich die lösende Agenzien bildenden und abgebenden Pflanzenwurzeln unterstützen aber eigentlich nur, um dieses nochmals hervorzuheben, die lösende Fähigkeit des Wassers. Sie sind nicht, wie man früher angenommen hat, die wichtigsten Faktoren der chemischen Verwitterung[5]. Während aber die Hydratbildung im allgemeinen recht zurücktritt, gelangen insbesondere die direkt lösende Wirkung des Wassers und die Hydrolyse desselben zur Geltung. Schon J. ROTH[6] hat die

---

[1] RAMANN, E.: Kohlensaure und Hydrolyse bei der Verwitterung. Cbl. Min. usw. **1921**, 235.

[2] BEHREND, F.: a. a. O., S. 254.

[3] Vgl. E. KAISER: Über eine Grundfrage der naturlichen Verwitterung usw. Chem. d. Erde **4** (1929).

[4] WALTHER, JOH.: Einleitung in die Geologie, S. 564.

[5] W. WILKE gibt u. a. in seiner Arbeit „Über den Verwitterungsprozeß" eine lesenswerte Übersicht uber die noch im Jahre 1855 hinsichtlich der chemischen Verwitterung herrschenden Ansichten. J. Landw. **3**, 9 (1855).

[6] ROTH, J.: Allgemeine und chemische Geologie **1**, S. 47, 159. Berlin 1879.

einfache chemische Verwitterung von der komplizierten chemischen Verwitterung unterschieden, indem er die Vorgänge der Bildung von Hydraten, wasserfreien und wasserhaltigen Karbonaten unter dem Einfluß des Wassers, Sauerstoffes und der Kohlensäure und deren eventuelle Auflösung in diesen Agenzien als einfache chemische Verwitterung ansprach und derselben die Reduktion von Sulfaten zu Sulfiden, Oxyden zu Oxydulen unter Vermittlung organischer Substanzen hinzurechnete, wogegen er die komplizierte chemische Verwitterung als eine Folge der durch die einfache chemische Verwitterung bei der Mineralzerlegung zusammengesetzter Gesteine entstehenden Lösungen auf die Lösungsrückstände betrachtete. Wir wollen gleichfalls, aber in einer etwas anderen Weise, eine Zweiteilung der chemischen Verwitterungserscheinungen vornehmen, insofern wir die einfache Lösungsverwitterung, die für die chemische Aufbereitung stofflich einfach zusammengesetzter und leicht löslicher Gesteine Geltung besitzt, der chemisch zerlegenden Wirkung des Wassers, wie sie in der hydrolytischen Tätigkeit des Wassers zum Ausdruck gelangt, gegenüberstellen.

Die chemische Lösungsverwitterung.

Zwar gibt es in der Natur keinen Stoff, der absolut unlöslich ist, denn die unter den Laboratoriumsbedingungen vom Chemiker als unlöslich erkannten und bezeichneten Körper unterliegen auch hier einer Lösung, weil der Natur unbegrenzte Mengen des Lösungsmittels und unbestimmt große Zeiträume zum Vollzug des Lösungsvorganges zur Verfügung stehen. Masse und Zeit sind hier die den Vorgang regelnden Faktoren. Zwar wirkt das Wasser in der Natur niemals als reines Wasser, denn stets ist es mit Salzen, Säuren, Basen oder Humusstoffen beladen, so daß chemische Umsetzungen selbst beim einfachen Lösungsvorgang niemals ganz ausgeschlossen sind, und man ist daher trotz gegenteiliger Ansicht[1] wohl berechtigt, auch die Lösungsvorgänge einfachster Art in der Natur zu den Erscheinungen der chemischen Verwitterung zu rechnen, insbesondere allein schon deswegen, weil das Endprodukt dieses Vorganges von anderer stofflicher Zusammensetzung oder ganz und gar dem lösenden Einfluß des Lösungsmittels anheimgefallen ist. Für die an der Erdoberfläche befindlichen Gesteinskörper gilt nun aber in bezug auf ihre Anwesenheit das nur geringe Ausnahmen kennende Gesetz, daß mit Zunahme der Unangreifbarkeit und Schwerlöslichkeit eines Gesteins seine Gegenwart und Verbreitung an der Erdoberfläche zunimmt, so daß im allgemeinen den schwer löslichsten Verbindungen die Hauptanteilnahme am Aufbau der oberflächlich vorhandenen Gesteinswelt zukommt. Lösungsvorgänge komplizierter Art werden daher im allgemeinen im Vordergrund des Geschehens stehen. Verhältnismäßig einfach wird sich aber der Vollzug des chemischen Aufbereitungsvorganges gestalten, wenn es sich um die Verwitterung von solchen Gesteinen handelt, die infolge ihrer chemischen Beschaffenheit den lösenden Einflüssen des Wassers und der mit ihm beladenen Substanzen nur geringen Widerstand entgegenzusetzen vermögen. Zu diesen gehören in erster Linie die Salzablagerungen, die jedoch, gerade infolge des soeben geschilderten Verhaltens dem Wasser gegenüber, nicht an der Erdoberfläche angetroffen werden, sondern vorwiegend im Erdinnern, wo sie durch schützende Gesteinsschichten den direkten, lösenden Einflüssen des Wassers entzogen sind, oder dort an der Erdoberfläche, wo das Klima es gestattet. Die Salzgesteine werden bei dem Zusammentreffen mit Wasser von diesem gelöst, und zwar auf dem einfachsten Wege nach dem Gesetz der Sättigung, denn es wird nur so viel Salz in Lösung gebracht, als das Wasser gerade unter den herrschenden Bedingungen der Tem-

[1] Vgl. E. Ramann: Bodenkunde, S. 18. 1911.

peratur usw. aufzunehmen vermag, d. h. bis die erfolgte Sättigung des Wassers mit Salz einer weiteren Lösung das Ziel setzt. Doch das Steinsalz scheidet aus unseren Darlegungen schon aus dem Grunde aus, weil es als bodenbildendes Gestein überhaupt nicht in Frage kommen kann. Etwas anders liegen die Verhältnisse schon beim Gips, insofern seine Wasserlöslichkeit eine weit geringere ist, und noch mehr ist dieses beim Kalk der Fall. Bei der Auflösung des letzteren muß daher schon die im Wasser gelöste Kohlensäure kräftig zur Mitwirkung beitragen, um eine chemische Auflösung des Kalks in Form von Kalziumbikarbonat hervorzurufen. Die immerhin leichte Angreifbarkeit dieser Gesteine, bedingt durch ihre Löslichkeit, lehrt nicht nur ihre in der Natur überall erfolgte tiefgreifende Abtragung gegenüber anderen „härteren" Gesteinen, sondern namentlich auch das häufige Vorhandensein von Gips- und Tropfsteinhöhlen im Innern von Gips- und Kalkgebirgen. Die verschiedene Löslichkeit der drei wesentlich am Aufbau der Erdrinde in Betracht kommenden Felsarten (Steinsalz, Gips, Kalk) bedingt auch eine verschiedene Absatzfähigkeit und wirkt somit bestimmend auf die Bodenbildung ein. So erklärt sich aus der nachfolgenden Übersicht ohne weiteres, in welcher Weise die drei genannten Gesteine an der Oberflächen- und Bodenbildung in verschiedenartigen Klimazonen Anteil nehmen.

<table>
<tr><th></th><th>Wuste</th><th>Steppe
(trockener Sommer)</th><th>Gegenden mit Niederschlag
in allen Jahreszeiten</th></tr>
<tr><td>Steinsalz,
leicht loslich</td><td>durchaus oberflachenbeständig</td><td>stellenweise oberflächenbestandig</td><td>niemals oberflachenbeständig</td></tr>
<tr><td>Gips,
schwer loslich</td><td colspan="2">oberflächenbeständig</td><td>Umwandlung aus Anhydrit in Gips, dann loslich; nur in sehr feuchtem Klima aufgelost</td></tr>
<tr><td>Kalk,
nur in kohlensäurehaltendem Wasser loslich</td><td colspan="3">überall oberflächenbeständig</td></tr>
</table>

Wie hoch sich die Löslichkeitsunterschiede für die von Wasser leicht angreifbaren, d. h. darin leicht löslichen Minerale stellen, zeigen folgende Löslichkeitsangaben. Es lösen 100 Gewichtsteile Wasser bei gewöhnlicher Temperatur 36 Teile Steinsalz, 0,25 Teile Gips und nur noch 0,003 Teile Kalk ($CaCO_3$). Ist aber das Wasser z. B. mit Kochsalz gesättigt, so vermögen 100 Teile einer solchen Salzlösung schon 0,82 Teile Gips aufzulösen, und 100 Teile mit CO_2 gesättigten Wassers sind imstande, 0,10 Teile $CaCO_3$ in Lösung zu bringen. Nach Untersuchungen von J. HIRSCHWALD[1] zeigten mit Leitungswasser bei 15—20° C behandelte Gesteinsplättchen innerhalb eines Jahres nachstehend angegebene Oberflächenabwitterung:

bei	Kalkspat von Island, Spaltenlamelle ‖ R	0,990 mm
,,	Kalkschiefer von Solnhofen	1,210 ,,
,,	Dolomitspat von Traversella, Spaltenlamelle ‖ R . .	1,232 ,,
,,	Magnesitspat von Bruck, Spaltenlamelle ‖ R	1,419 ,,
,,	Eisenspat von Neudorf, Spaltenlamelle ‖ R	1,507 ,,
,,	Gips von Goldberg, tafelformig nach der b-Achse . .	34,848 ,,

Aus diesen Befunden hat der Genannte die Abwitterung von Bausteinen besagter Beschaffenheit für das norddeutsche Flachland pro Jahr berechnet zu 0,007 mm für Kalkspat, 0,0085 mm für Kalkschiefer, 0,0098 mm für Magnesit-

[1] HIRSCHWALD, J.: Handbuch der technischen Gesteinsprüfung. Berlin 1910. Nach R. LANG: Verwitterung, S. 199—200.

spat, 0,0085 mm für Dolomitspat, 0,0105 mm für Eisenspat und 0,2410 mm für Gips. Daraus ergeben sich, selbst bei Einsatz von nur halben Werten, für die Verwitterung von 1 cm kompakten Gesteins unter unserem Klima eine recht beträchtliche Zeitdauer, nämlich bei Gips zu $57^1/_2$ Jahren und beim Kalk zu 2020 Jahren. Poröse Gesteine werden aber erheblich schneller der Abwitterung anheimfallen[1].

Schwieriger gestalten sich schon die Lösungsvorgänge, wenn es sich um ein Gestein, zusammengesetzt aus zwei chemisch verschiedenen Komponenten, handelt, das, wie z. B. der Dolomit allerdings noch als Ganzes einer Auflösung unterliegen kann. Hier spielen, da es sich auch nicht mehr allein um die Lösungskraft des Wassers handelt, die Konzentration der Lösung, die Temperatur und die Gegenwart anderer löslicher Bestandteile eine hervorragende Rolle. Es tritt noch hinzu, daß das Lösungsmittel nicht gleichmäßig lösend auf kristalline Körper einwirkt und ferner unter den Bedingungen in der Natur zufällige Eigenarten in der Gesteinsausbildung sowie ungleichmäßige Zufuhr des Lösungsmittels gegeben sind.

Die Karbonate, und so auch hier die des Ca und Mg, werden durch kohlensäurehaltiges Wasser in wasserlösliche Bikarbonate überführt. Die im Regenwasser aufgefangene Luft, die mit ihrem Kohlensäuregehalt als Verwitterungsagens besonders in Frage kommt, enthält etwa die 100fache Menge an Kohlensäure als die Atmosphäre. Ein völliges Lösen des Kohlendioxyds in Wasser unter weitgehender Dissoziation in seine Ionen H^+ und HCO_3^- verbunden mit starker Säurewirkung findet aber nicht statt. Man hat vielmehr in derselben eine mittelstarke Säure, die in ihrer Säurenatur zwischen starken Mineralsäuren und organischen Säuren steht, zu erblicken. Die Eigenschaften einer schwachen Säure verdankt sie dem Umstande, daß sie in wäßriger Lösung recht unbeständig ist, indem sie zu 99% in Wasser und Kohlendioxyd zerfällt, und nur der Rest in Form der Kohlensäure und ihrer Ionen vorhanden ist[2]:

$$H_2CO_3 = H_2O + CO_2.$$

Jedoch gerade der „Hydrokarbonsäure", die der ersten Ionisationsstufe entspricht, kommt die größte Rolle für die Verwitterung zu:

$$H_2CO_3 \rightleftarrows H^+ + HCO_3^-$$
$$H_2CO_3 \rightleftarrows 2H^+ + CO_3^{--}.$$

Bei der Löslichkeit der Karbonate in CO_2-haltigem Wasser, die, wie bekannt, die Folge der Bildung von Bikarbonat ist, stellt sich folgende Gleichgewichtslage ein:

$$CaCO_3 + CO_2 + H_2O \rightleftarrows Ca(HCO_3)_2,$$

wobei $CaCO_3$ und Bikarbonat z. T. ionisiert zugegen sind. Der Gehalt an CO_2 einer gesättigten $CaCO_3$-Lösung oder, was dasselbe bedeutet, ihr CO_2-Druck,

[1] Vgl. auch F. MACH: Über die Löslichkeit der Bodenkonstituenten. Verh. Ges. dtsch. Naturforsch. II **1903 I**.

[2] Vgl. O. HAEHNEL: Über die Stärke der bei höherem Druck hergestellten wäßrigen Kohlensäure. Cbl. Min. usw. **1920**, 25—32. — Ferner A. THIEL u. R. STROHECKER: Ber. dtsch. chem. Ges. **47**, 945, 1061 (1914). — Über die wahre Stärke der Kohlensäure. Ebenda **47**, 1, 945 (1914). — Die Dynamik der Zeitreaktion zwischen wäßriger Kohlensäure und Basen. Ebenda **47**, 1, 1061 (1914). — R. STROHECKER: Beiträge zur Kenntnis der wäßrigen Losung der Kohlensäure. Inaug.-Dissert. Marburg 1916. — L. PUSCH: Z. Elektrochem. **22**, 206, 293 (1916). — A. COEHN u. ST. JAHN: Über elektrolytische Reduktion der Kohlensaure. Ber. dtsch. chem. Ges. **37**, 3, 2836 (1904). — F. GARELLI u. P. FALCIOLA: Kryoskopische Untersuchungen uber Losungen von Gasen und Flüssigkeiten. Atti R. A. Accad. Lincei Roma **13 I**, 110. — D. F. GOTHE: Über die Löslichkeit des Kalzium- und Magnesiumkarbonates. Chem. Ztg **39**, 305 (1915).

wird abhängig vom Kalkgehalt sein, und trotz der Gegenwart von freiem CO_2 kann kein Angriff auf den Kalkstein erfolgen, weil eine derartige Lösung sich im Gleichgewicht befindet. Erst ein Überschuß von CO_2 vermag „aggressiv" zu wirken, wie sich H. E. BOEKE[1] ausdrückt. Es erklärt sich hieraus auch, warum weiches Wasser, das ja kalkarm ist, energischer als CO_2-haltiges Wasser angreift. Nach E. WILKE[2] wird aber bei Anwesenheit von in Wasser gelösten Salzen die Kohlensäure zu einer starken Säure, da sich seiner Ansicht nach in wäßriger Lösung wahrscheinlich freie Orthosäure [$C(OH)_4$] bildet, der die Salze ein Molekül Wasser entziehen

$$C(OH)_4 - H_2O = C{=}O(OH)_2 .$$

Da nun aber in natürlichen Wässern stets verdünnte Salzlösungen vorliegen, so sieht F. BEHREND[3] hierin die große Bedeutung und Anteilnahme der CO_2 für den Verwitterungsprozeß gegeben, um so mehr, da RAMANN[4] gezeigt hat, daß die freie Kohlensäure (H_2CO_3) Silikate stark angreifen könne und unter Bildung von Bikarbonaten des K, Na, Mg, Ca, Fe kalk-, eisenhaltige und sonstige Silikate zu zersetzen vermöge. Seine Auffassung geht infolgedessen dahin: „Trotz der im einzelnen auseinandergehenden Ansichten scheint es also, daß die Kohlensäure doch annähernd die ihr ursprünglich zugeschriebene Wirkung hat, und ihre Reaktionen gehen dementsprechend anscheinend so vor sich, daß zunächst nur diejenigen Mengen dissoziierter Ionen verbraucht werden; unmittelbar anschließend werden aber auch neue CO_2-Mengen gelöst, dissoziiert und verbraucht, bis die ganze erforderliche Menge Kohlensäure verbraucht ist."

Was nun die uns an dieser Stelle interessierenden Löslichkeitsverhältnisse des natürlichen Kalzium- und Magnesiumkarbonats sowie des Dolomits anbelangen, so faßt J. ROTH[5] dieselben dahin zusammen, daß in 10000 Teilen kohlensauren Wassers 10 Teile $CaCO_3$, 13,1 Teil $MgCO_3$ und 3,1 Teile Normal-Dolomit gelöst werden, wobei unter letzterem ein Karbonatgestein von der Zusammensetzung 54,35 $CaCO_3$ und 45,65 $MgCO_3$ verstanden wird. Man sieht, daß der Magnesit etwas leichter als der Kalzit im kohlensäurehaltigen Wasser löslich ist, aber die Löslichkeit beim Zusammentritt beider Karbonate im Dolomit herabgedrückt wird. Dementsprechend verhalten sich diese Minerale der Verwitterung gegenüber wesentlich verschieden, und zwar gestaltet sich dieser Vorgang beim Dolomit besonders verwickelt insofern, als die Anteilnahme von $CaCO_3$ und $MgCO_3$ am Aufbau desselben sehr wechselnd ist. Nach den früheren Untersuchungen liegen zufolge der von unserem Gewährsmann mitgeteilten Befunde die Verhältnisse derartig, daß $CaCO_3$ leichter gelöst wird und sich damit ein dolomitischer Rest immer mehr in Dolomitgesteinen anreichert, der den Verwitterungseinflüssen nur schwer zugänglich ist. Dagegen macht der Genannte auch auf anders lautende Prüfungen aufmerksam, nach denen nämlich die Lösung des Dolomits vermittelst kohlensäurehaltigen Wassers in der Weise erfolgt, daß in der Lösung $CaCO_3$ und $MgCO_3$ im Verhältnis wie im Gestein auftreten. Desgleichen möge noch darauf hingewiesen sein, daß sich das im Gestein befindliche $CaCO_3$ in Essigsäure leichter als der dolomitische Anteil löst, woraus die nämlichen Schlüsse

---

[1] Vgl. H. E. BOEKE u. W. EITEL: Grundlagen der physikalisch-chemischen Petrographie, S. 410. Berlin 1923.

[2] WILKE, E.: Zur Kenntnis wäßriger Kohlensäurelösungen. Z. anorg. u. allg. Chem. **119**, 365 (1921).

[3] BEHREND, F., u. G. BERG: a. a. O., S. 281.

[4] RAMANN, E.: Z. Forst- u. Jagdwes. **1922**.

[5] ROTH, J.: a. a. O. **1**, S. 70—80. 1879. — Vgl. auch N. KNIGHT: Die Verwitterung von Dolomit. Proc. Jowa Acad. Sci. **15**, 107 (1908): Jber. Fortschr. Agrikultur-Chem., III. F. **1909**, 12; **1910**, 42. Berlin. — ALF. COSSA: Über die Löslichkeit des kohlensauren Kalks in kohlensaurem Wasser. J. prakt. Chem. **107**, 125 (1869).

für den Verwitterungsvorgang wie aus dem Verhalten der Karbonatminerale gegenüber CO_2-haltigem Wasser gezogen werden können. Die bekannte FRECHsche Hypothese des Dolomitisierungsprozesses der Korallenkalke macht bekanntermaßen hiervon Gebrauch, und die Herausbildung der Schratten und Karren der Kalkgebirge findet hierdurch ihre Erklärung. Diese Hinweise mögen aber genügen, um darzutun, daß die oben dargelegte Ansicht vom Löslichkeitsverhältnis besagter Karbonate Allgemeingut der geologischen Wissenschaft geworden ist. In C. DOELTERS Handbuch der Mineralchemie[1] finden sich die nämlichen Angaben über die Löslichkeitsverhältnisse des Dolomits wie bei ROTH, nur wird zum Schluß derselben noch besonders darauf hingewiesen, daß die Mitteilungen über diesen Gegenstand „ziemlich weit auseinandergehen". E. W. SKEATS[2] hat schließlich gezeigt, daß $CaCO_3$ in CO_2-haltigem Wasser bei Atmosphärendruck löslicher als $MgCO_3$ ist, wogegen bei Drucken über 5 Atmosphären die umgekehrten Verhältnisse eintreten. Infolgedessen müssen sich nach H. E. BOEKE bei Drucken zwischen 1 und 4 Atmosphären die beiden Karbonate in CO_2-haltigem Wasser etwa gleich stark auflösen.

Untersuchungen der Löslichkeitsverhältnisse natürlicher, mit verschiedenem Gehalt von $CaCO_3$ und $MgCO_3$ ausgestatteter Karbonatgesteine, wie Marmor, Dolomit und Magnesit, von E. BLANCK und F. ALTEN[3] lassen aufs deutlichste den komplizierten Einfluß der chemischen Zusammensetzung der Karbonatgesteine auf den Lösungsvorgang der einzelnen Karbonatanteile erkennen. Es läßt sich aus ihren Feststellungen entnehmen, daß die Löslichkeit der Karbonate mit Zunahme der CO_2-Konzentration in der Lösung bis zu einem gewissen Grade wächst, nur dort, wo besonders geringe Mengen an $CaCO_3$ oder $MgCO_3$ im Gestein vorhanden sind, bringt die Anwesenheit noch größerer CO_2-Mengen von diesen mehr in Lösung, woraus geschlossen werden kann, daß einem in sehr geringer Menge gegenüber einem anderen Karbonat vorhandenen Karbonat eine größere Löslichkeit in CO_2-haltigem Wasser als dem vorherrschenden Karbonatbestandteil des Gesteins zukommt, d. h. im Marmor erwies sich die Löslichkeit des $MgCO_3$ größer als die des $CaCO_3$, im Magnesit die des $CaCO_3$ größer als die des $MgCO_3$. Im Dolomit näherte sich die Löslichkeit beider Komponenten, jedoch dürfte in ihm das $CaCO_3$ im allgemeinen etwas stärker als das $MgCO_3$ löslich sein. Jedoch es lassen sich noch weitere Schlüsse in bezug auf die Gesetzmäßigkeit der Löslichkeitsverhältnisse der beiden Komponenten ziehen, so vor allem, daß die Löslichkeit des $CaCO_3$ im Marmor größer als die des $MgCO_3$ im Magnesit ist. Aber auch die Löslichkeit des $CaCO_3$ im Marmor erweist sich größer als im Dolomit. Während also die Löslichkeit des $MgCO_3$ bei allen Konzentrationen mit der Menge des $MgCO_3$ im Gestein abnimmt, ist dies für den kohlensauren Kalk nicht der Fall, denn seine Löslichkeit im Dolomit macht eine Ausnahme davon, insofern sich das $CaCO_3$ hier schwieriger als im Marmor und Magnesit löst. Vergleicht man schließlich noch die unter den genannten Bedingungen aus 5 g Mineralsubstanz herausgelösten absoluten Mengen an $MgCO_3$ und $CaCO_3$, so findet man, wie nachstehende Übersicht zeigt, daß aus dem Marmor am meisten $CaCO_3$ und am wenigsten $MgCO_3$ austritt, aus dem Magnesit in Analogie wohl die geringste Menge an $CaCO_3$, nicht aber die höchste an $MgCO_3$, sondern daß letzteres für den Dolomit der Fall ist, während dieser bezüglich des $CaCO_3$ eine Mittelstellung einnimmt.

---

[1] DOELTER, C.: Handbuch der Mineralchemie 1, S. 384.

[2] Vgl. H. E. BOEKE u. W. EITEL: a. a. O., S. 450.

[3] BLANCK, E., u. F. ALTEN: Experimentelle Beiträge zur Entstehung der Mediterran-Roterde. Landw. Versuchsstat. 103, 76 (1924). — Vgl. hierzu auch H. KLÄHN: Süßwasserkalkmagnesiagesteine und Kalkmagnesiasußwasser. Chem. d. Erde 3, 451 (1928).

CO_2-Konzentration		0,0006	0,0047	0,0840	0,0960
Gelöstes Karbonat aus 5 g					
$MgCO_3$	Marmor	0,0015	0,0024	0,0038	0,0440
	Dolomit	0,0098	0,0250	0,0528	0,0456
	Magnesit	0,0060	0,0212	0,0356	0,0332
$CaCO_3$	Marmor	0,0264	0,0878	0,2650	0,2420
	Dolomit	0,0234	0,0298	0,0436	0,0556
	Magnesit	0,0045	0,0078	0,0780	0,0122

In bezug auf die Gesamtmenge von $CaCO_3$ ergibt sich, daß dem Marmor die größte Löslichkeit zukommt, dann folgt der Dolomit und schließlich der Magnesit:

CO_2-Konzentration	0,0006	0,0047	0,0840	0,0960
Summe der aus 5 g in Lösung gebrachten Karbonate				
aus Marmor	0,0279	0,0902	0,2688	0,2464
,, Dolomit	0,0382	0,0548	0,0964	0,1012
,, Magnesit	0,0105	0,0290	0,0434	0,0454

Minerale, die derartig wie die vorgenannten, Kochsalz, Gips und Kalk, in Wasser, eventuell mit Unterstützung der Kohlensäure, löslich sind, vermögen sich wieder in der gleichen Form unter gegebenen Bedingungen auszuscheiden, woraus der Schluß gezogen worden ist, daß ,,sie nicht verwittern"[1]. Eine solche Auffassung kann aber nur dann als zutreffend erachtet werden, wenn man sich auf den Standpunkt stellt, daß die Verwitterung ein Vorgang sei, der ständig von einer Stoffumwandlung begleitet wäre, dann dürfte man aber von einer physikalischen Verwitterung als Verwitterung überhaupt nicht sprechen. Jedoch R. LANG hat sich einen derartigen Standpunkt, wenngleich auch unter Einschränkung, zu eigen gemacht, denn er schreibt: ,,Wohl aber ist die Verwitterung für Gesteine von dieser Zusammensetzung möglich, insofern durch Lösung für den Verband und Bestand des Gesteins wichtige Teile weggeführt werden können. Es ist daher wohl, wenn auch keine Mineralverwitterung, so doch eine Gesteinsverwitterung durch Lösung möglich."

Aber noch etwas anderes ist bei den Vorgängen der einfachen Lösung für den Vollzug derselben zu berücksichtigen. Je größer nämlich die spezifische Oberfläche des anzugreifenden Körpers ist, um so mehr vermag die Flüssigkeit in Lösung zu bringen. Daher lösen sich die amorphen Körper denn auch leichter als die im kristallisierten Zustande befindlichen Substanzen auf. Daß schließlich bei allen diesen Vorgängen die Gesetze der chemischen Massenwirkung mit in Frage kommen und den Gang der Auflösung regeln, erscheint selbstverständlich, insbesondere kommen sie zur Geltung, wenn es sich in der Lösung um die Anwesenheit mehrerer Salze handelt, wie solches aber vielfach in Erscheinung treten muß.

Die Bedeutung des Sauerstoffs für die Gesteinsverwitterung ist nicht sehr groß, schon aus dem Grunde nicht, weil die meisten gesteinsbildenden Minerale völlig oxydiert sind und daher keinen Sauerstoff mehr aufnehmen. Nur die Oxydulverbindungen des Eisens und Mangans sowie die Sulfide des ersteren werden durch die im Wasser absorbierte Luft, welche sauerstoffreicher als die atmosphärische Luft ist, in Oxyde bzw. Sulfate überführt. Da diese Vorgänge außerordentlich leicht eintreten, so sind die Oxydationserscheinungen die ersten, die bei der Verwitterung zustande kommen. Ja, unter Umständen vermag sich sogar die chemische Verwitterung auf diesen Vorgang zu beschränken, wie solches

[1] Vgl. R LANG· a. a. O., Verwitterung, S. 198.

z. B. in kalten Gebieten, wo die Hydrolyse des Wassers nicht oder nur wenig zur Geltung kommen kann, der Fall ist[1]. Da ferner die Oxydation der Eisenverbindungen mit krassen Farbenunterschieden ihrer Produkte verbunden ist, insofern die farblosen, dunkel oder grün gefärbten Oxydulverbindungen in die roten, gelben oder braunen Farben der Oxydverbindungen umschlagen, so erweisen sie sich auch als ein sehr auffälliges und merkbar erkenntliches Anzeichen stattfindender chemischer Umwandlung. Eisenhaltige Gesteine zeigen daher braune oder rote, manganhaltige schwarze Überzüge auf ihren Spalten und Klüften als erste kennzeichnende Merkmale der Verwitterung. Als Beispiele dieser Umwandlungen mögen dienen:

1. Oxydation des Eisenspats unter Hydratbildung zu Brauneisen

$$4\,FeCO_3 + 6\,H_2O + O_2 = 2\,Fe_2O_3 \cdot 3\,H_2O + 4\,CO_2.$$

2. Umwandlung des Olivinkomponenten Fayalit gleichfalls unter Hydratbildung in Brauneisen und Kieselsäure

$$2\,Fe_2SiO_4 + 6\,H_2O + O_2 = 2\,Fe_2O_3 \cdot 3\,H_2O + 2\,SiO_2.$$

Ozon und Wasserstoffsuperoxyd dürften, soweit ihre Anteilnahme bei ihrer nur geringen Anwesenheit in der Luft gewährleistet ist, in gleicher Richtung tätig sein. Schließlich besitzt der Sauerstoff für die Oxydation der organischen Substanz, d. h. also für den Verwesungsprozeß, eine ungleich größere Bedeutung, der wir aber an dieser Stelle nicht folgen wollen.

Schwefelkies ist fast in allen Gesteinen zu Hause. Gerade so wie die Oxyde und Hydrate des Eisens bei den Vorgängen der Verwitterung eine bevorzugte Stellung einnehmen, so tun dies auch die Sulfide des Eisens. Pyrit wie Markasit werden durch den Sauerstoff der Luft bei Gegenwart von Feuchtigkeit in Sulfat und freie Schwefelsäure überführt, welcher Vorgang bei Markasit am schnellsten verläuft. Das auf diese Weise gebildete Eisensulfat geht durch weiteren Sauerstoff bei Gegenwart von freier Schwefelsäure unmittelbar in Ferrisulfat über

$$FeS_2 + H_2O + 7\,O = FeSO_4 + H_2SO_4$$
$$2\,FeSO_4 + H_2SO_4 + O = Fe_2(SO_4)_3 + H_2O.$$

Das Ferrisulfat kann dann noch weiter in Schwefelsäure und Eisenoxydhydrat, Brauneisen, umgesetzt werden, in welchem Fall man es aber nicht mehr mit einer Oxydationserscheinung, sondern mit einem hydrolytischen Vorgang zu tun hat

$$Fe_2(SO_4)_3 + 6\,H_2O = 3\,H_2SO_4 + 2\,Fe(OH)_3.$$

Der Gesamtvorgang kann etwa durch folgende Gleichung wiedergegeben werden:

$$4\,FeS_2 + 14\,H_2O + 15\,O_2 = 4\,Fe(OH)_3 + 8\,H_2SO_4.$$

Die auf diese Weise entstandene Schwefelsäure übt energischere Lösungserscheinungen als die bisher besprochenen Agenzien aus und verdient daher als Verwitterungsagens besondere Beachtung. Allerdings können sich freie Schwefelsäure und auch Sulfate noch auf anderem Wege bilden, wovon späterhin noch genügend die Rede sein wird.

Schließlich haben wir auch noch ganz kurz der in den Wässern enthaltenen Stickstoffverbindungen in ihrer Eigenschaft als chemische Aufbereitungsmittel zu gedenken. Es darf wohl unmittelbar darauf hingewiesen werden, daß ihre Bedeutung durchaus nicht so groß ist, als man früher allgemein angenommen hat. Wie schon einmal erwähnt, hat man die sich in der Luft durch elektrische Ent-

[1] Vgl. E. Blanck, A. Rieser u. H. Mortensen: Wissenschaftliche Ergebnisse usw. Chem. d. Erde 3, 697 (1928).

ladungen oder Einwirkung ultravioletter Sonnenstrahlen[1] bildende und mit den Niederschlägen herabgerissene Salpetersäure für die Entstehung des Laterits mitverantwortlich gemacht[2]. Seitdem aber R. Lang[3] dargetan hat, daß besonders in den an Regen und Gewittern reichen Gegenden der Tropen keine Lateritbildung auftritt, dürfte an dem Einfluß der Salpetersäure in besagter Richtung sehr zu zweifeln sein, weshalb jedoch wohl kaum von der Hand gewiesen werden darf, daß den im Regenwasser enthaltenen Ammoniak-, Nitrit- und Nitratverbindungen nicht untergeordnete Wirkungen zuzuschreiben sind. Dem Gehalt des atmosphärischen Wassers an elementarem Stickstoff kommt jedoch keinerlei Bedeutung für den chemischen Verwitterungsprozeß zu. Daß unter Umständen nitrathaltige Lösungen eine beträchtliche Rolle bei den Vorgängen der Gesteinsauflösung und -zersetzung spielen können, geht aber aus den Untersuchungen E. Blancks und W. Geilmanns[4] hinsichtlich der im Buntsandstein wandernden Lösungen hervor.

Die hydrolytische Wirkung des Wassers bei der Verwitterung der Silikate.

Die meisten Gesteine bestehen, wie wir erkannt haben, vornehmlich neben Quarz aus Silikaten mannigfaltigster Art und Zusammensetzung. Diese sind die wichtigsten Bodenbildner. Ein so einfacher Lösungsvorgang durch Wasser wie bei den Sulfaten und Karbonaten ist hier nicht mehr möglich[5], und ebenso vermag auch die Kohlensäure hier nicht direkt anzugreifen, desgleichen der Sauerstoff nur eine Oxydation einzelner bestimmter Stoffanteile, wie z. B. der Eisenoxydulverbindungen, herbeizuführen. Doch muß auch hier, falls eine Wirkung erzielt werden soll, die Beeinflussung durch Wasser vorausgegangen sein. Wenn nun auch wohl das Wasser als solches allein, d. h. in gänzlich reiner Form, bei der Zerlegung der Silikatgesteine in der Natur mit zur Wirkung gelangt, so erscheint es doch zweckmäßig, den chemischen Verwitterungsvorgang unter obigem Vorbehalt in der Weise zustande kommend darzustellen, daß auch den übrigen Agenzien Rechnung getragen wird, wenngleich es nach neueren Forschungen[6] als sehr wahrscheinlich zu gelten hat, daß der Einwirkung des Wassers die Hauptrolle bei den verwickelten Vorgängen der chemischen Aufbereitung der silikatischen Gesteine und Minerale zugesprochen werden muß. Früher sprach man allerdings von der Verwitterung als von dem „siegreichen Kampf der Kohlensäure gegen die Kieselsäure um den Besitz der Basen“.

Diese Wirkung des Wassers beruht auf dem Vermögen, eine hydrolytische Zerlegung oder Hydrolyse auf die Silikate ausüben zu können, denn das Wasser ist durchaus kein indifferenter Körper, sondern beteiligt sich infolge seines, wenn

---

[1] Vgl. W. Bieber: Weitere Untersuchungen über die Kondensation des Wasserdampfes. Wirkung des Sonnenlichtes auf die Atmosphäre. Sitzgsber. Ges. Naturwiss. Marburg **1911**, 83. — Ferner: Dissert. Marburg 1911.

[2] Vgl. C. Branner: Bull. geol. Soc. Amer. **7**, 307 (1896). — Pechuel-Lösche: Westafrikanische Laterite. Ausland **1884**, 425. — F. Wohltmann: Handbuch der tropischen Agrikultur. 1894. — S. Passarge: Internat. Geol.-Kongr. Londen 1895, 6, und in K. Keilhack: Lehrbuch der praktischen Geologie, 2. Aufl., S. 233. 1908; 3. Aufl., S. 252. 1916.

[3] Lang, R.: Geologisch-mineralogische Beobachtungen in Indien. Cbl. Min. usw. **1914**, 257.

[4] Blanck, E., u. W. Geilmann: Chemische Untersuchungen über Verwitterungserscheinungen im Buntsandstein. Tharandter Forstl. Jb. **75**, 89 (1924).

[5] Vgl. Cayeux: Über den Konservierungszustand der Mineralien in der Ackererde. C. r. **1905**. — Biéler-Chatelan: Über die Umwandlung der Mineralien des Ackerbodens. Bull. Soc. nation. d'agricult. de France **1906**.

[6] Vgl. besonders A. S. Cushman: U. S. Dep. Agr. Bureau of Chem. **1905**, Bull. 92. — A. S. Cushman u. P. Hubbard: U. S. Dep. Agr. Office publ. roads **1907**, Bull. 28. — E. Ramann: a. a. O., Cbl. Min. **1921**, 233.

auch nur geringen Molekülzerfalls in freie Ionen, d. h. seiner Dissoziation, selbsttätig an den Reaktionen und Umsetzungen der Körperwelt. Es ist das besondere Verdienst E. RAMANNS, die allgemeine Aufmerksamkeit auf diese Vorgänge in ihrer Bedeutung für die chemische Silikatverwitterung gelenkt zu haben. Im dissoziierten Zustande wirken die verschieden elektrisch geladenen Teile oder Ionen des Wassers Wasserstoff (H^+) und Hydroxyl (OH^-), so daß dasselbe sowohl als schwache Säure wie auch als schwache Base sich zu betätigen imstande ist. Von der geringen Stärke dieser Wirkungsmöglichkeit erhält man eine Vorstellung, wenn man berücksichtigt, daß in 10 Millionen Liter Wasser ein Molekül freier Wasserstoff- und Hydroxyl-Ionen vorhanden sind, nämlich 1 g H und 17 g OH[1]. Unter solchen Verhältnissen ist allerdings nur eine sehr verschwindende Wirksamkeit denkbar, dennoch genügt sie vollauf, um jene gewaltigen Prozesse der chemischen Verwitterung zur Auslösung zu bringen, weil der Natur Zeit und Wassermenge in nahezu unbegrenzter Fülle für ihre Zwecke zur Verfügung stehen. Kommt das Wasser mit irgendeinem Salz, besonders mit einem solchen, welches nur eine schwache Säure enthält, wie es die Kieselsäure ist, in Berührung, so tritt unter teilweiser Lösung des Salzes gleichfalls eine Spaltung desselben ein, indem sich nämlich die elektrisch positiv geladenen Wasserstoffteile des Wassers mit Teilen des negativ geladenen schwachen Säureanteils aus dem Salz zu einer freien Säure verbinden und die elektrisch negativ geladenen Hydroxyl-Ionen mit den positiven Metall-Ionen des Salzes zu einer freien Base zusammentreten. Im vorliegenden Fall, wo es sich um eine nur wenig dissoziierte Säure in einem Salz (Silikat) von großer Schwerlöslichkeit handelt, scheidet sich diese Säure aus dem Lösungsmittel Wasser aus, und zwar in amorpher, kolloidaler Form. Sie überzieht das Silikat mit einer dünnen Haut, die ihrer Zusammensetzung nach aus Kieselsäure oder zusammengesetzten Kieselsäuren bestehen kann, je nachdem das Silikat einem einfachen oder polykieselsauren Salz angehört. Hierdurch wird aber das von der kolloiden Kieselsäure umhüllte Silikat vor weiteren Angriffen des Wassers geschützt, sofern nicht eine Diffusion des Wassers durch die Haut hindurch stattfindet. Jedenfalls tritt aber auf diese Weise eine Verlangsamung des Zerfallsvorganges ein, die zur Ausbildung der bekannten Erscheinung des schalenförmigen Aufbaues solcher Verwitterungsprodukte führt. Im Innern befindet sich ein noch frischer Kern, das Äußere wird von den erwähnten Hüllen, die von Sprüngen durchsetzt sind, gebildet. Die freien Basen werden dagegen entweder durch das überschüssig vorhandene Wasser ausgewaschen oder es üben die kolloiden Ausscheidungsprodukte auf sie, wie auch auf das Wasser, eine Anziehungskraft aus und legen einen Teil derselben frei. Man sagt, die Basen werden absorbiert.

Von allen Silikaten sind aber die aluminiumhaltigen die verbreitetsten in der Natur. Zu ihnen gehören u. a. vornehmlich die Feldspäte und die Glimmer. Vermutlich sind die Tonerde und die Kieselsäure in ihnen zu sogenannten komplexen Säuren, Aluminiumkieselsäuren, verbunden, und der Vorgang der Hydrolyse gestaltet sich hier zwar ähnlich, aber komplizierter. Allerdings gehen die Ansichten über den Kernpunkt des Geschehens noch sehr auseinander[2], dennoch darf man wohl der Auffassung Raum geben, daß sich außer den Basen der Alkalien und Erdalkalien, kolloide wasserhaltige Zerteilungen von Aluminium- und Eisenoxydhydrat, sowie Kieselsäure, und zwar wohl zunächst in Solform bilden, um dann später ausgeflockt zu werden. Letztere liefern einen Komplex von Verbindungen, die unter der Bezeichnung Ton bekannt sind, ihrer chemischen

[1] Siehe Bd. 1, S. 201.

[2] Vgl. u. a. die diesbezügliche Literatur bei H. NIKLAS: Chemische Verwitterung der Silikate. Berlin 1912.

Zusammensetzung nach entsprechen die reinsten Produkte dieser Art einem wasserhaltigen Tonerdesilikat von der Formel Al_2O_3, 2 SiO_2, 2 H_2O. Es ist jedoch darauf hinzuweisen, daß die chemische Zusammensetzung dieser aus dem Silikatmolekül stammenden Komplexe recht verschieden sein kann, indem meist mehr SiO_2, als obiger Formel entspricht, vorhanden ist. In welcher Beziehung die gleichfalls durch chemische Verwitterung aus den Silikatmineralen hervorgegangenen „zeolithartigen" oder „austauschfähigen" Körper zum Verwitterungsprodukt Ton stehen, und ob wir es in diesen, wie in obigen Substanzen, mit chemischen Verbindungen oder mit gemengten Gelen zu tun haben, ist bisher noch nicht einwandfrei erkannt; wohl ist aber sicher, daß es sich in allen Fällen um amorphe (kolloide) Körper handelt[1]. Unter den Bedingungen unseres mitteleuropäischen Klimas sind diese Gebilde jedoch einer weiteren hydrolytischen Spaltung nicht mehr fähig, anders liegt es freilich unter anderen Breiten, da schon mit der Zu- und Abnahme der Temperatur die Hydrolyse des Wassers erheblich wächst und fällt. Nach eingeleiteter oder voraufgegangener Hydrolyse der Silikate vermag sich auch die Kohlensäure erheblich am Zerlegungsvorgang der Minerale zu beteiligen, indem sie einerseits mit den basischen Anteilen Karbonate und Bikarbonate bildet, andererseits schon vorhandenes, lösliches Kalisilikat ebenfalls in Alkalikarbonate überführt; auch vermag sie eine Zerstörung der kolloiden Überzüge von Aluminiumkieselsäure herbeizuführen und dürfte deren Zerfall in kolloide Tonerde und Kieselsäure ihrem Einfluß zuzuschreiben sein.

Wie E. RAMANN[2] gezeigt hat, lassen sich diese Beziehungen folgendermaßen in chemische Gleichungen fassen:

Hydrolyse:
$$Na_2SiO_3 + 2H_2O = 2NaOH + H_2SiO_3.$$

Die hypothetische Kieselsäure zerfällt aber in SiO_2 und H_2O, und es bleiben 2 Mol NaOH zurück.

Einwirkung der Kohlensäure auf Na_2SiO_3:
$$Na_2SiO_3 + H_2CO_3 = Na_2CO_3 + H_2SiO_3.$$

Die Kieselsäure zerfällt auch hierbei in SiO_2 und H_2O, während das Natriumkarbonat durch Wasser hydrolysiert in 2 Moleküle NaOH und 1 Molekül H_2CO_3 übergeht, so daß durch Zerfall der Kohlensäure in CO_2 und H_2O auch hier die alkalische Komponente hervortritt. RAMANN hat diese Verhältnisse durch nachstehend wiedergegebenes Schema besonders deutlich zum Ausdruck gebracht:

1. Hydrolyse	2. Karbonatwirkung	3. Hydrokarbonatwirkung
Na_2SiO_3	Na_2SiO_3	Na_2SiO_3
$OH' + H^{\cdot}$	$CO_3'' + H^{\cdot} + H^{\cdot}$	$CO_3H + H$
$OH' + H^{\cdot}$		$CO_3H + H$
	$Na_2CO_3 + H_2SiO_3$	
	$+ 2OH' + 2H^{\cdot}$	
$2NaOH + H_2SiO_3$	$2NaOH + 2H_2SiO_3$	$2NaHCO_3 + H_2SiO_3$
ionisiert in $2(Na^{\cdot} + OH')$; zerfallt in $H_2O + SiO_2$	ionisiert in $2(Na^{\cdot} + OH')$; ionisiert und zerfällt in $H_2O + CO_2$	zerfällt in $H_2O + Na_2CO_3$ (weiter wie 2)

Er faßt das Resultat dieser Geschehnisse wie folgt zusammen: „*Hydrolyse wie Kohlensäureangriff führen daher zur Wirkung des Hydroxylions*, welches als vorherrschendes Werkzeug der Silikatzersetzung zu betrachten

[1] Vgl. H. SCHNEIDERHÖHN: Über die Umbildung von Tonerdesilikaten usw. Neues Jb. Min. usw. **1916**, Beilagebd. 2, 217.

[2] RAMANN, E.: Cbl. Min. **1921**, 240.

ist. Die Meinungsverschiedenheit, ob Hydrolyse oder Kohlensäurewirkung die Silikatverwitterung beherrsche, löst sich daher in der höheren Einheit, daß beide zum gleichen Ergebnis führen. Die Silikatverwitterung ist wesentlich Hydroxylionenverwitterung, sie bekommt ihren Charakter durch Ausschalten des Wasserstoffions, infolge Zerfalls der Kieselsäure in Wasser und Dioxyde."

Die leicht löslichen Bestandteile der Silikate sind vor allem das einwertige K und Na, zu welchen sich das zweiwertige Ca und Mg noch hinzugesellen. Sie alle gehen mit den OH-Ionen stark dissoziierte (basische) Verbindungen ein, die leicht im Wasser löslich und beweglich sind, desgleichen gehen sie als Bikarbonate leicht unter alkalischer Reaktion in Lösung. Hieran schließen sich die Schwermetallelemente Fe und Mn an, die im Silikatverband meist zweiwertig auftreten und durch den Verwitterungsprozeß zumeist als in Wasser schwer lösliche Oxyde und Hydroxyde abgeschieden werden, soweit sie nicht als Bikarbonate in Lösung und zur Beweglichkeit gelangen. Hinzutretender Sauerstoff vermag aber aus dem Ferrokarbonat und Mangankarbonat die Oxyde in kolloider Form zur Ausscheidung zu bringen. Nur Al und Si erweisen sich als die im Silikatmolekül am wenigsten löslichen Anteile, so daß sie, wie wir gehört haben, den kolloidalen Verwitterungsrückstand erzeugen. Insbesondere ist es die Tonerde, die am schwierigsten beweglich wird, während die Kieselsäure unter bestimmten Verhältnissen sogar noch recht wanderungsfähig zu werden vermag. Jedenfalls hat man auf diese Weise bei der chemischen Verwitterung der Silikate mit der Entstehung eines löslichen und eines unlöslichen Anteils zu rechnen. Den letzteren nennt man Lösungs- oder Verwitterungsrückstand, den ersteren die Verwitterungslösung.

Forchhammer[1] war wohl der erste, der die Zerlegbarkeit der Silikate durch reines Wasser erkannte, als er aus mit heißem Wasser behandeltem Orthoklas Alkalisilikat herauszulösen vermochte. Er nahm an, daß der Orthoklas bei dieser Behandlungsweise in kieselsaure Tonerde und lösliches kieselsaures Kalium zerfalle und stellte dementsprechend folgende Gleichung für den Verlauf dieser Reaktion auf:

$$\dddot{\mathrm{Al}}_3\dddot{\mathrm{Si}}_9 + \dot{\mathrm{Ka}}_3\dddot{\mathrm{Si}}_3 = \dddot{\mathrm{Al}}_3\dddot{\mathrm{Si}}_4 + \dot{\mathrm{Ka}}_3\dddot{\mathrm{Si}}_8$$

$$- \dddot{\mathrm{Al}}_3\dddot{\mathrm{Si}}_4$$

$$\dot{\mathrm{Ka}}_3\dddot{\mathrm{Si}}_8$$

$$\underset{\text{Orthoklas}}{3\,Al_2O_3 \cdot 12\,SiO_2 \cdot 3\,K_2O} = \underset{\text{Kaolin}}{3\,Al_2O_3 \cdot 4\,SiO_2} + \underset{\text{kieselsaures Kali}}{3\,K_2O \cdot 8\,SiO_2}$$

Nach H. Niklas[2] erwähnt Merill[3], daß Brogniart, Fournet u. a. schon vor mehr als 50 Jahren angenommen haben, daß Feldspat bei Zugabe von Wasser in Aluminiumsilikat und Alkalisilikat zerfalle, von denen ersteres in Wasser unlöslich, letzteres aber darin löslich sei. Doveri[4] und J. v. Liebig[5] war es bekannt, daß kieselsaure Alkalien durch kohlensäurehaltiges Wasser zersetzt werden, und G. Bischof[6], welcher kohlensäurehaltiges Wasser auf künstlich hergestellte Lösungen von kieselsauren Alkalien einwirken ließ und bekanntermaßen der

---

[1] Forchhammer: Über die Zusammensetzung der Porzellanerde und ihre Entstehung aus dem Feldspat. Poggendorffs Ann. **35**, 339 (1835).

[2] Niklas, H.: Chemische Verwitterung der Silikate, S. 55. Berlin 1912.

[3] Merill: A Treatise on rocks, Rockweathering and soils, S. 237. London u. New York 1897.

[4] Liebig u. Kopp: Jahresbericht **1847/48**, 400.

[5] Liebig, J. v.: Agrikulturchemie, 6. Aufl., S. 112.

[6] Bischof, G.: Lehrbuch der chemischen und physikalischen Geologie **1**, S. 38.

Kohlensäure die Hauptwirkung bei der chemischen Zerlegung der Silikate zuschrieb, faßte seine diesbezüglichen Erfahrungen wie folgt zusammen: Die Silikate der Alkalien und alkalischen Erden, des Eisen- und Manganoxyduls werden durch die Kohlensäure bei gewöhnlicher Temperatur zersetzt. Es scheidet sich hierbei keine, oder doch nur eine ganz geringe Menge Kieselsäure aus. Magnesiasilikat wird nicht durch Kohlensäure zersetzt, wenn es nur im Wasser suspendiert ist. Da sich Kohlensäure nicht mit Tonerde verbinden kann, so ist klar, daß Tonerdesilikat nicht durch diese Säure zersetzt werden kann. C. STRUCKMANN[1] beobachtete desgleichen schon frühzeitig, daß die in eine künstliche wäßrige Lösung von Kali-Natronglas eingeleitete Kohlensäure das alkalische Silikat vollständig unter Abscheidung von Kieselsäure zerlegte und schloß daraus: „In Kohlensäuerlingen kann ebenfalls freie Kohlensäure gelöst vorkommen. Bei der langsamen Zersetzung der alkalischen Silikate im Boden, an der die Kohlensäure jedenfalls einen bedeutenden Anteil nimmt, wird die Kieselsäure, wenn ein hinreichender Überschuß an freier Kohlensäure vorhanden ist, stets als freie Kieselsäure ausgeschieden." A. KENNGOTT[2] und mit ihm eine große Zahl anderer Forscher weisen auf das Zustandekommen alkalischer Reaktion beim Zusammentritt von Wasser mit Silikaten hin, so u. a. W. B. und B. E. ROGERS[3], P. RICHARD[4] und E. W. HOFFMANN[5], und bei F. W. CLARKE[6] findet sich eine Zusammenstellung der diesbezüglichen Silikate. E. RAMANN[7] weist sogar darauf hin, daß man beim Zermahlen des Orthoklases für die Zwecke der Porzellanfabrikation zur Trockenmahlung hat übergehen müssen, da durch das Feuchtmahlen stark alkalische Lösungen erzeugt wurden. Die nämlichen Beobachtungen sind bei der Zersetzung des künstlichen Silikates Glas gemacht worden, wobei durch die Hydrolyse des Wassers freies Alkali und unlösliche Kieselsäure entsteht[8]. Von F. CORNU[9] ist des weiteren dargetan worden, daß auch gewisse Minerale unter der Behandlung mit Wasser saure Reaktion hervorrufen, so die Minerale der Kaolin- und Pyrophyllit-Gruppe wie einige der Glimmergruppe, die dem Kaolin nahestehen, am stärksten äußerte sich in dieser Richtung der Nontronit, das dem Kaolin analog zusammengesetzte Eisensilikat, $H_4Fe_2Si_2O_9$ [10]. Er war der Ansicht, daß schon sich bildende geringe Mengen von Kaolinit imstande sind, genügende Mengen von Wasserstoffionen zur Erzeugung saurer Reaktion abzuspalten. P. NIGGLI und J. JOHNSTON[11] haben demgegenüber die Meinung ausgesprochen, daß bei den Versuchen von CORNU die atmosphärische Kohlensäure, auf deren Konto die saure Reaktion zu setzen sei, Mitbeteiligung gefunden habe, und E. WEBER[12] hat die saure Reaktion des Kaolins auf saure Salzlösungen, z. B.

[1] STRUCKMANN, C.: Siehe WÖHLER u. LIEBIG: Ann. Chem. **1855**, 337.

[2] KENNGOTT, A.: Über die alkalische Reaktion einiger Mineralien. Neues Jb. Min. usw. **1867**, 302, 769. — Über einige Erscheinungen, beobachtet am Natrolith. Ebenda **1867**, 76.

[3] ROGERS, W. B. u. B. E.: Amer. J. Sci. and Arts **2**, 401 (1848).

[4] RICHARD, P.: Ann. Chim. physique, Ser. 5 **15**, 520.

[5] HOFFMANN, E. W.: Untersuchungen uber den Einfluß von gewöhnlichem Wasser auf Silikate. Dissert., Erlangen 1882.

[6] CLARKE, F. W.: U. S. geol. Surv. **1900**, Bull. 167, S. 165.

[7] RAMANN, E.: Cbl. Min. usw., a. a. O. **1921**, 240.

[8] Vgl. WARBURG u. IHMORI: Ann. Physique **27**, 481 (1885). — F. MYLIUS: Verwitterung des Glases. Dtsch. Mechaniker-Ztg **1908**, 1. — Siehe H. NIKLAS: Chemische Verwitterung der Silikate, S. 55—56. Berlin 1912.

[9] CORNU, F.: Versuche über die saure und alkalische Reaktion von Mineralien, insbesondere der Silikate. Tschermaks min.-petrogr. Mitt. **24**, 417—433 (1905).

[10] Vgl. hierzu bezüglich des Tons E. BLANCK u. H. KEESE: Über den Einfluß von Ton auf das Pflanzenwachstum. J. Landw. **76**, 310 (1928).

[11] NIGGLI, P., u. J. JOHNSTON: Einige physikalisch-chemische Prinzipien der Gesteinsmetamorphose. Neues Jb. Min. usw. **1914**, Beilagebd. 37, 530.

[12] WEBER, E.: Ber. Freiberger geol. Ges. **8**, 50 (1920).

Spuren von Eisensulfat, hervorgegangen aus im Kaolin vorhandenem FeS_2, zurückgeführt. Da manche der von CORNU geprüften Minerale sowohl sauer wie basisch zu reagieren vermochten, so besteht nach F. BEHREND[1] große Wahrscheinlichkeit, daß die saure Reaktion Verunreinigungen zuzuschreiben ist.

Untersuchungen, die die Zerlegbarkeit der Silikate klargelegt haben, liegen in großer Zahl vor[2]. Es behandelte u. a. A. DAUBRÉE[3] Orthoklas mit Wasser im rotierenden Zylinder; aus 3 kg Rohmaterial waren nach rund 200 Stunden Schüttelzeit bei Anwendung von 5 l reinen Wassers 0,02 g SiO_2, 0,03 g Al_2O_3 und 2,52 g K_2O in Lösung gegangen. Nach JOHNSTONE[4] greift Wasser den Olivin am leichtesten von den Silikaten an, von den Feldspaten den Orthoklas am leichtesten, den Labradorit am geringsten. Hornblende und Augit erweisen sich noch leichter angreifbar als der letztere. ST. THUGUTT[5] ließ Wasser bei 200° C auf Orthoklas mit nur geringem Erfolg einwirken, fand aber für Albit eine relativ hohe Löslichkeit von SiO_2 und besonders von Al_2O_3. Die Lösung erwies sich als kolloidal. Auch C. DOELTER[6] stellte beim Anorthit unter den bei 80° C durchgeführten Versuchsbedingungen nur wenig gelöste Mengen von SiO_2 (0,03%) und Al_2O_3 (Spuren) fest, jedoch erkannte er, daß durch CO_2-haltiges Wasser und Na_2CO_3 bedeutend mehr als durch Wasser allein gelöst werden. Auch W. FUNK[7] vermochte solches festzustellen, und es ließen seine Versuche ferner darauf schließen, daß unter dem Einfluß der Kohlensäure die Ausbildung der Kolloide behindert werde.

Leichter angreifbar zeigen sich die Glimmer. Hier werden die Alkalien herausgelöst, während das Gerüst als solches unter Wasseraufnahme bestehen bleibt. F. RINNE hat diesen Vorgang bekanntermaßen Baueritisierung genannt[8]. Von E. ZSCHIMMER[9] ist die Verwitterung des Biotits näher untersucht worden. Er kam zu dem Resultat, das die Umwandlung des Magnesiaglimmers niemals Produkte liefert, die mit Kaliglimmer identisch sind. Die Bleichung beruht vielmehr auf einer solchen des Eisenoxyduls, daneben geht auch das Kalium verloren und wird durch Wasserstoff ersetzt, und zwar tritt anfangs Eisenoxydul und gegen Ende des Verwitterungsprozesses Kali schneller aus der Verbindung aus. Hand in Hand hiermit geht eine Abnahme des spezifischen Gewichtes, es verschwinden Absorption und Pleochroismus, und es tritt eine Zunahme des optischen Achsenwinkels und eine Abnahme der Hauptbrechungsindizes ein, wobei es vorkommen kann, daß neben den Glimmern II. Art solche I. Art entstehen

[1] BEHREND, F., u. G. BERG: a. a. O., S. 268.

[2] Siehe G. BISCHOF: Lehrbuch der chemischen und physikalischen Geologie, 2. Aufl. 4 Bde. Bonn: Adolph Marcus 1863. — J. ROTH: Allgemeine und chemische Geologie. 3 Bde. Berlin: Wilh. Hertz 1879. — R. MÜLLER: Untersuchungen uber die Einwirkung des kohlensäurehaltigen Wassers auf einige Mineralien und Gesteine. Tschermaks min.-petrogr. Mitt. **1877**, 25. — F. W. CLARKE: The Data of Geochemistry. Bull. **1908**, Nr. 330, 401—458. — Decay of rocks Geol. considered. Amer. J. **26**, 3, 190 (1883). — C. DOELTER: Handbuch der Mineralchemie **2**, 2, S. 529. 1917.

[3] DAUBRÉE, A.: C. r. **64**, 339 (1867); Experimentalgeologie, S. 206.

[4] JOHNSTONE, A.: Proc. Roy. Soc. Edinburgh **15**, 436 (1888); Trans. Edinburgh, Geol. Soc. **5**, 282 (1887).

[5] THUGUTT, ST.: C. r. Soc. Sci. Varsovie **6**, 633, 653 (1913). — Vgl. auch: Zur Chemie einiger Alumosilikate. Neues Jb. Min. usw. **9**, 554 (**1894**).

[6] DOELTER, C.: Einige Versuche uber die Löslichkeit der Mineralien. Tschermaks min.-petrogr. Mitt. **11**, 326 (1890).

[7] FUNK, W.: Beiträge zur Kenntnis der Zersetzung der Feldspate durch Wasser. Z. angew. Chem. **22**, 145.

[8] RINNE, F.: Ber. sächs. Akad. Wiss. Leipzig, Math.-physik. Kl. **43**, 441 (1911). — Vgl. ferner A. JOHNSTONE: Quart. J. geol. Sci. **45**, 563 (1889). — A. LACROIX: Nouv. Arch. Mus. V. **5**, 306 (1914).

[9] ZSCHIMMER, E.: Die Verwitterungsprodukte des Magnesiaglimmers usw. Jena. Z. Naturwiss. **32**, 551 (1898).

können. Den Verlauf der chemischen Veränderung der Biotite durch die Verwitterung erklärt er unter Zugrundelegung der TSCHERMAKschen Strukturformel für die Glimmer. Hiernach ist der Biotit aus den beiden Silikaten $KHAlSiO_4$ (Muscovit bzw. Phengit mit höherem SiO_2-Gehalt: $Si_3O_{10}Al_2R_3$) und $(MgFe)_2SiO_4$ (Olivin) bzw. aus $Si_6O_{24}Al_6(HK)_6$ und $Si_6O_{24}Mg_{12}$ zusammengesetzt, welche Polymerien der einfachen Verbindungen $Si_2O_8Al_2(HK)_2$ und SiO_4Mg_2 darstellen. Die chemische Veränderung vollzieht sich nun innerhalb der beiden Silikatmoleküle (K = Muscovitmolekül, M = Olivinmolekül) wie folgt. Das Kalium nimmt zugunsten des Wasserstoffs in K ab, und das Eisenoxyd, das in dem frischen Silikat die Tonerde zur Hälfte ersetzt, tritt sehr schnell aus dem K-Silikat aus. Das Eisenoxydul geht dagegen ganz allmählich aus dem M-Silikat verloren, denn die Verbindung von MgO und FeO in dem Olivinsilikat wird nur verhältnismäßig schwer gelöst und bleibt auch zuletzt noch bestehen, wenn das Eisenoxyd aus dem K-Silikat schon fast ganz ausgetreten ist. Es bleibt also die Verbindung eines Tonerdesilikates K mit einem tonerdefreien Silikat M bestehen, doch „vollzieht sich innerhalb dieser beiden Silikate ein Umwandlungsprozeß, der so aufzufassen ist, daß die Verbindung $(KH)_6\overset{III}{Fe_6}Si_6O_{24}$ aus dem K-Molekül ausgelaugt, und daß das Kalium des Tonerdesilikates durch Wasserstoff ersetzt wird, während gleichzeitig aus dem Olivinmolekül M die Verbindung $FeSiO_4$ allmählich verschwindet. Von diesen Prozessen vollziehen sich die beiden ersteren schneller als der letztere und zum Schluß bleibt ein Silikat von der Formel $2\ H_6Al_6Si_6O_{24} + Mg_{12}Si_6O_{24}$ zurück. Alle Übergangsglieder von diesem letzteren Produkt der chemischen Umwandlung bis zum frischen Biotit lassen sich demnach so auffassen, daß der Wasserstoff dieser Verbindung durch Kalium, die Tonerde durch Eisenoxyd und die Magnesia durch Eisenoxydul vertreten werden, ohne daß die Struktur des Glimmermoleküls verändert wird". Nach BIÉLER-CHATELAN[1] gibt Muscovit, zu mehr oder weniger feinen Blättchen zerkleinert, an destilliertes Wasser bis zu 0,48‰ K_2O ab, während er für Orthoklas unter sonst gleichen Bedingungen, aber als feines Pulver angewandt, nur 0,2‰ K_2O nachzuweisen vermochte. Er ist der Ansicht, daß die größere Löslichkeit des Glimmers mit der Fähigkeit des Minerals im Zusammenhang steht, sich unbegrenzt in feine Lamellen spalten zu lassen, wodurch dem Lösungsmittel eine ungemein große Angriffsfläche geboten wird.

Durch Behandlung verschiedener Minerale mit unter Druck (3 Atmosphären) mit CO^2 gesättigtem Wasser vermochte R. MÜLLER[2] ihre prozentuale Löslichkeit wie folgt zu ermitteln:

	Adular	Oligoklas	Hornblende	Augit	Olivin
SiO_2	0,155	0,237	0,419	—	0,873
Al_2O_3	0,137	0,171	Spur	—	—
K_2O	1,353	Spur	—	—	—
Na_2O	—	2,367	Spur	—	—
MgO	—	—	—	—	1,291
CaO	Spur	3,213	8,528	—	Spur
Fe_2O_3	Spur	Spur	4,829	0,942	8,733
% des ganzen Minerals	0,328	0,533	1,536	0,307	2,111

F. SESTINIS[3] Untersuchungen über die Einwirkung von H_2O und CO_2 auf natürliche Metasilikate ergaben neben der uns schon bekannten Feststellung

[1] BIÉLER-CHATELAN: Rôle des micas dans la terre arable. C. r. **150**, 1152 (1910).

[2] MÜLLER, R.: Untersuchungen über die Einwirkung des kohlensäurehaltigen Wassers auf einige Mineralien und Gesteine. Tschermaks min.-petrogr. Mitt. **1877**, 25.

[3] SESTINI, F.: Wirkung des Wassers auf naturliche Metasilikate. Atti Soc. Tosc. Sci. natur. Pisa **12**, 127 (1900); Z. Kristallogr. **35**, 511; nach Chem. Cbl. **1902 I**, 439.

eines vermehrten Angriffes durch kohlensäurehaltiges Wasser, daß dieselben durch Wasser bei gewöhnlicher Temperatur in zwei Reihen von Verbindungen zerlegt werden, nämlich in wasserlösliche Ca-Mg-Silikate und in unlösliche Mischungen von Al-Silikat mit Eisenoxyd. FR. ŠICHA[1], der Hornblende, Feldspat und Kaliglimmer in ihrem Verhalten gegen Wasser und Kohlensäure unter hohem Druck prüfte, fand, daß nach verschiedentägiger Versuchsdauer und bei einem Druck von 10—50 Atmosphären nachstehende Mengen der einzelnen Mineralbestandteile in Prozenten abgegeben wurden:

Hornblende.

	Druck in Atm.						
	50	50	30	10	30	30	10
	Tage						
	84	10	10	10	5	1	1
SiO_2	0,239	0,206	0,127	0,189	0,185	0,185	0,161
FeO	1,071	1,400	0,661	0,545	0,592	0,545	0,271
Al_2O_3	0,152	0,082	Spur	Spur	Spur	Spur	Spur
CaO	8,825	3,185	5,138	4,950	5,117	4,195	4,000
MgO	9,687	7,968	7,031	5,468	4,687	2,656	1,562
K_2O	0,388	2,136	1,521	1,262	1,067	0,873	0,970
Na_2O	1,410	1,552	1,481	1,075	1,093	0,952	0,829

Feldspat. Glimmer.

	Feldspat: Druck in Atm.					Glimmer: Druck in Atm.	
	50	30	10	30	10	50	30
	Tage					Tage	
	28	10	10	1	1	10	10
SiO_2	0,197	0,082	0,101	0,096	0,091	0,211	0,150
Al_2O_3	Spur	Spur	Spur	Spur	Spur	Spur	Spur
CaO	17,700	15,500	19,375	13,125	11,625	6,416	5,518
K_2O	0,704	0,727	0,601	0,528	0,481	4,883	4,700
Na_2O	0,893	0,610	0,581	0,361	0,235	13,816	13,076

Auch G. STEIGER[2] konnte das Löslichwerden von Alkalien bei der Behandlung einiger Silikate, wie u. a. Feldspate, Glimmer und Natrolith, mit Wasser bestätigen. Fein gepulverter Orthoklas, Mikroklin, Labrador, Kaolin, Leptynith, Granit und Porphyr wurden von J. DUMONT[3] nach oder ohne Vorbehandlung mit gasförmigem CO_2 mit reinem Wasser oder 5proz. HCl oder $CaCl_2$-Lösung behandelt, es zeigte sich allerdings in diesem Falle, daß Säuren wie Salzlösung innerhalb von 8 Tagen nur wenig anzugreifen vermocht hatten, und auch JUL. STOKLASA[4] sowie SPLICHAL[5] führten in ähnlicher Richtung liegende Versuche mit Feldspat aus. Desgleichen bestimmte R. F. GARDINER[6] die Löslichkeit von

[1] ŠICHA, R.: Untersuchungen über die Wirkungen des beim hohen Drucke mit Kohlensäure gesättigten Wassers auf einige Mineralien. Inaug.-Dissert., Leipzig 1891; Neues Jb. Min. usw. **1893 II**, 353.

[2] STEIGER, G.: Die Löslichkeit einiger natürlicher Silikate in Wasser. Neues Jb. Min. usw. **1901**.

[3] DUMONT, J.: Über die chemische Zersetzung der Urgesteine. C. r. Acad. Sci. **149**, 1390. — Über die chemische Zersetzung der Felsen. Zbl. Agrikult. Chem. **40**, 362 (1911).

[4] STOKLASA, J.: Studien über den Verwitterungsprozeß von Orthoklas. Landw. Versuchsstat. **27**, 197 (1882). — Über die Verbreitung des Aluminiums in der Natur, S. 33. Jena: Gustav Fischer 1922.

[5] SPLICHAL: Rozpravy české academie. Bull. internat. Acad. Sci. Bohème **1913**, 1—23.

[6] GARDINER, R. F.: J. agricult. Res. **16**, 259 (1919).

CaO, MgO und K_2O in Epidot, Chrysolith und Muscovit. Er fand, daß in Berührung mit saurem Boden mehr K_2O aus Muscovit als CaO aus Epidot und MgO aus Chrysolith gelöst wird. Im allgemeinen geht stets mehr CaO als MgO in Lösung. Von F. Hoppe-Seyler[1] sind Olivin, Augit, Pyroxene, Glimmer und Feldspate in Platinröhren eingeschlossen der Einwirkung von Kohlensäure und Wasserdampf zu gleichem Zwecke ausgesetzt worden. Sehr umfangreiche Untersuchungen über die Einwirkung des kohlensäuregesättigten Wassers bei chemischen Zersetzungen hat auch G. Rose[2] veröffentlicht, jedoch kamen hierbei künstlich hergestellte Lösungen von kohlensauren Salzen in Anwendung. Desgleichen sind von J. Königsberger und W. J. Müller die Wirkung des Wassers und der Kohlensäure auf Silikate studiert worden[3].

Wie aber schon hervorgehoben wurde, sind es insbesondere die Arbeiten von A. S. Cushmann und P. Hubbard[4] gewesen, die einen so wesentlichen Einfluß auf die neuzeitlichen Anschauungen über den Verlauf des chemischen Verwitterungsvorganges gebracht haben. Ersterer[5] stellte zunächst bei seinen Untersuchungen mit gepulvertem Orthoklas fest, daß 100 g Wasser aus 25 g desselben 0,024 g Alkali herauslösen, tritt ein Elektrolyt wie NH_4Cl hinzu, so geht beträchtlich mehr in Lösung, da das den negativ geladenen Kolloiden eigentümliche Verhalten der Absorption von Basen bei Gegenwart von Elektrolyten genommen wird. Die auffällige Erscheinung, daß die Reaktion mit Wasser sofort zustande und sofort zu Ende kommt, führt er auf eine Umhüllung der reagierenden Teilchen mit Reaktionsprodukten zurück und erblickt in dem Ausfall endosmotischer Versuche den Beweis für seine Auffassung. In Gemeinschaft mit P. Hubbard vermochte er sodann festzustellen, daß Wasser auf feingepulverten Feldspat sofort einwirkt, was vermittels Phenolphthalein unmittelbar nachzuweisen ist. Infolge der Bildung eines kolloiden Überzuges schreitet der Einfluß des Wassers aber nicht weiter fort. Methylenblau macht das Vorhandensein der dünnen Hautschichten bemerkbar, und die löslichen durch die Zersetzung in Freiheit gesetzten Alkalien werden infolge von Absorption gehindert, in Lösung zu gehen. Mechanische Bewegung des Wassers, verdünnte Elektrolytlösungen sowie Elektrolyse befördern aber den Zersetzungsvorgang. Desgleichen wirkt nochmaliges Mahlen des mit Wasser behandelten Pulvers auf die Zerstörung der kolloiden Häute hin. Insbesondere kam er zu dem Ergebnis, daß der Zersetzungseinfluß einer konzentrierten Salzlösung nicht viel größer als der des reinen Wassers sei, und man infolgedessen für die Zersetzung der Feldspäte in der Natur nicht gezwungen sei, Säurewirkungen anzunehmen[6]. J. M. Dobrescus[7] Löslichkeitsversuche mit Orthoklas, Muscovit, Biotit und Phonolith, ausgeführt sowohl mit CO_2-haltigem Wasser nach der Methode E. A. Mitscherlichs[8] als auch mit Salzsäure unternommen, ergaben genauere Einsicht in die Löslichkeitsgeschwindigkeit des Kalis in diesen Körpern, wie aus nachstehenden Befunden hervorgeht:

---

[1] Hoppe-Seyler, F.: Z. dtsch. geol. Ges. **1875**, 515.

[2] Rose, G.: Pogg. Ann. **83**, **84**, **85**.

[3] Königsberger, J., u. W. J. Muller: Versuche über die Bildung von Quarz und Silikaten. Cbl. Min. usw. **1906**, 364.

[4] Siehe S. 200.

[5] Cushmann, A. S.: Über Gesteinszersetzung unter dem Einfluß von Wasser. Chem. News **93**, 50 (1906). — Vgl. auch Jb. Agrikultur-Chem. **1906**, 57 (Berlin 1907).

[6] Vgl. hierzu H. Niklas: a. a. O., S. 80. — H. Stremme: Die Verwitterung der Silikatgesteine. Landw. Jb. **40**, 325 (1911).

[7] Dobrescu, J. M.: Die Dynamik der Kaliassimilation kalihaltiger Silikatminerale. Chem. d. Erde **2**, 83—102 (1926).

[8] Mitscherlich, E. A.: Bodenkunde für Land- und Forstwirte, S. 178, 185, 187, 193—194, 306—307. Berlin 1913.

Ausgeführt mit CO_2-haltigem Wasser.

Verhältnis der Substanz zu H_2O	Menge des aus 1000 g Substanz gelösten K_2O $M \pm R$	Berechneter Wert	Differenz
	Phonolith		
1 : 250	0,209 ± 0,003	0,200	—0,009
1 : 500	0,292 ± 0,010	0,273	—0,019
1 : 1000	0,385 ± 0,011	0,391	+0,006
1 : 2000	0,526 ± 0,011	0,549	+0,023
	$Lg(0,7625-y) = -0,18988-0,00024\,x$		
	Orthoklas		
1 : 250	0,055 ± 0,003	0,043	—0,012
1 : 500	0,063 ± 0,004	0,074	+0,011
1 : 1000	0,117 ± 0,011	0,112	—0,005
1 : 2000	0,170 ± 0,021	0,140	—0,030
	$Lg(0,150-y) = -0,8201-0,0006\,x$		
	Muscovit		
1 : 250	0,041 ± 0,001	—	—
1 : 500	0,046 ± 0,0007	—	—
1 : 1000	—	—	—
1 : 2000	—	—	—
	Biotit		
1 : 250	0,019 ± 0,0006	—	—
1 : 500	0,024 ± 0,004	—	—
1 : 1000	—	—	—
1 : 2000	—	—	—

Ausgeführt mit HCl.

Konzentration der HCl %	Menge des aus 100 g Substanz gelösten K_2O	Berechneter Wert	Differenz
	Biotit		
1	1,422	1,400	—0,022
4	3,484	3,500	+0,016
7	4,467	4,501	+0,034
10	5,100	4,977	—0,123
	$Lg(5,41-y) = 0,7105-0,1047\,x$		
	Phonolith		
0,1	2,704	2,700	—0,004
0,4	3,165	3,100	—0,065
0,7	3,420	3,400	—0,020
1	3,546	3,624	+0,078
4	3,726	4,262	+0,536
7	3,810	4,298	+0,488
10	3,834	4,299	+0,465
	$Lg(4,3-y) = 0,2457-0,416\,x$		
	Muscovit		
1	0,102	—	—
4	0,116	—	—
7	0,114	—	—
10	0,125	—	—
	Orthoklas		
1	0,066	—	—
4	0,059	—	—
7	0,059	—	—
10	0,063	—	—

Gleichzeitig durchgeführte Vegetationsversuche legten aber dar, daß zwar das mit Kohlensäure gesättigte Wasser zum Studium der Phosphorsäureassimilation der Pflanzen sehr geeignet ist, nicht aber für die Kaliassimilation in Frage kommt, da sich hierfür die Salzsäure als Lösungsmittel viel geeigneter erweist.

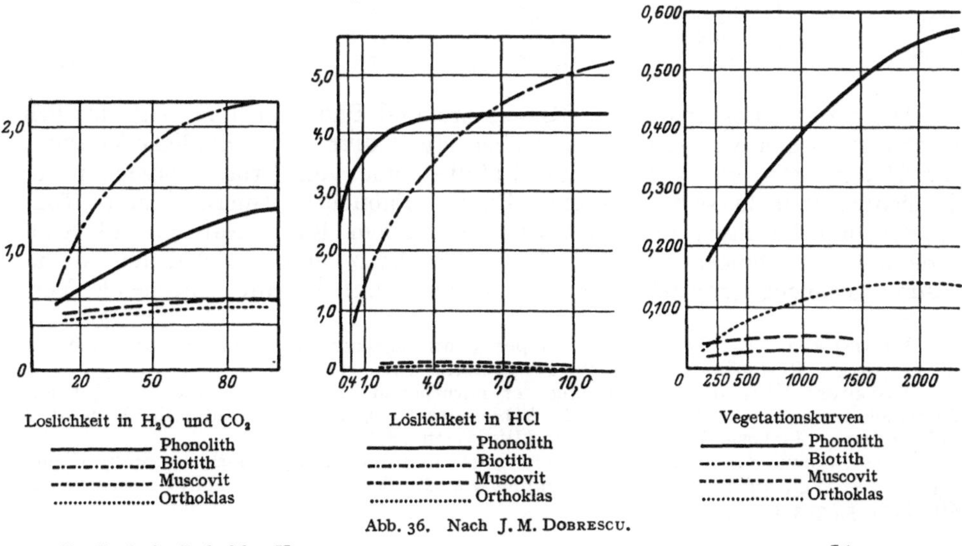

Abb. 36. Nach J. M. Dobrescu.

Schließlich hat auch G. Daikuhara[1] Löslichkeitsversuche nicht nur mit den Mineralen Feldspat und Glimmer, sondern auch mit aus diesen vorwiegend aufgebauten Gesteinen, wie Granit, Gneis, Hornblende-Andesit und Basalt, ausgeführt. 10 g fein gepulvertes Material wurden in Erlenmeyer-Kolben mit Wasser angesetzt und dieses täglich mit CO_2 durchleitet und wöchentlich einmal das Wasser erneuert. Nach zwölfwöchentlicher Versuchsdauer waren durch das CO_2-haltige Wasser gelöst worden:

	Granit	Gneis	Hornblende-Andesit	Basalt	Glimmer
a) in Prozent des Ausgangsmaterials					
SiO_2	0,022	0,017	0,031	0,056	0,031
Al_2O_3	0,048	0,050	0,106	0,052	0,036
Fe_2O_3	0,558	0,635	0,152	0,833	0,402
CaO	0,417	0,418	0,350	0,679	0,641
MgO	0,409	0,389	0,373	0,498	0,337
K_2O	0,070	0,084	0,070	0,071	0,082
Na_2O	0,782	0,792	0,709	1,134	0,816
P_2O_5	Spur	Spur	Spur	Spur	Spur
Summe:	2,306	2,385	1,791	3,323	2,165
b) prozentische Zusammensetzung des Gelösten					
SiO_2	1,0	0,7	1,7	1,7	1,4
Al_2O_3	2,1	2,1	5,9	1,5	1,7
Fe_2O_3	24,2	26,6	8,5	25,1	18,5
CaO	18,1	17,5	19,6	20,4	21,3
MgO	17,7	16,3	20,8	15,0	15,6
K_2O	3,0	3,5	3,9	2,1	3,8
Na_2O	33,9	33,3	39,6	34,1	37,7
P_2O_5	—	—	—	—	—
Summe:	100,0	100,0	100,0	100,0	100,0
c) Prozent der Gesamtmenge der einzelnen Bestandteile des Gesteins oder Minerals					
SiO_2	0,032	0,025	0,047	0,115	0,052
Al_2O_3	0,284	0,324	0,619	0,547	0,173
Fe_2O_3	37,200	12,450	2,763	4,679	50,250
CaO	21,147	16,076	9,090	7,316	30,733
MgO	65,967	19,846	44,939	18,601	42,125
K_2O	0,892	1,476	2,052	2,040	0,784
Na_2O	16,963	18,290	13,847	15,793	13,035

Die geringe Löslichkeit der Kieselsäure und Phosphorsäure tritt deutlich durch diese Zahlen vor Augen. Viel früher hat Struve[2] schon ähnliche Versuche mit CO_2 gesättigtem Wasser unter Zuhilfenahme von Druck vorgenommen. Es dienten ihm zu seinen Zwecken Basalt, Phonolith, Gneis, Granit, Tonschiefer und Porphyr, und es wurden vor allem Kalk, Natron und Kali, alsdann kleine Mengen von Kieselsäure, Kochsalz und Chlorkalzium als in Lösung gegangen ermittelt. Auch C. Haushofer[3] brachte eingehende Ver-

---

[1] Daikuhara, G.: Bull. of the Imper. Centr. agricult. Exp. Stat. Japan. **2**, Nr. 1, 11, 12 (1914); Jb. Agrikult.-Chem. **17**, 1914; Berlin 1916, 38.

[2] Struve: Über die Nachbildung der natürlichen Heilquellen. Nach R. Müller: Untersuchungen über die Einwirkung des kohlensäurehaltigen Wassers auf einige Mineralien und Gesteine. Tschermaks min.-petrogr. Mitt. Wien **1877**, 26.

[3] Haushofer, C.: Über die Zersetzung des Granits durch Wasser. J. prakt. Chem. **103**, 121. — Vgl. auch C. Clar: Einwirkung von Kohlensäure auf Trachyt. Tschermaks Min. Mitt. **5**, 385 (1883).

suche über den Angriff kohlensäurehaltigen Wassers auf Granit bei, während ALF. DU COSSA[1] außer Feldspat und Granit auch Gneis, Syenit, Trachyt und Basalt in den Kreis seiner Untersuchungen hineinbezog, und H. LUDWIG[2] beobachtete, daß fein zerriebener Feldspat, Granit, Trachyt und Porphyr an Wasser etwas Alkali und Kieselsäure abzugeben vermögen. Desgleichen hat DEICKE die chemische Einwirkung des Wassers in Verbindung mit CO_2 und Salzen auf die „Gebirgsgesteine" geprüft[3]. Nach P. ROHLAND[4] werden die Silikate bei der Hydrolyse in freies Alkali und kolloide Kieselsäure resp. Aluminiumkieselsäure gespalten, welche letztere durch Kohlensäure in kolloide Tonerde und Kieselsäure zerfällt, und durch Hinzutreten von Elektrolyten koagulieren die Kolloide. HERM. FISCHER[5] hat insbesondere Phonolith und Biotit nach der MITSCHERLICHschen CO_2-Methode näher untersucht und ist dabei zu von den Vegetationsversuchen mit diesen Materialien abweichenden Ergebnissen gelangt, während Untersuchungen von H. NIKLAS[6] die Einwirkung von Wasser, 2proz. Salzsäure und Elektrolyse auf Silikate zum Gegenstand gehabt haben.

Da bei den Vorgängen der Verwitterung Salzlösungen neugebildet werden oder von außen hinzuzutreten vermögen, so war auch von jeher seitens der Forschung das Auge auf derartige Prozesse einer weiteren Umwandlung der Silikate unter dem Einfluß solcher Lösungen gerichtet. Eine ausführliche Darstellung aller dieser Verhältnisse liegt aber nicht so sehr im Interesse des hier zu behandelnden Gegenstandes, da die besagten Geschehnisse einerseits von größerem Belange für die chemischen Umwandlungen sind, wie sie sich bei den eigentlichen Zersetzungserscheinungen der Silikate in der Erdtiefe abspielen, also mehr in das Gebiet der reinen chemischen Geologie gehören, und andererseits erst wieder für die Bodenlehre dort Bedeutung erlangen, woselbst, wie im „fertigen Boden", Salzlösungen aus der Düngung erhöhten Einfluß gewinnen. Infolgedessen sei an diesem Orte die Aufmerksamkeit auf derartige Untersuchungen nur insofern gelenkt, als es der Zusammenhang der Geschehnisse erfordert und es sich um Verhältnisse handelt, die bei der chemischen Verwitterung mit in Betracht zu ziehen sind. Vormals hat man aber gerade diesen Erscheinungen bei der Verwitterung der Gesteine erhöhte Bedeutung beigemessen und sie als „komplizierte chemische Verwitterung" für sich behandelt[7]. Nur insofern, als die Gegenwart von Salzen eine Veränderung in den Löslichkeitsbedingungen der der Verwitterung unterworfenen Minerale und ihrer Bestandteile hervorzurufen vermag, erweisen sich die Salze als der besonderen Beachtung wert. Hier gelten aber die bekannten Gesetzmäßigkeiten aus der reinen Chemie, so daß, wenn Veränderungen mit gleichem Ion vorhanden sind, die Löslichkeit herabgesetzt wird. Liefern die Minerale bei der Zerlegung aber keine gemeinsamen Ionen, so tritt häufig eine Erhöhung der Löslichkeit ein. Die Erwähnung der hauptsächlichsten für diesen Gegenstand in Frage kommenden Literatur wird daher an dieser Stelle genügen.

---

[1] COSSA, ALF. DU: Richerch. di Chim. min. Udine 1868.
[2] LUDWIG, H.: Arch. Pharmaz. **91**, 147.
[3] DEICKE: Z. ges. Naturwiss. **1867**, 383.
[4] ROHLAND, P.: Über einige physikalisch-chemische Vorgänge bei der Entstehung der Ackererde. Landw. Jb. **36**, 473 (1907).
[5] FISCHER, HERM.: Über die Löslichkeitsverhältnisse von Bodenkonstituenten. Internat. Mitt. Bodenkde **3**, 331 (1913).
[6] NIKLAS, H.: Untersuchungen über den Einfluß von Humusstoffen auf die Verwitterung der Silikate. Internat. Mitt. Bodenkde **2**, 215 (1912). — Chemische Verwitterung der Silikate und Gesteine, S. 34—37. Berlin 1912.
[7] Vgl. E. BLANCK: Bodenlehre, S. 50. Berlin 1928.

Es berichtet u. a. A. BEYER[1] über den Einfluß von Salzlösungen ($CaCO_3$, $CaSO_4$, $Ca(NO_3)_2$, $(NH_4)_2SO_4$, K_2CO_2, Na_2CO_2, NaCl) auf die Zersetzung des Feldspates, und J. FITTBOGEN[2] führte diese Untersuchungen später fort. TH. DIETRICH[3] studierte den Einfluß von Ammon-, Natron- und Kalksalzen auf Buntsandstein, Muschelkalk, Röt und Basalt, und J. LEMBERG[4] hat eine sehr große Zahl hydrochemischer und pyrochemischer Versuche durchgeführt, um die Grundlagen für die Umbildungsprozesse des Granits, Porphyrs und anderer Gesteine kennenzulernen. F. W. CLARKE und G. STEIGER[5] haben sodann die Einwirkung des Chlorammons auf die Silikate zum Gegenstand einer experimentellen Untersuchung gemacht, und A. A. STOL'GANE[6] ließ gleichfalls NH_4Cl und $BaCl_2$ auf Silikate einwirken, um aus ihnen das Kali frei zu machen. Es ergab sich dabei, daß aus Muscovit und Biotit viel mehr K_2O auf diese Weise herausgelöst wurde als aus Orthoklas, Sanidin und Leuzit, was mit den Befunden von Gefäßversuchen übereinstimmt. Nur der Nephelin macht eine Ausnahme. Auch CUSHMANN und HUBBARD[7] behandelten Feldspat mit NH_4Cl, und F. CAMPBELL[8] untersuchte den Einfluß der Alkalichloride auf Kalzium- und Magnesiumdoppelsilikate, während D. J. HISSINK[9] eine vermehrte Löslichkeit des Feldspates wie insonderheit der Zeolithe durch Salzwasser feststellte.

Der Verlauf des Verwitterungsvorganges der Gesteine ist von den verschiedensten Autoren an Ort und Stelle untersucht bzw. durch chemische Untersuchung von Gesteins- und Bodenprofilen klarzulegen gesucht. Auch hinsichtlich dieser Untersuchungen ist es nicht möglich, an dieser Stelle einzeln auf sie einzugehen, um so mehr, als dieselben bei der Darstellung der Entstehungs- und Ausbildungsbedingungen der aklimatischen Böden eingehende Berücksichtigung finden werden[10]. Hier sei nur kurz auf die hauptsächlichsten in dieser Richtung liegenden Untersuchungen aufmerksam gemacht, während den Versuchen der chemischen Gesteinsaufbereitung als den für die vorliegenden Verhältnisse grundlegenden Untersuchungen besondere Rücksicht gezollt werden soll.

Die ersten Untersuchungen in genannter Richtung liegen wohl von TH. DIETRICH[11] vor, der sich die Erforschung der physikalischen und chemischen Eigen-

[1] BEYER, A.: Über den Einfluß von Salzlösungen und anderen bei der Verwitterung in Betracht kommenden Agenzien auf die Zersetzung des Feldspates. Ann. d. Landw. i. Preußen **57**, 170 (1871); Landw. Versuchsstat. **14**, 314 (1871).

[2] FITTBOGEN, J.: Landw. Jb. **2**, 457 (1873).

[3] DIETRICH, TH.: Anz. Kassel **1874**. — Einfluß einiger Ammonium-, Natrium- und Kalziumsalze auf die Zersetzung von Basalt und Ackererde. Ber. Heidau 1862; auch J. prakt. Chem. **74**, 129 (1858).

[4] LEMBERG, J.: Ber. dtsch. geol. Ges. **1877**; Inaug.-Dissert., Dorpat 1877. — Vgl. ferner H. SCHNEIDERHÖHN: Über die Umbildung von Tonerdesilikaten unter dem Einfluß von Salzlösungen bei Temperaturen bis 200° (nach Versuchen von J. LEMBERG, ST. J. THUGUTT, R. GANS u. a.). Neues Jb. Min. usw. **1916**, Beilagebd. 11 (Stuttgart). — Desgleichen H. SCHNEIDERHÖHN: Z. dtsch. geol. Ges. **65**, Mber. Nr 7, 349 (1913). — LEMBERGS Experimentaluntersuchungen wurden in den Jahren 1872—1888 in der Z. Dtsch. geol. Ges. veröffentlicht.

[5] CLARKE, F. W., u. G. STEIGER: Über die Einwirkung von Chlorammonium auf Silikate. U. S. geol. Surv. Bull. Nr 207, 57; Jber. Agrikult.-Chem. **7**, 1904, Berlin 1905, 28; Z. anorg. Chem. **29**, 328.

[6] STOL'GANE, A. A.: Ann. Inst. Agron. Moscou **17**, Nr 2, 359 (1911).

[7] CUSHMANN, A. S., u. P. HUBBARD: U. Stat. Dep. Agr. Off. of publ. roads **1907** Bull. 28.

[8] CAMPBELL, F.: Der Einfluß der Chloralkalilösungen auf Doppelsilikate des Kalziums und Aluminiums. Landw. Versuchsstat. **65**, 246 (1907). — Vgl. RÜMPLER: Ber. V. Internat. Kongr. angew. Chem., Sec. 5 **3**, 59.

[9] HISSINK, D. J.: Chem. Weckblad **3**, 395; vgl. Chem. Cbl. **1906 II**, 352.

[10] Siehe Bd. 4 des Handbuches.

[11] DIETRICH, TH.: Die Erforschung der physikalischen und chemischen Eigenschaften der Bodenarten. Mitt. landw. Zentralver. im Reg.-Bez. Kassel **1872**, Nr. 20, 345; Ref.:

schaften der aus Buntsandstein, Muschelkalk, Röt und Basalt entstandenen Bodenarten Hessens schon frühzeitig zur Aufgabe gestellt hatte. Sodann waren es A. HILGER[1] und seine Schüler, die sich mit der Verwitterung der kristallinen und der Sedimentgesteine im Laboratorium wie in der Natur reichlich beschäftigten. Die nachstehende Tabelle[2] gibt eine Übersicht über die Gesamtmenge der von ihnen in den atmosphärischen Niederschlägen vom 1. Juni 1875 bis 1. Juni 1880 als vorhanden erkannten Bestandteile und der von diesen aus Personatussandstein, Jurakalk, Stubensandstein und Glimmerschiefer herausgelösten Mineralstoffe wieder, und zwar in Gramm der Wassermenge, die auf einen Quadratfuß Oberfläche gefallen ist:

	Regenwasser	Personatus-sandsteinwasser	Jurakalk-wasser	Stubensandstein-wasser	Glimmerschiefer-wasser
NH_4	0,0768	—	—	—	—
$Al_2O_3Fe_2O_3$	0,0246	0,0225	0,0153	0,0273	0,0133
CaO	0,4153	1,4685	1,1606	0,7974	0,7724
MgO	0,0621	0,0526	0,1236	0,0871	0,2255
K_2O	0,3347	0,2786	} 0,9402	0,7856	} 0,9596
Na_2O	0,1306	0,4969		0,0955	
SO_3	0,6544	1,1675	0,0874	1,5340	1,2365
N_2O_5	0,2142	—	—	—	—
Cl	0,1356	—	—	—	—
SiO_2	0,0063	0,1245	0,1478	0,1453	0,1870

FIEDLER, der diese Untersuchungen fortsetzte, stellte fest, daß die Verwitterungsagenzien die Alkalien z. T. als Karbonate oder als saure Silikate gelöst fortführten, und z. T. in den gebildeten Hydroxyden der Sesquioxyde anreichern ließen. Die Phosphate gingen gänzlich verloren und auch die Sulfate wurden vermindert, ebenso der kohlensaure Kalk stark gelöst. Nach weiteren 6 Jahren vermochte BISSINGER am gleichen Material festzustellen, daß sich der Personatussandstein nur noch wenig in seiner chemischen Zusammensetzung verändert hatte. Der Stubensandstein hatte ziemlich viel Kieselsäure und auch Tonerde verloren. Kalk und Phosphorsäure hatten stark abgenommen, während die Alkalien ziemlich gleich geblieben waren. Der Glimmerschiefer hatte besonders an Kieselsäure eingebüßt und der Jurakalk 22% seines kohlensauren Kalkgehaltes verloren. Die Versuche von TH. DIETRICH wurden späterhin von F. MACH[3] fortgeführt und dann sehr eingehend von E. HASELHOFF[4] weiter verfolgt. Bei all diesen Versuchen wurden aber auch die in Salzsäure löslichen Bestandteile, die uns an dieser Stelle aber nicht interessieren können, ermittelt. Letzterer vermochte festzustellen, daß beim Durchsickern von Wasser durch das Gesteinsmaterial innerhalb von $2^1/_2$ Jahren folgende Mengen an Kalk, Magnesia und Kali in Lösung gegangen waren.

Zbl. Agrikult.-Chem. **3**, 6 (1873). — Versuche über die Verwitterung des Bodens unter den verschiedenen äußeren Einflussen. Landw. Z. f. Reg.-Bez. Kassel **1874**, Nr. 21, 647. Ref.: Zbl. Agrikult.-Chem. **8**, 4 (1875). — Untersuchung einiger Bodenarten aus den Kreisen Hersfeld, Rotenburg und Melsungen auf ihre mechanischen Gemengteile. Landw. Z. f. Reg.-Bez. Kassel **1874**, Nr. 5, 142; Ref.: Zbl. Agrikult.-Chem. **4**, 6 (1874).

[1] HILGER, A.: Über Verwitterungsvorgänge bei kristallinischen und Sedimentärgesteinen. Landw. Jb. **8**, 1 (1879). — HILGER, A., u. R. SCHÜTZE: Ebenda **15**, 431 (1886). — FIEDLER, C.: Über Verwitterungsvorgange bei kristallinischen und Sedimentärgesteinen. Dissert., Erlangen 1890. — BISSINGER, L.: Desgleichen. Dissert., Erlangen 1894.

[2] Landw. Jb. **15**, 437 (1886).

[3] MACH, F.: Über die Löslichkeit der Bodenkonstituenten. Verh. Ges. dtsch. Naturforsch. **1903 II**, 1, 91.

[4] HASELHOFF, E.: Untersuchungen uber die Zersetzung bodenbildender Gesteine. Landw. Versuchsstat. **70**, 73—80 (1909).

Gestein	Gesamtmenge der gelosten Bestandteile	Kalk	Davon war Magnesia	Kali
	g	g	g	g
Buntsandstein . . .	3,85	0,1884	0,0414	0,0219
Grauwacke	5,42	0,5760	0,0733	0,0018
Muschelkalk	5,33	0,7579	0,0154	0,0109
Basalt	3,40	0,1618	0,2612	0,0407

Bei weiteren Versuchen, die rund 4 Jahre dauerten, wurden im Verhältnis zur Versuchsdauer nicht die gleichen Mengen gelöst. Die in den Sickerwassern enthaltenen Mineralbestandteile stellten sich folgendermaßen:

Sickerwasser	Gesamt	SiO_2	Al_2O_3 Fe_2O_3	CaO	MgO	K_2O	Na_2O	SO_3	P_2O_5
O	1,9805	0,0125	0,0441	0,3446	0,0701	0,0535	0,1722	0,7508	0,0056
Buntsandstein .	2,7978	0,0309	0,0485	0,5246	0,1069	0,0708	0,2196	0,7656	0,0099
Grauwacke . .	4,9032	0,0360	0,0211	1,3991	0,1856	0,0639	0,1883	0,6321	0,0067
Muschelkalk . .	4,9502	0,0140	0,0320	1,7439	0,1104	0,0592	0,1759	0,6066	0,0049
Basalt	3,4087	0,0580	0,0188	0,4785	0,5271	0,1075	0,3122	0,5855	0,0056

Hieraus ergibt sich, daß während der 4 Jahre durch die Atmosphärilien nachstehende Mengen an Mineralbestandteilen gelöst worden sind:

Sickerwasser	Gesamt	SiO_2	Al_2O_3 Fe_2O_3	CaO	MgO	K_2O	Na_2O	SO_3	P_2O_5
Buntsandstein .	0,8172	0,0182	0,0044	0,1800	0,0368	0,0173	0,0474	0,0148	0,0043
Grauwacke . .	2,9227	0,0235	—	1,0345	0,1155	0,0104	0,0161	—	0,0011
Muschelkalk . .	2,9697	0,0015	—	1,3993	0,0393	0,0057	0,0037	—	—
Basalt	1,4282	0,0455	—	0,1339	0,4570	0,0540	0,1400	—	—

Um den Verlauf des Lösungsvorganges darzutun, sei auch noch auf die Ergebnisse der nämlichen Untersuchungen nach 2 Jahren und beim Abschluß des Versuches hingewiesen, und zwar handelt es sich nur um die in Lösung gegangenen Mengen des Kalkes, der Magnesia, des Kalis und der Phosphorsäure. Diese Zahlen weisen insofern auf Regelmäßigkeit hin, als der Kalk in der zweiten Periode trotz kürzerer Versuchsdauer zunimmt und auch solches für die Phosphorsäure angenommen werden kann. Die Kalimenge wie auch die Magnesia nehmen mit Ausnahme für letztere bei Muschelkalk in der zweiten Periode ab, jedoch sind die Unterschiede sehr gering. Wahrscheinlich handelt es sich in allen diesen Fällen um verschiedene Absorptionsverhältnisse.

Gestein		Kalk	Magnesia	Kali	Phosphorsäure
		g	g	g	g
Buntsandstein	I. Periode	0,0725	0,0205	0,0110	0,0015
	II. ,,	0,1077	0,0163	0,0063	0,0027
Grauwacke .	I. ,,	0,5125	0,0600	0,0135	—
	II. ,,	0,5220	0,0555	—	0,0031
Muschelkalk .	I. ,,	0,6825	0,0020	0,0175	—
	II. ,,	0,7168	0,0373	—	0,0018
Basalt. . . .	I. ,,	0,0500	0,2410	0,0305	—
	II. ,,	0,0839	0,2160	0,0235	0,0015

Vergleicht man diese Befunde mit den früheren von Haselhoff, so erkennt man, daß zwar erhebliche Unterschiede, insofern bei den ersteren Versuchen größere Mengen gelöst wurden, vorhanden sind. Allerdings lassen die Versuchszahlen eigentlich keinen Vergleich zu, da die Versuchsdauer eine verschiedene war. Berücksichtigt man in beiden Fällen nur die in 10proz. Salzsäure löslichen

Anteile, so ergeben sich für die durch die Atmosphärilien in Lösung gegangenen Mengen an CaO, MgO, K_2O und P_2O_5 folgende Zahlen in Prozenten der Gesamtmenge ausgedrückt:

	Früherer Versuch:				Späterer Versuch:			
Gestein	CaO	MgO	K_2O	P_2O_5	CaO	MgO	K_2O	P_2O_5
1. Gesamtmenge in dem Versuchsgestein in Gramm								
Buntsandstein .	25,6	23,4	5,4	22,4	41,6	46,4	10,9	5,0
Grauwacke . . .	577,1	119,9	18,2	29,7	369,0	230,4	12,2	17,3
Muschelkalk . .	9101,2	7,9	12,7	8,1	5852,0	55,1	16,5	Spur
Basalt	377,4	110,1	338,1	174,5	262,5	98,7	237,3	37,8
2. Durch die Atmosphärilien gelost, in Prozenten der Gesamtmenge								
Buntsandstein .	0,732	0,177	0,406	—	0,433	0,073	0,159	0,086
Grauwacke . . .	0,100	0,061	0,100	—	0,280	0,050	0,085	0,006
Muschelkalk . .	0,083	0,195	0,086	—	0,024	0,071	0,088	—
Basalt	0,041	0,237	0,012	—	0,051	0,463	0,023	—

Die Abhängigkeit der Menge der durch die Atmosphärilien gelösten Bestandteile von der Beschaffenheit des Gesteinsmaterials tritt durch diese Feststellungen deutlich in Erscheinung. Zu erwähnen ist noch der für die später zu erörternde biologisch-chemische Verwitterung wichtige Umstand, daß diese Untersuchungen wie die des gleichen Autors über den Einfluß der Pflanzen auf die Gesteine, ihn zu dem Schluß führten: „Die aus den einzelnen Gesteinen von den Pflanzen aufgenommenen Nährstoffmengen zeigen ähnliche Beziehungen zueinander wie die durch die Atmosphärilien aus den Gesteinen gelösten Nährstoffe insofern, als durchweg da, wo letztere Menge am größten ist, dieses auch hinsichtlich der von den Pflanzen aufgenommenen Nährstoffe der Fall ist und umgekehrt." Hieran knüpft aber mit Recht HASELHOFF folgende Warnung an: „Diese Beziehungen sind aber nicht allgemein so zutreffende, daß sie auf ein sicheres chemisches Lösungsmittel der Bodenbestandteile zur Feststellung des Düngebedürfnisses der Böden schließen lassen; andererseits weisen sie aber doch auf die in den Atmosphärilien wirksamen Kräfte — und vor allen auf die Kohlensäure — für diesen Zweck hin[1]."

F. HENRICH[2], der fein gepulverte Gesteine bei hohem Druck und hoher Temperatur wie auch bei gewöhnlichem Druck mit Kohlensäure behandelte, vermochte darzutun, daß sehr lange und nochmals mit CO_2-haltigem Wasser behandelte Gesteine konstante Auslaugungsrückstände lieferten und daß kein Gesteinsbestandteil imstande ist, dem Einfluß des CO_2-haltigen Wassers gänzlich zu widerstehen. E. BLANCK und A. RIESER[3], die Buntsandstein und Muschelkalk von bestimmter Korngröße den atmosphärischen Einflüssen unter verschiedenen klimatischen Verhältnissen während einer Zeit von 5 Jahren aussetzten, fanden die Verwitterung derselben während dieser Zeit jedoch nur als sehr gering fortgeschritten.

Daß schließlich die Zusammensetzung der Quellwasser aus geologisch einheitlich aufgebauten Gegenden gleichfalls Auskunft über die Wirkung der chemischen Verwitterung zu geben vermag, liegt nahe und findet in der Natur der Sachlage seine Begründung. In der Tat sprechen denn auch eine große Anzahl

[1] HASELHOFF, E.: a. a. O., S. 142. Im Original gesperrt gedruckt.

[2] HENRICH, F.: Über die Einwirkung von kohlensäurehaltigem Wasser auf Gesteine und über den Ursprung und Mechanismus der Kohlensäure führenden Thermen. Z. prakt. Geol. **1910**.

[3] BLANCK, E., u. A. RIESER: Vergleichende Untersuchungen über die Verwitterung von Gesteinen unter abweichenden klimatischen Verhältnissen. Chem. d. Erde 3, 435 (1928).

von Untersuchungen hierfür. Aus der Zahl des hier vorhandenen Materials können wir aber für unsere Zwecke nur einige Angaben herausgreifen, da es ganz unmöglich ist, diesen Gegenstand an dieser Stelle erschöpfend behandeln zu wollen. Fast eine jede neuzeitlich angelegte Erläuterung zu den geologischen Spezialkarten aller Länder bringt Belegmaterial, ganz abgesehen von den vielen vorhandenen Quellwasseranalysen der Bäder und den Flußwasseranalysen. Einen Einblick in die vorliegenden Verhältnisse liefert u. a. die von E. HASELHOFF[1] aus den Untersuchungen J. KÖNIGS[2] u. a. gegebene Übersicht, wonach in 1 l Wasser nachstehend wiedergegebene Mineralbestandteile in Milligramm gelöst enthalten sind:

Gesteinsart	Abdampfruckstand mg	Kalium-permanganatverbrauch	SiO_2 mg	SO_3 mg	Cl mg	N_2O_5 mg	CaO mg	MgO mg	K_2O mg	Na_2O mg	Hartegrade
Buntsandstein:											
a) Unterer	72,0	3,4	—	14,4	5,1	Spur	11,5	4,2	—	—	1,7
b) Mittlerer	97,5	2,0	12,0	3,8	4,4	8,6	21,0	7,6	4,6	8,7	3,1
c) Oberer, Gips i. Röt	2421,0	5,6	—	1144,7	28,4	Spur	842,0	101,2	—	—	98,4
Zechstein:											
a) Oberer:											
1. Plattendolomit	372,5	1,1	—	26,1	5,1	Spur	118,0	43,6	—	—	17,9
2. Oberer Letten	250,0	1,9	—	—	12,2	5,6	—	—	—	—	—
3. Letten mit Gips	830,0	4,0	—	—	5,1	15,0	—	—	—	—	—
b) Mittlerer:											
1. Hauptdolomit	350,0	3,0	—	—	5,1	0,5	—	—	—	—	—
2. Älterer Gips	1632,5	4,0	—	—	8,6	Spur	—	—	—	—	—
Muschelkalk:											
a) Oberer	365,0	9,0	—	—	8,6	Spur	—	—	—	—	—
b) Unterer	352,0	1,1	—	28,1	6,8	7,6	112,0	41,7	5,6	13,2	17,0
Grauwacke[3]	259,0	1,4	—	—	8,4	2,9	—	—	—	—	—
Keuper, unterer	395,0	10,7	—	—	5,1	1,1	—	—	—	—	—
Untere Steinkohle:											
a) Flötzleerer Sandstein	225,0	1,5	2,8	20,0	8,6	Spur	76,0	24,5	—	—	11,1
b) Kulm	292,0	0,4	—	—	5,1	0,5	—	—	—	—	—
Basaltschotter	150,0	1,5	—	—	8,6	Spur	—	—	—	—	—
Rotliegendes	338,0	0,2	—	5,6	8,6	1,8	123,6	30,0	—	—	16,6
Diabas	45,0	5,2	—	—	12,2	2,5	—	—	—	—	—

Weitere lehrreiche Beispiele liefern die Untersuchungen M. DITTRICHS[4] über die Quellwasser des Heidelberger Buntsandsteingebietes, wie das nachstehend auf S. 217 zusammengefaßte Zahlenmaterial erkennen läßt (die Angaben beziehen sich auf Anteile in 100000 Teilen Wasser = Milligramm in Litern).

Beachtenswert ist, daß sich in allen diesen untersuchten Wässern im Vergleich zu den Gesteinen, in denen sie entspringen, eine ganz auffällige Umkehrung der Verhältnisse im Kalk- und Magnesia- sowie auch Kali- und Natrongehalt bemerkbar gemacht hat. Während nämlich in den Gesteinen gleich viel CaO oder weniger als MgO vorhanden ist, überwiegen in den Wässern die Kalkmengen über die der Magnesia, und zwar z. T. ganz bedeutend. Ähnlich verhält es sich mit

[1] HASELHOFF, E.: a. a. O., S. 72.

[2] KÖNIG, J.: Die menschlichen Nahrungs- und Genußmittel, 4. Aufl. **2**, S. 1388. 1904; Verh. dtsch. Ges. Naturforsch. **1903 II**, 95.

[3] Muß vermutlich Rauchwacke heißen.

[4] DITTRICH, M.: Die Quellen des Neckartales bei Heidelberg in geologisch-chemischer Beziehung. Mitt. großherzogl. bad. geol. Landesanst. **4**, H. 1 (1900). — Das Wasser der Heidelberger Wasserleitng in chemisch-geologischer und bakteriologischer Beziehung. Habilitationsschrift, Heidelberg 1897.

Name der Quelle	Geologische Herkunft	Temperatur	Abdampfrückstand	Glührückstand	Härte (titriert)	CaO	MgO	N_2O_5	Cl
1. Gartenquelle, West	unt. Buntsandstein	8,2	2,19	1,66	0,49	0,22	Spur	0,059	0,478
2. Felsenmeerquelle	mittl. Buntsandstein	7,9	2,41	1,64	0,50	—	Spur	0,068	0,466
3. Mausbachquelle	mittl. Buntsandstein	8,8	2,44	2,24	0,67	—	—	0,113	0,515
4. Quelle hinter dem kleinen Sammler	unt. Buntsandstein	8,05	2,45	1,89	0,42	0,22	Spur	0,067	0,508
5. Roßbrunnen	mittl. Buntsandstein, vielleicht auch teilweise oberer Buntsandstein	8,0	2,64	2,05	0,50	—	—	0,121	0,470
6. Untere Rombachquelle	mittl. Buntsandstein	8,1	2,69	1,97	0,50	—	Spur	0,056	0,485
7. Laichgraben	unt. Buntsandstein	8,4	2,89	2,18	0,43	—	—	0,064	0,560
8. Gartenquelle, Sud	unt. Buntsandstein	9,35	3,11	2,49	0,84	0,44	Spur	0,058	0,414
9. Obere Rombachquelle	mittl. Buntsandstein	8,0	3,13	2,82	1,04	0,68	0,08	0,061	0,476
10. Rauschbrunnen	mittl. Buntsandstein	10,1	3,20	2,32	1,09	—	—	—	0,462
11. Wirtschaftsquelle	mittl. Buntsandstein	8,6	3,42	2,85	0,84	—	0,07	0,075	0,372
12. Michelsbrunnen	mittl. Buntsandstein, vielleicht auch teilweise oberer Buntsandstein	8,3	3,76	2,91	0,89	—	—	0,387	0,675
13. Stiftsquelle	wahrscheinlich mittlerer Buntsandstein	9,8	3,82	3,30	1,19	0,54	0,07	0,092	0,591
14. Lange Stollenquelle	unt. Buntsandstein	11,4	5,33	4,20	1,58	1,20	0,25	0,051	0,450
15. Strahlquelle (Pumpe)	unt. Buntsandstein	10,0	5,37	4,19	1,98	1,40	0,22	0,069	0,438
16. Lucienruhe	unt. Buntsandstein	9,6	5,86	5,56	2,27	1,00	0,26	—	0,604
17. Kuchenquelle	unt. Buntsandstein	10,45	6,19	4,30	1,85	1,48	0,34	0,580	0,515
18. Kellerquelle	unt. Buntsandstein	10,35	6,61	4,67	1,99	1,56	0,40	0,296	0,461
19. Lowenbrunnen	Granit	9,9	9,55	7,69	3,17	1,89	0,65	0,387	0,728

dem Kali- und Natrongehalt, denn in den Gesteinen besitzt das Kali die Vorherrschaft, oder, wie im Granit, ist es in ziemlich gleicher Menge wie das Natron vorhanden. In den Wässern aber tritt das Kali zurück, und der Natrongehalt überwiegt ganz beträchtlich. Nachstehende Verhältniszahlen bringen dieses nach DITTRICH[1] deutlich zum Ausdruck:

	Mittl. Buntsandstein	Obere Rombachquelle	Stiftsquelle	Unterer Buntsandstein	Kuchenquelle	Granit	Lowenbrunnen
CaO : MgO =	1 : 1	7,5 : 1	6,8 : 1	0,15 : 1	4,3 : 1	1,2 : 1	3,0 : 1
$K_2O : Na_2O$ =	5 : 1	0,6 : 1	0,3 : 1	20,00 : 1	0,5 : 1	1,0 : 1	0,2 : 1

Ein ganz besonders gutes Beispiel für die Einwirkung von Wasser auf die Gesteine stellen die Analysen M. DITTRICHs vom frischen unverwitterten Hornblendegranit von Heiligkreuz im Odenwald und die seines Quellwassers dar.

Man ersieht[2], „daß sich alle drei Analysen gegenseitig ergänzen. Was dem Gestein durch Wasser leicht entzogen werden konnte, ist im Quellwasser in größerer Menge wiederzufinden, was durch Wasser nur schwer angreifbar war, ist in geringerer Menge im Wasser enthalten und hat sich im Gestein angereichert.

[1] DITTRICH, M.: Mitt. großherzogl. bad. geol. Landesanst. 4, H. 1, 81 (1900).

[2] DITTRICH, M.: Über die chemischen Beziehungen zwischen Quellwässern und ihren Ursprungsgesteinen. Mitt. großherzogl. bad. geol. Landesanst. 4, H. 2, 205 (1901).

	Porphyrischer Hornblendegranit		Quellwasser
	frisch %	verwittert %	g in 100 Liter
SiO_2	63,57	63,24	1,977
TiO_2	0,55	—	—
Al_2O_3	14,69	16,63	} 0,070
Fe_2O_3	1,79	4,45	
FeO	3,11	0,40	
CaO	3,84	0,90	4,912
MgO	2,82	1,50	1,390
K_2O	4,07	7,73	0,613
Na_2O	4,26	1,72	0,163
P_2O_5	0,24	0,30	—
H_2O	0,95	3,24	—
CO_2	—	0,28	—
	99,89 %	100,39 %	

Bezeichnung des Wassers	Im Liter sind enthalten: Gesamter Hartegrad (deutscher)	Gesamter Ruckstand	SiO_2	Fe_2O_3 Al_2O_3	CaO
Granitgebiet	$\frac{0,1}{3,5}$ 1[1]	$\frac{20}{118}$ 47	$\frac{4}{25}$ 11	$\frac{0,4}{3,2}$ 1,9	$\frac{1,4}{25}$ 6
Buntsandsteingebiet	$\frac{0,3}{3,6}$ 1.6	$\frac{20}{86}$ 48	$\frac{7}{21}$ 10	$\frac{0,3}{2,0}$ 0,9	$\frac{2,5}{17}$ 10
Muschelkalkgebiet	$\frac{14}{34}$ 20	$\frac{350}{1260}$ 600	—	—	—
Diluvium der Bergstraße	$\frac{8}{24}$ 15	$\frac{196}{544}$ 327	$\frac{12}{21}$ 16	$\frac{1,4}{1,8}$ 1,4	$\frac{72}{209}$ 127
Desgl. a) nördlich d. Odenwalds (weich)	$\frac{2,5}{8}$ 5	$\frac{94}{228}$ 162	$\frac{3}{21}$ 10	$\frac{1,8}{20}$ 8	$\frac{20}{70}$ 42
b) desgl. (hart)	$\frac{12}{16}$ 13	$\frac{251}{339}$ 291	$\frac{10}{18}$ 13	$\frac{2,2}{5,0}$ 4	$\frac{71}{121}$ 94
Diluv.: a) Versuchsbrunnen der Stadt Mainz, i. Wald von Raunheim usw. 1894 (weich)	$\frac{1,0}{4,1}$ 2,7	$\frac{51}{109}$ 90	—	$\frac{0,3}{4,0}$ 2	$\frac{7}{35}$ 21
b) desgl. (hart)	$\frac{9}{11,5}$ 10	$\frac{166}{278}$ 233	—	$\frac{Sp.}{5,7}$ 1	$\frac{74}{100}$ 91
Diluvium und Alluvium der Rheinebene	$\frac{10}{23}$ 15	$\frac{200}{536}$ 331	$\frac{Sp.}{15}$ 10	$\frac{Sp.}{5,3}$ 1,3	$\frac{72}{196}$ 117
Wasser der Flüsse:					
Neckar bei Seckenheim, 28. April 1883	19	433	7	1,8	133
Main bei Kostheim 1884, 12 Analysen	$\frac{7}{14}$ 11,3	$\frac{176}{328}$ 271	—	—	$\frac{52}{98}$ 78
Desgl. im Herbst 1886, Niedrigwasser	11,9	310	12	3,3	80
Desgl. oberhalb Offenbach	11	235	4	1	76
Rhein bei Mainz 1884, 24 Analysen	$\frac{8,4}{10,4}$ 9,1	$\frac{174}{233}$ 197	—	—	$\frac{69}{84}$ 74
Desgl. 1886, Mittel aus 12 Proben	9,2	209	4,5	1,8	74
Desgl. bei Mannheim, 18 Proben	$\frac{6,2}{9,2}$	$\frac{98}{139}$	—	—	—
Nahe bei Bingen 1885, 12 Analysen	$\frac{2,4}{9}$ 5	$\frac{94}{233}$ 144	—	—	$\frac{17}{57}$ 34
Desgl. 10. Oktober 1886, Niedrigwasser	7	189	7	0,6	46

[1] $\frac{0,1}{3,5}$ 1 bedeutet Minimum, Maximum und Mittel der Einzelbestimmungen, dies gilt fur sämtliche Zahlen. Siehe C. LUEDECKE: a. a. O., S. 180—183.

Der leicht auslaugbare Kalk ist zum großen Teil verschwunden und im Wasser wieder anzutreffen, die wesentlich schwerer lösliche Magnesia ist in erheblich geringerer Menge in das Wasser übergegangen, übertrifft aber im verwitterten Gestein den Kalk, hinter dem sie vorher um 1% zurückstand, um das Doppelte. Der Magnesia ähnelt in gewisser Beziehung das Kali, mit dem Unterschiede jedoch, daß dasselbe wesentlich schwerer fortgeführt wird, sich dagegen im unverwitterten Gestein ganz besonders aufgespeichert hat. Das Natron umgekehrt hat mehr Beziehungen zum Kalk, im verwitterten Gestein ist kaum noch die Hälfte vorhanden, in der Quelle dagegen relativ viel, es überwiegt dort das Kali, dem es im Gestein gleich war, fast um das Fünffache". Diese Erscheinungen ähneln außerordentlich der Absorption von Salzen durch die Ackererde. Eingehende, sich daran anschließende Untersuchungen über Absorptionserscheinungen bei zersetzten Gesteinen hat DITTRICH[1] desgleichen durchgeführt, worauf hier aber nicht des näheren eingegangen werden soll. Sie reihen sich den Unter-

Milligramm

MgO	Na_2O	K_2O	Cl	SO_3	N_2O_5	Cl	P_2O_5	Org. Substanz
$\frac{0{,}4}{7}$ 2,5	$\frac{1{,}2}{18}$ 6,0	$\frac{1{,}0}{4{,}1}$ 2,4	$\frac{\text{Sp.}}{14}$ 4,4	$\frac{1{,}3}{9{,}9}$ 3,5	$\frac{0}{3{,}9}$ 2,4	$\frac{0{,}3}{3{,}6}$ 2,5	—	$\frac{0{,}3}{3{,}6}$ 2,5
$\frac{0}{5{,}3}$ 2	$\frac{0{,}6}{5{,}3}$ 2,8	$\frac{1{,}3}{6{,}2}$ 3,5	$\frac{1{,}0}{8{,}9}$ 5,4	$\frac{3{,}3}{8{,}2}$ 4,5	$\frac{0{,}5}{5{,}8}$ 1,7	$\frac{5}{12}$ 9	—	—
—	—	—	$\frac{\text{Sp.}}{14}$ 10	viel	$\frac{0}{13}$ 5	—	—	—
$\frac{6{,}7}{28}$ 19	—	—	$\frac{9}{43}$ 19	$\frac{0}{21}$ 10	$\frac{0}{24}$ 12	—	—	$\frac{4}{15}$ 10
$\frac{3{,}5}{9{,}4}$ 7	—	—	$\frac{12}{25}$ 14	$\frac{5}{29}$ 13	$\frac{5}{58}$ 28	—	—	$\frac{1{,}9}{5{,}4}$ 4
$\frac{23}{54}$ 30	—	—	$\frac{8}{28}$ 20	$\frac{\text{Sp.}}{20}$ 11	$\frac{0}{33}$ 12	—	—	$\frac{1{,}8}{3{,}9}$ 3
$\frac{1{,}4}{11}$ 5	—	—	$\frac{5}{17}$ 11	$\frac{4}{10}$ 5	$\frac{0}{19}$ 6	—	—	$\frac{0}{5{,}5}$ 0,7
$\frac{4}{15}$ 9	—	—	$\frac{9}{39}$ 16	$\frac{\text{Sp.}}{17}$ 7	$\frac{\text{Sp.}}{6}$ 3	—	—	$\frac{0}{7{,}2}$ 1
$\frac{2}{39}$ 19	—	—	$\frac{8}{67}$ 24	$\frac{5}{59}$ 23	$\frac{\text{Sp.}}{32}$ 13	—	—	—
42	—	—	2	114	—	—	—	93
$\frac{13}{32}$ 24	—	—	$\frac{8}{25}$ 18	$\frac{26}{62}$ 50	$\frac{0}{\text{Sp.}}$	—	—	—
28	26,1	5,1	25	54	2,9	63	—	21
27	5	Spur	11	52	—	58	—	—
$\frac{10}{16}$ 13	—	—	$\frac{7}{11}$ 8	$\frac{20}{31}$ 24	Spur	—	—	—
13	5,8	3,2	7	20	4	51	1,1	17
—	—	—	—	—	—	—	—	—
$\frac{5}{22}$ 13	—	—	$\frac{10}{39}$ 18	$\frac{9}{18}$ 12	Spur	—	—	—
16	10,2	11,5	27	12	4	46	0,5	14

[1] DITTRICH, M.: Chemisch-geologische Untersuchungen über „Absorptionserscheinungen" bei zersetzten Gesteinen I u. II. Mitt. großherzogl. bad. geol. Landesanst. **4**, H. 3 (1901); **5**, H. 1 (1905).

Bezeichnung des Wassers	Gesamter Hartegrad (deutscher)	Gesamter Rückstand	Im Gesamtruckstand SiO_2	Fe_2O_3 Al_2O_3
Granitgebiet	—	100	$\frac{15}{40}$ 23	$\frac{1,5}{8,2}$ 4,1
Buntsandsteingebiet	—	100	$\frac{9}{50}$ 20	$\frac{0,1}{3,0}$ 1,5
Diluvium der Bergstraße	—	100	$\frac{3,6}{10,7}$ 6	$\frac{0,1}{0,6}$ 0,4
Desgl. a) nödlich des Odenwalds (weich)	—	100	$\frac{1}{15}$ 7	$\frac{1}{8}$ 5
b) desgl. (hart)	—	100	$\frac{4}{6}$ 5	$\frac{1}{2}$ 1
Diluv.: a) Versuchsbrunnen d. Stadt Mainz (weich)	—	100	—	$\frac{Sp.}{4}$ 2
b) im Wald von Raunheim usw. (hart)	—	100	—	$\frac{Sp.}{0,6}$ 0,4
Diluvium und Alluvium der Rheinebene	—	100	$\frac{Sp.}{6,1}$ 4	$\frac{Sp.}{1,9}$ 0,7
Wasser des Neckars oberhalb Mannheim	—	100	2	0,4
,, des Mains bei Mainz	—	100	4	1
,, des Rheins bei Mainz	—	100	2	1
,, der Nahe bei Bingen	—	100	4	0,3

suchungen über den Einfluß von Salzlösungen auf die Gesteine an. Auch Jul. Stoklasa[1] und J. Hanamann[2] haben u. a. weitere Beiträge für die Abhängigkeit der Beschaffenheit von Wässern vom Ursprungsgestein beigebracht. Vor allen Dingen sind aber hier die umfangreichen Untersuchungen C. Luedeckes[3] zu nennen, denen eine Übersicht über die Zusammensetzung der in den Wässern des Odenwalds gelösten Stoffe entnommen sein soll, und zwar gibt die erste Tabelle die in 1 Liter gelösten Mengen in Milligramm, die zweite Tabelle den prozentischen Gehalt wieder.

Von den Forschungen größeren Stils, die auf die Erkenntnis des Verwitterungsvorganges der Gesteine an Ort und Stelle in der Natur gerichtet waren, sind außer den schon z. T. in anderem Zusammenhange angeführten Arbeiten noch folgende hervorzuheben, wobei auch hier betont sei, daß keine Vollständigkeit in der Wiedergabe angestrebt worden ist, und zwar aus dem schon einmal angegebenen Grunde, weil die Darstellung der Entstehung aklimatischer Bodenbildungen in Band 4 dieses Handbuches hierauf ausführlich Rücksicht nehmen wird. A. v. Planta-Reichenau[4] untersuchte die Verwitterung des Graubündener Schiefers und durch E. Wolff und R. Wagner[5] wurde der Liaskalk-

[1] Stoklasa, Jul.: Geochemische Studien. Autorref.: Zbl. Agrikult.-Chem. **18**, 722 (1889). — Chemische Studien uber die Kreideformation in Böhmen. Verh. k. k. Reichsanst. Wien 1880.

[2] Hanamann, J.: Über die chemische Zusammensetzung verschiedener Ackererden und Gesteine Böhmens. Prag 1890. — Die chemische Beschaffenheit der fließenden Gewässer Bohmens. Arch. naturwiss. Landesdurchforschg von Böhmen **9**, 4, 102 (Prag 1894).

[3] Luedecke, C.: Die Boden- und Wasserverhältnisse der Provinz Rheinhessen, des Rheingaues und Taunus. Abh. großherzogl. hess. geol. Landesanst. Darmstadt **3**, 149—298 (1899). — Die Boden- und Wasserverhältnisse des Odenwaldes und seiner Umgebung. Darmstadt 1901.

[4] Planta-Reichenau, A. v.: Die Nollaschiefer im Kanton Graubünden (Schweiz) in ihrer landwirtschaftlichen Bedeutung. Landw. Versuchsstat. **15**, 241 (1872).

[5] Wolff, E., u. Rud. Wagner: Der grobsandige Liaskalkstein von Ellwangen und seine Verwitterungsprodukte. Jh. Ver. vaterl. Naturkde Württ. **1871**.

sind enthalten Hundertstel

CaO	MgO	Na_2O	K_2O	Cl	SO_3	N_2O_5	CO_2	P_2O_5
$\frac{2}{21}$ 10	$\frac{2}{6}$ 5	$\frac{6}{21}$ 12	$\frac{1}{10}$ 5	$\frac{4}{23}$ 9	$\frac{5}{15}$ 7	$\frac{2}{5}$ 3	$\frac{4}{16}$ 5	—
$\frac{12}{30}$ 20	$\frac{0}{6}$ 4	$\frac{3}{7}$ 5	$\frac{2}{20}$ 8	$\frac{5}{15}$ 11	$\frac{5}{12}$ 5	$\frac{2}{9}$ 3	$\frac{13}{21}$ 16	—
$\frac{37}{58}$ 42	$\frac{3,1}{9,8}$ 6	—	—	$\frac{2,9}{3,6}$ 3	$\frac{\text{Sp.}}{8,6}$ 6	$\frac{3,5}{64}$ 5	—	—
$\frac{18}{39}$ 25	$\frac{3}{5}$ 4	—	—	$\frac{1}{15}$ 9	$\frac{3}{15}$ 9	$\frac{2}{24}$ 18	—	—
$\frac{20}{40}$ 33	$\frac{8}{16}$ 10	—	—	$\frac{3}{12}$ 7	$\frac{\text{Sp.}}{6}$ 4	$\frac{0}{11}$ 4	—	—
$\frac{10}{32}$ 24	$\frac{3}{11}$ 5	—	—	$\frac{6}{16}$ 12	$\frac{2}{12}$ 6	$\frac{0}{17}$ 6	—	—
$\frac{28}{50}$ 39	$\frac{2}{6}$ 4	—	—	$\frac{4}{14}$ 7	$\frac{\text{Sp.}}{6}$ 3	$\frac{\text{Sp.}}{4}$ 1	—	—
$\frac{29}{50}$ 38	$\frac{1}{14}$ 5	—	—	$\frac{4}{15}$ 7	$\frac{2}{11}$ 7	$\frac{\text{Sp.}}{10}$ 3	—	—
31	10	—	—	0,5	26	—	—	—
$\frac{25}{37}$ 29	$\frac{6}{11}$ 9	8,5	1,6	$\frac{4,5}{9,1}$ 8	$\frac{15}{20}$ 17	1	20	—
35	6	2,8	1,5	3	10	2	24	—
$\frac{16}{27}$ 24	$\frac{5}{10}$ 9	5,4	6,1	$\frac{9}{17}$ 14	$\frac{7}{15}$ 9	2	24	—

stein von Ellwangen einer genauen Untersuchung in gleicher Richtung unterzogen, PAVESI und ROTONDI[1] studierten den Einfluß der Tagewässer auf die granitischen Gesteine von Como. Desgleichen haben A. HILGER und R. LAMPERT[2] über die Verwitterungsprodukte des Granits gearbeitet, wie ebenso auch G. P. MERRELL[3] und vor allen Dingen J. LEMBERG[4] eingehende Beiträge zu dieser Frage geliefert haben. E. BLANCK und H. PETERSEN[5] haben sodann in neuester Zeit über die Verwitterung des Granits am Wurmberge bei Braunlage im Harz berichtet. Die Veränderung des Porphyrs von Muldenstein bei der Verwitterung erfuhr durch E. REICHARDT[6] Behandlung, M. GELDMACHER[7] führte eine Untersuchung über die Verwitterung eines Porphyrs der Umgebung von Halle aus, und schon bei A. STÖCKHARDT[8] findet sich eine Notiz über die Verwitterung von Granit und Gneis, während von G. RÜHL[9] eine Studie über die Verwitterung des Gneises vorliegt. L. MILCH und G. ALASCHEWSKI[10] haben

[1] PAVESI u. ROTONDI: Gaz. chim. **1874**; Jber. Agrikult.-Chem. **16**, **17**, 6.

[2] HILGER, A., u. R. LAMPERT: Über Verwitterungsprodukte des Granits von der Louisenburg im Fichtelgebirge. Landw. Versuchsstat. **33**, 160 (1887).

[3] MERRELL, G. P.: Desintegration of the granitic. rocks of the district of Columbia. Bull. geol. Soc. amer. **6**, 321 (1895). — Siehe auch A. DANNENBERG u. E. HOLZAPFEL: Die Granite der Gegend von Aachen. Jb. kgl. preuß. geol. Landesanst. **18**, 1 (1898).

[4] LEMBERG, J.: Z. dtsch. geol. Ges. **28**, 596 (1876).

[5] BLANCK, E., u. H. PETERSEN: Über die Verwitterung des Granits am Wurmberg bei Braunlage im Harz. J. Landw. **71**, 181 (1924).

[6] REICHARDT, E.: Über die Veränderung des chemischen Bestandes des Porphyrs bei fortschreitender Verwitterung. Arch. Pharmaz. **3**, 5, 310; Chem. Cbl. **1874**, 694; Jber. Agrikult.-Chem. **16**, **17**, 1873/74, 5, Berlin 1876.

[7] GELDMACHER, M.: Beiträge zur Verwitterung der Porphyre. Inaug.-Dissert., Erlangen 1889.

[8] STÖCKHARDT, A.: Studien uber den Boden. Landw. Versuchsstat. **1**, 176 (1859).

[9] RÜHL, G.: Über die Verwitterung von Gneis. Inaug.-Dissert., Freiburg i. Br. **1911**.

[10] MILCH, L., u. G. ALASCHEWSKI: Über Verwitterungsvorgänge an Melaphyren des Waldenburger Berglandes. Tschermaks min.-petrogr. Mitt. **38**, 309 (1925).

die Verwitterung der Melaphyre des Waldenburger Berglandes in Schlesien eingehend beschrieben und von J. HANAMANN[1], E. BECKER[2] und C. v. ECKENBRECHER[3] sind Basalte und Phonolithe in besagter Richtung geprüft worden. Die Verwitterung der Gesteine Württembergs erfuhr durch E. v. WOLFF[4], diejenigen Hessens durch A. OSWALD[5] besondere Behandlung, während J. HAZARD[6] den Verwitterungsprodukten der silurischen Grauwacke, des Lausitzer Granites und des Plauenschen Phylittes seine Aufmerksamkeit schenkte. E. WOLFF[7] und G. WEISE[8] sowie insbesondere C. LUEDECKE[9] stellten eingehende Untersuchungen über die Verwitterung des Muschelkalkes an. Der Keuper wurde von A. BAUMANN[10] einer gleichartigen Untersuchung unterzogen, und Jul. STOKLASA[11] studierte den Sandstein, E. BLANCK[12] insbesondere den Buntsandstein in gedachter Hinsicht. E. RAMANN[13] hat schließlich die Verwitterung der diluvialen Sande des näheren kennen gelehrt, und C. LUEDECKE[14] die Gesteine des Odenwaldes in ihren Verwitterungserscheinungen dargelegt, während J. NESSLER[15] Mitteilungen über die Verwitterung der verschiedensten Gesteine beigebracht hat. In einer allgemeinen Studie über die Beziehungen des Bodens zu ihren Muttergesteinen hat L. MILCH[16] das Verhältnis des Bodens zum Gestein unter den Verhältnissen des mitteleuropäischen Klimas zur Wiedergabe gebracht.

---

[1] HANAMANN, J.: Phonolith und Basalt vom Loboschberg in Böhmen und seine Verwitterung. J. Landw. **35**, 85 (1887).

[2] BECKER, E.: Der Roßbergbasalt bei Darmstadt und seine Zersetzungsprodukte. Inaug.-Dissert., Halle, Frankfurt a. M. 1904.

[3] ECKENBRECHER, C. v.: Tschermaks min.-petrogr. Mitt. **3**, 3 (1880).

[4] WOLFF, E. v.: Chemische Untersuchungen einiger Gesteine und Bodenarten Württembergs. Mitt. von Hohenheim. Stuttgart 1887; Biedermanns Zbl. Agrikult.-Chem. **16**, 11 (1887). — Vgl. auch F. PLIENINGER: Überblick über die wichtigeren Bodenarten Württembergs und deren Ursprungsgesteine. Festschr. z. Feier d. 100jähr. Bestehens der kgl. württ. landw. Hochschule Hohenheim.

[5] OSWALD, A.: Chemische Untersuchung von Gesteinen und Bodenarten Niederhessens. Inaug.-Dissert. Bern. Saalfeld a. d. S. 1902.

[6] HAZARD, J.: Chemisch-physikalische Untersuchung über die Bildung der Ackererde durch Verwitterung. Landw. Versuchsstat. **24**, 225 (1880).

[7] WOLFF, E.: Der Hauptmuschelkalk und seine Verwitterungsprodukte. Landw. Versuchsstat. **7**, 272 (1865).

[8] WEISE, G.: Die Silikate des Muschelkalks und deren Bedeutung für die Bodenbildung. Landw. Versuchsstat. **21**, 1 (1877).

[9] LUEDECKE, C.: Untersuchungen über die Gesteine und Böden der Muschelkalkformation in der Gegend von Göttingen. Z. Naturwiss. **65**, 219 (1892). — Siehe auch F. RATHGEN: Verwitterung von Kalksteinen. Tonind.-Ztg **35**, 86 (1911).

[10] BAUMANN, A.: Die Bodenkarte und ihre Bedeutung für die Forstwirtschaft. Forstl. naturwiss. Z. München **1**, 390 (1892).

[11] STOKLASA, JUL.: Studien über die Verwitterung der Sandsteine. Landw. Versuchsstat. **32**, 203 (1886). — Vgl. R. SCHMÖDE: Der Bamberger Sandstein und seine Verwitterung. Diss. Münster. Halle 1926. — P. ZÖLLNER: Der Grünsandstein von Soest und seine Verwitterung. Z. prakt. Geol. **35**, 7 (1927).

[12] BLANCK, E.: Zur Kenntnis der Böden des mittleren Buntsandsteins. Landw. Versuchsstat. **65**, 161 (1907). — Über die petrographischen und Bodenverhältnisse der Buntsandsteinformation in Deutschland. Jh. vaterl. Naturkde Württ. **66**, 401 (1910); **67**, 1 (1911).

[13] RAMANN, E.: Über die Verwitterung der diluvialen Sande. Jb. kgl. preuß. geol. Landesanst. **1884**. — Vgl. ferner K. VOGEL VON FALKENSTEIN und H. SCHNEIDERHÖHN: Verwitterung der Mineralien eines märkischen Dünensandes unter dem Einfluß der Vegetation. Internat. Mitt. Bodenkde **2**, 204 (1912).

[14] LUEDECKE, C.: Beiträge zur Kenntnis der Böden des nördlichen Odenwaldes. Darmstadt 1897. Aus den Erläuterungen zur geologischen Spezialkarte des Großherzogtums Hessen.

[15] NESSLER, J.: Bericht der Versuchsstation Karlsruhe, S. 184. — Vgl. auch Landw. Versuchsstat. **22**, 294 (1877).

[16] MILCH, L.: Über die Beziehungen der Böden zu ihren Muttergesteinen. Mitt. landw. Inst. Univ. Breslau **3**, 867 (1906).

Die durch die chemische Verwitterung hervorgegangenen Produkte erweisen sich trotz des an sich einheitlichen Vorganges als sehr verschieden zusammengesetzt, und zwar als Folge der äußeren Einflüsse, die den einen oder anderen Teilakt des Gesamtgeschehens besonders unterstützen oder auch aufheben. Insbesondere sind es, wie schon mehrmals bemerkt, die klimatischen Bedingungen, unter welchen der chemische Gesteinsaufbereitungsvorgang steht, die das Zustandekommen bzw. Vorherrschen oder Zurücktreten der einzelnen chemischen Reaktionen regeln und damit für die Ausbildung des Endproduktes sorgen. Diese in der regionalen und zonalen[1] Bodenlehre zu besprechenden Erscheinungen seien hier nur des inneren Zusammenganges wegen kurz angedeutet. Es stehen sich die Bildung von siallitischen und allitischen Produkten scharf gegenüber, deren Entstehung ihren Ausdruck im besonderen in den Sonder- oder Einzelvorgängen der tonigen Verwitterung, der Solverwitterung, der lateritischen Verwitterung und der ariden Wüstenverwitterung wie auch der Kaolinbildung finden, und die uns die Umwandlung und den Verbleib der einzelnen die Gesteine zusammensetzenden Stoffanteile vor Augen führen. An dieser Stelle sei nur die Aufmerksamkeit auf die diesem Fragenkomplex gewidmete hauptsächlichste Literatur gerichtet[2].

Über die Zeitdauer der physikalischen und chemischen Verwitterung läßt sich schließlich aus Mangel an Beobachtungsdaten nicht viel aussagen. Daß beide Vorgänge unter Umständen verhältnismäßig rasch sich vollziehen können, lehren allerdings die meisten älteren Baudenkmäler, deren Mauerwerk sehr oft deutliche Spuren der Verwitterung erkennen läßt, allerdings treten hier z. T. besondere Verhältnisse hinzu, wie z. B. der Einfluß von Rauchgasen usw.[3]. Wie A. PENCK in seiner Morphologie der Erdoberfläche berichtet, wurden Grabsteine auf verschiedenen Kirchhöfen Englands um 1 mm in 10—12 Jahren nach J. G. GOODSCHILD[4] durch Verwitterung erniedrigt, und die aus mürben Sandsteinen erbauten gotischen Kirchen der Niederlande haben durchweg die Scharfkantigkeit ihrer architektonischen Einzelformen verloren, ebenso zeigen die Quadern römischer Bauten der Mittelmeerländer allenthalben eine Abrundung ihrer Kanten. Die im trockenen Klima Ägyptens befindlichen Kalkstein- oder Sand-

[1] Siehe Bd. 3 des Handbuches.

[2] RAMANN, E.: Bodenbildung und Bodeneinteilung. Berlin: Julius Springer 1918. — WIEGNER, G.: Boden und Bodenbildung, 1. u. 4. Aufl. Dresden u. Leipzig: Th. Steinkopff 1918 u. 1926. — LANG, R.: Verwitterung und Bodenbildung. Stuttgart: Schweitzerbart 1920. — BEMMELEN, J. M. VAN: Beiträge zur Kenntnis der Verwitterungsprodukte der Silikate in Ton-, vulkanischen und Lateritböden. Z. angew. Chem. **42**. — Die verschiedenen Arten der Verwitterung der Silikatgesteine in der Erdrinde. Z. anorg. Chem. **66**, 322 (1910). — STREMME, H.: Die Verwitterung der Silikatgesteine. Landw. Jb. **40**, 325 (1911). — GANSSEN (GANS), R.: Die klimatischen Bodenbildungen der Tonerdesilikatgesteine. Mitt. Labor. preuß. geol. Landesanst, H. 4 (Berlin 1922). — HARRASSOWITZ, H.: Laterit. Berlin: Gebr. Borntraeger 1926 .— EHRENBERG, P.: Bodenkolloide, 2. Aufl. (Ortsteinbildung, Knick, Laterit usw.), S. 381—444. Dresden u. Leipzig: Th. Steinkopff 1918. — REIFENBERG, A.: Die Entstehung der Mediterranroterde (Terra rossa). Kolloidchem. Beih. **28**, 3—5, 56 (1929). — BLANCK, E.: Kritische Beiträge zur Entstehung der Mediterranroterde. Landw. Versuchsstat. **87**, 251 (1915). — BLANCK, E., u. S. PASSARGE: Die chemische Verwitterung in der ägyptischen Wüste. Hamburg: Friedrichsen & Co. 1925. — KAISER, E.: Die Diamantenwüste Südwestafrikas. Berlin 1926. — STORZ, M.: Verwitterung und authigene Kieselsäure führende Gesteine. Monographien zur Geologie und Paläontologie, herausgegeben von W. SOERGEL, Ser. II, H. 4. Berlin: Gebr. Borntraeger. — BLANCK, E., A. RIESER u. H. MORTENSEN: Die wissenschaftlichen Ergebnisse einer bodenkundlichen Forschungsreise nach Spitzbergen. Chem. d. Erde **3**, 588 (1928).

[3] Vgl. E. KAISER: Über eine Grundfrage der natürlichen Verwitterung und die chemische Verwitterung der Bausteine im Vergleich mit der in der freien Natur. Chem. d. Erde **4** (1929).

[4] GOODSCHILD, J. G.: Notes on some observed Rates of Weathering of Limestones. Geol. Mag. **1890**, 463. — Vgl. auch ARCH. GEIKIE: Rock weathering as illustrated in Edinburgh Churchyards Proc. roy. Soc. Edinburgh **10**, 518 (1889/90).

stein-Skulpturen lassen nach gleichem Autor eine Lockerung des Gesteinsmaterials erkennen, während solche aus Urgestein noch eine vollkommene Frische aufweisen[1]. Dagegen ist die Inschrift des granitnen Monumentes im Pechgraben bei Groß-Raming in Oberösterreich in den letzten drei Jahrzehnten von der Verwitterung stark mitgenommen worden, und nach C. FRIEDEL sind die Wände eines in der Nähe von Canton 1842 in Granit eingesprengten Hohlweges schon 1860 8—10 Zoll tief verwittert gewesen[2]. D. HÄBERLE[3] vermochte für die Ausbildung der Wabenstrukturen im Buntsandstein des Pfälzerwaldes eine nur verhältnismäßig sehr kurze Zeit als erforderlich darzutun, und E. BLANCK[4] konnte dieses für die Verhältnisse des sächsisch-böhmischen Quadersandsteins bestätigen. Jedoch man vergleiche demgegenüber die auf S. 195 mitgeteilten Berechnungen für die Zeitdauer der Abwitterung verschiedener Gesteine.

Was schließlich die Intensität der chemischen Verwitterung anbelangt, so kann dieselbe unter Umständen sehr beträchtlich sein. Aus den Tropen sind sehr tiefgehende bis zu 200 Meter reichende Verwitterungszonen bekanntgeworden, während unter unseren Breiten die chemische Verwitterung nicht bis unter den Grundwasserspiegel hinabgeht. VAN DER BROECK[5] hat die physikalischen Veränderungen, welche die chemische Verwitterung auf die Erdschichten ausübt, des näheren untersucht. Er weist auf den sehr verschiedenen, unregelmäßigen Verlauf der Grenze zwischen verwittertem und unverwittertem Gestein hin, und daß sie meist eine vielfach gewundene Gestalt besitze und die Gesteinsschichten oft in Taschen und Höhlungen gebogen und gelockert seien.

Daß bei der chemischen Verwitterung auch schließlich noch Absorptionserscheinungen von Gasen, wie z. B. besonders die Absorption von SO_2 durch Kalkstein, mitsprechen, hat ganz neuerdings E. KAISER[6] dargetan und zugleich auch gezeigt, daß photodynamische Vorgänge eine wichtige Rolle bei der chemischen Verwitterung der Gesteine spielen können, insofern er darzulegen vermochte, daß belichtete Gesteine stärker als unbelichtete von den Verwitterungsagenzien angegriffen werden.

4. Zersetzung der organischen Substanz.

Von **K. REHORST**, Breslau.

Die nach dem Absterben des Tier- und Pflanzenkörpers in den Boden gelangende organische Substanz unterliegt der Einwirkung von Mikroorganismen. Diese bauen das ihnen zur Verfügung stehende Material mehr oder minder schnell ab und benützen die entstehenden Spaltprodukte zum Teil zum Aufbau ihrer Körpersubstanz und einen Teil der beim Zerfall frei werdenden Energie als Kratquelle.

Nicht unbeträchtliche Teile der Pflanze setzen der Tätigkeit der Kleinlebewesen nur geringen Widerstand entgegen, werden in kürzester Zeit restlos zersetzt und besitzen demnach für die Entstehung und die Zusammensetzung des Bodens nur indirekt eine gewisse Bedeutung durch ihre Beziehungen zu den Lebensvorgängen der Bodenmikroflora und -fauna.

---

[1] Vgl. F. v. RICHTHOFEN: Führer für Forschungsreisende, S. 95.

[2] FRIEDEL, C.: Beiträge zur Kenntnis des Klimas und der Krankheiten Ostasiens, S. 127. 1863. — Vgl. A. PENCK: Morphologie.

[3] HÄBERLE, D.: Zur Messung der Fortschritte der Erosion und Denudation. Neues Jb. Min. **1907**, 7. — Vgl. ferner L. v. LOZINSKI: Die chemische Denudation — ein Chronometer der chemischen Zeitrechnung. Mitt. K. K. geogr. Ges. Wien **44**, 75 (1901). — Über Kleinformen der Verwitterung im Hauptbuntsandstein des Pfälzerwaldes. Verh. naturwiss.-med. Ver. Heidelberg, N. F. **11**, 175, 176 (1911).

[4] BLANCK, E.: Die ariden Denudations- und Verwitterungsformen usw. Tharandter forstl. Jb. **73**, 127 (1922).

[5] BROECK, VAN DER: Sur l'Ateration des roches quaternaires par les agents atmosphérique. Bull. Soc. Geol. **1877**, 298; **1881**, 295. — Sur les Phénomenes d'Alteration des dépôts superficides. Brüssel 1880.

[6] KAISER, E.: Chem. d. Erde **4** (1929).

Abbau der einfachen wasserlöslichen Kohlenhydrate.

Die in der Pflanze frei vorkommenden gärungsfähigen Zucker, aber auch die durch fermentative Spaltung aus Stärke, Hemizellulosen, der Zellulose, den Pektinstoffen usw. frei gemachten Hexosen, in erster Linie d-Glykose, unterliegen der Einwirkung verschiedener Gärungserreger.

Nach den dabei entstehenden Endprodukten wird neben der alkoholischen Gärung die Oxalsäure-, Essigsäure-, Milchsäure-, Buttersäure- und Zitronensäuregärung unterschieden. Am bekanntesten, und, was den Reaktionsverlauf sowie die Zwischenprodukte anbelangt, bei weitem am genauesten untersucht ist die alkoholische Gärung des Zuckers. Diese soll daher kurz skizziert werden, zumal ihre Endprodukte indirekt dem Erdboden wieder zugute kommen. Die in großer Menge frei werdende Kohlensäure ist ein wichtiger Faktor für die Ernährung und somit den Aufbau des Pflanzenkörpers, während der entstehende Alkohol für eine Anzahl von Mikroorganismen als Kohlenstoff- und Energiequelle dienen kann.

Die alkoholische Gärung besteht in einer durch Hefefermente bewirkten fast quantitativen Überführung bestimmter Zucker in Alkohol und Kohlensäure. Sie verläuft nach der von GAY-LUSSAC aufgestellten Bruttogleichung: $C_6H_{12}O_6 = 2\,CO_2 + 2\,C_2H_5OH$. In Wirklichkeit geht der Zerfall des Zuckers über eine ganze Reihe von Zwischenprodukten, von denen Methylglyoxal, Brenztraubensäure und Azetaldehyd mit Sicherheit festgestellt sind. Der Verlauf der alkoholischen Gärung wird am besten durch das heute allgemein anerkannte WOHL-NEUBERGsche Gärungsschema zum Ausdruck gebracht[1].

Das erste Stadium setzt mit einem Zerfall der d-Glykose in 2 Moleküle Glyzerinaldehyd ein, die weiterhin zu Methylglyoxal anhydrisiert werden. Durch Addition von Wasser entstehen, wie aus der Formulierung hervorgeht, im Sinne der CANNIZZAROschen Reaktion, aus 2 Molekülen Methylglyoxal je 1 Molekül Glyzerin und Brenztraubensäure.

```
I.  CHO        CHO             CHO   CHO      H₂  CH₂OH +        CH₂OH
    |          |                     |            |              |
    CHOH       CHOH—H₂O        CO    COH          COH      H     CHOH
    |          |    ——→        |——→  ||   ——→     ||   ——→       |
    CHOH       CH₂OH           CH₃   CH₂  +       CH₂      OH    CH₂OH
  --|-----.——→
    CHO H      CHO             CHO   CHO      O   COOH           COOH
    |          |               |                  |              |
    CHOH       CHOH—H₂O        CO——→CO      ——→   CO      ——→    CO
    |          |    ——→        |     |            |              |
    CH₂OH      CH₂OH           CH₃   CH₃          CH₃            CH₃
    d-Gly-     2 mol           2 mol                        Glyzerin
    kose       Glyzerin-       Methyl-                 + Brenztraubensäure
               aldehyd         glyoxal

II. CH₃        CH₃        CH₃ · CHO            H₂  CH₃ · CH₂OH
    |          |                            + ——→  ————————————————
    CO   ——→   CHO        CH₃—CO · CHO         O   + CH₃ · CO · COOH
  --|-----.               Azetaldehyd              Alkohol
    COO  H     CO₂        Methylglyoxal            + Brenztraubensaure
    Brenz-     Azet-
    trauben    aldehyd
    säure      + Koh-
               lensäure
```

[1] WOHL, A.: Biochem. Z. 5, 45 (1907). — NEUBERG, C., und Mitarbeiter: Zahlreiche Arbeiten, Biochem. Z 1911—1917; insbesonders **36**, 60 (1911); **37**, 176 (1912); **71**, 1 (1915); **83**, 244 (1917).

Die Brenztraubensäure zerfällt in der zweiten Phase der alkoholischen Gärung unter dem Einfluß der Karboxylase in *Kohlensäure* und Azetaldehyd, der sich mit einem weiteren neu aus Zucker entstandenen Molekül Methylglyoxal unter Wasseraufnahme in *Äthylalkohol* und Brenztraubensäure umsetzt. Die zweite Phase des Prozesses sowie die erste, diese bis zum Stadium der Methylglyoxalbildung, wiederholen sich dauernd, während bei jeder normalen unbeeinflußten alkoholischen Gärung nur im Anfang eine geringfügige Menge Glyzerin entsteht.

Wird dagegen der Azetaldehyd nach dem bekannten „Abfangverfahren"[1] mit Bisulfit dauernd entfernt, dann kann er sich natürlich nicht mehr mit Methylglyoxal zu Alkohol und Brenztraubensäure umsetzen. Die Endprodukte einer derart künstlich beeinflußten Gärung sind dann Azetaldehyd, Kohlensäure und Glyzerin.

Die einfachen wasserlöslichen Kohlenhydrate spielen der Menge nach in der lebenden und abgestorbenen Pflanze nur eine untergeordnete Rolle. Auch für die Bodenbildung haben sie, wie wir sahen, infolge ihrer leichten Aufspaltbarkeit nur indirekt eine gewisse Bedeutung durch ihre Beziehung zum Leben der Bodenmikroben und durch die bei ihrer Vergärung meist entstehende Kohlensäure, die der Pflanzenernährung zugute kommt. Den Hauptteil der Pflanze bilden die stabileren unlöslichen Kohlenhydrate, in erster Linie die Zellulose, die in großen Mengen in den Boden übergeht.

Abbau der Zellulose.

Die Zellulose dient im Pflanzenkörper lediglich als Gerüstsubstanz. Während des Lebens der Pflanze wird sie nicht mehr abgebaut, um an einer anderen Stelle des Pflanzenkörpers eine neue Aufgabe zu übernehmen, etwa um als Baumaterial oder als Energiequelle zu dienen. Aus dieser Funktion der Zellulose im Pflanzenkörper ist ihre Unlöslichkeit und die schon dadurch bedingte außerordentliche Widerstandskraft gegen chemische Eingriffe zu erklären.

Aber auch biochemischen Einflüssen gegenüber zeigt sich die Zellulose von einer bemerkenswerten Resistenz. So ist es für höhere Tiere und Pflanzen und deren Fermente ohne fremde Beihilfe nicht möglich, Zellulose abzubauen. Diese würde sich nun bei der gewaltigen Masse hauptsächlich aus Zellstoff bestehender organischer Substanz, deren jährlich auf der Erde produzierte Menge von H. Schroeder[2] auf etwa 35 Billionen Kilogramm geschätzt wird, im Laufe der Jahrmillionen zu ungeheuren Lagern anhäufen. Die Zurückführung dieser Zellulosemengen aus abgestorbenem Pflanzenmaterial in den Lebenskreislauf ist also eine der wichtigsten und häufigsten chemischen Umsetzungen allergrößten Stils.

Eine Anzahl von Mikroorganismen, namentlich Bakterien, sind unter den verschiedensten Bedingungen, bei Luftabschluß und -zutritt, bei niederer und höherer Temperatur, befähigt, eine Bresche in das feste Zellulosemolekül zu legen. Dieser erste Angriff läuft im allgemeinen auf eine Lockerung des Molekülverbandes hinaus. Die Zellulose wird löslicher und kann nun in dieser Form auch von anderen Kleinlebewesen, die native Zellulose nicht angreifen können, ja sogar von höheren Tieren, weiter abgebaut und ausgenützt werden. Die übliche[3] etwas willkürliche Einteilung der zum ersten Zelluloseangriff befähigten Mikroorganismen in sieben Unterabteilungen, die nicht immer scharf voneinander zu trennen sind, soll im folgenden beibehalten werden. Danach kann die Zellulosezersetzung erfolgen:

---

[1] Neuberg, C., und Reinfurth: Biochem. Z. **92**, 234 (1918).

[2] Schroeder, H.: Naturwiss. **7**, 27 (1919).

[3] Lafar, F.: Handbuch der technischen Mykologie **3**. Jena 1904—06. — Pringsheim, H.: Die Polysaccharide **2**. Berlin 1923. — Neuberg, C., u. R. Cohn: Biochem. Z. **139**, 525 (1923).

1. durch Fadenpilze,
2. „ Aktinomyzeten,
3. „ aerobe Bakterien,
4. „ Methangärung hervorrufende Bakterien,
5. „ Wasserstoffgärung hervorrufende Bakterien,
6. „ Bakterien bei gleichzeitiger Denitrifikation des Salpeters,
7. „ thermophile Bakterien.

1. Abbau der Zellulose durch Fadenpilze.

Der Zelluloseabbau durch Fadenpilze ist seit langem bekannt. Bereits 1886 wird von DE BARY[1] Peziza libertiana als Zellulosezerstörer beschrieben. Später wurde diese Fähigkeit noch bei einigen anderen Schimmelpilzen erkannt, so bei Aspergillus Oryzae[2], Aspergillus Wentii[3], Monilia sitophila[4], bei Aspergillus cellulosae[5], letzterer aus dem Pansen des Rindes, wo er für die Zelluloseverdauung anscheinend von Bedeutung ist. Beachtenswert ist eine zusammenfassende Untersuchung VAN ITERSONS[6]. Filtrierpapier wird mit einer ammoniumnitrathaltigen Nährlösung, die durch Monokaliumphosphat (KH_2PO_4) schwach sauer gemacht ist, angefeuchtet und bei 24° etwa 12 Stunden lang der Infektion durch Luftkeime ausgesetzt. Im Verlauf von 2—3 Wochen wird die Entwickelung einer reichlichen Pilzflora beobachtet. Durch Überimpfen auf Nährgelatine konnten mehrere Arten von Schimmelpilzen isoliert werden, die in Reinkultur allerdings nicht oder kaum nennenswert in der Lage waren, Zellulose selbst anzugreifen, die also auf die Ausnützung der von anderen Mikroorganismen aus der Zellulose geschaffenen Zwischenprodukte angewiesen sind. Von einigen Arten jedoch, so von Mycogone puccinioides und Botrytis vulgaris wird eine merkliche Einwirkung auf Zellulose berichtet.

In weiten Kreisen am bekanntesten sind die durch den echten Hausschwamm Merulius lacrymans, sowie durch hausschwammähnliche Fadenpilze (Polyporusarten), hervorgerufenen, tiefgreifenden Holzzerstörungen, die auf einen vollständigen Zelluloseabbau hinauslaufen[7].

Die Stoffwechselendprodukte der nur unter aeroben Bedingungen Zellulose zerstörenden Fadenpilze sind wahrscheinlich Wasser und Kohlensäure; über die Zwischenprodukte liegen experimentelle Angaben nicht vor; doch ist es wahrscheinlich, daß, wie beim bakteriellen Abbau später berichtet werden wird, auch bei der Einwirkung von Fadenpilzen zunächst eine Aufspaltung zur Zellobiose und d-Glykose erfolgen muß. Der nur langsam verlaufende Zelluloseabbau durch Fadenpilze spielt zwar für die Holzzerstörung in Gebäuden eine ziemliche Rolle. Auch im Walde werden seltener der Hausschwamm, gelegentlich jedoch Polyporusarten beobachtet. Für die Zellulosezersetzung im Ackerboden scheinen jedoch Fadenpilze in nennenswertem Umfange nicht in Frage zu kommen. Hier erfolgt die Niederreißung des Zellulosemoleküls hauptsächlich durch die unter allen Bedingungen viel energischer wirkenden Bakterien.

2. Der Abbau der Zellulose durch Aktinomyzeten,

die bekanntlich als Übergang von den Fadenpilzen zu den Bakterien angesehen werden können, ist von A. KRAINSKY[8] untersucht und beschrieben worden.

[1] DE BARY: Bot. Ztg **44**, 377 (1886). [2] NEWCOMBE: Ann. of Bot. **13**, 49 (1899).
[3] WEHMER: Zbl. Bakter. II **2**, 140 (1896). [4] WENT: Jb. wiss. Bot. **36**, 611 (1901).
[5] ELLENBERGER: Z. physiol. Chem. **96**, 236 (1915/16). — HOPFE: Zbl. Bakter. II **83**, 531 (1919).
[6] ITERSON, C. VAN: Zbl. Bakter. II **11**, 689 (1904).
[7] Vgl. dazu LAFAR: Handbuch der technischen Mykologie **3**, 307—322. Jena 1904—06.
[8] KRAINSKY, A.: Zbl. Bakter. II **41**, 673 (1915).

Zellulose wurde mit einer durch Dikaliumphosphat (K_2HPO_4) schwach alkalisch gemachten Nährlösung befeuchtet und mit Gartenerde beimpft. Durch Überimpfen gelang es, mehrere Aktinomyzesarten u. a. Act. cellulosae, Act. roseus, Act. griseus zu isolieren.

Ob der Zelluloseabbau durch Aktinomyzeten im Boden, dessen Zwischen- und Endprodukte ebenfalls nicht untersucht sind, eine bedeutende Rolle spielt, ist unbekannt. Die Zersetzung scheint bei einigen Arten etwas energischer zu verlaufen, als der Angriff der Schimmelpilze. Beachtenswert ist die bei Act. cellulosae beobachtete Reduktion von Nitrat zu Nitrit, was an das Verhalten mancher Bakterien erinnert.

3. Der Zelluloseabbau durch aerobe Bakterien,

wird nach den Angaben C. van Itersons[1] in vitro eingeleitet, indem in dünner Schicht ausgebreitete Zellulose, Leinwand usw. mit Magnesiumammoniumphosphat ($MgNH_4PO_4$) bestreut, mit einer alkalischen Dikaliumphosphatlösung befeuchtet und mit Grabenmoder oder Humus angeimpft wird. Bei Zimmertemperatur entwickeln sich rasch zahlreiche verschiedenartigste Mikroorganismen[2], besonders auffallend ein größerer Mikrokokkus sowie eine kleine charakteristische braune Stabbakterie, Bac. ferrugineus.

Die Zellulose wird meist rasch, ohne Gasentwicklung, in eine gelblich bis rötlich gefärbte schleimige Masse übergeführt. Die Reaktion verläuft manchmal so heftig und mit solchem Sauerstoffverbrauch, daß gelegentlich der aerobe Zelluloseabbau in eine anaerobe Wasserstoff- und Methangärung übergeht. Die im Falle der aeroben Zellulosezersetzung, die für die Bodenbildung zweifellos eine Rolle spielt, in Betracht kommenden Bakterien sind bisher nicht näher charakterisiert worden, ebensowenig wie die bei der Zerlegung sich abspielenden Prozesse bekannt sind.

4. Zelluloseabbau durch Methangärung hervorrufende Bakterien.

Die bisher besprochenen biochemischen Angriffe auf das Zellulosemolekül durch Fadenpilze, Aktinomyzeten und aerobe Bakterien finden vornehmlich bei Gegenwart von Luftsauerstoff statt. Die größten Mengen Zellulose jedoch werden in der Natur von Bakterien abgebaut, die weit verbreitet und in großer Zahl in Sümpfen, im Grabenmoder, Humus, Schlamm, Dünger, Stallmist unter anaeroben Bedingungen vorkommen.

Die allgemein bekannte Sumpfgärung, bei der ein Gasgemenge, Kohlensäure, Wasserstoff und Methan, entwickelt wird, kann nach Omelianski[3] in vitro reproduziert werden. Eine mit Ammoniumsalzen oder Eiweißspaltprodukten versetzte Zelluloseaufschwemmung wird in tiefer Schicht mit Grabenmoder beimpft und zwischen 30 und 40° stehengelassen. Im Verlaufe von etwa 3 Wochen setzt ein merklicher Zellulosezerfall unter Gasabgabe ein. Durch mehrmalig wiederholtes Überimpfen aus diesen in Gärung befindlichen Lösungen in immer wieder frische Zellulosesuspensionen gelingt es allmählich, die die Wasserstoffgärung hervorrufendenBakterien immer mehr zurückzudrängen, bis schließlich eine reine Methangärung resultiert.

Als Stoffwechselendprodukte werden 43,5 % Kohlensäure, 6,5 % Methan und 50 % Fettsäuren, hauptsächlich Buttersäure, daneben in untergeordneter Menge ihre niederen Homologen angegeben. Es muß natürlich für Neutralisation dieser in beträchtlicher Menge entstehenden Fettsäuren gesorgt werden, da sonst

[1] Iterson, C. van: Zbl. Bakter. II 11, 689 (1904).
[2] Vgl. auch J. Sack: Zbl. Bakter. II **62**, 77 (1924).
[3] Omelianski: Zbl. Bakter. II **8**, 193 (1902).

die überdies keineswegs rasch verlaufende Methangärung bald zum Stillstand kommt. Aber auch bei Zusatz von Kalziumkarbonat dauert es wochen- ja monatelang, bis einige Gramm Filtrierpapier völlig zersetzt sind.

Der Zelluloseabbau im Magen und Darm einiger höherer pflanzenfressender Tiere ist in seinem ersten Stadium nicht auf Zellulose lösende Fermente dieser Tiere zurückzuführen[1]. Er erfolgt vielmehr durch eine Anzahl von reine Methangärung hervorrufenden Bakterienarten. Es ist aber wahrscheinlich, daß der Zelluloseabbau in vivo doch etwas anders verläuft als im Reagenzglase. Die intermediär aus Zellulose entstehenden Zucker werden bestimmt, ehe sie von den Mikroben weiter verarbeitet werden können, z. T. wenigstens resorbiert. Nur so ist es zu erklären, daß der Nutzwert der Zellulose größer ist, als bei totalem Abbau bis zu den einfachen Fettsäuren, Kohlensäure und Methan vorausberechnet werden kann.

5. Zelluloseabbau durch Wasserstoffgärung hervorrufende Bakterien.

Bei der künstlich reproduzierten anaeroben Sumpfgärung kann nach OMELIANSKI (l. c.) die Methangärung so weit zurückgedrängt werden, daß man von einer fast reinen Wasserstoffgärung sprechen kann. Es geschieht das durch mehrmaliges Erhitzen des Gärgutes 10 Minuten lang auf 80°, wodurch die empfindlichen Methanbakterien allmählich zum Absterben kommen. Bei der reinen Wasser stoffgärung werden als Stoffwechselendprodukte 4 % Wasserstoff, 29 % Kohlensäure und 67 % Fettsäuren beschrieben, die natürlich, am besten durch vorher zugegebenes Kalziumkarbonat, wieder neutralisiert werden müssen.

6. Zelluloseabbau durch Bakterien bei gleichzeitiger Denitrifikation.

Nach den Befunden von C. VAN ITERSON (l. c.) kommen im Erdboden, im Grabenmoder, Kanalwasser usw. Zellulose abbauende Bakterien vor, die am besten bei Luftabschluß befähigt sind, die beim Zelluloseabbau frei werdende Energie zur Reduktion von Nitratstickstoff bis zu elementarem Stickstoff auszunützen (denitrifizierende Bakterien). Der frei gemachte Sauerstoff wird zu weitgehender Zelluloseoxydation verwendet. Aus diesem Grunde kann der Vorgang, bei dem außer Stickstoff noch Wasser und Kohlensäure entstehen, nicht zu den anaeroben Prozessen gerechnet werden, bei denen im wesentlichen Wasserstoff und Methan aus Zellulose gebildet werden.

Bei der Reproduktion dieses sich im Boden abspielenden Vorganges in vitro, unter Benutzung von Kalisalpeter als Stickstoffquelle, kommt der Prozeß zwar bald durch Entstehung des stark alkalisch reagierenden Kaliumkarbonats zum Stillstand. Aber es ist anzunehmen, daß im Boden durch Säuren das Kaliumkarbonat rasch verändert wird. Unter ungünstigen Umständen kann somit nicht nur der im Boden befindliche oder der durch künstliche Düngung zugefügte Nitratstickstoff, sondern auch der durch die Tätigkeit der nitrifizierenden Bakterien aus Ammonstickstoff erst gebildete für die Pflanzenernährung größtenteils verlorengehen. Bemerkenswert in diesem Zusammenhang ist die von A. KOCH, LITZENDORFF, KRULL und ALVES[2] gemachte Beobachtung, daß die Nitrat zerstörende Wirkung der denitrifizierenden Bakterien durch andere im Mist vorkommende Kleinlebewesen aufgehoben wird. Hierdurch tritt die Bedeutung der Düngung mit Stallmist auch für die Erhaltung des Bodenstickstoffs deutlich zutage.

[1] SCHEUNERT: Z. physiol. Chem. **48**, 9 (1906). — ELLENBERGER: Z. physiol. Chem. **96**, 236 (1915/16).

[2] KOCH, A., und Mitarbeiter: J. Landw. **1907**, 355.

Auch bei gleichzeitiger Anwesenheit von Mikroorganismen, die in der Lage sind, elementaren Stickstoff direkt zu assimilieren, wird die verheerende Wirkung der denitrifizierenden Bakterien für die Pflanzenernährung aufgehoben. Die Stickstoff bindenden Bakterien sind zwar nicht in der Lage, die Zellulose selbst anzugreifen. Aber sie können, noch bevor die Zellulose abbauenden Bakterien die aus dem Zellstoff geschaffenen ersten Abbauprodukte weiter zersetzen, diese als Energiequelle benützen und mit ihrer Hilfe den elementaren Stickstoff in eine assimilierbare Form überführen. Dieser steht dann den Zellulosezerstörern zur Verfügung. H. PRINGSHEIM[1] hat durch Vergleich der entstehenden Fettsäuremengen gezeigt, daß die Ausnützung der Zellulose durch Methan- oder Wasserstoffgärung hervorrufende Bakterien in einem stickstoffhaltigen Nährmedium erheblich unvollständiger ist, als wenn in stickstoffarmer oder gar -freier Nährlösung noch andere Bakterienarten, nämlich die zur Stickstoffassimilation befähigten, an der Niederreißung des Zellulosemoleküls arbeiten. Auch assimilieren diese bei Benützung der widerstandsfähigen Zellulose als Energiequelle zwei- bis dreimal soviel Stickstoff als bei Anwendung der gleichen Menge löslicher Kohlenhydrate.

7. Zelluloseabbau durch thermophile Bakterien.

Die Zellulosezersetzung durch thermophile Bakterien geht meist unter anaeroben Bedingungen bei einer optimalen Temperatur von 55—60° sehr rasch vonstatten; der Zellstoff wird dabei in etwa ebensoviel Tagen zersetzt, wie die Wasserstoff- oder Methangärung Wochen benötigt.

MAC FADYEN und BLAXALL[2] ließen thermophile Bakterien aus Kuh- oder Pferdemist auf Zellulose einwirken, wobei Essigsäure und Buttersäure als einzige Spaltprodukte aufgefunden werden konnten. H. PRINGSHEIM[3] verdanken wir eine genaue Untersuchung der Stoffwechselendprodukte; er fand neben Wasserstoff und Kohlensäure 45 % Fettsäuren, lediglich Ameisensäure und Essigsäure, letztere bei weitem überwiegend. Buttersäure wurde zum Unterschied von den bei niedriger Temperatur verlaufenden Zellulosevergärungen nicht gefunden.

H. LANGWELL und H. LLOYD HIND[4] beschrieben einen aus Pferdemist isolierten und anscheinend in Reinkultur erhaltenen fakultativ anaeroben Bazillus, der bei einer optimalen Temperatur von 60—65° Zellulose mit außerordentlicher Heftigkeit, am schnellsten unter Ausschluß von Luftsauerstoff unter Bildung von Alkohol, Essigsäure, Milchsäure, Wasserstoff und Methan zerstören soll. Die Abbauprodukte erinnern stark an die durch Bact. coli oder lactis aerogenes bewirkte Zuckerspaltung, wobei man sich das Methan durch Dekarboxylierung aus Essigsäure entstanden denken kann. — Der Vollständigkeit halber sei erwähnt, daß A. KROULIK[5] ein aerobes thermophiles Zellulosebakterium beschrieben hat, das an gasförmigen Produkten lediglich Kohlensäure, an Fettsäuren in geringer Menge Ameisensäure und Buttersäure, hauptsächlich aber Essigsäure, liefern soll.

Zwischenprodukte des bakteriellen Zelluloseabbaues.

Es ist ohne weiteres einleuchtend, daß, ebensowenig wie etwa die durch Hefen und Fermente bewirkte alkoholische Zuckergärung als glatter Zerfall des Zucker-

[1] PRINGSHEIM, H.: Zbl. Bakter. II **23**, 300 (1909); **26**, 221 (1910); Mitt. dtsch. Landwirtschaftsges. **1913**, 26, 43.

[2] MAC FADYEN u. BLAXALL: Trans. Jenner Inst. of Prevent Med., II. s. **1899**, 182.

[3] PRINGSHEIM, H.: Z. physiol. Chem. **78**, 288 (1912); Zbl. Bakter. II **35**, 308 (1912); **38**, 513 (1913).

[4] LANGWELL, H., u. H. LLOYD HIND: Wschr. Brauerei **40**, 123 (1923); C. **1923 IV**, 250.

[5] KROULIK, A.: Zbl. Bakter. II **36**, 343 (1913).

moleküls in Alkohol und Kohlensäure anzusehen ist, auch bei dem durch Mikroorganismen bewirkten fermentativen Zelluloseabbau eine Reihe von Zwischenstufen durchlaufen werden. Ob es sich dabei um die Wirkung von Endoenzymen nach PRINGSHEIM[1] oder nach der Ansicht ELLENBERGERS[2] um Ektoenzyme handelt, sei dahingestellt.

Es lag wohl auf der Hand, beim Zelluloseabbau zunächst eine Hydrolyse des Substrates zu Sacchariden anzunehmen. In der Tat ist es C. VAN ITERSON (l. c.) als erstem gelungen, mit einem Pilzextrakt Zellulosezersetzung hervorzurufen und d-Glykose als Osazon nachzuweisen. H. PRINGSHEIM[1] ging einen Schritt weiter. Auf der Höhe des Zelluloseabbaues sich befindliche Kulturen verschiedener Mikroorganismen (Zellulose lösende Schimmelpilze, denitrifizierende, Methangärung und Wasserstoffgärung hervorrufende Bakterien, thermophile Zellulosebakterien) wurden mit einer Lösung von Jodoform in Azeton durchgeschüttelt. Dadurch kam die Gärung zum Stillstand, während die hydrolisierenden Fermente nicht wesentlich geschädigt wurden, so daß d-Glykose als Osazon nachgewiesen werden konnte. Wurden jedoch mit Jodoform behandelte Kulturen auf 67° erhitzt, dann blieb die Hydrolyse bei der Zellobiose stehen. Auf die Zellulose wirkt demnach, wenn die Anschauungen PRINGSHEIMS zu Recht bestehen, zunächst das Enzym Zellulase mit einem Temperaturoptimum von 46° und einem Wirkungsbereich zwischen 20 und 70° ein, das den Abbau zur Zellobiose erwirkt. Diese wird dann bis zum Traubenzucker aufgespalten durch das Ferment Zellobiase, das bei 67° unwirksam gemacht werden kann.

Beachtenswert ist der von SEILLIÈRE[3] gemachte Befund, daß der fermentreiche Hepatopankreassaft der Weinbergschnecke befähigt ist, aus Schweizers Reagenz umgefällte Zellulose zur d-Glykose abzubauen. Die Untersuchungen wurden von P. KARRER[4] wieder aufgenommen und nach der quantitativen Seite hin ergänzt. Vorbehandelte Zellulose (Glanzstoff, Viskoseseide, Kalziumrhodanidbaumwolle) konnte quantitativ in Traubenzucker übergeführt, dieser kristallisiert und als Phenylglykosazon erhalten werden. Auch native Zellulose wurde von einer konzentrierten Schneckenzellulaselösung in vitro merklich, wenn auch nicht quantitativ, zur d-Glykose abgebaut.

In einer neueren Arbeit haben C. NEUBERG und R. COHN (l. c.) bei einer gemischten Wasserstoff-Methan-Zellulosevergärung mit dem bekannten Sulfitabfangverfahren, bei einem thermophilen Zelluloseabbau durch Kondensation mit Dimedon (Dimethylhydroresorzin) Azetaldehyd als weiteres Zwischenprodukt des bakteriellen Zelluloseabbaues nachweisen können, als dessen Muttersubstanz die Autoren Brenztraubensäure ansehen. Die Zersetzung der aus Zellulose frei gemachten d-Glykose spielt sich also wohl im Rahmen einer Essigsäure- bzw. Buttersäuregärung ab.

Umwandlung der Zellulose im Erdboden.

Die nach dem Absterben der Pflanze in den Erdboden gelangende Zellulose wird bei ihrer Empfänglichkeit für die Einwirkung von Mikroorganismen, mindestens zum großen Teil, diesen Angriffen erliegen. Es ist beachtenswert, daß die Hauptmenge der Zellulose, abgesehen von einigen sehr langsam wirkenden Schimmelpilzen, die als reine Kulturen iosliert werden konnten, und vielleicht von einigen isolierbaren Aktinomyzetenarten, von Spaltpilzen im Boden ab-

[1] PRINGSHEIM, H.: Z. physiol. Chem. 78, 266 (1912).
[2] ELLENBERGER: Z. physiol. Chem. 98, 250 (1915/16).
[3] SEILLIÈRE, G.: C. r. Soc. Biol. 63, 515 (1907).
[4] KARRER, P.: Z. angew. Chem. 37, 1003 (1924). — KARRER, P., u. H. ILLING: Z. Kolloidchem. 36 (Erg.-Bd.), 91 (1925).

gebaut wird. Es hat sich nun herausgestellt, daß mit zunehmender Reinheit der Zellulose lösenden Bakterienkulturen im allgemeinen ihre Fähigkeit, Zellstoff abzubauen, abnimmt, daß die Zellulose am schnellsten und auch gründlichsten dem kombinierten Angriff mehrerer Bakterienarten unterliegt. Ein schönes Beispiel hierfür ist die von H. PRINGSHEIM[1] mitgeteilte Beobachtung, daß die bei Wasserstoff- und Methangärung in großen Mengen (bis 67 % der Zellulose) auftretenden Fettsäuren bei gleichzeitiger Anwesenheit stickstoffbindender Bakterien kaum mehr aufgefunden werden können. Die Zellulose stellt also die vielleicht ergiebigste Energiequelle für das Leben der Bodenmikroben dar.

Die Bedeutung der beim bakteriellen Zelluloseabbau in ungeheuren Mengen frei werdenden Kohlensäure für den durch die Assimilation bewirkten Aufbau des Pflanzenkörpers, der letzten Endes wieder in den Boden übergeht, wurde bereits erwähnt. Daß aber gerade die Zellulose von den Bodenmikroorganismen nicht allein als Energie- sondern in hervorragendem Maße auch als Substanzquelle herangezogen wird, wurde in einer Reihe von Untersuchungen von S. A. WAKSMAN[2] neuerdings nachdrücklich betont. Danach ist mit der Zersetzung der Zellulose im Boden durch Mikroorganismen stets eine synthetische Bildung stickstoffhaltiger Zellsubstanz verbunden. Und zwar findet man bei der Einwirkung einer gemischten Mikrobenflora unter aeroben Bedingungen vom Kohlenstoffgehalt der Zellulose 50—65 % als Kohlensäure wieder, 25—35 % werden zur Bildung von neuer Zellsubstanz verbraucht, während 5—10 % als vorläufiges Zwischenprodukt im Boden bleiben. — Unter anaeroben Bedingungen[3] wird nur ein geringer Prozentgehalt des Zellulosekohlenstoffes zu Kohlensäure verarbeitet. Auch zum Körperaufbau der Mikroorganismen wird nur wenig Zellulose verwandt. Die Hauptmenge der Zellulose soll in diesem Falle nur wenig verändert werden und zunächst als Zwischenprodukt im Boden bleiben. Der letztere Befund ist erstaunlich und steht einigermaßen im Widerspruch mit anderen Angaben von lebhafter Zellulosezersetzung in wäßrigem Nährmedium, auch bei anaeroben Bedingungen, unter Kohlensäure-, Wasserstoff- und Methanbildung. Eine wertvolle Ergänzung zu diesen Befunden WAKSMANS bilden vielleicht neuere, auf dem Ergebnis experimenteller Arbeiten beruhende Ansichten von MARCUSSON[4] und F. BERGIUS[5], über die noch berichtet werden soll.

Beachtenswert ist jedoch der Nachweis, daß unter aeroben Bedingungen ein erheblicher Teil der Zellulose in lebende Zellsubstanz übergeführt wird. Das ist natürlich auch mit einer Umwandlung von den im Boden befindlichen anorganischen oder in Zerfall befindlichen organischen Stickstoffverbindungen in Zellsubstanz verknüpft. S. A. WAKSMAN gibt bei der Zellstoffspaltung durch aerobe Bakterien an, daß die zersetzte Zellulose zu der zur Synthese benötigten Stickstoffmenge sich ungefähr wie 30 : 1 verhalten soll. Nach dem Absterben dieser Zellen gehen natürlich die Zellsubstanz bzw. deren Zerfallsprodukte in den Boden über. Hier erweisen sie sich, besonders bei niederer Temperatur und unter anaeroben sauren Bedingungen gegen die Einwirkung von Mikroorganismen als auffallend resistent. Zusammen mit den aus widerstandsfähigem Pflanzenmaterial herrührenden anderen Substanzen bzw. deren wenig veränderten Abbauprodukten (Lignin, Kutin, Chitin, Wachsen, Fetten usw.) ist die von Mikroorganismen herrührende Zellsubstanz in hervorragendem Umfange an der Zug-

[1] PRINGSHEIM, H.: Zbl. Bakter. II **23**, 300 (1909); **26**, 221 (1910).
[2] WAKSMAN, S. A: Soil Sci. **22**, 123, 221, 323, 395, 421 (1926); C. **1926 II**, 2106, 2840; C. **1927 I**, 345, 510, 1728; Naturwiss. **15**, 689 (1927); C. **1927 II**, 1884; Cellulosechem. **8**, 97; C. **1927 II**, 2002.
[3] WAKSMAN, S. A.: Mitt. internat. bodenkundl. Ges. **2**, 309 (1926); C. **1927 II**, 1389.
[4] MARCUSSON, J.: Z. angew. Chem. **1925**, 339.
[5] BERGIUS, F.: Naturwiss. **16**, 1 (1928).

sammensetzung des Humus beteiligt. Erst unter aeroben Bedingungen, bei höherer Temperatur und in Gegenwart von freien Basen erleiden auch die auffallend widerstandsfähigen Humussubstanzen, die später eingehend behandelt werden sollen, durch die Einwirkung bestimmter Mikroorganismenarten eine langsame Veränderung.

Abbau des Lignins.

Während die gegen chemische Einflüsse widerstandsfähige Zellulose der Einwirkung von Mikroorganismen in hohem Grade zugänglich ist, erweist sich der Begleiter der Zellulose in verholzten Membranen, das Lignin, chemischen Angriffen gegenüber als leicht veränderlich. Auch im Körper der lebenden Pflanze scheint dieser Baustein der Zellmembran gewissen Umsetzungen unterworfen zu sein. Die beim chemischen Abbau des Lignins gefundenen Spaltprodukte, Vanillin und Koniferylalkohol, werden, letzterer als Glykosid Koniferin, bei natürlichen Zersetzungsprozessen des Holzes gelegentlich gefunden. Natürlich ist die Annahme auch denkbar, daß wir es in diesem Falle nicht mit Abbauprodukten, sondern mit Vorstufen des Lignins zu tun haben. Auch ist von verschiedenen Forschern[1] auf die chemische Verwandtschaft bestimmter Pflanzenstoffe mit dem Lignin hingewiesen worden. Flechtenstoffe, Gerbstoffe, Holz- und Blütenfarben, Harze und Harzsäuren, bei denen vielfach ebenso wie beim Lignin als Spaltprodukt Protokatechusäure beschrieben wird, haben fast alle den Pyron- oder Flavonkern im Molekül oder sind vom Chinontypus. Alle diese funktionell verschiedensten Stoffe sind also wohl miteinander verwandt und können vielleicht in der lebenden Pflanze ineinander übergeführt werden. Zum mindesten ist es denkbar, daß sie aus einer Grundsubstanz hervorgegangen sind.

So umwandlungsfähig das Lignin durch chemische Eingriffe im Laboratorium, wahrscheinlich auch in der lebenden Pflanze, sich erweist, ebensolchen Widerstand bringt es der Einwirkung von Mikroorganismen entgegen. Wie aus zahlreichen Untersuchungen von Bray und Andrews[2], Schrader[3], C. Wehmer[4], H. Pringsheim und W. Fuchs[5] und anderen hervorgeht, kann selbst in guter Nährlösung Lignin im allgemeinen nicht als Kohlenstoffquelle benützt werden. Wird ein Gemenge von Zellulose und Lignin (entweder ein künstlich hergestelltes oder ein natürliches, z. B. Holz) der Einwirkung von Mikroben ausgesetzt, dann verschwindet die Zellulose ziemlich rasch und unter günstigen Bedingungen bis auf einen geringen Bruchteil vom Ausgangsmaterial. Der Lignin- und mit ihm der Methoxylgehalt nimmt prozentualiter zu, natürlich in dem Maße wie die Zellulose entfernt wird. Der Masse nach bleibt das Lignin jedoch fast konstant. In seinem Aussehen und chemischen Verhalten erleidet es jedoch merkliche Veränderungen. Seine Löslichkeit in Alkohol nimmt zu, es wird dunkler, bei gleichbleibendem Wasserstoffgehalt nimmt der Kohlenstoff zu; der Methoxylgehalt nimmt ab, hierdurch werden Phenolgruppen frei gemacht, wodurch das vorher neutrale Lignin merklich sauren Charakter erhält und daher alkalilöslicher wird. Kurz zusammengefaßt: Das Lignin bekommt Humincharakter. Diese Veränderungen des Lignins im Boden haben zu der noch zu besprechenden Fischer-Schraderschen Lignintheorie der Kohle geführt.

[1] U. a. E. Beckmann u. O. Liesche: Biochem. Z. **121**, 293 (1921). — A. Cleve v. Euler: Zellulosechem. **2**, 128 (1928).

[2] Bray u. Andrews: J. Ind. Eng. Chem. **16**, 137; C. **1924 I**, 1723.

[3] Vgl. hierzu F. Fischer u. H. Schrader: Entstehung und chemische Struktur der Kohle. Essen 1922.

[4] Wehmer, C.: B. **48**, 130 (1915); Br. **6**, 101 (1925).

[5] Pringsheim, H., u. W. Fuchs: B. **56**, 2095 (1923).

Abbau der Pektinstoffe.

Während wir über die Zersetzungen, die das Lignin und besonders die Zellulose durch Mikroorganismen erleiden, im allgemeinen gut unterrichtet sind, liegen über die Umsetzungen, welche die in der Pflanzenwelt weit verbreiteten Pektinstoffe, die vielleicht eine Vorstufe des Lignins darstellen[1], im Boden erfahren, experimentelle Angaben nicht vor. In Pflanzen und Mikroorganismen sind vielfach Pektin abbauende Enzyme beschrieben worden. Die fermentative Pektinzerstörung spielt bei manchen technischen Prozessen, so bei der Flachsröste[2] und bei der Tabakfermentation[3] eine gewisse Rolle. Bei zahlreichen pflanzlichen Säften wird von einer Anzahl von Forschern (FRÉMY[4], BERTRAND[5], BOURQUELOT[6], v. EULER[7] u. a.) die Fähigkeit, Pektinlösungen zum Gelieren zu bringen, beschrieben, was wahrscheinlich auf einen durch das Ferment Pektase bewirkten Abbau des Pektins (richtiger wohl des Hydratopektins bzw. der Pektinsäure) zum Kalzium-Magnesium-Salz der Tetragalakturonsäure zurückzuführen ist[1].

Ein anderes Ferment, die in keimender Gerste vorkommende Pektinase (besonders wirkungsvoll ist das aus Schimmelpilzen technisch gewonnene Enzymgemisch Takadiastase) baut nach F. EHRLICH[8] Pektinstoffe schon bei Zimmertemperatur wahrscheinlich über das Hydratopektin und die Tetragalakturonsäure ab; anscheinend wird auch die letztere weiter aufgespalten.

Über den Verbleib des Pektins, das nach dem Absterben des Pflanzenkörpers ganz zweifellos in großen Mengen in den Boden übergeht, ist nichts bekannt. Es ist mit Sicherheit anzunehmen, daß durch die Einwirkung von Mikroorganismen im Boden eine Aufspaltung des Pektinmoleküls erfolgt, und daß einige Teile davon, namentlich auch Hexosen, rasch weiter abgebaut werden. Der nach F. EHRLICH[1] allen Pektinstoffen eigentümliche Tetragalakturonsäurekomplex scheint gegen die Einwirkung von Mikroorganismen bzw. deren Fermente widerstandsfähiger zu sein. Er bleibt daher wohl längere Zeit im Boden, verändert sich hier nur langsam und trägt durch seine saure Natur zur Bildung der Humusstoffe, besonders der Humussäuren bei.

Natürlich ist auch, worauf F. EHRLICH als erster aufmerksam gemacht hat, mit dem Pektin als Ausgangsmaterial für die Entstehung der Kaustobiolithe, der brennbaren organischen Gesteine, zu rechnen. Der Ligningehalt der für die Kohlebildung in erster Linie in Betracht kommenden niederen Gefäßkryptogamen (Sphagmen, Schachtelhalme, Farren u. a. m.) ist auffallend gering. Immer mehr bricht sich die Ansicht Bahn, daß ein großer Teil der Kohle „keineswegs immer aus holziger Substanz hervorgegangen ist, sondern — vielleicht sogar in überragendem Maße — aus krautigen, nicht verholzten Pflanzenteilen"[9]. Deren Membran

---

[1] Vgl. F. EHRLICH: Z. angew. Chem. **40**, 1305 (1927). — W. FUCHS: Die Chemie des Lignins. 1926.

[2] BEHRENS, I.: Pektingärung. LAFAR: Handbuch der technischen Mykologie **3**. Jena 1904—06.

[3] NEUBERG, C., u. M. KOBEL: Biochem. Z. **179**, 459 (1926). — NEUBERG, C., u. B. OTTENSTEIN: Biochem. Z. **188**, 217 (1927).

[4] FRÉMY: J. pharmac. Chim. **26**, 368 (1840); **36**, 6 (1859); Ann. Chim. physique **24**, 5 (1848).

[5] BERTRAND, G., u. MALLÈVRE: C. r. Acad. Sci. **119**, 1012 (1894); **120**, 110; **121**, 726 (1895).

[6] BOURQUELOT, E., u. H. HÉRISSEY: J. pharmac. Chim. **7**, 473 (1898); C. r. Acad. Sci. **127**, 191 (1898).

[7] EULER, H., u. O. SVANBERG: Biochem. Z. **100**, 271 (1919).

[8] EHRLICH, F.: Z. angew. Chem. **40**, 1305 (1927).

[9] LANGE, TH.: Gluckauf **1928**, 49.

ist aber besonders reich an Pektin, dessen biologisch festen Kern die Tetragalakturonsäure darstellt.

Die Pektinstoffe, ebenso wie das Lignin und die Zellulose zeigen also gegen die Einwirkung von Mikroorganismen eine gewisse Resistenz. Zum Unterschied von den leicht löslichen Kohlenhydraten, die für die Bodenbildung direkt kaum in Frage kommen, unterliegen sie unter gewissen Bedingungen einer Humifizierung. An dieser Stelle sei daher kurz auf unsere Kenntnisse von der Zusammensetzung und Entstehung der Humusstoffe eingegangen.

Einteilung der Humusstoffe.

Einer von SVEN ODÉN[1] übernommenen Einteilung folgend, werden alle im Boden befindlichen organischen Stoffe in weitestem Sinne unter dem Namen Humus zusammengefaßt. Man hat also darunter alle frischen, unzersetzten pflanzlichen und tierischen Bestandteile, in Zersetzung begriffene und völlig zersetzte Stoffe sowie die Bodenmikroorganismen zu verstehen.

Das frische pflanzliche und tierische Material unterliegt durch die Einwirkung von Luft, Wasser und Mikroorganismen zunächst einer raschen, von reichlicher Kohlensäureentwicklung begleiteten Zersetzung. Diese hat nicht immer, namentlich bei Pflanzenstoffen, eine Strukturzerstörung zur Folge; sie wird aber allmählich langsamer, kommt jedoch nie ganz zum Stillstand. In diesem Stadium wird die Summe der organischen Bodenbestandteile, die gelbbraun bis dunkelschwarzbraun gefärbt sind, unter dem Namen Humusstoffe im engeren Sinne, zusammengefaßt. Sie haben eine ausgesprochene Affinität zum Wassser und sind teils in Wasser löslich oder wenigstens dispergierbar, zum mindesten zeigen sie eine deutliche Quellung.

Die Humusstoffe haben meist merklich sauren Charakter. Durch Alkalien können sie teilweise in Lösung gebracht werden. Der in Alkalien unlösliche Anteil ist schwarz und wird mit dem Namen Humuskohle (Humin oder Ulmin) bezeichnet.

Die mit Alkali als Salze in Lösung gebrachten sauren Bestandteile der Humusstoffe, die Huminsäuren, können z. T. mit Mineralsäuren wieder gefällt werden. Die ausgefallenen Säuren werden durch Alkohol in einen darin unlöslichen Bestandteil, die Humussäure, und einen löslichen Anteil, die Hymatomelansäure zerlegt.

Die Humussäure bleibt beim Ausziehen mit Alkohol als dunkelbraune, fast schwarze Masse zurück. Titrationen deuten auf ein Äquivalentgewicht von ungefähr 340, physikalische Messungen auf ein Molekulargewicht von etwa 1400. Also befinden sich wahrscheinlich 4 freie Karboxylgruppen im Molekül. Durch Methylierung, Azetylierung und Benzoylierung können bei einem Molekulargewicht von etwa 1400 3—4 freie OH-Gruppen nachgewiesen werden. Der Gehalt an Stickstoff und Methoxyl ist gering. Bei der Elementaranalyse werden 57—59 % C und 4,3—5 % H gefunden. Es muß also noch Sauerstoff in anderer Bindung — Sauerstoffbrücken, Furanringe — im Molekül vorhanden sein.

Die Hymatomelansäure wird aus der alkoholischen Lösung durch Fällen mit Wasser als schokoladenbrauner bis gelbbrauner Niederschlag erhalten. Als Äquivalentgewicht findet man etwa 250. Da aus dem ursprünglich humushaltigen Boden mit Alkohol nur sehr wenig extrahiert wird, ist mit der Möglichkeit zu rechnen, daß die Hymatomelansäure zum Teil wenigstens aus der Humussäure bei Behandlung mit Alkali und Säure durch Umlagerung oder Hydrolyse erst entsteht.

---

[1] ODÉN, SVEN: Die Humussauren. Dresden u. Leipzig 1919.

Elementaranalysen ergeben bei der Hymatomelansäure im allgemeinen einen etwas höheren Kohlenstoffgehalt als bei der Humussäure, 62—63 % C und 4,9—5,3 % H.

Über die chemische Natur dieser wasserunlöslichen Huminsäuren, deren Einheitlichkeit keineswegs erwiesen ist, ist so gut wie nichts bekannt. Bei Abbauversuchen wurden in einigen Fällen Protokatechusäure gewonnen. Kalischmelze, Druckerhitzung sowie Druckoxydation ergaben Benzolkarbonsäuren, also ähnliche Stoffe wie aus Lignin erhalten wurden. Der Gedanke war also naheliegend, diese Substanz, bei ihrer Widerstandsfähigkeit gegen Mikroorganismen, in Beziehungen zu bringen mit der Bildung der Humusstoffe im Boden, die eine Etappe auf dem Wege zum Torf, sowie zur Braun- und Steinkohle darstellt. So vertreten F. FISCHER und H. SCHRADER[1] in ihrer bekannten Lignintheorie der Kohle die Ansicht, daß bei der Vertorfung der Pflanzenreste die Zellulose unter Mitwirkung von Bakterien verbraucht wird und daher keinen irgendwie bedeutenden Anteil an der Bildung der Kohle hat. Diese soll vielmehr in der Hauptsache aus Lignin entstanden sein. Gegen die Lignintheorie, soweit sie alle anderen Pflanzensubstanzen, namentlich die Zellulose, als Ausgangsmaterial für die Kohlebildung ausschließen will, sind gewichtige Einwendungen erhoben worden. Vor allem wurde u. a. von MARCUSSON[2] darauf hingewiesen, daß die hauptsächlich an der Kohlebildung beteiligten Pflanzen gar nicht ligninhaltig genug sind, um die Entstehung der ungeheuren Kohlenlager allein aus diesem Material erklären zu können. Alle niederen im Wasser lebenden Pflanzenstämme sind völlig ligninfrei. Phylogenetisch betrachtet setzt die Verholzung erst mit dem während des Karbons erfolgten Anslandgehen der Pflanzen aus dem Meere ganz allmählich ein. Steinkohlen und Anthrazit sind die während dieser Periode aus niedrigsten Gefäßkryptogamen, Schachtelhalmen, Farren und Schuppenbäumen, die bestimmt nicht sehr ligninhaltig waren, entstandenen Produkte. Die in späteren Perioden (Tertiär) in verlandeten Süßwasserseen und Sümpfen gebildeten Braunkohlen, ebenso wie der in historischer Zeit auf ähnliche Weise entstandene Torf sind zum allergrößten Teil die Produkte der Vermoderung von sehr ligninarmen Sphagnumarten. Diese Betrachtungen führten zu der Arbeitshypothese, daß das Lignin nicht allein an der Kohlebildung beteiligt sein kann. Dem Hauptbestandteil der pflanzlichen Zellmembran, der Zellulose, muß doch eine größere Widerstandskraft zukommen, die es teilweise wenigstens der Zerstörung durch Mikroorganismen entzieht und dadurch der Kohlebildung erhält.

In der Tat führten weitere Untersuchungen zur Bestätigung dieser Anschauungen. Im feuchten wäßrigen Torf sind seit langem wasserlösliche Huminsäuren bekannt, die wegen der goldgelben Farbe ihrer Lösungen von S. ODÉN Fulvosäuren genannt und nach ihrer Empfindlichkeit gegen Oxydationsmittel in Krensäuren und Apokrensäuren untergeordnet wurden. Diese wasserlöslichen Huminsäuren wirken in einiger Konzentration stark hemmend auf Bakterienwachstum, wodurch die Armut mancher älterer Torfe an Mikroorganismen, ja ihre bisweilen beobachtete Sterilität, eine ungezwungene Erklärung findet. So ist es auch zu verstehen, daß stets im Torf, ja auch noch in der Kohle, gelegentlich von dem Vorkommen von Zelluloseresten berichtet wird. Auffallend ist ein Befund von S. KOMATSU und H. UEDA[3], die in fossilem Holz einer Sequoia-Art 29,36 % Zellulose gefunden haben.

---

[1] FISCHER, F., u. H. SCHRADER: Entstehung und chemische Struktur der Kohle. Essen 1922.

[2] MARCUSSON: Z. angew. Chem. 1925, 339.

[3] KOMATSU, S., u. H. UEDA: C. 1924 I, 922.

Von besonderem Interesse ist die von MARCUSSON[1] näher untersuchte Humalsäure, die den wasserlöslichen Huminsäuren, also den Fulvosäuren, zuzurechnen ist. Sie bleibt im Filtrat der mit überschüssiger Säure aus den Alkalisalzlösungen gefällten wasserunlöslichen Huminsäuren. Das Filtrat wird neutralisiert und eingeengt. Mit Alkohol kann die Humalsäure ausgezogen werden und wird in einer Ausbeute von 20—30% vom Torf erhalten. Sie hat ein Äquivalentgewicht von etwa 350. Die Verbrennung ergibt 43% Kohlenstoff, 6% Wasserstoff, 51% Sauerstoff. Durch die Analyse, durch Reduktion von Fehlingscher Lösung, sowie durch Bildung eines Phenylhydrazons zeigt die Humalsäure ihre Verwandtschaft zu den Kohlenhydraten an. Bemerkenswerterweise konnte MARCUSSON dieselbe Humalsäure auf dem gleichen Wege wie aus Torf aus Oxyzellulose darstellen. Er weist darauf hin, daß wohl ein großer Teil der Zellulose der Einwirkung von Mikroorganismen zum Opfer fällt. Beträchtliche Mengen müssen jedoch unter bestimmten Bedingungen, bei Gegenwart von Luft, Wasser und Licht in die gegen Mikroben widerstandsfähigere Oxyzellulose übergeführt werden, die dann der Humifizierung und daran anschließend der Inkohlung anheimfällt.

An dieser Stelle sei darauf hingewiesen, daß die präzisen Namen, die den verschiedenen sich nur durch ihre Löslichkeit voneinander unterscheidenden Humuspräparaten gegeben wurden, nicht zu der Ansicht verleiten dürfen, daß wir es in jedem Falle mit chemisch wohldefinierten einheitlichen Substanzen zu tun haben. Alle mit diesen Körpern arbeitenden Forscher weisen im Gegenteil immer wieder darauf hin, daß die einzelnen Humuspräparate sich leicht verändern und ineinander übergehen. In alkalischem Medium ist im allgemeinen ein Löslicherwerden zu beobachten, also ein Übergehen in der Richtung: Humuskohle—Humussäure—Hymatomelansäure—Fulvosäuren, während bei neutraler oder schwach saurer Reaktion, wie sie im Torfboden gewöhnlich ist, ein Dunkler- und Unlöslichwerden, eine Inkohlung einzutreten pflegt.

Künstliche Darstellung von Humusstoffen.

Schon vor dem soeben skizzierten Versuche von MARCUSSON hat es nicht an Bemühungen gefehlt, auf präparativem, gewissermaßen synthetischem Wege ohne Benützung von Torf zu Humusstoffen zu gelangen, und aus den dazu benutzten Ausgangsmaterialien auf die der Humusbildung im Boden zugrunde liegenden Substanzen zu schließen. So ließen sich Eiweiß, Stärke, Zellulose und Zucker, einzeln, aber auch gemischt, unter dem Einfluß von Säuren humifizieren. Als besonders geeignet erwiesen sich zyklische Stoffe, Furanderivate, Brenzschleimsäure, Tryptophan. In alkalischem Medium konnten Phenole[2] in humusähnliche Produkte übergeführt werden. Die verschiedenen Darstellungsweisen weichen allerdings von dem in der Natur beschrittenen Wege ganz erheblich ab. Auch kann, abgesehen von der Humalsäure, für die entstandenen Produkte, wenn auch ganz zweifellos eine gewisse Ähnlichkeit mit den Humusstoffen, besonders den Huminsäuren, vorliegt, eine Identität mit diesen noch mangelhaft charakterisierten Naturstoffen nicht in Anspruch genommen werden. Diese Versuche ergeben also bei vorsichtigem Auswerten lediglich, daß als Ausgangsmaterial für Humusbildung im Boden verschiedene, namentlich zyklische Materialien in Frage kommen können.

Für die Entstehung der Humuskohlen in der Natur waren in fast sterilem Moorboden bei relativ niederer Temperatur Millionen von Jahre erforderlich.

---

[1] MARCUSSON: Z. angew. Chem. **1925**, 339.
[2] ELLER, W.: B. **53**, 1490 (1920); A. **431**, 140 (1923); **442**, 160 (1925).

F. Bergius[1] versuchte, laboratoriumsmäßig in abgekürzter Zeit die Humifizierung darzustellen, indem er unter Luftabschluß die hauptsächlich in Frage kommenden Materialien erhöhten, genau innegehaltenen Temperaturen aussetzte. Über die Ergebnisse der Versuche, soweit sie die Zellulose betreffen, soll kurz berichtet werden.

Um das ganze Versuchsmaterial (Watte) überall bei gleicher Temperatur zu erhalten, und an keiner Stelle eine Überhitzung eintreten zu lassen, wurde als indifferentes Wärmeverteilungs- und Suspensionsmittel, bis zu 300° Mineralöl, über 300° Wasser angewendet. Es stellte sich heraus, daß bei 180—200° nur äußerlich am Versuchsmaterial haftende Feuchtigkeit abgegeben wird, während bei dieser Temperatur eine Zersetzung der Zellulose noch nicht eintritt. Oberhalb 250°, am besten bei 250—300°, wurde eine durch die Gleichung

$$4\,(C_6H_{10}O_5)_x = 2\,(C_{12}H_{10}O_5)_x + 10\,x\,H_2O$$

gekennzeichnete kontinuierlich verlaufende Reaktion beobachtet. Aus der 44,5% kohlenstoffhaltigen Zellulose wird der „Endkörper" $(C_{12}H_{10}O_5)_x$, der 62,5% C enthält. Dieser Endkörper ist nicht alkalilöslich, also keine Humussäure. Wird ihm aber Gelegenheit geboten, bei der Behandlung mit Alkali Sauerstoff aufzunehmen, dann geht er sofort mit brauner Farbe in Lösung, aus der mit Mineralsäuren ein Gemisch von Humussäuren wieder ausgefällt werden kann. Dieses Humussäuregemisch ist mit Alkohol in einen darin löslichen und einen etwa ebenso großen unlöslichen Anteil, die Hymatomelansäure und die Huminsäure (Bergius spricht von Moorhuminsäure), zu trennen:

$$\underset{\text{Endkörper}}{2\,(C_{12}H_{10}O_5)_x} + x\,O_2 = \underset{\text{Hymatomelansäure}}{(C_{12}H_{10}O_5)_x} + \underset{\text{Moorhuminsäure}}{(C_{12}H_8O_6)_6} + H_2O\,.$$

Erhitzen der Zellulose, einschließlich der Sauerstoffbindung, ist also wie folgt zu formulieren:

$$4\,(C_6H_{10}O_5)_x + x\,O_2 = (C_{12}H_{10}O_5)_x + (C_{12}H_8O_6)_x + 11\,x\,H_2O\,.$$

Die aus Zellulose hergestellten Humussäuren zeigten weitestgehend Übereinstimmung mit den aus Torf gewonnenen. Beide geben einen positiven Ausfall der Donathschen[2] „Lignin"reaktion, sie werden mit Salpetersäure mit roter Farbe unter Entwickelung von Stickoxyden in Lösung gebracht; beide können in reduzierende Substanzen aufgespalten werden; der positive Ausfall der Naphthoresorzinreaktion deutet bei der aus Zellulose nach Bergius gewonnenen Humussäure bestimmt auf entstandene Glykuronsäure, die ja auch kürzlich durch Oxydation aus in Schweizer Reagenz gelöster Zellulose mit Kaliumpermanganat gewonnen werden konnte[3].

Der Endkörper $(C_{12}H_{10}O_5)_x$ ist beim Erhitzen über 300° unbeständig. Er zerfällt am besten bei 340° unter Kohlensäureabgabe und liefert eine Endkohle. Diese kann natürlich auch direkt aus Zellulose gewonnen werden, die in Wasser suspendiert (das Öl ist bei dieser Temperatur nicht ganz beständig), nach der Gleichung zerfiel:

$$4\,C_6H_{10}O_5 = 10\,H_2O + 4\,CO_2 + C_{20}H_{16}O_2 + 2\,H_2\,.$$

[1] Bergius, F.: Die Anwendung hoher Drucke bei chemischen Vorgängen und eine Nachbildung des Entstehungsprozesses der Steinkohle. Halle a. d. S.: Wilhelm Knapp 1913. — Die chemischen Grundlagen der Kohlenverflussigung. Sv. kemisk Tidskr. **39**, 189 (1927). — Beitrage zur Theorie der Kohlenentstehung. Naturwiss. **16**, 1 (1928).

[2] Chemiker-Ztg **37**, 373 (1913).

[3] Kalb, L., u. Fr. v. Falkenhausen: B. **60**, 2514 (1927).

Die Endkohle, $C_{20}H_{14}O_2$, läßt sich durch Extraktion mit Alkohol—Benzol zu etwa 70% in Lösung bringen, α-Kohle, während die β-Kohle unlöslich zurückbleibt.

Die α-Kohle, $C_{20}H_{20}O_2$, deren Molekulargewicht in Naphthalin zu etwa 300 bestimmt werden konnte, ist in Alkohol und Natronlauge löslich. Beide Sauerstoffatome liegen als Ketonsauerstoff vor. Beim Erhitzen mit Natronlauge unter Druck geht die α-Kohle in ein Gemisch wasserlöslicher und unlöslicher Phenole über (Keto-Phenol-Umlagerung).

Die β-Kohle, $(C_{10}H_6O)_x$, die zu etwa 30% in dem Alkohol—Benzol unlöslich zurückbleibt, enthält die Hälfte ihres Sauerstoffes als Karbonylsauerstoff, also ist x eine gerade Zahl, mindestens 2. Sie ist in Natronlauge unter Druck unlöslich.

Bemerkenswerterweise konnte F. Bergius auch aus verschiedenen Naturkohlen durch Extraktion mit Benzol—Alkohol eine der α-Kohle ähnliche Substanz isolieren.

Modell der Kohlebildung nach F. Bergius (a. a. O.).

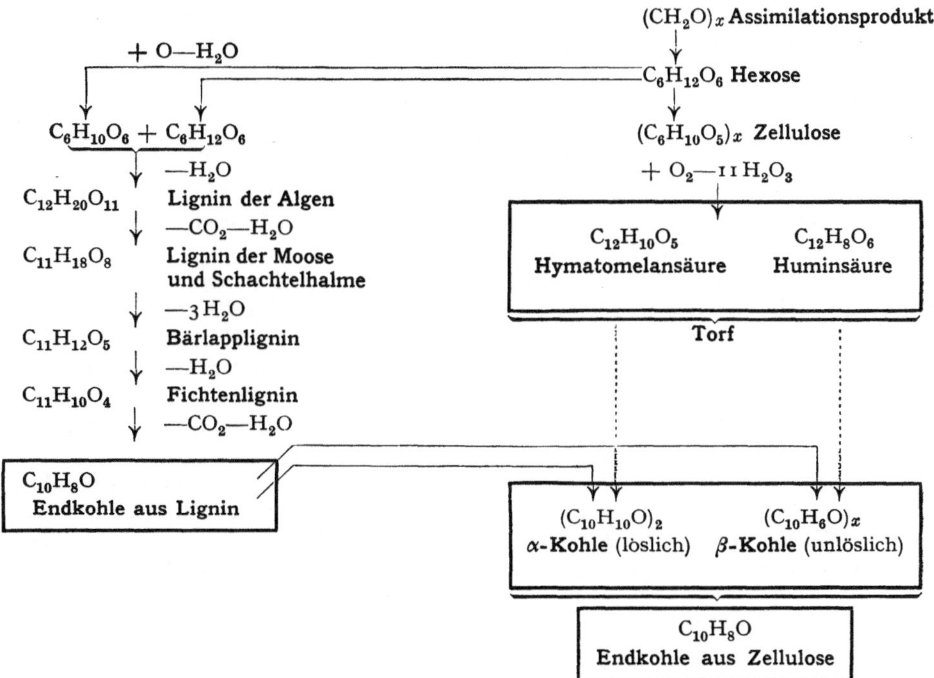

Die Untersuchungen von Marcusson und F. Bergius miteinander verglichen, zeigen deutlich, daß die Zellulose, wahrscheinlich als Oxyzellulose, gegen Mikroorganismen eine bemerkenswerte Widerstandskraft besitzt, so daß sie in beträchtlichem Umfange in den Boden übergeht und an der Humusbildung beteiligt sein kann. Die Fischer-Schradersche Lignintheorie der Kohle ist wohl durch diese neueren Arbeiten derart zu ergänzen, daß als Ausgangsmaterial für die Kohlebildung nicht allein das Lignin in Frage kommt, sondern daß auch die Zellulose zu einem erheblichen Prozentsatz der Inkohlung anheimfällt.

Eiweißstoffe.

Über den bakteriellen und fermentativen Eiweißabbau sind wir in großen Zügen im allgemeinen gut unterrichtet[1]. Der Einwirkung von Mikroorganismen ausgesetzte Proteine fallen unter allen Bedingungen rasch und vollständig einem radikalen Abbau zum Opfer. Von den an der Eiweißzerstörung hauptsächlich beteiligten Mikroben konnte eine ganze Reihe, Aerobier wie Anaerobier, in Reinkultur gewonnen werden. Von Aerobiern seien neben zahlreichen anderen genannt: Bact. vulgare (= Proteus vulgaris), Proteus mirabilis, Proteus sulfuricus; die Farbstoff bildenden Fäulnisbakterien Bact. prodigiosum, Bact. fluorescens liquefaciens, Bact. pyocyaneum; das die Darmfäulnis bewirkende Bact. coli commune; einige Kokkenarten, Micrococcus flavus, Staphycoccus pyogenes, Streptococcus pyogenes.

Ganz erheblich energischer als die eben genannten Eiweiß-*Verwesung* hervorrufenden aeroben Mikroorganismen wirken die *Fäulnis* erregenden Anaerobier. Sie bringen in kürzester Zeit, unter Entwicklung höchst unangenehm riechender Stoffe, das Eiweiß zur Fäulnis. Gerade die Anaerobier, u. a. seien Proteobacter septicum, Clostridium foetidum, Bac. putrificus, Bac. perfringens erwähnt, mit wenigen Ausnahmen, z. B. Diplococcus magnus anaerobius, sind in der Lage, die natürlichen Proteine zu verflüssigen und abzubauen. Von Aerobiern sind hierzu nur einige langsamer wirkende Mikrobenarten befähigt. Die am häufigsten vorkommenden Aerobier, Bact. coli, Bact. prodigiosum, Micrococcus flavus, Streptococcus pyogenes, sowie der bereits erwähnte Anaerobier Diplococcus magnus anaerobius sind nicht imstande, ursprüngliche Eiweißstoffe, Proteine, anzugreifen. Die Bedeutung der Aerobier besteht hauptsächlich darin, durch Sauerstoffverbrauch günstige Lebensbedingungen für die in erster Linie Eiweißzerfall bewirkenden Anaerobier zu schaffen.

Das erste Stadium des Eiweißzerfalls ist eine durch Fermente bewirkte Hydrolyse zu Albumosen und Peptonen. Diese werden jetzt auch von den anderen, hauptsächlich aeroben Mikroorganismen, die zwar die Proteine selbst nicht angreifen können, weiter durch hydrolytische Spaltung bis zu den Aminosäuren abgebaut. Wir erleben hier beim Eiweiß dasselbe Schauspiel wie bei der Zellulose: Beide unterliegen am schnellsten und gründlichsten dem kombinierten Angriff mehrerer Mikroorganismenarten.

Die Eiweißzersetzung bleibt bei der Hydrolyse bis zu den niedersten Bausteinen, den Aminosäuren, jedoch nicht stehen. Diese unterliegen durch die Tätigkeit von Mikroorganismen aller Art, Bakterien und Hefen, einer Reihe von Veränderungen, die kurz besprochen seien:

a) Reduktive Abspaltung von Ammoniak.

$$R \cdot CH(NH_2) \cdot COOH \rightarrow RCH_2 \cdot COOH + NH_3.$$

So sind bei der Eiweißfäulnis u. a. nachgewiesen: Essigsäure, Propionsäure, Bernsteinsäure, Glutarsäure, n- und Iso-Valeriansäure, Kapronsäure, Phenylpropionsäure, p-Oxyphenylpropionsäure, β-Indolpropionsäure, Imidazolpropionsäure, δ-Aminovaleriansäure, ε-Aminokapronsäure. Diese Säuren sind allem Anschein nach entstanden durch reduktive Desamidierung aus Glykokoll, Alanin, Asparaginsäure, Glutaminsäure, Valin, Leucin, Isoleucin, Norleucin, Phenylalanin, Tyrosin, Tryptophan, Histidin, Ornithin und Lysin (bzw. Arginin), eine Ansicht, die durch die Befunde bei der Einwirkung von Fäulniserregern auf einzelne Aminosäuren bestätigt werden konnte.

---

[1] Vgl. S. LAFAR: Handbuch der technischen Mykologie 3, 85. Jena 1904—06.

b) Hydrolytische Abspaltung von Ammoniak.

$$R \cdot CH(NH_2) \cdot COOH \rightarrow R \cdot CH(OH) \cdot COOH + NH_3.$$

Unter der Einwirkung von Schimmelpilzen auf Phenylalanin, Tyrosin und Tryptophan konnten d-Phenylmilchsäure, d-Oxyphenylmilchsäure, l-Indolmilchsäure isoliert werden[1]. Bei der Fäulnis von Asparaginsäure entstand Äpfelsäure[2]. Aus den namentlich unter der Einwirkung verschiedener Hefen möglicherweise intermediär gebildeten Oxysäuren können direkt durch Dekarboxylierung die nächstniederen Alkolhole entstehen:

$$R \cdot CHOH \cdot COOH \longrightarrow R \cdot CH_2OH + CO_2.$$

Der von F. Ehrlich[3] nachgewiesene Zusammenhang zwischen Aminosäuren und den Alkoholen der nächst niederen Reihe ermöglichte eine zwanglose Erklärung der Entstehung der bei jeder alkoholischen Gärung beobachteten Fuselöle aus dem Hefeeiweiß („die alkoholische Gärung der Aminosäuren"). Die Fuselöle bestehen hauptsächlich aus Isoamylalkohol, dem optisch aktiven Amylalkohol und Isobutylalkohol; ihre Menge kann durch Zusatz von Eiweißhydrolysat zu einer gärenden Zuckerlösung bis zu einem gewissen Grade gesteigert werden.

Nach O. Neubauer und K. Fromherz[4] soll aus der Aminosäure ein Hydrat der Iminosäure entstehen, aus der durch Ammoniakspaltung eine Ketosäure gebildet wird. Diese geht dann durch Dekarboxylierung in einen Aldehyd über. Aus zwei Molekülen des letzteren entsteht dann durch gleichzeitige Oxydation und Reduktion (Dismutation) ein Gemisch von Alkohol und Säure.

$$2R \cdot CH(NH_2) \cdot COOH \rightarrow 2R \cdot C\begin{matrix} OH \\ NH_2 \end{matrix} COOH \rightarrow 2NH_3 +$$

$$2RCO \cdot COOH \rightarrow 2CO_2 + 2R \cdot CHO \begin{matrix} \nearrow R \cdot CH_2OH \\ \searrow R \cdot COOH. \end{matrix}$$

Diese Theorie des Reduktionsverlaufes hat einen hohen Grad von Wahrscheinlichkeit für sich. Schon O. Neubauer und K. Fromherz haben die direkte Vergärbarkeit einzelner α-Ketosäuren zu Alkoholen der nächstniederen Reihe nachgewiesen. Ferner ist bei Eiweißzersetzungen aller Art auch die Entstehung von Aldehyden und Säuren, die ein Kohlenstoffatom weniger haben als die natürlichen Aminosäuren, z. B. Isovaleriansäure und Isobuttersäure, beobachtet worden.

Der Abbau über die Ketosäuren kann also bei den für die Fuselölbildung hauptsächlich in Betracht kommenden Aminosäuren wie folgt angenommen werden (s. S. 242).

Auch zyklische Aminosäuren unterliegen bei der Einwirkung von Hefen entsprechenden Veränderungen[5]. So konnte aus Phenylalanin Phenyläthylalkohol, aus Tyrosin p-Oxyphenyläthylalkohol (Tyrosol), aus Tryptophan Tryptophol (Indolyläthylalkohol) erhalten werden.

Die dabei gelegentlich entstehenden Säuren scheinen z. T. der Dekarboxylierung zu unterliegen. Jedenfalls sind bei Fäulnis und Verwesung p-Oxyphenylessigsäure und β-Indolessigsäure (letztere aus dem Tryptophan stammend)

---

[1] Ehrlich, F., u. K. A. Jacobsen: B. **44**, 888 (1911).
[2] Ackermann, D.: Z. Biol. **56**, 87 (1911).
[3] Ehrlich, F.: B. **39**, 4072 (1906); Biochem. Z. **2**, 52 (1906); B. **40**, 1027 (1907).
[4] Neubauer, O., u. K. Fromherz: Z. physiol. Chem. **70**, 326 (1910/11). — Neuberg, C., u. Kerb: Biochem. Z. **47**, 413 (1912). — Neuberg, C.: Biochem. Z. **71**, 83 (1915)
[5] Ehrlich, F.: B. **44**, 139 (1911); **45**, 883 (1912).

$(CH_3)_2CH \cdot CH_2 \cdot CH \cdot NH_2 \cdot COOH$ (Leuzin) → $(CH_3)_2CH \cdot CH_2 \cdot CO \cdot COOH$ → $(CH_3)_2CH \cdot CH_2 \cdot CHO$ → $(CH_3)_2CH \cdot CH_2 \cdot CH_2OH$ (Isoamylalkohol); → $(CH_3)_2CH \cdot CH_2 \cdot COOH$ (Isovaleriansäure)

$(CH_3)(C_2H_5)CH \cdot CH \cdot NH_2 \cdot COOH$ (Isoleuzin) → $(CH_3)(C_2H_5)CH \cdot CO \cdot COOH$ → $(CH_3)(C_2H_5)CH \cdot CHO$ → $(CH_3)(C_2H_5)CH \cdot CH_2OH$ (Optisch aktiver Amylalkohol); → $(CH_3)(C_2H_5)CH \cdot COOH$ (Methyläthylessigsäure)

$(CH_3)_2CH \cdot CH \cdot NH_2 \cdot COOH$ (Valin) → $(CH_3)_2CH \cdot CO \cdot COOH$ → $(CH_3)_2CH \cdot CHO$ → $(CH_3)_2CH \cdot CH_2OH$ (Isobutylalkohol); → $(CH_3)_2CH \cdot COOH$ (Isobuttersaure)

isoliert worden. Diese beiden Säuren erleiden unter der Einwirkung von Mikroorganismen noch weitere Veränderungen zu Produkten, die aus beifolgendem Schema hervorgehen und die alle bis auf die p-Oxybenzoesäure und die β-Indolkarbonsäure beim biochemischen Eiweißabbau gefaßt werden konnten.

$HO \cdot C_6H_4 \cdot CH_2 \cdot CHNH_2 \cdot COOH$ (Tyrosin) → $HO \cdot C_6H_4 \cdot CH_2 \cdot COOH$ (p-Oxyphenylessigsaure) → $HO \cdot C_6H_4 \cdot CH_3$ (p-Kresol) → ($HO \cdot C_6H_4 \cdot COOH$ (p-Oxybenzoesäure)) → $HO \cdot C_6H_5$ (Phenol)

Indol-Ring $\cdot C \cdot CH_2 \cdot CH \cdot NH_2 \cdot COOH$ (Tryptophan) → Indol-Ring $\cdot C \cdot CH_2 \cdot COOH$ (Indolessigsäure) → Indol-Ring $\cdot C \cdot CH_3$ (β-Methylindol, Skatol) → (Indol-Ring $\cdot C \cdot COOH$ (Indolkarbonsäure)) → Indol-Ring mit CH (Indol)

c) Dekarboxylierung unter Bildung von Aminen[1].

$$R \cdot CH \cdot NH_2 \cdot COOH \rightarrow CO_2 + RCH_2 \cdot NH_2.$$

Es entstehen die sogenannten biogenen Amine mit zum Teil erheblicher pharmakologischer Wirkung.

Von Alkylaminen, die wahrscheinlich z. T. wenigstens durch Dekarboxylierung der entsprechenden Aminosäuren entstanden sind, werden bei der Fäulnis meist nur in geringer Menge gefunden, u. a.: Methylamin (aus Glykokoll), Äthylamin (aus Alanin), Isobutylamin (aus Valin), Isoamylamin (aus Leuzin). Dimethylamin und Trimethylamin werden wohl meist durch Hydrolyse methylierter Amine (Betaine) gebildet. Über die Herkunft der ebenfalls gefundenen Di- und Triäthylamine ist Sicheres nicht bekannt. Möglicherweise ist mit der Kohlensäureabspaltung gelegentlich eine Alkylierung am Stickstoff verbunden. Auch über das Ausgangsmaterial von biochemisch gebildeten n-Propylamin, n-Butylamin sowie Hexylamin können genaue Angaben nicht gemacht werden. Auch die Entstehung von Oxäthylamin (Kolamin) erklärt man sich wohl am besten durch Kohlensäureabspaltung aus Serin:

$$\begin{array}{l} CH_2OH \\ | \\ CHNH_2 \\ | \\ COOH \end{array} \qquad \begin{array}{l} CH_2OH \\ | \\ CH_2NH_2 \\ \\ \\ \end{array}$$

Vielleicht kommt auch eine Bildung aus dem vom Lezithin herstammenden Cholin

$$\begin{array}{l} CH_2OH \\ | \\ CH_2 \cdot N(CH_3)_3OH \end{array}$$

in Frage, von dem sich Muskarin, Betain und Neurin abzuleiten scheinen:

$$\begin{array}{l} CH\!\begin{array}{l} \diagup OH \\ \diagdown OH \end{array} \\ | \\ CH_2N(CH_3)_3OH \\ \textbf{Muscarin} \end{array} \qquad \begin{array}{l} CO — O \\ | \quad\quad | \\ CH_2 — N(CH_3)_3 \\ \textbf{Betain} \end{array} \qquad \begin{array}{l} CH_2 \\ \| \\ CH \cdot N(CH_3)_3OH. \\ \textbf{Neurin.} \end{array}$$

Die dem Kolamin entsprechende Thioverbindung, das bisher bei der Fäulnis nicht gefaßte Thioäthylamin entsteht wohl intermediär aus Cystein und geht sofort durch Oxydation in Taurin über.

$$\begin{array}{l} CH_2SH \\ | \\ CHNH_2 \\ | \\ COOH \\ \textbf{Cystein} \end{array} \longrightarrow \left(\begin{array}{l} CH_2SH \\ | \\ CH_2NH_2 \end{array}\right) \longrightarrow \begin{array}{l} CHSO_3H \\ | \\ CH_2NH_2 \\ \textbf{Taurin.} \end{array}$$

Von Diaminen sind Tetramethylendiamin (Putreszin) aus Ornithin, Pentamethylendiamin (Kadaverin) aus Lysin häufig beschrieben worden. Der Ursprung des gelegentlich beobachteten Hexamethylendiamins ist unbekannt.

Durch Dekarboxylierung des Arginins entsteht das bei der Eiweißfäulnis nachgewiesene Aminobutylguanidin.

$$C\!\begin{array}{l} \diagup NH(CH_2)_3 \cdot CH(NH_2) \cdot COOH \\ = NH \\ \diagdown NH_2 \end{array} \longrightarrow C\!\begin{array}{l} \diagup NH(CH_2)_4 \cdot NH_2 \\ = NH \\ \diagdown NH_2. \end{array}$$

[1] Vgl. M. GUGGENHEIM: Die biogenen Amine, 2. Aufl. Berlin. — ABDERHALDEN: Handbuch der biologischen Arbeitsmethoden, Abt. 1, T. 7, 295—582. M. GUGGENHEIM: Biogene Amine. Urban & Schwarzenberg 1923.

Letzteres wird unter dem Einfluß von Mikroorganismen durch Oxydation bis zur Guanidoessigsäure abgebaut,

$$C\begin{cases} NHCH_2 \cdot COOH \\ =NH \\ NH_2 \end{cases}$$

die durch Methylierung am Stickstoff in Methylguanidoessigsäure (Kreatin)

$$C\begin{cases} N\begin{cases} CH_3 \\ CH_2 \cdot COOH \end{cases} \\ =NH \\ NH_2 \end{cases}$$

übergeht, woraus durch Wasserabspaltung Kreatinin entsteht:

$$\begin{array}{l} \quad\; CH_3 \\ \;\;\diagup \\ N \text{———} CH_2 \\ \diagup \qquad\qquad | \\ C{=}NH \qquad CO\,. \\ \diagdown \qquad \diagup \\ \quad NH \end{array}$$

Durch oxydativen Abbau gelangt man bei der biochemischen Eiweißzersetzung von Guanidoessigsäure weiter bis zum Guanidin, $C\begin{cases} NH_2 \\ =NH \\ NH_2 \end{cases}$, das als solches aber auch als Mono- und Dimethylguanidin $\left(C\begin{cases} N(CH_3)_2 \\ =NH \\ NH_2 \end{cases}\right)$ unter den Eiweißzersetzungsprodukten nicht selten aufgefunden wird. Bemerkenswert ist ein in der Leber aufgefundenes Enzym, Arginase, das Arginin und Ornithin in Harnstoff zu zerlegen imstande ist und somit diese Aminosäuren auf solche Weise anderen Umsetzungen zugänglich macht.

Bei Behandlung von Histidin mit einem Gemisch von Fäulnisbakterien konnte β-Imidazolyläthylamin nachgewiesen werden[1].

$$\begin{array}{l} \quad CH \\ NH \quad N \\ | \qquad\; | \\ CH{=\!=}C \cdot CH_2 \cdot CH(NH)_2 \cdot COOH \end{array} \longrightarrow \begin{array}{l} \quad CH \\ NH \quad N \\ | \qquad\; | \\ CH{=\!=}C \cdot CH_2 \cdot CH_2 \cdot NH_2\,. \end{array}$$

Durch Fäulnis wurde aus Asparaginsäure β-Alanin, aus Glutaminsäure γ-Aminobuttersäure erhalten:

$$\begin{array}{l} COOH \\ | \\ CH_2 \\ | \\ CH \cdot NH_2 \\ | \\ COOH \end{array} \longrightarrow \begin{array}{l} COOH \\ | \\ CH_2 \\ | \\ CH_2 \cdot NH_2 \\ \\ \\ \end{array} \qquad \begin{array}{l} COOH \\ | \\ (CH_2)_2 \\ | \\ CH \cdot NH_2 \\ | \\ COOH \end{array} \longrightarrow \begin{array}{l} COOH \\ | \\ (CH_2)_2 \\ | \\ CH_2 \cdot NH_2 \\ \\ \\ \end{array}$$

Aus Phenylalanin entsteht Phenyläthylamin, aus Tyrosin p-Oxyphenylamin (Tyramin), aus dem durch Methylierung sich Hordenin bildet.

$$HO\langle\;\;\rangle CH_2 \cdot CH_2 \cdot N \cdot (CH_3)_2$$

---

[1] ACKERMANN, D.: Z. physiol. Chem. **65**, 504 (1910).

Die dem Adrenalin

$$\text{C}_6\text{H}_3(\text{OH})_2\text{—CHOH}\cdot\text{CH}_2\cdot\text{NH}\cdot\text{CH}_3$$

zugrundeliegende Aminosäure ist in der Natur bisher nicht gefunden worden.

Wie bereits eingangs erwähnt, werden die Amine bei allen Eiweißfäulnisprozessen stets in untergeordneter Menge aufgefunden. Sie sind eben intermediäre Zwischenprodukte des bakteriellen Eiweißabbaues und unterliegen, vielleicht mit Ausnahme der recht stabilen Guanidine, weiteren Veränderungen. Zunächst tritt eine Desaminierung ein. So konnten durch Einwirkung der Hefe Willia anomala und von Schimmelpilzen[1] aus p-Oxyphenyläthylamin Tyrosol, aus Isoamylamin Isoamylalkohol in fast quantitativen Ausbeuten erhalten werden. Auch sekundäre und tertiäre Amine wurden in die entsprechenden Alkohole übergeführt. Adrenalin lieferte m-p-Dioxyphenyläthylenglykol[2]:

$$\text{C}_6\text{H}_3(\text{OH})_2\text{—CHOH}\cdot\text{CH}_2\text{OH},$$

Hordenin Tyrosol[2]:

$$\text{HO—C}_6\text{H}_4\text{—CH}_2\cdot\text{CH}_2\cdot\text{N(CH}_3)_2 \longrightarrow \text{HO—C}_6\text{H}_4\text{—CH}_2\cdot\text{CH}_2\text{OH}.$$

Eigenartigerweise ist das derselbe Alkohol, der bei der alkoholischen Gärung der Aminosäuren aus Tyrosin entsteht. Es ist also auch die Ansicht vertreten, daß bei dieser Umsetzung nicht Ketosäuren, sondern Amine als Zwischenprodukte anzunehmen sind; wahrscheinlich erfolgt der Abbau je nach den in Frage kommenden Mikroorganismen nach beiden Richtungen hin.

Bemerkenswert ist noch, daß bei der Einwirkung von Hefen aus Betain, wenn auch nur in geringer Menge, Glykolsäure erhalten werden konnte[3].

$$\begin{array}{ll}\text{CO—O} & \\ | \quad\quad | & \\ \text{CH}_2\text{—N(CH}_3)_3 & \end{array} \longrightarrow \begin{array}{l}\text{COOH}\\ | \\ \text{CH}_2\text{OH}\end{array} + \text{N(CH}_3)_3.$$

Die schlechte Ausbeute erklärt sich dadurch, daß die Mikroorganismen Glykolsäure als Kohlenstoffquelle benutzten und weiter abbauen. Von dem primär abgespaltenen Trimethylamin war nichts nachzuweisen. Es wird von den Hefen nach der Gleichung

$$\text{N(CH}_3)_3 + 2\,\text{H}_2\text{O} = \text{NH}_3 + 3\,\text{CH}_3\text{OH}$$

aufgespalten; der Stickstoff dient zur Eiweißsynthese; auch der Methylalkohol konnte nicht nachgewiesen werden; er wird ebenfalls, anscheinend durch Oxydation, verändert.

Wenn es auch gelegentlich gelingt, die den Aminen entsprechenden Alkohole, z. B. Tyrosol, mit Reinkulturen in recht guten Ausbeuten zu erhalten, so ist

---

[1] Ehrlich, F., u. P. Pistschimuka: B. **45**, 1006 (1912).
[2] Ehrlich, F.: Biochem. Z. **75**, 417 (1916).
[3] Ehrlich, F., u. F. Lange: B. **46**, 2746 (1913).

doch zu beachten, daß diese Alkohole von anderen Mikroorganismenarten weiter abgebaut werden können. Unter natürlichen Bedingungen, durch die gleichzeitige Einwirkung der verschiedensten Arten von Kleinlebewesen, bleibt der Proteinzerfall nicht bei irgendeiner Stufe stehen, sondern er endet mit einer fast restlosen Auflösung des großen Eiweißmoleküls in Gase: Kohlensäure, Wasserstoff, Ammoniak, Methan, Stickstoff, Schwefelwasserstoff und vielleicht noch Phosphorwasserstoff.

Vergärung von Harnstoff und Harnsäure.

Die durch tierische Ausscheidungen in großen Mengen täglich in den Boden gelangenden Stoffwechselprodukte, Harnstoff und Harnsäure, die letzten Endes dem Nahrungseiweiß entstammen, unterliegen einer raschen Veränderung durch die Einwirkung von Eumyzeten, in erster Linie durch die Tätigkeit aerober Spaltpilze[1]. Hierbei wird Harnsäure unter Kohlensäureentwicklung in Harnstoff übergeführt: $C_5H_4N_4O_3 + 2H_2O + 3O = 2CO(NH_2)_2 + 3CO_2$. Als Zwischenprodukt entsteht vielleicht Tartronsäure (Oxymalonsäure). Der Harnstoff wird bei der durch zahlreiche weit verbreitete Bakterienarten, hauptsächlich Mikrococcus ureae und Bact. ureae, hervorgerufenen ammoniakalischen Harngärung aufgespalten. Der durch die Gleichung

$$CO(NH_2)_2 + 2H_2O = (NH_4)_2CO_3$$

charakterisierte biochemische Zerfall des Harnstoffs wird durch das Enzym Urease hervorgerufen, das übrigens als erstes Enzym vor nicht zu langer Zeit kristallisiert erhalten worden sein soll[2].

Das Ammoniumkarbonat zerfällt infolge seiner Unbeständigkeit einmal in karbaminsaures Ammonium und Wasser:

$$(NH_4)_2CO_3 = H_2O + C{=}O \begin{cases} ONH_4 \\ NH_2 \end{cases}$$

ferner durch Aufspaltung in Kohlensäure, Wasser und Ammoniak

$$(NH_4)_2CO_3 = CO_2 + H_2O + 2NH_3,$$

in welcher Form, nach Überführung des Ammonstickstoffs in assimilierbaren Nitratstickstoff durch Bodenbakterien, die niedrigsten Spaltprodukte des Eiweißes von der Pflanze wieder resorbiert werden können.

Fette und Öle.

Pflanzliche und tierische Fette und Öle zeigen sich gegen die Einwirkung von Mikroorganismen von beachtenswerter Widerstandskraft. Erst bei Anwesenheit von Feuchtigkeit tritt eine von Kleinlebewesen, meist luftbedürftigen Myzelpilzen, bewirkte Spaltung in Glyzerin und Fettsäuren ein (Ranzigwerden der Fette). Diese Spaltung wird gewöhnlich begleitet von einer Veränderung der frei gemachten Fettsäuren durch Luftsauerstoff, der jedoch nur bei Gegenwart von Licht einwirkt (Talgigwerden der Fette). Hierdurch geht der saure Charakter des ranzig gewordenen Fettes zum Teil verloren, wobei die Entstehung von Estern und Ketosäuren, aber auch durch Oxydation erfolgte Bildung von Abbauprodukten der Fettsäuren beobachtet wird.

---

[1] Vgl. LAFAR: Handbuch der technischen Mykologie **3**, 71. Jena 1904—06. — C. NEUBERG: Der Harn. Berlin 1911.

[2] SUMNER, I. B.: J. of biol. Chem. **69**, 435; C. **1926** II, 2439.

Die Aufspaltung der Fette durch Mikroorganismen ist naturgemäß auf die Tätigkeit von fettspaltenden Enzymen, Lipasen[1], zurückzuführen, die in pflanzlichem und tierischem Material häufig aufgefunden werden.

Die unter günstigen Umständen große Widerstandsfähigkeit der Fette gegen Mikroorganismen bringt es mit sich, daß sie sich gegebenenfalls ziemlich lange kaum oder wenig verändert im Boden halten können. Ganz besonders spielen von in geringerer Menge vorkommenden pflanzlichen Stoffen die resistenten Harze, Wachse, Sterine sowie die Korksubstanz für die Humusbildung eine gewisse Rolle.

Aus unter günstigen Bedingungen angehäuften und kaum zerstörten harz-, fett-, wachs- und eiweißreichen pflanzlichen und tierischen Resten sind mittels eines Bituminierungsprozesses die sogenannten Sapropelkohlen hervorgegangen.

Daß auch erhebliche Fettansammlungen gelegentlich der völligen Zerstörung entgehen und sich, allerdings tiefgreifend verändert, Jahrmillionen halten können, beweist das in großen Mengen vorkommende Erdöl. Nach der heute wohl fast allgemein anerkannten ENGLERschen Theorie[2] ist das Petroleum in erster Linie aus pflanzlichen und tierischen Fetten und Ölen entstanden. Die Provenienz der optisch aktiven Anteile gewisser Petroleumfraktionen erklärt C. NEUBERG[3] mit dem Entstehen optisch aktiver Fettsäuren bei der Fäulnis von Aminosäuren mit zwei asymmetrischen Kohlenstoffatomen, wie dem Isoleuzin[4], oder mit der durch Lipasen bewirkten asymmetrischen Aufspaltung hydratisierten Trioleins. RAKUSIN[5], MARCUSSON[6], ENGLER[7] und neuerdings ZELINSKY[8] halten dagegen das Cholesterin für die Muttersubstanz der die Polarisationsebene drehenden Petroleumanteile.

5. Biologische Verwitterung durch lebende Organismen.

A. Niedere Pflanzen.

Von **G. SCHELLENBERG**, Göttingen.

Mit 1 Abbildung.

Bei der Verwitterung festen anstehenden Gesteines und dessen Verwandlung in fruchtbare Ackerkrume spielen lebende Organismen eine nicht zu unterschätzende Rolle. Tiere sind dabei auf dem festen Lande allerdings kaum beteiligt, wenigstens nicht direkt, höchstens mittelbar durch die Wirkung ihrer Abscheidungen und Zersetzungsprodukte oder auch durch die düngende und den Pflanzenwuchs fördernde Wirkung ihrer Fäkalien. Im Meere spielen Tiere eine größere Rolle als Gesteinszerstörer, hier lebt eine ganze Reihe von tierischen Organismen, welche imstande sind, das feste Gestein anzugreifen, z. B. Bohrwürmer und Bohrmuscheln. Als unmittelbaren tierischen Gesteinszerstörer auf dem trocknen Lande findet man lediglich durch K. ANDRÉE[9] eine Schnecke erwähnt, *Helix* (*Levantina*) *lithophaga*, die sich in die Kalkfelsen Palästinas eingräbt.

---

[1] Vgl. C. OPPENHEIMER: Die Fermente und ihre Wirkungen 1, 465. Leipzig 1925.
[2] ENGLER, C.: Das Erdöl **2**, 132 (1909); 1, 211 (1912).
[3] NEUBERG, C.: Biochem. Z. **1**, 368 (1906).
[4] EHRLICH, F.: B. **37**, 1809 (1904); B. **40**, 2538 (1907).
[5] RAKUSIN, M.: Chemiker-Ztg **1906**, 1041.
[6] MARCUSSON, J.: Chemiker-Ztg **1908**, 317, 391; C. **1905 I**, 400.
[7] ENGLER, C.: Petroleumkongreß Bukarest **2**. 1907.
[8] ZELINSKY, N. D.: B. **60**, 1793 (1927).
[9] ANDRÉE, K.: Geologische Tätigkeit der Organismen. In W. SALOMON: Grundzuge der Geologie, S. 726.

Im Gegensatz zu dieser geringen Wirkung von Tieren treten Pflanzen der verschiedensten Klassen sehr stark als Gesteinsverwitterer in Erscheinung. Ihre Tätigkeit ist teils eine rein mechanische, teils eine chemische, teils zerstören sie selbst weitgehend das Gestein, und teils sind sie die Pioniere für weiteren und stärker den Fels zerstörenden Pflanzenwuchs, oder sie schaffen den Atmosphärilien erst geeignete Angriffspunkte zu weiterer Verwitterung.

Dabei ist es besonders wichtig, daß eine ganze Reihe pflanzlicher Organismen imstande ist, den kahlen nackten Fels zu besiedeln und damit seine Zersetzung einzuleiten, ganz gleichgültig, ob es sich um einen Kalkfelsen oder um Urgestein handelt. Die glatte Oberfläche schwer zersetzbarer, dysgeogener Gesteine, wie sie durch Bergrutsch oder durch Gletscherschliff geschaffen wird, scheint allerdings für Pflanzen kaum oder doch erst nach sehr langen Zeiträumen angreifbar zu sein. So beobachtete Frey[1], daß in der Grimselgegend die von dem zurückweichenden Gletschereise seit sicher 70 Jahren freigegebenen und vom Gletscher geschliffenen Felsflächen völlig vegetationslos geblieben sind und im Gebiete des Rhonegletschers ähnliche Stellen seit etwa 60 Jahren, und Diels[2] beobachtete im Schlerngebiet, daß hier die senkrechten Dolomitwände teilweise völlig öde sind. Das Fehlen des Pflanzenwuchses an solchen Stellen hängt aber wohl nicht davon ab, daß es für Pflanzen unmöglich ist, solches Gestein anzugreifen, sondern es ist bedingt durch die sehr große Trockenheit solcher Standorte, die entweder nicht von atmosphärischem Wasser benetzt werden, oder solches infolge ihrer polierten Oberfläche sofort ablaufen lassen, wobei infolge der Glätte der Unterlage etwa angeflogene Keime abgespült werden, ehe sie festen Fuß fassen konnten.

Als erste Besiedler kahler Felsflächen kommen in erster Linie Flechten, daneben auch einige Algen und wenige Pilze in Betracht. Unter dem Sammelbegriff Algen versteht man alle jene niederen Pflanzen, welche sich autotroph ernähren, d. h., welche imstande sind, bei Anwesenheit von Licht aus der wässerigen Lösung der mineralischen Salze der Unterlage und dem Kohlendioxyd der Luft organische Substanz aufzubauen, d.h. zu assimilieren. Die Algen sind in der Regel Wasserpflanzen und ihre Rolle bei der Zersetzung vom Unterwassergestein, wie auch von tierischen Hartteilen, Schalen und Knochen, ist im Süß- und Meereswasser keine geringe. Luftalgen gibt es verhältnismäßig wenige, und so spielen sie auch bei der Verwitterung anstehenden Gesteines an der Luft keine so bedeutende Rolle, und diese nur dort, wo genügend Feuchtigkeit gegeben ist, also auf nicht allzu hartem Kalkgestein und an den kleinen bis kleinsten Rinnen, in denen das den Fels benetzende Wasser regelmäßig abrinnt, hier die sogenannten „Tintenstriche“ der Autoren bildend. Namentlich in Frage kommen hierbei Algen aus der Klasse der *Schizophyceen* (*Cyanophyceen*, blaugrüne Algen), einer primitiven Algengruppe, die, den Spaltpilzen nahestehend, sich durch den Mangel eines eigentlichen Zellkernes und sexueller Fortpflanzung auszeichnet. Ferner sind gesteinsbewohnende Luftalgen auch die Vertreter der Gattung *Trentepohlia* (*Chroolepideen*), von denen *Trentepohlia aurea* als goldbrauner Überzug namentlich kalkhaltiges Gestein, *Trentepohlia iolithus*, die bekannte Veilchensteinalge, als mehr purpurbraune Rasen Urgestein überzieht und angreift. Die Wirkung dieser Algen auf das Gestein ist die gleiche wie die der Flechten und soll dort im Zusammenhang geschildert werden.

Unter dem Sammelbegriff Pilze faßt der Botaniker jene niederen Pflanzengruppen zusammen, welche nicht selbständig zu assimilieren vermögen, sondern

[1] Frey, E.: Die Vegetationsverhältnisse der Grimselgegend im Gebiete der zukünftigen Stauseen. Bern 1922.

[2] Diels, L.: Die Algenvegetation der Südtiroler Dolomitriffe. Ber. dtsch. bot. Ges. **32** (1914).

welche in ihrer Ernährung auf schon vorgebildete organische Substanz angewiesen sind. So sind denn auch nur wenige Pilze bekannt, welche direkt auf Gestein übergehen können und hier zersetzende Wirkung ausüben. Es handelt sich dabei wohl stets um bituminöse Kalke oder um Kalkfelsen, die als Horstplätze der Vögel, als Tummelplätze von Kaninchen oder in den Alpen von Murmeltieren mit Nitraten getränkt sind. BACHMANN[1] beschreibt vom Solnhofener Jurakalk einen Pilz, *Pharcidia lichenum*, der für gewöhnlich Flechtenparasit ist, aber auch auf das nackte Gestein übergeht und dieses bis zu einer geringen Tiefe aufzulösen vermag. TOBLER[2] nennt als gesteinslösende Pilze noch *Didymella Lettauiana* Keißler, *Phaeospora propria* (Arn.) und *Nectria indegens* (Arn.). Bakterien, und zwar Salpeterbakterien, lassen sich noch metertief in den Klüften des Gesteins nachweisen. So hat DÜGGELI solche nach einer mündlichen Mitteilung an SCHROETER[3] bis zu 10 m Tiefe in den Klüften des Schweizer Jurakalkes aufgefunden. BASSALIK[4] hat nachgewiesen, daß die meisten Bakterien imstande sind, die mineralischen Partikel des Bodens anzuätzen und damit anzugreifen. In seinen Versuchen erhielt er nicht nur auf polierten Marmorplatten, auf welchen er Bakterien kultivierte, nach Entfernung der Kultur deutliche Ätzspuren, sondern er vermochte auch zu zeigen, daß in den Silikatgesteinen zum mindesten die Feldspäte nach Bakterienkulturen an Substanz verloren hatten, also von den Bakterien teilweise gelöst worden waren. Auch bemerkte er das Eindringen von Bakterien zwischen die Lamellen des Glimmers, wenn auch hier Lösung nicht beobachtet werden konnte. Gelten die Befunde BASALIKS zunächst nur für die kleinen Gesteinspartikel im Boden, so sind sie doch sicherlich an geeigneten, d. h. nicht zu stark trockenen und nicht zu stark insolierten Stellen auch auf das anstehende Gestein übertragbar, und zumal in den Klüften des Gesteines dürften die Bodenbakterien eine nicht ganz geringe Rolle spielen. BASSALIK fand, daß in erster Linie dem von den Bakterien bei der Atmung ausgeschiedenen Kohlendioxyd die Hauptrolle bei der lösenden Tätigkeit der Bakterien zufällt, wobei ein inniger Kontakt der Bakterienkolonie mit dem Gesteinspartikel von besonderer Wichtigkeit zu sein schien, eine Bedingung, die allerdings am anstehenden Gestein nicht allzu häufig erfüllt sein wird. P. ROHLAND[5] hält es für sehr wahrscheinlich, daß bei der Tonentstehung und Kaolinisierung Bakterien mithelfen, wenn nicht diese veranlassen. Den Beweis für diese Behauptung liefert ihm der den Tonen und Kaolinen anhaftende eigentümliche Geruch und Geschmack, der von einst organisierter Materie herstammt.

Die Flechten[6], jene wichtigsten Pioniere pflanzlichen Lebens auf nacktem Gestein, sind nicht einheitliche Pflanzenindividuen, wie Alge und Pilz, sondern es besteht eine jede Flechte aus einer innigen Lebensgemeinschaft zwischen je einem Pilz und meist einer, seltener mehreren Algenarten. Aus der Vereinigung beider Komponenten ist dabei ein völlig neues Gebilde hervorgegangen, welches auch neue Eigenschaften erworben hat, die den beiden es zusammensetzenden Komponenten nicht innewohnen, so die Bildung gewisser Säuren und Farbstoffe.

---

[1] BACHMANN, E.: Ein kalklösender Pilz. Ber. dtsch. bot. Ges. **34** (1916). — Vgl. auch GÖPPERT: Über die Einwirkung der Pflanzen auf felsige Grundlagen. 37. Jber. schles. Ges. vaterl. Kultur, Breslau 1859. Landw. Versuchsstat. **3**, 81 (1861).

[2] TOBLER, F.: Biologie der Flechten, S. 182. Berlin 1926.

[3] SCHROETER, C.: Pflanzenleben der Alpen, 2. Aufl., S. 756. Zürich 1926. — MÜNTZ, A., nach MAYER, AD.: Agrikulturchemie 5. Aufl., Bd. **2**, 1, S. 62.

[4] BASSALIK, K.: Über Silikatzersetzung durch Bodenbakterien. Z. Gärungsphysiol. **2**, 1—32 (1912); **3**, 15—42 (1913).

[5] ROHLAND, P.: Über die Mitwirkung von Organismen bei der Tonentstehung bzw. Kaolinisierung. Biochem. Z. **39**, 205 (1912).

[6] Über Flechten vgl. A. L. SMITH: Lichens. Cambridge 1921 — S. TOBLER, a. a. O.

Welcher Bestandteil, Pilz oder Alge, aus dem Zusammenleben mehr Vorteile zieht, sei hier nicht näher untersucht und erörtert, es kommen wohl graduell alle Abstufungen von mutueller Symbiose bis zum fast reinen Parasitismus des Pilzes vor und der gewöhnlichste Fall dürfte wohl eine Art Helotismus der Alge sein, die zwar ihre Selbständigkeit und die Fähigkeit zur sexuellen Fortpflanzung verloren hat, andererseits aber durch den Pilz die nötige Feuchtigkeit, daneben auch Lichtschutz und Nährstoffe erhält, um an Orten zu gedeihen, an denen sie ohne den Pilz nicht wachsen könnte. Der Pilz als Vertreter einer Pflanzengruppe, welche auf schon geformte organische Nährstoffe angewiesen ist, dürfte in der Regel den größten Vorteil aus dem Zusammenleben ziehen. Das geht schon daraus hervor, daß die Algenkomponenten der Flechten, die verschiedensten *Schizophyceen*, dann *Protococcaceen*, *Pleurococcaceen* und *Chroolepideen*, auch ohne Pilz als Algen bekannt sind, während die Pilze, fast ausnahmslos Schlauchpilze (*Ascomycetes*) ohne die Alge nicht zu wachsen vermögen.

Die Flechten wachsen mit einem Thallus oder Lager genannten Vegetationskörper, der entweder strauchig von der Unterlage absteht, laubartig ihr lose aufliegt, oder auch krustenförmig der Unterlage wie aufgegossen erscheint oder ihr sogar eingesenkt ist. Nach dieser äußerlichen Wuchsform werden sie in Strauch-, Laub- und Krustenflachen eingeteilt, eine Einteilung, die rein künstlich ist, aber als handliche Bezeichnung noch vielfach in Gebrauch steht. Als erste Besiedler des Gesteines kommen in erster Linie Krustenflechten in Frage, während Flechten anderer Wuchsformen schon eine Folgevegetation darstellen, die ihrerseits wieder durch andere Vegetationen, erst Moose, dann höhere Pflanzen, abgelöst werden kann, wobei eine jede Vegetation, wie später auszuführen sein wird, in ihrer Art und Weise auf das Gestein einwirkt und es zermürbt. Schon Linné hat diese wichtige Pionierarbeit der Flechten, und in erster Linie der Krustenflechten, erkannt, und nach ihm haben andere Väter der Botanik ähnliche Fälle geschildert, so Gümbel, Link u. a.

Als aus zwei selbständigen Lebewesen zusammengesetzte Gebilde haben die Flechten keine eigene Sexualität, sondern eine solche hat nur der Pilz, während die Alge, sofern sie Sexualität im frei lebenden Zustande besaß, diese beim Zusammenleben verloren hat. Nun haben aber zahlreiche Flechten eine ungeschlechtliche Form der Vermehrung und Verbreitung ausgebildet. Einmal können größere Stücke des Thallus sich loslösen oder abgetrennt werden, irgendwie verschleppt werden, erneut festen Fuß fassen und weiterwachsen. Viele Flechten bilden aber auch an vorbestimmten Stellen, den Soralen, kleine, staubförmige Verbreitungskörper aus. Diese Soredien genannten Brutkörper bestehen aus je einer oder weniger Algenzellen, — die Algenzellen des Flechtenthallus werden aus der Zeit her, da man ihre Algennatur noch nicht erkannt hatte, Gonidien genannt — umsponnen von einigen Pilzfäden. Sie werden vom Winde verweht und wachsen auf geeigneter Unterlage wieder zu einer neuen Flechte aus, beide Komponenten sind ja vorhanden. Daneben entstehen die Flechten in der Natur immer wieder aufs neue, indem Algenzellen neben angewehte Pilzsporen verweht werden, so daß beide Komponenten der Flechte beim Keimen aufeinander treffen und nun gemeinsam zu einer Flechte auswachsen. Diese „Flechtenanfänge" genannten ersten Flechtenstadien bilden sogar eine sehr große Rolle in der Besiedlung des Gesteins.

Beide Komponenten des Flechtenlagers, die Alge und der Pilz, vermögen aktiv das Gestein anzugreifen und in Lösung zu bringen. Die Lösung geschieht einmal durch die von allen Pflanzen ausgeschiedene Kohlensäure, bei den Flechten wohl aber auch durch spezifische Säuren, die von der Flechte gebildet werden, doch sind diese Faktoren noch nicht genauer untersucht. Die Härte und die chemische Zusammensetzung der Unterlage spielen dabei keine Rolle, viele Flechten vermögen auch auf kieselhaltigen Gesteinen zu gedeihen und sogar die Quarzpartikel anzugreifen, ja es ist beobachtet worden, daß Flechten gelegentlich auf Glas übergehen und in dieses einsinken, d. h. also Substanz auflösen. Ebenso wird z. B. der sehr harte Lydit[1] von Flechten besiedelt und angegriffen. Auch auf Eisenkonstruktionen sind Flechten gefunden worden, das bekannteste Beispiel ist die Kettenbrücke in Budapest[2]. Wenn Flechten hier nicht häufiger gefunden werden, so liegt das lediglich an dem Umstande, daß Flechten sehr empfindlich gegen Rauchschäden sind, daß sie infolgedessen in Städten und Industriegegenden fehlen, wo andererseits gerade Eisenkonstruktionen vielfach errichtet werden.

Im allgemeinen ist die Alge im Flechtenthallus rings von Schichten von Pilzhyphen derart umgeben, daß sie nicht direkt auf den Felsen einwirken kann, sondern daß die von ihr abgeschiedenen Säuren vom Pilz auf das Substrat weitergeleitet werden müssen und dort zugleich mit seinen eigenen Abscheidungsprodukten verwertet werden. Nur bei den Flechtenanfängen, bei gewissen noch sehr lockeren Algen-Pilz-Verbänden, die keine scharf umrissene morphologische Gestalt annehmen und in denen beide Komponenten mehr oder weniger unabhängig voneinander sind, ferner bei den homoiomeren Flechten, bei welchen die Algenzellen, die Gonidien, regellos im Thallus der Flechte zerstreut sind, gelangen die Flechtenalgen direkt mit dem Gestein in Berührung; es sind aber auch einzelne Fälle bekannt, in denen einzelne Algenzellen aus dem Thallus der Flechte auswandern, den Fels korrodieren, dann wieder vom Pilz eingefangen, umsponnen werden.

Die Algen wirken nur chemisch, das Gestein auflösend, auf die Unterlage ein. Bornemann[3] ist wohl der erste, der das Eindringen von Algen in Gestein an Querschliffen beobachtet hat, allerdings an einer Süßwasseralge an Kalkgeröllen in einem rasch fließenden Bache oberhalb Mosbach bei Eisenach. Bachmann[4] beobachtete im Jurakalke, wie die kurzen Fäden von *Trentepohlia* in die Kalzitkristalle eindringen und sie auf diese Weise allmählig zerstören, und er gibt sehr instruktive Zeichnungen seiner Beobachtungen. Der Pilz hingegen wirkt nicht nur chemisch durch Auflösung des Gesteines auf seine Unterlage ein, sondern auch mechanisch. Die feinen Hyphen seiner Unterseite, welche das Flechtenlager auf der Unterseite befestigen, dringen nicht nur lösend in die Kristalle des Gesteines ein, sondern sie zwängen sich auch in die feinen Kapillaren zwischen den Kristallen des Gesteines und vermögen diese teils durch chemische Lösung, teils aber auch durch ihren mechanischen Druck zu erweitern und so den allmählichen Zerfall des Gefüges herbeizuführen. Durch diese Arbeit von Pilz und Flechte wird die Oberfläche des Gesteines angerauht, so daß anfliegende weitere Keime leichter haften bleiben und nicht so leicht abgespült werden können, es wird aber auch die oberflächliche Gesteinsschicht poröser und damit wasserhaltiger, wodurch wiederum die Besiedelung erleichtert wird.

Manche Gesteine verwittern, anscheinend durch die Atmosphärilien, derart, daß sich eine körnig-staubige Oberfläche bildet, die sich mit dem Messer leicht abschaben läßt. Untersucht man das Geschabsel unter dem Mikroskop, so findet man es zusammengesetzt aus mineralischen Partikeln, daneben aber auch aus zahlreichen pflanzlichen Organismen, Bakterien, Pilzhyphen und vor allem

[1] Servit, Mir: Zur Flechtenflora Böhmens und Mahrens. Hedwigia **50** (1910).

[2] Marilaun, Kerner v.: Pflanzenleben, 2. Aufl., 1, 246. Leipzig 1896.

[3] Bornemann, J. G.: Geologische Alpenstudien. Jb. kgl. preuß. geol. Landesanst Berlin **1886**, **1887**, 116ff.

[4] Bachmann, E.: Kalklösende Algen. Ber. dtsch. bot. Ges. **31** (1913).

Kieselalgen (*Diatomeen* oder *Baccilariaceen*), Cyanophyceen und Grünalgen. Die Menge der in der staubigen Oberfläche des Gesteines lebenden und den Stein zu immer größerer Tiefe korrodierenden Organismen kann so groß sein, daß ein solches Gesteinsstück, welches zunächst grau und vegetationslos erscheint, nach dem Anschlagen mit einem Hammer an der Schlagstelle einen grünen Fleck aufweist. Diese unter der verwitternden Oberfläche lebende und wirkende Mikroflora bezeichnet FALGER[1] als Lithobionten. Sie sind bekannt z. B. vom Schlerngebiet, von den Churfirsten, dem Säntis und von anderen Stellen in Kalkgebirgen[2], so auch z. B. aus Kanada.

Nach BACHMANNS Untersuchungen handelt es sich bei der lithobiontischen Flora nicht immer um im Staube der Gesteinsoberfläche frei lebende Algen, sondern in vielen, wenn nicht in den meisten Fällen um die Gonidien-, d. h. Algenschicht endolithischer Flechten. Man unterscheidet nämlich die Gesteinsflechten nach ihrer Wachstumsweise in solche, die auf der Oberfläche des Gesteines leben, deren Lager also frei auf dem Fels liegt, an seiner Unterseite durch Pilzhyphen mit der Unterlage fest verankert. Es sind dies die epilithischen Flechten, die sich besonders auf härterem, kieselhaltigem Gestein finden. Der weichere, leichter lösliche Kalkfels hingegen wird in der Regel derart besiedelt, daß die Flechten in das Gestein eindringen und ihr Lager völlig unter der Oberfläche des Gesteines entwickeln. Sie sind nach außen von einer Schicht Gesteines und abgestorbener Hyphen bedeckt, der Fels erscheint völlig kahl und grau, und nur bei genauerem Zusehen erkennt man, daß das Gestein mit zahlreichen kleinen schwarzen Punkten oder entsprechenden Löchern besetzt ist. Es sind das die endolithischen, im Gestein lebenden Flechten, und solches Gestein wird grün oder blaugrün, wenn man die die Flechte bedeckende Gesteinsschicht mit dem Hammerschlag zertrümmert und dabei natürlich auch die Flechte quetscht.

Die eben erwähnten kleinen schwarzen Punkte sind die Fruchtkörper des Pilzes, nicht der Alge, welche ja ihre Sexualität durch das Zusammenleben mit dem Pilze verloren hat, auch nicht der Flechte, die ja als aus zwei Pflanzen zusammengesetztes Gebilde keine eigene Sexualität hat. Nach der Entlassung der Pilzsporen fallen die sterilen Reste des Pilzfruchtkörpers aus, und so entstehen die erwähnten kleinen Löcher in der Oberfläche des Gesteines.

Während also die endolithische Flechte sich dem flüchtigen Blick entzieht, das Gestein vegetationslos erscheinen läßt, ist die epilithische Flechte im allgemeinen gerade im Gegenteil recht auffällig. Sie bemalt die Felsen, es handelt sich meist um Urgestein oder um jüngere Eruptivgesteine, in den lebhaftesten Farben, gelb, schwarz, braunrot, ocker, grau u. dgl. Da diese Flechten den Fels dicht besiedeln, stoßen die einzelnen, ringförmig wachsenden, also ursprünglich runden Lager bald aneinander und grenzen sich polyedrisch gegeneinander ab. Am bekanntesten ist *Rhizocarpon geographicum*, deren zitronengelbe Lager vom tiefschwarzen Saume der vorwachsenden Pilzhyphen umrandet sind; bei dichter Besiedelung und gegenseitiger Abplattung der Lager sieht der Fels aus, als sei er mit einer politischen Landkarte bemalt, wovon diese Flechte den deutschen Namen Landkartenflechte trägt.

Fragen wir uns nun, wie tief eine Flechte in das Gestein einzudringen vermag, was natürlich für die Wirksamkeit ihrer verwitternden Kraft ausschlaggebend ist, so ist diese Frage schwer zu beantworten. Bei Kalkflechten hat man auf

[1] FALGER, T.: Die erste Besiedlung der Gesteine. Mikrokosmos **1922/23**, H. 1, 3, 5.

[2] OETTLI, M.: Beiträge zur Ökologie der Felsflora. Jb. St. Galler naturwiss. Ges. 1920. — DIELS, L.: Die Algenvegetation der Südtiroler Dolomitenriffe. Ber. dtsch. bot. Ges. **32** (1914). — ANDRÉE, K.: Verschiedene Beiträge zur Geologie von Kanada. Schriften Ges. z. Beförderung d. ges. Naturwiss. Marburg VII **13** (1914).

Dünnschliffen durch das Gestein und ebenso an Präparaten, bei denen der Kalk durch Säuren weggelöst war, die Pilzhyphen bis zur Tiefe von 30 mm verfolgen können[1]. Einzelne Hyphen mögen noch tiefer eindringen, doch sind solche Feststellungen technisch sehr schwierig. Kieselhaltiges Gestein wird zu weit geringerer Tiefe durchdrungen. FRIEDRICH[2] und STAHLECKER[3] haben auf solchem Gestein die Hyphen des Pilzes bis auf 3 mm Tiefe verfolgt. Die Algenzellen, als lichtbedürftig, dringen wohl kaum tiefer als 0,5 mm ein.

Die wenigsten Flechten gedeihen gleich gut auf allen Substraten, in der Regel können wir scharf zwischen Flechten unterscheiden, welche Kalkgestein besiedeln, die Kalk- oder kalziseden Flechten, und solchen, welche auf Kieselgestein gedeihen, die Kiesel- oder siliziseden Flechten. Diese wachsen wohl stets langsamer als die Kalkflechten und verändern die Felsoberfläche erst in längeren Zeiträumen. BACHMANN hat angegeben, daß Granit an seiner Oberfläche ziemlich schnell durch die Tätigkeit der Flechten in eine gelbe, körnige Masse zerfällt, welche die Feuchtigkeit stark hält und leicht weiterbesiedelt werden kann. Nach den übereinstimmenden Angaben BACHMANNS[4] und STAHLECKERS[5] werden die weniger siliciumoxydhaltigen, also mehr basischen Bestandteile des Granits zuerst angegriffen, also sehr bald die Glimmerplättchen, dann die Hornblende (40—50 % Si), dann Feldspat (± 60 % Si), zuletzt der Quarz, wobei noch nicht ganz sicher festgestellt ist, ob die Zersetzung der Quarzpartikel nicht mehr auf Rechnung der Atmosphärilien als auf jene der Flechten zu setzen ist. Für eine aktive Tätigkeit der Flechten spricht der Umstand, daß Flechten auch Glas anzugreifen vermögen, ebenso ihr Auftreten auf Sandstein. Jedenfalls muß Quarz ungemein schwer angreifbar sein. Granaten hingegen werden völlig gelöst[6]. Sandstein wird mit Vorliebe nicht von den Schichtflächen, sondern von den Schichtköpfen aus besiedelt, wobei sicher der größere Wassergehalt der Schichtköpfe eine wesentliche Rolle spielt, wie ja auch von Kalkgestein der wasserhaltige Anteil bevorzugt wird.

Neben ihrer direkten Tätigkeit als Gesteinslöser und Zerstörer spielen die Flechten aber auch eine große Rolle als Erzeuger geeigneter Angriffspunkte für die abiotische Verwitterung und als Bereiter der Möglichkeit einer weiteren Vegetation. Die endolithischen Flechten der Kalkfelsen machen die oberflächlichen Schichten des Gesteines porös, so daß sich darin mehr Wasser sammelt als im nicht angegriffenen Stein, Wasser, welches Spuren von Säuren enthält und damit chemisch das Gestein weiter angreift oder beim Gefrieren Sprengwirkungen auszuüben vermag. Auch in die durch die Hyphen erweiterten Kapillaren des Gesteines dringt Wasser und kann durch Frostwirkung weiter verwitternd wirken. Die epilithischen Flechten rauhen die Oberfläche des Felsens an, auch erweitern sie die Kapillaren des Gesteines und geben so dem atmosphärischen Wasser geeignete Angriffspunkte.

Der weitere Verlauf der Verwitterung eines Gesteines ist sehr stark von seiner Neigung zur Horizontalen bedingt. An stark geneigten Felsflächen werden die aus dem festen Verbande gelockerten Gesteinspartikel nach etwaigem Absterben der Flechten von Regengüssen, auch von starken Winden weggeführt, so daß

---

[1] BACHMANN. E.: Der Thallus der Kalkflechten. Ber. dtsch. bot. Ges. **10** (1892); **31** (1913).

[2] FRIEDRICH, ALBERT: Beitrage zur Anatomie der Silikatflechten. Fünfstucks Beitr. wiss. Bot. **5** (1916).

[3] STAHLECKER, E.: Untersuchungen uber Thallusbau in ihren Beziehungen zum Substrat bei siliziseden Flechten. Fünfstücks Beitr. wiss. Bot. **5** (1906).

[4] BACHMANN, E.: Die Beziehungen der Kieselflechten zu ihrem Substrat. Ber. dtsch. bot. Ges. **22** (1904).

[5] STAHLECKER, E.: a. a. O.

[6] BACHMANN, E.: Die Beziehungen der Kieselflechten zu ihrer Unterlage. II. Granat. Ber. dtsch bot. Ges. **29** (1911).

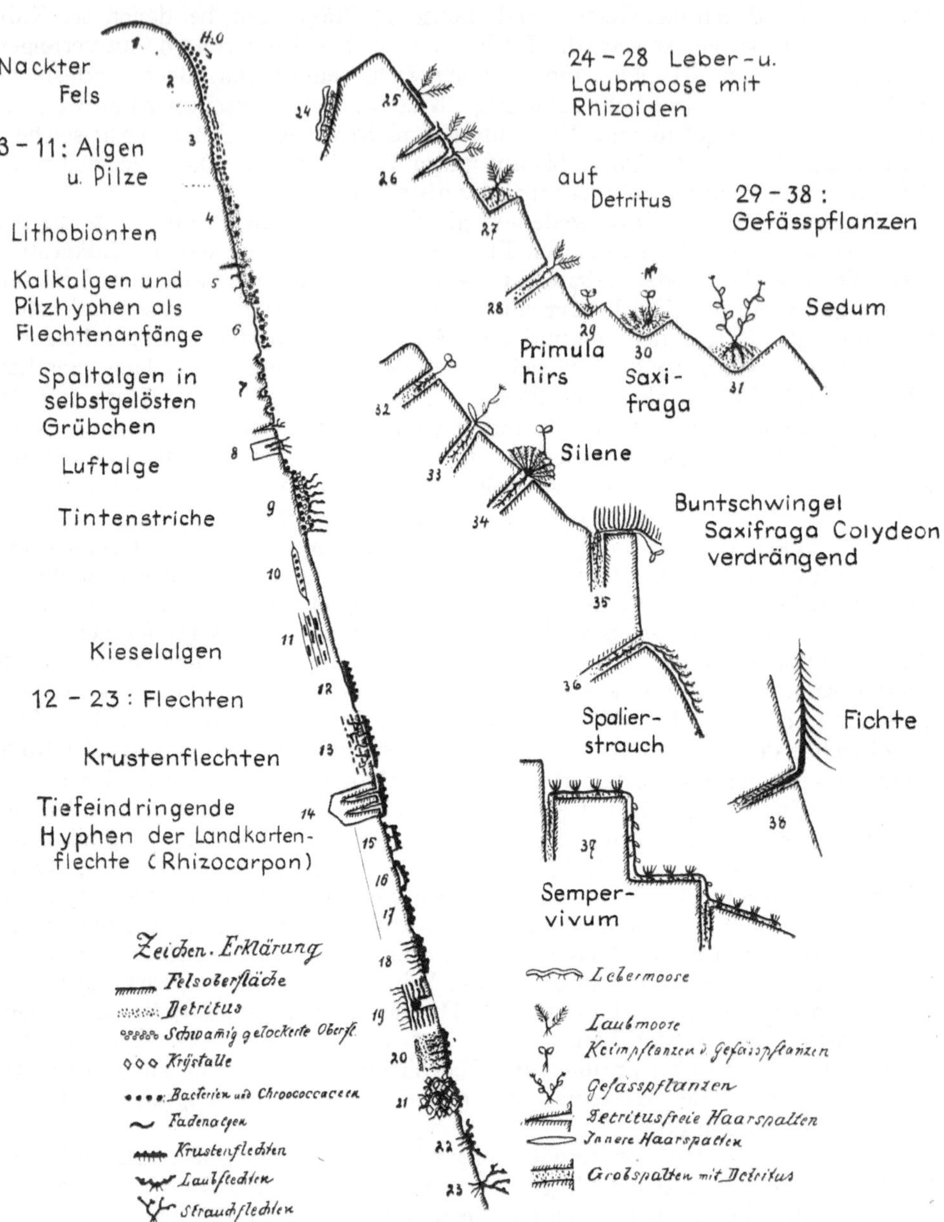

Abb. 37. Zeichenerklarung fur den geologischen Querschnitt.

(Aus C. SCHROETER: Das Pflanzenleben der Alpen. Eine Schilderung der Hochgebirgsflora. 2. Aufl. Zürich: Verlag Albert Raustein 1926.)

Die Formen der Besiedelung des Felsens aller Hohenstufen.

Erläuterungen.

Nr. 1—23· Algen, Pilze und Flechten.

1. Vollkommen nackte, unbesiedelte, glatte Felsflache, so z. B. auf den Gletscherschliffen beim Gelmersee im Haslital auf Protogyn.

2. Überrieselte, etwas rauhe Sandsteinfelsen der Sächsischen Schweiz mit Algenfilzen von Fadenalgen, mit Kieselalgenschleim und Leuchtalgenanflugen.

3. Überrieselte, ganz glatte Felsen ebenda, mit Gallerthautchen von *Gloeocapsa*-Arten (Spaltalgen) und einem grunen *Gloeocystis*-Schlamm.

4. Staubige Verwitterungsrinde scheinbar unbesiedelter Felsen; abgeschabt erweist sie sich als besiedelt mit Bakterien, Fadenpilzen, Spaltalgen, Kieselalgen, Grunalgen; ferner mit Tieren: Wurzelfußlern, Infusorien, Radertieren, Barentierchen und Fadenwurmern. Das sind die „Lithobionten" FALGERS.

5 und 6. Durch kalklosende und in die Haarspalten eindringende Algen schwammig-poros gestalteter „Algenkalk", zum Teil mit Pilzfäden als Flechtenanfangen.

7. In selbstgeloste Grubchen eingesenkte *Xanthocarpa*-Kolonien (Spaltalgen). Hier auch *Pharcidia lichenum*, ein kalklosender Pilz.

8. In das Innere eines Kalzitkristalls eindringende Faden der Luftalge *Trentepohlia*, als Bestandteil einer werdenden Flechte mit homoiomerem Thallus.

9. Besiedelung der „Tintenstriche" an zeitweise uberrieselten Stellen senkrechter Felsen: zunächst schleimbildende Spaltalgen (Blaualgen) in Kugelform, dann solche in Fadenform oder Flechten mit Blaualgen als Gonidien.

10. In Haarspalten unter der Oberflache vegetierende Algen, die keine Verbindung mit der Oberflache haben, vorwiegend Spaltalgen.

11. Zwischen Glimmerblattchen lebende Kieselalgen.

12. Rein oberflachlich dem Fels anhaftende, sonst rindenbewohnende Krustenflechten (s. auch 15—17).

13. Krustenflechten, deren Pilzfaden (Hyphen) Glimmer aufblattern, durchbohren und schließlich kaolinisieren; auch Granatkristalle werden angefressen und zerstort. Ob Flechtenhyphen den Quarz angreifen konnen, ist strittig.

14. Dagegen dringen die Flechtenhyphen von *Rhizocarpon*- und *Lecanora*-Arten in Haarspalten des Quarzes ein, sogar bis 3 cm tief, von Algenzellen begleitet.

15—17. Kieselflechten (exolithisch, d. h. auf der Oberflache) auf Quarz: 15. mit Fußplatten und Schleim; 16. mit Verdickungswulsten am Rande; 17. bloß aufsitzend.

18. Epilitische Kalkflechten, nur mit Rhizoiden (Wurzelhyphen) in den Fels eindringend.

19. Endolithische Kalkflechten; der ganze Thallus hat sich in den Kalkfels eingefressen, nur die Rindenzone reicht an die Oberflache. Es gibt aber auch Falle, wo der ganze Thallus im Kalk verborgen ist. Die grunen Algenzellen der Algenschicht sind es, die den scheinbar unbesiedelten Felsen beim Anschlagen grun farben. Die Pilzfruchtkorper (Apothecien) sind in Gruben eingesenkt.

20. Durch Flechten bedingte Kaolinisierung der Feldspäte, eine Bleichzone im Gestein erzeugend; unterhalb derselben entsteht eine braune „Ortsteinzone".

21. Durch den Flechtenthallus aufgelockerte Kristalle des Granits; bei dieser Zermurbung des Gesteins wirken Spaltenfrost und Dickenwachstum der Flechten zusammen.

22. Laubflechten. Besonders schon bei *Umbilicarien* (Nabelflechten) zu beobachten.

23. Strauchflechten.

Nr. 24—28: Moose.

24. Lebermoose, mit der Thallusflache sich an den Felsen schmiegend und mit ihren Rhizoiden (Wurzelfasern) sich zwischen die Rauhigkeiten der Felsfläche und im Detritus vorausgegangener Algen- und Flechtengeneration fixierend, ohne den Fels anzugreifen, wohl aber auch in die Haarspalten eindringend. Nur wenige Arten konnen als Pioniere den Fels besiedeln.

25. *Andreaea petrophila*, zunächst mit ihrem flachen Vorkeim dem Felsen anhaftend, dann mit Rhizoiden sich fixierend.

26. Laubmoose, mit Rhizoiden in Haarspalten eindringend.

27. Laubmoose, auf oberflachlichem Detritus haftend.

28. Laubmoose, im Detritus der Grobspalten mit Rhizoiden haftend.

Nr. 29—38: Gefaßpflanzen (Farne und Blütenpflanzen).

29. Keimpflanze auf Oberflächendetritus (stecknadelkopfgroße Häufchen genugen fur *Primula hirsuta*).

30. Keimpflanze auf einem Moospolster (z. B. *Saxifraga Cotyledon*).

31. Im Oberflachendetritus entwickelte Blutenpflanze, z. B. *Sedum*-Arten.

32. Keimpflanze in einer detritusgefullten Grobspalte.

33. Rosetten-Spaltenpflanzen.

34. Polsterpflanze (*Silene acaulis*) mit darauf gekeimtem Polstergast.

35. Horst des Buntschwingels, balkonartig uber den Felsen hinauswachsend und eine *Saxifraga Cotyledon* verdrangend.

36. Spalierstrauch, durch Humusbildung aus abgefallenen Blattern Wuchsorte schaffend.

37. *Sempervivum montanum*, an Auslaufern neue Rosetten bildend.

38. Aus einer Grobspalte an steiler Felswand herauswachsende Fichte.

immer wieder frische Felsoberfläche der Besiedelung zugängig ist. Nach den Beobachtungen STAHLECKERS[1] wird unverwitterter Fels williger von Flechten besiedelt als verwitterter, dies gilt aber wohl nur für weniger geneigte Flächen, bei denen die Verwitterungsprodukte wenigstens teilweise auf dem Felsen an Ort und Stelle liegen bleiben und so ökologisch die Unterlage verändern, den Krustenflächen nicht zusagende Bedingungen schaffen. Wenn die von der Flechte gelockerten Schichten nicht entfernt werden, so findet sie, ganz abgesehen von dem physikalisch, weil zu lockeren, ihr nicht zusagenden Zustande, in der Unterlage nicht mehr die ihr notwendigen Nährstoffe, sie hat die Unterlage bis zu der von ihr erreichbaren Tiefe ausgelaugt. Bei vielen, in dickeren, schorfartigen Krusten wachsenden Flechten sehen wir die Mitte des Lagers allmählich zerklüftet und ausfallend, wobei einzelne noch lebensfähige Stücke des Schorfes an neue günstige Stellen gelangen können und dort erneut wachsen. Die Flechte als ganzes ist nicht abgestorben, sie wächst am Rande ringförmig weiter, immer neue, noch nicht ausgebeutete Felsteile befallend. Nach der Mitte wächst sie nicht mehr hinein, weil dort die Nährstoffe fehlen.

[1] STAHLECKER, E.: a. a. O., S. 253.

Die von einer Flechtenart verlassene Unterlage ist aber nur eine Zeitlang und dann nur für die betreffende Art unzugänglich. Andere Flechtenarten mit anderen Bedürfnissen an Unterlage und Nahrung vermögen sehr wohl eine solche Stelle zu besiedeln, und so treten dann auch auf dem Felsen andere Flechtenarten auf, teils Krustenflechten, aber auch Laub- und Strauchflechten, deren Haftfasern oder Haftscheiben den Fels noch stärker korrodieren. Bei nicht allzu geneigten Gesteinsflächen sammelt sich an solchen Flechtenlagern von weiter oben herabgespülter Detritus an, es bilden sich auf diese Weise kleine Humusanhäufungen, die nun ein geeignetes Substrat zur Ansiedlung der verschiedensten Felsmoose bilden. An schattigen und feuchten Stellen überzieht sich der Fels mit einer Flora von Lebermoosen und von Laubmoosen, die aber mehr in der oberflächlichen Humusschicht auf dem Felsen siedeln und nicht direkt, sondern nur indirekt durch das festgehaltene Wasser auf das Gestein einwirken. An exponierteren Stellen treten polsterförmig wachsende Moose auf, die, wie die auf Urgestein wachsenden Arten der Gattung *Andreaea*, sich mit den Fels energisch angreifenden Haftscheiben festhaften, oder die ihre Rhizoiden bis zu einer Tiefe von 20 cm in die Kapillaren des Gesteinsgefüges eindrängen. Direkt chemisch wirken diese Moose wohl auch kaum auf die Unterlage, auch ihre Rhizoiden sollen das Gestein kaum angreifen. Mechanisch erweitern sie jedoch die Kapillaren, ihre abgestorbenen Rhizoiden stellen kleine Gänge für eindringendes Wasser dar, ihre Polster sammeln viel Humus und mit Säuren beladenes Wasser, welches seinerseits chemisch und bei Frost mechanisch das Gestein angreift.

Auch die engeren Spalten des Gesteines werden durch die Humus bildende und sammelnde Tätigkeit der Laubmoose mit der Zeit mit humusreicher Erde gefüllt und bieten nun, wie auch die absterbenden Moospolster, Samenpflanzen geeignete Keimungsbedingungen. Es ist schon seit langem bekannt, daß die Wurzeln der höheren Pflanzen imstande sind, Gestein aktiv durch ausgeschiedene Säuren, meist Kohlensäure, anzugreifen. Bekannt ist ja der einfache Versuch, Samen dicht über einer polierten Marmorplatte keimen zu lassen, wobei man nach einiger Zeit des Wachstums der betreffenden Keimlinge Ätzspuren ihrer Wurzeln auf der Marmorplatte erkennen kann. Dann aber sind die Wurzeln der höheren Pflanzen auch wichtig durch ihr sehr energisches Wachstum und durch die Länge, die sie gerade bei Pflanzen trocknerer Standorte erreichen. Die Wurzeln solcher Pflanzen drängen und zwängen sich bis zu großen Tiefen in die Spalten des Gesteines ein, mit den Wurzelhaaren ihrer Spitzenregion das Gestein direkt auflösend, mit den weiter rückwärts liegenden Teilen bei deren Wachstum in die Dicke das Gestein sprengend und so die Spalte erweiternd. Besonders stark wirken natürlich die kräftig in die Dicke wachsenden Bäume, bekannt sind wohl die Beispiele gesprengter und gehobener schwerer Gesteinsplatten durch in die Dicke wachsende Baumwurzeln, aber auch die Wurzeln kleinerer Gewächse vermögen entsprechende kräftige Wirkungen auszuüben. Hinzu kommt noch, daß die absterbenden Wurzeln der höheren Pflanzen röhrenförmige Gänge hinterlassen, in welche Wasser eindringt und bei Frost Sprengwirkungen hervorrufen kann.

Alle diese Verhältnisse werden in der anschaulichsten Weise für die Schweizer Alpen durch SCHROETER[1] geschildert, allerdings mehr von der botanisch-ökologischen Seite. Die Wirkung der Pflanzenwelt auf das Gestein wird besonders durch eine schematische Figur mit eingehenden Erläuterungen anschaulich gemacht[2].

---

[1] SCHROETER, C.: a. a. O., S. 249.

[2] Der Liebenswürdigkeit von Autor und Verlag verdanke ich die Möglichkeit, diese Abbildung hier wiederzugeben, wobei ich die Erläuterungen zur Abbildung fast wortlich übernommen habe, nur einige spezielle Beispiele kürzend oder ganz fortlassend.

Wenn auch die höheren Pflanzen energischer als die Flechten auf den Fels einwirken, seinen Zerfall oder seine Bedeckung mit einer Humusschicht schneller erreichen können als diese, so ist die Wichtigkeit der Flechten darum doch keine geringe. Sie vermögen an Stellen und Orten zu gedeihen, an denen jeglicher andere Pflanzenwuchs unmöglich ist; sie vertragen sowohl die hohen Wärmegrade und die starke Lichtintensität, denen sie auf Felsen der Wüsten und Hochgebirge ausgesetzt sind, als auch Kälte und Polarnacht auf Felsen der Polargegenden, vertragen wochenlange völlige Austrocknung und monatelange Verdunkelung unter Schneedecken. So sind denn Flechten in vielen Gegenden die einzigen biotischen Felsverwitterer, in anderen sind sie die Pioniere für weitere Ansiedlung und so ein unentbehrliches Glied im Haushalte der Natur.

B. Höhere Pflanzen.

Von E. BLANCK, Göttingen.

Der Einfluß, welcher der lebenden höheren Pflanze beim Verwitterungsvorgang der Gesteine zukommt, kann zweierlei Art sein, indem er sich einerseits auf die physikalische Seite des Vorganges erstreckt, andererseits, indem er sich chemisch lösend und zersetzend geltend macht. Die mechanische Auflockerung des Gesteinsgefüges durch den aktiven Eingriff der Pflanzenwurzel, bedingt durch das Dickenwachstum der Wurzel, ist in seinen Wirkungen auf den Zerfall der Gesteine allgemein bekannt und gehört in das Gebiet der physikalischen Verwitterung[1], daß dieser Vorgang an dieser Stelle keiner nochmaligen Erörterung bedarf. Überall, wo die Bedingungen dafür nur irgend möglich gegeben sind, sehen wir die Wurzeln der Pflanzen in die geringfügigsten Sprünge oder Spalten des Gesteins eindringen und diese erweitern und vertiefen, in welchem Bestreben sie durch die jeweilige petrographische Ausbildung des Gesteins mehr oder weniger Unterstützung finden. Weniger allgemein bekannt erweist sich dagegen der Einfluß, den die Pflanzenwurzel in chemischer Hinsicht auf die Gesteinssubstanz ausübt, wenngleich dieser Erscheinung auch seitens agrikulturchemischer Forschung seit jeher regste Aufmerksamkeit zugewandt wurde, denn hängt sie doch aufs innigste mit den Ernährungsfragen der Pflanze und mit dem pflanzenphysiologischen Akt der Nährstoffassimilation der Mineralbestandteile zusammen. Wie wir aber aus diesem Zusammenhang sofort erkennen, liegt hier ein Kapitel vor, das seine Erörterung zur Hauptsache an anderem Orte finden wird, nur insofern, als wir es mit dem chemischen Einfluß der Pflanzenwurzel auf Gestein und Mineral zu tun haben, und dieser Einfluß zur chemischen Aufbereitung genannter Materialien führt, kann hiervon an dieser Stelle die Rede sein.

Mit der immer noch strittigen Frage, auf welche Weise die Pflanzenwurzel imstande ist, diesen Einfluß auszuüben, wollen wir uns an dieser Stelle gleichfalls nicht des näheren beschäftigen, sondern nur darauf hinweisen, daß sowohl die Ausscheidung von Kohlensäure durch die Pflanzenwurzel allein als auch eine solche unter gleichzeitiger Mitbeteiligung und Mitwirkung von organischen Säuren als hierfür in Frage kommend angenommen werden[2].

---

[1] Siehe S. 186 dieses Bandes.

[2] Vgl. u. a. A. SACHS: Bot. Ztg **1860**, 117. — G. KUNZE: Über Säureausscheidung bei Wurzeln und Pilzhyphen und ihre Bedeutung. Jb. wiss. Bot. **1906**. — J. STOKLASA u. A. ERNEST: Beitrage zur Lösung der Frage der chemischen Natur des Wurzelsekretes. Jb. wiss. Bot. **46**, 53 (1909). — O. LEMMERMANN: Untersuchungen uber einige Ernährungsunterschiede der Leguminosen und Gramineen usw. Landw. Versuchsstat. **67**, 207 (1907). — FR. CZAPEK: Zur Lehre von den Wurzelausscheidungen. Jb. wiss. Bot. **29**, 321. —

Daß die höheren Pflanzen imstande sind, die unlöslichen Silikatminerale sowie Phosphate und die schwerlöslichen Sulfate und Karbonate mehr oder weniger zu zersetzen und aufzuschließen, lehren am besten die mit solchen Materialien ausgeführten Düngungsversuche. Wenn es nun an dieser Stelle auch nicht möglich ist, sämtliche in dieser Richtung liegende Versuche zur Wiedergabe zu bringen, so muß doch auf einige als Belegmaterial für die soeben ausgesprochene Tatsache hingewiesen werden. Die für die Zerlegung der Sulfate und Karbonate sprechenden diesbezüglichen Untersuchungen können wir jedoch schon allein aus dem Grunde ausschalten, weil wir es hier mit einem ganz allgemein bekannten Vorgange zu tun haben, und es außerdem hier nicht der Ort ist, der Kalkdüngung nachzugehen[1]. Anders liegt es freilich mit der Zerlegung der im Boden natürlich vorkommenden Silikate und Phosphate durch die höheren Pflanzen, da uns die diesbezüglichen Düngungsversuche unmittelbare Hinweise auf das Aufschließungsvermögen der Pflanze bzw. ihrer Wurzeln dartun. Diese Versuche sind zumeist aus Gründen rein praktisch wirtschaftlicher Art durchgeführt worden, was uns aber desgleichen an dieser Stelle nicht weiter interessieren kann.

Bezüglich der aufschließenden Fähigkeit der Pflanzenwurzel für die Kali enthaltenden Gesteins- und Mineralsubstanzen sei zunächst auf die noch vor wenigen Jahren so großes Aufsehen erregenden Düngungsversuche mit dem sogenannten Phonolithmehl hingewiesen. Die Wirkung dieses jungvulkanischen Eruptivgesteins mit einem Kaligehalt von 1—10%, von dem etwa 3% in Salzsäure löslich sind, bringen nachstehende Versuchsergebnisse[2] deutlich zum Ausdruck und zeigen damit, daß die Pflanze sehr wohl in der Lage ist, das Kalisilikat zum Aufschluß zu bringen. Von einer eingehenden Mitteilung der vielen vorliegenden Phonolithdüngungsversuche sei jedoch gleichermaßen abgesehen, um so mehr, als die Literatur aus der soeben zitierten Arbeit zu entnehmen ist[3]. Die durch Kali in Form von Kaliumsulfat und Phonolithmehl erzielten Mehrerträge betrugen nach diesen Untersuchungen auf Odersand:

			Verhaltniszahlen
1,000 g K_2O als	K_2SO_4	= 29,49 ± 2,49 g	100
1,087 ,, ,, ,,	Phonolith	= 11,82 ± 2,81 ,,	40
2,000 ,, ,, ,,	K_2SO_4	= 40,33 ± 2,89 ,,	100
2,174 ,, ,, ,,	Phonolith	= 19,75 ± 2,29 ,,	49

Die Ausnutzung des Kalis durch die Pflanzen ergab sich für den Phonolith zwar nur als sehr gering, nämlich zu 9,4% gegenüber von 56,1% bei Verwendung

TH. PFEIFFER u. E. BLANCK: Die Säureausscheidung der Wurzeln und die Löslichkeit der Bodennährstoffe in kohlensäurehaltigem Wasser. Landw. Versuchsstat. **77**, 217 (1912). — E. A. MITSCHERLICH: Eine chemische Bodenanalyse für pflanzenphysiologische Forschungen. Landw. Jb. **36**, 309 (1907).

[1] Vgl. übrigens andererseits M. ECKERT: Über die Erosion der Pflanzen in den Kalkgebirgen. Abh. naturforsch. Ges. Görlitz **22** (1898).

[2] PFEIFFER, TH., E. BLANCK u. M. FLÜGEL: Die Bedeutung des Phonoliths als Kalidüngemittel. Mitt. Landw. Inst. zu Breslau **6**, 233 (1911).

[3] Vgl. außerdem E. WEIN: Das Kalisilikat (Phonolithmehl) als Kalidüngemittel. Freising 1909. — W. KRÜGER, H. ROEMER u. G. WIMMER: Untersuchungen über die Wirkungen des Phonolithmehls. Bernburg 1911. — O. LEMMERMANN: Die Ersatzmöglichkeit der Staßfurter Kalisalze durch fein gemahlene Eruptivgesteine. Internat. agrartechn. Rdsch. **4** (1913). — E. BLANCK: Bedeutung des Kalis in Mineralen und Gesteinen für Dungezwecke. Z. Landwirtschaftskammer Prov. Schlesien **16**, 1502 (1912). — E. BLANCK: Der Phonolith als Kalidüngemittel vom Gesichtspunkt seiner mineralogisch-petrographischen Natur und chemischen Beschaffenheit. Fühlings landw. Ztg **61**, 721 (1912). — F. SCHUCHT: Zur Frage der Verwendung von Phonolithmehl als Kalidunger. Landw. Jb. **1912**, 323. — H. STREMME: Verwendung des Leuzitophyrs als Kalisilikat. Kali, Z. f. Gewinnung d. Kalisalze **1912**, H. 7. — HERMANN FISCHER: Über die Loslichkeitsverhältnisse von Bodenkonstituenten. Internat. Mitt. Bodenkde **3**, 331 (1913). — J. M. DOBRESCU: Die Dynamik der Kaliassimilation kalihaltiger Silikatminerale. Chem. d. Erde **2**, 83 (1926).

von Kaliumsulfat. Immerhin ist aber die Wirkung des Phonolithkalis im Vergleich zu anderen Silikaten, wie Feldspat und Glimmer, als eine günstige anzusehen.

Die mit Feldspat ausgeführten Düngungsversuche stehen hiermit im Einklang, wie einige Beispiele aus der Literatur zeigen mögen. So fand C. v. FEILITZEN[1] beim Anbau von Klee auf „Bodenparzellen" (eingegrabene Gefäße) für Feldspat im Vergleich zu Kainit 97 g gegenüber von 695 g Erntesubstanz und beim Anbau von Senf in Gefäßen 66 bzw. 104 g Erntesubstanz, während ein anderer Versuch mit Klee in eingegrabenen Gefäßen folgendes Ergebnis zeitigte:

	Auf unbesandetem Boden g	Auf besandetem Boden g
Feldspat	349	623,5
Kainit	590	747,0

Ein ähnliches Bild ergaben auch die Felddüngungsversuche des gleichen Autors.

Weitere Versuche mit Feldspat wurden von J. SEBELIEN[2] und von F. HONCAMP[3] mit ähnlichem Erfolge durchgeführt, wobei es sich gezeigt hat, daß zwar nur geringe Mengen an Kali aus dem Feldspat durch die Pflanzen aufgenommen werden. Außer durch die Untersuchungen von D. PRJANISCHNIKOW[4] und BIÉLER-CHATELAN[5] erfuhr die Frage nach der Löslichkeit des Kalis in den Feldspaten und Glimmern eine systematische Prüfung durch E. BLANCK[6]. Durch diese Untersuchungen stellte sich die bisher unerwartete Tatsache heraus, daß das Kali des Glimmers besser als das der Feldspate von der Pflanzenwurzel aufgeschlossen wird. In Hinsicht auf die Orthoklase und Plagioklase ließ sich zeigen, daß letztere ihr Kali wiederum leichter als erstere an die Pflanzen abgeben, denn es konnte durch die Versuche E. BLANCKS eine Ausnutzung des Mikroklinkalis zu 1,12%, des Orthoklaskalis zu 2,23% dargetan werden, während unter den gleichen Bedingungen das Kali des Oligoklases zu 3,50%, des Labradorits zu 3,45%, des Albits zu 7,07% erfolgte. Auch das Kali des Biotits erwies sich besser ausnutzbar als dasjenige des Kaliglimmers. F. SESTINI[7] hat mit den Bestandteilen des Granits, also Quarz, Feldspat und Glimmer, entsprechende Versuche durchgeführt, und C. G. EGGERTZ[8] machte durch Behandlung mit verschiedenen konzentrierten Säuren Bodenproben steril, auf welchen er Pflanzen zog, durch welche Maß-

[1] FEILITZEN, C. v.: Sv. Mosskultur for., Tidskr. **1891**.

[2] SEBELIEN, J.: Tidskr. for det norske Landbrug **13**, 69 (1901).

[3] HONCAMP, F: Mitt. dtsch. Landwirtschaftsges. **1910**, 61.

[4] PRJANISCHNIKOW, I. D.: Feldspat und Glimmer als Kaliquelle. Landw. Versuchsstat. **63**, 151 (1906). — S. auch WOTSCHEL: 11. Vers. russ. Naturforsch. u. Ärzte in Petersburg 1901.

[5] BIÉLER-CHATELAN: C. r. Acad. Sci. **150**, 1132 (1910).

[6] BLANCK, E.: Die Glimmer als Kaliquelle fur die Pflanzen und ihre Verwitterung. J. Landw. **60**, 97 (1912). — Die Bedeutung des Kalis in den Feldspaten fur die Pflanzen. Ebenda **61**, 1 (1913). — Die Bedeutung der Glimmerminerale für den Ackerbau. Fuhlings Landw. Ztg **64**, 20 (1915). — BLANCK, E., u. F. ALTEN: Vegetationsversuche mit Serizit als Kaliquelle usw. Landw. Versuchsstat. **104**, 237 (1926). — Vgl. ferner V. M. GOLDSCHMIDT u. E. JOHNSON: Glimmermineralernes Betydning som Kalikilde for Planterne. Norges geol. Undersökelse Nr. 108 (Kristiania 1922). — B. HANSTEEN-CRANNER: Om Vegetationsforsök med Glimmermineralerne Biotit og Sericit som Kalikilde. Norges geol. Undersökelse Nr. 114 (Kristiania 1922).

[7] SESTINI, F.: Die kaolinisierende Einwirkung der Wurzeln auf die Feldspate. Landw. Versuchsstat. **54**, 147 (1900).

[8] EGGERTZ, C. G.: Medd. fram kgl. landbruksakad. exper. Stockh. **1906**, 1—62; Zbl. Agrikultur-Chem. **35**, 793 (1906).

nahme nicht nur die sogenannte nachschaffende Kraft gewisser Bodenbestandteile klar zum Ausdruck gelangte, sondern zugleich im Gegensatz zu SESTINIS Untersuchungen erkannt wurde, daß den Bodenbestandteilen diese Eigenschaft infolge ihres durch die Verwitterung erzeugten Zustandes zukomme. Von anderen kalihaltigen Silikaten zog PRJANISCHNIKOW Leuzit, Nephelin und Apophyllit in den Kreis seiner Untersuchungen mit hinein und fand, daß das Kali derselben zum Teil sehr günstig ausgenutzt wurde[1], und ähnliche Untersuchungen liegen von J. SAMOJLOFF[2] vor. G. DE ANGELIS D'OSSAT[3] berichtet schließlich noch über die kaolinisierende Wirkung der Pflanzenwurzeln auf römische Lavafelsen und fand sowohl für Feldspäte als auch für Leucit ein starkes Spaltungsvermögen durch die Wurzeln. Damit wollen wir das Gebiet der künstlichen Silikatdüngung verlassen und uns den Versuchen über Pflanzenkultur auf unverwitterten Gesteinen zuwenden. Hier bieten uns namentlich die Untersuchungen TH. DIETRICHS[4] und E. HASELHOFFS[5] die gewünschte Einsicht.

TH. DIETRICH, der auf grob gepulvertem Buntsandstein und Basalt die verschiedensten Pflanzen zog, fand nach Abzug der in den Samen enthaltenen Mineralstoffe und derjenigen, welche lediglich durch den Einfluß der Verwitterung löslich gemacht wurden, von der Gesamtmenge der in der Ernte enthaltenen Mineralstoffe nebenstehende Mineralstoffmengen durch die Pflanzen aufgenommen bzw. in Lösung gebracht.

	Im Buntsandstein g	Im Basalt g
3 Lupinenpflanzen . . .	0,6080	0,7492
3 Erbsenpflanzen	0,4807	0,7132
20 Sporgelpflanzen	0,2678	0,3649
10 Buchweizenpflanzen .	0,2322	0,3274
4 Wickenpflanzen . . .	0,2212	0,2514
8 Weizenpflanzen . .	0,0272	0,1958
8 Roggenpflanzen	0,0137	0,1316

Hieraus ergibt sich zwar eine größere Aufnahme an Mineralsubstanz aus dem Basalt als aus dem Buntsandstein, jedoch da der Nährstoffgehalt im Buntsandstein gegenüber Basalt ein viel geringerer ist, so schließt DIETRICH mit Recht, daß das Verhältnis der Bestandteile des Sandsteins, in welchem diese löslich werden, der Aufnahme in die Pflanzenwurzel günstiger ist. HASELHOFF erntete ohne Zugabe irgendwelchen Düngers folgende Mengen Erntesubstanz in Gramm bei Anwendung nachstehender Gesteinsart und Pflanze:

Pflanzenart	Buntsandstein	Basalt	Grauwacke	Muschelkalk
Bohne	31,4	8,3	14,7	10,0
Erbse . . .	35,6	19,3	23,3	17,6
Lupine	47,7	7,4	15,0	3,6
Gerste	1,6	1,6	1,9	3,1
Weizen . .	2,5	1,9	2,8	3,8

[1] Vgl. auch E. MONACO: Sull' impiego delle roccie leucitiche nella concimazione. Staz. sperim. agricult. ital. **36**, H. 7, 577 (Modena 1903).

[2] SAMOJLOFF, J.: Über die Bedeutung der Vegetationsversuche. Cbl. Min. usw. **1910**, 257.

[3] ANGELIS D'OSSAT, G. DE: Atti Roy. Accad. dei Lincei, Rend. Cl. Sci. Fis., Math. e Nat. V. ser. **19**, 1, S. 154 (1910).

[4] DIETRICH, TH.: Mitt. landw. Zentralver. i. Reg.-Bez. Kassel **1872** (Zbl. Agrikultur-Chem. **3**, 6 [1873]); Landw. Z. f. Reg.-Bez. Kassel **1874**, Nr. 5, 142 (Zbl. Agrikultur-Chem. **6**, 7 (1874); ebenda **1874**, Nr. 21, 647 (Zbl. Agrikultur-Chem. **8**, 4 [1875]); 1. Ber. aus Heidau, S. 83 (Jber. Agrikultur-Chem. **1864**, 1).

[5] HASELHOFF, E.: Das Dungebedürfnis einiger typischer hessischer Böden. Fuhlings Landw. Ztg **55**, 75 (1906). — Untersuchungen uber die Zersetzung bodenbildender Gesteine. Landw. Versuchsstat. **70**, 53 (1909).

Aus den durch die Ernten den Gesteinen entzogenen Nährstoffmengen geht jedoch noch instruktiver die Aufnahmefähigkeit bzw. Löslichkeit der Gesteinsbestandteile durch die Pflanze hervor, wie dieses die Zahlen für CaO und K_2O deutlich zeigen:

Pflanzenart	Aufnahme an CaO aus dem				Pflanzenart	Aufnahme an K_2O aus dem			
	Buntsandstein	Basalt	Grauwacke	Muschelkalk		Buntsandstein	Basalt	Grauwacke	Muschelkalk
Bohne . . .	0,478	0,130	0,380	0,937	Bohne . . .	0,197	0,115	0,175	0,012
Erbse . . .	0,572	0,336	0,547	0,548	Erbse . . .	0,247	0,253	0,189	0,114
Lupine . .	0,984	0,224	0,539	0,114	Lupine . . .	0,410	0,084	0,118	0,019
Gerste . .	0,019	0,095	0,129	0,031	Gerste . . .	0,019	0,017	0,020	0,003
Weizen . .	0,026	0,010	0,010	0,027	Weizen . .	0,034	0,021	0,032	0,027

Bei seinen späteren Untersuchungen über die Zersetzung bodenbildender Gesteine arbeitete HASELHOFF mit den gleichen Gesteinsarten, benutzte sie aber in zwei verschiedenen Korngrößen, wodurch ihm der Nachweis gelang, daß das feinkörnigere Gestein durchweg günstiger als das grobkörnige zu wirken vermochte[1]. Indem er seine Untersuchungen auf einen dreijährigen Anbau gleicher Pflanzenart nacheinander auf gleichem Gestein ausdehnte, vermochte er folgende Mengen an CaO und K_2O als durch die Pflanzen in Lösung gebracht darzutun, während Phosphorsäure so gut wie gar nicht in Lösung gebracht worden war.

	Erbse	Bohne	Lupine	Gerste	Weizen
CaO:					
Buntsandstein . . .	0,756	0,888	—	0,018	0,009
Grauwacke	0,918	1,168	—	0,041	0,016
Muschelkalk	1,887	1,692	0,205	0,023	0,053
Basalt	0,579	0,632	0,232	0,013	0,009
K_2O:					
Buntsandstein . . .	0,249	0,264	—	0,040	0,055
Grauwacke	0,256	0,368	0,084	0,047	—
Muschelkalk	0,082	0,001	0,012	0,018	0,037
Basalt	0,334	0,681	0,233	0,046	0,064

Diese Untersuchungen ließen jedoch erkennen, daß bei mehrmaligem aufeinanderfolgenden Anbau der gleichen Pflanzenart die benutzten Gesteine in den drei letzten Jahren die notwendigen Nährstoffe nicht mehr in hinreichendem Maße zur Verfügung stellen konnten, welcher Umstand wohl zur Hauptsache in dem Anbau gleicher Pflanzenart nacheinander zu suchen ist, denn weitere Versuche HASELHOFFS bei Fruchtfolgewechsel zeigten diese Erscheinung nicht. Man wird aus diesem Verhalten ungezwungen den Schluß ableiten dürfen, daß der chemische Lösungseinfluß bei der biologischen Verwitterung um so größer ausfallen wird, von je verschiedener Art die das Gestein angreifenden Pflanzen sind. Derartige Feststellungen, insbesondere die bekannte Erscheinung des größeren Aufschlußvermögens der Leguminosen gegenüber den Gramineen für unlösliche Bodenbestandteile, konnten auch durch weitere Versuche von E. HASELHOFF[2] und E. BLANCK[3] gemacht werden. Versuche mit Gneis und Basalt und

[1] HASELHOFF. E.: Landw. Versuchsstat. **70**, 88, 108 (1909).

[2] HASELHOFF, E., u. FR. ISERNHAGEN: Der Einfluß des Pflanzenwachstums auf die Zersetzung bodenbildender Gesteine. Landw. Jb. **50**, 115 (1916).

[3] BLANCK, E.: Veranderung eines sterilen Sandes durch Pflanzenkultur. J. Landw. **1914**, 129.

den Zerialien als Versuchspflanzen haben J. STOKLASA und A. ERNEST[1] mit dem Ergebnis durchgeführt, daß die Phosphorsäureaufnahme wie auch diejenige des Kalis und Natrons aus dem Basalt etwas höher als aus dem Gneis erfolgt. In seinen ausgedehnten Untersuchungen über die vielseitigen Beziehungen der Gesteine zur Pflanzenernährung vermochte E. BLANCK[2] zu zeigen, daß die Sandsteine vor allem befähigt sind, ihre Nährstoffe an die Pflanzen abzugeben. Seine Versuche wurden mit den verschiedensten Sandsteinen, Graniten, Porphyr, Quarzitschiefer und Gneis durchgeführt. Weitere Untersuchungen über die Zugänglichkeit der Nährstoffe im Basalt für die Pflanzen liegen von J. SACHSE[3] vor, die ergeben haben, daß das Kali verhältnismäßig am leichtesten, schwerer die Phosphorsäure und der Kalk zum Aufschluß gebracht werden.

Über die Zerlegung der Rohphosphate durch die höheren Pflanzen liegen eine große Anzahl von Untersuchungen vor, wie u. a. von A. N. ENGELHARDT[4], BR. TACKE[5], H. SWOBODA[6], TH. PFEIFFER und E. BLANCK[7], H. G. SÖDERBAUM[8], A. RINDELL[9], W. SCHNEIDEWIND und D. MEYER[10], TH. REMY[11] und K. GEDROIZ[12]. Hierbei spielen allerdings die Bodenverhältnisse, insbesondere Bodenreaktion wie auch Reaktion der Düngemittel eine hervorragende Rolle. Desgleichen macht sich auch hier das durchaus abweichende Aufschließungsvermögen der verschiedenen Pflanzen für Rohphosphorsäure bemerkbar[13].

Aber nicht nur in den Gesteinen, sondern auch in den aus ihnen entstandenen Böden spricht sich das nämliche Verhältnis zum Pflanzenwuchs aus. Auch hier treten deutliche Ernteertragsabweichungen auf, die sich ungezwungen auf die Beschaffenheit des Muttergesteins zurückführen lassen. Daraus ergibt sich aber, daß sich selbst im verwitterten Boden der Zustand der Nährstoffe, wie er einst im ursprünglichen unverwitterten Gestein vorhanden war, noch nicht ganz verleugnet hat. Hierfür hat insbesondere E. BLANCK[14] Belege beigebracht.

---

[1] STOKLASA, J., u. A. ERNEST: Beitrage zur Frage der chemischen Natur des Wurzelsekretes. Jb. wiss. Bot. **46**, 94 (1909).

[2] BLANCK, E.: Gestein und Boden in ihrer Beziehung zur Pflanzenernahrung, insbesondere die ernährungsphysiologische Bedeutung der Sandsteinbindemittelsubstanz Landw. Versuchsstat. **77**, 129. — Vegetationsversuche mit Eruptivgesteinen und kristallinem Schiefer. Landw. Versuchsstat. **84**, 399 (1914).

[3] SACHSE, J.: Über die Aufnahme von Nahrstoffen aus einem gemahlenen Basalt durch die Pflanze. Z. Pflanzenernahrung usw., A **9**, 193 (1927).

[4] ENGELHARDT, A. N.: Z. landw. Versuchswes. in Österreich **3**, 631 (1900).

[5] TACKE, BR.: Hannoversche land- u. forstw. Ztg **1909**, 414.

[6] SWOBODA, H : Z. landw. Versuchswes. in Österreich **11**, 733 (1908).

[7] PFEIFFER, TH., u. E. BLANCK: Landw. Versuchsstat. **77**, 217 (1912). — Verhalten des Hafers und der Lupinen verschiedenen Phosphorsaurequellen gegenüber. Ebenda **84** (1914). — PFEIFFER, TH., W. SIMMERMACHER u. W. RATHMANN: Loslichkeit verschiedener Phosphate und deren Ausnutzung durch Hafer und Buchweizen. Ebenda **87**, 191 (1915). — Desgleichen 2. Mitt. ebenda **89**, 203 (1917).

[8] SODERBAUM, H. G.: Meddelande Nr. 56 från centralanstalten for försöksväsendet på bruksomradet, Stockholm 1912. Nach Zbl. Agrikultur-Chem. **1912**, 447.

[9] RINDELL, A.: Finska Mosskultur för. **1906/07**, 3, 182; ebenda **1910**, 101. Nach Jber. Agrikultur-Chem. **1908**, 182 bzw. Zbl. Agrikultur-Chem. **1911**, 593.

[10] SCHNEIDEWIND, W., u. D. MEYER: Landw. Jb. **39**, 236 (1910).

[11] REMY, TH.: Landw. Jb. **40**, 560 (1911).

[12] GEDROIZ, K.: Russ. J. exper. Landw. **12**, 539, 816 (1911).

[13] PRJANISCHNIKOW: Landw. Versuchsstat. **56**, 107 (1902); **65**, 23 (1907). — KOSSOWITSCH, P.: Russ. J. exper. Landw. **10**, 839 (1909). — BAGULAY, A.: J. agricult. Sci. **4**, T. 3, 282 (1912). Nach Zbl. Agrikultur-Chem., B. **41**, 675 (1912). — WRANGELL, M.: Estlandisches Rohphosphat und seine Wirkung auf verschiedene Pflanzen. Land. Versuchsstat. **96**, 1 (1920). — Phosphorsäure und Bodenreaktion. Ebenda **96**, 209 (1920). — Vgl ferner TH. PFEIFFER: Verwendbarkeit der Rohphosphate und kieselsaurehaltigen Kalke als Düngemittel. Internat. agrartechn. Rdsch. **4** (1913).

[14] BLANCK, E.: Landw. Versuchsstat. **77**, 214 (1912); **84**, 399 (1914).

6. Die biologische Verwitterung als Ausfluß der in Zersetzung begriffenen organischen Substanz.

Von **E. Blanck**, Göttingen.

Mit 13 Abbildungen.

Inwieweit die lebende Pflanzenwelt, insbesondere die niedere, an der Gesteinszerstörung und Bodenbildung beteiligt ist, haben wir im voraufgehenden Kapitel erfahren, jedoch wäre noch nachzutragen, wie dieses F. Senft an einem besonders deutlichen Beispiel gezeigt hat, daß eine jede Pflanzenart oder Pflanzengemeinschaft in ihrer Wirkung nur als ein untergeordnetes, aber dennoch unentbehrliches Glied in der Kette dieses Geschehens angesehen werden muß, und zwar in dem Sinne, daß sie der nachfolgenden höheren Pflanzengeneration nicht nur stets vorarbeitet, sondern überhaupt erst die Bedingungen für die Möglichkeit des Gedeihens derselben schafft. F. Senft[1] hat den Vorgang einer natürlichen Wiederbepflanzung und die damit verbundene Gesteins- und Bodenumwandlung am Hörselberge bei Eisenach verfolgt, anschaulich beschrieben und dabei zugleich auch auf den Einfluß aufmerksam gemacht, der der Mitwirkung von Tieren, wie Kaninchen, Mäusen, samenfressenden Vögeln und Insekten an diesem Werk zukommt und somit ein recht anschauliches Bild von der sich gesetzmäßig vollziehenden Betätigung der lebenden organischen Welt als Verwitterungsfaktor entworfen. Er gelangt auf Grund seiner Feststellungen zu dem Ergebnis, daß in der ersten Periode der Gesteinsbesiedelung die Flechten und Moose als Beherrscher auftreten. Haben diese den Standort so weit vorbereitet, daß er für sie selbst nicht mehr als solcher in Frage kommt, dann siedeln sich in der zweiten Periode anfangs genügsame, aber stark wachsende Gräser, insbesondere Schafschwingel, und flachwurzelnde Stauden, darauf ungenügsame, wenig wachsende Gräser und verschiedenartige Kräuter an. Haben diese den Boden weiter verbessert und vermehrt, so kommen in der dritten Periode die Strauchgewächse zum Vorschein, von denen sich besonders der Wacholder als ein Anhäufer und Sammler von Erdreich auszeichnet. Die Sträucher wandeln das Gesteins- und Erdreich so vollkommen um, daß nunmehr in der 4. Kolonisationsperiode auch Bäume mit verhältnismäßig großen Ansprüchen zur Entwicklung gelangen können und sich der Wald allmählich ausbildet. Eine eingehende Darstellung dieser Verhältnisse wird jedoch an anderer Stelle erfolgen, wenn hier obiger Vorgänge gedacht worden ist, so geschah es aus dem Grunde, um die Aufmerksamkeit darauf zu lenken, daß bei all diesen Geschehnissen durch das fortwährende Absterben von Pflanzen und auch Tieren organische Substanz in die Zerfallsprodukte der Gesteine und des Bodens hineingelangt, wie auch ferner das Bodenkapital durch den jährlichen Laub- oder Blattabfall z. Zt. des Herbstes an organischer Substanz vermehrt wird.

Diese organische Substanzmasse zersetzt sich im Gesteinsdetritus oder Boden, und zwar können wir auch hier, rein oberflächlich betrachtet, mehrere Stadien der Umwandlung unterscheiden, indem sich die organische Substanz zunächst noch in ursprünglicher Form, aber trockenem Zustande, gebräunt und angegriffen zeigt, aber Luftfeuchtigkeit und niedere Flora sodann ihre Gärung und Versäuerung erzeugen. Nunmehr beginnt die Masse weich zu werden, färbt sich dunkelbraun bis schwarz, wird moderig, und nur noch die harten, saftlosen Bestandteile, wie z. B. das „Nervengerippe" der Blätter, erhalten sich unangegriffen. Schließlich geht ein fast gleichartiges, krümliges, grauschwarzes Pulver aus der ganzen

[1] Senft, F.: Der Erdboden nach Entstehung und Eigenschaften, S. 118—122. Hannover 1888.

Masse hervor. Die organische Masse ist mineralisiert. Allerdings wird die Art der Zersetzung der organischen Substanz und die Natur ihrer Zersetzungsprodukte durch die verschiedenartige Einwirkung der atmosphärischen Faktoren, Luft, Wärme und Feuchtigkeit, bestimmt, so daß wir es im einzelnen mit sehr abwechselungsreichen Erscheinungen zu tun haben, was gleichfalls hier nicht des näheren erörtert werden soll. Aber die in gewissen Stadien ihrer Zersetzung befindliche organische Substanzmasse wirkt gleichfalls zersetzend und zerlegend auf Gestein und Boden ein, und gerade diese Erscheinungen beanspruchen hier unser Interesse, wenn auch nur diejenigen, welche die organische Substanz in ihrem besagten Zustande auf die Gesteine ausübt, da die durch ihre Mitwirkung im Boden hervorgerufenen Vorgänge nicht mehr zu den Erscheinungen der eigentlichen Verwitterung gerechnet werden können, sondern denen der Bodenumwandlung zuzuzählen sind.

Sollen diese Einflüsse aber des näheren dargelegt werden, so wird es, wenn wir den ganzen großen Vorgang der organischen Verwitterung als einen gemeinsamen Akt der Reaktion der organischen Substanzwelt auf die Lithosphäre erfassen wollen, erforderlich sein, auch noch Vorgänge in Betracht zu ziehen, die als Ausfluß der lebenden organischen Substanz auf die Gesteinswelt zu gelten haben. Eine generelle Darstellung der einschlägigen Verhältnisse wird eine streng gesonderte Behandlung der Erscheinungen nicht ermöglichen, um so weniger, als durch eine solche das Gesamtbild in seiner Einheitlichkeit gestört werden würde. Wir werden daher zunächst in erster Linie den lösenden Einfluß der sogenannten Humussubstanz auf die Gesteinssubstanz zu betrachten haben, von dem man vormals zuerst angenommen hat, daß er durch die im Humus vorhandenen organischen Säuren, wie Quell-, Quellsatz-, Humus-, Huminsäure, hervorgerufen werde, indem man kurzweg aus ihrer Säurenatur auf die Fähigkeit, die Gesteine zersetzen zu können, schloß[1]. Diese sollten nach F. SENFT[2] die Mineralien unmittelbar als „humussaure Salze" lösen, oder einzelne Betandteile aus ihnen aufnehmen und „humussaure Lösungen" bilden[3]. Späterhin betonte man vor allen Dingen die mit der Kolloidschutzwirkung[4] des Humus in Verbindung stehenden Erscheinungen der verzögerten Koagulation von Tonsubstanzen, der Verkittung und Beweglichkeit des Eisenoxyds und der Tonerde als Ausfluß der Gegenwart organischer Substanzen beim Verwitterungsprozeß.

Der immer noch stark umstrittenen stofflichen Natur und Beschaffenheit des Humus brauchen wir hier gleichfalls nicht Rechnung zu tragen, da sie Gegenstand besonderer Darstellung ist (vgl. Band 4 und 7). Wir werden vielmehr ganz abgesehen hiervon lediglich auf den Einfluß dieser Substanz in ihrer Gesamtheit auf die Mineral- und Gesteinswelt Rücksicht zu nehmen haben.

Der zersetzende Einfluß der Humussubstanz auf Minerale ist besonders von H. NIKLAS[5] studiert worden, indem er während eines Zeitraums von 7 Jahren

[1] Vgl. NIKLAS, H.: Chemische Verwitterung der Silikate und der Gesteine, S. 99. Berlin 1912.

[2] SENFT, F.: Z. dtsch. geol. Ges. **23**, 667 (1871).

[3] ROTH, J.: Allgemeine und chemische Geologie **1**, S. 596. Berlin 1879. — Vgl. ferner A. JULIEN: On the geological action of the Humus acids. Proc. amer. Ass. Adv. Sci. **28**, 311 (1879). — E. P. MÜLLER: Natürliche Humusformen. Berlin.

[4] FICKENDAY, E.: Über Schutzwirkung von kolloiden organischen Substanzen auf Tonsuspension. J. Landw. **54**, 343 (1906). — Vgl. ferner auch schon TH. SCHLÖSING: Jber. Agrikultur-Chem. **16/17**, 108 (1873/74). — J. M. VAN BEMMELEN: Landw. Versuchsstat. **35**, 69 (1888). — E. RAMANN: Bodenkunde **1911**, 202. — P. EHRENBERG: Bodenkolloide **1915**, 372, 471, 474, 514. — B. AARNIO: Om Sjomalmerna. Geotekn. Medd. Nr 20 (Helsingfors 1918).

[5] NIKLAS, H.: Untersuchungen über den Einfluß von Humusstoffen bei der Verwitterung der Silikate. Dissert. München 1912.

Moostorf aus dem Chiemseemooor in erheblichem Überschuß auf Feldspat, Augit, Hornblende, Olivin, Glimmer, Labradorit und Phonolith einwirken ließ und die auf diese Weise in Lösung gebrachten Bestandteile der Silikate bestimmte. Jedoch waren die Mengen, die durch Moor in 2proz. Salzsäure löslich geworden waren, oder die durch dauernde Einwirkung von Wasser bzw. durch Elektrolyse nach der Behandlung mit Moor als gelöst erwiesenen Bestandteile so gering, daß von einer nennenswerten Beeinflussung in fraglicher Richtung nicht gesprochen werden konnte. Nur ganz geringe Mengen von Eisen und Aluminium waren auf Grund der Versuche vermittels Elektrolyse als durch die Moorsubstanz beweglich geworden erkannt. Auf Veranlassung von E. RAMANN[1] sind außer diesen Versuchen noch Untersuchungen durchgeführt worden, die den langandauernden Einfluß der Humuseinwirkung auf die in Torf eingeschlossenen Gesteine dartun sollten. Sie werden späterhin Berücksichtigung finden. RAMANN schloß aus allen diesen Untersuchungen, daß die Beeinflussung der Eisenverbindungen durch den Humus die charakteristischste Erscheinung bei diesen Vorgängen sei. Durch ihre Fortfuhr wird das Gestein gebleicht, welcher Umstand zu der Ansicht von einer Kaolinisierung der Gesteine unter dem Einfluß von Humus geführt hat, worauf gleichfalls noch des näheren zurückzukommen sein wird. Da die Zersetzung der Humusstoffe und damit ihre Wirkung auf die im Humus eingeschlossenen oder von ihm überlagerten Gesteine sich als abhängig von den äußeren Bedingungen des Vorhandenseins oder Fehlens von Sauerstoff erweist, so reduzieren die Humuskörper im letzten Fall das Eisenoxyd zu Oxydul, das in Gestalt des Bikarbonats in Lösung gerät und wanderungsfähig wird. Da aber auch gut durchlüftete humose Böden die mit einer Eisenfortfuhr verbundene Bleichung zeigen, so vermag das Eisen nach RAMANN auch in Oxydform wanderungsfähig zu sein, denn die sich bildenden oder vorhandenen mehrbasischen Säuren des Bodens (Pflanzensäuren: Oxalsäure, Apfelsäure, Weinsäure, Zitronensäure) sollen nach ihm die Veranlassung zur Bildung löslicher Doppelsalze geben[2], ganz abgesehen davon, daß auch das Eisenoxydhydrat, wie schon hervorgehoben wurde, als Kolloid transportfähig ist.

Jedoch nicht nur allein auf diese Weise vermag sich die Humussubstanz in ihrem Angriff auf die Gesteinssubstanz zu betätigen, sondern, wie ganz neuerdings von E. BLANCK[3] dargetan worden ist, sind es zur Hauptsache nicht die fraglichen Humussäuren oder die sonstigen Humuskörper an sich, die lösend und zersetzend wirken, sondern vor allen Dingen die bei der Zersetzung der schwefelhaltigen Verbindungen der organischen Substanz (Eiweiß) entstehende Schwefelsäure. Sie ist nur allein imstande, so große Umwandlungen im Reiche der Natur hervorzurufen, wie wir sie in so augenfälliger Weise in Erscheinung treten sehen, denn nur der Schwefelsäure kommt von allen Säuren, die sich sonst noch aus der organischen Substanz bilden können, ein derartig weitgehendes Lösungs- und Aufschließungsvermögen zu.

Schließlich ist noch auf den Einfluß, den organische Ablagerungen in der Natur auf die unterlagernden Gesteine und Bodenbildungen, in Hinsicht auf die saure Natur der letzteren ausüben, hinzuweisen, worauf besonders H. KAPPEN[4] gelegentlich seiner Untersuchungen über die Entstehung der sauren Mineralböden aufmerksam gemacht hat.

---

[1] RAMANN, E.: Bodenkunde **1911**, 32. [2] RAMANN, E.: Bodenkunde **1911**, 31.

[3] BLANCK, E.: Die ariden Denudations- und Verwitterungsformen der Sächsisch-böhmischen Schweiz. Tharandter Forstl. Jb. **73**, 38, 93 (1922). — Vgl. auch H. KAPPEN u. M. ZAPFE: Landw. Versuchsstat. **90**, 343 (1917).

[4] KAPPEN, H.: Studien an sauren Mineralboden aus der Nahe von Jena. Landw. Versuchsstat. **88**, 13 (1916).

Eine bekannte und auffällige Erscheinung stellen die Riesenkessel, Opferkessel, wannen- oder schüsselförmigen Vertiefungen und Aushöhlungen im Gestein vieler Gebirge dar[1]. Man hat diesen Gebilden schon frühzeitig Aufmerksamkeit geschenkt und sie zumeist entweder für Kunstprodukte aus Menschenhand[2] gehalten oder sie durch die Tätigkeit des Wassers gepaart mit derjenigen des Eises[3] und Windes erklärt. J. PARTSCH[4] hielt es zwar für möglich, diese Gebilde durch „die Verwitterung allein erschöpfend" zu deuten, und G. GÜRICH war der erste, der ihre Entstehung mit der der Karren verglich und infolgedessen

Abb. 38. Umgekippter Felsblock am Mittagstein.
(Aus GURICH, K.: Die geologischen Naturdenkmaler des Riesengebirges. Beitr. Naturdenkmalspfl. 4, H. 3 [1914].)

mit M. ECKERT[5] an eine Mitbeteiligung der Pflanzenwelt an ihrem Zustandekommen dachte, denn um „die Witterlöcher" zu erklären, glaubte er „mit der

[1] Siehe u. a. A. HETTNER: Gebirgsbau und Oberflächengestaltung der Sächsischen Schweiz, S. 293. Stuttgart 1887. — F. SCHALCH: Erläuterung zur geologischen Spezialkarte des Königreichs Sachsen 103. Sektion Rosenthal-Hoher Schneeberg, S. 43. 1889. — S. u. W. RUGE: Dresden und die Sachsische Schweiz, S. 109. Bielefeld u. Leipzig 1913. — G. GÜRICH: Die geologischen Naturdenkmäler des Riesengebirges. Berlin: Gebr. Bornträger 1914. — Geologischer Fuhrer in das Riesengebirge. Berlin: Gebr. Borntrager 1900. — O. VORWEG: Beiträge zur Diluvialforschung im Riesengebirge. Z. dtsch. geol. Ges. **49** (1897).

[2] MOSCH, K. F.: Die alten heidnischen Opferstatten und Steinaltertumer des Riesengebirges. N.-Laus. Mag. **32**, 278—309 (1855). — Das Riesengebirge, seine Täler und Vorberge und das Isergebirge. Leipzig 1858. — DRESCHER, R.: Schlesiens Vorzeit in Bild und Schrift **1**, 4. Ber. Ver. Mus. schles. Altert. **1866**, 7—8; **1867**, 74—77. — GRUNER, H.: Die Opfersteine Deutschlands. Leipzig 1881. — HÜBLER, F.: Über die sogenannten Opfersteine des Isergebirges. 1882. — HIERONYMI: Steinaltertumer im Riesengebirge. Wanderer im Riesengebirge **1** (1882). — KLOSE: Die sogenannten Opfersteine des Riesengebirges. Ebenda **1894**, 8—10.

[3] BEHREND, G.: Spuren einer Vergletscherung des Riesengebirges. Jb. preuß. geol. Landesanst. **1891**, 37—90. Berlin 1892. — PARTSCH, J.: Die Vergletscherung des Riesengebirges zur Eiszeit, S. 64—78. Stuttgart 1894.

[4] PARTSCH, J.: a. a. O., S. 170 (77). — Vgl. auch K. JUTTNER: Schalensteine und Venusnappla des Friedeberger Granitstockes. Schles. heimatkundl. Bücherei, Folge 1. Troppau 1926.

[5] ECKERT, M.: Das Karrenproblem, S. 326. Leipzig 1896.

bloßen Verwitterung allein" nicht auskommen zu können. Der Mitwirkung der lebenden Pflanzenwelt sowie der der abgestorbenen organischen Substanz kommt aber gerade, wie E. BLANCK[1] gezeigt hat, die größte Bedeutung für die Ausbildung der in Rede stehenden Gebilde zu, wenn sie auch nicht allein imstande ist, das Phänomen zu erklären. Wie der Genannte dargelegt hat, besiedeln als Folge der vorhandenen hohen Feuchtigkeit insbesondere Flechten und Moose die Granitfelsen des Riesengebirges dort, wo die Schüssel- und Wannenbildungen im Gestein am häufigsten aufzutreten pflegen, und zwar haben die Flechten mehr in den Hochlagen des Gebirges Besitz vom Gestein genommen, während die Moose in tieferen Lagen, im Gebiet der Waldvegetation, wo ihnen das feuchte Klima für ihre Entwicklung besonders zusagt, vorherrschen. Nebel und Rauhfrost unterstützen die Ansiedelung der Flechten, und zwar der letztere insofern, als er sich dem Baumwuchs feindlich erweist. Der sich mit dem Wechsel klimatischer Verhältnisse unverkennbar einstellende Unterschied im Auftreten beider Pflanzenformen tritt aber auch dann ein, wenn eine Veränderung innerhalb des Waldbestandes Platz greift, denn es macht sich z. B. überall dort eine Zunahme der Flechten gegenüber den Moosen, wie überhaupt ein Verschwinden der letzteren geltend, wo innerhalb dichten Waldbestandes einzelne Felsenblöcke aus Lichtungen hervorragen, oder vom Walde befreite Bergrücken der niederen Gebirgslagen auftreten. Kräftigere Sonnenbestrahlung, reichlicherer Zutritt von Luft und Wind und verbunden damit ein geringerer Feuchtigkeitsgehalt sind sicherlich der Mooswelt nicht hold[2]. Die regionale Verteilung der Hohlformen im Riesengebirge entspricht nun aber gleichfalls, wenigstens zur Hauptsache, der pflanzengeographischen Einteilung des Landes auf Grund der Kryptogamenflora[3], so daß korrelative Beziehungen zwischen Hohlformen und Vegetation als sicherlich vorhanden angenommen werden müssen. In der Tat findet man im schlesischen Berglande unter 300 m keine, bis zu 500 m nur ganz selten Hohlformen, und über 1250 m sind sie gleichfalls nur ganz seltene Gäste. Die meisten Vorkommnisse liegen zwischen 600 und 1000 m, also innerhalb der oberen Stufe der montanen Region. Dieses ganze Gebiet zeigt nach F. PAX[4] eine ziemlich gleichartige Flora, ganz unabhängig von der Art der anstehenden Gesteine, nämlich ob Porphyr, kristalliner Schiefer, Granit oder Quadersandstein auftreten, jedoch wesentlich anders verhalten sich die mechanisch wirksamen Kräfte auf die Formgestaltung der Gesteinsoberfläche insofern, als der subalpinen Region, entgegengesetzt zum montanen Gebiet, die schützende Decke des Waldes fehlt. Der sich im subalpinen Gebiet auf dem Blockmaterial und um dieses herum bildende Humus wird daher leicht durch die starken Niederschläge herabgespült, so daß von der als biologischem Verwitterungsfaktor in Betracht kommenden Pflanzenwelt nichts weiter erhalten bleibt oder zur Entwicklung gelangen kann, als die Krustenflechten, da diesen die abspülende Tätigkeit der Regenwasser nichts anzuhaben vermag, weil sie infolge ihres unmittelbaren Auflagerns auf dem Gestein sowie ihrer geringen Angriffsfläche wegen einen besonderen Schutz genießen. Strauchflechten und Laubmoose, die im Humus der Flechten wachsen, werden ebenfalls durch jene Kraft schon leichter ihres Standortes beraubt. Also dem Umstande des Vorhandenseins bzw. Fehlens des Waldes ist es zuzuschreiben, daß trotz sonst gleichartigen Verhaltens der Pflanzenwelt zu den verschiedenartigsten Gesteinen dennoch eine Verschiedenheit biologisch wirksamer Faktoren bedingt wird.

---

[1] BLANCK, E.: Verwitterungskundliche Studien zum Tafoni- und Karrenproblem im Mittelgebirge. Internat. Mitt. Bodenkde 9, 32, 179 (1919).

[2] Vgl. F. PAX: Schlesiens Pflanzenwelt, S. 124. Jena 1913.

[3] PAX, F.: a. a. O. S. 183, 184. [4] PAX, F.: a. a. O. S. 242.

Allein es zeichnen nicht nur pflanzengeographische Momente den Gang organischer Verwitterung vor, auch pflanzenphysiologische beteiligen sich daran. Bekanntlich bedürfen die Flechten zu ihrer Ernährung besonders der Alkalien und Erdalkalien, wogegen die Laubmoose Kieselsäure vorziehen, ja sie verschmähen sogar die Aufnahme von Kalk. Infolgedessen erweisen sich an basischen Bestandteilen reiche Gesteine oder solche mit einem Gehalt an leicht zugänglichen Basen besonders zur Ansiedelung von Flechten geeignet, und es erklärt sich aus diesem Verhalten des weiteren die bekannte Erscheinung der voraufgehenden Besitznahme des Gesteins durch Flechten vor den Moosen, weil erstere das Substrat für letztere erst schaffen müssen und dieses nur infolge der beiderseits weit verschiedenen Ernährungsansprüche möglich ist, worauf u. a. F. SENFT[1] schon ausführlich hingewiesen hat, wenn er schreibt: „Man kann dieses alles schon auf ein und derselben Felsart beobachten. Auf einem Granit zum Beispiel, welcher aus Kalifeldspat (Orthoklas), Kalknatronfeldspat (z. B. Kalkoligoklas), alkaliarmem Glimmer (Eisenglimmer) und Quarz besteht, zeigen sich am ersten und reichlichsten die Flechten auf dem Oligoklas, weit weniger auf dem Orthoklas, noch weniger auf dem Glimmer und gar nicht auf dem nur aus Kieselsäure bestehenden Quarz. So ist es wenigstens überall auf dem am Thüringer Walde verbreiteten Granitit." Ein solches Verhalten tritt nach unserem Gewährsmann bei allen plagioklasreichen Gesteinen noch deutlicher hervor, auch bestehen noch unter den einzelnen Flechtenarten in dieser Hinsicht Abstufungen in der Inangriff- und Besitznahme der Felsoberfläche. Dementsprechend nehmen die Flechten aus den von ihnen eroberten Gesteinen Kalk und Alkalien auf und stellen die von ihnen verschmähte Kieselsäure, die durch ihren Angriff aus dem Silikatverbande gelöst und löslicher geworden ist, den nachfolgenden kieselsäureliebenden Moosen als Nahrung zur Verfügung. Das häufigere Auftreten der Hohlformgebilde im montanen Gebiet scheint daher z. T. darin begründet, daß hier die Moose als biologischer Verwitterungsfaktor zur Herrschaft gelangt sind, weil, nachdem die Flechten aus Mangel an geeignetem Nahrungsmaterial zurückgedrängt wurden, hier im Gegensatz zum subalpinen Gebiet weit günstigere klimatische Bedingungen für ihr Fortkommen finden und infolgedessen durch sie auch ein weit tieferes Eingreifen in die Gesteinsoberfläche bewerkstelligt wird.

Da sich nun aber der Angriff der Flechten nur auf einzelne Punkte des Gesteins bevorzugt erstreckt oder konzentriert, und infolge der Mineralverteilung und Größe der einzelnen Minerale in gemengten Gesteinen, wie z. B. im Granit, nur wenige Stellen an der Gesteinsoberfläche als solche Punkte in Betracht kommen, so erklärt sich die Hohlformanlage sehr leicht durch die Einwirkung der Kryptogamenflora, insofern sich, als von einzelnen Angriffspunkten ausgehend, eine sich mit der Zeit entwickelnde schüsselförmige Vertiefung herausbildet. Dies ist um so mehr der Fall, weil die Flechten gleichfalls gerundete flachschüsselförmige Gestalt besitzen, und die sie später in ihrer Mitwirkung ablösenden Moose in Gestalt runder Polster abermals, und zwar im vermehrten Umfange, die Gesteinsoberfläche schüsselförmig vertiefend, angreifen und aufbereiten. Jedoch mit der Beteiligung der Moose tritt erst die eigentliche organische oder Humusverwitterung in Kraft, sie wirkt daher besonders vertiefend auf die Unterfläche ein. Dem Porphyr und Gneis kommen trotz stofflicher Verwandtschaft eine derartige Formausbildung und Angriffsmöglichkeit infolge abweichender Strukturverhältnisse nicht zu, desgleichen auch wohl nicht den plagioklasreichen Gesteinen mit gleicher Struktur des Granits, weil hier durch das Vorherrschen

[1] SENFT, F.: a. a. O. S. 108.

der basischen Mineralbestandteile zu viele Angriffspunkte gegeben sind, so daß die als Vorbedingung erforderlich erscheinende Konzentration des Angriffs nicht gewährleistet wird. Sandsteine und Kalksteine teilen, wenn auch aus anderen Gründen, die gleiche Angriffsart von Flechten und Moosen, wozu sich insbesondere ihre leichtere Angreifbarkeit durch die Atmosphärilien gesellt. Allerdings vollzieht sich dieser Vorgang erst ganz allmählich und bedarf der Mitwirkung noch einer Reihe weiterer Faktoren.

Die soeben erörterten Einflüsse lösen aber unverkennbar nur den ersten Akt in der Anlage und Ausbildung der Hohlformgebilde aus. Das Vermögen der Moospolster, eine außerordentlich große Wassermenge zu speichern, tritt als nächstes Agens hinzu und erweist sich als Ausfluß der Beschaffenheit der Moossubstanz als ein weiterer Faktor organischer Aufbereitung. Nach A. Cserny[1] beträgt die von Moospolstern absorbierte Wassermenge etwa das sechsfache ihres Eigengewichtes und wird zudem sehr schnell, nämlich schon innerhalb einer Minute, aufgesogen, um aber erst wieder nach sieben Tagen durch Verdunstung oder dgl. entfernt werden zu können. Desgleichen hält nach L. Piccioli[2] eine 1 qkm mit Moos bedeckte Fläche ca. 1000—3000 cbm Wasser zurück, so daß, wie es auch die Beobachtung lehrt, die Unterlage der Moospolster, also die Oberfläche des Gesteins, fast dauernd feucht erhalten wird. Die derartig aufgespeicherte Feuchtigkeit dringt, genährt durch die aus der Atmosphäre zugeführten Niederschläge, in das Innere des Gesteins vor, und da diese beladen ist mit den chemischen Zerfallprodukten der organischen Substanzmasse aus Flechten und Moosen, so wirkt sie erneut energisch auf die Gesteinsbestandteile ein. Somit vermitteln die Moospolster nicht nur die Zufuhr von Wasser, das sich hydrolytisch gesteinszersetzend betätigt, sondern auch die sogenannte komplizierte chemische Verwitterung in Gestalt der Mitbeteiligung der Lösungs- und Zersetzungsprodukte der organischen Substanz tritt hinzu. Eine weitere Unterstützung finden diese Kräfte durch die physikalisch zerstörend wirksamen Einflüsse des in das Gestein eingedrungenen Wassers bei Eintritt von Frost im Winter, während andererseits zur wärmeren Jahreszeit die im gleichen Sinne arbeitende Tätigkeit der Mooswürzelchen das Werk der Zerstörung fördert.

Alle diese Wirkungen vermögen zusammengenommen aber auch noch nicht der Bedeutung der Moosvegetation zum Zustandekommen der Hohlformanlage allein gerecht zu werden. Das wesentliche Moment liegt vielmehr darin gegeben, daß sämtliche der genannten Einflüsse, zufolge des vom Moospolster eingenommenen Raumes, nur eine kreisförmige Fläche des Gesteins in Mitleidenschaft ziehen und sich nach der Mitte zu in ihrer Wirkung konzentrieren. Es wird die geschilderte Angriffsweise daher geradezu durch die obwaltenden Verhältnisse vorgezeichnet, jedoch zu der endgültigen Ausgestaltung der Schüssel-, Wannen- oder sogar Kesselform bedarf es der Mitwirkung mechanisch sich betätigender Kräfte, die das so vorbereitete Material formgestaltend verändern. Solange aber das Gestein von Moos- und Humuspolstern bedeckt ist, solange können sich derartige Kräfte nicht geltend machen, nur die frei zutage liegende Gesteinsoberfläche erlaubt solches. Veränderungen im Waldbestande erzeugen Lichtungen, und die an solchen Orten vorhandenen Gesteinsblöcke oder auch anstehenden Felsen verlieren mit diesem Wechsel ihre Moos- wie sonstige Vegetation, und der vorhandene Humus kann von der den Niederschlägen unmittelbar ausgesetzten Gesteinsoberfläche leicht abgewaschen werden. Damit ist aber die nackte Felsoberfläche mit ihren mehr oder weniger rundlichen Vertiefungen von zwar noch geringfügiger Tiefe den äußeren atmosphärischen Einflüssen dauernd ausgesetzt.

[1] Cserny, A.. Bot Zbl. **1906**, 390.
[2] Piccioli, L.: Staz. sper. agricult. ital. **51**, 312.

Wasser, Schnee und Eis, sowie Wind, Hitze und Kälte, können sich in allen ihnen zu Gebote stehenden Möglichkeiten zerstörender, exogener Kraftentfaltung betätigen, worauf hier, als nicht zur eigentlichen Erörterung stehend, allerdings nicht eingegangen werden soll[1]. Das Ergebnis dieser Wirksamkeit ist die allmähliche Vertiefung der durch den Einfluß der lebenden organischen Substanz angelegten Hohlform bis zur Kesselform. Jedoch noch einmal setzt bis zur endgültigen Ausbildung die organische Substanz ein, aber diesmal in wesentlich anderer Art.

Der alljährlich zur Herbstzeit eintretende Blattabfall häuft tote organische Substanz am Boden an, der Wind bemächtigt sich dieser Massen und führt sie zu den Stellen und Orten dauernden Windschutzes. Vertiefungen jeglicher Art im Gestein, sobald sie einen bestimmten Umfang erreicht haben, bieten nun ganz besonders solchen organischen Resten, vermengt mit den schon vorhandenen anorganischen Verwitterungsbestandteilen, eine Stätte der Ruhe und vermehrter Ansammlung. Zu solchen Orten gehören nun aber vornehmlich die Wannen-, Schüssel- und Kesselbildungen, ja selbst z. T. in den Rinnen und Karren des Gesteins vermag weder Wind noch Wetter dieses Material zu entfernen. Die fallenden Niederschläge sorgen des weiteren für Durchtränkung und Feuchterhaltung derselben bis zur etwaigen Austrocknung in Zeiten der Dürre, und die organische Masse vermodert, vertorft, verfault unter diesen Verhältnissen, mit einem Wort, sie wird zersetzt, und zwar geschieht dieses nach den jeweilig obwaltenden Verhältnissen der Witterung verhältnismäßig mehr oder weniger schnell. Andererseits erfährt sie dauernde Anreicherung, so daß sich eine Humusschicht, und zwar wohl zumeist ungesättigter Humus, bildet, da es an sättigenden Basen in genügender Menge fehlt. Der auf diese Weise gebildete Rohhumus übt aber seinerseits alle jene zerlegenden Einflüsse aus, die von ihm in dieser Richtung bekannt sind, und bahnt damit eine weitere Zersetzung der Unterlage an.

Etwas anders liegen die Verhältnisse bei der Loch- und Wannenbildung auf dem Sandstein, denn dieser besitzt nicht nur andere Textur, sondern seine stoffliche Beschaffenheit weicht bekanntermaßen erheblich von der des Granits ab. Wenn daher trotzdem unter Einwirkung gleicher äußerer Kräfte im großen und ganzen ähnliche Hohlformgebilde auf beiden Gesteinen erzeugt werden, so sind die hervorgehobenen Verschiedenheiten beider Gesteine doch groß genug, um Modifikationen in der Ausgestaltung und auch im Vollzuge ihres Zustandekommens hervorzubringen, auf welchen ersteren Punkt wir jedoch nicht eingehen wollen. Schon der Angriff der Pflanzenwelt auf den Sandstein behufs Erzeugung besagter Primärhohlformen, aus denen durch spätere Einflüsse erst die Wannen- oder Schüssel- und schließlich Kesselformen entwickelt werden, muß notgedrungen einen anderen Verlauf nehmen. Die wichtige Anteilnahme der Flechten an der Ausgestaltung der Granithohlformen wird infolge der wesentlich verschiedenen stofflichen Natur des Sandsteins zurücktreten bzw. versagen. Der Sandstein besteht zur Hauptsache aus Quarzkörnern, die durch ein Bindemittel verfestigt sind, welches nur wenige basische Anteile führt und zudem noch der Menge nach unerheblich an der Zusammensetzung des Gesteins beteiligt ist. Die Menge der verfügbaren basischen Substanzen für die Pflanzen ist demnach nur gering, und es steht damit die Beobachtung im Einklang, daß sich im allgemeinen auf dem Sandstein weit weniger Flechten ansammeln als auf dem Granit. Die Moose herrschen hier entschieden vor. Wenn die Flechten trotzdem Besitz vom Sandstein nehmen, so findet dies seine Erklärung darin, daß infolge der andersartigen, stofflichen Beschaffenheit der Sandsteinbindemittelsubstanz die geringe Menge

[1] Vgl. E. BLANCK: a. a. O., S. 207—221. — Desgleichen O. NAFE: Die Schneegruben des Riesengebirges und ihre Entstehung. Beilage zum Programm des Gymnasiums zu Hirschberg i. Schles. 1914, 19. — W. GRAF ZU LEININGEN: Die Verwitterung, S. 14. Wien 1913.

der in dieser enthaltenen Alkalien und Erdalkalien den Pflanzen leichter zugänglich gemacht wird als aus anderen Gesteinen[1]. Jedenfalls kommt hier der Mooswelt als organischem Verwitterungsfaktor die weit größere Bedeutung zu. Auch ist es ferner eine altbekannte Tatsache, daß bei der Aufbereitung der Sandsteine der mechanische Zerfall bei weitem überwiegt, und damit steht wieder in ursächlicher Verbindung die bevorzugte Anteilnahme der chemisch wenig angreifbaren Quarzkörner in Gestalt korradierender Körper. Das transportierend wirksame Wasser findet hier demnach einen Bundesgenossen vor, mit dem es gemeinsam

Abb. 39. Kesselstein im Quadersandstein (Hoher Schneeberg, Sachsisch-böhmische Schweiz)[2].

ganz andere Wirkungen als beim Granit auszulösen imstande ist. Hierzu tritt noch der Umstand, daß das Sandgestein viel weicher ist und damit solchen Erosionseinflüssen weit weniger Widerstand entgegensetzen kann. Aus diesem Grunde gestaltet sich der Vorgang der Hohlraumausbildung im Quadersandstein wesentlich anders. Wohl macht auch hier die organische Verwitterung den Anfang, jedoch schon frühzeitig erhält sie kräftige Unterstützung durch die physikalische Verwitterung, sofern diese nicht schon von Anfang an vorherrscht. Demnach darf die physikalisch-chemische Seite des Vorganges nicht vernachlässigt werden; wie sehr dieses notwendig ist, werden wir alsbald des näheren erfahren.

Abb. 40. Kesselformige Aushohlung im Querschnitt[2].
(Aus: Blanck: Verwitterungskundliche Studien. Internat. Mitt. Bodenkde 1919.)

Wenn auch der lebendigen Kraft des Wassers in Verbindung mit ihrem chemischen Lösungsvermögen mit und ohne Kohlensäure die Entstehung der

---

[1] Blanck, E.: Gestein und Boden in ihrer Beziehung zur Pflanzenernährung. Landw. Versuchsstat. **77**, 129 (1912); **84**, 399 (1914).

[2] Obige Abbildungen sowie auch diejenigen auf S. 281, 286, 287, 288 und 289 verdankt der Verfasser der Liebenswurdigkeit des Herrn Oberlandwirtschaftsrates Ing. Franz Kunz in Prag, der sie nach der Natur gezeichnet hat.

schon erwähnten Karren auf Kalk zur Hauptsache zugeschrieben werden muß[1], so nehmen aber doch auch Schnee, Humus und Pflanzen regen Anteil daran, so daß es auch hier im großen und ganzen die nämlichen Verwitterungs- und Transportkräfte sind, die wir für das Zustandekommen der in Rede stehenden Hohlformen als wesentlich erkannt haben. Allerdings wirken sie nicht nur in verschiedener Reihenfolge, sondern der eine oder andere Einfluß gewinnt an Stärke, und zwar vorgezeichnet durch die stoffliche und strukturelle Beschaffenheit des aufzubereitenden Gesteins. Trotz der Gleichartigkeit der morphologischen Gestaltung der eigentlichen Karren und der von uns besprochenen Hohlformen müssen wir, wenn wir die Hauptzüge ihrer Entstehungsbedingungen zusammenfassen, erstere als reine Spül- und Erosionsformen auffassen, während bei der Herausbildung der letzteren die Abspülung nur als sekundärer Faktor in Frage kommt, dafür aber der organischen Substanz der Haupteinfluß für ihr Zustandekommen zugeschrieben werden muß. Man könnte daher hier gewissermaßen von einer „Phytoerosion" sprechen. Es erscheint daher angebracht, die beschriebenen Hohlformen als ähnliche Gebilde wie die als „Tafoni"[2] und „Karren" bezeichneten Erosionsformen anzusehen als Ausdruck ein und derselben allgemein an der Erdoberfläche vorhandenen Erscheinung, die allerdings, wie wir erkannt haben, besondere Modifikationen in Gestaltung und Entstehung nicht ausschließt.

Wie schon anfangs hervorgehoben wurde, äußert sich die lösende, zersetzende und aufbereitende Kraft der Humusstoffe oder organischen Substanz vornehmlich in der Gegenwart von aus Pflanzeneiweiß gebildeter Schwefelsäure. Dieser Vorgang bedarf zunächst der eingehenden Erörterung. Einer der ersten, der auf diesen Zusammenhang aufmerksam gemacht hat, ist wohl H. KAPPEN[3] gewesen, der einen Teil der Azidität unkultivierter Hochmoor- und Heideböden als stets durch die Gegenwart freier Schwefelsäure verursacht erkannte und demzufolge zu der Ansicht gelangte, daß „für die Zersetzung der unter Hochmoor und anderen sauren Humusablagerungen liegenden Mineralböden, wie natürlich auch der in saurem Humus eingebetteten Gesteine" „die freie Schwefelsäure einen bisher wenig beachteten aber vielleicht den wichtigsten Verwitterungsfaktor" abgebe. Es ist ja auch allgemein bekannt, daß überall dort, wo Humussubstanzen ihren Einfluß geltend machen, auch nicht allzu weit entfernt Schwefel oder Schwefelverbindungen anzutreffen sind, man denke z. B. nur an das Auftreten von Eisensulfid in Moor- und Torfböden, an den reichlichen Gehalt der Gyttja-Böden an Schwefel[4] und dgl. weitere Vorkommnisse. Den Ausgangspunkt bildet die im Eiweiß der Pflanzen enthaltene schwefelhaltige Komponente Cystin, die bei der Fäulnis der organischen Substanz zu Schwefelwasserstoff abgebaut wird und durch spätere Oxydation in Schwefelsäure übergeht. An und für sich kann dieser

[1] Vgl. u. a. E. KAYSER: Lehrbuch der allgemeinen Geologie, 4. Aufl., S. 295. 1912. — H. CREDNER: Elemente der Geologie, 11. Aufl, S. 100. 1912. — A. SUPAN: Grundzuge der physischen Erdkunde, S. 444. Leipzig 1903. — M. ECKERT: Das Gottesackerplateau. Z. dtsch-österr. Alpenver. **31** (1900). — Verwitterungsformen in den Alpen. Ebenda **36**, 30 (1905).

[2] Vgl. hierzu A. PENCK: Morphologie der Erdoberflache **1**, S. 216. Berlin 1894. — G. LINCK: Beiträge zur Geologie und Petrographie von Kordofan. Neues Jb. Min. usw. **1903**, Beilagebd. 17, 404. — P. CHOFFAT: Notes sur l'érosion au Portugal. Comm. de deriçāo des trabalhos Lisbonne **3**, 1 (1895); auch Neues Jb. Min. usw. **1896 I**, 409. — E. PHILIPPI: Veroff. Inst. Meereskde, Berlin **1903**, H. 3 — S. GÜNTHER: Sitzgsber. bayer. Akad. Wiss. München, Math.-physik. Kl **1909**, 113. — C KORISTKA: Die Terrainverhältnisse usw. des Iser- und Riesengebirges, S. 35. Prag 1877. — F. RATZEL: Die Erde und das Leben, S. 521. 1901. — D. HÄBERLE: Über das Vorkommen karrenähnlicher Gebilde im Buntsandstein. Jber. Mitt oberrhein. geol. Ver., N. F. **6**, 159—167.

[3] KAPPEN, H.: Landw. Versuchsstat. **90** (1917).

[4] HOGBOM, A. G.: Über einige geologisch und biologisch bemerkenswerte Wirkungen sulfathaltiger Losungen auf humose Gewässer. Bull. geol. Inst. Upsala **18**, 248 (1922).

Vorgang nicht allzusehr befremden, aber trotzdem hat man ihm bisher nur wenig Gewicht beigelegt. Von W. THÖRNER[1] ist gezeigt worden, daß der Schwefel im Moorboden in zwei Formen auftritt, nämlich in Gestalt von schwefelsauren Kalk- und Magnesiasalzen und als sogenannter reaktionsfähiger Schwefel in Form von Schwefelkies oder im freien Zustande. Dieser ist die Ursache von der Anwesenheit freier Schwefelsäure im Moorboden. H. KAPPENS[2] schon oben erwähnte Untersuchungen führten zu dem Ergebnis, daß es sich bei dem hohen dissoziierten Anteil des Säurewasserstoffs der von ihm geprüften Moorproben nicht um schwache organische Säuren handeln könne, also nicht um Humussäuren, sondern, daß dafür starke anorganische Säuren verantwortlich gemacht werden müßten. „Und da liegt", wie er sich ausdrückt, „nun die größte Wahrscheinlichkeit dafür vor, daß es sich um freie Schwefelsäure handelt."

Auch A. G. HÖGBOM hat den Standpunkt der Entstehung der Schwefelsäure aus dem Eiweiß der Pflanzen vertreten, denn er sagt: „Der Schwefel und die Sulfide stammen teils aus zersetzten Eiweißverbindungen, teils aus zugeführten sulfathaltigen Wässern und sind durch Vermittelung von Schwefelbakterien und Reduktionsprozessen ausgeschieden[3]." O. BEYER[4] hat desgleichen an einen derartigen Zusammenhang gedacht, wenn er ihn auch gewissermaßen aushilfsweise herangezogen wissen will, und E. RAMANN[5] gelangt zu nachstehender Ansicht, von der er allerdings behauptet, daß er sie zwar noch nicht beweisen könne, aber doch für sie bereits zahlreiche Tatsachen sprächen. „Beim Abbau der Eiweißstoffe muß Schwefelwasserstoff abgespalten werden, der bei Luftzutritt ziemlich rasch in Schwefel und Wasser zerfällt, $H_2S + O = H_2O + S$. Der Schwefel oxydiert im Boden zu Schwefelsäure. In reicheren Böden werden die geringen Mengen der Säure rasch gebunden. In ärmeren können sie jedoch lösend auf Eisenoxydhydrat und Tonerde wirken (bzw. zersetzend auf die Al-Silikate). Bei mangelndem Luftzutritt, wie dies bereits im stark durchfeuchteten Boden der Fall ist, wird dagegen Schwefeleisen und freier Schwefel bei Anwesenheit von Eisenoxyd gebildet werden: $Fe_2O_3 + 3H_2S = 2FeS + 3H_2O + S$. Dies ist der Ursprung der in Torfen, Mooren so häufig vorkommenden Eisensulfide, die hier allerdings meist als FeS_2 auftreten. Die gleichen Bedingungen sind aber auch unter Rohhumusdecken, Trockentorf und besonders bei heidebedecktem Boden durch die eigenartige Wurzelverbreitung dieses Halbstrauches gegeben. Die Eisensulfide oxydieren sich zu $FeSO_4$, aus dem dann leicht hydrolysierbare Oxydverbindungen hervorgehen, die freie Schwefelsäure unter Einwirkung von Wasser abspalten."

SVEN ODÉN[6] bezeichnet die Schwefelsäure in den Huminsäuren zwar nur als eine Verunreinigung, jedoch führt er die freie Säurennatur im sauren Humus zum Teil auf sie zurück, und auch G. FISCHER[7] äußert sich im gleichen Sinne. A. RIPPEL[8] vermochte jedoch in einem aus Ackererde durch Extraktion mit

[1] THÖRNER, W.: Beitrag zur Aufklärung der Natur des für Pflanzenwuchs und Untergrundbauten schädlichen Schwefels der Moorböden. Z. angew. Chem. **29**, 233 (1916).

[2] KAPPEN, H., u M. ZAPFE: Über Wasserstoffionenkonzentration in Auszügen von Moorböden usw. Landw. Versuchsstat. **90**, 343 (1917).

[3] HÖGBOM, A. G: a a O. S. 248.

[4] BEYER, O.: Alaun und Gips als Mineralneubildungen und als Ursachen der chemischen Verwitterung in den Quadersandsteinen des Sächsischen Kreidegebirges. Z. dtsch. geol. Ges. **63**, 1912 (1911).

[5] Vgl. W. SALOMON: Die Bedeutung des Pliozäns für die Morphologie Südwestdeutschlands. Sitzgsber. Heidelberg. Akad. Wiss., Math.-naturwiss. Kl. A **1919 I**, 24. — S. auch K. BORESCH: Kreislauf der Stoffe in der Natur. Handbuch der Physiologie **1**, S. 707. Berlin: Julius Springer 1927.

[6] ODÉN, S.: Die Huminsäuren, S. 64. Dresden u Leipzig: Steinkopff 1919.

[7] FISCHER, G.: Die Säuren und Kolloide des Humus. Kuhn-Arch. **4**, 39 (1904) (Separatabzug).

[8] RIPPEL, A.: Zur Kenntnis des Schwefelkreislaufes im Erdboden. J. Landw. **76**, 7 (1928).

Natronlauge und Salzsäureausfällung hergestellten Humuspräparat 1,06 % Gesamtschwefel nachzuweisen, was sicherlich eine nicht ganz geringe Quantität bedeutet. Daß ein nicht unerheblicher Gehalt an Schwefelsäure (SO_3) in der Laubstreu vorhanden ist, lehren uns schon die von E. v. WOLFF[1] gemachten diesbezüglichen Angaben, denn es enthält nach ihm Buchenlaubstreu 2,11 %, Kiefernnadelstreu 3,94 %, Fichtennadelstreu 1,63 % und Weißtannennadelstreu 2,42 % in der Reinasche. Nach E. EBERMAYER[2] sind in 1 kg Trockensubstannz der Streumaterialien von Farnkraut 2,35, von verschiedenen Waldmoosen 1,65, von Buchenlaub 1,09, Weißtannennadeln 0,93, Fichtennadeln 0,70 und Kiefernnadeln 0,53 g SO_3 enthalten. Moose und Farnkräuter sind hiernach in erster Linie als Schwefelsäurelieferanten anzusehen. Da der durchschnittliche jährliche Streufall von normalen und gut geschlossenen Buchenbeständen nach EBERMAYER je Hektar 4107 kg, von Fichten- und Kiefernbeständen 3537 bzw. 3706 kg beträgt, so stellt sich die durch die verschiedene Laubstreu anfallende Menge an SO_3 je Jahr und Hektar für Buche auf 3,824, für Fichte 2,165 und für Kiefer 1,682 kg. Hieraus ist zwar zu entnehmen, daß der Laubwald dem Boden oder Standort mehr Schwefelsäure als der Nadelwald zuführt, jedoch lassen andere Zahlen des gleichen Autors[3] diesen Unterschied nicht so stark in Erscheinung treten, vielleicht spielt bei diesen Angaben der Zersetzungszustand der analysierten Streu eine gewisse Rolle. Von F. KLANDER[4] analysierte gemischte Laub- und Nadelwaldstreu auf Buntsandstein ergab Werte von 0,266, 0,299 und 0,167 % SO_3. Hier handelt es sich um mit Sand vermischte trockene Rohhumusdecken des Mischwaldes. Aber nicht nur die Waldstreu enthält Schwefelsäure, auch die Moorwässer führen sie, so fanden E. BLANCK und A. RIESER[5] im Mittel mehrerer Analysen von Moorwässern des Harzes 7,5 mg SO_3 im Liter, und es sind die Untergrundwasser humusführender Gebiete desgleichen nicht frei davon[6]. Eine weitere Quelle der Zufuhr von Schwefelsäure organischer Abkunft zum Gestein und Boden bietet der herbstliche Blattabfall, insofern Sulfate aus den abgestorbenen Pflanzenteilen durch die Niederschläge ausgewaschen werden[7], wie insbesondere A. RIPPEL[8] dargetan hat. Desgleichen vermochte dieser Forscher[9] zu zeigen, daß sich der organisch gebundene Schwefel des Bodens zwar nur sehr langsam mineralisiert, daß aber dem Boden hinzugefügtes Cystin sehr schnell in Schwefelsäure bzw. Sulfat umgewandelt wird. Wenn diese Verhältnisse nun auch noch genauer untersucht werden müssen, so erkennt man doch jedenfalls schon mit Sicherheit, daß genügende Tatsachen für eine hinreichende Mineralisation des organischen Schwefels der Pflanze und der dabei stattfindenden Bildung von Schwefelsäure sprechen[10]. Es ist daher auch nicht verwunderlich, wenn man in Ge-

[1] WOLF, E. v.: Aschenanalysen von land- und forstwirtschaftlich wichtigen Produkten, S. 138, 139. Berlin 1888.

[2] EBERMAYER, E.: Die Lehre von der Waldstreu, S. 108, 109. Berlin 1876.

[3] EBERMAYER, E.: a. a. O. S. 52, 53.

[4] KLANDER, F.: Über die im Buntsandstein wandernden Verwitterungslösungen usw. Chem. d. Erde **2**, 79 (1926).

[5] BLANCK, E., u. A. RIESER: Über die chemische Veranderung des Granits unter Moorbedeckung. Chem. d. Erde **2**, 36 (1926).

[6] Vgl. E. SCHROEDTER: Vorkommen freier Schwefelsäure in einem Grundwasserboden. Chem. d. Erde **4** (1929). — Desgleichen auch A. G. HÖGBOM: a. a. O. S. 241.

[7] Vgl. TH. PFEIFFER u. A. RIPPEL: Über den Verlauf der Nährstoffaufnahme und Stofferzeugung bei der Gersten- bzw. Bohnenpflanze. J. Landw. **1921**, 150.

[8] RIPPEL, A.: Die Frage der Eiweißwanderung beim herbstlichen Vergilben der Laubblatter. Biol. Zbl. **41**, 508.

[9] RIPPEL, A.: Zur Kenntnis des Schwefelkreislaufes. J. Landw. **76**, 6 (1928).

[10] Siehe F. LÖHNIS: Handbuch der landwirtschaftlichen Bakteriologie, S. 557, 705. Berlin: Gebr. Bornträger 1910.

bieten mit starker Rohhumusbedeckung im unterlagernden Gestein überall auf große Mengen von Schwefelsäure oder Sulfaten stößt, wie solches namentlich im Quadersandsteingebiet[1] der Sächsisch-Böhmischen Schweiz oder im Buntsandstein[2] der Fall ist. Auch die Quellwässer solcher Gebiete führen erhebliche Mengen an Schwefelsäure[3]. Die in derartigen Gesteinen zirkulierenden sulfathaltigen oder Schwefelsäurelösungen tragen aber selbstverständlicherweise zur Verwitterung und Aufbereitung des Gesteins in hervorragendem Maße bei; wie sehr dieses zutrifft, soll nunmehr des näheren auseinandergesetzt werden.

Die eigentümlichen Denudationsformen der Quadersandsteinformation sowie auch des Buntsandsteins haben schon frühzeitig die Aufmerksamkeit der Forschung auf sich gelenkt und gaben die unmittelbare Veranlassung dazu, das bisher rein geologisch aufgefaßte Problem ihrer Entstehung auch von bodenkundlichen Gesichtspunkten aus zu betrachten und zu erklären. Es unterliegt keinem Zweifel, daß die Quadersandsteingebirge im Gegensatz zu den übrigen Gebirgsländern gleicher oder ähnlicher Höhenlage einen durchaus andersartigen, abweichenden Charakter in ihren Oberflächenausbildungsformen tragen, und es liegt nichts näher, als das diese Gebirgsländer aufbauende Gestein hierfür verantwortlich zu machen. Aber nicht nur in dieser Beziehung nimmt das Quadersandsteingebirge eine so besondere Stellung ein, sondern auch die Bodenausbildung dieses Gebietes, die entsprechend der geographischen Lage den Braunerden im Sinne Ramanns zugesprochen werden müßte, weicht erheblich hiervon ab, denn es handelt sich hier um typische Bleicherde, die der Gebirgslandschaft in Gemeinschaft mit den Denudationsformen ein ganz besonders eigenartiges Gepräge verleiht. Abermals ist es das Untergrundgestein, das hierfür verantwortlich zu machen ist. Die Landschaft der Sächsisch-Böhmischen Schweiz stellt sich dementsprechend als eine Lokalfazies im wahrsten Sinne des Wortes dar, und zwar als eine Landschaftsform, die nur wenig in den Gesamtrahmen semihumiden bzw. humiden Klimacharakters der mitteldeutschen Gebirgslandschaft hineinpaßt, so wenig, daß man von einem wüstenartigen Gepräge dieser Gegend gesprochen hat. Ja, man hat sogar versucht, diesen Wüstencharakter durch den Einfluß eines ariden Klimas zu erklären, und da in der jetzigen Entwicklungsperiode der Erde kein Raum für die Annahme der Herrschaft eines solchen Klimas vorhanden war, so suchte man den Zeitpunkt seiner Anwesenheit in die jüngste geologische Vergangenheit zu verlegen[4]. Wenn nun auch zweifelsohne eine große

---

[1] Blanck, E.: Die ariden Denudations- und Verwitterungsformen usw. Tharandter Forstl. Jb. **73**, 38—60, 93—134 (1922). — Vgl. auch W. Häntzschel: Die Wabenverwitterung des Quadersandsteins der Sächsischen Schweiz. Natur **17**, 461 (1926).

[2] Blanck, E., u. W. Geilmann: Chemische Untersuchungen uber Verwitterungserscheinungen im Buntsandstein usw. Tharandter Forstl. Jb. **75**, 89—112 (1924). — Klander, F.: Über die im Buntsandstein wandernden Verwitterungslösungen. — Blanck, E., u. L. Zapff: Über Tiefenverwitterungserscheinungen im mittleren Buntsandstein des Reinhardswaldes. Chem. d. Erde **2**, 446 (1926). — Vgl. ferner D. Häberle: Groß- und Kleinverwitterungsformen im Buntsandsteingebiet des südlichen Pfalzerwaldes. Festschr. z. 55. Tagung d. oberrhein. geol. Ver. zu Saarbrücken. Saarbrücken 1927. — Die Zerstörung der Steilwande im Buntsandsteingebiet des Pfälzerwaldes. Naturwiss. Wschr **34**, 321, 337 (1919). — Die gitter-, netz- und wabenförmige Verwitterung der Sandsteine. Geol. Rdsch. **6** (1915). — Kleinverwitterungsformen im Hauptbuntsandstein des Pfalzerwaldes. Verh. naturhist. med. Ver. Heidelberg, N. F. **2**, 180 (1911).

[3] Siehe R. Beck u. J. Hibsch: Erläuterungen zur geologischen Spezialkarte des Königreichs Sachsen, Bl. 104, Großer Winterberg—Tetschen. — J. Hibsch: Geologische Karte des Böhmischen Mittelgebirges. Erläuterungen zu Bl. Tetschen 82. — J. Hanamann: Die chemische Beschaffenheit der fließenden Gewässer Böhmens, T. 2. Prag 1898.

[4] Vgl. E. Obst: Die Oberflächengestaltung der sächsisch-bohmischen Kreideablagerungen. Mitt. geogr. Ges. Hamburg **1909**, 14. Dissert. Breslau 1909.

Ähnlichkeit[1] des Formenschatzes der Sächsischen Schweiz mit der der Wüste besteht, so darf doch daraus nicht geschlossen werden, daß zum Zustandekommen wüstenartig aussehender Ausbildungsformen unbedingt Klimaverhältnisse der Wüste vorausgesetzt werden müssen. Pilzfelsen, Tischfelsen, Baldachinfelsen, Zeugenberge, Trockentäler, Gitter- und Wabenstruktur, die seit den Forschungen RICHTHOFENS, PASSARGES und namentlich JOH. WALTHERS als typische Wüstenerscheinungen hingenommen werden, zeichnen zwar das besagte Quadersandsteingebiet aus, aber dennoch rechtfertigen sie nicht die Annahme eines auch nur zeitweise herrschenden Wüstenklimas.

Schon HETTNER[2] ging davon aus, daß der Charakter der Verwitterung von der geognostischen Zusammensetzung des Gebirges neben der Wasserführung bedingt sei. Mit Recht räumt er dem Wasser in Gestalt der Sickerwasser den größten Einfluß ein und erwähnt auch schon, daß die den Sandstein überziehende graue Kruste auf dem Eindringen kleinster organischer Bestandteile zwischen die lockeren Sandkörnchen beruhe, d. h. aber doch nichts anderes, als daß von ihm auch organische Substanz bei der Aufbereitung des Sandsteins als mitbeteiligt angesehen wird. O. BEYER hat dann auf die Neubildung von Gips und Alaun im Gebiet des Quadersandsteins hingewiesen, und D. HÄBERLE hat den Einfluß der Sickerwässer in genannter Richtung im Buntsandsteingebiet des Pfälzerwaldes verfolgt. Während aber HETTNER den rein mechanischen Angriff des Wassers auf leicht angreifbare und wenig widerstandsfähige Gesteinspartien des Sandsteins betonte, worin er von A. BECK[3] und noch weit früher von A. VON GUTBIER[4] unterstützt wurde, fesselten O. BEYER die „in der Form feinsten Rauhreifes oder eines überaus zierlichen Filzes auf dem losen Sande der frischen Abwitterungsflächen" auftretenden Ausblühungen[5]. Ihre Untersuchung ließ sie als aus Kaliammonalaun, Chlornatrium und geringen Spuren anderer Salze wie auch organischer Substanz zusammengesetzt erkennen, denn eine quantitative Analyse ergab 2,23% NH_3, 3,39% K, 5,88% Al und 41,60% SO_4, und dieser Befund wies somit darauf hin, daß es sich in ihnen um Ausscheidungen aus Lösungen, die auf den Schichtflächen des Sandsteins zirkulieren, handele. Ferner vermochte er festzustellen, daß diese Alaunausblühungen stets an überhängenden, breiten Wandflächen, unter nischen- und höhlenförmigen Überhängen, in Rissen und Klüften, besonders in Verbindung mit den bekannten Kleinformen der Verwitterung, nämlich Steingitter, Wabenbildung, Höhlen- und Lochverwitterung, sowie an Wandstellen mit frischen Abwitterungsflächen zu beobachten sind, d. h. dort, wo Gelegenheit für den Austritt von fallenden Tropfen oder rinnendem Sickerwasser aus dem Gestein gegeben ist. Dabei betonte er die Natur der Steingitter und Wabenbildungen als noch nicht abgeschlossene, sondern noch in Weiterbildung begriffene Gebilde, so daß er die Alaunausscheidungen als nur in Verbindung mit rezenten Verwitterungsformen stehend ansah. Hinsichtlich der Herkunft der Alaunlösungen, insbesondere der Schwefelsäure, vertrat BEYER die Ansicht ihrer Entstehung aus Eisenkies oder Markasit des Sandsteins, obgleich es ihm, wie schon erwähnt, nicht unmöglich schien, sie aus der Vegetation

---

[1] Vgl. A. HETTNER: Die Felsbildungen der Sächsischen Schweiz. Geogr. Z. **9** (1903). — Wüstenformen in Deutschland? Ebenda **16** (1910). — P. KESSLER: Einige Wüstenerscheinungen aus nichtaridem Klima. Geol. Rdsch. **4** (1913). — A. RATHSBURG: Zur Morphologie des Heuscheuergebirges usw., S. 18. Ber. naturwiss. Ges. Chemnitz 1912.

[2] HETTNER, A.: Gebirgsbau und Oberflachengestaltung der Sachsischen Schweiz, S. 48 (292).

[3] BECK, A.: Erläuterungen zur geologischen Spezialkarte des Königreichs Sachsen, Sektion Sebnitz—Kirnitschtal, Bl. 81, S. 25—28; Königstein—Hohenstein, Bl. 84, S. 19—23.

[4] GUTBIER, A. v.: Geognostische Skizzen aus der Sachsischen Schweiz. Leipzig 1858.

[5] BEYER, O.: a. a. O, S. 430.

und dem Humus abzuleiten. Bezüglich der Erklärung der Anwesenheit des Ammons nahm er die Zuflucht zu den atmosphärischen Niederschlägen. In Hinsicht auf den Zusammenhang zwischen den Sickerwasserlösungen und der Beschaffenheit der Kleinverwitterungsformen des Sandsteins gelangte aber BEYER zu der nachstehend wiedergegebenen Auffassung: „Erfolgt der Austritt der Feuchtigkeit in der Flächenfront, so entwickelt sich die Flächenabwitterung, zieht er sich räumlich zusammen auf gewisse Punkte, veranlaßt durch örtliche Verhältnisse im Gestein, auf einzelne Sickerstellen, so entstehen Löcher und Gruben, die Anfänge der Wabenbildung, schreitet die chemisch wirkende Sickerlösung in horizontal gerichteten, durch widerstandsfähige Zwischenlagen (Gips) voneinander getrennten Bändern fort, so entwickeln sich die charakteristischen Steingitter. Diese chemische Verwitterung wirkt bei Anwesenheit der Schwefelsäure und des Bindemittels ununterbrochen, solange genügende Feuchtigkeit vorhanden ist. Sie wird gesteigert im Frühjahre und zu anderen Jahreszeiten durch längeren Regenfall und nur vorübergehend unterbrochen durch langandauernde Trockenperioden. Sind die Schwefelsäurebestände erschöpft, so kann die chemische Verwitterung nicht weiter fortschreiten. Der erreichte Verwitterungsgrad bleibt auf lange hinaus bestehen, oder andere Faktoren — mechanische Kräfte und die Vegetation — sind allein tätig[1]."

Die von ihm zuerst erkannten Alaunausblühungen sah er als Produkte zweier verschiedener Vorgänge an, und zwar sollte durch erstere die fortschreitende chemische Verwitterung allein ihr äußerliches Kennzeichen erhalten, da der vom Gips durchsetzte Sandstein der Außenflächen zu einer festen, schwer wasserdurchlässigen Kruste wird. „Die Seitenwülste und Rißausfüllungen des gleichen Minerals", so fährt er fort, „sind der Außenwirkung der Verwitterungskräfte schwer zugänglich und schützen, wie die Krusten, den damit durchsetzten und überdeckten Sandstein vor der Zerstörung. Die dazwischen befindlichen ungeschützten Sandsteinpartien fallen der von innen heraus wirkenden chemischen Verwitterung rasch anheim, und so entsteht in vielen Fällen ein verschiedenfarbiges Relief mit weißen, gipshaltigen Hervorragungen in Rippen, Wülsten und Schalen und dazwischen befindlichen Furchen und Gruben des abwitternden Sandsteins[2]." Auch ist nach ihm die Beziehung der Sickerlösungen zu den Außenflächen des Sandsteins in Hinsicht auf Bildung und Zerstörung der Überzüge bzw. Rinden nicht zu unterschätzen. Diese Rinden bilden gewissermaßen Schutzdecken, und zwar in ähnlicher Art wie die gleichfalls auftretenden Eisenrinden oder Eisenschwarten, welch' letztere aber durch größere Härte und Festigkeit ausgezeichnet sind. BEYER glaubt, von ihnen annehmen zu müssen, daß sie als Ausscheidungen älterer Sickerlösungen zu betrachten sind und mehr lokalen Verhältnissen ihre Entstehung verdanken. Die dünnen Rinden erblickt er als durch Gipslösungen, die nur von innen herausgetreten sein können, hervorgerufen. An solchen durch Rinden geschützten Stellen ist ohne gleichzeitige Anwesenheit von Alaun keine rezente Erosion beobachtbar. Eine solche Gipsrinde bzw. Imprägnation vermag, wenn sie dick genug ist, den Austritt der zirkulierenden Lösungen zu vereiteln, in anderen Fällen erfolgt der Durchbruch, und es vollzieht sich eine Auskristallisation der Alaune unmittelbar hinter der Rinde. Die damit in Verbindung stehende Volumvermehrung läßt die Rinde abblättern, und das Zerstörungswerk der Alaunlösung setzt sich weiter fort. Somit läßt sich eine erstmalige diagenetische Verkittung gewisser Sandsteinmassen durch die im Gestein zirkulierenden Lösungen erkennen, andererseits aber auf einen zerstörenden Einfluß der Sickerwässer, und zwar in Gestalt der Alaunlösungen, schließen.

[1] BEYER, O.: a. a. O., S. 460. [2] BEYER, O.: a. a. O., S. 461.

Abb. 41. Verschiedene Formen der Verwitterung am Alten Schloß bei Eppenbrunn (Rheinpfalz). *a* Absanden; Saulengange, locherige Verwitterung, Verwitterungsrinde (*v*).

Abb. 42. Die locherige Verwitterung setzt auf den Schichtfugen ein und greift allmahlich uber diese hinunter als Einleitung zur gitterformigen Verwitterung. Bayerischer Windstein bei Obersteinbach (Elsaß).

Die Abb. 41 bis 44 sind entnommen aus: Haberle: Die gitter-, netz- und wabenformigen Verwitterungen der Sandsteine. Geol. Rdsch. **6**.

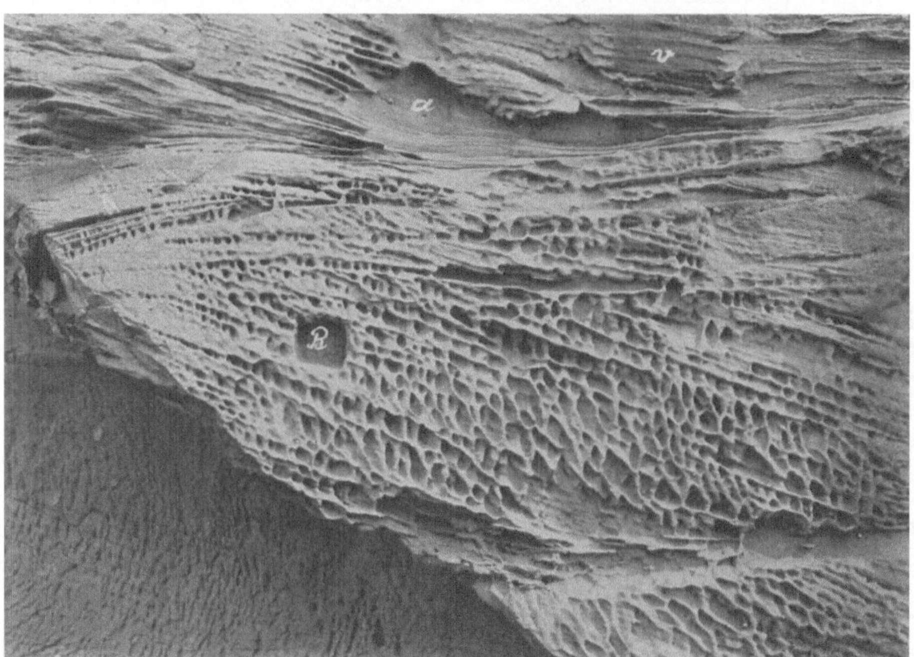

Abb. 43. Netz- und gitterformigeVerwitterung im diagonal geschichteten Sandstein am Drachenfels bei Busenberg (Rheinpf.). *a* Absanden; *v* Verwitterungsrinde; *B* Balkenloch. Dauer des Verwitterungsprozesses hochstens zwei Jahrhunderte.

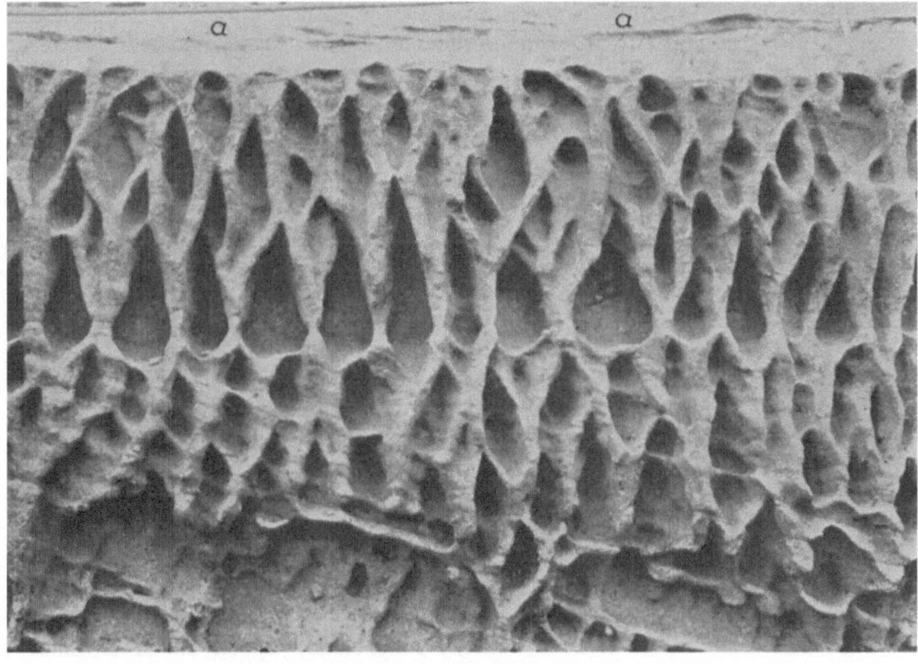

Abb. 44. Gitter- und netzformige, hier geradezu spitzenahnliche Verwitterungsskulptur am Drachenfels bei Busenberg (Rheinpfalz). Mit dem Wechsel in der Schichtung nehmen auch die Verwitterungserscheinungen andere Formen an; daruber ein Band mit sandiger Verwitterung (*a*).

Nach D. HÄBERLE bevorzugen die von oben eingedrungenen im Buntsandstein des Pfälzerwaldes zirkulierenden Gewässer gleichfalls gewisse Bahnen, deren Richtung und Verlauf durch Schichtung, Wasserundurchlässigkeit, Korngröße und Anordnung der Gesteinsporen sowie Festigkeit des Bindemittels bedingt werden und vollziehen dabei die verschiedenartigsten chemischen Prozesse. Die Bindefestigkeit des Gesteins wird herabgesetzt, die Bindemittelsubstanz ausgeschlämmt und damit die Ausscheidung sehr verschieden beeinflußt, wodurch die strukturellen Verschiedenheiten in Gestalt der stehengebliebenen Rippen, Scheidewände und Querleisten der Steingitterbildungen ihre Erklärung finden, indem die „widerstandsfähigeren und deshalb herausgewitterten Leisten und Adern den Weg des Sickerwassers" darstellen. Durch mikroskopische Untersuchung konnte gleichzeitig eine Imprägnation besagter Örtlichkeiten vermittels von Limonit festgestellt werden, der ursprünglich vielleicht als Eisenkarbonat zugewandert ist. Auf genannte Weise erhielten die Gesteinspartien nach der Auffassung HÄBERLES ihre größere Widerstandsfähigkeit gegen äußere Agenzien, er bezeichnet sie als die „fossilen Wege" des Sickerwassers. HÄBERLE gelangte somit zu ähnlichen Ansichten vom Wesen der Gitter- und Wabenstruktur wie BEYER. Jedoch es konnten im Pfälzerwaldgebiet nur ganz gelegentlich Ausblühungserscheinungen in Gestalt eines weißen Hauches wahrgenommen werden, von denen er angibt, daß es lösliche Sulfate des Natriums unter Ausschluß solcher des Kalziums seien. Daneben sollen aber auch geringe Mengen von „schwerlöslichen Sulfaten" mit Gips anzutreffen sein. Kalziumkarbonatkrusten mit Spuren von Sulfaten wurden ebenfalls festgestellt, und HÄBERLE gelangte zu dem Resultat, „daß nicht durch das Klima, sondern durch die Struktur und Zusammensetzung des Gesteins sowie durch die verschiedenen auf diese einwirkenden Kräfte die Entstehung der gitterförmigen Verwitterungsformen bedingt wird, und daß sowohl im ariden wie im humiden Klima ganz analoge, ja äußerlich wohl nicht voneinander unterscheidbare Formen durch das Vorwalten verschiedener Kräfte herausgebildet werden können"[1].

Von E. BLANCK[2] am Gabrielensteg unterhalb des Prebischtores gesammelte Ausblühungen wurden mit nachstehendem Erfolg analysiert:

	Al_2O_3 %	Fe_2O_3 %	CaO %	MgO %	K_2O %	Na_2O %	NH_4 %	SO_3 %	Cl %	Feuchtigkeit %	Summe %
Probe 1	5,31	—	1,80	3,46	15,48	5,38	1,88	39,76	0,59	26,34	100,00
Probe 2	5,34	—	1,64	3,54	13,21	5,83	1,91	40,87	0,68	26,98	100,00

Sie zeigen in der Zusammensetzung einen fundamentalen Unterschied von denen BEYERS, indem sie fast genau die Zusammensetzung des Kaliammonalauns mit Verunreinigungen von Gips und vielleicht Magnesiumchlorid, jedoch ohne Anwesenheit von Eisen, wiedergeben. Allerdings ließen weitere Proben eine etwas andere Zusammensetzung, jedoch stets eine solche zur Hauptsache aus Alaun (mit NH_4), erkennen. Die Inkrustation der Wabenmasse und Steingitterwülste konnte als vornehmlich durch Kalzium- und Magnesiumsulfat verursacht erkannt werden[3], und auch die Natur der bisher noch nicht erwähnten gleichfalls auftretenden Eisenschwarten konnte festgestellt werden. Auch diese sind aufs engste mit der Frage der Zu- und Abwanderungen der Sickerlösungen verknüpft. Man findet sie gleichfalls an den Wänden der Felsen, jedoch durchaus nicht so

[1] HÄBERLE, D.: a. a. O., S. 285.
[2] BLANCK, E.: Tharandter Forstl. Jb. **73**, 57 (1922).
[3] BLANCK, E.: Tharandter Forstl. Jb. **73**, 94, 95 (1922).

häufig als die Waben- und Gitterstrukturen. Oftmals erweisen sich auch die Kluftflächen einer Sandsteinlosse, also beiderseitig, von solchen Gebilden, wenn auch nicht ganz, so doch zu einem großen Teil überzogen. Als eine zusammenhängende, sich über weite Flächen ausdehnende Decke beobachtet man sie wohl kaum, meist sind es nur einzelne Schwartenstücke, die vermutlich als Reste einer Rinde von ehemals größerer Ausdehnung anzusehen sind. Dort, wo sie vorhanden sind, haben sie unzweifelhaft einen Schutz gegen die von außen angreifenden Atmosphärilien gewährt, so daß man von ihnen mit J. ROTH[1] wohl von Schutzrinden sprechen kann, die sich aber im humiden Verwitterungsgebiet im Gegensatz zum Wüstengebiet, woselbst die Schutzrinden als typisches Merkmal rein arider Bildungsbedingungen von jeher gegolten haben, ausgebildet haben. Daß es sich in diesen Eisenschwarten um Inkrustationsgebilde handelt, lehrt schon die oberflächliche Betrachtung. Die Schwarten sind von gelber bis rotgelber oder braunroter Färbung, hin und wieder trifft man sie auch in hellroten Farbtönen an. Ihre Inkrustation mit Eisenverbindungen ist an den Randzonen am stärksten ausgebildet, doch nicht immer in der Art, daß die äußerste Zone am meisten Eisen führt. Jedenfalls haben wir in diesen Rinden Neubildungen zu erblicken, deren Substanz aus dem Innern des Gesteins stammt[2]. Die Rinden konnten von E. BLANCK[3] als durch Eisenlösungen vererzte Sandsteinpartien, die einen Überschuß von Tonerde und Schwefelsäure führen, wobei letztere sogar z. T. als im freien Zustande vorhanden angesehen werden muß, dargetan werden. Nach Lage der vorliegenden Befunde zu urteilen, läßt sich die Inkrustation des Sandsteins durch Brauneisen, denn um eine solche

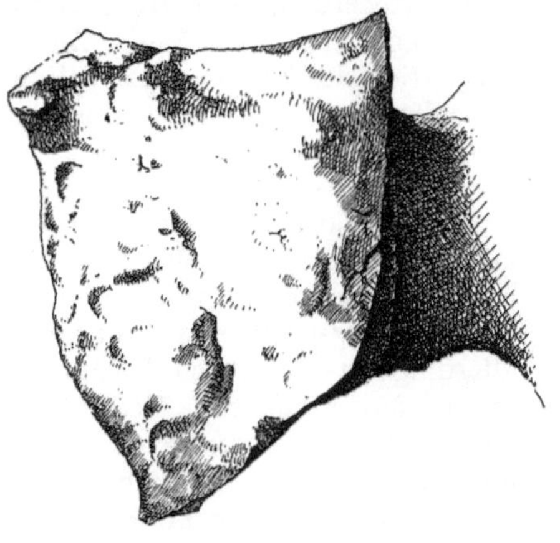

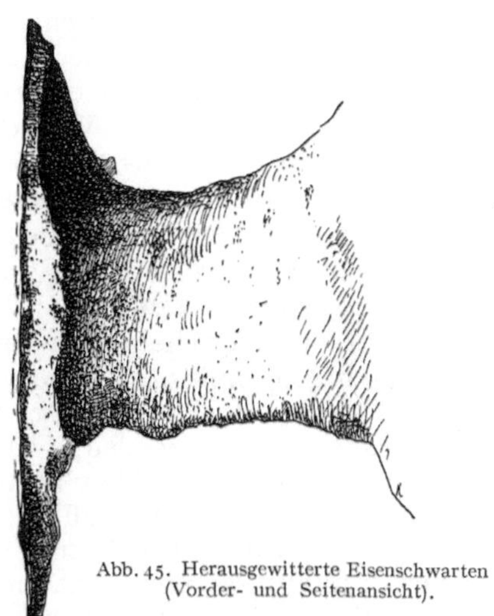

Abb. 45. Herausgewitterte Eisenschwarten (Vorder- und Seitenansicht).

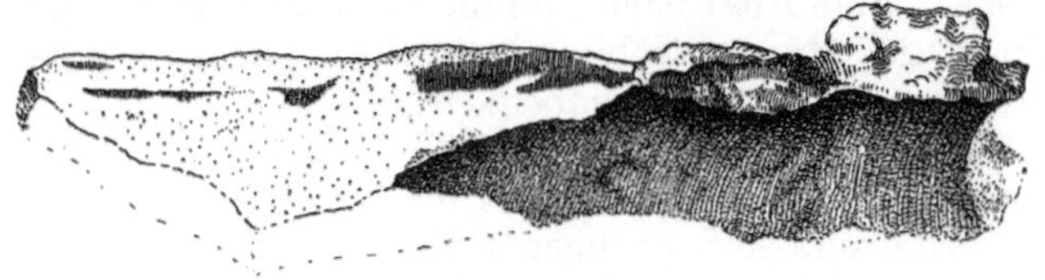

Abb. 46. Eine zum Teil abgebrochene Eisenschwarte.

[1] ROTH, J.: Allgemeine und chemische Geologie **3**, S. 216. Berlin 1893.

[2] Vgl. D. HÄBERLE: Verh. naturwiss.-med. Ver. Heidelberg **1911**, 193. — R. BECK: Erläuterungen zum Blatt Königstein—Hohnstein, S. 20. — K. FUTTERER: Geogr. Z. **8**, 33 (1902).

[3] BLANCK, E.: a. a. O., S. 102.

handelt es sich hier, vielleicht derartig deuten, daß zunächst eisenhaltige Sulfatlösungen durch die nirgends fehlenden organischen Bestandteile der Lösungen reduziert werden, wobei Abscheidung des Eisens eintritt, später sorgte der Sauerstoff der Luft, der ständig Zutritt zu den äußeren Randzonen hat, für die Oxydation des Eisens unter Bildung von Brauneisen, wobei die Alkali- und Erdkalisulfate und freie Säure durch die atmosphärischen Wässer eine Auswaschung erfuhren. Die Vererzung tritt aber nicht nur an den Wänden der offenen Kluftflächen auf, sondern auch feine Spaltenrisse des Gesteins zeigen deutlich eine Wanderung des Eisens und Vererzung an. Das ist aber insofern besonders auffällig, als gerade der Quadersandstein nicht eisenschüssig ist, noch sein Bindemittel als besonders reich an Eisenverbindungen zu gelten hat.

Die Netz-Gitter-Struktur läßt sich auch im Innern des Sandsteins beobachten, allerdings erst in ihren Anfängen, da zunächst von einer Verhärtung und Verkrustung noch nicht die Rede sein kann. Dort, wo der weißgraue Sandstein frisch aufgeschlossen ist, zeigt er sich auf einzelnen Schichtflächen hellgelb gefärbt, und zwar sind es vermutlich diejenigen Schichtfugen, die infolge ihrer Beschaffenheit das Wandern der Lösungen am ehesten gestatten. Von diesen gehen Verbindungswege zu den nächstliegenden gelbgefärbten Schichtfugen. Treten sie häufig auf, so erkennt man schon das Bild der Gitterstruktur, jedoch ohne Herausmodellierung der Gitterleisten, denn solches ruft erst die Verwitterung als ein von außen an das Gestein herantretendes Agens hervor. Es handelt sich nämlich in der ganzen Erscheinung um zwei scharf voneinander getrennte Teilvorgänge, 1. um eine diagenetische Verkittung und 2. um die Aufbereitung des derartig umgewandelten Gesteins, und wenn man auch im allgemeinen die Diagenese nicht zu den Verwitterungserscheinungen rechnet, so haben wir es doch auch in der Bildung des Ortsteins mit einem mit Diagenese verbundenen Verwitterungsvorgang zu tun, woraus man schon auf die Schwierigkeit einer derartigen Abtrennung schließen kann.

Drei verschiedene durch die Wirksamkeit der Sickerwässer entstandene Gebilde liegen somit vor. Schon BEYER wies auf die aufbauende und erhaltende Funktion der Gipslösungen bei ihrer Ausbildung hin, während er den Alaunlösungen einen zerstörenden Einfluß zuschrieb und den durch erstere geschaffenen Bildungen ein höheres Alter beimaß. Nach der Ansicht E. BLANCKS[1] verdanken die Ausscheidungen, gleichgültig, ob sie aus Gips oder Alaun bestehen, ihre Herkunft ein und derselben Lösung, die allerdings entsprechend zeitlicher und örtlicher Verhältnisse nicht dauernd von gleicher Konzentration und chemischer Beschaffenheit war. Jedoch für das Zustandekommen der Eisenschwarten neigt er der Ansicht ihrer Bildung durch einen besonderen Akt und besondere Sickerwasserzufuhr zu, wenngleich sich auch eine solche Annahme als nicht unbedingt erforderlich erweise. Dem Alter nach sind die Eisenschwarten dagegen unzweifelhaft als Vorgänger der übrigen Gebilde anzusehen, ebenso wie sie vormals eine weit größere Verbreitung genossen haben.

Das Bild, welches BLANCK von dem Zustandekommen aller dieser Gebilde als Ausfluß organisch-chemischer Verwitterung entwirft, ist etwa folgendes. Im Gebiet der Sandsteine sind stets genügende Rohhumusdecken und Ablagerungen vorhanden, um die Entstehung von Schwefelsäure und Sulfaten in dem oben dargelegten Sinne zu gewährleisten. Besonders für die organische Herkunft der Lösungen spricht die fast ständig beobachtete Anwesenheit von Ammon in den Alaunausblühungen, die ihren Stickstoffgehalt auf die Eiweißsubstanz der Pflanzen und des Rohhumus ungezwungen zurückzuführen erlauben. Die Mächtig-

[1] BLANCK, E.: Tharandter Forstl. Jb. 73, 121 (1922).

keit der Rohhumusablagerungen ist oft geradezu erstaunlich, was jedoch mit der Nährstoffarmut der unterlagernden Gesteine im engsten Zusammenhang steht, denn zu einem absorptiv gesättigten Humus kann es auf dem Sandstein nicht kommen, und so sind alle Bedingungen im reichlichsten Maße vorhanden, um den Einfluß der sauren Reaktion auf das Gestein zur Geltung gelangen zu lassen.

Es ist nun aber leicht einzusehen, daß der poröse Sandstein die von oben eindringenden Lösungen äußerst schnell zu verschlucken und nach unten abzuleiten sucht. Jedoch die geringe Bindemittelsubstanz wirkt dem entgegen, indem sich die freien Säuren (ungesättigte Säuren) zu binden bzw. zu sättigen streben. Das geringfügige Bindemittel besteht zumeist aus eisenschüssigem Ton oder kalkigen und eisenschüssigen Substanzen, und es werden durch jene Säuren zuerst die von ihnen am leichtesten zugänglichen Stoffe der Salzbildung anheimfallen. Das sind aber die Eisen- und Kalkverbindungen, während die in den Silikaten oder im Ton enthaltene Tonerde sowie Kali, Natron und auch ein Teil der Magnesia, welche gleichfalls, wenn auch nur spärlich, im silikatischen Verbande zugegen sind, erst dann zur Auflösung gelangen, nachdem sie durch allmähliche Zerlegung ihres Moleküls dafür vorbereitet wurden und keine den Säuren leichter zugänglichen Stoffe mehr vorhanden waren. Anfänglich führten daher die im Gestein zirkulierenden Lösungen zumeist Gips und Eisensulfat, wozu sich eine mehr oder mindere Menge von organischen Stoffen gesellte. Diese Lösungen durchsickerten das Gestein, sie wurden aber in ihrem Lauf nach unten durch die ihnen, infolge ihrer zum Teil feinerdigen Beschaffenheit, Widerstand entgegensetzenden Schichtflächen abgelenkt und dadurch gezwungen, unter Umständen auf einer solchen Schichtfläche seitlich vorzudringen bis etwa zu der Stelle, wo die Schichtfläche sich mit einer Kluftfuge kreuzt. Da solche Voraussetzungen aber infolge der äußeren Strukturverhältnisse des Quadersandsteins recht häufig zutreffen, und viele Schichtflächen derartige Lossen zu treffen pflegen, so erscheint es leicht begreiflich, daß gerade an diesen Stellen sehr oft Anreicherung und Ausfüllung von Eisenmassen, geradeso wie an den frei stehenden Wänden der Felsen, anzutreffen sind, denn letztere stellen ja zumeist auch nichts anderes als durch die quaderförmige Absonderung geschaffene einseitige Kluftflächen vor. Die Frage nach der Inkrustierung der Eisenschwarten allein durch die Eisenoxyde und des teilweisen Verschwindens des bei diesem Vorgang ursprünglich vorhandenen Gipses wird von E. Blanck in nachstehender Weise gedeutet. Daß zu einer gewissen Zeit nur Eisensulfatlösungen gebildet worden sein sollten und das Gestein durchzogen hätten, scheint ihm mehr denn unwahrscheinlich, da sich für eine solche Annahme auch kein triftiger Grund finden ließ. Neben verschiedenen anderen Möglichkeiten[1], ganz abgesehen von der Mitwirkung eisenabscheidender Algen oder Bakterien, wird der von R. Brauns[2] für derartige Vorgänge in Anspruch genommene Weg als besonders wahrscheinlich angesehen. Nach diesem wird das überall im Boden verbreitete Eisenoxydhydrat durch die vermodernden pflanzlichen Stoffe zu Oxydul reduziert, das als Karbonat, Sulfat oder vielleicht auch an irgendeine pflanzliche Säure gebunden, im Wasser als einfaches oder Doppelsalz fortgeführt wird. Dort, wo das Wasser mit Luft in Berührung gerät, erfolgt abermalige Oxydation des Eisenoxyduls und dasselbe fällt als wasserhaltiges Eisenoxyd aus. Das Verschwinden des Gipses aus den Eisenschwarten würde zwar durch die relative Leichtlöslichkeit desselben leicht zu erklären sein, wenn dem nicht gegenüberstände, daß dann auch die noch vorhandene freie Schwefelsäure, wie solche in den Eisenschwarten stets festgestellt werden konnte, gleichfalls sehr schnell entfernt worden sein müßte. Auch eine

[1] Vgl. u. a. B. Aarnio: Internat. Mitt. Bodenkde 31, 131 (1913).
[2] Brauns, R.: Chemische Mineralogie, S. 384. Leipzig 1896.

immerhin noch verhältnismäßig große Menge von Gips liegt in den Schwarten aufgehäuft vor, wenn sie auch nicht an die Menge der im wesentlichen allein durch Gips inkrustierten Wabenmassen heranreicht, aber sich doch den Gesteinen gegenüber merklich genug abhebt. Von einer starken Auswaschung des Gipses kann daher desgleichen wohl kaum die Rede sein.

Wie schon mehrmals betont, enthält die Wabensubstanz und Gittersubstanz nennenswerte Anreicherungen an Eisen nicht. Hier ist es vornehmlich der Gips allein, der sich inkrustierend betätigt hat. Dies kann seine Ursache darin haben, daß die Lösungen z. Z. der Inkrustierung schon eisenärmer geworden waren oder daß die Bedingungen zu einem Absatz von Eisen überhaupt ungünstigere waren. Sie können in einer Verminderung der Luftzufuhr im Gestein erkannt werden, ein Umstand, der für die Zeiten des Durchtränktseins des Sandsteins mit Lösungen sicherlich zutrifft. Nur in Zeiten absoluter Trockenheit wird sich der Sauerstoff noch in verhältnismäßigen Tiefen des Gesteins betätigen können. Ganz sicherlich erweist es sich aber, daß die Waben- und Gitterstruktur im Innern des Gesteins vorgebildet wurde und erst durch spätere Einflüsse der Verwitterung von innen oder von außen zur heutigen Formentwicklung gelangte. Auch sind sie unzweifelhaft jüngeren Datums, und noch in erheblicherem Ausmaße gilt dieses letztere für die Alaunausblühungen. Es ergibt sich dieses schon daraus, daß in ihnen auch noch jene Stoffe enthalten sind, welche für die Schwefelsäure als schwerer zugänglich angesehen werden müssen. Aluminium, Kalium, Natrium und Magnesium, die nur aus dem silikatischen Anteil entnommen sein können, sind hier angehäuft, wogegen das Kalzium zurücktritt, und zwar wohl als eine Folge seines schon früheren Verbrauches bei der Bildung der Inkrustation. Auch die Anwesenheit des Ammonsulfats spricht für ein junges Alter der Bildungen, da sich dieser Stoff nur bei großer Trockenheit länger in der Natur zu halten vermag, wie ja überhaupt Ausblühungen nur als Ausdruck eines zeitweise trockenen Klimas angesehen werden können.

Warum die Alaunlösungen nicht die Gitterstrukturen wie die sonstigen Inkrustationsgebilde wieder zerstört haben, wird dahin beantwortet, daß solches wohl manchmal im Innern des Gesteins geschehen sein möge, daß aber im allgemeinen die Lösungen nur noch als wenig aufnahmefähig betrachtet werden können, wenigstens unter den besonderen Verhältnissen ihrer Wanderungs- und Bewegungsmöglichkeit. Denn die Lösungen werden stets diejenigen Bahnen bevorzugt haben, die leichter als die zementierten Strukturen zugänglich waren. In der Tat hat es sich ja um ein fortwährendes Wechselspiel von Verkittung und Lockerung des Sandsteins durch die auf ihn einwirkenden Verwitterungslösungen gehandelt, so daß infolge der verschiedenartigen Gesteinsstruktur von diesen zunächst diejenigen Leitbahnen benutzt wurden, die ein Absickern der Flüssigkeit am leichtesten gestatteten. Diese wurden daher zuerst verkittet, und die nachfolgenden Lösungen mußten sich mit den übrigen noch möglichen Wegen begnügen. Bis zu einem abermaligen Stadium der Verkittung hat es aber nicht kommen können, weil in dem stark angegriffenen Sandstein die Auswaschung durch die reichlichen Niederschläge überwog, und es vielleicht auch an den eigentlichen verkittenden Substanzen, wie Kalzium und Eisen, fehlte, wie solches die Analysen der Alaune deutlich erkennen lassen. Dementsprechend gelangt E. Blanck zu der Auffassung, „daß alle vorgenannten Ausscheidungen das Produkt eines einheitlichen Vorganges sind, nämlich der Einwirkung der aus der organischen Substanz bei ihrer Zersetzung hervorgegangenen Schwefelsäure auf das Sandgestein. Jedoch haben diese Produkte ihre verschiedene Ausbildungsform und chemische Zusammensetzung nicht als Folge der örtlich differenzierten Bindemittelsubstanz erfahren, sondern diese sind in erster Linie in dem verschiedenen Widerstand , den das stofflich inhomogene Bindemittel den Angriffen der Schwefelsäure entgegensetzt, in Verbindung mit den primären und sekundären Strukturverhältnissen des Gesteins zu suchen"[1]. Danach ist es in letzter Instanz allein das Gestein, das die Art der Neubildungen verursacht hat, und auch die Anhäufung von Rohhumus, welche das wirksame Agens, die Schwefelsäure, hervorbringt, ist dem Umstande der petrographisch-chemischen Ausbildung des Sandgesteins zuzuschreiben. Der Einfluß des Klimas auf den Verwitterungsvorgang tritt also hier völlig zurück, und alle Spekulationen in Hinsicht auf die anfangs hervorgehobene Ähnlichkeit der Sandsteinverwitterungsform mit denen des ariden Wüstengebietes fallen in sich zusammen, denn wir haben es mit reinen Ortseinflüssen zu tun, die allerdings in ihrer Gesamtwirkung zu Erscheinungen führen, die wohl denen des ariden Klimas ähneln, aber nicht wie diese entstanden sind. Dieses prägt sich aber nicht nur allein in den bisher betrachteten Kleinverwitterungsformen des Sandsteins aus, sondern die betrachteten Vorgänge schaffen die Vorbedingungen auch zur Entwicklung der Verwitterungsgroßformen besagten Gebietes, die gleichfalls eine Ähnlichkeit mit den Großformen der Verwitterung bzw. Denudation in der Wüste zeigen. Dieses ist um so mehr der Fall, als die aufbereitende Tätigkeit des Windes, eine der hauptsächlichsten Denudationskräfte in der Wüste, in den späteren Stadien unserer Entwicklungsformen einen nicht unbeträchtlichen Anteil an ihrer Ausbildung hat. Auch tritt im Gebiet des Sandsteins, insbesondere Quadersandsteins, obgleich dasselbe ein typisch humides ist, die erodierende Kraft des Wassers zurück, weil in den von Vegetation befreiten Felsbildungen die Niederschlagswässer infolge der reichlichen Kluftbildung im Gestein und der porösen Beschaffenheit desselben sehr schnell vom Gestein aufgenommen und weitergeleitet werden. Dort aber, wo die Rohhumusdecken die Felslandschaft überlagern, wird der Niederschlag von diesen absorbiert, und die lebendige Kraft des fließenden Wassers tritt abermals zurück.

Es darf jedoch nicht verschwiegen werden, daß ganz neuerdings W. Häntzschel[2] auf das reichliche Vorkommen von Pyritkonkretionen in einigen Horizonten des turonen Quadersandsteins des Elbsandsteingebirges hingewiesen hat, so daß die in dem Sandstein zirkulierenden sulfathaltigen Lösungen auch z. T. auf die Verwitterung des Pyrits zurückgeführt werden können. Immerhin stellt der Pyritgehalt des Gesteines aber doch nur eine begrenzte Schwefelsäurequelle dar, auch erklärt der Pyritgehalt nicht die Gegenwart von Ammon im Alaun, so daß W. Häntzschel seine diesbezüglichen Ausführungen dahin zusammenfaßt: „Trotz alledem bleibt die Möglichkeit einer Bildung der Ausblühungen aus ‚Humusschwefelsäure' im Sinne Blancks durchaus bestehen. Man wird aber in Zukunft auch die Pyritkonkretionen als Quelle der Schwefelsäure und damit der Ausblühungen entsprechend berücksichtigen müssen, ganz unabhängig davon, ob man mit Beyer in der chemischen Verwitterung die alleinige Ursache der Gitter- und Wabenskulpturen sehen will."

Die Abhängigkeit der Denudationsformen in ihrer Entwicklung von den durch die chemische Tätigkeit der Lösungen im Gestein vorgebildeten Formen kann hier im einzelnen nicht verfolgt werden, doch sind die eigentlichen Großformen derselben z. T. nichts anderes als der endgültige Ausdruck der im Gestein früher oder heute noch wirksamen Lösungen als Ausfluß der sich ständig neubildenden Schwefelsäure aus dem Humus der Oberflächenbedeckung. Aber noch in anderer

[1] Blanck, E.: Tharandter Forstl. Jb. **73**, 128 (1922).

[2] Hantzschel, W.: Pyritkonkretionen im Turonquader des Elbsandsteingebirges und ihre Bedeutung fur die chemische Verwitterung. Cbl. f. Min. usw., Abt. B **1929**, S. 19—26.

Weise wirkt die „Humus-Schwefelsäure" auf die Formausbildung des Sandsteins ein, so z. B. in der Weise, daß ein großer Teil der Rohhumusmassen in die Klüfte und Spalten des Gesteins eingeschwemmt wird und dortselbst der langsamen Zersetzung unterliegt. Viele metertiefe und oftmals auch recht breite „Kamine" finden sich derartig mit Rohhumus angefüllt (Abb. 47 und 48), und langsam versickert in ihnen das Wasser der Niederschläge, um sich an den Seiten des Kamins an den anstoßenden Schichtfugen oder auf der Sohle desselben auszubreiten und auch von diesen Stellen aus in Gestalt saurer Lösungen das Gestein zu bearbeiten. Der Eintritt der Lösungen in das Gestein von außen erfolgt stets dort, wo dem Weitersickern der Lösungen nach unten in dem mit Rohhumus angefüllten Kamin durch die Gesteinsverhältnisse ein Ende gesetzt ist. Hier greift die Lösung am stärksten an und bewerkstelligt eine weitere Lockerung, Zerlegung und Ausnagung von unten her, so daß der Kamin in seiner Breite von unten aus wächst. Die Sandsteinstruktur unterstützt die Lösungen in dieser vernichtenden Tätigkeit ganz beträchtlich. Diese Verhältnisse, gepaart mit dem Abbrechen des Sandgesteins in Form von einzelnen Quadern führen zu einer verhältnismäßig schneller erfolgenden Erweiterung der Kluftbildungen, als solches durch die Wasserwirkung allein geschehen könnte. Die unvermittelte, schnell einsetzende Talbildung, wie sie dem Gebiet des Quadersandsteins eigentümlich ist und welche in der Form mit der Trockentalbildung der Wüsten äußerlich so sehr übereinstimmt, ist gleichfalls das Werk dieser Tätigkeit. Gleiches und ähnliches gilt für das Zustandekommen der isolierten Pfeiler, Nischen und Wände, der Zeugenberge, und nicht zuletzt verdanken die Pilzfelsen, Tische usw. (Abb. 50) ihre Ausgestaltung der durch die vorhergehende Einwirkung der Lösungen hervorgerufenen Umwandlung der Gesteinsmasse, wobei allerdings z. T. auch noch die im Gestein oftmals zu beobachtende diskordante Parallelstruktur von Bedeutung werden kann. Indem der von außen wirksame Angriff des Windes oder Wassers die durch die Gesteinstextur vorgezeichneten oder durch die Lösungen bedingten Strukturverhältnisse in der Formentwicklung benutzt, wurden sie zu den eigentlichen Ursachen der mannigfachen, aber gesetzmäßigen Gestaltung aller Denudationsformen besagten Gebietes, so auch letzten Endes der berühmten Naturbrücken, wie wir sie u. a. im Prebischtor bewundern (vgl. auch Abb. 49).

Abb. 47. Verwitterungsformen des Quadersandsteins (Tyssaer Wande, Sachsisch-Bohmische Schweiz)

Die sich hieran anschließenden weiteren Untersuchungen von E. BLANCK und W. GEILMANN[1] haben für die isoliert aufragenden Sandsteinfelsen und Klippen

[1] BLANCK, E., u. W. GEILMANN: Tharandter Forstl. Jb. 75, 93 (1924). — S. auch D. HÄBERLE: Über trauben- und zapfenförmige konkretionäre Bildungen im Buntsandstein. Jh. u. Mitt. oberrhein. geol. Ver., N. F. 3, 94 (1913). — G. WEISS: Verwitterungserscheinungen an Buntsandsteinsedimenten. Ebenda, N. F. 6, 87 (1916).

des Buntsandsteins bei Reinhausen südöstlich Göttingens die nämlichen Erscheinungen dartun können und eine nähere Kenntnis der im Buntsandstein zirkulierenden Verwitterungslösungen erbracht. Insonderheit konnten die Ausblühungen in den Wabenbildungen, da sie hier in weit größerer Menge als auf dem Quadersandstein der Sächsischen Schweiz aufzufinden waren, studiert werden. Ihre Analyse ergab auf sandfreie Substanz berechnet nachstehende Zusammensetzung:

Al_2O_3	MnO	CaO	MgO	K_2O	Na_2O	$(NH_4)_2O$	N_2O_5	SO_3	Cl	CO_2	Feuchtigkeit	Summe
0,12	0,05	0,11	0,09	49,40	1,33	0,68	17,40	29,70	0,04	Spur	1,10	100,02 %

Es handelt sich in diesen Ausblühungen dementsprechend nicht um Alaun oder um ein Gemisch von Sulfaten, sondern zur Hauptsache nach um Kaliumsulfat und Kaliumnitrat, denen in kleineren Mengen Sulfate oder Nitrate des Natriums, Ammoniums, Kalziums, Aluminiums, Magnesiums und Mangans, nicht aber des Eisens, beigemengt sind. Außerdem sind geringe Mengen von Chloriden zugegen. Ganz besonders auffällig erweist sich die große Menge des vorhandenen Kaliumnitrats wie überhaupt eine solche an Salpetersäure, und es liegt die Annahme nahe, daß diese durch Oxydation aus Ammon hervorgegangen ist, wofür auch der noch vorhandene geringe Rest an Ammon in der Ausblühungssubstanz spricht. Die Umwandlung des Ammons in Nitrat bereitet auch keine Schwierigkeiten, insofern, als die poröse Beschaffenheit des Gesteins Oxydationsvorgänge sicherlich begünstigt[1].

Abb. 48. Desgl. wie Abb. 47.

Die Lösungen, die in reichlicher Menge (etwa 0,3% wasserlösliche Substanz) das Gestein durchwandern und die Veranlassung zur Ausscheidung der Ausblühungen geben, setzten sich dagegen zwar vorwiegend auch aus Kaliumsulfat und Nitrat zusammen, führen aber außerdem noch erhebliche Mengen von Chlor, Natron, Phosphorsäure und organischer Substanz. Die Phosphorsäure wird aber zum Teil wieder im Gestein festgelegt, und zwar in geringer Menge schon hinter der Wabenmasse, ganz beträchtlich jedoch in der Wabenrippensubstanz

[1] Vgl. W. P. Headden: Fixation of Nitrogen in Colorado Soils. Col. agricult. Exp. Stat. Bull. **277**, 48 (1922); Zbl. Bakter. II **59**, 269 (1923).

selbst. Hier ruft sie in Form von Aluminium- und Eisenphosphat die Verkittung und Verfestigung dieser Gebilde hervor. Chlornatrium erleidet vermutlich eine Auswaschung. An diesem Vorgange der Stoffwanderung beteiligen sich in untergeordneter Menge auch noch andere Salze. Eine weitere chemische Untersuchung der Gesteinsmasse im Innern der Buntsandsteinfelsen sowie der Wabenrippenmassen ließen erkennen, daß in den oberen Partien der Felsen humose Sulfatlösungen zirkulieren. Sie führen der Bindemittelsubstanz des Sandsteins Stoffe zu, um sie einerseits in Gestalt einer Schutzrinde an der Gesteinsoberfläche auszuscheiden oder um sie andererseits in den Wabenrippen zur Ausbildung und Verfestigung dieser abzusetzen. Während die Krustenbildung in ihrem Che-

Abb. 49. Naturbrucken (Tyssaer Wande).

mismus der Ortsteinbildung ähnelt, jedoch das Eisen hieran keinen Anteil hat, wohl aber Humus, Phosphorsäure, Kieselsäure und Schwefelsäure die Inkrustierung hervorrufen, kann dem Humus kaum eine Beteiligung bei der Verkittung der Rippenmasse zugesprochen werden, wenigstens führen diese keine nennenswerten Mengen organischer Substanz mehr. Auch der Gehalt an Eisen ist hier vermindert, wohl aber sind es auch hier wieder Phosphorsäure, Kieselsäure und Schwefelsäure, die eine Vermehrung erfahren haben. Das Wanderungsvermögen des Eisens in Gegenwart von Phosphorsäure vermag seine Erklärung in der gleichzeitigen Anwesenheit von kolloidschutzwirksamer organischer Substanz, die eine gegenseitige Ausfällung beider Stoffe verhindert, finden. Mit der Tiefe zu nimmt der Gehalt der Lösung an organischer Substanz bzw. Humus ab, während sich die Nitrate als Folge zunehmender Oxydationswirkung vermehren. Für die Herkunft der Lösungen aus den dem Sandstein auflagernden Rohhumusschichten spricht außer der reichlichen Gegenwart der Schwefelsäure und der Stickstoffverbindungen auch besonders die Beteiligung der Phosphorsäure an den oben beschriebenen Vorgängen in Mengen, die das Gestein an sich niemals decken könnte. Die Analysen der Humusablagerungen der Sandsteinfelsen wiesen denn auch deutlich auf Reichtum derselben an Stickstoff, Schwefel und Phosphorsäure hin. Die Untersuchungen noch anderer Ausscheidungen und Lösungen des Buntsandsteins ließen auf eine sehr abwechselungsreiche Zusammensetzung schließen, denn auch Kalziumkarbonat, Gips und Mangan nehmen außer den schon erwähnten Bestandteilen reichlichen Anteil, so daß eine generelle Beantwortung der Frage nach ihrer Zusammensetzung kaum möglich erscheint. Diese wurde von F. KLANDER[1] für das Gebiet von Reinhausen bei Göttingen zu lösen gesucht, indem er rein systematisch in der Untersuchung der die Lösungen führenden Sandsteinfelsen vorging. Neben der Bestätigung, daß die Lösung zur Hauptsache aus Sulfaten und nebenher geringen Mengen

Abb. 50. Pilzfelsen (Tyssaer Wande).

von Chloriden zusammengesetzt sind, konnte ein Unterschied in ihrer Konzentration festgestellt werden, der sich zuweilen als von der Mächtigkeit der durchsickerten Felsenmasse abhängig erwies, jedoch Niederschlagsmenge, Verdunstungsverhältnisse sowie Zirkulationsmöglichkeiten der Lösungen u. dgl. m. beeinflussen den Konzentrationsgrad erheblich, so daß sich keine allgemeingültigen Gesetzmäßigkeiten für die Konzentrationsverhältnisse der Lösungen ermitteln ließen. Schließlich erkannten E. BLANCK und L. ZAPFF[2] in tiefen Lagen des anstehenden Buntsandsteins des Reinhardswaldes stark ange- und verwitterte, zu einem bodenähnlichen Produkt umgewandelte Sandsteinschichten, deren Ausbildung gleichfalls auf die Einwirkung der aus den überlagernden Rohhumusmassen des Sandsteins stammenden Lösungen zurückgeführt werden konnte. Auch hier handelt es sich um Schwefelsäure oder Sulfate führende Lösungen, die das Gestein durchsickern, um bei besonders festen Gesteinsbänken oder wasserundurchlässigen Tonschichten haltzumachen. Hier werden sie alsdann aufgestaut und

[1] KLANDER, F.: Inaug.-Dissert. Göttingen, Jena 1925. Chem. d. Erde 1926.

[2] BLANCK, E., u. L. ZAPFF: Über Tiefenverwitterungserscheinungen im mittleren Buntsandstein des Reinhardswaldes. Chem. d. Erde **2**, 446 (1926).

können infolgedessen ihre zerstörenden Einflüsse mit erhöhter Kraft geltend machen, indem sie sich in die überlagernden Sandsteinschichten gewissermaßen einfressen und diese zermürben, mithin eine Verwitterung von der Tiefe aus anbahnen. Hier zeigt sich die „Humusschwefelsäure" als ein ganz besonders für die Gesteinsaufbereitung geeignetes Agens.

Es ist schon einmal darauf hingewiesen worden, daß die Untersuchungen von H. NIKLAS keinen rechten Einfluß der organischen Substanz, insbesondere Humus, auf die Mineralsubstanz haben dartun können, was um so eigenartiger erscheint, als doch in den soeben erörterten Fällen eine beträchtliche Einwirkung derselben auf das Untergrundgestein hervortritt. Auch die bekannte Ortsteinbildung weist direkt auf derartige Einflüsse hin, denn nach O. TAMM[1] werden z. B. aus dem einer Humusdecke unmittelbar unterlagernden Mineralboden (Bleicherdeschicht) durch Zersetzung der Minerale 10—20% ausgelaugt, und zwar werden die Eisen- und Magnesia-Silikate ebenso wie der Apatit am stärksten angegriffen, doch auch die Feldspate werden dabei in Mitleidenschaft gezogen. Allgemein ist auch bekannt, worauf insbesondere u. a. A. G. HÖGBOM[2] hinweist, daß die im Moorboden liegenden Steine und Blöcke ein stark zerfressenes Aussehen tragen, was mit der Widerstandsfähigkeit der das Gestein zusammensetzenden verschiedenen Minerale in unmittelbarem Zusammenhang steht. Auffallend ist dabei, worauf der Genannte gleichfalls hinweist, daß nach den Untersuchungen von O. TAMM[3] die kalkreichen Feldspate von der Humussubstanz nicht gelöst werden, während die ihnen nahestehenden Skapolithe vollständig, und zwar sogar leichter als die Eisenmagnesiasilikate, aufgelöst werden können. Diese scheinbare Laune im Angriff der Humusstoffe hält er für das beste Zeugnis von unserer noch heute recht geringen Kenntnis der hier vorliegenden Prozesse. Desgleichen weisen die von NIKIFOROW[4] angestellten Untersuchungen eines in Moor eingebetteten Gneisgesteins unmittelbar auf die Zerstörung einzelner Mineralanteile desselben hin. Seine Analysen des unveränderten Gesteinskerns und der äußeren Verwitterungsrinde zeigen deutlich die Verarmung der letzteren an löslichen Bestandteilen, insbesondere Eisen, Magnesium und Alkalien an.

	Bauschanalysen		In 1 proz. Salzsaure loslich		In 10 proz. Salzsäure löslich	
	Kern des Gesteins	Verwitterungsrinde	Kern	Rinde	Kern	Rinde
Al_2O_3	16,03	14,26	0,336	0,138	0,362	0,188
Fe_2O_3	1,42	0,41	0,357	0,043	0,142	0,025
Mn_3O_4	0,44	0,15	0,004	—	0,001	—
CaO	1,18	0,43	0,080	0,013	0,012	0,008
MgO	0,23	0,03	0,018	—	0,032	0,003
K_2O	4,28	4,84	0,063	0,035	0,051	0,019
Na_2O	4,41	3,02	0,055	0,026	0,071	0,019
SiO_2	71,12	75,80	—	—	—	—
SiO_2 (löslich) . .	—	—	0,186	0,092	1,140	0,477

Besonders auffällig ist dabei nach RAMANN das Verhalten der Kieselsäure bei Gegenwart humoser Stoffe, denn sowohl die aus Torfmooren hervortretenden Wässer enthalten viel Kieselsäure in Lösung[5], als auch obige Versuche eine verhältnis-

[1] TAMM, O.: Markstudier i det nordsvenska barrskogsomradet. Medd. från Statens Skogsförsöksanst. Stockh. **1920**, 17.

[2] HÖGBOM, A. G.: Bull. geol. Inst. Upsala **18**, 246.

[3] TAMM, O.: Beiträge zur Kenntnis der Verwitterung in Podsolböden auf dem mittleren Norrland. Bull. geol. Inst. Upsala **13**, 197 (1916).

[4] Siehe E. RAMANN: Bodenkunde, S. 32. 1911.

[5] RAMANN, E.: Neues Jb. Min. usw., Beilagebd. **10**, 119.

mäßig starke Löslichkeit derselben lehren. In Gewässern aus kieselsäurereichen Gesteinen in Gebieten der Kaolinverwitterung sollen sich auch nach HEADDEN[1] bis zu 40% Kieselsäure im Abdampfrückstand befunden haben. Phosphate, wie der schon erwähnte Apatit, werden von humosen Stoffen stark zersetzt und ihre Phosphorsäure löslich gemacht[2], und die Zersetzung der Karbonate durch Humus ist eine allbekannte Erscheinung. Auch eine Paragenese von Erdöl und Kieselsäuresediment ist bekannt, sowie auch, daß in tropischen Flüssen hoher Gehalt an SiO_2 und Humussol parallel gehen[3]. Alle diese Untersuchungen haben RAMANN zu dem im nachfolgenden wiedergegebenen Schluß geführt: „Die Verwitterung unter dem Einfluß der Humusstoffe führt zuletzt zur Abscheidung eines wasserhaltigen Tonerdesilikates, oder wahrscheinlicher zur Abscheidung von Aluminiumkieselsäure im amorphen Zustande, als deren kristallisierte Form der Kaolinit anzusehen ist. Solange wir für dieses amorphe Mineral noch keinen eigenen Namen haben, kann man den Vorgang als Kaolinverwitterung bezeichnen[4]." Damit gelangen wir aber zu einem Kapitel von erheblicher Tragweite, das wir aber nur insoweit an dieser Stelle berücksichtigen wollen, als es mit den durch organische Substanz ausgelösten Erscheinungen im Zusammenhang stehend angesehen werden kann. Es ist dies das Problem der Kaolinentstehung unter dem Einfluß oder der Mitwirkung der Humussubstanz, und zwar einst wie jetzt, denn auch seitens der Geologie beansprucht das vorliegende Problem weitgehendste Bedeutung[5]. Die Literatur über die Entstehung des Kaolins ist außerordentlich reich, schon H. RÖSLER[6] gibt in seiner über die Kaolinlagerstätten handelnden Schrift aus dem Jahre 1902 dreihundert Arbeiten über diesen Gegenstand an, und bei A. STAHL[7] findet man in seiner dem gleichen Gegenstand gewidmeten Abhandlung des Jahres 1912 eine fast noch weit größere Literaturübersicht. Der aus dieser zu entnehmende Streit über die Herkunft des Kaolins soll hier nicht zum Gegenstand der Erörterung gemacht werden[8], nur kurz darauf hingewiesen werden, daß das Zustandekommen des Kaolins im allgemeinen auf dreierlei Art erklärt wird, 1. als Produkt der gewöhnlichen atmosphärischen Verwitterung, 2. als Produkt der Tiefenzersetzung und 3. als ein solches zwar auch der atmosphärischen Oberflächenverwitterung, jedoch lediglich unter dem Einfluß von Moorbedeckung oder der Anwesenheit organischer Substanzen bei der Aufbereitung feldspatführender Gesteine.

Schon E. RAMANN[9] hat erkannt, daß die normale atmosphärische Verwitterung nicht imstande ist, kaolinisierend zu wirken, weil bei ihr das Eisen in der Form des Oxyds festgelegt wird, was ganz im Gegensatz zum Kaolinisierungs-

[1] HEADDEN, W. P.: Die Bedeutung des Kieselsäuregehaltes von Gebirgswässern. Chem. Zbl. **1903 II**, 74, 846. — WETZEL, W.: Sedimentpetrographische Studien. Neues Jb. Min. usw., Beilagebd. **47** (1922).

[2] Siehe W. HOFFMEISTER: Ein neues Lösungsmittel zur Unterscheidung der Phosphorsäuren in verschiedenen Phosphaten. Landw. Versuchsstat. **50**, 363 (1898).

[3] LOZINSKI, W.: Die geologischen Bedingungen und die Prognose der karpathischen Erdolvorkommen in Polen. Z. oberschles Berg- u. Huttenmann. Ver. Kattowitz **1925**.

[4] RAMANN, E.: Bodenkunde, S. 33. 1911.

[5] WÜST, E.: Studien über Diskordanzen im östlichen Harzvorlande. Cbl. Min. usw. **1907**, 84. — LANG, R.: Die Entstehung von Braunkohle und Kaolin im Tertiär Mitteldeutschlands. Erdmann. Jb. d. Halleschen Verb. f. d. Erforschg d. mitteldtsch. Bodenschätze, H. 2. — STREMME, H.: Chemie des Kaolins. Fortschr. Min. usw. **2**, 113 (1912). — HARRASSOWITZ, H.: Laterit. Fortschr. Geol. Palaogr., herausgegeben von W. SOERGEL, **4**, H. 14. Berlin: Gebr. Bornträger 1926.

[6] RÖSLER, H.: Neues Jb. Min. usw. **1902**, Beilagebd. 15, 231—393.

[7] STAHL, A.: Arch. Lagerstättenforschg, Berlin **1912**, H. 12.

[8] Vgl. u. a. E. BLANCK u. A. RIESER: Chem. d. Erde **2**, 15—20 (1926).

[9] RAMANN, E.: Bodenkunde, 2. Aufl., S. 19, 1905; 3. Aufl., S. 33, 1911.

vorgang steht, denn hier wird das Eisen bekanntlich entfernt. Die Fortfuhr des Eisens nimmt RAMANN als in der Form des humussauren Eisens[1] zustande kommend oder als komplexe organische Verbindung an, und er hat daher schon geraume Zeit die Ansicht vertreten, daß die sogenannten Humussäuren, die bei der Zerlegung organischer Substanzmassen hervorgehen, eine Kaolinisierung hervorrufen.

Die Ansicht von der Entstehung des Kaolins unter Moorbedeckung wird von einer nicht geringen Anzahl namhafter Forscher vertreten. H. STREMME[2] spricht u. a. vom Kaolinisierungsvorgang unter Moorbedeckung als von einer bodenkundlichen Richtung zur Erklärung der Kaolinisierung, jedoch hat schon RÖSLER[3] nicht mit Unrecht hervorgehoben, daß die bisherige Beweisführung des Stattfindens dieses Vorganges recht mangelhaft sei. Zwar hat sich ersterer der Angelegenheit sehr angenommen, aber dennoch bedarf manches sehr der Aufklärung. Nachdem RAMANN die Bleichung der Gesteine unter Moorbedeckung bzw. unter dem Einfluß von Humusstoffen als einen Kaolinisierungsvorgang hingestellt hat, ist von geologischer Seite das Vorkommen von Kaolin und Braunkohle zu einem gemeinsamen Problem verknüpft worden bzw. nach R. LANG[4] zu einem „zusammenhängenden Vorgangskomplex" geworden, und man hat versucht, die meisten Kaolinvorkommnisse Mitteleuropas zur Tertiärzeit als durch Humusverwitterung zustande kommend darzutun. Auch B. VON FREYBERG hat eine Moorkaolinisierung als durchaus im Bereich der Möglichkeit liegend bezeichnet[5]. E. MITSCHERLICH[6] und HOCHSTETTER[7] haben allerdings schon viel früher auf einen Zusammenhang von Braunkohle und Kaolin hingewiesen, aber doch in einem etwas anderen Sinne, indem nach dem letzteren der Granit von Karlsbad infolge der Einwirkung einer Wasserbedeckung z. Z. der Braunkohlenformation Zersetzung fand, und zwar in der Weise, daß der in der Braunkohle enthaltene Schwefelkies durch den Einfluß des Wassers oxydiert worden sei, und die dabei entstandene Schwefel- oder schweflige Säure das unterlagernde Gestein kaolinisiert habe. Jedoch diese Ansicht hat sich keines großen Anklanges erfreut und mußte der Humustheorie weichen. Man sah auch besonders in der großen Menge wirksamer Kohlensäure, die der organischen Substanz der Braunkohle entstammt, verbunden mit der vor Erosion schützenden zusammenhängenden Decke der Moorüberlagerung die wirksamsten Faktoren für den als einen teilweisen Reduktionsvorgang bezeichneten Kaolinisierungprozeß. Gerade in diesen besonderen, von der gewöhnlichen atmosphärischen Verwitterung abweichenden Verhältnissen erblickte man die wesentlich andersartige Gesteinsumwandlung der Kaolinisierung gewährleistet, so daß also der reduzierenden Wirkung der Humussubstanz des Moorwassers und der in diesem gelösten Kohlensäure die Kaolinisierung zugeschrieben wurde. Da aber nach RAMANN ein solcher Vorgang zur Bildung der sogenannten Grauerden führt, stand alsbald fest, daß man es in der Kaolinbildung mit einer regionalen Verwitterungserscheinung der

[1] Vgl. hierzu auch die Beziehungen der Humussole zum Eisen bei O. ASCHAN: Die Bedeutung der wasserloslichen Humusstoffe für die Bildung der See- und Sumpferze. Z. prakt. Geol. **15**, 56 (1907).

[2] STREMME, H.; Z. prakt. Geol. **1908**, 122.

[3] RÖSLER, H.: Z. prakt. Geolog. **1908**, 251. — Vgl. auch R. BALLENEGGER: Über Verwitterung unter Mooren, S. 132. Budapest: Földtani Kòzlöny 1918; Internat. Mitt. Bodenkde **11**, 49 (1921).

[4] LANG, R.: a. a. O., S. 75.

[5] FREYBERG, B. v.: Die tertiären Landoberflächen in Thuringen, S. 28. Berlin 1923. (Nach H. HARRASSOWITZ: Laterit, S. 296.)

[6] MITSCHERLICH, E.: Lehrbuch der Chemie **1**, 1, S. 140. 1835.

[7] HOCHSTETTER: Karlsbad, seine geognostischen Verhältnisse und Quellen. Karlsbad 1856.

Tertiärzeit zu tun habe. Diesen Standpunkt findet man, wie schon erwähnt, besonders durch E. WÜST[1] vertreten, denn er sagt wörtlich: „Das Material der Verwitterungsrinde unter der alttertiären Landoberfläche gehört nach RAMANNS System der klimatischen Bodenbildungen in die Gruppe der ‚Grauerden', welche besonders durch Kaolinisierung der Feldspate und Bleichung durch Auslaugung von Eisenverbindungen gekennzeichnet und für Gebiete feuchten Klimas mit Vorherrschen der Verwitterung durch Humussäuren charakterisiert sind. Daß Humussäure ein kaolinisierendes Agens darstellt, ist eine in der bodenkundlichen Literatur längst festgelegte Tatsache, die allerdings in mineralogisch-petrographischen Kreisen nicht so bekannt geworden zu sein scheint, als sie es verdiente." Demzufolge hält er die aus den Quarzporphyren der Gegend von Halle hervorgegangenen Kaolinerden für Teile einer Grauerdenrinde, hervorgerufen durch Humussäure. Doch will er seine Ansicht nicht auf alle Kaolinerden übertragen wissen. R. LANG[2] geht jedoch noch einen Schritt weiter, wenn er die Entstehung des Kaolins zur Tertiärzeit geradezu zu einem bodenkundlichen Problem stempelt. A. STAHL[3] äußert sich demgegenüber sehr vorsichtig, indem er zunächst darauf hinweist, daß sich das tertiäre Alter der Kaoline einstweilen noch nicht „wirklich einwandfrei" erweisen lasse. Jedoch „der auffallende Zusammenhang von Kaolin und Tertiär, der von den meisten Forschern, die der Kaolinfrage nähergetreten sind, wie RAUFF, STREMME, WÜST, SELLE, BARNITZKE, BERG, WEISS u. a. als ein ursprünglicher betrachtet wird, bleibt damit für die Beurteilung dieser Kaolinlagerstätten" nach ihm maßgebend, und es besteht nach ihm bereits ziemliche Einstimmigkeit in dem Punkte, daß die tertiäre Kaolinisierung im wesentlichen unter die Grauerdenbildungen RAMANNS im weitesten Sinne falle, gleichgültig, ob man sie als Humussäureverwitterung oder, wenn man die Existenz eigentlicher Humussäuren leugne, Moorverwitterung bezeichnet. Die kaolinisierende Moorverwitterung wird jedoch seiner Ansicht nach nur kleine Komplexe ergreifen können, und man darf deshalb seines Erachtens auch nicht so weit gehen, die „kaolinige Verwitterung" als die typische Verwitterung zur Tertiärzeit zu bezeichnen und sie damit auf besondere klimatische Verhältnisse zurückzuführen. Die eisenauslaugende, kaolinige Verwitterung ist für ihn lediglich unter Mitwirkung reduzierender, organischer Stoffe unter Luftabschluß denkbar und erweist sich als eine rein lokale Erscheinung. Er hält dementsprechend die Kaolinlagerstätten von Halle und Meißen nicht für Reste einer Grauerdenrinde der präoligozänen Landoberfläche, sondern glaubt sie als isolierte Nester, seltener Decken, im unzersetzten Gestein ansehen zu müssen, deren Beziehung in den tertiären Sedimenten, nicht aber in der Landoberfläche zu suchen seien. Nach ihm weisen die Lagerungsverhältnisse, insbesondere der kleinen Vorkommnisse, darauf hin, daß für die Kaolinisierung in lokalen Vertiefungen des Untergrundes entstandene Moorbildungen (Randbildungen) im wesentlichen verantwortlich zu machen seien.

Auch aus anderen Formationen sind derartige Bildungen als vorhanden angesehen worden, so hat TANNHÄUSER[4] den Neuroder Schieferton im Liegenden der dortigen Steinkohle als einen durch karbonisches Moorwasser umgewandelten Diabas angesprochen, und H. STREMME[5] vermutet für den in englischen Steinkohlenrevieren sowie unter Liaskohle von Fünfkirchen in Ungarn auftretenden Kaolin eine analoge Entstehung. Desgleichen sollen auf Bornholm zwischen Rhät und Liaskohle ähnliche Beziehungen bestehen[6]. Ebenso fehlt es aber auch

[1] WÜST, E.: Z. prakt. Geol. **15**, 22 (1907). [2] LANG, R.: a. a. O., S. 65, 67.
[3] STAHL, A.: a. a. O., S. 115. [4] TANNHÄUSER, E.: Z. prakt. Geol. **1909**, 522.
[5] STREMME, H.: Geol. Rdsch. **1910**, H. 6.
[6] BRAUN: 11. Jber. geogr. Ges. Greifswald **1908/09**, 163.

nicht an Stimmen, die diesen Zusammenhang gänzlich verwerfen. E. BARNITZKE[1] urteilt z. B. folgendermaßen: „Unter Moorbedeckung sind allerdings, wie zuletzt STREMME ausführt, drei Bedingungen für die Kaloinbildung erfüllt, nämlich das Vorhandensein schwacher Säuren, genügendes Lösungswasser und Luftabschluß. Nach den vorliegenden Literaturangaben kann man aber noch nicht entscheiden, ob die in Betracht kommenden Agenzien: Kohlensäure und Humussäure, vielleicht auch Ammoniak, wirklich eine Kaolinisierung herbeiführen können. Geologische Anhaltspunkte finden wir weder bei Halle noch bei Meißen. STREMME glaubt zwar aus dem bei Halle allerdings fast durchweg zu beobachtenden Vorkommen von Porzellanerde unter der Braunkohle auf eine genetische Verknüpfung beider schließen zu müssen derart, daß die Agenzien der Braunkohlenwasser — die Kohlensäure ist etwas willkürlich hervorgehoben — in oligozäner oder miozäner Zeit die Kaolinisierung bewirkt hätten. Der Schluß ist indessen irrig, da sich leicht nachweisen läßt, daß die Porzellanerde älter ist als die Kohle. Unter dem Braunkohlenhorizont liegen Kapseltone, die das Vorhandensein primärer Kaolinlager schon vor der Braunkohlenzeit beweisen.... Die Wirkung der Braunkohlenwässer scheint überhaupt etwas überschätzt zu werden.“ Seine diesbezüglichen Ansichten zusammenfassend, schreibt er: „Wenn also Sumpfmoore oder Braunkohlenwasser für die Entstehung der Braunkohle in Frage kommen, so sind es jedenfalls nicht solche gewesen, die mit den jetzigen hangenden oligozänen Flözen in Beziehung stehen. Wieweit nun das eigenartige Klima der Eozänzeit als solches zur Kaolinbildung beigetragen hat, oder ob es etwa nur die Bildung kaolinisierender Gewässer in eozänen Sümpfen, Braunkohlenmooren usw. begünstigte, ist eine Frage, die zur Entscheidung noch nicht reif ist.“

Nach K. ENDELL[2] ist desgleichen von einem genetischen Zusammenhang zwischen Kaolin und Moorerde keine Rede, als Beweis hierfür beruft er sich auf die Vorkommnisse der recht ausgedehnten nordamerikanischen Kaolinvorkommnisse, und H. RÖSLER, von dem wir schon gehört haben, daß er die bisherigen Beweise für eine Theorie der Grauerdekaolinisierung ablehnt, vertritt die Ansicht, daß es sich in den unter Moorbedeckung veränderten Gesteinen wohl um eine durch Moorverwitterung hervorgerufene Zersetzung derselben handelt, nicht aber um Kaolinerden, denn da diese stets noch Alkalien enthalten, so fehlt für ihn das charakteristischste Moment einer Kaolinisierung. „Es ist sicher,“ spricht er sich aus, „daß die Moorverwitterung eine eigene charakteristische Verwitterungsform ist, die zu einem mürben, weißlichen Endprodukt, der sogenannten Grauerde führt, die aber keine Kaolinerde ist, obgleich sich mit dem Mikroskop schuppige Elemente öfter darin erkennen lassen mögen. Der Alkaligehalt läßt vermuten, daß es sich hier um glimmerartige Mineralien, Serizite od. dgl. handelt, also keineswegs um Kaolin.“ Diese letztere Ansicht ist auch schon von anderer Seite geteilt worden, insbesondere hat V. SELLE Hinweise hierfür geliefert. Wenden wir uns den experimentellen Untersuchungen unserer Frage zu, so muß zunächst darauf hingewiesen werden, daß die Beweise, welche V. SELLE[3] für die Kaolinisierung unter Moorbedeckung des älteren Porphyrs auf der Peißnitz beigebracht haben will, völlig unzureichend und damit gänzlich belanglos sind. Auch K. ENDELL[4], der die Zersetzungserscheinungen basischer Eruptivgesteine, Basalt und Melaphyr, unter dem Einfluß von Torf, Braunkohle und Steinkohle studiert hat, vermag nichts weiteres beizubringen, als daß durch die Überlagerung der soeben angeführten Humusablagerungen basische Eruptivgesteine „im all-

---

[1] BARNITZKE, E.: Z. prakt. Geol. **17**, 472, 473 (1909).
[2] ENDELL, K.: Über die Entstehung tertiärer Quarzite usw. Cbl. Min. usw. **1913**, 676.
[3] SELLE, V.: Z. Naturwiss. Halle a. S. **79**, 420 (1907).
[4] ENDELL, K.: Neues Jb. Min. **1911**, Beilagebd. 31, S. 18.

gemeinen in der Richtung auf Kaolin" verwandelt werden, und nicht viel anders lautet das Ergebnis der von O. HAEHNEL[1] ausgeführten Untersuchungen, obgleich alle die Genannten warm für eine Kaolinisierung unter dem besagten Einfluß eingetreten sind. H. STREMME[2] hat schließlich alle diese Untersuchungen zusammengefaßt und aus ihnen den Schluß gezogen, daß alle drei Prozesse, nämlich die atmosphärische Verwitterung, die Zersetzung durch postvulkanische Gasexhalationen und die Zersetzung durch Moorwässer durch die Wirkung der Kohlensäure charakterisiert sind, sie zerlegen den Feldspat zu Kaolinit, jedoch bei kürzerer Dauer der Zersetzung, nur in der Richtung auf Kaolinit. Die eingehenden Untersuchungen E. BLANCKS und A. RIESERS[3] über die Umwandlung des Brockengranits unter Moorbedeckung haben gleichfalls kein Beweismaterial für die Ansicht einer stattfindenden kaolinisierenden Wirkung rezenter Moorbildungen auf die unterlagernde oder eingeschlossene Gesteinssubstanz zu erbringen vermocht. Vielmehr scheint es ihnen möglich zu sein, daß die hervorgerufene Umwandlung und Bleichung des Gesteins als eine Folge der sich aus der organischen Substanz bildenden Schwefelsäure anzusehen ist, wenngleich damit nicht von ihnen die Ansicht vertreten werden soll, daß nicht auch organische Substanz an diesen Vorgängen mitbeteiligt sei. Jedenfalls konnte von ihnen nicht nur die Anwesenheit von Schwefelsäure in den Mooragenzien nachgewiesen, sondern auch deren Mitbeteiligung am Aufbereitungsvorgang des Granits gezeigt werden. Daß aber die Schwefelsäure keinen Kaolin zu bilden vermag, geht schon aus der Tatsache der Löslichkeit desselben in dieser Säure hervor[4].

Demgegenüber hat H. HARROSSOWITZ[5] neuerdings mit Recht auf die allerdings schon lange bekannte Tatsache hingewiesen, daß der Vorgang der Kaolinitisierung, wie er denselben bezeichnet wissen will[6], durch die Abfuhr von Alkalien, Erdalkalien und von einem Teil der Kieselsäure unter Aufnahme von Wasser gekennzeichnet ist. Während aber die Wasseraufnahme eine bei jedem Verwitterungsvorgang nur mit wenigen Ausnahmen übliche Erscheinung ist, und auch die Entbasung nichts besonderes für den besagten Vorgang darstellt, zeigt sich die starke Entkieselung als ein für den Kaolinitisierungsprozeß typisches und wesentliches Merkmal, so daß HARRASSOWITZ geradezu von ihr als von einem allgemeinen Leitmotiv spricht. Das neuentstandene Tonerdesilikat besitzt eine für Kaolin wesentliche Eigenschaft, insofern es nur schwefelsäure-, nicht aber salzsäurelöslich ist. Die starke Entkieselung bleibt aber schließlich nicht bei dem Molekularverhältnis des Kaolins von $Al_2O_3:2\,SiO_2$ stehen, sondern kann bei der Lateritbildung bis zum völligen Verschwinden der Kieselsäure führen. In bezug auf das Ausgangsmaterial gehen unter den obwaltenden Verhältnissen aus den Alkalifeldspäten der nur schwefelsäurelösliche Kaolin, aus den Kaltnatronfeldspäten die durch Salzsäure leicht aufschließbaren Allophane hervor, so daß neben der Kaolinitisierung die Allophanisierung verläuft. Beide Vorgänge werden von ihm als Siallitisierung zusammengefaßt und die neuentstandenen Produkte

[1] HAEHNEL, O.: J. prakt. Chem., N. F. **78**, 280 (1908).

[2] STREMME, H.: Z. prakt. Geol. **1908**, 128; Fortschr. Min. **1912**. — Vgl. auch H. STREMME Handbuch der Mineralchemie **2**, S. 2. 1917.

[3] BLANCK, E., u. A. RIESER: Chem. d. Erde **2**, 47 (1926).

[4] Vgl. H. HARRASSOWITZ: Laterit, S. 297.

[5] HARRASSOWITZ, H.: Laterit, S. 255—265.

[6] Als Kaolin ist das Mineral $H_4Al_2Si_2O_9$, als Kaolinit das entsprechende Gestein anzusehen (vgl. hierzu G. LINCK u. G. CALSOW: Betrachtungen zur Arbeit von G. CALSOW, Über das Verhältnis zwischen Kaolinen und Tonen. Chem. d. Erde **2**, 443 [1926]). Dementsprechend wird man mit H. HARRASSOWITZ die Umwandlung eines Minerals, wie z. B. Feldspat in Kaolin als Kaolinisierung, die Umwandlung eines Gesteins mit allen dazu in Frage kommenden Mineralien als Kaolinitisierung zu bezeichnen haben. Bisher sprach man aber zumeist nur von einer Kaolinbildung oder Kaolinisierung in beiden Fällen.

als Siallite benannt, aus denen durch weitere Kieselsäurefortfuhr die Allite, die zur Hauptsache freie Tonerde enthalten, hervorgehen. Ein solcher Vorgang kommt aber nach ihm bei der Einwirkung der Moorsubstanz auf Gesteine gar nicht in Frage, sondern es handelt sich hier um den gleichen Prozeß wie bei dem Podsolierungsvorgang, bei welchem zur Hauptsache nur eine Auflösung und keine Umwandlung der Mineralsubstanzen stattfindet. „Die Feldspäte werden quantitativ bloß unbedeutend angegriffen. Infolge der Auflösung nur eines Teiles der Mineralien bleibt die Podsolbildung auf eine recht unvollkommene Entbasung beschränkt. Eine Kaolinisierung findet nicht statt. Im Gegenteil wird Tonerde nicht angereichert, sondern hinweggeführt. Kaolinitisierung ist durch Abbau der Tonerdesilikate, Podsolbildung nur durch teilweise Auflösung gekennzeichnet[1]." Aber auch den Zusammenhang zwischen Kaolinvorkommnissen und Kohle in der Vergangenheit leugnet er in dem oben von der „Grauerdentheorie" angenommenen Sinne, indem er zum Ausdruck bringt, daß, abgesehen davon, „daß die Zwischenlagerung von undurchlässigen Sedimenten zwischen Kaolinit und Kohle schon eine chemische Wirkung auf tiefere Gesteine unmöglich macht", sich nach eingehenden Untersuchungen vielmehr ergeben habe, „daß diese Sedimente bereits Umlagerungsprodukte einer älteren Zersetzung darstellen, die nicht durch die spätere Moorbildung verursacht sein kann"[2]. Somit gelangt er mit E. BLANCK zu dem Standpunkt, daß die immer wieder erfolgende Gleichsetzung von Podsolbleichung und Kaolinitisierung in keiner Weise gerechtfertigt erscheine[3]. Ganz neuerdings haben sodann E. BLANCK und H. KEESE[4] an einem Granitverwitterungsprofil des Schwarzwaldes nochmals, aber noch weit überzeugender, darzulegen vermocht, daß unter dem Einfluß einer Rohhumusbedeckung auf Granit wohl eine Bleichung und Zerlegung des Gesteins eintritt, die einerseits zur Ausbildung einer Bleicherde und andererseits zur Entwicklung einer Konzentrationszone der durch die zersetzend wirkenden Agenzien aus der überlagernden Humusschicht gelösten Bestandteile, namentlich des Eisens, führt, aber zu einer Bildung von Kaolin aus den Feldspäten des Granits kommt es dabei letzten Endes nicht. Das völlig gebleichte und fast gänzlich seiner ursprünglichen Struktur beraubte, umgewandelte Granitgestein erweist sich als ein wesentlich an Kieselsäure angereichertes, an Tonerde stark verarmtes und an Alkalien wenig verändertes Verwitterungsprodukt. Von einer Kaolinisierung oder Kaolinitisierung kann daher in allen diesen Fällen nicht mehr gesprochen werden, sondern lediglich von einem Vorgang, welcher der Podsolierung sehr nahesteht, und RAMANNS oben ausgesprochene Ansicht fällt damit in sich zusammen.

Anschließend sei hier, insofern es sich letzten Endes auch um einen Einfluß der organischen Substanz auf die Gesteine handelt, und zwar um die aus der Kohle bei ihrer Verbrennung entstandene Schwefelsäure, noch auf die durch die Rauchgase der Großstädte hervorgerufene Umwandlung der Bausteine, insbesondere Sandsteine, kurz hingewiesen. Es sei bezüglich dessen an die Arbeiten E. KAISERS[5] über den Sandstein des Kölner Doms erinnert, ferner an die Resultate W. BOLTONS[6] hinsichtlich des Sandsteins vom Heidelberger Schloß, die besonders das interessante Ergebnis zeitigten, daß mit der Alterszunahme des Bausandsteins auch

[1] HARRASSOWITZ, H.: Laterit, S. 315. [2] HARRASSOWITZ, H.: Laterit, S. 302.

[3] HARRASSOWITZ, H.: Laterit, S. 561.

[4] BLANCK, E., u. H. KEESE: Über sogenannte Kaolinitisierung eines Granits unter Rohhumusbedeckung im Schwarzwald. Chem. d. Erde **4**, 33 (1929).

[5] KAISER, E.: Über Verwitterungserscheinungen an Bausteinen. Neues Jb. Min. usw. **1907 II**, 42.

[6] BOLTON, W.: Die Prüfung klastischer Gesteine auf ihre Verwitterbarkeit. Dingler **1893**, 289, 43. (Auch Ref. Neues Jb. Min. usw. **1894 II**, 55.)

sein Gehalt an SO_3 steigt, also mit zunehmendem Verwitterungsgrade bzw. vermehrter Einwirkung der Rauchgase. Ähnliches vermochte auch J. STOKLASA[1] bei der natürlichen Verwitterung von Sandsteinen nachzuweisen, was beiläufig bemerkt sein möge. Eine erneute Bestätigung finden diese Befunde durch die Untersuchungen der Verwitterungserscheinungen am Bremer Rathause von E. BLANCK und A. RIESER[2]. Sie haben sämtlich ergeben, daß die in den Rauchgasen enthaltenen Gase SO_2 und SO_3[3], die unter dem Einfluß von Feuchtigkeit, insbesondere von Nebel, leicht in Schwefelsäure übergehen, das zerstörende Agens darstellen.

Die Wirkung des Humus bei der Verwitterung ist eine verschiedene, je nachdem es sich um adsorptiv gesättigten oder ungesättigten Humus handelt. Wichtig ist der Umstand, daß die Humusstoffe kolloide Zerteilungen, Dispersoide, von wechselndem Dispersitätsgrad darstellen und als solche besondere Erscheinungen, wie u. a. Kolloidschutzwirkung, auszulösen imstande sind. Die sogenannte Solverwitterung setzt dort ein, wo mächtige Bildungen von Humus in elektrolytarmen Wässern vorhanden sind, da genügende Salzmengen zur Adsorption des Humus fehlen. Mineralstoffen, denen die Fähigkeit des Wanderns sonst nicht zukommt, wird dieselbe unter solchen Verhältnissen ermöglicht. Mannigfaltige Erscheinungen im Bodenbildungsprozeß werden hierdurch nicht nur angebahnt, sondern finden auch hierin ihre zureichende Erklärung. Wieweit sie jedoch für die eigentliche chemische Verwitterung, insbesondere Zerlegung, der Gesteine in Frage kommen, ist bisher wenig untersucht worden, so daß besagter Fragenkomplex erst später bei den Vorgängen der Bodenausbildung näher zu behandeln sein wird.

---

[1] STOKLASA, J.: Studien uber die Verwitterung der Sandsteine. Landw. Versuchsstat. **32**, 203 (1886).

[2] BLANCK, E., u. A. RIESER: Über Verwitterungserscheinungen am Bremer Rathause. Chem. d. Erde **4** (1929).

[3] HAEHNEL, O.: Kohlendioxyd- und Schwefeldioxydgehalt der Berliner Luft. Z. angew. Chem. **35**, 618 (1922.)

Namenverzeichnis.

Sachverzeichnis.

Handbuch der Bodenlehre

Herausgegeben von

Dr. E. Blanck

o. ö. Professor und Direktor des agrikulturchemischen und bodenkundlichen Instituts der Universität Göttingen.

Inhaltsübersicht des Gesamtwerkes.

Erster Band.

Die naturwissenschaftlichen Grundlagen der Lehre von der Entstehung des Bodens.

(Bereits erschienen)

VIII und 335 Seiten. 1929. Geheftet RM 27,—; gebunden RM 29,60.

Einleitung.

Erster Teil: Allgemeine oder wissenschaftliche Bodenlehre.

Zweiter Band.

Die Verwitterungslehre und ihre klimatologischen Grundlagen.

VI und 314 Seiten. 1929. Geheftet RM 29,60; gebunden RM 32,—.

Dritter Band.

Die Lehre von der Verteilung der Bodenarten an der Erdoberfläche, regionale und zonale Bodenlehre.

D. Die Verwitterung in ihrer Abhängigkeit von den äußeren, klimatischen Faktoren.
Kurzer Überblick über die historische Entwicklung der Bodenzonenlehre und Einteilung der Böden auf Grund der Klimaverhältnisse an der Erdoberfläche. Von Prof. Dr. E. Blanck, Göttingen.
Verteilung der Böden an der Erdoberfläche und ihre Ausbildung (regionale oder geographische Bodenlehre).

1. Boden der kalten Region.
   a) Arktische Böden. Von Prof. Dr. W. Meinardus, Göttingen.
   b) Hochgebirgsböden. Von Prof. Dr. Jenny, Zurich.
2. Böden der kühlen, gemäßigten Regionen. Von Prof. Dr. H. Stremme, Danzig.
3. Böden der feuchtwarmen, gemäßigten Regionen. Von Prof. Dr. E. Blanck, Göttingen.
4. Böden der feuchttrockenen, gemäßigten Regionen. Von Prof. Dr. H. Stremme, Danzig.
5. Böden trockener Gebiete. Von Prof. Dr. A. von Sigmond, Budapest.
6. Böden der subtropischen Regionen. Von Prof. Dr. H. Harrassowitz, Gießen; Privatdozent Dr. F. Giesecke, Göttingen; Prof. Dr. E. Blanck, Göttingen.
7. Böden der tropischen Regionen. Von Prof. Dr. H. Harrassowitz, Gießen.
8. Wüstenböden und Schutzrinden. Von Prof. Dr. H. Mortensen, Göttingen und Geheimrat Prof. Dr. G. Linck, Jena.
9. Degradierte Böden. Von Prof. Dr. H. Stremme, Danzig.

Vierter Band.

Aklimatische Bodenbildung, die Bodenformen Deutschlands und die fossilen Verwitterungsrinden.

E. Die Verwitterung in ihrer Abhängigkeit vom geologischen Untergrund und sonstigen inneren Faktoren (Aklimatische Bodenbildung, Ortsböden).

1. Einteilung der Böden auf geologisch-petrographischer Grundlage. Von Prof. Dr. H. Niklas, Weihenstephan.
2. Die Entstehung und Ausbildung der Mineralböden auf geologisch-petrographischer Grundlage. Von Prof. Dr. H. Niklas, Weihenstephan.
3. Die Humusböden. Von Geheimrat Prof. Dr. B. Tacke, Bremen.
4. Ortsböden des Bleicherdegebietes. Von Geheimrat Prof. Dr. B. Tacke, Bremen.

F. Die Verteilung der Bodenformen in Deutschland. Von Prof. Dr. H. Stremme, Danzig.

G. Die fossilen Verwitterungsrinden. Von Prof. Dr. H. Harrassowitz, Gießen.

Fünfter Band.

Der Boden als oberste Schicht der Erdoberfläche und seine geographische Bedeutung.

H. Einleitung. Von Prof. Dr. E. Blanck, Gottingen.

1. Bodenprofil, Bodenmächtigkeit, Bodensohlen und Bodendecken und örtliche Lage des Bodens. Von Privatdozent Dr. L. Rüger, Heidelberg.
2. Bodenaufschüttung (äolische Bildungen, vulkanische Ablagerungen). Von Privatdozent Dr. L. Rüger, Heidelberg.
3. Unterwasser- oder Seeböden. Von Dr. E. Wasmund, Langenargen am Bodensee.
4. Das Wasser als Bestandteil des obersten Teils der Erdkruste, insbesondere des Bodens, und seine Herkunft. Von Privatdozent Dr. A. Kumm, Braunschweig.
5. Bodenbeurteilung an Ort und Stelle (Probeentnahme und Bodenuntersuchungsgeräte an Ort und Stelle). Von Privatdozent Dr. F. Giesecke, Göttingen.
6. Kartographische Darstellung des Bodens. Von Prof. Dr. H. Stremme, Danzig.

J. Die geographische Bedeutung des Bodens.

1. Der geographische Wert des Bodens. Von Prof. Dr. S. Passarge, Hamburg.
2. Das Landschaftsbild in seiner Abhängigkeit vom Boden. Von Prof. Dr. K. Sapper, Wurzburg.

Sechster Band.

Die physikalische Beschaffenheit des Bodens.

II. Der Boden als Substrat, seine Natur und Beschaffenheit.

A. Die mechanische Zusammensetzung des Bodens und die davon abhängigen Erscheinungen.

1. Der mechanische Aufbau des Bodens. Von Prof. Dr. A. Densch, Landsberg a. d. Warthe.
2. Das Verhalten des Bodens gegen Wasser. Von Prof. Dr. F. Zunker, Breslau und Prof. Dr. M. Helbig, Freiburg i. B.
3. Das Verhalten des Bodens gegen Luft. Von Privatdozent Dr. F. Giesecke, Göttingen.
4. Das Verhalten des Bodens gegen Wärme. Von Prof. Dr. J. Schubert, Eberswalde.
5. Das Verhalten des Bodens gegen Elektrizität und Radioaktivität des Bodens. Von Prof. Dr. V. F. Heß, Graz.

Siebenter Band.

Der Boden in seiner chemischen und biologischen Beschaffenheit.

B. Die chemische Beschaffenheit des Bodens.

1. Anorganische Bestandteile.
   a) Die hauptsächlichsten Bodenkonstituenten, ihre Natur und Feststellung. Von Prof. Dr. H. Wießmann, Rostock.
   b) Die Mineralbestandteile und die Methoden ihrer Erkennung. Von Ökonomierat Dr. F. Steinriede, Münster i. Westf. und Dr. A. Rieser, Wil (Schweiz).
   c) Die Kolloidbestandteile und die Methoden ihrer Erkennung. Von Dr. G. Hager, Direktor der Landw. Versuchsstat., Bonn.
2. Organische Bestandteile. Von Prof. Dr. H. Wießmann, Rostock.

C. Die biologische Beschaffenheit des Bodens.

1. Niedere Pflanzen. Von Prof. Dr. A. Rippel, Göttingen.
2. Höhere Pflanzen in ihrer Einwirkung auf den Boden. Von Prof. H. Lundegardh, Experimentalfältet, Stockholm.
3. Die Tiere, ihr Leben im Boden und ihr Einfluß auf denselben. Von Prof. Dr. R. W. Hoffmann, Göttingen und Privatdozent Dr. F. Giesecke, Göttingen.

Achter und Neunter Band.

Zweiter Teil: Angewandte oder spezielle Bodenkunde (Technologie des Bodens).

Einleitung. Von Prof. Dr. E. Blanck, Gottingen.

1. Der Kulturboden, seine Charakteristik und die Einteilung des Bodens vom landwirtschaftlichen Gesichtspunkt. Von Prof. Dr. O. Heuser, Danzig.
2. Die Bestimmung des Fruchtbarkeitszustandes des Bodens.
   a) Nach dem naturlichen Pflanzenbestand. Von Privatdozent Dr. W. Mevius, Münster i.W.
   b) Vermittels physikalischer Methoden. Von Prof. Dr. O. Engels, Speier a. Rh.
   c) Vermittels chemischer Methoden. Von Prof. Dr. O. Engels, Speier a. Rh.; Dr. A. Gehring, Direktor der Landw. Versuchsstat., Braunschweig; Prof. Dr. H. Kappen, Bonn; Prof. Dr. O. Lemmermann, Berlin; Prof. Dr. A. von Sigmond, Budapest und Prof. Dr. G. Wiegner, Zurich.
   d) Vermittels biologischer Methoden. Von Privatdozent Dr. F. Giesecke, Göttingen; Prof. Dr. E. Haselhoff, Harleshausen bei Kassel; Prof. Dr. A. Rippel, Göttingen und Prof. Dr. Th. Roemer, Halle.
   e) Die allgemeine Bedeutung der Methoden zur Bestimmung des Bodenfruchtbarkeitszustandes (Düngebedürfnisses) fur die Praxis. Von Prof. Dr. H. Wießmann, Rostock.
   f) Die Bonitierung der Ackererde auf naturwissenschaftlicher Grundlage. Von Prof. Dr. H. Niklas, Weihenstephan.

Zehnter Band.

Die Maßnahmen zur Kultivierung des Bodens.

3. Maßnahmen zur Kultivierung des Bodens.
   a) Urbarmachung von Ödlandereien, Urwald, See- und Flußanschwemmungen. Von Prof. W. Freckmann, Berlin.
   b) Landwirtschaftliche Bodenbearbeitung. Von Prof. Dr. O. Tornau, Gottingen.
   c) Landwirtschaftliche Dungung. Von Dr. G. Hager, Bonn und Prof. Dr. M. Popp, Oldenburg.
   d) Melioration, Drainage und Bewässerung. Von Prof. Dr. W. Freckmann, Berlin.
   e) Gare, Brache, Grundungung. Von Prof. Dr. A. Rippel, Göttingen.
   f) Forstwirtschaftliche Bodenbearbeitung und Dungung. Von Prof. Dr. M. Helbig, Freiburg i. B.
   g) Teichwirtschaftliche Behandlung des Bodens. Von Prof. Dr. H. Fischer, Munchen.
4. Der Boden als Vegetationsfaktor (pflanzenphysiologische Bodenkunde). Von Prof. Dr. E. A. Mitscherlich, Königsberg.

Einführung in die Geophysik. Von Prof. Dr. **A. Prey,** Prag, Prof. Dr. **C. Mainka,** Göttingen, und Prof. Dr. **E. Tams,** Hamburg. Mit 82 Textabbildungen. VIII, 340 Seiten. 1922. RM 12.—

Bildet Band IV der „Naturwissenschaftlichen Monographien und Lehrbücher". — Die Bezieher der „Naturwissenschaften" erhalten die Monographien mit einer Ermäßigung von 10%.

Geologie und Radioaktivität. Die radioaktiven Vorgänge als geologische Uhren und geophysikalische Energiequellen. Von **Gerhard Kirsch,** Privatdozent an der Universität Wien, II. Physikalisches Institut. Mit 48 Abbildungen. VIII, 214 Seiten. 1928. RM 16.—; gebunden RM 17.40

Was lehrt uns die Radioaktivität über die Geschichte der Erde? Von Prof. Dr. **O. Hahn,** II. Direktor des Kaiser Wilhelm-Instituts für Chemie in Berlin-Dahlem. Mit 3 Abbildungen. VI, 64 Seiten. 1926. RM 3.—

Isostasie und Schweremessung. Ihre Bedeutung für geologische Vorgänge. Von Dr. **A. Born,** a. o. Professor der Geologie an der Universität Frankfurt a. M. Mit 31 Abbildungen. III, 160 Seiten. 1923. RM 9.—

Technische Gesteinkunde für Bauingenieure, Kulturtechniker, Land- und Forstwirte, sowie für Steinbruchbesitzer und Steinbruchtechniker. Von Ing. Dr. phil. **Josef Stiny,** o. ö. Professor an der Technischen Hochschule in Wien. Zweite, vermehrte und vollständig umgearbeitete Auflage. Mit 422 Abbildungen im Text und 1 mehrfarbigen Tafel, sowie einem Beiheft: „Kurze Anleitung zum Bestimmen der technisch wichtigsten Mineralien und Gesteine". VII, 550 Seiten. 1929. Gebunden RM 45.—

Anleitung zur Bestimmung von Mineralien. Von **N. M. Fedorowski,** Professor an der Bergakademie in Moskau. Übersetzung der letzten (zweiten) russischen Auflage. Mit 15 Textabbildungen. VIII, 136 Seiten. 1926. RM 7.50

Mineralogisches Taschenbuch der Wiener Mineralogischen Gesellschaft. Zweite, vermehrte Auflage. Unter Mitwirkung von A. Himmelbauer, R. Koechlin, A. Marchet, H. Michel und O. Rotky redigiert von **J. E. Hibsch.** Mit einem Titelbild. X, 187 Seiten. 1928. Gebunden RM 10.80

Entwicklungsgeschichte der mineralogischen Wissenschaften. Von **P. Groth.** Mit 5 Textfiguren. VI, 262 Seiten. 1926. RM 18.—; gebunden RM 19.50